www.ingramcontent.com/pod-product-compliance
Lightning Source LLC
Chambersburg PA
CBHW021430180326
41458CB00001B/208
9798888230091

القانون في الطب

ابن سينا

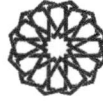

الجزء 1

الكتاب الأول

الأُمُور الكُلية فِي علم الطِّبّ

المُقدمَة

الحَمد لله حمدا يسْتَحقهُ بعلو شَأْنه، وسبوغ إحسانه، وَالصَّلَاة على سيدنَا مُحَمَّد النَّبِي وَآله وَسَلَامه – وَبعد

فقد التمس مني بعض خلص إخْوَانِي، وَمن يلْزمنِي إسعافه بِمَا يسمح بِهِ وسعي **أَن أصنف فِي الطِّبّ كتابا مُشْتَمِلًا على قوانينه الْكُلية والجزئية اشتمالا يجمع إِلَى الشَّرْح والاختصار وَإِلَى إيفاء الْأَكْثَر حَقه من الْبَيَان الإيجاز فأسعفته بذلك.** وَرَأَيْت أَن أَتكَلّم أولا فِي الْأُمُور الْعَامَّة الْكُلية فِي كلا قسمي الطِّبّ، أَعنِي الْقسم النظري، وَالْقسم العملي، ثمَّ بعد ذَلِك أَتكَلّم فِي كليات أَحْكَام قوى الْأَدْوِيَة المفردة. ثمَّ فِي جزئياتها. ثمَّ بعد ذَلِك فِي الْأَمْرَاض الْوَاقِعَة بعضو عُضْو، فأبتدئ أولا بتشريح ذَلِك الْعُضْو ومنفعته، وَأما تشريح الْأَعْضَاء المفردة البسيطة فَيكون قد سبق مني ذكره فِي الْكتاب الأول الْكُلِّي وَكَذَلِكَ مَنَافِعهَا. ثمَّ إِذا فرغت من تشريح ذَلِك الْعُضْو ابتدأت فِي أَكثر الْمَوَاضِع بِالدّلَالَةِ على كَيْفيَّة حفظ صِحَّته. ثمَّ دللت بالْقَوْل الْمُطلق على كليات أمراضه وأسبابها وطرق الاستدلالات عَلَيْهَا وطرق معالجاتها بالْقَوْل الْكُلِّي أَيْضا فَإِذا فرغت من هَذِه الْأُمُور الْكُلية أَقبلت على الْأَمْرَاض الْجُزْئِيَّة، ودللت أولا فِي أَكْثَرهَا أَيْضا على الحكم الْكُلِّي فِي حَده وأسبابه ودلائله، ثمَّ تخلصت إِلَى الْأَحْكَام الْجُزْئِيَّة، ثمَّ أَعْطَيْت القانون الْكُلِّي فِي المعالجة، ثمَّ نزلت إِلَى المعالجات الْجُزْئِيَّة بدواء، دَوَاء بسيط أَو مركب. وَمَا كَانَ سلف ذكره من الْأَدْوِيَة المفردة ومنفعته فِي الْأَمْرَاض فِي كتاب الْأَدْوِيَة المفردة فِي الجداول والأصباغ الَّتِي أرى اسْتِعْمَالهَا فِيهِ، كَمَا تقف أَيهَا المتعلم فِيهِ إِذا وصلت إِلَيْهِ، لم أكرر إِلَّا قَلِيلا مِنْهُ. وَمَا كَانَ من الْأَدْوِيَة المركبة أَن مَا الأحرى بِهِ أَن يكون فِي الأقراباذين الَّذِي أرى أَن أعمله أخرت ذكر مَنَافِعه وَكَيْفِيَّة خلطه إِلَيْهِ. وَرَأَيْت أَن أفرغ عَن هَذَا الْكتاب إِلَى كتاب أَيْضا فِي الْأُمُور الْجُزْئِيَّة، مُخْتَصّ بِذكر الْأَمْرَاض الَّتِي إِذا وَقعت لم تخْتَص بعضو بِعَيْنِه، ونورد هُنَالك أَيْضا الْكَلَام فِي الزِّينَة، وَأَن أسلك فِي هَذَا الْكتاب أَيْضا مسلكي فِي الْكتاب الجزئي الَّذِي قبله، فَإِذا تهَيَّأ بِتَوْفِيق الله تَعَالَى الْفَرَاغ من هَذَا الْكتاب، جمعت بعده كتاب الأقراباذين. وَهَذَا كتاب لَا يسع من يَدعِي هَذِه الصِّنَاعَة ويكتسب بهَا أَن لَا يكون جله مَعْلُوما مَحْفُوظًا عِنْده، فَإِنَّهُ مُشْتَمل على أقل مَا لَا بُد مِنْهُ للطبيب، وَأما الزِّيَادَة عَلَيْهِ فَأمر غير مضبوط. وَإِن أخر الله تَعَالَى فِي الْأَجَل وساعد الْقدر انتصبت لذَلِك انتصابا ثَانِيًا. وَأما الْآن فَإِنِّي أجمع هَذَا الْكتاب وأقسمه إِلَى كتب خَمْسَة على هَذَا الْمِثَال: الْكتاب الأول: فِي الْأُمُور الْكُلية فِي علم الطِّبّ. الْكتاب الثَّانِي: فِي الْأَدْوِيَة المفردة. الْكتاب الثَّالِث: فِي الْأَمْرَاض الْجُزْئِيَّة الْوَاقِعَة بأعضاء الْإِنْسَان عُضْو عُضْو من الفرق إِلَى الْقدَم ظَاهرهَا وباطنها. الْكتاب الرَّابِع: فِي الْأَمْرَاض الْجُزْئِيَّة الَّتِي إِذا وَقعت لم تخْتَص بعضو وَفِي الزِّينَة. الْكتاب الْخَامِس: فِي تركيب الْأَدْوِيَة وَهُوَ الأقراباذين.

الْكتاب الأول الْأُمور الْكُلية فِي علم الطِّبّ يشتَمل على أَرْبَعَة فنون

الْفَنّ الأول فِي حد الطِّبّ وموضوعاته من الْأُمُور الطبيعية ويشتمل على سِتَّة تعاليم

التَّعْلِيم الأول وَهُوَ فصلان

الْفَصْل الأول أَقُول: إن الطِّبّ علم يتعرف مِنْهُ أَحْوَال بدن الْإِنْسَان من جِهَة مَا يَصح وَيَزُول عَن الصِّحَّة ليحفظ الصِّحَّة حَاصِلَة ويستردها زائلة. وَلقَائِل أَن يَقُول إن الطِّبّ يَنْقَسِم إِلَى نظر وَعمل وَأَنْتُم قد جعلتم كُله نظرا إِذْ قُلْتُمْ إِنَّه علم وَحِينَئِذٍ نجيبه ونقول إِنَّه يُقَال إن من الصناعات مَا هُوَ نَظَرِي وعملي وَمن الْحِكْمَة مَا هُوَ نَظَرِي وعملي وَيُقَال إن من الطِّبّ مَا هُوَ نَظَرِي وعملي. وَيكون المُرَاد فِي كل قسْمَة بِلَفْظ النظري والعملي شَيْئا آخر وَلَا نحتاج الْآن إِلَى بَيَان اخْتِلَاف المُرَاد فِي ذَلِك إِلَّا فِي الطِّبّ فَإِذا قيل إن من الطِّبّ مَا هُوَ نطري وَمِنْه مَا هُوَ عَمَلي فَلَا يجب أَن يظنّ أَن مُرَادهم فِيهِ هُوَ أَن أحد قسمي الطِّبّ مَا هُوَ نَظَرِي وَمِنْه مَا هُوَ عَمَلي فَلَا يجب للْعَمَل كَمَا يذهب إِلَيْهِ وهم كثير من الباحثين عَن هَذَا الْموضع بل يحِق عَلَيْك أَن تعلم أَن أُصُول الطِّبّ وَالْآخر علم كَيْفيَّة مُبَاشرَته ثمَّ يخص الأول مِنْهُمَا باسم الْعلم أَو باسم النّظر ويخص الآخر باسم الْعَمَل فنعني بِالنّظرِ مِنْهُ مَا يكون التَّعْلِيم فِيهِ مُقَيّد الِاعْتِقَاد فَقَط من غير أَن يتَعَرَّض لبَيَان كَيْفيَّة عمل مثل مَا يُقَال فِي الطِّبّ: إن أَصْنَاف الْحمِيات ثَلَاثَة وان الأمزجة تِسْعَة ونعني بِالْعَمَلِ مِنْهُ لَا الْعَمَل بِالْفِعْلِ وَلَا مزاولة الحركات الْبَدَنِيَّة بل الْقسم من علم الطِّبّ الَّذِي يُفِيد التَّعْلِيم فِيهِ رَأيا ذَلِك الرَّأْي مُتَعَلق بِبَيَان كَيْفيَّة عمل مثل مَا يُقَال فِي الطِّبّ إن الأورام الحارة يجب أَن يقرب إِلَيْهَا فِي الِابْتِدَاء مَا يردع ويبرد ويكشف ثمَّ من بعد ذَلِك تمزج الرادعات بالمرخيات ثمَّ بعد الِانْتِهَاء إِلَى الانحطاط يقْتَصر على المرخيات المحللة إِلَّا فِي أورام تكون عَن مواد تدفعها الْأَعْضَاء الرئيسة فَهَذَا التَّعْلِيم يفيدك رَأيا: هُوَ بَيَان كَيْفيَّة عمل فَإِذا عملت هذَيْن الْقسمَيْنِ فقد حصل لَك علم علمي وَعلم عَمَلي وَإِن لم تعْمل قطّ.

وَلَيْسَ لقَائِل أَن يَقُول إن أَحْوَال بدن الْإِنْسَان ثَلَاث: الصِّحَّة وَالْمَرَض وَحَالَة ثَالِثَة لَا صِحَة وَلَا مرض وَأَنت اقتصرت على قسمَيْنِ فَإِن هَذَا الْقَائِل لَعَلَّه إِذا فكر لم يجد أحد الْأَمريْنِ وَاجِبا لَا هَذَا التَّثْلِيث وَلَا إخلالنا بِهِ ثمَّ إِنَّه إن كَانَ هَذَا التَّثْلِيث وَاجِبا فَإِن قَوْلنَا الزَّوَال عَن الصِّحَّة يتَضَمَّن الْمَرَض وَالْحَالة الثَّالِثَة الَّتِي جعلوها لَيْسَ لَهَا حد الصِّحَّة إِذْ الصِّحَّة ملكه أَو حَالَة تصدر عَنْهَا الْأَفْعَال من الْمَوْضُوع لَهَا سليمَة وَلَا لَهَا مُقَابل هَذَا الْحَد إِلَّا أَن يحدوا الصِّحَّة كَمَا يشتهون ويشترطون فِيهِ شُرُوطًا مَا بهم إِلَيْهَا حَاجَة. ثمَّ لَا مناقشة مَعَ الْأَطِبَّاء فِي هَذَا وَمَا هم مِمَّن يناقشون فِي مثله وَلَا تُؤَدِّي هَذِه المناقشة بهم أَو بِمن يناقشهم إِلَى فَائِدَة فِي الطِّبّ. وَأما معرفَة الْحق فِي ذَلِك فمما يَلِيق بأصول صناعَة أُخْرَى نعني أُصُول صناعَة الْمنطق فليطلب من هُنَاكَ.

الْفَصْل الثَّانِي فِي مَوْضُوعَات الطِّبّ لما كَانَ الطِّبّ ينظر فِي بدن الْإِنْسَان من جِهَة مَا يَصح وَيَزُول عَن الصِّحَّة وَالعلم بِكُل شَيْء إِنَّمَا يحصل وَيتم إِذا كَانَ لَهُ أَسبَاب يعلم أَسبَابه فَيجب أَن يعرف فِي الطِّبّ أَسبَاب الصِّحَّة

وَالْمَرَض وَالصِّحَّة وَالْمَرَض وأسبابها قد يكونَانِ ظَاهِرين وَقد يكونَانِ خفيين لَا ينالان بالحس بل بالاستدلال من الْعَوَارِض فَيجب أَيْضا أَن تعرف فِي الطِّبّ الْعَوَارِض الَّتِي تعرض فِي الصِّحَّة وَالْمَرَض وَقد تبين فِي الْعُلُوم الْحَقِيقِيَّة أَن الْعلم بالشَّيْء إِنَّمَا يحصل من جِهَة الْعلم بأسبابه ومباديه إِن كَانَت لَهُ وَإِن لم تكن فَإِنَّمَا يتم من جِهَة الْعلم بعوارضه ولوازمه الذاتية. لَكِن الْأَسْبَاب أَرْبَعَة أَصْنَاف: مادية وفاعلية وصورية وتمامية. والأسباب المادية: هِيَ الْأَشْيَاء الْمَوْضُوعَة الَّتِي فِيهَا تتقوم الصِّحَّة وَالْمَرَض. أما الْمَوْضُوع الْأَقْرَب فعضو أَو روح وَأما الْمَوْضُوع الْأَبْعَد فَهِيَ الأخلاط وَأبْعد مِنْهُ هُوَ الأركان. وَهَذَانِ موضوعان بِحَسب التَّرْكِيب وَإِن كَانَ أَيْضا مَعَ الاستحالة وكل مَا وضع كَذَلِك فَإِنَّهُ يساق فِي تركيبه واستحالته إِلَى وحدة مَا وَتلك الْوحدَة فِي هَذَا الْموضع الَّتِي تلْحق تِلْكَ الْكَثْرَة: إِمَّا مزاج وَإِمَّا هَيْئَة. أما المزاج فبحسب الاستحالة وَأما الْهَيْئَة فبحسب التَّرْكِيب. وَأما الْأَسْبَاب الفاعلية: فَهِيَ الْأَسْبَاب الْمُغيرَة أَو الحافظة لحالات بدن الْإِنْسَان من الأهوية وَمَا يتَّصل بهَا والمطاعم والمياه والمشارب وَمَا يتَّصل بهَا والاستفراغ والاحتقان والبلدان والمساكن وَمَا يتَّصل بهَا والحركات والسكونات الْبَدَنِيَّة والنفسانية وَمِنْهَا النّوم واليقظة والاستحالة فِي الْأَسْنَان وَالِاخْتِلَاف فِيهَا وَفِي الْأَجْنَاس والصناعات والعادات والأشياء الْوَارِدَة على الْبدن الإنساني مماسة لَهُ إِمَّا غير مُخَالفَة للطبيعة وَإِمَّا مُخَالفَة للطبيعة وَأما الْأَسْبَاب الصورية: فالمزاجات والقوى الْحَادِثَة بعْدهَا والتراكيب وَأما الْأَسْبَاب التمامية: فالأفعال وَفِي معرفَة الْأَفْعَال معرفَة القوى لَا محَالة وَمَعْرِفَة الْأَرْوَاح الحاملة للقوى كَمَا سنبين فَهَذِهِ مَوْضُوعَات صناعَة الطِّبّ من جِهَة أَنَّهَا باحثة عَن بدن الْإِنْسَان انه كَيفَ يَصح ويمرض وَأما من جِهَة تَمام هَذَا الْبَحْث وَهُوَ أَن تحفظ الصِّحَّة وتزيل الْمَرَض فَيجب أَن تكون لَهَا أَيْضا مَوْضُوعَات أخر بِحَسب أَسبَاب هذَيْن الْحَالين وآلاتها وَأَسْبَاب ذَلِك التَّدْبِير بالمأكول والمشروب وَاخْتِيَار الْهَوَاء وَتَقْدِير الْحَرَكَة والسكون والعلاج بالدواء والعلاج بِالْيَدِ وكل ذَلِك عِنْد الْأَطِبَّاء بِحَسب ثَلَاثَة أَصْنَاف من الأصحاء والمرضى والمتوسطين الَّذين نذكرهم وَنَذْكُر أَنهم كَيفَ يعدون متوسطين بَين قسمَيْنِ لَا وَاسِطَة بَينهمَا فِي الْحَقِيقَة وَإِذ قد فصلنا هَذِه البيانات فقد اجْتمع لنا أَن الطِّبّ ينظر فِي الْأَركان والمزاجات والأخلاط والأعضاء البسيطة والمركبة والأرواح وقواها الطبيعية والحيوانية والنفسانية وَالْأَفْعَال وحالات الْبدن من الصِّحَّة وَالْمَرَض والتوسط وأسبابها من المآكل والمشارب والأهوية والمياه والبلدان والمساكن والاستفراغ والاحتقان والصناعات والعادات والحركات الْبَدَنِيَّة والنفسانية والسكونات والأسنان والأجناس والورادات على الْبدن من الْأُمُور الغريبة وَالتَّدْبِير بالمطاعم والمشارب وَاخْتِيَار الْهَوَاء وَاخْتِيَار الحركات والسكونات والعلاج الْأَدْوِيَة وأعمال الْيَد لحفظ الصِّحَّة وعلاج مرض مرض فبعض هَذِه الْأُمُور إِنَّمَا يجب عَلَيْهِ من جِهَة مَا هُوَ طَبِيب أَن يتصوره بالماهية فَقَط تصورا علميا وَيصدق بهليته تَصْدِيقًا على أَنه وضع لَهُ مَقْبُول من صَاحب الْعلم الطبيعي وَبَعضهَا يلْزمه أَن يبرهن عَلَيْهِ فِي صناعته فَمَا كَانَ من هَذِه كالمبادئ فَيلْزمهُ أَن يتقلد هليتها فَإِن مبادئ الْعُلُوم الْجُزْئِيَّة مسلمة وتتبرهن وتتبين فِي عُلُوم أُخْرَى أقدم مِنْهَا وَهَكَذَا حَتَّى ترتقي مبادئ الْعُلُوم كلهَا إِلَى الْحِكْمَة الأولى الَّتِي يُقَال لَهَا علم مَا بعد الطبيعة وَإِذا شرع بعض المتطببين وَأخذ يتَكَلَّم فِي إِثْبَات العناصر والمزاج وَمَا يتلو ذَلِك مِمَّا هُوَ مَوْضُوع الْعلم الطبيعي فَإِنَّهُ يغلط من حَيْثُ يُورد فِي

صناعة الطِّبّ مَا لَيْسَ من صناعة الطِّبّ ويغلط من حَيْثُ يظنّ أَنه قد يبين شَيْء وَلَا يكون قد بَينه أَلْبَتَّة فَالَّذِي يجب أَن يتصوره الطَّبِيب بالماهية ويتقلد مَا كَانَ مِنْهُ غير بَين الْوُجُود بالهلية هُوَ هَذِه الْجُمْلَة الْأَركان أَنَّهَا هَل هِيَ وَكم هِيَ والمزاجات أَنَّهَا هَل هِيَ وَمَا هِيَ وَكم هِيَ والأخلاط أَيْضا هَل هِيَ وَمَا هِيَ وَكم هِيَ والقوى هَل هِيَ وَكم هِيَ والأرواح هَل هِيَ وَكم هِيَ وَأَيْنَ هِيَ. وان لكل تغير حَال وثباته سَببا وَأَن الْأَسْبَاب كم هِيَ واما الْأَعْضَاء ومنافعها فَيجب أَن يصادفها بالحس والتشريح. وَالَّذِي يجب أَن يتصوره ويبرهن عَلَيْهِ الْأَمْرَاض وأسبابها الْجُزْئِيَّة وعلاماتها وانه كَيفَ يزَال الْمَرَض وَتحفظ الصِّحَّة فَإِنَّهُ يلْزمه أَن يُعْطي الْبُرْهَان على مَا كَانَ من هَذَا خَفِي الْوُجُود بتفصيله وَتَقْدِيره وتوقيته وجالينوس إِذْ حاول إِقَامَة الْبُرْهَان على الْقسم الأول فَلَا يجب أَن يحاول ذَلِك من جِهَة انه طَبِيب وَلَكِن من جِهَة أَنه يجب أَن يكون فيلسوفا يتَكَلَّم فِي الْعلم الطبيعي كَمَا أَن الْفَقِيه إِذا حاول أَن يثبت صِحَة وجوب مُتَابعَة الْإِجْمَاع فَلَيْسَ ذَلِك لَهُ من جِهَة مَا هُوَ فَقِيه وَلَكِن من جِهَة مَا هُوَ مُتَكَلم وَلَكِن الطَّبِيب من جِهَة مَا هُوَ طَبِيب والفقيه من جِهَة مَا هُوَ فَقِيه لَيْسَ يُمكنهُ أَن يبرهن على ذَاك بتة وَإِلَّا وَقع الدّور.

التَّعْلِيم الثَّانِي فِي الْأَركان وَهُوَ فصل وَاحِد

الْأَركان هِيَ أجسام مَا بسيطة هِيَ أَجزَاء أولية لبدن الْإِنْسَان وَغَيره وَهِي الَّتِي لَا يُمكن أَن تَنْقَسِم إِلَى أَجزَاء مُخْتَلفَة بالصورة وَهِي الَّتِي تَنْقَسِم المركبات إِلَيْهَا وَيحدث بامتزاجها الْأَنْوَاع الْمُخْتَلفَة الصُّور من الكائنات فليتسلم الطَّبِيب من الطبيعي أَنَّهَا أَرْبَعَة لَا غير اثْنَان مِنْهَا خفيفان وإثنان ثقيلان فالخفيفان: النَّار والهواء والثقيلان: المَاء وَالْأَرْض وَالْأَرْض جرم بسيط مَوْضِعه الطبيعي هُوَ وسط الْكل يكون فِيهِ بالطبع سَاكِنا ويتحرك إِلَيْهِ بالطبع إِن كَانَ مباينا وَذَلِكَ ثقله الْمُطلق وَهُوَ بَارِد يابس فِي طبعه أَي طبعه طبع إِذا خلى وَمَا يُوجِبهُ وَلم يُغَيِّرهُ سَبَب من خَارج ظهر عَنهُ برد محسوس ويبس. ووجوده فِي الكائنات وجود مُفِيد للاستمساك والثبات وَحفظ الأشكال والهيآت. وَأما المَاء فَهُوَ جرم بسيط مَوْضِعه الطبيعي أَن يكون شَامِلًا لِلْأَرْضِ مشمولا للهواء إِذا كَانَا على وضعيهما الطبيعيين وَهُوَ ثقله الإضافي وَهُوَ بَارِد رطب أَي طبعه طبع إِذا خلى وَمَا يُوجِبهُ وَلم يُعَارضهُ سَبَب من خَارج ظهر فِيهِ برد محسوس وَحَالَة هِيَ رُطُوبَة وَهِي كَونه فِي جبلته بِحَيْثُ يُجيب بِأَدْنَى سَبَب إِلَى أَن يتفرق ويتحد وَيقبل أَي شكل كَانَ ثمَّ لَا يحفظه ووجوده فِي الكائنات لتسلس الهيآت الَّتِي يُرَاد فِي أَجْزَائِهَا التشكيل والتخطيط وَالتَّعْدِيل فَإِن الرطب وَإِن كَانَ سهل التّرْك للهيآت الشكلية فَهُوَ سهل الْقبُول لَهَا كَمَا أَن الْيَابِس وَإِن كَانَ عسر الْقبُول للهيآت الشكلية فَهُوَ عسر التّرْك لَهَا وَمهما تخمر الْيَابِس بالرطب اسْتَفَادَ الْيَابِس من الرطب قبولا للتمديد والتشكيل سهلا واستفاد الرطب من الْيَابِس حفظا لما حدث فِيهِ من التَّقْوِيم وَالتَّعْدِيل قَوِيا وَاجْتمعَ الْيَابِس بالرطب عَن تشتته واستمسك الرطب باليابس عَن سيلانه وَأما الْهَوَاء فَإِنَّهُ جرم بسيط مَوْضِعه الطبيعي فَوق المَاء وَتَحْت النَّار وَهَذَا خفته الإضافية وطبعه حَار رطب على قِيَاس مَا قُلْنَا ووجوده فِي الكائنات لتتخلخل وتلطف وتخف وتستقل. وَأما النَّار فَهُوَ جرم بسيط مَوْضِعه الطبيعي فَوق الأجرام العنصرية كلهَا ومكانه الطبيعي

هُوَ السَّطح المقعر من الْفلك الَّذِي يَنْتَهِي عِنْده الْكَوْن وَالْفساد وَذَلِكَ خفته الْمُطلقَة وطبعه حَار يَابس ووجوده فِي الكائنات لينضج ويلطف ويمتزج وَيجْرِي فِيهَا بتنفيذه الْجَوْهَر الهوائي وليكسر من محوضة برد العنصرين الثقيلين الباردين فيرجعا عَن العنصرية إِلَى المزاجية والثقيلان أعون فِي كَون الْأَعْضَاء وَفِي سكونها والخفيفان أعون فِي كَون الْأَرْوَاح وَفِي تحركها وتحريك الْأَعْضَاء وَإِن كَانَ الْمُحَرك الأول هُوَ النَّفس بِإِذن باريها فَهَذِهِ هِيَ الْأَرْكَان.

التَّعْلِيم الثَّالِث فِي الأمزجة وَهُوَ ثَلَاثَة فُصُول

الْفَصْل الأول المزاج أَقُول: المزاج كَيْفيَّة حَاصِلَة من تفَاعل الكيفيات المتضادات إِذا وقفت على حد مَا. ووجودها فِي عناصر متصغرة الْأَجْزَاء ليماس أَكثر كل وَاحِد مِنْهَا أَكثر الآخر. إِذا تفاعلت بقواها بَعْضهَا فِي بعض حدث عَن جُمْلَتهَا كَيْفيَّة متشابهة فِي جَمِيعهَا هِيَ: المزاج والقوى الأولية فِي الْأَركان الْمَذْكُورَة أَربع هِيَ: الْحَرَارَة والبرودة والرطوبة واليبوسة وَبَين أَن المزاجات فِي الْأَجْسَام الكائنة الْفَاسِدَة إِنَّمَا تكون عَنْهَا وَذَلِكَ بِحَسب مَا توجبه الْقِسْمَة الْعَقْلِيَّة بِالنّظرِ الْمُطلق غير مُضَاف إِلَى شَيْء على وَجْهَيْن. وَأحد الْوَجْهَيْنِ أَن يكون المزاج معتدلا على أَن تكون الْمَقَادِير من الكيفيات المتضادة فِي الممتزج مُتَسَاوِيَة متقاومة وَيكون المزاج كَيْفيَّة متوسطة بَينهَا بالتحقيق. وَالْوَجْه الثَّانِي أَن لَا يكون المزاج بَينا لكيفيات المتضادة وسطا مُطلقًا وَلَكِن يكون أميل إِلَى أحد الطَّرفَيْنِ إِمَّا فِي إِحْدَى المتضادتين اللَّتَيْنِ بَين الْبُرُودَة والحرارة والرطوبة واليبوسة وَأما فِي كليهمَا. لَكِن الْمُعْتَبر فِي صناعَة الطِّبّ بالاعتدال وَالْخُرُوج عَن الِاعْتِدَال لَيْسَ هَذَا وَلَا ذَلِك بل يجب أَن يتسلم الطَّبِيب من الطبيعي. إِن المعتدل على هَذَا الْمَعْنى مِمَّا لَا يجوز أَن يُوجد أصلا فضلا عَن أَن يكون مزاج إِنْسَان أَو عُضْو إِنْسَان وَأَن يعلم أَن المعتدل الَّذِي يَسْتَعْمِلهُ الْأَطِبَّاء فِي مباحثهم هُوَ مُشْتَقّ لَا من التعادل الَّذِي هُوَ التوازن بِالسَّوِيَّةِ بل من الْعدْل فِي الْقِسْمَة وَهُوَ أَن يكون قد توفر فِيهِ على الممتزج بدنا كَانَ بِتَمَامِهِ أَو عضوا من العناصر بكمياتها وكيفياتها الْقسْط الَّذِي يَنْبَغِي لَهُ فِي المزاج الإنساني على أعدل قسْمَة وَنسبَة لكنه قد يعرض أَن تكون هَذِه الْقِسْمَة الَّتِي تتوفر على الْإِنْسَان قريبَة جدا من المعتدل الْحَقِيقِيّ الأول وَهَذَا الِاعْتِدَال الْمُعْتَبر بِحَسب أبدان النَّاس أَيْضا الَّذِي هُوَ بِالْقِيَاسِ إِلَى غير مِمَّا لَيْسَ لَهُ ذَلِك الِاعْتِدَال وَلَيْسَ لَهُ قرب الْإِنْسَان من الِاعْتِدَال الْمَذْكُور فِي الْوَجْه الأول يعرض لَهُ ثَمَانِيَة أوجه من الاعتبارات. فَإِنَّهُ إِمَّا أَن يكون بِحَسب النَّوْع مقيسا إِلَى مَا يخْتَلف مِمَّا هُوَ خَارج عَنهُ. وَإِمَّا أَن يكون بِحَسب النَّوْع مقيسا إِلَى مَا يخْتَلف مِمَّا هُوَ فِيهِ.

وَأما أَن يكون بِحَسب صنف من النَّوْع مقيسا إِلَى مَا يخْتَلف مِمَّا هُوَ خَارج عَنهُ وَفِي نَوعه. وَإِمَّا أَن يكون بِحَسب صنف من النَّوْع مقيسا إِلَى مَا يخْتَلف مِمَّا هُوَ فِيهِ. وَإِمَّا أَن يكون بِحَسب الشَّخْص من الصِّنْف من النَّوْع مقيسا إِلَى مَا يخْتَلف مِمَّا هُوَ خَارج عَنهُ وَفِي صنفه وَفِي نَوعه. وَإِمَّا أَن يكون بِحَسب الشَّخْص مقيسا إِلَى مَا يخْتَلف من أَحْوَاله فِي نَفسه وَإِمَّا أَن يكون بِحَسب الْعُضْو مقيسا إِلَى مَا يخْتَلف مِمَّا هُوَ خَارج عَنهُ وَفِي بدنه. وَإِمَّا أَن يكون بِحَسب الْعُضْو مقيسا إِلَى أَحْوَاله فِي نَفسه.وَالْقسم الأول هُوَ الِاعْتِدَال الَّذِي للْإنْسَان بِالْقِيَاسِ إِلَى سَائِر

الكائنات وَهُوَ شَيْء لَهُ عرض وَلَيْسَ منحصرا فِي حد وَلَيْسَ ذَلِك أَيْضا كَيفَ اتّفق بل لَهُ فِي الإفراط والتفريط حدان إذا خرج عَنْهُمَا بَطل المزاج عَن أن يكون مزاج إنْسَان.وَأما الثَّانِي فَهُوَ الْوَاسِطَة بَين طرفِي هَذَا المزاج العريض وَيُوجد فِي شخص فِي غَايَة الِاعْتِدَال من صنف فِي غَايَة الِاعْتِدَال فِي السن الَّذِي يبلغ فِيهِ النشو غَايَة النمو وَهَذَا أَيْضا وَإِن لم يكن الِاعْتِدَال الْحَقِيقِيّ الْمَذْكُور فِي ابْتِدَاء الْفَصْل حَتَّى يمْتَنع وجوده فَإِنَّهُ مِمَّا يعسر وجوده وَهَذَا الْإِنْسَان أَيْضا إِنَّمَا يقرب من الِاعْتِدَال الْحَقِيقِيّ الْمَذْكُور لَا كَيفَ اتّفق وَلَكِن تتكافأ أعضاؤه الحارة كالقلب والباردة كالدماغ والرطبة كالكبد واليابسة كالعظام فَإِذا توازنت وتعادلت. قربت من الِاعْتِدَال الْحَقِيقِيّ وَأما بِاعْتِبَار كل عُضْو فِي نَفسه إِلَّا عضوا وَاحِدًا وَهُوَ الْجلد على مَا نصفه بعد. وَأمَّا بِالْقِيَاسِ إِلَى الْأَرْوَاح وَإِلَى الْأَعْضَاء الرئيسة فَلَيْسَ يُمكن أَن يكون مقاربا لذَلِك الِاعْتِدَال الْحَقِيقِيّ بل خَارِجا عَنهُ إِلَى الْحَرَارَة والرطوبة. فَإِن مبدأ الْحَيَاة هُوَ الْقلب وَالروح وهما حاران جدا مائلان إِلَى الإفراط. والحياة بالحرارة والنشوء بالرطوبة بل الْحَرَارَة تقوم بالرطوبة وتغتذي بهَا. والأعضاء الرئيسة ثَلَاثَة كَمَا سنبين بعد هَذَا والبارد مِنْهَا وَاحِد وَهُوَ الدِّمَاغ. وبرده لَا يبلغ أَن يعدل حر الْقلب والكبد. واليابس مِنْهَا أَو الْقَرِيب من اليبوسة وَاحِد وَهُوَ الْقلب ويبوسته لَا تبلغ أَن تعدل مزاج رُطُوبَة الدِّمَاغ والكبد. وَلَيْسَ الدِّمَاغ أَيْضا بذلك الْبَارِد وَلَا الْقلب أَيْضا بذلك الْيَابِس وَلَكِن الْقلب بِالْقِيَاسِ إِلَى الآخر يَابِس والدماغ بِالْقِيَاسِ إِلَى الآخرين بَارِد.وَأما الْقسم الثَّالِث: فَهُوَ أضيق عرضا من الْقسم الأول أَعنِي من الِاعْتِدَال النوعي إِلَّا أَن لَهُ عرضا صَالحا وَهُوَ المزاج الصَّالح لأمة من الْأُمَم بِحَسب الْقيَاس إِلَى إقليم من الأقاليم وهواء من الأهوية فَإِن للهند مزاجا يشملهم يصحون بِهِ وللصقالبة مزاجا آخر يخصون بِهِ ويصحون بِهِ كل وَاحِد مِنْهُمَا معتدل بِالْقِيَاسِ إِلَى صنفه وَغير معتدل بِالْقِيَاسِ إِلَى الآخر.

فَإِن الْبدن الْهِنْدِيّ إِذا تكيف بمزاج الصقلابي مرض أَو هلك. وَكَذَلِكَ حَال الْبدن الصقلابي إِذا تكيف بمزاج الْهِنْدِيّ. فَيكون إِذن لكل وَاحِد من أَصْنَاف سكان المعمورة مزاج خَاص يُوَافق هَوَاء إقليمه وَأما الْقسم الرَّابِع: فَهُوَ الْوَاسِطَة بَين طرفِي عرض مزاج الإقليم وَهُوَ أعدل أمزجة ذَلِك الصِّنْف. وَأما الْقسم الْخَامِس: فَهُوَ أضيق من الْقسم الأول وَالثَّالِث وَهُوَ المزاج الَّذِي يجب أَن يكون لشخص معيّن حَتَّى يكون مَوْجُودا حَيا صَحِيحا وَله أَيْضا عرض يحدّه طرفا إفراط وتفريط. وَيجب أَن تعلم أَن كل شخص يسْتَحق مزاجاً يَخُصّهُ ينْدر أَو لَا يُمكن أَن يُشَارِكهُ فِيهِ الآخر. وَأما الْقسم السَّادِس: فَهُوَ الْوَاسِطَة بَين هذَيْن الحدين أَيْضا وَهُوَ المزاج الَّذِي إِذا حصل للشَّخْص كَانَ على أفضل مَا يَنْبَغِي لَهُ أَن يكون عَلَيْهِ. وَأما الْقسم السَّابِع: فَهُوَ المزاج الَّذِي يجب أَن يكون لنَوْع كل عُضْو من الْأَعْضَاء يُخَالف بِهِ غَيره فَإِن الِاعْتِدَال الَّذِي للعظم هُوَ أَن يكون الْيَابِس فِيهِ أَكثر وللدماغ أَن يكون الرطب فِيهِ أَكثر وللقلب أَن يكون الْحَار فِيهِ أَكثر وللعصب أَن يكون الْبَارِد فِيهِ أَكثر وَلِهَذَا المزاج أَيْضا عرض يحده طرفا إفراط وتفريط هُوَ دون الْعرُوض الْمَذْكُورَة فِي الأمزجة الْمُتَقَدّمَة. وَأما الْقسم الثَّامِن: فَهُوَ الَّذِي يخص كل عُضْو من الِاعْتِدَال حَتَّى يكون الْعُضْو على أحسن مَا يكون لَهُ فِي مزاجه فَهُوَ الْوَاسِطَة بَين هذَيْن الحدين

وَهُوَ المزاج الَّذِي إذا حصل للعضو كَانَ على أفضل مَا يَنْبَغِي لَهُ أَن يكون عَلَيْهِ. فَإِذا اعْتبرت الْأَنْوَاع كَانَ أقربها من الِاعْتِدَال الْحَقِيقِيّ هُوَ الْإِنْسَان.

وَإِذا اعْتبرت الْأَصْنَاف فقد صحّ عندنَا أنه إذا كَانَ فِي الْموضع الموازي لمعدل النَّهَار عمَارَة وَلم يعرض من الْأَسْبَاب الأرضية أمر مضاد أَعنِي من الْجبَال والبحار فَيجب أَن يكون سكانها أقرب الْأَصْنَاف من الِاعْتِدَال الْحَقِيقِيّ. وصحّ أَن الظَّن الذي يَقع أَن هُنَاكَ خروجاً عَن الِاعْتِدَال بِسَبَب قرب الشَّمْس ظن فَاسد فَإِن مسامتة الشَّمْس هُنَاكَ أقل نكاية وتغييرا للهواء من مقاربتها هَهُنَا أَو أَكثر عرضا مِمَّا هَهُنَا وَإِن لم تَسَامت ثمَّ سَائِر أَحْوَالهم فاضلة متشابهة وَلَا يتضاد عَلَيْهِم الْهَوَاء تضاداً محسوسا بل يشابه مزاجهم دَائِما. وَكُنَّا قد عَملنَا فِي تَصْحِيح هَذَا الرَّأْي رِسَالَة. ثمَّ بعد هَؤُلَاءِ فأعدل الْأَصْنَاف سكان الاقليم الرَّابِع فَإِنَّهُم لَا محترقون بدوام مسامتة الشَّمْس رؤوسهم حينا بعد حِين بعد تباعدها عَنْهُم كسكان أَكثر الثَّانِي وَالثَّالِث وَلَا فجون نيون بدوام بعد الشَّمْس عَن رؤوسهم كسكان أَكثر الْخَامِس وَمَا هُوَ أبعد مِنْهُ عرضا وَأما فِي الْأَشْخَاص فَهُوَ أعدل شخص من أعمل صنف من أعدل نوع. وَأما فِي الْأَعْضَاء فقد ظهر أَن الْأَعْضَاء الرئيسة لَيست شَدِيدَة الْقرب من الِاعْتِدَال الْحَقِيقِيّ بل يجب أَن تعلم أَن اللَّحْم أقرب الْأَعْضَاء من ذَلِك الِاعْتِدَال وَأقرب مِنْهُ الْجلد فَإِنَّهُ لَا يكَاد ينفعل عَن مَاء ممزوج بالتساوي نصفه جمد وَنصفه مغلي ويكاد يتعادل فِيهِ تسخين الْعُرُوق وَالدَّم لتبريد العصب وَكَذَلِكَ لَا ينفعل عَن جسم حسن الْخَلْط من أيبس الْأَجْسَام وأسيلها إذا كَانَا فِيهِ بِالسَّوِيَّةِ وَإِنَّمَا يعرف أَنه لَا ينفعل مِنْهُ لِأَنَّهُ لَا يحس وَإِنَّمَا كَانَ مثله لما كَانَ لَا ينفعل مِنْهُ لِأَنَّهُ لَو كَانَ مُخَالفا لَهُ لانفعل عَنهُ فَإِن الْأَشْيَاء المتفقة العنصر المتضادة الطبائع ينفعل بَعْضهَا عَن بعض. وَإِنَّمَا لَا ينفعل الشَّيْء عَن مُشَاركَة فِي الْكَيْفِيَّة إذا كَانَ مُشَاركَة فِي الْكَيْفِيَّة شَبيهَة فِيهَا. وَأَعْدل الْجلد جلد الْيَد وَأَعْدل جلد الْيَد جلد الْكَفّ وأعدله جلد الرَّاحَة أعدله مَا كَانَ على الْأَصَابِع وأعدله مَا كَانَ على السبابَة وأعدله مَا كَانَ على الْأُنْمُلَة مِنْهَا فَلِذَلِك هِيَ وأنامل الْأَصَابِع الْأُخْرَى تكَاد تكون هِيَ الحاكمة بالطمع فِي مقادير الملموسات. فَإِن الْحَاكِم يجب أَن يكون متساوي الْميل إِلَى الطَّرفَيْنِ جَمِيعًا حَتَّى يحس بِخُرُوج الطّرف عَن التَّوَسُّط وَالْعدْل.

وَيجب أَن تعلم مَعَ مَا قد علمت أَنا إذا قُلْنَا للدواء أَنه معتدل فلسنا نعني بذلك أَنه معتدل على الْحَقِيقَة فَذَلِك غير مُمكن. وَلَا أَيْضا أَنه معتدل بالاعتدال الإنساني فِي مزاجه وَإِلَّا لَكَانَ من جَوْهَر الْإِنْسَان بِعَيْنِه. وَلَكنَّا نعني أَنه إذا انفعل عَن الْحَار الغريزي فِي بدن الْإِنْسَان فتكيف بكيفية لم تكن تِلْكَ الْكَيْفِيَّة خَارِجَة عَن كَيْفيَّة الْإِنْسَان إِلَى طرف من طرفِي الْخُرُوج عَن الْمُسَاوَاة فَلَا يُؤثر فِيهِ أثرا مائلاً عَن الِاعْتِدَال وَكَأَنَّهُ معتدل بِالْقِيَاسِ إِلَى فعله فِي بدن الْإِنْسَان. وَكَذَلِكَ إذا قُلْنَا أَنه حَار أَو بَارِد فلسنا نعني أَنه فِي جوهره بغاية الْحَرَارَة أَو الْبُرُودَة وَلَا أَنه فِي جوهره أحر من بدن الْإِنْسَان أَو أبرد وَإِلَّا لَكَانَ المعتدل مَا مزاجه مثل مزاج الْإِنْسَان. وَلَكنَّا نعني بِهِ أَنه يحدث مِنْهُ فِي بدن الْإِنْسَان حرارة أَو برودة فَوق اللَّتَيْنِ لَهُ. وَلِهَذَا قد يكون الدَّوَاء بَارِدًا بِالْقِيَاسِ إِلَى بدن الْإِنْسَان حاراً بِالْقِيَاسِ إِلَى بدن الْعَقْرَب وحاراً بِالْقِيَاسِ إِلَى بدن الْإِنْسَان بَارِدًا بِالْقِيَاسِ إِلَى بدن الْحَيَّة بل قد يكون لدواء

وَاحِد أَيْضا حاراً بِالْقِيَاسِ إِلَى بدن زيد فَوق كَونه حاراً بِالْقِيَاسِ إِلَى بدن عَمْرو. وَلِهَذَا يُؤمر المعالجون بِأَن لَا يُقِيمُونَ على دَوَاء وَاحِد فِي تَبْدِيل المزاج إِذا لم ينجع.

وَإِذ قد اسْتَوْفَيْنَا القَوْل فِي المزاج المعتدل فلننتقل إِلَى غير المعتدل فَنَقُول: إِن الأمزجة الْغَيْر المعتدلة سَوَاء أَخَذتهَا بِالْقِيَاسِ إِلَى النَّوْع أَو الصِّنْف أَو الشَّخْص أَو الْعُضْو ثَمَانِيَة بعد الِاشْتِرَاك فِي أَنَّهَا مُقَابلَة للمعتدل. وَتلك الثَّمَانِيَة تحدث على هَذَا الْوَجْه وَهُوَ أَن الْخَارِج عَن الِاعْتِدَال إِمَّا أَن يكون بسيطاً وَإِنَّمَا يكون خُرُوجه فِي مضادة وَاحِدَة وَإِمَّا أَن يكون مركبا. وَإِنَّمَا يكون خُرُوجه فِي المضادتين جَمِيعًا. والبسيط الْخَارِج فِي المضادة الْوَاحِدَة إِمَّا فِي المضادة الفاعلة وَذَلِكَ على قسمَيْنِ: لِأَنَّهُ إِمَّا أَن يكون أحر مِمَّا يَنْبَغِي لَكِن لَيْسَ أرطب مِمَّا يَنْبَغِي وَلَا أيبس مِمَّا يَنْبَغِي أَو يكون أبرد مِمَّا يَنْبَغِي وَلَيْسَ أيبس مِمَّا يَنْبَغِي وَلَا أرطب مِمَّا يَنْبَغِي وَإِمَّا أَن يكون فِي المضادة المنفعلة وَذَلِكَ على قسمَيْنِ: لِأَنَّهُ إِمَّا أَن يكون أيبس مِمَّا يَنْبَغِي وَلَيْسَ أحرّ وَلَا أبرد مِمَّا يَنْبَغِي وَإِمَّا أَن يكون أرطب مِمَّا يَنْبَغِي وَلَيْسَ أحر وَلَا أبرد مِمَّا يَنْبَغِي. لَكِن هَذِه الْأَرْبَعَة لَا تستقرّ وَلَا تثبت زَمَانا لَهُ قدر فَإِن الأحر مِمَّا يَنْبَغِي يَجْعَل الْبدن أيبس مِمَّا يَنْبَغِي والأبرد مِمَّا يَنْبَغِي يَجْعَل الْبدن أرطب مِمَّا يَنْبَغِي بالرطوبة الغريبة والأيبس مِمَّا يَنْبَغِي سَرِيعا مَا يَجعله أبرد مِمَّا يَنْبَغِي والأرطب مِمَّا يَنْبَغِي إِن كَانَ بإفراط فَإِنَّهُ أسْرع من الأيبس فِي تبريده وَإِن كَانَ لَيْسَ بإفراط فَإِنَّهُ يحفظه مُدَّة أَكثر إِلَّا أَنه يَجعله آخر الْأَمر أبرد مِمَّا يَنْبَغِي. وَأَنت تفهم من هَذَا أَن الِاعْتِدَال أَو الصِّحَّة أَشد مُنَاسبَة للحرارة مِنْهَا للبرودة فَهَذِهِ هِيَ الْأَرْبَع المفردة.

وَأما المركبة الَّتِي يكون الْخُرُوج فِيهَا فِي المضادتين جَمِيعًا فَمثل أَن يكون المزاج أحر وأرطب مَعًا مِمَّا يَنْبَغِي أَو أبرد وأرطب مَعًا مِمَّا يَنْبَغِي أَو أبرد وأيبس مَعًا. وَلَا يُمكن أَن يكون أحر وأبرد مَعًا وَلَا أرطب وأيبس مَعًا. وكل وَاحِد من هَذِه الأمزجة الثَّمَانِية لَا يَخْلُو إِمَّا أَن يكون بِلَا مَادَّة وَهُوَ أَن يحدث ذَلِك المزاج فِي الْبدن كَيْفيَّة وَحدهَا من غير أَن يكون قد تكيف الْبدن بِهِ لنفوذ خلط فِيهِ متكيّف بِهِ فيتغير الْبدن إِلَيْهِ مثل حرارة المدقوق وبرودة الخصر المصرود المثلوج وَإِمَّا أَن يكون مَعَ مَادَّة وَهُوَ أَن يكون الْبدن إِنَّمَا تكيف بكيفية ذَلِك المزاج لمجاورة خلط نَافِذ فِيهِ غَالب عَلَيْهِ تِلْكَ الْكَيْفِيَّة مثل تبرد الْجِسْم الإنساني بِسَبَب بلغم زجاجي أَو تسخنه بِسَبَب صفراء كراثي. وستجد فِي الْكتاب الثَّالِث وَالرَّابِع مِثَالا لوَاحِد وَاحِد من الأمزجة السِّتَّة عشر. وَاعْلَم: أَن المزاج مَعَ الْمَادَّة قد يكون على جِهَتَيْنِ وَذَلِكَ لِأَن الْعُضْو قد يكون تَارَة مُنْتَقعا فِي الْمَادَّة متبلاً بهَا وَقد تكون تَارَة الْمَادَّة محتبسةً فِي مجاريه وبطونه فَرُبمَا كَانَ احتباسها ومداخلتها يحدث توريماً وَرُبمَا لم يكن.

الْفَصْل الثَّانِي أمزجة الْأَعْضَاء اعْلَم أَنّ الْخَالِق جلّ جَلَاله أعْطى كل حَيَوَان. وكل عُضْو من المزاج مَا هُوَ أليق بِهِ وَأَصْلح لأفعاله وأحواله بِحَسب الْإِمْكَان لَهُ. وَتَحْقِيق ذَلِك إِلَى الفيلسوف دون الطَّبِيب. وَأعْطى الْإِنْسَان أعدل مزاج يُمكن أَن يكون فِي هَذَا الْعَالم مَعَ مُنَاسبَة لقواه الَّتِي بهَا يفعل وينفعل. وَأعْطى كل عُضْو مَا يَلِيق بِهِ من مزاجه فَجعل بعض الْأَعْضَاء أحر وَبَعضهَا أبرد وبعضها أيبس وَبَعضهَا أرطب. فَأَما أحر مَا فِي الْبدن فَهُوَ الرّوح

وَالقلب الَّذِي هُوَ منشؤه ثمَّ الدَّم فَإِنَّهُ وَإِن كَانَ متولداً فِي الكبد فَإِنَّهُ لاتصاله بِالْقَلْبِ يَسْتَفِيد من الْحَرَارَة مَا لَيْسَ للكبد ثمَّ الكبد لِأَنَّهَا كَدم جامد ثمَّ الرئة ثمَّ اللَّحْم وَهُوَ أقل مِنْهَا بِمَا يخالطه من لِيف العصب الْبَارِد ثمَّ العضل وَهُوَ أقل حرارة من اللَّحْم الْمُفْرد لما يخالطه من العصب والرباط ثمَّ الطحال لما فِيهِ من عكر الدَّم ثمَّ الكِلى لِأَن الدَّم فِيهَا لَيْسَ بالكثير ثمَّ طَبَقَات الْعُرُوق الضوارب لَا بجواهرها العصبية بل بِمَا تقبله من تسخين الدَّم وَالروح اللَّذين فِيهَا ثمَّ طَبَقَات الْعُرُوق السواكن لأجل الدَّم وَحده ثمَّ جلدَة الْكَفّ المعتدلة وأبرد مَا فِي الْبدن البلغم ثمَّ الشَّحْم ثمَّ الشّعْر ثمَّ الْعظم ثمَّ الغضروف ثمَّ الرِّبَاط ثمَّ وَأما أرطب مَا فِي الْبدن فالبلغم ثمَّ الدَّم ثمَّ السمين ثمَّ الشَّحْم ثمَّ الدِّمَاغ ثمَّ النخاع ثمَّ لحم الثدي والأنثيين ثمَّ الرئة ثمَّ الكبد ثمَّ الطحال ثمَّ الكليتان ثمَّ العضل ثمَّ الْجلد. هَذَا هُوَ التَّرْتِيب الَّذِي رتبه جالينوس. وَلَكِن يجب أَن تعلم أَن الرئة فِي جوهرها وغريزتها لَيست برطبة شَدِيدَة الرُّطُوبَة لِأَن كل عُضْو شَبيه فِي مزاجه الغريزي بِمَا يتغذى بِهِ وشبيه فِي مزاجه الْعَارِض بِمَا يفضل فِيهِ. ثمَّ الرئة تغتذي من أسخن الدَّم وَأَكْثَره مُخَالطَة للصفراء. فَعلمنَا هَذَا جالينوس بِعَيْنِه وَلكنهَا قد يجْتَمع فِيهَا فضل كثير من الرُّطُوبَة عَمَّا يتصَعَّد من بخارات الْبدن وَمَا ينحدر إِلَيْهَا من النزلات.

وَإِذا كَانَ الْأَمر على هَذَا فَالْكَبِد أرطب من الرئة كثيرا فِي الرُّطُوبَة الغريزية. والرئة أَشد ابتلالاً وَإِن كَانَ دوَام الابتلال قد يَجْعَلهَا أرطب فِي جوهرها أَيْضا. وَهَكَذَا يجب أَن تفهم من حَال البلغم وَالدَّم من جِهَة وَهُوَ أَن ترطيب البلغم فِي أَكثر الْأَمر هُوَ على سَبِيل البل وترطيب الدَّم هُوَ على سَبِيل التَّقْرِير فِي الْجَوْهَر. على أَن البلغم الطبيعي المائي قد يكون فِي نَفسه أَشد رُطُوبَة. فَإِن الدَّم بِمَا يَسْتَوْفِي حَظه من النضج يتحَلَّل مِنْهُ شَيْء كثير من الرُّطُوبَة الَّتِي كَانَت فِي البلغم المائي الطبيعي الَّذِي اسْتَحَالَ إِلَيْهِ. فستعلم بعد أَن البلغم الطبيعي دم اسْتَحَالَ بعض الاستحالة. وَأما أيبس مَا فِي الْبدن فالشّعر لِأَنَّهُ من بخار دخاني تحلل مَا كَانَ فِيهِ من خلط البخار وانعقدت الدخانية الصرفة ثمَّ الْعظم لِأَنَّهُ أَصْلَب الْأَعْضَاء لكنه أَصْلَب من الشّعْر لِأَن كَون الْعظم من الدَّم وَوَضعه وضع نَشَاف للرطوبات الغريزية مُتَمَكن مِنْهَا. وَلذَلِك مَا كَانَ الْعظم يغذو كثيرا من الْحَيَوَانَات وَالشعر لَا يغذو شَيْئا مِنْهَا أَو عَسى أَن يغذو نَادرا من جُمْلَتهَا كَمَا قد ظن من أَن الخفافيش تهضمه وتسيغه. لَكنا إِذا أَخذنَا قدرين متساويين من الْعظم وَالشعر فِي الْوَزْن فقطرناهما فِي القرع والإنبيق سَالَ من الْعظم مَاء ودهن كثر وَبَقِي لَهُ ثقل أقل. فالعظم إِذا أرطب من الشّعْر. وَبعد الْعظم فِي اليبوسة الغضروف ثمَّ الرِّبَاط ثمَّ الْوتر ثمَّ الغشاء ثمَّ الشرايين ثمَّ الأوردة ثمَّ عصب الْحَرَكَة ثمَّ الْقلب ثمَّ عصب الحسّ. فَإِن عصب الْحَرَكَة أبرد وأيبس مَعًا كثيرا من المعتدل. وَعصب الْحس أبرد وليسَ أيبس كثيرا من المعتدل بل عَسى أَن يكون قَرِيبا مِنْهُ وَلَيْسَ أَيْضا كثير البعد مِنْهُ فِي الْبرد ثمَّ الْجلد.

الْفَصْل الثَّالِث أمزجة الْأَسْنَان والأجناس الْأَسْنَان أَرْبَعَة فِي الْجُمْلَة: سنّ النمو ويسمّى سنّ الحداثة وَهُوَ إِلَى قريب من ثَلَاثِينَ سنة ثمَّ سنّ الْوُقُوف: وَهُوَ سنّ الشَّبَاب وَهُوَ إِلَى نَحْو خمس وَثَلَاثِينَ سنة أَو أَرْبَعِينَ سنة وَسن الانحطاط مَعَ بَقَاء من الْقُوَّة: وَهُوَ سنّ المكتهلين وَهُوَ إِلَى نَحْو سِتِّينَ سنة وَسن الانحطاط مَعَ ظُهُور الضعْف فِي الْقُوَّة: وَهُوَ سنّ الشُّيُوخ إِلَى آخر الْعُمر. لَكِن سنّ الحداثة يَنْقَسِم إِلَى: سنّ الطفولة: وَهُوَ أَن يكون الْمَوْلُود بعد

غير مستعد الْأَعْضَاء للحركات والنهوض وَإِلَى سنّ الصِّبَا: وَهُوَ بعد النهوض وَقبل الشدَّة وَهُوَ أَن لَا تكون الْأَسْنَان استوفت السُّقُوط والنبات ثمَّ سنّ الترعرع: وَهُوَ بعد الشدَّة ونبات الْأَسْنَان قبل المراهقة ثمَّ سنّ الغلامية والرهاق إِلَى أَن يبقل وَجهه. ثمَّ سنّ الْفَتى: إِلَى أَن يقفل النمو. وَالصبيان أَعنِي من الطفولة إِلَى الحداثة مزاجهم فِي الْحَرَارَة كالمعتدل وَفِي الرُّطُوبَة كالزائد ثمَّ بَين الْأَطِبَّاء الأقدمين اخْتِلَاف فِي حرارتي الصَّبِي والشاب فبعضهم يرى أَن حرارة الصَّبِي أَشد وَلذَلِك يَنْمُو أَكثر وَتَكون أَفعاله الطبيعية من الشَّهْوَة والهضم كَذَلِك كثر وأدوم لِأَن الْحَرَارَة الغريزية المستفادة فيهم من الْمَنِيّ أجمع وأحدث. وَبَعْضهمْ يرى أَن الْحَرَارَة الغريزية فِي الشبَّان أقوى بِكَثِير لِأَن دمهم أَكثر وأمتن وَلذَلِك يصيبهم الرعاف أَكثر وَأَشد وَلِأَن مزاجهم إِلَى الصَّفْرَاء أميل ومزاج الصّبيان إِلَى البلغم أميل ولانهم أقوى حركات وَالْحَرَكَة بالحرارة وهم أقوى استمراء وهضماً وَذَلِكَ بالحرارة.

وَأما **الشَّهْوَة** فَلَيْسَتْ تكون بالحرارة بل بالبرودة وَلِهَذَا مَا تحدث الشَّهْوَة الْكَلْبِيَّة فِي أَكثر الْأَمر من الْبُرُودَة وَالدَّلِيل على أَن هَؤُلَاءِ أَشد استمراء أَنه لَا يصيبهم من التهوع والقيء والتخمة مَا يعرض للصبيان لسوء الهضم. وَالدَّلِيل على أَن مزاجهم أميل إِلَى الصَّفْرَاء هُوَ أَن أمراضهم حارة كلهَا كحمى الغب وقيئهم صفراوي. وَأما أَكثر أمراض الصّبيان فَإِنَّهَا رطبَة بَارِدَة وحمياتهم بلغمية وَأَكْثر مَا يقذفونه بالقيء بلغم. وَأما النمو فِي الصّبيان فَلَيْسَ من قُوَّة حرارتهم وَلَكِن لِكَثْرَة رطوبتهم وَأَيْضًا فَإِن كَثْرَة شهوتهم تدلّ على نُقْصَان حرارتهم. هَذَا مَذْهَب الْفَرِيقَيْنِ واحتجاجهما. وَأما جالينوس فَإِنَّهُ يرد على الطَّائِفَتَيْنِ جَمِيعًا وَذَلِكَ أَنه يرى الْحَرَارَة فيهمَا مُتَسَاوِيَة فِي الأَصْل لَكِن حرارة الصّبيان أَكثر كمية وَأَقل كَيْفيَّة أَي حِدة. وحرارة الشبَّان أقل كمية وَأكْثر كَيْفيَّة أَي حدّة. وَبَيَان هَذَا على مَا يَقُوله فَهُوَ أَن يتَوَهَّم أَن حرارة وَاحِدَة بِعَينهَا فِي الْمِقْدَار أَو جسماً لطيفاً حاراً وَاحِدًا فِي الكيف والكم فَشَا تَارَة فِي جَوْهَر رطب كثير كَالْمَاءِ وَفَشَا أُخْرَى فِي جَوْهَر يَابِس قَلِيل كالحجر وَإِذا كَانَ كَذَلِك فَإنَّا نجد حِينَئِذٍ المَاء الْحَار المائي أَكثر كمية وألين كَيْفيَّة والحار الحجري أقل كمية وَأحدّ كَيْفيَّة. وعَلى هَذَا فقس وجود الْحَار فِي الصّبيان والشبان فَإِن الصّبيان إِنَّمَا يتولدون من الْمَنِيّ الْكثير الْحَرَارَة وَتلك الْحَرَارَة لم يعرض لَهَا من الْأَسْبَاب مَا يطفئها. فَإِن الصَّبِي ممعن فِي التزيّد ومتدرّج فِي النمو وَلم يقف بعد فَكيف يتراجع. وَأما الشَّاب فَلم يَقع لَهُ سَبَب يزِيد فِي حرارته الغريزية وَلَا أَيْضا وَقع لَهُ سَبَب يطفئها بل تِلْكَ الْحَرَارَة مستحفظة فِيهِ برطوبة أقل كمية وَكَيْفيَّة مَعًا إِلَى أَن يَأْخُذ فِي الانحطاط. وَلَيْسَت قلَّة هَذِه الرُّطُوبَة تعد قلَّة بِالْقِيَاسِ إِلَى استحفاظ الْحَرَارَة وَلَكِن بِالْقِيَاسِ إِلَى النمو فَكَأَن الرُّطُوبَة تكون أَولا بِقدر يَفِي بِهِ كلا الْأَمريْنِ فَيكون بِقدر مَا تحفظ الْحَرَارَة وتفضل أَيْضا النمو ثمَّ تصير بآخرة بِقدر لَا يَفِي بِهِ كلا الْأَمريْنِ ثمَّ تصير بِقدر لَا يَفِي وَلَا بِأحد الْأَمريْنِ فَيجب أَن يكون فِي الْوسط بِحَيْثُ يَفِي بِأحد الْأَمريْنِ دون الآخر. ومحال أَن يُقَال أَنَّهَا تفي بالتنمية وَلَا تفي بِحِفْظ الْحَرَارَة الغريزية فَإِنَّهُ كَيفَ يزِيد على الشَّيْء مَا لَيْسَ يُمكنهُ أَن يحفظ الأَصْل فَبَقِيَ أَن يكون إِنَّمَا يَفِي بِحِفْظ الْحَرَارَة الغريزية وَلَا يَفِي بالنمو. وَمَعْلُوم أَن هَذَا السن هُوَ سنّ الشَّبَاب. وَأما قَول الْفَرِيق الثَّانِي: أَن النمو فِي الصّبيان إِنَّمَا هُوَ بِسَبَب الرُّطُوبَة دون الْحَرَارَة فَقَوْل بَاطِل. وَذَلِكَ لِأَن الرُّطُوبَة مَادَّة للنمو والمادة لَا تفعل وَلَا تتخلق بِنَفسِهَا بل عِنْد فعل الْقُوَّة الفاعلة فِيهَا وَالْقُوَّة الفاعلة هَهُنَا

هِيَ نفس أَو طبيعة بِإِذن الله عز وَجل وَلَا تفعل إِلَّا بِآلَة هِيَ الْحَرَارَة الغريزية. وَقَوْلهمْ أَيْضا: إِن قُوَّة الشَّهْوَة فِي الصّبيان إِنَّمَا هِيَ لبرد المزاج قَول بَاطِل. فَإِن تِلْكَ الشَّهْوَة الْفَاسِدَة الَّتِي تكون لبرد المزاج لَا يكون مَعهَا استمراء واغتذاء.

والاستمراء فِي الصّبيان فِي أَكثر الْأَوْقَات على أحسن مَا يكون وَلَوْلَا ذَلِك لما كَانُوا يوردون من الْبَدَل الَّذِي هُوَ الْغذَاء أَكثر مِمَّا يتَحَلَّل حَتَّى يَنْمُو وَلَكنهُمْ قد يعرض لَهُم سوء استمرائهم لشرههم وَسُوء تربيتهم لمطعومهم وتناولهم الْأَشْيَاء الرَّديئَة والرطبة والكثيرة وحركاتهم الْفَاسِدَة عَلَيْهَا فَلهَذَا تجْتَمع فيهم فضول أَكثر ويحتاجون إِلَى تنقية أَكثر وخصوصاً رئاتهم وَلذَلِك نبضهم أَشد تواتراً وَسُرْعَة وَلَيْسَ لَهُ عظم لِأَن قوتهم لم تتمّ. فَهَذَا هُوَ القَوْل فِي مزاج الصَّبِي والشاب على حسب مَا تكفل جالينوس ببيانه وعبرنا عَنهُ. ثمَّ يجب أَن تعلم أَن الْحَرَارَة بعد مُدَّة سنّ الْوُقُوف تَأْخُذ فِي الإنتقاص لانتشاف الْهَوَاء الْمُحِيط مادتها الَّتِي هِيَ الرُّطُوبَة ومعاونة الْحَرَارَة الغريزية الَّتِي هِيَ أَيْضا من دَاخل ومعاضدة الحركات الْبَدَنِيَّة والنفسانية الضرورية فِي الْمَعيشَة لَهَا وَعجز الطبيعة عَن مقاومة ذَلِك دَائِما فَإِن جَمِيع القوى الجسمانيّة متناهية. فقد تبين ذَلِك فِي الْعلم الطبيعي فَلَا يكون فعلهَا فِي الْإِيرَاد دَائِما. فَلَو كَانَت هَذِه القوى أَيْضا غير متناهية وَكَانَت دائمة الْإِيرَاد ليبدلّ مَا يتحلّل على السوَاء بِمِقْدَار وَاحِد وَلَكِن كَانَ التَّحَلُّل لَيْسَ بِمِقْدَار وَاحِد بل يزْدَاد دَائِما كل يَوْم لما كَانَ الْبَدَل يُقَاوم التحلّل وَلَكِن التَّحَلُّل يفني الرُّطُوبَة فَكيف وَالْأَمر أَن كِلَاهُمَا متظاهران أَن على تهيئة النُّقْصَان والتراجع وَإِذ كَانَ كَذَلِك فَوَاجِب ضَرُورَة أَن يفنى الْمَادَّة بل يطفىء الْحَرَارَة وخصوصاً إِذا كَانَ يعين انطفاءها بِسَبَب عون الْمَادَّة سَبَب آخر وَهُوَ الرُّطُوبَة الغريبة الَّتِي تحدث دَائِما لعدم بدل الْغذَاء الهضم فيعين على انطفائها من وَجْهَيْن أَحدهمَا بالخنق والغمر وَالْآخر بمضادة الْكَيْفِيَّة لِأَن تِلْكَ الرُّطُوبَة تكون بلغمية بَارِدَة وَهَذَا هُوَ الْمَوْت الطبيعي الْمُؤَجل لكل شخص بِحَسب مزاجه وَلكُل مِنْهُم أجل مُسَمّى وَلكُل أجل كتاب وَهُوَ مُخْتَلف فِي الْأَشْخَاص لاخْتِلَاف الأمزجة فَهَذِهِ هِيَ الْآجَال الطبيعية وَهَهُنَا آجال اخترامية غَيرهَا وَهِي أُخْرَى وكل بِقدر فَالْحَاصِل إِذا من هَذَا أَن أبدان الصّبيان والشبان حارة باعتدال وأبدان الكهول والمشايخ بَارِدَة. وَلَكِن أبدان الصّبيان أرطب من المعتدل لأجل النمو وَيدل عَلَيْهِ التجربة وَهِي من لين عظامهم وأعصابهم. وَالْقِيَاس وَهُوَ من قرب عَهدهم بالمني وَالروح البُخَارِيّ. وَأما الكهول والمشايخ خُصُوصا فَإِنَّهُم مَعَ أَنهم أبرد فهم أيبس يعلم ذَلِك بالتجربة من صلابة عظامهم ونشف جُلُودهمْ وبالقياس من بعد عَهدهم بالمني وَالدَّم وَالروح البُخَارِيّ. ثمَّ النارية مُتَسَاوِيَة فِي الصّبيان والشبان والهوائية والمائية فِي الصّبيان أَكثر والأرضية فِي الكهول والمشايخ أَكثر مِنْهَا فيهمَا وَهِي فِي مَشَايِخ أَكثر. والشاب معتدل المزاج فَوق اعْتِدَال الصَّبِي لكنه بِالْقِيَاسِ إِلَى الصَّبِي يَابِس المزاج وبالقياس إِلَى الشَّيْخ والكهل حَار المزاج وَالشَّيْخ أيبس من الشَّاب والكهل فِي مزاج أَعْضَائِهِ الْأَصْلِيَّة وأرطب مِنْهُمَا بالرطوبة الغريبة البالّة. وَأما الْأَجْنَاس فِي اخْتِلَاف أمزجتها فَإِن الْإِنَاث أبرد أمزجة من الذُّكُور وَلذَلِك قصرن عَن الذُّكُور فِي الْخلق وأرطب فلبرد مزاجهن تكْثر فضولهن ولقلة رياضتهن جَوْهَر لحومهن أسخف وَإِن كَانَ لحم الرجل من جِهَة تركيبه بِمَا يخالطه أسخف فَإِنَّهُ لكثافته أَشد تبرداً مِمَّا ينفذ فِيهِ من الْعُرُوق وليف العصب.

وَأهل الْبِلَاد الشمالية أرطب وَأهل الصِّنَاعَة المائية أرطب. وَالَّذين يخالفونهم فعلى الْخلاف وَأما عَلَامَات الأمزجة فسنذكرها حَيْثُ نذْكر العلامات الْكُلية والجزئية.

التَّعْلِيم الرَّابِع الأخلاط وَهُوَ فصلان

الْفَصْل الأول مَاهِيَّة الْخَلْط وأقسامه الْخَلْط: جسم رطب سيال يَسْتَحِيل إِلَيْهِ الْغذَاء أَولا فَمِنْهُ خلط مَحْمُود وَهُوَ الَّذِي من شَأْنه أَن يصير جزءاً من جَوْهَر المغتذي وَحده أَو مَعَ غَيره ومتشبهاً بِهِ وَحده أَو مَعَ غَيره.

وَبِالْجُمْلَةِ سَادًّا بدل شَيْء مِمَّا يتحَلَّل مِنْهُ وَمِنْه فضل وخلط رَدِيء وَهُوَ الَّذِي لَيْسَ من شَأْنه ذَلِك أَو يَسْتَحِيل فِي النَّادِر إِلَى الْخَلْط الْمَحْمُود وَيكون حَقه قبل ذَلِك أَن يدْفع عَن الْبدن وينفض. ونقول: إِن رطوبات الْبدن مِنْهَا أولى وَمِنْهَا ثَانِيَة. فَالْأولى: هِيَ الأخلاط الْأَرْبَعَة الَّتِي نذكرها. وَالثَّانيَِة: قِسْمَانِ: إِمَّا فضول وَإِمَّا غير فضول. والفضول سنذكرها. وَالَّتِي لَيست بفُضُول هِيَ الَّتِي استحالت عَن حَالَة الِابْتِدَاء ونفذت فِي الْأَعْضَاء إِلَّا أَنَّهَا لم تصر جُزْء عُضْو من الْأَعْضَاء المفردة بِالْفِعْلِ التَّام وَهِي أَصْنَاف أَرْبَعَة: أَحدهَا الرُّطُوبَة المحصورة فِي تجاويف أَطْرَاف الْعُرُوق وَالثَّانيَِة: الرُّطُوبَة الَّتِي هِيَ منبثة فِي الْأَعْضَاء الْأَصْلِيَّة بِمَنْزِلَة الطل وَهِي مستعدّة لِأَن تستحيل غذَاء إِذا فقد الْبدن الْغذَاء ولأنْ تبَل الْأَعْضَاء إِذا جففها سَبَب من حَرَكَة عنيفة أَو غَيرهَا. وَالثَّالِثَة: الرُّطُوبَة الْقَرِيبَة الْعَهْد بالانعقاد فَهِيَ غذَاء استحَالَ إِلَى جَوْهَر الْأَعْضَاء من طَرِيق المزاج والتشبيه وَلم تستحل بعد من طَرِيق القوام التَّام. وَالرَّابِعَة: الرُّطُوبَة المداخلة للأعضاء الْأَصْلِيَّة مُنْذُ ابْتِدَاء النشوء الَّتِي بهَا اتِّصَال أَجْزَائِهَا ومبدؤها من النُّطْفَة ومبدأ النُّطْفَة من الأخلاط. ونقول أَيْضا: إِن الرطوبات الخلطية المحمودة والفضلية تنْحَصر فِي أَرْبَعَة أَجنَاس: جنس الدَّم وَهُوَ أفضلهَا وجنس البلغم وجنس الصَّفْرَاء وجنس السَّوْدَاء. وَالدَّم: حَار الطَّبْع رطبه وَهُوَ صنفان: طبيعي وَغير طبيعي والطبيعي: أَحْمَر اللَّوْن لَا نَتن لَهُ حُلْو جدا. وَغير الطبيعي: قِسْمَانِ فَمِنْهُ مَا قد تغيّر عَن المزاج الصَّالح لَا بِشَيْء خالطه وَلَكِن بِأَن سَاءَ مزاجه فِي نَفسه فبرد مزاجه مثلا أَو سخن وَمِنْه مَا إِنَّمَا تغيّر بِأَن حصل خلط رَدِيء فِيهِ وَذَلِكَ قِسْمَانِ: فَإِنَّهُ إِمَّا أَن يكون الْخَلْط ورد عَلَيْهِ من خَارج فنفذ فِيهِ فأفسده وَإِمَّا أَن يكون الْخَلْط تولّد فِيهِ نَفسه مثلا بِأَن يكون عفن بعضه فاستحال الطَّبَقَة مُرَة صفراء وكثيفه مرَة سَوْدَاء وبقيا أَو أَحدهمَا فِيهِ وَهَذَا الْقسم بقسميه مُخْتَلف بِحَسب مَا يخالطه. وأصنافه من أَصْنَاف البلغم وأصناف السَّوْدَاء وأصناف الصَّفْرَاء والمائية فيصير تَارَة عكراً وَتارَة رَقِيقا وَتارَة أسود شَدِيد السوَاد وَتارَة أَبيض وَكَذَلِكَ يتَغَيَّر فِي رَائِحَته وَفِي طعمه فيصير مرا ومالحاً وَإِلَى الحموضة. وَأما البلغم: فَمِنْهُ طبيعي أَيْضا وَمِنْه غير طبيعي. والطبيعي: هُوَ الَّذِي يصلح أَن يصير فِي وَقت مَا دَمًا لِأَنَّهُ دم غير تَامّ النضج وَهُوَ ضرب من البلغم والحلو وَلَيْسَ هُوَ بشديد الْبرد بل هُوَ بِالْقِيَاسِ إِلَى الْبدن قَلِيل الْبرد بِالْقِيَاسِ إِلَى الدَّم والصفراء بَارِد وَقد يكون من البلغم الحلو مَا لَيْسَ بطبيعي وَهُوَ البلغم الَّذِي لَا طعم لَهُ الَّذِي سنذكرهُ إِذا اتّفق أَن خالطه دم طبيعي. وَكَثِيرًا مَا يحس بِهِ فِي النَّوَازِل وَفِي النفث وَأما الحلو الطبيعي فَإِن جالينوس زعم أَن الطبيعة إِنَّمَا لم تعد لَهُ عضوا كالمفرغة مَخْصُوصًا مثل مَا للمرتين لِأَن هَذَا البلغم

قريب الشّبه من الدَّم وتحتاج إِلَيْهِ الْأَعْضاء كلهَا فَلذَلِك أجري مجْرى الدَّم وَنحن نقُول: إِن تِلْكَ الْحَاجة هِيَ لأمرين: أَحدهمَا ضَرُورَة وَالْآخر مَنْفَعَة أما الضَّرُورَة فلسببين: أَحدهمَا: ليكُون قَرِيبا من الْأَعْضَاء فَمَتَى فقدت الْأَعْضَاء الْغذَاء الْوَارِد إِلَيْهَا صَار دَمًا صَالحا لاحتباس مدده من الْمعدة والكبد ولأسباب عارضة أَقبلت عَلَيْهِ قواها بحرارته الغريزية فأنضجته وهضمته وتغذت بِهِ وكما أَن الْحَرَارَة الغريزية تنضجه وتهضمه وتصلحه دَمًا فَكَذَلِك الْحَرَارَة الغريبة قد تعفنه وتفسده.

وَهَذَا الْقسم من الضَّرُورَة لَيْسَ للمرتين فَإِن المرتين لَا تشاركان البلغم فِي أَن الْحَار الغريزي يصلحه دَمًا وَإِن شاركناه فِي أَن الْحَار العرضي يحيله عفناً فَاسِدا. وَالثَّانِي: ليخالط الدَّم فيهيئه لتغذية الْأَعْضَاء البلغمية المزاج الَّتِي يجب أَن يكون فِي دمهَا الغاذيها بلغم بِالْفِعْلِ على قسط مَعْلُوم مثل الدِّمَاغ وَهَذَا مَوْجُود للمرتين وَأما الْمَنْفَعَة فَهِيَ أَن تبلّ المفاصل والأعضاء الْكَثِيرَة الْحَرَكَة فَلَا يعرض لَهَا جفاف بِسَبَب حَرَكَة الْعُضْو وبسبب الاحتكاك وَهَذِه مَنْفَعَة وَاقعَة فِي تخوم الضَّرُورَة. وَأما البلغم الْغَيْر الطبيعي فَمِنْهُ فضلي مُخْتَلف القوام حَتَّى عِنْد الْحس وَهُوَ المخاطي وَمِنْه مستوي القوام فِي الْحس مُخْتَلفَة فِي الْحَقِيقَة وَهُوَ الخام وَمِنْه الرَّقِيق جد اوهو المائي مِنْهُ وَمِنْه الغليظ جدا وَهُوَ الْأَبْيَض الْمُسَمّى بالجصي وَهُوَ الَّذِي قد تحلل لطبقة لِكَثْرَة احتباسه فِي المفاصل والمنافذ وَهُوَ أغْلظ الْجَمِيع وَمن البلغم صنف مالح وَهُوَ أحر مَا يكون من البلغم وأيبسه وأجفه وَسبب كل ملوحة تحدث أَن تخالط رُطُوبَة مائية قليلَة الطّعْم أَو عديمته أَجزَاء أرضية محترقة يابسة المزاج مرّة الطّعْم مُخَالطَة باعتدال فَإِنَّهَا إِن كثرت مَررت. وَمن هَذَا تتولد الأملاح وتملح الْمِيَاه. وَقد يصنع الْملح من الرماد والقلي والنورة وَغير ذَلِك بِأَن يطْبخ فِي المَاء ويصفى ويغلى ذَلِك المَاء حَتَّى ينْعَقد ملحاً أَو يتْرك بِنَفسِهِ فينْعَقد وَكَذَلِكَ البلغم الرَّقِيق الَّذِي لَا طعم لَهُ أَو طعمه قَلِيل غير غَالب إِذا خالطته مرّة يابسة بالطبع محترقة مُخَالطَة باعتدال ملحته وسخنته فَهَذَا بلغم صفراوي. وَأما الْحَكِيم الْفَاضِل جالينوس فقد قَالَ: إِن هَذَا البلغم يملح لعفونته أَو لمائية خالطته. وَنحن نقُول: إِن العفونة تملّحه بِمَا تحدث فِيهِ من الاحتراق والرمادية فتخالط رطوبته. وَأما المائية الَّتِي تخالطه فَلَا تحدث الملوحة وَحدهَا إِذا لم يَقع السَّبَب الثَّانِي - وَيُشبه أَن يكون بدل أَو القاسمة الْوَاو الْوَاصِلَة وَحدهَا فَيكون الْكَلَام تَاما. وَمن البلغم حامض. وكما أَن الحلو كَانَ على قسمَيْنِ: حُلْو لأمر فِي ذَاته وحلو لأمر غَرِيب مخالط كَذَلِك الحامض أَيْضا تكون حموضته على قسمَيْنِ: أَحدهمَا بِسَبَب مُخَالطَة شَيْء غَرِيب وَهُوَ السَّوْدَاء الحامض الَّذِي سنذكرهُ. وَالثَّانِي بِسَبَب أَمر فِي نَفسه وَهُوَ أَن يعرض للبلغم الحلو الْمَذْكُور أَو مَا هُوَ فِي طَرِيق الْحَلَاوَة مَا يعرض لسَائِر العصارات الحلوة من الغليان أَولا ثمَّ التحميض ثَانِيًا وَمن البلغم أَيْضا عفص وحاله هَذِه الْحَال فَإِنَّهُ رُبمَا كَانَت عفوصته لمخالطة السَّوْدَاء العفص وَرُبمَا كَانَت عفوصته بِسَبَب تبرده فِي نَفسه تبرداً شَدِيدا فيستحيل طعمه إِلَى العفوصة لجمود مائيته واستحالته لليبس إِلَى الأرضية قَلِيلا فَلَا تكون الْحَرَارَة الضعيفة أغلته فحمضته وَلَا القوية أنضجته.

وَمن البلغم نوع زجاجي ثخين غليظ يشبه الزّجاج الذائب فِي لزوجته وثقله وَرُبمَا كَانَ حامضاً وَرُبمَا كَانَ مسيخاً وَيُشبه أَن يكون الغليظ من المسيخ مِنْهُ هُوَ الخام أَو يَسْتَحِيل إِلَى الخام وَهَذَا النَّوْع من البلغم هُوَ الَّذِي

كَانَ مائياً فِي أول الْأَمر بَارِدًا فَلم يعفن وَلم يخالطه شَيْء بل بَقِي مخنوقاً حَتَّى غلظ وازداد بردا.! فقد تبين إذا أَن أَقسَام البلغم الْفَاسِد من جِهَة طعمه أَرْبَعَة: مالح وحامض وعفص ومسيخ. وَمن جِهَة قوامه أَرْبَعَة: مائي وزجاجي ومخاطي وجصّي. والخام فِي إعداد المخاطي. وَأما الصَّفْرَاء: فَمِنْهَا أَيْضا طبيعي وَمِنْهَا فضل غير طبيعي والطبيعي مِنْهَا: هُوَ رغوة الدَّم وَهُوَ أَحْمَر اللَّوْن ناصعه خَفِيف حاد وَكلما كَانَ أسخن فَهُوَ أَشد حمرَة فَإِذا تولد فِي الكبد انقسم قسمَيْنِ: فَذهب قسم مِنْهُ مَعَ الدَّم وتصفى قسم مِنْهُ إِلَى المرارة. والذاهب مِنْهُ مَعَ الدَّم يذهب مَعَه لضَرُورَة وَمَنْفَعَة أما الضَّرُورَة فلتخالط الدَّم فِي تغذية الْأَعْضَاء الَّتِي تستحق أَن يكون فِي مزاجها جُزْء صَالح من الصَّفْرَاء وبحسب مَا يستحقّهُ من الْقِسْمَة مثل الرئة وَأما الْمَنْفَعَة فَلِأَن تلطف الدَّم وتنفذه فِي المسالك الضيقة والمتصفى مِنْهُ إِلَى المرارة يتوَجَّه أَيْضا نَحْو ضَرُورَة وَمَنْفَعَة أما الضَّرُورَة فإمَّا بِحَسب الْبدن كُله فَهِيَ تخليصه من الْفضل وَإِمَّا بِحَسب عُضْو مِنْهُ فَهِيَ لتغذية المرارة. وَأما الْمَنْفَعَة فمنفعتان: إِحْدَاهمَا غسلهَا المعي من الثفل والبلغم اللزج وَالثَّانيَة لذعها المعي ولذعها عضل المقعدة لتحس بِالْحَاجةِ وتحوج إِلَى النهوض للتبرز. وَلذَلِك رُبمَا عرض قولنج وَأما الصَّفْرَاء الْغَيْر الطبيعي: فَمِنْهَا مَا خُرُوجه من الطبيعة بِسَبَب غَرِيب مخالط وَمِنْهَا مَا خُرُوجه عَن الطبيعة بِسَبَب فِي نَفسه بِأَنَّهُ فِي جوهره غير طبيعي. وَالْقسم الأول مِنْهُ مَا هُوَ مَعْرُوف مَشْهُور وَهُوَ الَّذِي يكون الْغَرِيب المخالط لَهُ بلغماً وتولده فِي أَكثر الْأَمر فِي الكبد وَمِنْه مَا هُوَ أقل شهرة وَهُوَ الَّذِي يكون الْغَرِيب المخالط لَهُ سَوْدَاء وَالْمَعْرُوف الْمَشْهُور هُوَ إِمَّا الْمرة الصَّفْرَاء وَإِمَّا المرّة المحية وَذَلِكَ لِأَن البلغم الَّذِي يخالطه رُبمَا كَانَ رَقِيقا فَحدث مِنْهُ الأولى وَرُبمَا كَانَ غليظاً فَحدثت مِنْهُ الثَّانِيَة أَي الصَّفْرَاء الشبيهة بمح الْبيض. وَأما الَّذِي هُوَ أقل شهرة فَهُوَ الَّذِي يُسمى صفراء محترقة. وحدوثه على وَجْهَيْن: أَحدهمَا أَن تحترق الصَّفْرَاء فِي نَفسهَا فَيحدث فِيهَا رمادية فَلَا يتَمَيَّز لَطِيفهَا من رماديتها بل تحتبس الرمادية فِيهَا وَهَذَا شَرّ وَهَذَا الْقسم يسمى صفراء محترقة. وَالثَّانِي: أَن تكون السَّوْدَاء وَردت عَلَيْهِ من خَارج فخالطته وَهَذَا أسلم. ولون هَذَا الصِّنْف من الصَّفْرَاء أَحْمَر لكنه غير ناصع وَلَا مشرق بل أشبه بِالدَّمِ إِلَّا أَنه رَقِيق وَقد يتَغَيَّر عَن لَونه لأسباب.

وَأما الْخَارِج عَن الطبيعة فِي جوهره فَمِنْهُ مَا تولّد أَكثر مَا يتَوَلَّد مِنْهُ فِي الكبد وَمِنْه مَا تولّد أَكثر مَا يتولّد مِنْهُ فِي الْمعدة وَالَّذِي تولد أَكثر مَا يتَوَلَّد مِنْهُ فِي الكبد هُوَ صنف وَاحِد وَهُوَ اللَّطِيف من الدَّم إذا احْتَرَق وَبَقِي كثيفه سَوْدَاء وَالَّذِي تولّد أَكثر مَا يتَوَلَّد مِنْهُ مِمَّا هُوَ فِي الْمعدة هُوَ على قسمَيْنِ: كراثي وزنجاري والكراثي يشبه أَن يكون متولداً من احتراق المحي فَإِنَّهُ إِذا احْتَرَق أحدث فِيهَا الاحتراق سواداً وخالط الصُّفْرَة فتولّد فِيمَا بَين ذَلِك الخضرة. وَأما الزنجاري فَيُشبه أَن يكون متولداً من الكراثي إذا اشْتَدَّ احتراقه حَتَّى فنيت رطوباته وَأخذ يضْرب إِلَى الْبيَاض لتجفّفه فَإِن الْحَرَارَة تحدث أَولاً فِي الْجِسْم الرطب سواداً ثمَّ يسلخ عَنهُ السوَاد إذا جعلت تفني رطوبته وَإِذا أفرطت فِي ذَلِك بيضَتْهُ. تَأمل هَذَا فِي الْحَطب يتفحم أَولا ثمَّ يترمد وَذَلِكَ لِأَن الْحَرَارَة تفعل فِي الرطب سواداً وَفِي ضِدّه بَيَاضًا. والبرودة تفعل فِي الرطب بَيَاضًا وَفِي ضِدّه سواداً. وَهَذَانِ الحكمان مني فِي الكراثي والزنجاري تخمين. وَهَذَا النَّوْع الزنجاري أسخن أَنْوَاع الصَّفْرَاء وأردؤها وأقتلها. وَيُقَال إِنَّه من جَوْهَر السمون وَأما

السَّوْدَاء فَمِنْهَا مَا هُوَ طبيعي وَمِنْهَا فضل غير طبيعي. والطبيعي دردي الدَّم الْمَحْمُود وثفله وعكره. وطعمه بَين حلاوة وعفوصة. وَإِذا تولد فِي الكبد توزعّ إِلَى قسمَيْنِ: فقسم مِنْهُ ينفذ مَعَ الدَّم وَقسم يتوجّه نَحْو الطحال. وَالْقسم النَّافِذ مِنْهُ مَعَ الدَّم ينفذ لضَرُورَة وَمَنْفَعَة. أما الضَّرُورَة فليختلط بِالدَّمِ بالمقدار الْوَاجِب فِي تغذية عُضْو من الْأَعْضَاء الَّتِي يجب أَن يَقع فِي مزاجها جُزْء صَالح من السَّوْدَاء مثل الْعِظَام. وَأما الْمَنْفَعَة فَهِيَ أَنه يشد الدَّم ويقويه ويكثفه ويمنعه من التَّحَلُّل. وَالْقسم النَّافِذ مِنْهُ إِلَى الطحال وَهُوَ مَا اسْتغنى عَنهُ الدَّم ينفذ أَيْضا لضَرُورَة وَمَنْفَعَة. أما الضَّرُورَة فإمَّا بِحَسب الْبدن كُله وَهِي التنقية عَن الْفضل وَأما بِحَسب عُضْو وَهِي تغذية الطحال. وَأما الْمَنْفَعَة فَإِنَّمَا تقع عِنْد تحلّلها إِلَى فَم الْمعدة وَتلك الْمَنْفَعَة على وَجْهَيْن: أَحدهمَا: أَنَّهَا تشد فَم الْمعدة وتكثّفه وتقوّيه وَالثَّانِي: أَنَّهَا تدغدغ فَم الْمعدة بالحموضة فتنبه على الْجُوع وتحرك الشَّهْوَة. وَاعْلَم أَن الصَّفْرَاء المتحلبة إِلَى المرارة هِيَ مَا يَسْتَغْنِي عَنهُ الدَّم. والمتحلبة عَن المرارة هِيَ مَا تَسْتَغْنِي عَنهُ المرارة. وَكَذَلِكَ السَّوْدَاء المتحلّبة إِلَى الطحال هِيَ مَا يَسْتَغْنِي عَنهُ الدَّم. والمتحلّبة عَن الطحال هِيَ مَا يَسْتَغْنِي عَنهُ الطحال.

وكما أَن تِلْكَ الصَّفْرَاء الْأَخِيرَة تنبه الْقُوَّة الدافعة من أَسْفَل كَذَلِك هَذِه السَّوْدَاء الْأَخِيرَة تنبّه الْقُوَّة الجاذبة من فَوق فَتَبَارَكَ الله أحسن الْخَالِقِينَ وَأحكم الْحَاكِمين. وَأما السَّوْدَاء الْغَيْر الطبيعية: فَهِيَ مَا لَيْسَ على سَبِيل الرسوب والثفلية بل على سَبِيل الرمادية والاحتراق فَإِن الْأَشْيَاء الرّطبَة المخالطة للأرضية تميّز الأرضية مِنْهَا على وَجْهَيْن: إِمَّا على جِهَة الرسوب وَمثل هَذَا الدَّم هُوَ السَّوْدَاء الطبيعي وَإِمَّا على جِهَة الاحتراق بِأَن يتحلّل اللَّطِيف وَيبقى الكثيف. وَمثل هَذَا الدَّم والأخلاط هُوَ السَّوْدَاء الفضلية تسمّى الْمرة السَّوْدَاء وَإِنَّمَا لم يكن الرسوب إِلَّا للدم لِأَن البلغم للزوجته لَا يرسب عَنهُ شئ كالثفل. والصفراء للطافتها وَقلة الأرضية فِيهَا ولدوام حركتها ولقلّة مِقْدَار مَا يتَمَيَّز مِنْهَا عَن الدَّم فِي الْبدن لَا يرسب مِنْهَا شَيْء يعتدّ بِهِ وَإِذا تميّز لم يلبث أَن يعفن أَو ينْدَفع وَإِذا عفن تحلل لطيفه وَبَقِي كثيفه سَوْدَاء احتراقية لَا رسوبية. والسوداء الفضلية: مِنْهَا مَا هُوَ رماد الصَّفْرَاء وحراقتها وَهُوَ مرّ وَالْفرق بَينه وَبَين الصَّفْرَاء الَّتِي سميناها محترقة هُوَ أَن تِلْكَ الصَّفْرَاء يخالطها هَذَا الرماد وَأما هَذَا فَهُوَ رماد متميز بِنَفسِهِ تحلّل لطيفه وَمِنْهَا مَا هُوَ رماد البلغم وحراقته فَإِن كَانَ البلغم لطيفاً جدا مائيا فَإِن رماديته تكون إِلَى الملوحة وَإِلَّا كَانَت إِلَى حموضة أَو عفوصة وَمِنْهَا مَا هُوَ رماد الدَّم وحراقته وَهَذَا مالح إِلَى حلاوة يسيرَة وَمِنْهَا مَا هُوَ رماد السَّوْدَاء الطبيعية فَإِن كَانَت رقيقَة كَانَ رمادها وحراقتها شَدِيدَة الحموضة كالخل يغلي على وَجه الأَرْض حامض الرّيح ينفر عَنهُ الذُّبَاب وَنَحْوه وَإِن كَانَت غَلِيظَة كَانَت أقل حموضة وَمَعَ شَيْء من العفوصة والمرارة فأصناف السَّوْدَاء الرَّدِيئَة ثَلَاثَة: الصَّفْرَاء إِذا احترقت وتحلل لطيفها وَهَذَانِ القسمان الْمَذْكُوران بعدهَا. وَأما السَّوْدَاء البلغمية: فَأَبْطَأ ضَرَرا وَأَقل رداءة.

وتترتّب هَذِه الأخلاط الْأَرْبَعَة إِذا احترقت فِي الرداءة. فالسوداء أَشدّهَا وأشدها غائلة. وأسرعها فَسَادًا هُوَ الصفراوية لَكِنَّهَا أقبلها للعلاج. وَأما القسمان الآخرَانِ فَإِن الَّذِي هُوَ أَشد حموضة أردأ وَلكنه إِذا تدورك فِي ابْتِدَائه كَانَ أقبل للعلاج وَأما الثَّالِث فَهُوَ أقل غلياناً على الأَرْض وتشبثاً بالأعضاء وَأَبْطَأ مُدَّة فِي انتهائه إِلَى الإهلاك وَلكنه

قَالَ جالينوس وَلم يصب من زعم أَن الْخَلْط الطبيعي هُوَ الدَّم لَا غير وَسَائِر الأخلاط فضول لَا يحْتَاج إِلَيْهَا البتة وَذَلِكَ لِأَن الدَّم لَو كَانَ وَحده هُوَ الْخَلْط الَّذِي يغذو الْأَعْضَاء لتشابهت فِي الأمزجة والقوام وَلما كَانَ الْعظم أَصْلَب من اللَّحْم إِلَّا ودَمُهُ دَم مازَجَهُ جَوْهَر صلب سوداوي وَلما كَانَ الدِّمَاغ أَلين مِنْهُ إِلَّا وَإِن دَمه دم مازجه جَوْهَر ليّن بلغمي وَالدَّم نَفسه تجدهُ مخالطاً لسَائِر الأخلاط فينفصل عَنْهَا عِنْد إِخْرَاجه وَتَقْرِيره فِي الْإِنَاء بَين يَدي الحسّ إِلَى جُزْء كالرغوة هُوَ الصَّفْرَاء وجزء كبياض ابيض هُوَ البلغم وجزء كالثفل والعكر هُوَ والسوداء وجزء مائي هُوَ المائية الَّتِي ينْدَفع فَضلهَا فِي الْبَوْل والمائية لَيست من الأخلاط لِأَن المائية هِيَ من المشروب الَّذِي لَا يغذو وَإِنَّمَا الْحَاجة إِلَيْهَا لترقق الْغذَاء وتنفذه وَأما الْخَلْط فَهُوَ من الْمَأْكُول والمشروب الغاذي وَمعنى قَوْلنَا غاذّ أَي هُوَ بِالْقُوَّةِ شَبيه بِالبدنِ وَالَّذِي هُوَ بِالْقُوَّةِ شَبيه بدن الْإِنْسَان هُوَ جسم ممتزج لَا بسيط وَالْمَاء هُوَ بسيط وَمن النَّاس من يظنّ أَن قُوَّة الْبدن تَابِعَة لِكَثْرَة الدَّم وَضَعفه تَابع لقلته وَلَيْسَ كَذَلِك بل الْمُعْتَبر حَال رزء الْبدن مِنْهُ أَي حَال صَلَاحه وَمن النَّاس من يظنّ أَن الأخلاط إِذا زَادَت أَو نقصت بعد أَن تكون على النِّسْبَة الَّتِي يقتضيها بدن الْإِنْسَان فِي مقادير بَعْضهَا عِنْد بعض فَإِن الصِّحَّة مَحْفُوظَة وَلَيْسَ كَذَلِك بل يجب أَن يكون لكل وَاحِد من الأخلاط مَعَ ذَلِك تَقْدِير فِي الكمّ مَحْفُوظ لَيْسَ بِالْقِيَاسِ إِلَى خلط آخر بل فِي نَفسه مَعَ حفظ التَّقْدِير الَّذِي بِالْقِيَاسِ إِلَى غَيره. وَقد بَقِي فِي أُمُور الأخلاط مباحث لَيست تلِيق بالأطباء أَن يبحثوا فِيهَا إِذْ لَيست من صناعتهم بل بالحكماء فأعرضنا عَنْهَا.

الْفَصْل الثَّانِي كَيْفيَّة تولد الأخلاط فَاعْلَم أَن الْغذَاء لَهُ انهضام إِمَّا بالمضغ وَذَلِكَ بِسَبَب أَن سطح الْفَم مُتَّصِل بسطح الْمعدة بل كَأَنَّهُمَا سطح وَاحِد وَفِيه مِنْهُ قُوَّة هاضمة فَإِذا لَاقَى الممضوغ أَحَالَهُ إِحَالَة مَا ويعينه على ذَلِك الرِّيق المستفيد بالنضج الْوَاقِع فِيهِ حرارة غريزية وَلذَلِك مَا كَانَت الْحِنْطَة الممضوغة تفعل من إنضاج الدماميل والخراجات مَا لَا تَفْعَلهُ المدقوقة بِالْمَاءِ والمطبوخة فِيهِ. قَالُوا: وَالدَّلِيل على أَن الممضوغ قد بدا فِيهِ شَيْء من النضج أَنه لَا يُوجد فِيهِ الطّعْم الأول وَلَا رَائِحَته الأولى ثمَّ إِذ ورد على الْمعدة انهضم الانهضام التَّام لَا بحرارة الْمعدة وَحدهَا بل بحرارة مَا يطِيف بهَا أَيْضا أما من ذَات الْيَمين فَالْكبد وَأما من ذَات الْيَسَار الطحال فَإِن الطحال قد يسخن لَا بجوهره بل بالشرايين والأوردة الْكَثِيرَة الَّتِي فِيهِ وَأما من قُدَّام فبالثرب الشحمي الْقَابِل للحرارة سَرِيعا بِسَبَب الشَّحْم المؤدّيها إِلَى الْمعدة وَإِمَّا من فَوق فالقلب يتوسط تسخينه للحجاب فَإِذا انهضم الْغذَاء أَوّلاً صَار بِذَاتِهِ فِي كثير من الْحَيَوَان وبمعونة مَا يخالطه من المشروب فِي أَكْثَرهَا كيلوساً وَهُوَ جَوْهَر سيال شَبيه بِمَاء الكشك الثخين أَو مَاء الشّعير ملاسة وبياضاً ثمَّ إِنَّه بعد ذَلِك ينجذب لطيفه من الْمعدة وَمن الأمعاء أَيْضا فيندفع من طَرِيق الْعُرُوق الْمُسَمَّاة ماساريقا وَهِي عروق دقاق صلاب مُتَّصِلَة بالأمعاء كلهَا فَإِذا اندفع فِيهَا صَار إِلَى الْعرق الْمُسَمّى بَاب الكبد وَنفذ فِي الكبد فِي أَجزَاء وفروع لِلْباب دَاخِلَة متصغرة مضائلة كالشعر ملاقية لفوهات أَجزَاء أُصُول الْعرق الطالع من حدبة الكبد. وَإِن تنفذه فِي تِلْكَ المضايق فِينَا الْأَفْضَل مزاج من المَاء مشروب فَوق الْمُحْتَاج إِلَيْهِ للبدن فَإِذا تفرق فِي ليف هَذِه الْعُرُوق صَار كَأَن الكبد بكليتها ملاقية لكلية هَذَا الكيلوس وَكَانَ لذَلِك فعلهَا فِيهِ أَشد وأسرع وَحِينَئِذٍ ينطبخ وفى كل انطباخ لمثله شَيْء كالرغوة وَشَيْء كالرسوب. وَرُبمَا كَانَ مَعَهُمَا إِمَّا شَيْء هُوَ إِلَى

الاحتراق إن أفرط الطّبخ أَو شَيْء كالفج إن قصر الطّبخ فالرغوة هِيَ الصَّفْرَاء والرسوب هِيَ السَّوْدَاء وهما طبيعيان. والمحترق لطيفه صفراء رَدِيئَة وكثيفه سَوْدَاء رَدِيئَة غير طبيعيين. والفج هُوَ البلغم. وَأما الشَّيْء المتصفي من هَذِه الْجُمْلَة نضيجاً فَهُوَ الدَّم إِلَّا أَنه بعد مَا دَامَ فِي الكبد يكون أرق مِمَّا يَنْبَغِي لفضل المائية الْمُحْتَاج إِلَيْهَا لِلْعِلَّةِ الْمَذْكُورَة وَلَكِن هَذَا الشَّيْء الَّذِي هُوَ الدَّم إِذا انْفَصل عَن الكبد فَكَمَا ينْفَصل عَنهُ يتصفى أَيْضا عَن المائية الفضلية الَّتِي إِنَّمَا احْتِيجَ إِلَيْهَا لسَبَب وَقد ارْتَفع فتنجذب هِيَ عَنهُ فِي عرق نَازل إِلَى الكليتين وَيحمل مَعَ نَفسه من الدَّم مَا يكون بكميته وكيفيته صَالحا لغذاء الكليتين فيغذو الكليتين الدسومة والدموية من تِلْكَ المائية ويندفع بَاقِيهَا إِلَى المثانة والى الإحليل. وَأما الدَّم الْحسن القوام فيندفع فِي الْعرق الطالع من حدبة الكبد ويسلك فِي الأوردة المتشعبة مِنْهُ ثمَّ فِي جداول الأوردة ثمَّ فِي سواقي الجداول ثمَّ فِي رواضع السواقي ثمَّ فِي الْعُرُوق الليفية الشعرية ثمَّ يرشح من فوهاتها فِي الْأَعْضَاء بِتَقْدِير الْعَزِيز الْعَلِيم. فسبب الدَّم الفاعلي هُوَ حرارة معتدلة وَسَببه المادي هُوَ المعتدل من الأغذية والأشربة الفاضلة وَسَببه الصُّورِي النضج الْفَاضِل وَسَببه التمامي تغذية الْبدن. والصفراء سَببهَا الفاعلي أما الطبيعي مِنْهَا الَّذِي هُوَ رغوة الدَّم فحرارة معتدلة وَأما للمحترقة مِنْهَا فالحرارة النارية المفرطة وخصوصاً فِي الكبد وسببها المادي هُوَ اللَّطِيف الْحَار والحلو الدسم. والحريف من الأغذية وسببها الصُّورِي مُجَاوزَة النضج إِلَى الإفراط وسببها التمامي الضَّرُورَة وَالْمَنْفَعَة المذكورتان.

والبلغم سَببه الفاعلي حرارة مقصرة وَسَببه المادّي الغليظ الرطب اللزج الْبَارِد من الأغذية. وَسَببه الصُّورِي قُصُور النضج وَسَببه التمامي ضَرُورَته ومنفعته المذكورتان. والسوداء سَببهَا الفاعلي. أما الرسوبي مِنْهَا فحرارة معتدلة. وَأما المحترق مِنْهَا فحرارة مُجَاوزَة للاعتدال وسببها المادي الشَّديد الغلظ الْقَلِيل الرُّطُوبَة من الأغذية والحار مِنْهَا قوي فِي ذَلِك وسببها الصُّورِي الثفل المترسب على أحد الْوَجْهَيْنِ فَلَا يسيل أَو لَا يتحَلَّل وسببها التمامي ضرورتها ومنفعتها المذكورتان. والسوداء تكْثر لحرارة الكبد أَو لضعف الطحال أَو لشدَّة برد مجمد أَو لدوام احتقان أَو لأمراض كثرت وطالت فرمدت الأخلاط. وَإِذا كثرت السَّوْدَاء ووقفت بَين الْمعدة والكبد قل مَعهَا تولد الدَّم والأخلاط الجيدة فقلّ الدَّم. وَيجب أَن تعلم أَن الْحَرَارَة والبرودة سببان لتولد الأخلاط مَعَ سَائِر الْأَسْبَاب لَكِن الْحَرَارَة المعتدلة يولّد الدَّم والمفرطة تولد الصَّفْرَاء والمفرطة جدًّا تولد السَّوْدَاء بفرط الاحتراق والبرودة تولد البلغم والمفرطة جدا تولد السَّوْدَاء بفرط الإجماد وَلَكِن يجب أَن تراعى القوى المنفعلة بِإِزَاءِ القوى الفاعلة وَلَيْسَ يجب أَن يقف الِاعْتِقَاد على أَن كل مزاج يُولد الشبيه بِهِ وَلَا يُولد الضِّد بِالْعرضِ وَإِن لم يكن بِالذَّاتِ فَإِن المزاج قد يتَّفق لَهُ كثيرا أَن يُولد الضِّدّ فَإِن المزاج الْبَارِد الْيَابِس يُولد الرُّطُوبَة الغريبة لَا للمشاكلة وَلَكِن لضعف الهضم وَمثل هَذَا الْإِنْسَان يكون نحيفاً رخو المفاصل أَذْعَر جباناً بَارِد اللَّمْس ناعمه ضيق الْعُرُوق. وشبيه بِهَذَا مَا تولد الشيخوخة البلغم على أَن مزاج الشيخوخة بِالْحَقِيقَةِ برد ويبس. وَيجب أَن تعلم أَن للدم وَمَا يجْرِي مَعَه فِي الْعُرُوق هضماً ثَالِثا وَإِذا توزع على الْأَعْضَاء فليصب كل عُضْو عِنْده هضم رَابِع ففضل الهضم الأول وَهُوَ فِي الْمعدة ينْدَفع من طَرِيق الأمعاء. وَفضل الهضم الثَّانِي وَهُوَ فِي الكبد ينْدَفع أَكْثَره فِي الْبَوْل وَبَاقِيه من جِهَة الطحال والمرارة وَفضل الهضمين الباقيين

يندفع بالتحلل الَّذِي لَا يحس وبالعرق وَالوسخ الْخَارِج بعضه من منافذ محسوسة كالأنف والصماخ أَو غير محسوس كالمسام أَو خَارِجَة عَن الطَّبْع كالأورام المتفجرة أَو بِمَا ينْبت من زَوَائِد الْبدن كالشعر وَالظفر. وَاعْلَم أَن من رقت أخلاطه أضعفه استفراغها وتأذى بسعة مسامه إِن كَانَت وَاسِعَة تأذياً فِي قوّته لما يتبع التَّحَلُّل من الضعْف وَلِأَن الأخلاط الرقيقة سهله الاستفراغ والتحلل وَمَا سهل استفراغه وتحلّله سهل استصحابه للروح فِي تحلله فيتحلل مَعَه. وَاعْلَم أَنه كَمَا أَن لهَذِهِ الأخلاط أسباباً فِي تولدها فَكَذَلِك لَهَا أَسبَاب فِي حركتها فَإِن الْحَرَكَة والأشياء الحارة تحرّك الدَّم والصفراء وَرُبمَا حركت السَّوْدَاء وتقويها لَكِن الدعة تقوّي البلغم وصنوفاً من السَّوْدَاء. والأوهام أنفسهَا تحرّك الأخلاط مثل أَن الدَّم يحرّكه النّظر إِلَى الْأَشْيَاء الْحمر وَلذَلِك يُنْهى المرعوف عَن أَن يبصر مَاله بريق أَحْمَر فَهَذَا مَا نقُوله فِي الأخلاط وتولدها وَأما مخاصمات الْمُخَالفين فِي صوابها فَإِلَى الْحُكَمَاء دون الْأَطِبَّاء.

التَّعْلِيم الْخَامِس فصل وَاحِد وَخمْس جمل

مَاهِيَّة الْعُضْو وأقسامه فَنَقُول الْأَعْضَاء أجسام مُتَوَلّدَة من أول مزاج الأخلاط المحمودة كَمَا أَن الأخلاط أجسام مُتَوَلّدَة من أول مزاج الأركان. وَالأعضاء: مِنْهَا مَا هِيَ مُفْردَة وَمِنْهَا مَا هِيَ مركبة. والمفردة هِيَ الَّتِي أَي جُزْء محسوس أخذت مِنْهَا كَانَ مشاركاً للْكُلّ فِي الِاسْم وَالْحَد مثل اللَّحْم وأجزائه والعظم وأجزائه والعصب وأجزائه وَمَا أشبه ذَلِك تسمى متشابهة الْأَجْزَاء. والمركبة: هِيَ الَّتِي إِذا أخذت مِنْهَا جُزْءا أَي جُزْء كَانَ لم يكن مشاركاً للْكُلّ لَا فِي الِاسْم وَلَا فِي الْحَد مثل الْيَد وَالْوَجْه فَإِن جُزْء الْوَجْه لَيْسَ بِوَجْه وجزء الْيَد لَيْسَ بيد وَتسمى أَعْضَاء آلية لِأَنَّهَا هِيَ آلَات النَّفس فِي تَمام الحركات وَالْأَفْعَال. وَأول الْأَعْضَاء المتشابهة الْأَجْزَاء الْعظم: وَقد خلق صلباً لِأَنَّهُ أساس الْبدن ودعامة الحركات. ثمَّ الغضروف: وَهُوَ أَلين من الْعظم فينعطف وأصلب من سَائِر الْأَعْضَاء وَالْمَنْفَعَة فِي خلقه أَن يحسن بِهِ اتِّصَال الْعِظَام بالأعضاء اللينة فَلَا يكون الصلب واللين قد تركبا بِلَا متوسط فيتأذّى اللين بالصلب وخصوصاً عِنْد الضَّرْبَة والضغطة بل يكون التَّرْكِيب مدرجاً مثل مَا فِي الْعظم الكتفي والشراسيف فِي أضلاع الْخلف وَمثل الغضروف الحنجري تَحت القصّ وَأَيْضًا ليحسن بِهِ تجاور المفاصل المتحاكة فَلَا ترضّ لصلابتها وأيضاً إِذا كَانَ بعض العضل يَمْتَد إِلَى عُضْو غير ذِي عظم يسْتَند إِلَيْهِ ويقوى بِهِ مثل عضلات الأجفان كَانَ هُنَاكَ دعاماً وعماداً لأوتارها وَأَيْضًا فَإِنَّهُ قد تمس الْحَاجة فِي مَوَاضِع كَثِيرَة إِلَى اعْتِمَاد يَتَأَتَّى على شَيْء قوي لَيْسَ بغاية الصلابة كَمَا فِي الحنجرة. ثمَّ العصب: وَهِي أجسام دماغية أَو نخاعية المنبت بيض لدنة لينَة فِي الانعطاف صلبة فِي الِانْفِصَال خلقت ليتم بهَا للأعضاء الإحساس وَالْحَرَكَة ثمَّ الأوتار وَهِي أجسام تنْبت من أَطْرَاف العضل شَبيهَة بالعصب فتلاقي الْأَعْضَاء المتحركة فَتَارَة تجذبها بانجذابها لتشنج العضلة واجتماعها ورجوعها إِلَى وَرَائِهَا وَتارَة ترخيها باسترخائها لانبساط العضلة عَائِدَة إِلَى وَضعهَا أَو زَائِدَة فِيهِ على مقدارها فِي طولهَا حَال كَونهَا على وَضعهَا المطبوع لَهَا على مَا نرَاهُ نَحن فِي بعض العضل وَهِي مؤلفة فِي الْأَكْثَر من العصب النَّافِذ فِي العضلة البارزة مِنْهَا فِي الْجِهَة الْأُخْرَى. وَمن الْأَجْسَام الَّتِي يَتْلُو ذكرهَا ذكر الأوتار وَهِي الَّتِي تسميها رباطات: وَهِي أَيْضا عصبانية المرائي والملمس تَأتي من الْأَعْضَاء إِلَى جِهَة العضل فتتشظّى هِيَ والأوتار ليفاً فَمَا ولي العضلة مِنْهَا احتشى لَحْمًا وَمَا فارقها

إِلَى الْمفصل والعضو المحرك اجْتمع إِلَى ذَاته وانفتل وترا لَهَا ثمَّ الرباطات الَّتِي ذكرنَا وَهِي أَيْضا أجسام شَبيهَة بالعصب بَعْضهَا يُسمى رِبَاطًا مُطلقًا وَبَعضهَا يخص باسم الْعقب فَمَا امْتَدَّ إِلَى العضلة لم يسم إِلَّا رِبَاطًا وَمَا لم يَمْتَد إِلَيْهَا وَلَكِن وصل بَين طرفِي عظمي الْمفصل أَو بَين أَعْضَاء أُخْرَى وَأحكم شدّ شَيْء إِلَى شَيْء فَإِنَّهُ مَعَ مَا يسمّى رِبَاط قد يخصّ باسم الْعقب وَلَيْسَ لشَيْء من الروابط حس وَذَلِكَ لِئَلَّا يتَأَذَّى بِكَثْرَة مَا يلْزمه من الْحَرَكَة والحك. وَمَنْفَعَة الرِّبَاط مَعْلُومَة مِمَّا سلف.

ثمَّ الشريانات: وَهِي أجسام نابتة من الْقلب ممتدة مجوفة طولا عصبانية رباطية الْجَوْهَر لَهَا حركات منبسطة ومنقبضة تنفصل بسكنات خلقت لترويح الْقلب ونفض البخار الدخاني عَنهُ ولتوزيع الرّوح على أَعْضَاء الْبدن بِإِذن الله. ثمَّ الأوردة: وَهِي شَبيهَة بالشريانات وَلكنهَا نابتة من الكبد وساكنة ولتوزع الدَّم على أَعْضَاء الْبدن ثمَّ الأغشية وَهِي أجسام منتسجة من لِيف عصباني غير مَحْسُوس رقيقَة الثخن مستعرضة تغشى سطوح أجسام أخر وتحتوي عَلَيْهَا لمنافع مِنْهَا لتحفظ جُمْلَتهَا على شكلها وهيئتها وَمِنْهَا لتعلقها من أَعْضَاء أخر وتربطها بهَا بِوَاسِطَة العصب وَالرِّبَاط الَّتِي تشظى إِلَى ليفها فانتسجت مِنْهُ كالكلية من الصلب وَمِنْهَا ليَكُون للأعضاء العديمة الْحس فِي جوهرها سطح حساس بِالذَّاتِ لما يلاقيه وحساس لما يحدث فِيهِ الْجِسْم الملفوف فِيهِ بِالْعرضِ وَهَذِه الْأَعْضَاء مثل الرئة والكبد وَالطحَال والكليتين فَإِنَّهَا لَا تحسّ بجواهرها الْبَتَّةَ لَكِن إِنَّمَا تحس الْأُمُور المصادمة لَهَا بِمَا عَلَيْهَا من الأغشية وَإِذا حدث فِيهَا ريح أَو ورم أحس. أما الرّيح فيحسه الغشاء بِالْعرضِ للتمدد الَّذِي يحدث فِيهِ وَأما الورم فيحسّه مبدأ الغشاء ومتعلقه بِالْعرضِ لأرجحنان الْعُضْو لثقل الورم. ثمَّ اللَّحْم: وَهُوَ حَشْو خلل وضع هَذِه الْأَعْضَاء فِي الْبدن وقوتها الَّتِي تعدم بِهِ وكل عُضْو فَلهُ فِي نَفسه قُوَّة غريزية بهَا يتمّ لَهُ أَمر التغذي وَذَلِكَ هُوَ جذب الْغذَاء وإمساكه وتشبيهه وإلصاقه وَدفع الْفضل ثمَّ بعد ذَلِك تخْتَلف الْأَعْضَاء فبعضها لَهُ إِلَى هَذِه الْقُوَّة قُوَّة تصير مِنْهُ إِلَى غَيره وَبَعضهَا لَيْسَ لَهُ ذَلِك. وَمن وَجه آخر فبعضها لَهُ إِلَى هَذِه الْقُوَّة قُوَّة تصير إِلَيْهِ من غَيره وَبَعضهَا لَيْسَ لَهُ تِلْكَ فَإِذا تركبت حدث عُضْو قَابل معطٍ وعضو معطٍ غير قَابل وعضو قَابل غير معط وعضو لَا قَابل وَلَا معطٍ أما الْعُضْو الْقَابِل الْمُعْطِي فَلم يشك أحد فِي وجوده فَإِن الدِّمَاغ والكبد أَجمعُوا أَن كل وَاحِد مِنْهُمَا يقبل قُوَّة الْحَيَاة والحرارة الغريزية وَالروح من الْقلب. وكل وَاحِد مِنْهُمَا أَيْضا مبدأ قُوَّة يُعْطِيهَا غَيره.

وَأما الكبد: فمبدأ التغذية عِنْد قوم مُطلقًا وَعند قوم لَا مُطلقًا. وَأما الْعُضْو الْقَابِل الْغَيْر الْمُعْطِي فالشك فِي وجوده أبعد مثل اللَّحْم الْقَابِل قُوَّة الْحس والحياة وَلَيْسَ هُوَ مبدأ لقُوَّة يُعْطِيهَا غَيره بِوَجْه. وَأما القسمان الآخرَانِ فَاخْتلف فِي أَحدهمَا الْأَطِبَّاء مَعَ الْكثير من الْحُكَمَاء فَقَالَ الْكثير من القدماء: أَن هَذَا الْعُضْو هُوَ الْقلب وَهُوَ الأَصْل لكل قُوَّة وَهُوَ يُعْطي سَائِر الْأَعْضَاء كلهَا القوى الَّتِي تغذو وَالَّتِي تدْرك وتحرك. وَأما الْأَطِبَّاء وَقوم من أَوَائِل الفلاسفة فقد فرقوا هَذِه القوى فِي الْأَعْضَاء وَلم يَقُولُوا بعضو معط غير قَابل لقُوَّة وَقَول الْكثير عِنْد التَّحْقِيق والتدقيق أصح وَقَول الْأَطِبَّاء فِي بادئ النّظر أظهر. ثمَّ اخْتلف فِي الْقسم الآخر الْأَطِبَّاء فِيمَا بَينهم والحكماء فِيمَا بَينهم فَذَهَبت طَائِفَة إِلَى أَن الْعِظَام وَاللَّحم الْغَيْر الحساس وَمَا أشبههما إِنَّمَا يبْقى بقوى فِيهَا تخصها لم تأتها من مبادٍ

أخر لَكِنَّهَا بِتِلْكَ القوى إذا وصل إِلَيْهَا غذاؤها كفت أَنْفسهَا فَلَا هِيَ تفيد شَيْئا آخر قُوَّة فِيهَا وَلَا أَيْضا يفيدها عُضْو قُوَّة أُخْرَى. وَذَهَبت طَائِفَة إِلَى أَن تِلْكَ القوى لَيْسَ تخصها لَكِنَّهَا فائضة إِلَيْهَا من الكبد أَو الْقلب فِي أول الْكَوْن ثمَّ اسْتَقَرَّتْ فِيهِ والطبيب لَيْسَ عَلَيْهِ أَن يتتبع الْمخْرج إِلَى الْحق من هذَيْن الاختلافين بالبرهان فَلَيْسَ لَهُ إِلَيْهِ سَبِيل من جِهَة مَا هُوَ طَبِيب وَلَا يضرّهِ فِي شَيْء من مباحثه وأعماله وَلَكِن يجب أَن يعلم ويعتقد فِي الِاخْتِلَاف الأوّل أنه لَا عَلَيْهِ كَانَ الْقلب مبدأ فِي الْحس وَالْحَرَكَة للدماغ وللقوة المغتذية للكبد أَو لم يكن فَإِن الدِّمَاغ إِمَّا بِنَفسِهِ وَإِمَّا بعد الْقلب مبدأ للأفاعيل النفسانية بِالْقِيَاسِ إِلَى سَائِر الْأَعْضَاء.

والكبد كَذَلِك مبدأ للأفعال الطبيعية المغذية بِالْقِيَاسِ إِلَى سَائِر الْأَعْضَاء. وَيجب أَن يعلم ويعتقد فِي الِاخْتِلَاف الثَّانِي أنه لَا عَلَيْهِ كَانَ حُصُول الْقُوَّة الغريزية فِي مثل الْعظم عِنْد أول الْحُصُول من الكبد أَو يسْتَحقّهُ بمزاجه نَفسه أَو لم يكن وَلَا وَاحِد مِنْهُمَا وَلَكِن الْآن يجب أَن يعْتَقد أَن تِلْكَ الْقُوَّة لَيست فائضة إِلَيْهِ من الكبد بِحَيْثُ لَو انسد السَّبِيل بَينهمَا وَكَانَ عِنْد الْعظم غذَاء مغذ بَطل فعله كَمَا للحس وَالْحَرَكَة إِذا انسد العصب الجائي من الدِّمَاغ بل تِلْكَ الْقُوَّة صَارَت غريزية للعظم مَا بَقِي على مزاجه فَحِينَئِذٍ ينشرح لَهُ حَال الْقِسْمَة ويفترض لَهُ أَعْضَاء رئيسية وأعضاء خادمة للرئيسة وأعضاء مرؤوسة بِلَا خدمَة وأعضاء غير رئيسة وَلَا مرؤوسة. فالأعضاء الرئيسة هِيَ الْأَعْضَاء الَّتِي هِيَ مبادٍ للقوى الأولى فِي الْبدن الْمُضْطَر إِلَيْهَا فِي بَقَاء الشَّخْص أَو النَّوْع.

أما بِحَسب بَقَاء الشَّخْص فالرئيسة ثَلَاث الْقلب وَهُوَ مبدأ قُوَّة الْحَيَاة والدماغ وَهُوَ مبدأ قُوَّة الحسّ وَالْحَرَكَة والكبد هُوَ مبدأ قُوَّة التغذية. وَأما بِحَسب بَقَاء النَّوْع فالرئيسة هَذِه الثَّلَاثَة أيضاً ورابع يخص النَّوْع وَهُوَ الانثيان اللَّذَان يضْطَر إِلَيْهِمَا لأمر وَينْتَفع بهما لآمر أَيْضا. أما الِاضْطِرَار فلأجل توليد الْمَنِيّ الْحَافِظ للنسل وَأما الِانْتِفَاع فلأجل إِفَادَة تَمام الْهَيْئَة والمزاج الذكوري والأنوثي اللَّذين هما من الْعَوَارِض اللَّازِمَة لأنواع الْحَيَوَان لَا من الْأَشْيَاء الدَّاخِلَة فِي نفس الحيوانية. وَأما الْأَعْضَاء الخادمة فبعضها تخْدم خدمَة مهيئة وَبَعضهَا تخْدم خدمَة مؤدّية والخدمة المهيئة تسمى مَنْفَعَة والخدمة المؤدية تسمّى خدمَة على الاطلاق والخدمة المهيئة تتقدم فعل الرئيس والخدمة المؤدية تتأخّر عَن فعل الرئيس. أما الْقلب فخادمه المهيء هُوَ مثل الرئة والمؤدي مثل الشرايين. وَأما الدِّمَاغ فخادمه المهيئ هُوَ مثل الكبد وَسَائِر أَعْضَاء الْغذَاء وَحفظ الرّوح والمؤدي هُوَ مثل العصب. وَأما الكبد فخادمه المهيئ هُوَ مثل الْمعدة والمؤدي هُوَ مثل الأوردة. وَأما الانثيان فخادمها المهيء مثل الْأَعْضَاء المولّدة للمني قبلهَا وَأما الْمُؤَدِّي فَفِي الرِّجَال الإحليل وعروق بَينهمَا وَبَينه وَكَذَلِكَ فِي النِّسَاء عروق ينْدَفع فِيهَا الْمَنِيّ إِلَى المحبل وللنساء زِيَادَة الرَّحِم تتمّ فِيهِ مَنْفَعَة الْمَنِيّ. وَقَالَ جالينوس: إِن من الْأَعْضَاء مَا لَهُ فعل فَقَط وَمِنْهَا مَا لَهُ مَنْفَعَة فَقَط وَمِنْهَا مَا لَهُ فعل وَمَنْفَعَة مَعًا. الأول كالقلب وَالثَّانِي كالرئة وَالثَّالِث كالكبد. وَأَقُول: أنه يجب أَن نعني بِالْفِعْلِ مَا يتم بالشَّيْء وَحده من الْأَفْعَال الدَّاخِلَة فِي حَيَاة الشَّخْص أَو بَقَاء النَّوْع مثل مَا للقلب فِي توليد الرّوح وَأَن نعني بِالْمَنْفَعَةِ مَا هِيَ لقبُول فعل عُضْو آخر حِينَئِذٍ يصير الْفِعْل تَاما فِي إِفَادَة حَيَاة الشَّخْص أَو بَقَاء النَّوْع كإعداد الرئة للهواء وَأما الكبد فَإِنَّهُ يهضم أَولا هضمه الثَّانِي ويعد للهضم الثَّالِث وَالرَّابِع فِيمَا يهضم الهضم الأول تَاما حَتَّى يصلح ذَلِك الدَّم لتغذيته نَفسه

وَيكون قد فعل فعلا وَرُبمَا قد يفعل فعلا عينا لفعل منتظر يكون قد نفع. ونقول أَيْضا من رَأس: أَن من الْأَعْضَاء مَا يتكوّن عَن الْمَنيّ وَهِي المتشابهة جُزْءا خلا اللَّحْم والشحم وَمِنْهَا مَا يتكون عَن الدَّم كالشحم وَاللَّحم فَإِن مَا خلاهما يتكوّن عَن المنيين مني الذّكر ومني الْأُنْثَى إِلَّا أَنهَا على قَول من تحقق من الْحُكَمَاء يتكون عَن مني الذّكر كَمَا يتكون الْجُبْن عَن الأنفحة ويتكوّن عَن مني الْأُنْثَى مَا يتكوّن الْجُبْن من اللَّبن وكما أَن مبدأ العقد فِي الأنفحة كَذَلِك مبدأ عقد الصُّورَة فِي مني الذّكر وكما أَن مبدأ الِانْعِقَاد فِي اللَّبن فَكَذَلِك مبدأ انْعِقَاد الصُّورَة أَعنِي الْقُوَّة المنفعلة هُوَ فِي مني الْمَرْأَة وكما أَن كل وَاحِد من الأنفحة وَاللَّبن جُزْء من جَوْهَر الْجُبْن الْحَادِث عَنْهَا كَذَلِك كل وَاحِد من المنيين جُزْء من جَوْهَر الْجَنِين. وَهَذَا القَوْل يُخَالف قَلِيلا بل كثيرا قَول جالينوس فَإِنَّهُ يرى فِي كل وَاحِد من المنيين قُوَّة عاقدة وقابلة للعقد وَمَعَ ذَلِك فَلَا يمْتَنع أَن يَقُول: إِن العاقدة فِي الذكوري أقوى والمنعقدة فِي الأنوثي أقوى وَأما تَحْقِيق القَوْل فِي هَذَا فَفِي كتبنَا فِي الْعُلُوم الْأَصْلِيَّة.

ثمَّ إِن الدَّم الَّذِي كَانَ ينفصل عَن الْمَرْأَة فِي الْأَقْرَاء يصير غذَاء فَمِنْهُ مَا يَسْتَحِيل إِلَى مشابهة جَوْهَر الْمَنيّ والأعضاء الكائنة مِنْهُ فيكون غذَاء منمياً لَهُ وَمِنْه مَا لَا يصير غذَاء لذَلِك وَلَكِن يصلح لِأَن ينْعَقد فِي حشوه ويملأ الْأَمْكِنَة من الْأَعْضَاء الأولى فَيكون لَحْمًا وشحماً وَمِنْه فضل لَا يصلح لأحد الْأَمريْنِ فَيبقى إِلَى وَقت النّفاس فتدفعه الطبيعة فضلا. وَإِذا ولد الْجَنِين فَإِن الدَّم الَّذِي يولده كبده يسد مسد ذَلِك الدَّم ويتولد عَنهُ مَا كَانَ يتَوَلَّد عَن ذَلِك الدَّم وَاللَّحم يتولّد عَن متين الدَّم ويعقده الْحر واليبس.

وَأما الشَّحْم فَمن مائيته ودسمه ويعقده الْبرد وَلذَلِك يحله الْحر وَمَا كَانَ من الْأَعْضَاء مُتَخَلِّقًا من المنيين فَإِنَّهُ إِذا انْفَصل لم ينجبر بالاتصال الْحَقِيقِيّ إِلَّا بعضه فِي قَلِيل من الْأَحْوَال وَفِي سنّ الصِّبَا مثل الْعِظَام وَشعب صَغِيرَة من الأوردة دون الْكَبِيرَة وَدون الشرايين وَإِذا انْتقصَ مِنْهُ جُزْء لم ينْبت عوضه شَيْء وَذَلِكَ كالعظم والعصب وَمَا كَانَ متخلّقاً من الدَّم فَإِنَّهُ ينْبت بعد انثلامه ويتصل بِمثلِهِ كاللَّحْمِ وَمَا كَانَ متولداً عَن دم فِيهِ قُوَّة الْمَنيّ بعد فَمَا دَامَ الْعَهْد بالمني قَرِيبا فَذَلِك الْعُضْو إِذا فَاتَ أمكن أَن ينْبت مرّة أُخْرَى مثل السنّ فِي سنّ الصِّبَا وَأما إِذا استولى على الدَّم مزاج آخر فَإِنَّهُ لَا ينْبت مرّة أُخْرَى. ونقول أَيْضا: إِن الْأَعْضَاء الحساسة المتحرّكة قد تكون تَارَة مبدأ الْحس وَالْحَرَكَة لَهما جَمِيعًا عصبَة وَاحِدَة وَقد يفْتَرق تَارَة ذَلِك فَيكون مبدأ لكل قُوَّة عصبَة. ونقول أَيْضا: ان جَمِيع الأحشاء الملفوفة فِي الغشاء منبت غشائها أحد غشاءي الصَّدْر والبطن المستبطنين أما مَا فِي الصَّدْر كالحجاب والأوردة والشريانات والرئة فمنبت أغشيتها من الغشاء المستبطن للأضلاع وَأما مَا فِي الْجوف من الْأَعْضَاء وَالْعُرُوق فمنبت أغشيتها من الصفاق المستبطن لعضل الْبَطن وَأَيْضًا فَإِن جَمِيع الْأَعْضَاء اللحمية إِمَّا ليفية كَاللَّحْمِ فِي العضل وَإِمَّا لَيْسَ فِيهَا لِيف كالكبد وَلَا شَيْء من الحركات إِلَّا بالليف. أما الإرادية فبسبب لِيف العضل. وَأما الطبيعية كحركة الرَّحِم وَالْعُرُوق والمركبة كحركة الازدراد فبليف مَخْصُوص بهيئة من وضع الطول وَالْعرض والتوريب فللجذب المطاول وللدفع الليف الذَّاهِب عرضا العاصر وللإمساك الليف المورب.

وَمَا كَانَ من الْأَعْضَاء ذَا طبقَة وَاحِدَة مثل الأوردة فَإِن أَصْنَاف ليفه الثَّلَاثَة منتسج بَعْضهَا فِي بعض وَمَا كَانَ طبقتين فالليف الذَّاهِب عرضا يكون فِي طبقته الْخَارِجَة والآخران فِي طبقته الدَّاخِلَة آلا أَن الذَّاهِب طولا أميل إِلَى سطحه الْبَاطِن وَإِنَّمَا خلق كَذَلِك لِئَلَّا يكون لِيف الجذب وَالدَّفْع مُقَابل لِيف الجذب والإمساك هما أولى بِأَن يكونَانِ مَعًا أَلا فِي الأمعاء فَإِن حَاجَتهَا لم تكن إِلَى الْإِمْسَاك شَدِيدَة بل إِلَى الجذب وَالدَّفْع. ونقول أيضاً: إِن الْأَعْضَاء العصبانية المحيطة بأجسام غَرِيبَة عَن جوهرها مِنْهَا مَا هِيَ ذَات طبقَة وَاحِدَة وَمِنْهَا مَا هِيَ ذَات طبقتين وَإِنَّمَا خلق مَا خلق مِنْهَا ذَا طبقتين لمنافع: أحدهَا مس الْحَاجة إِلَى شدَّة الِاحْتِيَاط فِي وثاقة جسميتها لِئَلَّا تَنْشَق لسَبَب قُوَّة حركتها بِمَا فِيهَا كالشرايين. وَالثَّانِي مس الْحَاجة إِلَى شدَّة الِاحْتِيَاط فِي أَمر الْجِسْم الخزون فِيهَا لِئَلَّا يتحَلَّل أَو يخرج. أما استشعار التَّحَلُّل فبسبب سخافتها إِن كَانَت ذَا طبقَة وَاحِدَة وَأما استشعار الْخُرُوج فبسبب إجابتها إِلَى الانشقاق لذَلِك أَيْضا وَهَذَا لْجِسْم الخزون مثل الرّوح وَالدَّم الخزونين فِي الشرايين اللَّذين يجب أَن يحْتَاط فِي صونهما وَيخَاف ضياعهما. أما الرّوح فبالتحلل وَأما الدَّم فبالشق وَفِي ذَلِك خطر عَظِيم. وَالثَّالِث أَنه إِذا كَانَ عُضْو يحْتَاج أَن يكون كل وَاحِد من الدّفع والجذب فِيهِ بحركة قَوِيَّة أفرد لَهُ آلَة نجلا الِاخْتِلَاط وَذَلِكَ كالمعدة والأمعاء. وَالرَّابِع أَنه إِذا أُرِيد أَن تكون كل طبقَة من طَبَقَات الْعُضْو لفعل يَخُصُّهُ وَكَانَ الفعلان يحدث أَحدهمَا عَن مزاج مُخَالف للآخر كَانَ. التَّفْرِيق بَينهمَا أصوب مثل الْمعدة فَإِنَّهُ أُرِيد فِيهَا أَن يكون لَهَا الْحس وَذَلِكَ إِنَّمَا يكون بعضو عصباني وَأَن يكون لَهَا الهضم وَذَلِكَ إِنَّمَا يكون بعضو لحماني فأفردا لكل من الْأَمريْنِ طبقَة: طبقَة عصبية للحس وطبقة لحمية للهضم وَجعلت الطَّبَقَة الباطنية عصبية والخارجة لحمانية لِأَن الهاضم يجوز أَن يصل إِلَى المهضوم بِالْقُوَّةِ دون الملاقاة والحاس لَا يجوز أَن يلاقي المحسوس أَعنِي فِي حس اللَّمْس. وَأَقُول أَيْضا: إِن الْأَعْضَاء مِنْهَا مَا هِيَ قريبَة المزاج من الدَّم فَلَا يحْتَاج الدَّم فِي تغذيتها إِلَى أَن يتصرَف فِي استحالات كَثِيرَة مثل اللَّحْم فَلذَلِك لم يُجْعَل فِيهِ تجاويف وبطون يُقيم فِيهَا الْغذَاء الْوَاصِل مُدَّة لم يغتذ بِهِ اللَّحْم وَلَكِن الْغذَاء كَمَا يلاقيه يَسْتَحِيل إِلَيْهِ. وَمِنْهَا مَا هِيَ بعيدَة المزاج عَنهُ فَيحْتَاج الدَّم فِي أَن يَسْتَحِيل إِلَيْهِ إِلَى أَن يَسْتَحِيل أَولا استحالات متدرجة إِلَى مشاكلة جوهره كالعظم فَلذَلِك جعل لَهُ فِي الْخلقَة إِمَّا تجويف وَاحِد يحتوي غذاءه مُدَّة يَسْتَحِيل فِي مثلهَا إِلَى مجانسته مثل عظم السَّاق والساعد أَو تجويف متفرق فِيهِ مثل عظم الْفلك الْأَسْفَل وَمَا كَانَ من الْأَعْضَاء هَكَذَا فَإِنَّهُ يحْتَاج أَن يمتاز من الْغذَاء فَوق الْحَاجة فِي الْوَقْت ليحيله إِلَى مجانسته شَيْئا بعد شَيْء. والأعضاء القوية تدفع فضولها إِلَى جاراتها الضعيفة كدفع الْقلب إِلَى الإبطين والدماغ إِلَى مَا خلف الْأُذُنَيْنِ والكبد إِلَى الأربيتين.

الْجُمْلَة الأولى الْعِظَام وَهِي ثَلَاثُونَ فصلا

الْفَصْل الأول الْعِظَام والمفاصل نقُول: إِن من الْعِظَام مَا قِيَاسه من الْبدن قِيَاس الأساس وَعَلِيهِ مبناه مثل فقار الصلب فَإِنَّهُ أساس للبدن عَلَيْهِ يبْنى كَمَا تبنى السَّفِينَة على الْخَشَبَة الَّتِي تنصب فِيهَا أَولا وَمِنْهَا قِيَاسه من الْبدن قِيَاس الْمِجَن والوقاية كعظم اليافوخ وَمِنْهَا مَا قِيَاسه قِيَاس السِّلَاح الَّذِي يدْفع بِهِ المصادم والمؤذي مثل الْعِظَام الَّتِي تدعى السناسن وَهِي على فقار الظّهْر كالشوك وَمِنْهَا مَا هُوَ حَشْو بَين فرج المفاصل مثل الْعِظَام السمسمانية

الَّتِي بَين السلاميات وَمِنْهَا مَا هُوَ مُتَعَلق للأجسام المحتاجة إِلَى علاقَة كالعظم الشبيه بِاللَّامِ لعضل الحنجرة وَاللِّسَان وَغَيرهمَا. وَجُمْلَة الْعِظَام دعامة وقوام للبدن وَمَا كَانَ من هَذِه الْعِظَام إِنَّمَا يُحْتَاج إِلَيْهِ للدعامة فَقَط وللوقاية وَلَا يُحْتَاج إِلَيْهِ لتحريك الْأَعْضَاء فَإِنَّهُ خلق مصمتا وَإِن كَانَت فِيهِ المسام والفرج الَّتِي لَا بُد مِنْهَا وَمَا كَانَ يُحْتَاج إِلَيْهِ مِنْهَا لأجل الْحَرَكَة أَيْضا فقد زيد فِي مِقْدَار تجويفه وَجعل تجويفه فِي الْوسط وَاحِدًا ليَكُون جرمه غير مُحْتَاج إِلَى موَاقِف الْغذَاء المتفرقة فيصير رخواً بل صلب جرمه وَجمع. غذاؤه وَهُوَ المخ فِي حشوه. ففائدة زِيَادَة التجويف أَن يكون أخف وَفَائِدَة تَوْحِيد التجويف أَن يبْقى جرمه أَصْلَب وَفَائِدَة صلابة جرمه أَن لَا ينكسر عِنْد الحركات العنيفة وَفَائِدَة المخ فِيهِ ليغذوه على مَا شرحناه قبل وليرطبه دَائِما فَلَا يتفتت بتجفيف الْحَرَكَة وليكون وَهُوَ مجوف كالمصمت. والتجويف. يقل إِذا كَانَت الْحَاجة إِلَى الوثاقة أَكثر وَيكثر إِذا كَانَت الْحَاجة إِلَى الخفة أَكثر. وَالْعِظَام المشاشية خلقت كَذَلِك لأمر الْغذَاء الْمَذْكُور مَعَ زِيَادَة حَاجَة بِسَبَب شَيْء يجب أَن ينفذ فِيهَا كالرائحة المستنشقة مَعَ الْهَوَاء فِي عظم المصفاة ولفضول الدِّمَاغ المدفوعة فِيهَا وَالْعِظَام كلهَا متجاورة متلاقية وَلَيْسَ بَين شَيْء من الْعِظَام وَبَين الْعظم الَّذِي يَلِيهِ مَسَافَة كَثِيرَة بل فِي بَعْضهَا مَسَافَة يسيرَة تملؤها لواحق غضروفية أَو شَبيهَة بالغضروفية خلقت للمنفعة الَّتِي للغضاريف وَمَا لم يجب فِيهِ مُرَاعَاة تِلْكَ الْمَنْفَعَة. خلق الْمفصل بَينهَا بِلَا لاحقة كالفك الْأَسْفَل. والمجاورات الَّتِي بَين الْعِظَام على أَصْنَاف: فَمِنْهَا مَا يتجاور مفصل سَلس وَمِنْهَا مَا يتجاور تجاور مفصل عسر غير موثق وَمِنْهَا مَا يتجاور تجاور مفصل موثق مركوز أَو مدروز أَو ملزق. والمفصل السلس هُوَ الَّذِي لأحد عظميه أَن يتحرّك حركاته سهلاً من غير أَن يَتَحَرَّك مَعَه الْعظم الآخر كمفصل الرسغ مَعَ الساعد. والمفصل الْعسر الْغَيْر الموثق هُوَ أَن تكون حَرَكَة أحد العظمين وَحده صعبة وقليلة الْمِقْدَار مثل الْمفصل الَّذِي بَين الرسغ والمشط أَو مفصل مَا بَين عظمين من عِظَام الْمشط. وَأما الْمفصل الموثق فَهُوَ الَّذِي لَيْسَ لأحد عظميه أَن يتحرّك وَحده الْبَتَّةَ مثل مفصل عِظَام القصّ. فَأَما المركوز فَهُوَ مَا يُوجد لأحد العظمين زِيَادَة وَللثَّانِي نقرة ترتكز فِيهَا تِلْكَ الزِّيَادَة ارتكازاً لَا يَتَحَرَّك فِيهَا مثل الْأَسْنَان فِي منابتها. وَأما المدروز فَهُوَ الَّذِي يكون لكل وَاحِد من العظمين تحازيز وأسنان كَمَا للمنشار وَيكون أَسْنَان هَذَا الْعظم منهدمة فِي تحازيز ذَلِك الْعظم كَمَا يركب الصَّفارون صَفَائِح النّحاس. وَهَذَا الْوَصْل يُسمى شَأْنًا ودرزاً كالمفاصل وَعِظَام القحف. والملزق مِنْهُ مَا هُوَ ملزق طولا مثل مفصل بَين عظمي الساعد وَمِنْه مَا هُوَ ملزق عرضا مثل مفصل الفقرات السُّفْلى من فقار الصلب فَإِن الْعليا مِنْهَا مفاصل غير موثقة.

الْفَصْل الثَّانِي تشريح القحف أما مَنْفَعَة جملَة عظم القحف فَهِيَ إِنَّهَا جنَّة للدماغ ساترة وواقية عَن الْآفَات. وَأما الْمَنْفَعَة فِي خلقهَا قبائل كَثِيرَة وعظاما فَوق وَاحِدَة فتنقسم إِلَى جملتين: جملَة مُعْتَبرَة بالأمور الَّتِي بِالْقِيَاسِ إِلَى الْعظم نَفسه وَجُمْلَة مُعْتَبرَة بِالْقِيَاسِ إِلَى مَا يحويه الْعظم.

أما الْجُمْلَة الأولى فتنقسم إِلَى منفعتين: إِحْدَاهمَا أَنه أَن اتّفق أَن يعرض للقحف آفَة فِي جُزْء من كسر أَو عفونة لم يجب أَن يكون ذَلِك عَاما للقحف كُله كَمَا يكون لَو كَانَ عظما وَاحِدًا. وَالثَّانيَِة أَن لَا يكون فِي عظم وَاحِد

اخْتِلَاف أَجزاء فِي الصلابة واللين والتخلخل والتكاثف والرقة والغلظ الِاخْتِلَاف الَّذِي يَقْتَضِيهِ الْمَعْنى الْمَذْكُور عَن قريب.

وَأما الْجُمْلَة الثَّانِيَة: فَهِي الْمَنْفَعَة الَّتِي تتمّ بالشؤون فبعضها بِالْقِيَاسِ إِلَى الدِّمَاغ نَفسه بِأَن يكون لما يتحلّل من الأبخرة الممتنعة عَن النّفُوذ فِي الْعظم نَفسه لغلظة طَرِيق ومسلك ليفارقه فينقي الدِّمَاغ بالتحلل. وَمَنْفَعَة بِالْقِيَاسِ إِلَى مَا يخرج من الدِّمَاغ من ليف العصب الَّذِي يثبت فِي أَعْضَاء الرَّأْس ليَكُون لَهَا طَرِيق. ومنفعتان مشتركتان بَين الدِّمَاغ وَبَين شَيْئَيْنِ آخرين أَحدهمَا بِالْقِيَاسِ إِلَى الْعُرُوق والشرايين الدَّاخِلَة إِلَى دَاخل الرَّأْس لكَي يكون لَهَا طَرِيق وَمَنْفَعَة بِالْقِيَاسِ إِلَى الْحجاب الغليظ الثقيل فتتشبث أَجزاء مِنْهُ بالشؤون فيستقل عَن الدِّمَاغ وَلَا يثقل عَلَيْهِ. والشكل الطبيعي لهَذَا الْعظم هُوَ الاستدارة لأمرين ومنفعتين. أَحدهمَا بِالْقِيَاسِ إِلَى دَاخل وَهُوَ أَن الشكل المستدير أعظم مساحة مِمَّا يُحِيط بِهِ غَيره من الأشكال المستقيمة الخطوط إِذْ تَسَاوَت إحاطتها. وَالْآخر بِالْقِيَاسِ إِلَى خَارج وَهُوَ أَن الشكل المستدير لَا ينفعل من المصادمات مَا ينفعل عَنهُ ذُو الزوايا. وَخلق إِلَى طول مَعَ استدارة لِأَن منابت الأعصاب الدماغية مَوْضُوعَة فِي الطول. وَكَذَلِكَ يجب لِئَلَّا ينضغط وَله نتوآن إِلَى قُدَّام وَإِلَى خلف ليقيا الأعصاب المنحدرة من الجنبين. ولمثل هَذَا الشكل دروز ثَلَاثَة حَقِيقِيَّة ودرزان كاذبان وَمن الأولى درز مُشْتَرك مَعَ الْجَبْهَة قوسي هَكَذَا! ويسمّى الاكليلي ودرز منصف لطول الرَّأْس مُسْتَقِيم يُقَال لَهُ وَحده سهمي. وَإِذا اعْتبر من جِهَة اتِّصاله بالإكليلى قيل لَهُ سفودي وشكله كشكل قَوس يقوم فِي وَسطه خطّ مُسْتَقِيم كالعمود هَكَذَا والدرز الثَّالِث هُوَ مُشْتَرك بَين الرَّأْس من خلف وَبَين قَاعِدَته وَهُوَ على شكل زَاوِيَة يتّصل بنقطتها طرف السَّهْمِي ويسمّى الدرز اللامي لِأَنَّهُ يشبه اللَّام فِي كِتَابَة اليونانيين وَإِذا انْضَمَّ إِلَى الدرزين المقدمين صَار شكله هَكَذَا: وَأمّا الدرزان الكاذبان فهما آخذان فِي طول الرَّأْس على موازاة السَّهْمِي من الْجَانِبَيْنِ وليسا بغائصين فِي الْعَظِيم تَمام الغوص وَلِهَذَا يسميان قشريين. وَإِذا اتصلا بِالثَّلَاثَةِ الأولى الْحَقِيقِيَّة صَارَت شكلها هَكَذَا. وَأمّا أشكال الرَّأْس الْغَيْر الطبيعية فَهِي ثَلَاثَة. أَحدهَا أَن ينقص النتوء الْمُقدم فيفقد لَهُ من الدرز الاكليلي. وَالثَّانِي أَن ينقص النتوء الْمُؤخر فيفقد لَهُ من الدروز الدرز اللامي. وَالثَّالِث أَن يفقد لَهُ النتوآن جَمِيعًا وَيصير الرَّأْس كالكرة متساوي الطول وَالْعرض.

قَالَ فَاضل الْأَطِبَّاء جالينوس: إِن هَذَا الشكل لما تساوى فِيهِ الأبعاد وَجب فِيهِ الْعدْل أَن يتساوى فِيهِ قسْمَة الدروز وَقد كَانَ قسْمَة الدروز فِي الأوّل للطول درز وللعرض لدرزان فَيكون هَهُنَا للطول درز وللعرض كَذَلِك درز وَاحِد وَأَن يكون الدرز العرضي فِي وسط الْعرض من الأذن إِلَى الأذن على هَذِه الصُّورَة كَمَا أَن الدرز الطولي فِي وسط الطول. قَالَ هَذَا الْفَاضِل: وَلَا يُمكن أَن يكون للرأس شكل رَابع كير طبيعي حَتَّى يكون الطول أنقص من الْعرض إِلَّا وَينْقص من بطُون الدِّمَاغ أَو جرمه شَيْء وَذَلِكَ مضادّ للحياة مَانع عَن صِحَة التَّرْكِيب. وَصوب قَول مقدم الْأَطِبَّاء بقراط إِذْ جعل أشكال الرَّأْس أَرْبَعَة فَقَط فَاعْلَم ذَلِك.

الْفَصْل الثَّالِث تشريح مَا دون القحف وللرأس بعد هَذَا خَمْسَة عِظَام أَرْبَعَة كالجدران وَوَاحِد كالقاعدة وَجعلت هَذِه الجدران أَصْلَب من اليافوخ لِأَن السقطات والصدمات عَلَيْهَا أَكثر وَلِأَن الْحَاجة إِلَى تخلخل القحف واليافوخ أَمَسّ لأمرين: أَحدهمَا لينفذ فِيهِ البخار المتحلّل. وَالثَّانِي لِئَلَّا يثقل على الدِّمَاغ. وَجعل أَصْلَب الجدران مؤخرها لِأَنَّهُ غَائِب عَن حراسة الْحَواس فالجدار الأول هُوَ عظم الْجَبْهَة ويحدّه من فَوق الدرز الاكليلي وَمن أَسْفَل درز آخر يَمْتَد من طرف الاكليلي ماراً على الْعين عِنْد الْحَاجِب مُتَّصِلا آخِره بالطرف الثَّانِي من الإكليلي والجداران اللَّذَان يمنة ويسرة فهما العظمان اللَّذَان فيهمَا الأذنان ويسميان الحجريتين لصلابتها وَيحد كل وَاحِد مِنْهَا من فَوق الدرز القشري وَمن أَسْفَل درز يَأْتِي من طرف الدرز اللامي ويمر منتهياً إِلَى الإكليلي وَمن قُدَّام جُزْء من الإكليلي وَمن خلف جُزْء من اللامي.

وَأما الْجِدَار الرَّابِع فيحده من فَوق الدرز اللامي وَمن أَسْفَل الدرز الْمُشْتَرك بَين الرَّأْس والوتدي ويصل بَين طرفِي اللامي. وَأما قَاعِدَة الدِّمَاغ فَهُوَ الْعظم الَّذِي يحمل سَائِر الْعِظَام وَيُقَال لَهُ الوتدي وَخلق صلباً لمنفعتين: إِحْدَاهمَا أَن الصلابة تعين على الْحمل. وَالثَّانِي أَن الصلب أقل قبولاً للعفونة من الفضول وَهَذَا الْعظم مَوْضُوع تَحت فضول تنصبّ دَائِما فاحتيط فِي تصليبه وَفِي كل وَاحِد من جَانِبي الصدغين عظمان صلبان يستران الْعصبَة الْمَارَّة فِي الصدغ وَوَضعهمَا فِي طول الصدغ على الوارب ويسميان الزَّوْج.

الْفَصْل الرَّابِع تشريح عِظَام الفكين وَالْأنف أما عِظَام الْفك والصدغ: فيتبين عددهَا مَعَ تبيننا لدروز الْفك فَنَقُول: إن الْفك الْأَعْلَى يحدّه من فَوق درز مُشْتَرك بَينه وَبَين الْجَبْهَة مار تَحت الْحَاجِب من الصدغ إِلَى الصدغ ويحدّه من تَحت منابت الْأَسْنَان وَمن الْجَانِبَيْنِ لحرز يَأْتِي من نَاحيَة الأذن مُشْتَركا بَينه وَبَين الْعظم الوتدي الَّذِي هُوَ وَرَاء الأضراس ثمَّ الطّرف الآخر هُوَ منتهاه أَعنِي أَنه يمِيل نابياً إِلَى الإنْسِي يَسِيرا فَيكون درز يفرق بَين هَذَا وَبَين الدرز الَّذِي نذكرهُ وَهُوَ الَّذِي يقطع أَعلَى الحنك طولا. فَهَذِهِ حُدُوده. وَإِمَّا دروزه الدَّاخِلَة فِي حُدُوده فَمن ذَلِك درز يقطع أَعلَى الحنك طولا ولدرز آخر يبتدىء مَا بَين الحاجبين إِلَى محاذاة مَا بَين الثنيتين ودرز يبتدىء من عِنْد مُبْتَدأ هَذَا الدرز ويميل عَنهُ منحدراً إِلَى محاذاة مَا بَين الرّبَاعِيَة والناب من الْيَمين ودرز آخر مثله فِي الشمَال فيتحدد إِذا بَين هَذِه الدروز الثَّلَاثَة الْوُسْطَى والطرفين. وَبَين محاذاة منابت الْأَسْنَان الْمَذْكُورَة عظمان مثلثان لَكِن قاعدتا المثلثين ليستا عِنْد منابت الْأَسْنَان بل يعْتَرض قبل ذَلِك درز قَاطع قريب من قَاعِدَة المنخرين لِأَن الدروز الثَّلَاثَة تجَاوز هَذَا الْقَاطِع إِلَى الْمَوَاضِع الْمَذْكُورَة وَيحصل دون المثلثين عظمان تحيط بهَا جَمِيعًا قَاعِدَة المثلثين ومنابت الْأَسْنَان وقسمان من الدرزين الطرفيين يفصل أحد العظمين عَن الآخر مَا ينزل عَن الدرز الْأَوْسَط فَيكون لكل عظم زاويتان قائمتان عِنْد هَذَا الدرز الْفَاصِل وحادة عِنْد النابين ومنفرجة عِنْد المنخرين وَمن دروز الْفك الْأَعْلَى درز ينزل من الدرز الْمُشْتَرك الْأَعْلَى آخذا إِلَى نَاحيَة الْعين فَكَمَا يبلغ النقرة يَنْقَسِم إِلَى شعب ثَلَاثَة: شُعْبَة تمر تَحت الدرز الْمُشْتَرك مَعَ الْجَبْهَة وَفَوق نقرة الْعين حَتَّى يتَّصل بالحاجب ودرز دونه يتَّصل كَذَلِك من غير

أن يدْخل النقرة ودرز ثَالِث يتّصل كَذَلِك بعد دُخُول النقرة وكل مَا هُوَ مِنْهَا أَسْفَل بِالْقِيَاسِ إِلَى الدرز الَّذِي تَحت الْحَاجِب فَهُوَ أبعد من الْموضع الَّذِي يماسه الْأَعْلَى.

وَلَكِن الْعظم الَّذِي يفرزه الدرز الأول من الثَّلَاثَة أعظم ثمَّ الَّذِي يفرزه الثَّانِي. وَأما الْأنف فمنافعه ظَاهِرَة وَهِي ثَلَاثَة. أَحدهَا: أنه يعين بالتجويف الَّذِي يشْتَمل عَلَيْهِ فِي الِاسْتِنْشَاق حَتَّى ينْحَصر فِيهِ هَوَاء أَكثر ويتعدل أيْضا قبل النّفُوذ إِلَى الدِّمَاغ فَإِن الْهَوَاء المستنشق وَإِن كَانَ ينفذ جملَة إِلَى الرئة فَإِن شطراً صَالح الْمِقْدَار ينفذ أَيْضا إِلَى الدِّمَاغ وَيجمع أَيْضا للإستنشاق الَّذِي يطْلب فِيهِ التشمم هَوَاء صَالحا فِي مَوضِع وَاحِد أَمَام آلَة الشمّ ليَكُون الْإِدْرَاك أَكثر وأوفق. فَهَذِهِ ثَلَاث مَنَافِع فِي مَنْفَعَة. وَأما الثَّانِيَة: فَإِنَّهُ يعين فِي تقطيع الْحُرُوف وتسهيل إخْرَاجهَا فِي التقطيع لِئَلَّا يزدحم الْهَوَاء كُله عِنْد الْمَوَاضِع الَّتِي يحاول فِيهَا تقطيع الْحُرُوف بِمِقْدَار. فهاتان منفعتان فِي وَاحِدَة. وَنَظِير مَا يَفْعَله الْأنف فِي تَقْدِير هَوَاء الْحُرُوف هُوَ مَا يَفْعَله الثقب مُطلقًا إِلَى خلف المزمار فلا يتعرّض لَهُ بالسد. وَأما الثَّالِثَة: فليكون للفضول المندفعة من الرَّأْس ستر ووقاية عَن الْأَبْصَار وَأَيْضًا آلَة مُعينَة على نفضها بالنفخ. وتركيب عِظَام الْأنف من عظمين كالمثلثين يلتقي مِنْهَا زاويتاهما من فَوق والقاعدتان يتماسان عِنْد زَاوِيَة ويتفارقان بزاويتين. والعظمان كلّ وَاحِد مِنْهُمَا يركب أحد الدرزين الطرفيين الْمَذْكُورين تَحت درز عِظَام الْوَجْه وعَلى طرفيهما السافلين غضروفان لينان وَفِيمَا بَينهمَا على طول الدرز الوسطاني غضروف جزؤه الْأَعْلَى أَصْلَب من الْأَسْفَل وَهُوَ بِالْجُمْلَةِ أَصْلَب من الغضروفين الآخرين. فمنفعة الغضروف الوسطاني أَن يفصل الْأنف إِلَى منخرين حَتَّى إِذا نزل من الدِّمَاغ فضلَة نازلة مَالَتْ فِي الْأَكْثَر إِلَى أَحدهمَا وَلم يسد طَرِيق جَمِيع الِاسْتِنْشَاق الْمُؤَدِّي إِلَى الدِّمَاغ هَوَاء مروحاً لما فِيهِ من الرّوح. وَمَنْفَعَة الغضروفين الطرفيين أُمُور ثَلَاثَة: الْمَنْفَعَة الْمُشْتَركَة للغضاريف الْوَاقِعَة على أَطْرَاف الْعِظَام وفرعنا مِنْهَا. وَالثَّانيَة لكَي ينفرج ويتوسّع إِن احْتِيجَ إِلَى فضل استنشاق أَو نفخ. وَالثَّالِثَة ليعين فِي نفض البخار باهتزازها عِنْد النفخ وانتفاضها وارتعادها وخُلق عظما الْأنف دقيقين خفيفين لِأَن الْحَاجة هَهُنَا إِلَى الخفة أَكثر مِنْهَا إِلَى الوثاقة وخصوصاً لِكَوْنِهِمَا بريئين عَن مُوَاصلَة أَعْضَاء قَابِلَة للآفات وموضوعين بِمَرْصَد من الْحس.

وَأما الفك الْأَسْفَل فَصُورَة عِظَامه ومنفعته مَعْلُومَة وَهُوَ أَنه من عظمين يجمع بَينهمَا تَحت الذقن مفصل موثق وطرفاهما الْآخرَانِ ينتشر عِنْد آخر كل وَاحِد مِنْهُمَا نَاشِزَة معقفة تتركب مَعَ زَائِدَة مهندمة لَهَا ناتئة من الْعظم الَّذِي يَنْتَهِي عِنْده مربوطة بِوُقُوع أَحدهمَا على الآخر برباطات.

الْفَصْل الْخَامِس تشريح الْأَسْنَان أما الْأَسْنَان فِي اثْنَان وَثَلَاثُونَ سنا وَرُبمَا عدمت النواجذ مِنْهَا فِي بعض النَّاس وَهِي الْأَرْبَعَة الطرفانية فَكَانَت ثَمَانِيَة وَعشْرين سنا فَمن الْأَسْنَان ثنيتان ورباعيتان من فَوق وَمثلهَا من أَسْفَل للْقطع ونابان من فَوق ونابان من تَحت للكسر وأضراس للطحن من كل جَانب فوقاني وسفلاني أَرْبَعَة أَو خَمْسَة فجملة ذَلِك اثْنَان وَثَلَاثُونَ أَو ثَمَانِيَة وَعِشْرُونَ. والنواجذ تنْبت فِي الْأَكْثَر فِي وسط زمَان النمو وَهُوَ بعد للبلوغ إِلَى

الْوُقُوف وَذَلِكَ أَن الْوُقُوف قريب عَن ثَلَاثِينَ سنة وَلذَلِك تسمى أَسْنَان الْحلم. وللأسنان أُصُول ورؤوس محددة تركز فِي ثقب الْعِظَام الحاملة لَهَا من الفكين وتنبت على حافة كل ثقبة زَائِدَة مستديرة عَلَيْهَا عَظِيمَة تشْتَمل على السن وتشده. وَهُنَاكَ روابط قَوِيَّة وَمَا سوى الأضراس فَإِن لكل وَاحِد مِنْهَا رَأْسا وَاحِدًا. وَأما الأضراس المركوزة فِي الفك الْأَسْفَل فَأَقل مَا يكون لكل وَاحِد مِنْهَا من الرؤوس رأسان وَرُبمَا كَانَ وخصوصا للناجذين ثَلَاثَة أرؤس وَأما المركوزة فِي الفك الْأَعْلَى فَأَقل مَا يكون لكل وَاحِد مِنْهَا من الرؤوس ثَلَاثَة أرؤس وَرُبمَا كَانَ - وخصوصاً للناجذين - أَرْبَعَة أرؤس وَقد كثرت رُؤُوس الأضراس لكبرها ولزيادة عَملهَا وَزيد للعليا لِأَنَّهَا معلقَة وَالثّقل يجْعَل ميلها إِلَى خلاف جِهَة رؤوسها.

وَأما السُّفْلى فثقلها لَا يضاد ركزها وَلَيْسَ لشَيْء من الْعِظَام حس الْبَتَّةَ إِلَّا الْأَسْنَان. قَالَ جالينوس: بل التجربة تشهد أَن لَهَا حسا أعينت بِهِ بِقُوَّة تأتيها من الدِّمَاغ لتميز أَيْضا بَين الْحَار والبارد.

الْفَصْل السَّادِس الصلب مَخْلُوق لمنافع أَربع: أَحدهَا ليَكُون مسلكاً للنخاع الْمُحْتَاج إِلَيْهِ فِي بَقَاء الْحَيَوَان لما نذكرهُ من مَنْفَعَة النخاع فِي مَوْضِعه بالشرح. وَأما هَهُنَا فَنَذْكُر من ذَلِك أمر مُجملا وَهُوَ أَن الأعصاب لَو نبتَت كلهَا من الدِّمَاغ لاحتيج أَن يكون الرَّأْس أعظم مِمَّا هُوَ عَلَيْهِ بِكَثِير ولثقل على الْبدن حمله وَأَيْضًا لاحتاجت الْعصبَة إِلَى قطع مَسَافَة بعيدَة حَتَّى تبلغ أقاصي الْأَطْرَاف فَكَانَت متعرضة للآفات والانقطاع وَكَانَ طولهَا يوهن قوتها فِي جذب الْأَعْضَاء الثَّقِيلَة إِلَى مباديها فأنعم الْخَالِق عز اسْمه بإصدار جُزْء من الدِّمَاغ وَهُوَ النخاع إِلَى أَسْفَل الْبدن كالجدول من الْعين ليوزع مِنْهُ قسْمَة العصب فِي جنباته وَآخره بِحَسب موازاته ومصاقبته للأعضاء ثمَّ جعل الصلب مسلكاً حريزاً لَهُ وَالثَّانيَة أَن الصلب وقاية وجُنَّة للأعضاء الشَّرِيفَة الْمَوْضُوعَة قدامه وَلذَلِك خلق لَهُ شوك وسناسن. وَالثَّالِثَة أَن الصلب خلق ليَكُون مَبْنِيّ لجملة عِظَام الْبدن مثل الْخَشَبَة الَّتِي تهَيَّأ فِي نجر السَّفِينَة أَولا ثمَّ يركز فِيهَا ويربط بهَا وَسَائِر الْخشب ثَانِيًا وَلذَلِك خلق الصلب صلباً. وَالرَّابِعَة ليَكُون لقوام الْإِنْسَان استقْلَال وقوام وتمكن من الحركات إِلَى الْجِهَات وَلذَلِك خلق الصلب فقرات منتظمة لَا عظما وَاحِدًا وَلَا عظاماً كَثِيرَة الْمِقْدَار وَجعلت المفاصل بَين الفقرات لَا سلسة توهن القوام وَلَا موثقة فتمنع الانعطاف.

الْفَصْل السَّابِع تشريح الفقرات فَنَقُول: الْفقْرَة عظم فِي وَسطه ثقب ينفذ فِيهِ النخاع والفقرة قد يكون لَهَا أَربع زَوَائِد يمنة ويسرة وَمن جَانِبي الثقب وَيُسمى مَا كَانَ مِنْهَا إِلَى فَوق شاخصة إِلَى فَوق وَمَا كَانَ مِنْهَا إِلَى أَسْفَل شاخصة إِلَى أَسْفَل ومنتكسة وَرُبمَا كَانَت الزَّوَائِد سِتا أَرْبَعَة من جَانب وَاثْنَانِ من جَانب.

وَرُبمَا كَانَت ثَمَانِيَة وَالْمَنْفَعَة فِي هَذِه الزَّوَائِد هِيَ أَن ينتظم مِنْهَا الِاتِّصَال بَينهَا اتِّصَالًا مفصلياً بنقر فِي بَعْضهَا ورؤوس لقمية فِي بعض وللفقرات زَوَائِد لَا لأجل هَذِه الْمَنْفَعَة وَلَكِن للوقاية والْجنَّة والمقاومة لما يصاك وَلِأَن ينتسج عَلَيْهَا رباطات وَهِي عِظَام عريضة صلبة مَوْضُوعَة على طول الفقرات. فَمَا كَانَ من هَذِه مَوْضُوعا إِلَى خلف يسمّى شوكاً وسناسن وَمَا كَانَ مِنْهَا مَوْضُوعا يمنة ويسرة يُسمى أَجْنِحَة. وَإِنَّمَا وقايتها لما وضع أَدخل مِنْهَا فِي طول

الْبدن من العصب وَالْعُرُوق والعضل. ولبعض الأجنحة وَهِي الَّتِي تلِي الأضلاع خَاصَّة مَنْفَعَة وَهِي أَنَّهَا تتخلق فِيهَا نقر ترتبط بهَا رُؤُوس الأضلاع محدبة بتهندم فِيهَا. وَلكُل جنَاح مِنْهَا نقرتان وَلكُل ضلع زائدتان محدبتان. وَمن الأجنحة مَا هُوَ ذُو رَأْسَيْنِ فَيُشبه الْجنَاح المضاعف وَهَذَا فِي خَرَزَات الْعُنُق وَسَنذكر منفعته. وللفقرات غير الثقبة المتوسطة ثقب أُخْرَى لسَبَب مَا يخرج مِنْهَا من العصب وَمَا يدْخل فِيهَا من الْعُرُوق فبعض تِلْكَ الثقب يحصل بتمامِهَا فِي جرم الْفَقْرَة الْوَاحِدَة وَبَعضهَا يحصل بتمامِهَا فِي فقرتين بِالشّركَةِ وَيكون موضعهَا الْحَد الْمُشْتَرك بَينهمَا وَرُبمَا كَانَ ذَلِك من جَانِبي فَوق وأسفل مَعًا وَرُبمَا كَانَ من جَانب وَاحِد وَرُبمَا كَانَ فِي كل وَاحِدَة من الفقرتين نصف دَائِرَة تَامَّة وَرُبمَا كَانَ فِي إِحْدَاهمَا أكبر مِنْهُ وَفِي الْأُخْرَى أَصْغَر وَإِنَّمَا جعلت هَذِه الثقبة عَن جنبتي الْفَقْرَة وَلم تجْعَل إِلَى خلف لعدم الْوِقَايَة لما يخرج وَيدخل هُنَاكَ ولتعرضه للمصادمات وَلم تجْعَل إِلَى قُدَّام وَإِلَّا لوقعت فِي الْمَوَاضِع الَّتِي عَلَيْهَا ميل الْبدن بثقله الطبيعي وبحركاته الإرادية أَيْضا وَكَانَت تضعفها وَلم يُمكن أَن تكون متقنة الرَّبْط والتعقيب وَكَانَ الْميل أَيْضا على مخرج تِلْكَ الأعصاب يضغطها ويوهنها. وَهَذِه الزَّوَائِد الَّتِي للوقاية قد يُحِيط بهَا رباطات وَعصب يجْرِي عَلَيْهَا رطوبات وتملس وتسلس لِئَلَّا تؤذي اللَّحْم بالمماسة. والزوائد المفصلية أَيْضا شَأْنهَا هَذَا فَإِنَّهَا يوثق بَعْضهَا بِبَعْض إيثاقاً شَدِيدا بالتعقيب والربط من كل الْجِهَات إِلَّا أَن تعقبها من قُدَّام أوثق وَمن خلف أسلس لِأَن الْحَاجة إِلَى الانحناء والانثناء نَحْو اقدام أمس من الانعطاف والانتكاس إِلَى خلف وَلما سلست الرباطات إِلَى خلف شغل الفضاء الْوَاقِع لَا محَالة هُنَاكَ وَإِن قل برطوبات لزجة ففقرات الصلب بِمَا استوثق من تعقيبها من جِهَة إستيثاقاً بالإفراط كعظم وَاحِد مَخْلُوق للثبات والسكون وَبِمَا سلست من جِهَة كعظام كَثِيرَة مخلوقة.

الْفَصْل الثَّامِن مَنْفَعَة الْعُنُق وتشريح عِظَامه الْعُنُق مَخْلُوق لأجل قَصَبَة الرئة وقصبة الرئة مخلوقة لما نذكر من مَنَافِع خلقهَا فِي مَوْضِعه.

وَلما كَانَت الْفَقْرَة العنقية - وَبِالْجُمْلَةِ الْعَالِيَة - مَحْمُولَة على مَا تحتهَا من الصلب وَجب أَن تكون أَصْغَر فَإِن الْمَحْمُول يجب أَن يكون أخف من الْحَامِل إِذا أُرِيد أَن تكون الحركات على النظام الْحِكْمِي. وَلما كَانَ أول النخاع يجب أَن يكون أغْلظ وَأعظم مثل أول النَّهر لِأَن مَا يخص الْجُزْء الْأَعْلَى من مقاسم العصب كثر مِمَّا يخص الْأَسْفَل وَجب أَن تكون الثقب فِي فقار الْعُنُق أوسع. وَلما كَانَ الصغر وسعة التجويف مِمَّا يرقق جرمها وَجب أَن يكون هُنَاكَ معنى من الوثاق يتدارك بِهِ مَا برهنه الْأَمْرَانِ الْمَذْكُورَان فَوَجَبَ أَن يخلق أصلب الفقرات. وَلما كَانَ جرم كل فقرة مِنْهَا رَقِيقا خلقت سناسنها صَغِيرَة فَإِنَّهَا لَو خلقت كَبِيرَة تهيأت الْفَقْرَة للإنكسار وللآفات عِنْد مصادمة الْأَشْيَاء القوية لسنسنتها. وَلما صغرت سنسنتها جعلت أَجْنِحَتهَا كبارًا ذَوَات رَأْسَيْنِ مضاعفة. وَلما كَانَت حَاجَتهَا إِلَى الْحَرَكَة أَكثر من حَاجَتهَا إِلَى الثَّبَات إِذْ لَيْسَ إقلالها للعظام الْكَثِيرَة إقلال مَا تحتهَا فَلذَلِك أَيْضا سلست مفاصل خرزتها بِالْقِيَاسِ إِلَى مفاصل مَا تحتهَا وَلِأَن مَا يفوتها من الوثاقة بالسلاسة قد يرجع إِلَيْهَا مثله أَو كثر مِنْهُ من جِهَة مَا يُحِيط بهَا وَيجْرِي عَلَيْهَا من العصب والعضل وَالْعُرُوق فيغني ذَلِك عَن تَأْكِيد الوثاقة فِي الْمفصل. وَلما قلت الْحَاجة إِلَى شدَّة تَوْثِيق المفاصل وَكفى الْمِقْدَار الْمُحْتَاج إِلَيْهِ بِمَا فعل لم تخلق زوائدها المفصلية الشاخصة إِلَى فَوق

وأسفل عَظِيمَة كَثِيرَة الْعرض كَمَا للواتي تَحت الْعُنُق بل جعلت قواعدها أطول ورباطاتها أسلس وَجعل مخارج العصب مِنْهَا مُشْتَركَة على مَا ذكرنَا إِذْ لم تحْتَمل كل فقرة مِنْهَا لرقتها وصغرها وسعة مجْرى النخاع فِيهَا ثقباً خَاصَّة إِلَّا الَّتِي نستثنيها ونبين حَالهَا. فَنَقُول الْآن: إن خرز الْعُنُق سبع بِالْعدَدِ فقد كَانَ هَذَا الْمِقْدَار معتدلاً فِي الْعدَد والطول وَلكُل وَاحِدَة مِنْهَا - إِلَّا الأولى - جَمِيع الزَّوَائِد الإحدى عشرَة الْمَذْكُورَة سنسنة وجناحان وَأَرْبع زَوَائِد مفصلية شاخصة إِلَى فَوق وَأَرْبع شاخصة إِلَى أَسْفَل وكل جنَاح ذُو شعبتين.

ودائرة مخرج العصب تَنْقَسِم بَين كل فقرتين بِالنِّصْفِ لَكِن للخرزة الأولى وَالثَّانيَة خَواص لَيست لغَيْرِهمَا وَيجب أَن تعلم أَولا أَن حَرَكَة الرَّأْس يمنة ويسرة تلتئم بالمفصل الَّذِي بَينه وَبَين الْفقرَة الأولى وحركتها من قُدَّام وَمن خلف بالمفصل الَّذِي بَينه وَبَين الْفقرَة الثَّانِيَة فَيجب أَن نتكلم أَولا فِي الْمفصل الأول فَنَقُول: إِنَّه قد خلق على شاخصتي الْفقرَة الأولى من جانبيه إِلَى فَوق نقرتان يدْخل فيهمَا زائدتان من عظم الرَّأْس فَإِذا ارْتَفَعت إِحْدَاهمَا وَغَارَتْ الْأُخْرَى مَال الرَّأْس إِلَى الغائرة وَلم يُمكن أَن يكون الْمفصل الثَّانِي على هَذِه الْفقرَة فَجعل لَهُ فقرة أُخْرَى على حِدة وَهِي التالية وَأنْبت من جَانبهَا الْمُتَقَدّم الَّذِي إِلَى الْبَاطِن زَائِدَة طَوِيلَة صلبة تجوز وتنفذ فِي ثقبة الأولى قُدَّام النخاع. والثقبة مُشْتَركَة بَينهمَا وَهِي - أَعنِي الثقبة من الْخلف إِلَى القدام - أطول مِنْهَا مَا بَين الْيَمين وَالشمَال وَذَلِكَ لِأَن فِيمَا بَين القدام وَالْخلف نافذان يأخذان من الْمَكَان فَوق مَكَان النَّافِذ الْوَاحِد. وَأما تَقْدِير الْعرض فَهُوَ بِحَسب أكبر نَافِذ وَاحِد مِنْهُمَا وَهَذِه الزَّائِدَة تسمى السن وَقد حجب النخاع عَنْهَا برباطات قَوِيَّة أنبتت لتفرز نَاحيَة السن من نَاحيَة النخاع لِئَلَّا يشدخ السن النخاع بحركتها وَلَا يضغطه ثمَّ إِن هَذِه الزَّائِدَة تطلع من الْفقرَة الأولى وتغوص فِي نقرة فِي عظم الرَّأْس وتستدير عَلَيْهَا النقرة الَّتِي فِي عظم الرَّأْس وَبهَا تكون حَرَكَة الرَّأْس إِلَى قُدَّام من خلف.

وَهَذِه السن إِنَّمَا أنبتت إِلَى قُدَّام لمنفعتين: إِحْدَاهمَا لتكون أحرز لَهَا وَالثَّانيَة ليَكُون الْجَانِب الأرق من الخرزة دَاخِلا لَا خَارِجا. وخاصية الْفقرَة الأولى أَنَّهَا لَا سنسنة لَهَا لئلا تثقلها ولئلا تتعرض بِسَبَبِهَا للآفات فَإِن الزَّائِدَة الدافعة عَمَّا هُوَ أقوى هِيَ بِعَينهَا الجالبة للكسر والآفات إِلَى مَا هُوَ أَضْعَف وَأَيْضًا لِئَلَّا يشدخ العضل والعصب الْكثير الْمَوْضُوع حولهَا مَعَ أَن الْحَاجة هَهُنَا إِلَى شوك واقٍ قليلَة وَذَلِكَ لِأَن هَذِه الْفقرَة كالغائصة المدفونة فِي وقايات نائية عَن منال الْآفَات. ولهذه الْمعَانِي عريت عَن الأجنحة وخصوصاً إِذا كَانَت العصب والعضل أَكْثَرهَا مَوْضُوعا بجنبها وضعا ضيقا لقربها من المبدأ فَلم يكن للأجنحة مَكَان. وَمن خَواص هَذِه الْفقرَة أَن الْعصبَة تخرج عَنْهَا لَا عَن جانبيها وَلَا عَن ثقبة مُشْتَركَة وَلَكِن عَن ثقبتين فِيهَا تليان جَانِبي أَعْلَاهَا إِلَى خلف لِأَنَّهُ لَو كَانَ مخرج العصب حَيْثُ تلتقم زائدتي الرَّأْس وَحَيْثُ تكون حركاتها الْقَوِيَّة لتضر بذلك تضرراً شَدِيدا وَكَذَلِكَ لَو كَانَ إِلَى ملتقم الثَّانِيَة لزائدتيها اللَّتَيْنِ تدخلان مِنْهَا فِي نقرتي الثَّالِثَة بمفصل سَلس متحرّك إِلَى قُدَّام وَخلف وَلم تصلح أَيْضا أَن تكون من خلف وَمن قُدَّام للعلل الْمَذْكُورَة فِي بَيَان أَمر سَائِر الخرز وَلَا من الْجَانِبَيْنِ لرقة الْعظم فيهمَا بِسَبَب السنّ فَلم يكن بدّ من أَن تكون دون مفصل الرَّأْس بِيَسِير وَإِلَى خلف من الْجَانِبَيْنِ أَعنِي حَيْثُ تكون وسطا بَين الْخلف

والجانب فَوَجَبَ ضَرُورَة أَن تكون الثقتان صغيرتين فَوَجَبَ ضَرُورَة أَن يكون العصب دَقِيقًا. وَأما الخرزة الثَّانِيَة فَلَمَّا لم يُمكن أَن يكون مخرج العصب فِيهَا من فَوق حَيْثُ أمكن لهَذِهِ إِذْ كَانَ يخَاف عَلَيْهَا لَو كَانَ مخرج عصبها كَمَا للأولى أَن ينشدخ ويترضض بحركة الْفَقْرَة الأولى لتنكيس الرَّأْس إِلَى قُدَّام أَو قلبه إِلَى خلف وَلَا أمكن من قُدَّام وَخلف لذَلِك وَلَا أمكن من الْجَانِبَيْنِ وَإِلَّا لَكَانَ ذَلِك شركَة مَعَ الأولى ولكان النَّابِت دَقِيقًا ضَرُورَة لَا يتلافى تقْصِير الأول وَيكون الْحَاصِل أَزْوَاجًا ضَعِيفَة مجتمعة مَعًا ولكان أَيْضا يكون بشركة مَعَ الأولى واتضح عذر الأولى فِي فَسَاد الْحَال لَو تثقبت من الْجَانِبَيْنِ فَوَجَبَ أَن يكون الثقب فِي الثَّانِيَة فِي جَانِبي السنسنة حَيْثُ يُحَاذِي ثقبتي الأولى وَيحْتَمل جرم الأولى الْمُشَاركَة فيهمَا. وَالسّن النَّابِت من الثَّانِيَة مشدود مَعَ الأولى برباط قوي ومفصل الرَّأْس مَعَ الأولى ومفصل الرَّأْس وَالْأولَى مَعًا مَعَ الثَّانِيَة أسلس من سَائِر مفاصل الفقار لشدّة الْحَاجة إِلَى الحركات الَّتِي تكون بهما وَإِلَى كَونهَا بَالِغَة ظَاهِرَة وَإِذا تحرّك الرَّأْس مَعَ مفصل إِحْدَى الفقرتين صَارَت الثَّانِيَة مُلَازمَة لمفصلها الآخر كالمتوجه حَتَّى إِن تحرّك الرَّأْس إِلَى قُدَّام وَإِلَى خلف صَار مَعَ الْفَقْرَة الأولى كعظم وَاحِد وَإِن تحرّك إِلَى الْجَانِبَيْنِ من غير تأريب صَارَت الأولى وَالثَّانِيَة كعظم وَاحِد فَهَذَا مَا حَضَرنَا من أَمر فقار الْعُنُق وخواصها.

الْفَصْل التَّاسِع تشريح فقار الصَّدْر فقار الصَّدْر هِيَ الَّتِي تتصّل بهَا الأضلاع فتحوي أَعْضَاء التنفس وَهِي إِحْدَى عشرَة فقرة ذَات سناسن وَأَجْنِحَة وفقرة لَا جنَاحَانِ لَهَا فَذَلِك إثنتا عشرَة فقرة وسناسنها غير مُتَسَاوِيَة لِأَن مَا يَلِي مِنْهَا الْأَعْضَاء الَّتِي هِيَ أشرف هِيَ أعظم وَأقوى وَأَجْنِحَة خرز الصَّدْر أَصْلَب من غَيرهَا لاتصال الأضلاع بهَا والفقرات السَّبْعَة الْعَالِيَة مِنْهَا سناسنها كبار وأجنحتها غِلَاظ لتقي الْقلب وقاية بَالِغَة فَلَمَّا ذهبت جسومها فِي ذَلِك جعلت زوائدها المفصلية الشاخصة قصاراً عراضاً وَمَا فَوق ذَلِك دون الْعَاشِرَة فَإِن زَوَائِد المفصلية الشاخصة إِلَى فَوق هِيَ الَّتِي فِيهَا نقر الإلتقام والشاخصة إِلَى أَسْفَل يشخص مِنْهَا الحدبات الَّتِي تنهدم فِي النقر وسناسنها تنجذب إِلَى أَسْفَل. وَأما الْعَاشِرَة فَإِن سناسنها منتصبة مقببة ولزوائدها المفصلية من كلا الْجَانِبَيْنِ نقر بِلَا لقم فَإِنَّهَا تلتقم من فَوق وَمن تَحت مَعًا ثمَّ مَا تَحت الْعَاشِرَة فَإِن لقمها إِلَى فَوق ونقرها إِلَى أَسْفَل وسناسنها تتحدب إِلَى فَوق. وَسَنذكر مَنَافِع جَمِيع هَذَا بعد وَلَيْسَ للفقرة الثَّانِيَة عشرَة أَجْنِحَة إِذْ شدّة الْحَاجة بِسَبَب الأضلاع نَاقِصَة. وَأما الْوِقَايَة فقد دبر لَهَا وَجه آخر يجمع الْوِقَايَة مَعَ مَنْفَعَة أُخْرَى. وَبَيَان ذَلِك: إِن خرزات الْقطن احْتِيجَ فِيهَا إِلَى فضل عظم وَفضل وثاقة مفاصل لإقلالها مَا فَوْقهَا واحتيج إِلَى أَن تجْعَل النقر واللقم فِي المفاصل أَكثر عددا وضوعف زَوَائِد مفاصلها واحتيج إِلَى أَن تجْعَل الْجِهَة الَّتِي تَلِيهَا من الثَّانِيَة عشرَة متشبهة بهَا فضوعف زوائدها المفصلية فَذهب الشَّيْء الَّذِي كَانَ يصلح لِأَن يصرف إِلَى الْجنَاح فِي تِلْكَ الزَّوَائِد ثمَّ عرضت فضل تَعْرِيض وَكَانَ يشبه مَا استعرض مِنْهَا الْجنَاح فاجتمعت المنفعتان مَعًا فِي هَذِه الخلقة. وَهَذِه الثَّانِيَة عشرَة هِيَ الَّتِي يتَّصل بهَا طرف الْحجاب فَأَما مَا فَوق هَذِه الخرزة فَكَانَ عرضهَا يُغني عَن هَذَا الاستيثاق فِي تَكْثِير الزَّوَائِد المفصلية بل عظم مَا ينْبت مِنْهَا من السناسن والأجنحة فشغل جرمها عَن ذَلِك وَلما كَانَ خرز الصَّدْر أعظم من خرز الْعُنُق لم تجْعَل الثقب الْمُشْتَركَة منقسمة بَين لخرزتين على الإستواء بل درج يَسِيرا يَسِيرا بِأَن زيد فِي الْعَالِيَة وَنقص من

السافلة حتّى بقيت الثقب بِتَمامِهَا فِي وَاحِدَة وَنِهَايَة ذَلِك فِي الخرزة الْعَاشِرَة. وَأما بَاقِي خرز الظّهْر وخرز الْقطن فَاحْتمل جرمها لِأَن تَتَضَمَّن الثقب تَامما وَكَانَ فِي خرز الْقطن ثقبة يمنة وثقبة يسرة لخُرُوج الْعصبَة.

الْفَصْل الْعَاشِر تشريح فقرات الْقطن وعَلى فقر الْقطن سناسن وَأَجْنِحَة عراض وزوائدها المفصلية السافلة تستعرض فتتشبه بالأجنحة الواقية وَهِي خمس فقرات. والقطن مَعَ الْعَجز كالقاعدة للصلب كُله وَهُوَ دعامة وحامل لعظم الْعَانَة ومنبت الأعصاب للرّجل.

الْفَصْل الْحَادِي عشر تشريح الْعَجز عِظَام الْعَجز ثَلَاثَة وَهِي أَشد الفقرات تهندماً ووثاقة مفصل وأعرضها أَجْنِحَة والعصب إِنَّمَا يخرج عَن ثقب فِيهَا لَيست على حَقِيقَة الْجَانِبَيْنِ لِئَلَّا يزحمها مفصل الورك بل أزول مِنْهَا كثيرا وَأدْخل إِلَى قُدَّام وَخلف وَعِظَام الْعَجز شَبيهَة بعظام الْقطن.

الْفَصْل الثَّانِي عشر تشريح العصعص العصعص مؤلف من فقرات ثَلَاث غضروفية لَا زَوَائِد لَهَا ينْبت العصب مِنْهَا عَن ثقب مُشْتَركَة كَمَا للرقبة لصغرها وَأما الثَّالِثَة فَيخرج عَن طرفها عصب فَرد.

الْفَصْل الثَّالِث عشرَة كَلَام كالخاتمة فِي جملَة مَنْفَعَة للصلب قد قُلْنَا فِي عِظَام الصلب كَلَاما معتدلاً فلنقل فِي جملَة الصلب قولا جَامعا فَنَقُول: إِن جملَة الصلب كشيء وَاحِد مَخْصُوص بِأَفْضَل الأشكال وَهُوَ المستدير إِذْ هَذَا الشكل أبعد الأشكال عَن قبُول آفَات المصادمات فَلذَلِك تعققت رُؤُوس الْعَالِيَة إِلَى أَسْفَل والسافلة إِلَى أَعلَى وَاجْتمعت عِنْد الْوَاسِطَة وَهِي الْعَاشِرَة وَلم تتعقف هَذِه إِلَى إِحْدَى الْجِهَتَيْنِ لتتهندم عَلَيْهَا العقفتان مَعًا. والعاشرة وَاسِطَة السناسن لَا فِي الْعدَد بل فِي الطول وَلما كَانَ الصلب قد يحْتَاج إِلَى حَرَكَة الإنثناء والإنحناء نَحْو الْجَانِبَيْنِ وَذَلِكَ يكون بِأَن تَزُول الْوَاسِطَة إِلَى ضد الْجِهَة ويميل مَا فَوْقهَا وَمَا تحتهَا نَحْو تِلْكَ الْجِهَة وَكَانَ طرفا الصلب يميلان إِلَى الإلتقاء لم يخلق لَهَا لقم بل نقر ثمَّ جعلت اللقم السفلانية والفوقانية متجهة إِلَيْهَا أما حافتها الفوقانية فنازلة وَأما السفلانية فصاعدة ليسهل زَوَالهَا إِلَى ضد جِهَة الْميل وَيكون للفوقانية أَن تنجذب إِلَى أَسْفَل وللسفلانية أَن تنجذب إِلَى فَوق.

الْفَصْل الرَّابِع عشر تشريح الأضلاع الأضلاع وقاية لما تحيط بِهِ من آلَات التنفس وأعالي آلَات الْغذَاء وَلم تجْعَل عظما وَاحِدًا لئلاّ تثقل وَلِئَلَّا تعم آفَة إِن عرضت وليسفل الإنبساط إِذا زَادَت الْحَاجة على مَا فِي الطَّبْع أَو امْتَلَأت الأحشاء من الْغذَاء والنفخ فاحتيج إِلَى مَا كَانَ أوسع للهواء المجتذب وليتخلّلها عضل الصَّدْر الْمعينَة فِي أَفعَال التنفس وَمَا يتَّصل بِهِ. وَلما كَانَ الصَّدْر يُحِيط بالرئة وَالْقلب وَمَا مَعَهمَا من الْأَعْضَاء وَجب أَن يحْتَاط فِي وقايتها أَشد الِاحْتِيَاط فَإِن تَأْثِير الْآفَات الْعَارِضَة لَهَا أعظم وَمَعَ ذَلِك فَإِن تحصينها من جَمِيع الْجِهَات لَا يضيق عَلَيْهَا وَلَا يضرّها فخلقت الأضلاع السَّبْعَة الْعلي مُشْتَمِلَة على مَا فِيهَا ملتقية عِنْد القص مُحِيطَة بالعضو الرئيس من جَمِيع الجوانب. وَأمّا مَا يَلِي آلَات الْغذَاء فخلقت كالمحرزة من خلف حَيْثُ لَا تُدْرِكهُ حراسة الْبَصَر وَلم يتَّصل من

قُدَّام بل درجت يَسِيرا يَسِيرا فِي الِانْقِطَاع فَكَانَ أَعْلَاهَا أقرب مَسَافَة مَا بَين أطرافها البارزة وأسفلها أبعد مَسَافَة وَذَلِكَ ليجمع إِلَى وقاية أَعْضَاء الْغذَاء من الكبد وَالطحَال وَغير ذَلِك توسيعاً لمَكَان الْمعدة فَلَا ينضغط عِنْد امتلائها من الأغذية وَمن النفخ فالأضلاع السَّبْعَة العلى تسمّى أضلاع الصَّدْر وَهِي من كل جَانب سَبْعَة والوسطيان مِنْهَا أكبر وأطول والأطراف أقصر فَإِن هَذَا الشكل أحوط فِي الاشتمال من الْجِهَات على الْمُشْتَمل عَلَيْهِ وَهَذِه الأضلاع تميل أولا على احديدابها إِلَى أَسْفَل ثمَّ تكرّ كالمتراجعة إِلَى فَوق فتتصل بالقص على مَا نَصِفُهُ بَعْدُ حَتَّى يكون اشتمالها أوسع مَكَانا وَيدخل فِي كل وَاحِد مِنْهَا زائدتان فِي نقرتين غائرتين فِي كل جنَاح على الفقرات فَيحدث مفصل مضاعف وَكَذَلِكَ السَّبْعَة العلى مَعَ عِظَام القص. وَأما الْخَمْسَة المتقاصرة الْبَاقِيَة فَإِنَّهَا عِظَام الْخلف وأضلاع الزُّور وخلقت رؤوسها مُتَّصِلَة بغضاريف لتأمن من الانكسار عِنْد المصادمات ولئلاّ تلاقي الْأَعْضَاء اللينة والحجاب بصلابتها بل تلاقيها بجرم متوسط بَينهَ وَبَين الْأَعْضَاء اللينة فِي الصلابة واللين تشريح القصّ القص مؤلف من عِظَام سَبْعَة وَلم يخلق عظما وَاحِدًا لمثْل مَا عرف فِي سَائِر الْمَوَاضِع من الْمَنْفَعَة وليكون أسلس فِي مساعدة مَا يطِيف بهَا من أَعْضَاء التنفس فِي الانبساط وَلذَلِك خلقت هشة مَوْصُولَة بغضاريف تعين فِي الْحَرَكَة الْخفية الَّتِي لَهَا وان كَانَت مفاصلها موثوقة وَقد خلقت سَبْعَة بِعَدَد الأضلاع الملتصقة بهَا. ويتصل بِأَسْفَل القص عظم غضروفي عريض طرفه الْأَسْفَل إِلَى الإستدارة يُسمى الخنجري لمشابهته الخنجر وَهُوَ وقاية لفم الْمعدة وواسطة بَين القص والأعضاء اللينة فَيحسن إتصال الصلب باللين على مَا قُلْنَا مرَارًا.

الْفَصْل السَّادِس عشر فِي تشريح الترقوة الترقوة عظم مَوْضُوع على كل وَاحِد من جَانِبي أَعلَى القص يتخلى عِنْد النَّحْر بتحدبه فُرْجَة تنفذ فِيهَا الْعُرُوق الصاعدة إِلَى الدِّمَاغ والعصب النَّازِل مِنْهُ بتقعير ثمَّ يمِيل إِلَى الْجَانِب الوحشي ويتصل بِرَأْس الْكَتف فيرتبط بِهِ الْكَتف وَبِهِمَا جَمِيعًا الْعَضُد.

الْفَصْل السَّابِع عشر الْكَتف خُلِقَ لمنفعتين: إِحْدَاهمَا: لِأَن يعلق بِهِ الْعَضُد وَالْيَد فَلَا يكون الْعَضُد ملتصقاً بالصدر فتنعقد سلاسة حَرَكَة كل وَاحِدَة من الْيَدَيْنِ إِلَى الْأُخْرَى وتضيق بل خلق برياً من الأضلاع ووسع لَهُ جِهَات الحركات. وَالثَّانيَة: ليَكُون وقاية حريزة للأعضاء المحصورة فِي الصَّدْر وَيقوم بدل سناسن الفقرات وأجنحتها حَيْثُ لَا فقرات تقاوم المصادمات وَلَا حواس تشعر بهَا. والكتف يستدق من الْجَانِب الوحشي ويغلظ فَيحدث على طرفه الوحشي نقرة غير غائرة فيدْخل فِيهَا طرف الْعَضُد المدور.

وَلها زائدتان: إِحْدَاهمَا إِلَى فَوق وَخلف وتسمّى الأخرم ومنقار الْغُرَاب وَبهَا رِبَاط الْكَتف مَعَ الترقوة وَهِي الَّتِي تمنع عَن إنخلاع الْعَضُد إِلَى فَوق. وَالْأُخْرَى من دَاخل وَإِلَى أَسْفَل تمنع أَيْضا رَأس الْعَضُد عَن الإنخلاع ثمَّ لَا تزَال تستعرض كلما أمعنت فِي الْجِهَة الإنسية ليَكُون اشتمالها الواقي أَكثر وعَلى ظَهره زَائِدَة كالمثلث قَاعِدَته إِلَى الْجَانِب الوحشي وزاويته إِلَى الإنسي حَتَّى لَا يخْتل تسطح الظّهْر إِذْ لَو كَانَت الْقَاعِدَة إِلَّا الْإِنْسِي لشالت الْجلد

وآلمت عِنْد المصادمات. وَهَذِه الزَّائِدَة بِمَنْزِلَة السنسنة للفقرات مخلوقة للوقاية وَتسمى عير الْكَتف. وَنهَايَة استعراض الْكَتف عِنْد غضروف يتَّصل بهَا مستدير الطّرف.

الْفَصْل الثَّامِن عشر تشريح الْعَضُد عَظْمُ الْعَضدِ خُلِقَ مستديراً ليَكُون أبعد عَن قبُول الآفَات وطرفه الْأَعْلَى محدبَ يدْخل فِي نقرة الْكَتف بمفصل رخو غير وثيق جدا وبسبب رخاوة هَذَا الْمفصل يعرض لَهُ الْخلع كثيرا. وَالْمَنْفَعَة فِي هَذِه الرخاوة أَمْرَانِ: حَاجَة وأمان. أما الْحَاجة فسلاسة الْحَرَكَة فِي الْجِهَات كلهَا وَأما الْأمان فَلِأَن الْعَضُد وَإِن كَانَ مُحْتَاجا إِلَى التَّمَكُّن من حركات شَتَّى إِلَى جِهَات شَتَّى - فَلَيْسَتْ هَذِه الحركات تكْثر عَلَيْهِ وتدوم حَتَّى يخَاف إنهتاك أربطته وتخلعها بل الْعَضُد فِي أَكثر الْأَحْوَال سَاكن وَسَائِر الْيَد متحرك وَلذَلِك أوثقت سَائِر مفاصلها أَشد من إيثاق الْعَضُد - ومفصل الْعَضُد تضمنه أَرْبَعَة أربطة: أَحدهَا: مستعرض غشائي مُحِيط بالمفصل كَمَا فِي سَائِر المفاصل رباطان نازلان من الأخرم: أَحدهمَا مستعرض الطّرف يشْتَمل على طرف الْعَضُد وَالثَّانِي أعظم وأصلب ينزل مَعَ رَابِع ينزل أَيْضا من الزئداة المتقاربة فِي حز معد لَهما وشكلهما إِلَى الْعرض مَا هُوَ خُصُوصا عِنْد مماسه الْعَضُد وَمن شَأْنهمَا أَن يستبطنا الْعَضُد فيتصلا بالعضل المنضودة على بَاطِنه. والعضد مقعر إِلَى الْإِنْسِي محدب إِلَى الوحشي ليكن بذلك مَا يتنضد عَلَيْهِ من العضل والعصب وَالْعُرُوق وليجود تأبط مَا يتأبطه الْإِنْسَان وليجود إقبال إِحْدَى الْيَدَيْنِ على الْأُخْرَى. وَأما طرف الْعَضُد السافل فَإِنَّهُ قد ركب عَلَيْهِ زائدتان متلاصقتان وَالَّتِي تلِي الْبَاطِن مِنْهُمَا أطول وأدق وَلَا مفصل لَهَا مَعَ شَيْء بل هِيَ وقاية لعصب وعروق وَإِمَّا الَّتِي تلِي الظَّاهِر فيتم بهَا مفصل الْمرْفق بلقمة فِيهَا على الصّفة الَّتِي نذكرها وَبَينهمَا لَا محَالة حز فِي طرفِي ذَلِك الحز نقرتان من فَوق إِلَى قُدَّام وَمن تَحت إِلَى خلف - والنقرة الإنسية الفوقانية مِنْهُمَا مسواة مملسة لَا حاجز عَلَيْهَا - والنقرة الوحشية هِيَ الْكُبْرَى مِنْهُمَا وَمَا يَلِي مِنْهَا النقرة الإنسية غير مملس وَلَا مستدير الْحفر بل كالجدار الْمُسْتَقيم حَتَّى إِذا تحرّك فِيهِ زَائِدَة الساعد إِلَى الْجَانِب الوحشي ووصلت إِلَيْهِ وقفت - وسنورد بَيَان الْحَاجة إِلَيْهَا عَن قريب وأبقراط يُسَمِّي هَاتين النقرتين عينين.

الْفَصْل التَّاسِع عشر تشريح الساعد: الساعد مؤلف من عظمين متلاصقين طولا ويسميان الزندين. والفوقاني الَّذِي يَلِي الْإِبْهَام مِنْهُمَا أدق وَيُسمى الزند الْأَعْلَى. والسفلاني الَّذِي يَلِي الْخِنْصر أغْلظ لِأَنَّهُ حَامِل وَيُسمى الزند الْأَسْفَل. وَمَنْفَعَة الزند الْأَعْلَى أَن تكون بِهِ حَرَكَة الساعد على الإلتواء والانبطاح. وَمَنْفَعَة الزند الْأَسْفَل أَن تكون بِهِ حَرَكَة الساعد إِلَى الانقباض والانبساط. ودقق الْوسط من كل وَاحِد مِنْهُمَا لاستغنائه بِمَا يحفه من العضل الغليظة عَن الغلظ المثقل وَغلظ طرفاهما لحاجتهما إِلَى كَثْرَة ثبات الروابط عَنْهُمَا لِكَثْرَة مَا يلحقهما من المساقات والمصادمات العنيفة عِنْد حركات المفاصل وتعريهما عَن اللَّحْم والعضل. والزند الْأَعْلَى معوج كَأَنَّهُ يَأْخُذ من الْجِهَة الإنسية وينحرف يَسِيرا إِلَى الوحشية ملتوياً. وَالْمَنْفَعَة فِي ذَلِك حسن الاستعداد لحركة الالتواء. والزند الْأَسْفَل مُسْتَقِيم إِذْ كَانَ ذَلِك أصلح للانبساط والانقباض.

الْفَصْل الْعشْرُونَ تشريح مفصل الْمرْفق: وَأما مفصل الْمرْفق فَإِنَّهُ يلتئم من مفصل الزند الْأَعْلَى ومفصل الزند الْأَسْفَل مَعَ الْعَضُد والزند الْأَعْلَى فِي طرفه نقر مهندمة فِيهَا لقْمَة من الطّرف الوحشي من الْعَضُد وترتبط فِيهَا. وبدورانها فِي تِلْكَ النقرة تحدث الْحَرَكَة المنبطحة والملتوية. وَأما الزند لأسفل فَلهُ زائدتان بَينهمَا حز شَبيه بِكِتَابَة السِّين فِي اليونانية وَهِي هَذَا وَهَذَا الحزّ محدّب السَّطْح الَّذِي تقعيره ليتهندم فِي الحز الَّذِي على طرف الْعَضُد الَّذِي هُوَ مقعّر إِلَّا إنّ شكل قَعْره شَبيه بحدبة دَائِرَة فَمِنْ تهندم الحز الَّذِي بَين زائدتي الزند الْأَسْفَل فِي ذَلِك الحزّ يلتئم مفصل الْمرْفق فَإِذا تحرّك الحز بَين زائدتي الزند الْأَسْفَل فِي ذَلِك الحزّ يلتئم مفصل الْمرْفق فَإِذا تحرّك الحز إِلَى خلف وَتَحْت انبسطت الْيَد فَإِذا اعْترض الحزّ الجداري من النقرة الحابسة للقمة حَبسهَا ومنعها عَن زِيَاد انبساط فَوقف الْعَضُد والساعد على الإستقامة وَإِذا تحرّك أحد الحزين على الآخر إِلَى قُدّام وَفَوق انقبضت الْيَد حَتَّى يماس الساعد الْعَضُد من الْجَانِب الإنْسِي والقدامي. وطرفا الزندين من أَسْفَل يَجْتَمِعَانِ مَعًا كشيء وَاحِد وتحدث فيهمَا نقرة وَاسِعَة مُشْتَركَة أَكْثَرهَا فِي الزند الْأَسْفَل وَمَا يفضل عَن الإنتقار يبْقى محدباً مملساً. ليبعد عَن منال الْآفَات وَيثبت خلف النقرة من الزند الْأَسْفَل زَائِدَة إِلَى الطول مَا هِيَ وسنتكلم فِي مَنْفَعَتهَا.

الْفَصْل الْحَادِي وَالْعشْرُونَ تشريح الرسغ: الرسغ مؤلّف من عِظَام كَثِيرَة لِئَلَّا تعمه آفَة إِنْ وَقعت. وَعِظَام الرسغ سَبْعَة وَوَاحِد زَائِد. أما السَّبْعَة الْأَصْلِيَّة فَهِيَ فِي صفّين: صف يَلِي الساعد وعظامه ثَلَاثَة لِأَنَّهُ يَلِي الساعد فَكَانَ يجب أَن يكون أدق. وَعِظَام الصَّفّ الثَّانِي أَرْبَعَة لِأَنَّهُ يَلِي الْمشْط وَالأَصَابِع فَكَانَ يجب أَن يكون أعرض وَقد درجت الْعِظَام الثَّلَاثَة فرؤوسها الَّتِي تلِي الساعد أرق وَأَشد تهندماً واتصالاً. ورؤوسها الَّتِي تلِي الصَّفّ الآخر أعرض وَأقل تهندماً واتصالاً. وَأما الْعظم الثَّامِن فَلَيْسَ مِمَّا يقوم صفي الرسغ بل خلق لوقاية عصب يَلِي الْكَفّ. والصف الثلاثي يحصل لَهُ طرف من اجْتِمَاع رُؤُوس عِظَامه فَيدْخل فِي النقرة الَّتِي ذكرنَاهَا فِي طرفِي الزندين فَيحدث من ذَلِك مفصل الإنبساط والإنقباض. والزائدة الْمَذْكُورَة فِي الزند الْأَسْفَل تدخل فِي نقرة فِي عِظَام الرسغ تليهَا فَيكون بِهِ مفصل الإلتواء والإنبطاح.

الْفَصْل الثَّانِي وَالْعشْرُونَ تشريح مشط الْكَفّ ومشط الْكَفّ أَيْضا مؤلف من عِظَام لِئَلَّا تعمه آفَة إِن وَقعت وليمكن بهَا تقعير الْكَفّ عِنْد الْقَبْض على أحجام المستديرات وليمكن ضبط السيالات. وَهَذِه الْعِظَام موثقة الْمفاصل مشدود بَعْضهَا بِبَعْض لِئَلَّا تتشتت فيضعف الْكَفّ لما يحويه ويحبسه حَتَّى لَو كشطت جلدَة الْكَفّ لوجدت هَذِه الْعِظَام مُتَّصِلَة تبعد فصولها عَن الْحس وَمَعَ ذَلِك فَإِن الرَّبْط يشد بَعْضهَا إِلَى بعض شدًا وثيقاً إِلَّا أَن فِيهَا مطاوعة ليسير انقباض يؤدّي إِلَى تقعير بَاطِن الْكَفّ. وَعِظَام الْمشْط أَرْبَعَة لِأَنَّهَا تتصل بأصابع أَرْبَعَة وَهِي مُتَقَارِبَة من الْجَانِب الَّذِي يَلِي الرسغ ليحسن اتصاله بعظام كالملتصقة الْمُتَّصِلَة وتنفرج يَسِيرا فِي جِهَة الْأَصَابِع ليحسن اتصالها بعظام منفرجة متباينة وَقد قعرت من بَاطِن لما عَرفته. ومفصل الرسغ مَعَ الْمشْط يلتئم بنقر فِي أَطْرَاف عِظَام الرسغ يدخلهَا لقم من عِظَام الْمشْط قد ألبست غضاريف.

الْفَصْل الثَّالِث وَالْعشْرُون تشريح الْأَصَابِع: الْأَصَابِع آلَات تعين فِي الْقَبْض على الْأَشْيَاء. وَلم تخلق لحمية خَالِيَة من الْعِظَام وَإِن كَانَ قد يُمكن مَعَ ذَلِك اخْتِلَاف الحركات كَمَا لكثير من الدود والسمك إمكاناً واهياً وَذَلِكَ لئلاّ تكون أفعالها واهية وأضعف مِمَّا يكون للمرتعشين. وَلم تخلق من عظم وَاحِد لِئَلَّا تكون أفعالها متعسرة كَمَا يعرض للمكزوزين. وَاقْتصر على عِظَام ثَلَاثَة لِأَنَّهُ إِن زيد فِي عَددهَا وَأفَاد ذَلِك زِيَادَة عدد حركات لَهَا أورث لَا محَالة وَهنا وضعفاً فِي ضبط مَا يحْتَاج فِي ضَبطه إِلَى زِيَادَة وثاقة وَكَذَلِكَ لَو خلقت من أقل من ثَلَاثَة مثل أَن تخلق من عظمين كَانَت الوثاقة تزداد والحركات تنقص عَن الْكِفَايَة وَكَانَت الْحَاجة فِيهَا إِلَى التصرّف الْمُتَعَيّن بالحركات الْمُخْتَلفَة أمسّ مِنْهَا إِلَى الوثاقة الْمُجَاوزَة للحد. وخلقت من عِظَام قواعدها أعرض ورؤوسها أدق والسفلانية مِنْهَا أعظم على التدريج حَتَّى إِن أدقّ مَا فِيهَا أَطْرَاف الأنامل وَذَلِكَ لتحسن نِسْبَة مَا بَين الْحَامِل إِلَى الْمَحْمُول. وَخلق عظامها مستديرة لتوقي الْآفَات. وصلبت وأعدمت التجويف والمخ لتكون أقوى على الثَّبَات فِي الحركات وَفِي الْقَبْض والجرّ. وخلقت مقعرة الْبَاطِن محدبة الظَّاهِر ليجود ضبطها لما تقبض عَلَيْهِ ودلكها وغمزها لما تُدْرِكهُ وتغمزه. وَلم يَجْعَل لبعضها عِنْد بعض تقعير أَو تحديب ليحسن اتصالها كالشيء الْوَاحِد إِذا احْتِيجَ إِلَى أَن يحصل مِنْهَا مَنْفَعَة عظم وَاحِد وَلَكِن لأطراف الْخَارِجَة مِنْهَا كالإبهام والخنصر تحديب فِي الجنبة الَّتِي لَا تلقاها مِنْهَا أصْبع ليكُون لجملتها عِنْد لانضمام شَبيه هَيْئَة الاستدارة الَّتِي تَقِيّ الْآفَات. وَجعل بَاطِنهَا لحمياً ليدعمها وتتطامن تَحت الملاقيات بِالْقَبْضِ وَلم تجْعَل كَذَلِك من خَارج لِئَلَّا تثقل وَيكون الْجَمِيع سِلَاحا موجعاً. ووفرت لُحُوم الأنامل لتتهندم جيدا عِنْد الإلتقاء كالملاصق. وَجعلت الْوُسْطَى أطول مفاصل ثمَّ البنصر ثمَّ السبابَة ثمَّ الْخِنْصر حَتَّى تستوي أطرافها عِنْد الْقَبْض وَلَا يبْقى فُرْجَة مَعَ ذَلِك لتتقعّر الْأَصَابِع الْأَرْبَعَة والراحة على الْمَقْبُوض عَلَيْهِ المستدير والإبهام عدل لجَمِيع الْأَصَابِع الْأَرْبَعَة وَلَو وضع فِي غير مَوْضِعه لبطلت منفعَته وَذَلِكَ لِأَنَّهُ لَو وضع فِي بَاطِن الرَّاحَة عدمنا أَكثر الْأَفْعَال الَّتِي لنا بالراحة وَلَو وضع إِلَى جَانب الْخِنْصر لما كَانَت اليدان كل وَاحِدَة مِنْهُمَا مقبلة على الْأُخْرَى فِيمَا يجْتَمِعَانِ على الْقَبْض عَلَيْهِ وَأبْعد من هَذَا أَن لَو وضع من خلف وَلم يرْبط الْإِبْهَام بالمشط لِئَلَّا يضيق الْبعد بَينهَا وَبَين سَائِر الْأَصَابِع فَإِذا اشْتَمَلت الْأَرْبَع من جِهَة على شَيْء وقاومها الْإِبْهَام من جَانب آخر أمكن أَن يشْتَمل الْكَفّ على شَيْء عَظِيم. والإبهام من وَجه آخر كالصمام على مَا يقبض عَلَيْهِ الْكَفّ ويخفيه. والخنصر والبنصر كالغطاء من تَحت. ووصلت سلاميات الْأَصَابِع كلهَا بحروف ونقر متداخلة بَينهَا رُطُوبَة لزجة ويشتمل على مفاصلها أربطة قَوِيَّة وتتلاقى بأغشية غضروفية ويحشو الْفرج فِي مفاصلها لزِيَادَة الاستيثاق عِظَام صغَار تسمى سمسمانية.

الْفَصْل الرَّابِع وَالْعشْرُونَ مَنْفَعَة الظفر: الظفر خلق لمنافع أَربع: ليكُون سنداً للأنملة فَلَا تهن عِنْد الشدّ على الشَّيْء وَالثَّانِي: ليتَمَكَّن بهَا الإصبع من لقط الْأَشْيَاء الصَّغِيرَة وَالثَّالِثَة: ليتمكَّن بهَا من التنقية والحك وَالرَّابِعَة: ليكُون سِلَاحا فِي بعض الْأَوْقَات. وَالثَّلَاثَة الأولى أولى بِنَوْع النَّاس وَالرَّابِعَة بالحيوانات الْأُخْرَى. وَخلق الظفر مستدير الطّرف لما يعرف. وخلقت من عِظَام لينَة لتتطامن تَحت مَا يصاكها فَلَا تنصدع. وخلقت دائمة النشوء إِذْ كَانَت تعرض للإنحكاك والإنجراد.

الْفَصْل الْخَامِس وَالْعشْرُونَ تشريح عِظَام الْعَانَة: إن عِنْد الْعجز عظمين يمنة ويسرة يتصلان فِي الْوسط بمفصل موثق وهما كالأساس لجَمِيع الْعِظَام الفوقانيّة وَالْحَامِل النَّاقِل للسفلانية وكل وَاحِد مِنْهُمَا يَنْقَسِم إِلَى أَرْبَعَة أَجزَاء: فالتي تلِي الْجَانِب الوحشي تسمّى الحرقفة وَعظم الخاصرة وَالَّذِي يَلِي القدام يسمّى عظم الْعَانَة وَالَّذِي يَلِي الْخلف يُسمى عظم الورك وَالَّذِي يَلِي الْأَسْفَل الإنْسِي يسمّى حق الْفَخْذ لأنّ فِيهِ التقعير الَّذِي دخل فِيهِ رَأس الْفَخْذ المحدب وَقد وضع على هَذَا الْعظم أَعْضَاء شريفة مثل المثانة وَالرحم وأوعية الْمَنِيّ من الذكران والمقعدة والسرم.

الْفَصْل السَّادِس وَالْعشْرُونَ كَلَام مُحمل فِي مَنْفَعَة الرجل: جملَة الْكَلَام فِي مَنْفَعَة الرجل إن مَنْفَعَتهَا فِي شَيْئَيْنِ: أحدهمَا الثَّبَات والقوام وَذَلِكَ بالقدم وَالثَّانِي الإنتقال مستوياً وصاعداً ونازلاً وَذَلِكَ بالفخذ والساق وَإِذا أصَاب الْقَدَم آفة عسر القوام والثبات دون الإنتقال إِلاّ بِمِقْدَار مَا يَحْتَاج إِلَيْهِ الِانْتِقَال من فضل ثبات يكون لإحدى الرجلَيْن وَإِذا أصَاب عضل الْفَخْذ والساق آفة سهل الثَّبَات وعسر الإنتقال.

الْفَصْل السَّابِع وَالْعشْرُونَ تشريح عظم الْفَخْذ: وَأول عِظَام الرجل الْفَخْذ وَهُوَ أعظم عظم فِي الْبدن لأنه حَامِل لما فَوْقه نَاقِل لما تَحْتَهُ وقبب طرفه العالي ليتهندم فِي حق الورك وَهُوَ محدّب إِلَى الوحشي مقصّع مقعّر إِلَى الإنْسِي وَخلف فَإِنَّهُ لَو وضع على الاسْتقَامَة وموازاة للحقّ لحدث نوع من الفحج كَمَا يعرض لمن خلقته تِلْكَ وَلم تحسن وقايته للعضل الْكِبَار والعصب وَالْعُرُوق وَلم يحدث من الْجُمْلَة شَيْء مُسْتَقِيم وَلم تحسن هَيْئَة الْجُلُوس ثمَّ لَو لم يرد ثَانِيًا إِلَى الْجِهَة الإنسية لعرض فحج من نوع آخر وَلم يكن للقوام وَبسطه إِلَيْهَا وعنها الْميل فَلم يعتدل وَفِي طرفه الْأَسْفَل زائدتان لأجل مفصل الرّكْبَة فلنتكلم أولا على السَّاق ثمَّ على الْمفصل.

الْفَصْل الثَّامِن وَالْعشْرُونَ السَّاق كالساعد مؤلف من عظمين: أَحدهمَا أكبر وأطول وَهُوَ الإنْسِي وَيُسمى القصبة الْكُبْرَى وَالثَّانِي أَصْغَر وأقصر لَا يلاقي الْفَخْذ بل يقصر دونه إِلَّا أنه من أَسْفَل يَنْتَهِي إِلَى حَيْثُ يَنْتَهِي إِلَيْهِ الْأَكْبَر وَيُسمى القصبة الصُّغْرَى. وللساق أَيْضا تحدب إِلَى الوحشي ثمَّ عِنْد الطّرف الْأَسْفَل تحدب آخر إِلَى الإنسيّ ليحسن بِهِ القوام ويعتدل. والقصبة الْكُبْرَى وَهُوَ السَّاق بِالْحَقِيقَةِ قد خلقت أَصْغَر من الْفَخْذ وَذَلِكَ لِأَنَّهُ لما اجْتمع لَهَا مُوجبا الزِّيَادَة فِي الْكبر - وَهُوَ الثَّبَات وَحمل مَا فَوْقه - وَالزِّيَادَة فِي الصغر - وَهُوَ الخفة للحركة - وَكَانَ الْمُوجب الثَّانِي أولى بالغرض الْمَقْصُود فِي السَّاق خلق أَصْغَر والموجب الأول أولى بالغرض الْمَقْصُود فِي الْفَخْذ فخلق أعظم وَأعْطى السَّاق قدرا معتدلاً حَتَّى لَو زيد عظما عرض من عسر الْحَرَكَة كَمَا يعرض لصَاحب دَاء الْفِيل والدوالي وَلَو انتقص عرض من الضعْف وعسر الْحَرَكَة وَالْعجز عَن حمل مَا فَوْقه كَمَا يعرض لدقاق السُّوق فِي الْخلقَة وَمَعَ هَذَا كُله فقد دعم وَقوي بالقصبة الصُّغْرَى وللقصبة الصُّغْرَى مَنَافِع أُخْرَى مثل ستر العصب وَالْعُرُوق بَينهمَا ومشاركة القصبة الصُّغْرَى بالكبرى فِي مفصل الْقَدَم ليتأكد ويقوّي مفصل الانبساط والانثناء.

الْفَصْل التَّاسِع وَالْعشْرُونَ وَيحدث مفصل الرّكْبَة بِدُخُول الزائدتين اللَّتَيْنِ على طرف الْفَخْذ وَقد وثقا برباط ملتف ورباط شاد فِي الْغَوْر ورباطين من الْجَانِبَيْنِ قويين وتهندم مقدمهما بالرضفة وَهِي عين الرّكْبَة وَهُوَ عظم إِلَى

الاستدارة مَا هُوَ. ومنفعته مقاومة مَا يتوقى عِنْد الجثو وجلسة التَّعلُّق من الانهتاك والانخلاع ودعم الْمفصل الممنو بِنَقْل الْبدن بحركته وَجعل مَوْضِعه إِلَى قُدَّام لِأَن أَكثر مَا يلْحقهُ من عنف الانعطاف يكون إِلَى قُدَّام إِذْ لَيْسَ لَهُ إِلَى خلف انعطاف عنيف وَأما إِلَى الْجَانِبَيْنِ فانعطافه شَيْء يسير بل جعل انعطافه إِلَى قُدَّام وَهُنَاكَ يلْحقهُ العنف عِنْد النهوض والجثو وَمَا أشبه ذَلِك.

الْفَصْل الثَّلَاثُونَ تشريح الْقدَم أما الْقدَم فقد خلق آلَة للثبات وَجعل شكله مطاولاً إِلَى قُدَّام ليعين على الانتصاب بالاعتماد عَلَيْهِ وَخلق لَهُ أَخْمص تلِي الْجَانِب الإنْسِي ليَكُون ميل الْقدَم إِلَى الانتصاب وخصوصاً لَدَى الْمَشْي هُوَ إِلَى الْجِهَة المضادة لجِهَة الرجل المشيلة ليقاوم مَا يجب أَن يشْتَد من الإعتماد على جِهَة إستقلال الرجل المشيلة فيعتدل القوام وَأَيْضًا ليَكُون الْوَطْء على الْأَشْيَاء النابتة متأتياً من غير إيلام شَدِيد وليحسن إشتمال الْقدَم على مَا يشبه الدرج وحروف المصاعد. وَقد خلقت الْقدَم مؤلفة من عِظَام كَثِيرَة الْمَنَافِع: مِنْهَا حسن الإستمساك والإشتمال على الموطوء عَلَيْهِ من الأَرْض إِذا احْتِيجَ إِلَيْهِ فَإِن الْقدَم قد يمسك الموطوء كَالْكَفِّ يمسك الْمَقْبُوض وَإِذا كَانَ المستمسك يتهيأ أَن يتحرَّك بأجزائه إِلَى هَيْئَة يجود بهَا الاستمساك كَانَ أحسن من أَن يكون قِطْعَة وَاحِدَة. لَا يتشكل بشكل بعد شكل وَمِنْهَا الْمَنْفَعَة الْمُشْتَركَة لكل مَا كثر عِظَامه. وَعِظَام الْقدَم سِتَّة وَعِشْرُونَ: كَعْب بِهِ يكمل الْمفصل مَعَ السَّاق وعقب بِهِ عُمْدَة الثَّبَات وزورقي بِهِ الأخمص. وَأَرْبَعَة عِظَام للرسغ بهَا يتَّصل بالمشط وَوَاحِد مِنْهَا عظم نردي كالمسدس مَوْضُوع إِلَى الْجَانِب الوحشي وَبِه يحسن ثبات ذَلِك الْجَانِب على الأَرْض وَخَمْسَة عِظَام للمشط وَإِمَّا الكعب فَإِن الإنساني مِنْهُ أَشد تكعيباً من كعوب سَائِر للحيوان وَكَأَنَّهُ أشرف عِظَام لقدم النافعة فِي الْحَرَكَة كَمَا أَن الْعقب أشرف عِظَام الرجل النافعة فِي الثَّبَات والكعب مَوْضُوع بَين الطَّرفَيْنِ الناتئين من القصبتين يحتويان عَلَيْهِ من جوانبه أَعنِي من أَعْلَاهُ وَقَفاهُ. وجانبيه الوحشي والإنسي وَيدخل طرفاه فِي الْعقب فِي نقرتين دُخُول ركز.

والكعب وَاسِطَة بَين السَّاق والعقب بِهِ يحسن اتصالها ويتوثق الْمفصل بَينهمَا ويؤمن عَلَيْهِ الِاضْطِرَاب وَهُوَ مَوْضُوع فِي الْوسط بِالْحَقِيقَةِ وَإِن كَانَ قد يظنّ بِسَبَب الأخمص أَنه منحرف إِلَى الوحشي والكعب يرتبط بِهِ الْعظم الزورقي من قُدَّام وَهَذَا الزورقي مُتَّصِل بالعقب من خلف وَمن قُدَّام بِثَلَاثَة من عِظَام الرسغ وَمن الْجَانِب الوحشي بالعظم النَّرْد الَّذِي إِن شِئْت اعتددت بِهِ عظما مُفردا وَإِن شِئْت جعلته رَابِع عِظَام للرسغ. وَإِمَّا الْعقب فَهُوَ مَوْضُوع تَحت الكعب صلب مستدير إِلَى خلف ليقاوم المصاكات والآفات مملس الْأَسْفَل ليحسن إستواء الْوَطْء وانطباق الْقدَم على المستقر عِنْد الْقيام وَخلق مِقْدَاره إِلَى الْعظم ليستقل بِحمْل الْبدن وَخلق مثلثاً إِلَى الإستطالة يدق يَسِيرا يَسِيرا حَتَّى يَنْتَهِي فيضمحل عِنْد الأخمص إِلَى الوحشي ليَكُون تقعير الأخمص متدرجاً من خلف إِلَى متوسطه - وَأما الرسغ فيخالف رسغ الْكَفّ بِأَنَّهُ صف وَاحِد وَذَاكَ صفان وَلِأَن عِظَامه أقل عددا بِكَثِير وَالْمَنْفَعَة فِي ذَلِك أَن الْحَاجة فِي الْكَفّ إِلَى الْحَرَكَة والإشتمال أَكثر مِنْهَا فِي الْقدَم إِذْ أَكثر الْمَنْفَعَة فِي الْقدَم هِيَ الثَّبَات وَلِأَن كَثْرَة الْأَجْزَاء والمفاصل تضرّ فِي الإستمساك والإشتمال على الْمُقَوّم عَلَيْهِ بِمَا يحصل لَهَا

من الإسترخاء والانفراج المفرط كَمَا أن عدم الخلخلة أصلا يضرَ فِي ذَلِكَ بِمَا يفوت بِهِ من الانبساط المعتدل الملائم فقد علم أن الإستمساك بِمَا هُوَ أَكثر عددا وأصغر مِقْدَارًا أوفق والاستقلال بِمَا هُوَ أقل عددا وَأعظم مِقْدَارًا أوفق وَأما مشط الْقدَم فقد خلق من عِظَام خَمْسَة ليتصل بِكُل وَاحِد مِنْهَا وَاحِد من الأَصَابِع إِذْ كَانَت خَمْسَة منضدةً فِي صف وَاحِد إِذْ كَانَت الْحَاجة فِيهَا إِلَى الوثاقة أَشد مِنْهَا إِلَى الْقَبْض والإشتمال المقصودين فِي أَصَابِع الْكَفّ وكل إِصْبَع سوى الإِبْهَام فَهُوَ من ثَلَاث سلاميات وَأما الإِبْهَام فَمن سلاميتين فقد قُلْنَا إِذن فِي الْعِظَام مَا فِيهِ كِفَايَة فَجَمِيع هَذِه الْعِظَام إِذا عدت تكون مِائَتَيْنِ وَثَمَانِيَة وَأَرْبَعين سوى السمسمانيات والعظم الشبيه بِاللَّام فِي كِتَابَة اليونانيين.

الْجُمْلَة الثَّانِيَة العضل وَهِي ثَلَاثُونَ فصلا

الْفَصْل الأول العصب والعضل وَالْوتر والرباط فَنَقُول لما كَانَت الْحَرَكَة الإرادية إِنَّمَا تتمّ للأعضاء بِقُوَّة تفيض إِلَيْهَا من الدِّمَاغ بِوَاسِطَة العصب وَكَانَ العصب لَا يحسن إتصالها بالعظام الَّتِي هِيَ بِالْحَقِيقَةِ أُصُول للأعضاء المتحركة فِي الْحَرَكَة بِالْقَصْدِ الأول إِذا كَانَت الْعِظَام صلبة والعصبة لَطِيفَة تلطف الْخَالِق تَعَالَى فأنبت من الْعِظَام شَيْئا شَبِيها بالعصب يُسمى عقباً ورباطاً فَجَمعه مَعَ العصب وشبكه بِهِ كشيءٍ وَاحِد وَلما كَانَ الجرم الملتئم من العصب والرباط على كل حَال دَقِيقًا إِذْ كَانَ العصب لَا يبلغ زِيَادَة حجمه واصلاً إِلَى الْأَعْضَاء على حجمه وغلظه فِي منبته مبلغا يعْتد بِهِ وَكَانَ حجمه عِنْد منبته بِحَيْثُ يحْتَملهُ جَوْهَر الدِّمَاغ والنخاع وحجم الرَّأْس ومخارج العصب فَلَو أسند إِلَى العصب تَحْرِيك الْأَعْضَاء وَهُوَ على حجمه الْمُتَمَكن وخصوصاً عِنْدَمَا يتوزع وينقسم ويتشعب فِي الْأَعْضَاء وَتصير حِصَّة الْعظم الْوَاحِد أدق كثيرا من الأَصْل وعندما يتباعد عَن مبدئه ومنبته لَكَانَ فِي ذَلِك فَسَاد طَاهِر فدبر الْخَالِق تَعَالَى بِحِكْمَتِهِ أَن أَفَادَهُ غلظاً بتنفيش الجرم الملتئم مِنْهُ وَمن الرِّبَاط ليفاً وملأ خلله لَحْمًا وتغشيته غشاء وتوسيطه عموداً كالمحور من جَوْهَر العصب يكون جملَة ذَلِك عضوا مؤلفاً من العصب والعقب وَلِيفَهُمَا وَاللَّحم الحاشي والغشاء الْمُجَلل وَهَذَا الْعُضْو هُوَ العضلة وَهِي الَّتِي إِذا تقلصت جذبت الْوتر الملتئم من الرِّبَاط والعصب النَّافِذ مِنْهَا إِلَى جَانب الْعُضْو فتشنج فجذب الْعُضْو وَإِذا انبسطت استرخى الْوتر فتباعد الْعُضْو.

الْفَصْل الثَّانِي تشريح عضل الْوَجْه من الْمَعْلُوم أَن عضل الْوَجْه هِيَ على عدد الْأَعْضَاء المتحركة فِي الْوَجْه. والأعضاء المتحركة فِي الْوَجْه هِيَ الْجَبْهَة والمقلتان والجفنان العاليان والخد بشركة من الشفتين والشفتان وَحدهمَا وطرفا.

الْفَصْل الثَّالِث تشريح عضل الْجَبْهَة أما الْجَبْهَة فتتحرك بعضلةٍ دقيقةٍ مستعرضةٍ غشائيةٍ تنبسط تَحت جلد الْجَبْهَة وتختلط بِهِ جدا حَتَّى يكَاد أَن يكون جُزْءا من قوام الْجلد فيمتنع كشطه عَنْهَا وتلاقي الْعُضْو المتحرّك عَنْهَا بِلَا وتر إِذْ كَانَ المتحرك عَنْهَا جلدا عريضاً خَفِيفا وَلَا يحسن تَحْرِيك مثله بالوتر وبحركة هَذِه العضلة يرْتَفع الحاجبان وَقد تعين الْعين فِي التغميض باسترخائها.

الْفَصْل الرَّابِع تشريح عضل المقلة وَأما العضل المحركة للمقلة فَهِيَ عضل سِتّ: أَربع مِنْهَا فِي جوانبها الْأَرْبَع فَوق وأسفل والمأقيين كل وَاحِد مِنْهُمَا يُحَرك الْعين إِلَى جِهَته وعضلتان إِلَى التوريب مَا هما يحركان إِلَى الإستدارة ووراء المقلة عضلة تدعم الْعصبَة المجوفة الَّتِي يذكر شَأْنهَا لعد لتشبثها بهَا وَمَا مَعهَا فيثقلها ويمنعها الإسترخاء المجحظ ويضبطها عِنْد التحديق. وَهَذِه العضلة قد عرض لأغشيتها الرباطية من التشعّب مَا شكك فِي أمرهَا فَهِيَ عِنْد بعض المشرحين عضلةٌ وَاحِدَة وَعند بَعضهم.

الْفَصْل الْخَامِس تشريح عضل الجفن وَأما الجفن فَلَمَّا كَانَ الْأَسْفَل مِنْهُ غير مُحْتَاج إِلَى الْحَرَكَة إِذْ الْغَرَض يتأتى وَيتم بحركة الْأَعْلَى وَحده فيكمل بِهِ التغميض والتحديق وعناية الله تَعَالَى مصروفة إِلَى تقليل الْآلَات مَا أمكن إِذا لم يخل إِن فِي التكثير من الْآفَات مَا يعرف وَإنَّهُ وَإِن كَانَ قد يُمكن أَن يكون الجفن الْأَعْلَى سَاكِنا والأسفل متحركاً لَكِن عناية الصَّانِع مصروفة إِلَى تقريب الْأَفْعَال من مباديها وَإِلَى تَوْجِيه الْأَسْبَاب إِلَى غاياتها على أعدل طَرِيق وأقوم منهاج والجفن الْأَعْلَى أقرب إِلَى منبت الأعصاب والعصب إِذا سلك إِلَيْهِ لم يحْتَج إِلَى انعطاف وانقلاب. وَلما كَانَ الجفن الْأَعْلَى يحْتَاج إِلَى حركتي الإرتفاع عِنْد فتح الطّرف والإنحدار عِنْد التغميض وَكَانَ التغميض يحْتَاج إِلَى عضلةٍ جاذبة إِلَى أَسْفَل لم يكن بُد من أَن يَأْتِيهَا العصب منحرفاً إِلَى أصل ومرتفعاً إِلَى فَوق فَكَانَ حِينَئِذٍ لَا يَخْلو أَن كَانَت وَاحِدَة من أَن تتصل: إِمَّا بِطرف الجفن وَإِمَّا بوسط الجفن وَلَو اتَّصلت بوسط الجفن لغطت الحدقة صاعدةً إِلَيْهِ وَلَو اتَّصلت بالطرف لم تتصل إِلَّا بِطرف وَاحِد فَلم يحسن إنطباق الجفن على الإعتدال بل كَانَ يتورّب فيشتد التغميض فِي الْجِهَة الَّتِي تلاقي الْوتر أَولا ويضعف فِي الْجِهَة الْأُخْرَى فَلم يكن يَسْتَوِي الإنطباق بل كَانَ يشاكل انطباق جفن الملقو فَلم يخلق عضلة وَاحِدَة بل عضلتان نابتان من جِهَة الموقين يجذبان الجفن إِلَى أَسْفَل جذباً متشابهاً. وَأما فتح الجفن فقد كَانَ تكفيه عضلة تَأتي وسط الجفن فينبسط طرف وترها على حرف الجفن فَإِذا تشنجت فتحت فخلقت لذَلِك وَاحِدَة تنزل على الإستقامة بَين الغشاءين فتتصل مستعرضة بجرم شَبيه بالغضروف منفرش تَحت منبت الهدب.

الْفَصْل السَّادِس تشريح عضل الخد الخدُ لَهُ حركتان: إِحْدَاهمَا تَابِعَة لحركة الفك الْأَسْفَل وَالثَّانيَة بشركة الشّفة وَالْحَرَكَة الَّتِي لَهُ تَابِعَة لحركة عُضْو آخر فسببها عضل ذَلِك الْعُضْو وَالْحَرَكَة الَّتِي لَهُ بشركة عُضْو آخر فسببها عضل هِيَ لَهُ وَلذَلِك الْعُضْو بِالشّركَةِ وَهَذِه العضلة وَاحِدَة فِي كل وجنة عريضة وَبِهَذَا الإسم يعرف. وكل وَاحِدَة مِنْهُمَا مركبة من أَرْبَعَة أَجزَاء إِذْ كَانَ اللِّيف يَأْتِيهَا من أَرْبَعَة مَوَاضِع: أَحدهمَا: منشؤه من الترقوة تتصل نهاياتها بطرفي الشفتين إِلَى أَسْفَل وتجذب الْفَم إِلَى أَسْفَل جذباً مورباً. وَالثَّانِي: منشؤه من القس والترقوة من الْجَانِبَيْنِ وَيسْتَتر لفها على الوراب فالناشيء من الْيَمين يقاطع الناشيء من الشمَال وَينفذ فيتصل الناشيء من الْيَمين بِأَسْفَل طرف الشّفة الْأَيْسَر والناشيء من الشمَال بالضد. وَإِذا تشنج هَذَا اللِّيف ضيق الْفَم فأبرزه إِلَى قُدَّام فعل سلك الخريطة بالخريطة. وَالثَّالِث: منشؤه من عِنْد الأخرم فِي الْكَتف ويتصل فَوق مُتَّصِل بِتِلْكَ العضل ويميل الشّفة إِلَى الْجَانِبَيْنِ

إمالة متشابهة. وَالرَّابع: من سناسن الرَّقَبة ويجتاز بحذاء الْأُذُنَيْنِ ويتصل بأجزاء الخد ويحرّك الخد حَرَكَة ظَاهِرَة تتبعها الشّفة وَرُبمَا قربت جدا من مغرز الْأذن فِي بعض النَّاس واتصلت بِهِ فحركت أُذُنه.

الْفَصْل السَّابِع تشريح عضل الشّفة أما الشّفة فَمن عضلها مَا ذكرنَا أَنه مُشْتَرك لَهَا وللخدّ وَمن عضلها مَا يخصّها وَهِي عضل أَربع: زوج مِنْهَا: يَأْتِيهَا من فَوق سمت الوجنتين ويتصل بِقرب طرفها وَاثْنَانِ: من أَسْفَل وَفِي هَذِه الْأَرْبع كِفَايَة فِي تَحْرِيك الشّفة وَحدهَا لِأَن كل وَاحِدَة مِنْهَا إِذا تحركت وَحدهَا حركته إِلَى ذَلِك الشق وَإِذا تحرّك إثنان من جِهَتَيْنِ انبسطت إِلَى جانبيها فَيتم لَهَا حركاتها إِلَى الْجِهَات الْأَرْبَع وَلَا حَرَكَة لَهَا غير تِلْكَ فَهَذِهِ الْأَرْبَع كِفَايَة وَهَذِه الْأَرْبَع وأطراف العضل الْمُشْتَركَة قد خالطت جرم الشّفة مُخَالطَة لَا يقدر الْحس على تمييزها من الْجَوْهَر الْخَاص بالشفة إِذْ كَانَت الشّفة عضوا لينًا لحمياً لَا عَظْم فِيهِ.

الْفَصْل الثَّامِن تشري عضل المنخر أما طرفا الأرنبة فقد يتَّصل بهما عضلتان صغيرتان قويتان. أمّا الصغر فلكي لَا تضيق على سَائِر العضل الَّتِي الْحَاجة إِلَيْهَا أَكثر لِأَن حركات أَعْضَاء الخد والشفة فَأَكْثر عددا وَأَكْثر تكررا ودواماً وَالْحَاجة إِلَيْهَا أمسّ من الْحَاجة إِلَى حَرَكَة طرفِي الأرنبة. وخلقتا قويتين ليتداركا بقوتهما مَا يفوتهما بِفَوَات الْعظم وموردهما من نَاحيَة الوجنة ويخالطان لِيف الوجنة أَولاً وَإِنَّمَا وردتا من ناحيتي الوجنتين لِأَن تحريكهما إِلَيْهِمَا فَاعْلَم ذَلِك.

الْفَصْل التَّاسِع تشريح عضل الفك الْأَسْفَل قد خص الفك الْأَسْفَل بالحركة دون الفك الْأَعْلَى لمنافع مِنْهَا: إِن تَحْرِيك الأخف أحسن وَمِنْهَا إِن تَحْرِيك الأخلى من الاشتمال على أَعْضَاء شريفة تنكى فِيهَا الْحَرَكَة أولى وَأسلم وَمِنْهَا أَن الفكّ الْأَعْلَى لَو كَانَ بِحَيْثُ يسهل تحريكه لم يكن مفصله ومفصل الرَّأْس محتاطاً فِيهِ بالإيثاق ثمَّ حركات الفك الْأَسْفَل لم يحْتَج فِيهَا إِلَى أَن تكون فَوق ثَلَاثَة حَرَكَة فتح الْفَم والفغر وحركة الانطباق وحركة المضغ والسحق والفاتحة تسهل الفك وتنزله والمطبقة تشيله والساحقة تديره وتميله إِلَى الْجَانِبَيْنِ فبين أَن حَرَكَة الإطباق يجب أَن تكون بعضل نازلة من علو تشنج إِلَى فَوق والفاغرة بالضد والساحقة بالتوريب فخلق للإطباق عضلتان تعرفان بعضلتي الصدغ وتسميان ملتفتين وَقد صغر مقدارهما فِي الْإِنْسَان إِذْ الْعُضْو المتحرّك بهما فِي الْإِنْسَان صَغِير الْقدر مشاشيّ خَفِيف الْوَزْن وَإِذ الحركات الْعَارِضَة لهَذَا الْعُضْو الصادرة عَن هَاتين العضلتين أخفّ وَأما فِي سَائِر الْحَيَوَان الفك الْأَسْفَل أعظم وأثقل مِمَّا للْإنْسَان والتحريك بهما فِي أَصْنَاف النهش وَالْقطع والكدم وَالْقطع أعنف. وَهَاتَانِ العضلتان ليّنتان لقربهما من المبدأ الَّذِي هُوَ الدِّمَاغ الَّذِي هُوَ جرم فِي غَايَة اللين وَلَيْسَ بَينهمَا وَبَين الدِّمَاغ الْأَعْظَم وَاحِد فَلذَلِك وَلما يخَاف من مشاكة الدِّمَاغ إيَّاهُمَا فِي الْآفَات إِن غشي عرضت والأوجاع إِن اتّفقت مَا يُفْضِي بالمعروض لَهُ إِلَى السرسام وَمَا يُشبههُ مس الأسقاء دفنهَا الْخَالِق سُبْحَانَهُ عِنْد منشئها ومنبعها من الدِّمَاغ فِي عظمي الزَّوْج ونفذها فِي كن شبيه بالأزج ملتئم من عظمي الزَّوْج وَمن تفاريج ثقب المنفذ الْمَار مَعهَا الملبس حَافَّاته عَلَيْهَا مَسَافَة صَالِحَة إِلَى مجاورة الزَّوْج ليتصلب جوهرها يَسِيرا يَسِيرا وَيبعد عَن منبتها الأول قَلِيلا قَلِيلا وكل وَاحِدَة

من هَاتين العضلتين يحدث لَهَا وتر عَظِيم يشْتَمل على حافة الفكّ الْأَسْفَل فَإِذا تشنج أشاله وَهَاتَانِ العضلتان قد أعينتا بعضلتين سالكتين دَاخل الْفَم منحدرتين إِلَى الفك الْأَسْفَل فِي مقازتين إِذْ كَانَ إصعاد الثقيل مِمَّا يُوجب التَّدْبِير الِاسْتِظْهَار فِيهِ بِفضل قُوَّة. وَالْوتر النَّابِت من هَاتين العضلتين ينشأ من وسطها لَا من طرفها للوثاقة ٠ وَأما عضل الفغر وإنزال الفك فقد ينشأ ليفها من الزَّوَائِد الإبرية الَّتِي خلف الأذن فتتحد عضلة وَاحِدَة ثمَّ تتخلص وتراً لتزداد وثاقة ثمَّ تتنفش كرة أُخْرَى فتحتشي لَحْمًا وَتصير عضلة وَتسَمى عضلة مكررة لِئَلَّا تعرض بالامتداد لمنال الْآفَات ثمَّ تلاقي معطف الفك إِلَى الذقن فَإِذا انقلصت جذبت اللحى إِلَى خلف فيتسفل لامحالة وَلما كَانَ الثقل الطبيعي معينا على التسفّل كفى اثْنَتَانِ. وَلم يحْتَج إِلَى معِين وَأما عضل المضغ فهما عضلتان من كل جَانب عضلة مُثَلّثَة إِذا جعل رَأسهَا الزاوية الَّتِي من زواياها فِي الوجنة إمتد لَهَا ساقان: أَحدهمَا ينحدر إِلَى الفكّ الْأَسْفَل وَالْآخر يرتقي إِلَى نَاحيَة الزَّوْج واتصلت قَاعِدَة مُسْتَقِيمَة فِيمَا بَينهمَا وتشبثت كل زَاوِيَة بِمَا يَليهَا ليكُون لهَذِهِ العضلة جِهَات مُخْتَلفَة فِي التشنج فَلَا تستوي حركتها بل يكون لَهَا أَن تميل ميولا.

الْفَصْل الْعَاشِر تشريح عضل الرَّأْس إن للرأس حركات خاصية وحركات مُشْتَركَة مَعَ خمس من خَرَزَات الْعُنُق تكون بهَا حَرَكَة منتظمة من ميل الرَّأْس وميل الرَّقَبَة مَعًا وكل وَاحِدَة من الحركتين - أَعنِي الخاصية والمشتركة - إِمَّا أَن تكون متنكسة وَإِمَّا أَن تكون منعطفة إِلَى خلف وَإِمَّا أَن تكون مائلة إِلَى الْيَمين وَإِمَّا أَن تكون مائلة إِلَى الْيَسَار. وَقد يتولّد مِمَّا بَينهمَا حَرَكَة الإلتفات على هَيْئَة الاستدارة. أما العضل المنكسة للرأس خَاصَّة فَهِيَ عضلتان تردان من ناحتين لِأَنَّهُمَا يتشبثان بليفهما من خلف الْأُذُنَيْنِ فَوق وَمن عِظَام القس تحت ويرتقيان كالمتصلتين رُبمَا ظن أَنهمَا عضلة وَاحِدَة وَرُبمَا ظن أَنَّهُمَا عضلتان وَرُبمَا ظن أَنَّهُمَا ثَلَاث عضل لِأَن طرف أَحدهمَا يتشعب فَيصير رَأسَيْنِ فَإِذا تحرّك أَحدهمَا تنكس الرَّأْس مائلاً إِلَى شقّه وَإِن تحركا جَمِيعًا تنكس الرَّأْس تنكساً إِلَى قُدَّام معتدلاً وَأما العضل المنكسة للرأس والرقبة مَعًا إِلَى قُدَّام فَهُوَ زوج مَوْضُوع تَحت المريء يلخص إِلَى نَاحيَة الْفَقْرَة الأولى وَالثَّانيَة فيلتحم بهما فَإِن تشنّج بِجُزْء مِنْهُ الَّذِي يَلِي المريء نكس الرَّأْس وَحده وَإِن اسْتعْمل الْجُزْء الملتحم على الفقرتين نكس الرَّقَبَة. وَأما العضل الملقية للرأس وَحده إِلَى خلف فَأَرْبَعَة أَزوَاج مدسوسة تَحت الْأَزْوَاج الَّتِي ذكرنَاهَا. ومنبت هَذِه الْأَزْوَاج هُوَ فَوق الْمفصل: فَمِنْهَا مَا يَأْتِي السناسن ومنبته أبعد من وسط الْخلف وَمِنْهَا مَا يَأْتِي الأجنحة ومنبتها إِلَى الْوسط فَمن ذَلِك زوج يَأْتِي جناحي الْفَقْرَة الأولى فَوق. وَزوج يَأْتِي سنسنة الثَّانِيَة وَزوج ينبعث ليفه من جنَاح الأولى إِلَى سنسنة الثَّانِيَة وخاصيته أَن يُقيم ميل الرَّأْس عِنْد الإنقلاب إِلَى الْحَال الطبيعية لتوريبه. وَمن ذَلِك زوج رَابِع يبتدىء من فَوق وَينفذ تَحت الثَّالِث بالوراب إِلَى الوحشي فَيلْزم جنَاح الْفَقْرَة الأولى. والزوجان الْأَوَّلَانِ يقلبان الرَّأْس إِلَى خلف بِلَا ميل أَو مَعَ ميل يسير جدا. وَالثَّالِث يقوم أود الْميل وَالرَّابِع يقلب إِلَى خلف مَعَ توريب ظَاهر. وَالثَّالِث وَالرَّابِع أَيهمَا مَال وَحده ميل الرَّأْس إِلَى جِهَته وَإِذا تشنجا جَمِيعًا تحرّك الرَّأْس إِلَى خلف منقلباً من غير ميل. وَأما العضل المقلبة للرأس مَعَ الْعُنُق فَثَلَاثَة أَزوَاج غائرة وَزوج مجلل كل فَرد مِنْهُ مثلث قَاعدَته عظم مُؤخر الدِّمَاغ وَينزل بَاقِيه إِلَى الرَّقَبَة. وَأما الثَّلَاثَة الْأَزْوَاج المنبسطة تَحْتَهُ فزوج ينحدر

على جَانِبي الفقار وَزوج يميل إِلَى أَجْنِحَة جدا وَزوج يتوسط مَا بَين جَانِبي الفقار وأطراف الأجنحة. وَأما العضل المميلة للرأس إِلَى الْجَانِبَيْنِ فَهِيَ زوجان يلزمان مفصل الرَّأْس الزَّوْج الْوَاحِد مِنْهُمَا مَوْضِعه القدام وَهُوَ الَّذِي يصل بَين الرَّأْس والفقارة الثَّانِيَة فَرد مِنْهُ يَمِينا وفرد مِنْهُ يسارا وَالزَّوْج الثَّانِي مَوْضِعه الْخلف وَيجمع بَين الْفقرَة الأولى وَالرَّأْس فَرد مِنْهُ يمنة وفرد مِنْهُ يسرة فَأَي هَذِه الْأَرْبَعَة إِذا تشنج مَال الرَّأْس إِلَى جِهَته مَعَ توريب وَأي اثْنَيْنِ فِي جِهَة وَاحِدَة تشنجا مَال الرَّأْس إِلَيْهِمَا ميلًا غير مورب وَإِن تحركت القداميتان أعانتا فِي التنكيس أَو الخلفيتان قلبتا الرَّأْس إِلَى خلف وَإِذا تحركت الْأَرْبَع مَعًا انتصب الرَّأْس مستويا. وَهَذِه العضل الْأَرْبَع هِيَ أَصْغَر العضل لَكِنَّهَا تتدارك بجودة موضعهَا وبانحرازها تَحت العضل الْأُخْرَى مَا تناله الْأُخْرَى بِالْكبرِ وَقد كَانَ مفصل الرَّأْس مُحْتَاجا إِلَى أَمريْن يحتاجان إِلَى مَعْنيين متضادين: أَحدهمَا: الوثاقة وَذَلِكَ مُتَعَلق بإيثاق الْمفصل وَقلة مطاوعته للحركات وَالثَّانِي كَثْرَة عدد الحركات وَذَلِكَ مُتَعَلق بإسلاس الْمفصل والإرخاء فجود إرخاء المفاصل استقامة إِلَى الوثاقة الَّتِي تحصل بِكَثْرَة التفاف العضل المحيطة بِهِ فَحصل الغرضان تبَارك الله أحسن الْخَالِقِينَ وَرب الْعَالمين.

الْفَصْل الْحَادِي عشر تشريح عضل الحنجرة الحنجرة عُضْو غضروفي خلق آلَة للصوت وَهُوَ مؤلف من غضاريف ثَلَاثَة: أَحدهَا الغضروف الَّذِي يَنَالهُ الجس والجس قُدَّام الْحلق تَحت الذقن وَيُسمى الدرقي والترسي إِذْ كَانَ مقعر الْبَاطِن محدب الظَّهْر يشبه الدرقة وَبَعض الترسة. وَالثَّانِي غضروف مَوْضُوع خَلفه يَلِي الْعُنُق مَرْبُوط بِهِ يعرف بِأَنَّهُ الَّذِي لَا اسْم بِهِ. وثالث مكبوب عَلَيْهِمَا يتَّصل بِالَّذِي لَا اسْم لَهُ ويلاقي الدرقي من غير إتصال وَبَينه وَبَين الَّذِي لَا اسْم لَهُ مفصل مضاعف بنقرتين فِيهِ تهندم فيهمَا زائدتان من الَّذِي لَا اسْم لَهُ مربوطتان بهما بروابط وَيُسمى الْمَكِّيّ والطرجهاري وبانضمام الدرقي إِلَى الَّذِي لَا اسْم لَهُ وبتباعد أَحدهمَا عَن الآخر يكون توسع الحنجرة وضيقها وبانكباب الطرجهاري على الدرقي ولزومه إِيَّاه وبتجافيه عَنهُ يكون إنفتاح الحنجرة وانغلاقها وَعند الحنجرة وقدامها عظم مثلث يُسمى الْعظم اللامي تَشْبِيها بِكِتَابَة اللَّام فِي حُرُوف اليونانيين إِذْ شكله هَكَذَا. وَالْمَنْفَعَة فِي خلقَة هَذَا الْعظم أَن يكون متشبثا وسندا ينشأ مِنْهُ لِيف عضل الحنجرة. والحنجرة محتاجة إِلَيّ عضل تضم الدرقي إِلَى الَّذِي لَا اسْم لَهُ وعضل تضم الطرجهاري وتطبقه وعضل تبعد الطرجهاري عَن الْأُخْرَيَيْنِ فتفتح الحنجرة والعضل المنفتحة للحنجرة مِنْهَا زوج ينشأ من الْعظم اللامي فَيَأْتِي مقدم المرقي ويلتحم منبسطا عَلَيْهِ. فَإِذا تشنج أبرز الطرجهاري إِلَى قُدَّام وَفَوق فاتسعت الحنجرة وَزوج يعد فِي عضل الْحُلْقُوم الجاذبة إِلَى أَسْفَل وَنحن نرى أَن نعده فِي المشتركات بَينهمَا. ومنشؤهما من بَاطِن القس إِلَى الدرقي. وَفِي كثير من الْحَيَوَان يصحبها زوج آخر وزوجان: أَحدهمَا عضلتاه تأتيان الطرجهاري من خلف ويلتحمان بِهِ إِذا تشنجتا رَفَعَتَا الطرجهاري وجذبتاه إِلَى خلف فتبرأ من مضامة الدرقي فتوسعت الحنجرة. وَزوج تَأتي عضلتاه حافتي الطرجهاري فَإِذا تشنجتا فصلتاه عَن الدرقي ومدتاه عرضا فَأَعَانَ فِي إنبساط الحنجرة وَأما العضل المضيقة للحنجرة فَمِنْهَا زوج يَأْتِي من نَاحيَة اللامي ويتصل بالدرقي ثمَّ يستعرض ويلتف على الَّذِي لَا اسْم لَهُ حَتَّى يتحد طرفا فرديه وَرَاء الَّذِي لَا اسْم لَهُ فَإِذا تشنج ضيق. وَمِنْهَا أَربع عضل رُبمَا ظن أَنَّهُمَا عضلتان مضاعفتان يصل مَا بَين طرفي الدرقي وَالَّذِي لَا اسْم لَهُ فَإِذا تشنج ضيق أَسْفَل الحنجرة وَقد

يظنّ أَن زوجا مِنْهُمَا مستبطن وزوجاً ظَاهر. وَأما العضل المطبقة فقد كَانَ أحسن أوضاعها أَن تخلف دَاخل الحنجرة حَتَّى إذا تقلصت جذبت الطرجهاري إِلَى أَسْفَل فأطبقته فخلقت كَذَلِك زوجا ينشأ من أصل الدرقي فيصعد من دَاخل إِلَى حافتي الطرجهاري. وأصل الَّذِي لَا اسْم لَهُ يمنة ويسرة فَإِذا تقلّصت شدت الْمفصل وأطبقت الحنجرة أطباقاً يُقَاوم عضل الصَّدْر والحجاب فِي حصر التَّنفس وخلقتا صغيرتين لِئَلَّا يضيقا دَاخل الحنجرة قويتين ليتداركا بقوتها فِي تكلفها إطباق الحنجرة وَحصر التَّنفس بِشدَّة مَا أورثه الصغر من التَّقْصِير ومسلكها هُوَ على الاسْتقَامَة صاعدتين مَعَ قَلِيل انحراف يَتَأَتَّى بِهِ الْوَصْل بَين الدرقي وَالَّذِي لَا اسْم لَهُ وَقد يُوجد عضلتان موضوعتان تَحت الطرجهاري يعينان الزَّوْج الْمَذْكُور.

الْفَصْل الثَّانِي عشر تشريح عضل الْحُلْقُوم وَأما الْحُلْقُوم جملَة فَلهُ زوجان يجذبانه إِلَى أَسْفَل: أَحدهمَا زوج ذَكَرْنَاهُ فِي بَاب الحنجرة وَالْآخر زوج نابت أَيْضا من القس يرتقي فيتصل باللامي ثمَّ بالحلقوم فيجذبه إِلَى أَسْفَل. وَأما الْحلق فعضلته هِيَ النغنغتان وهما عضلتان موضوعتان عِنْد الْحلق معينتان على الإزدراد فَاعْلَم ذَلِك.

الْفَصْل الثَّالِث عشر تشريح عضل الْعظم اللامي وَأما الْعظم اللامي فَلهُ عضل يَخُصُّهُ وعضل يشركهُ فِيهِ عُضْو آخر. فَأَما الَّذِي يخص اللامي فَهِيَ أَزْوَاج ثَلَاثَة: زوج مِنْهَا يَأْتِي من جَانِبي اللحى ويتصل بالخط الْمُسْتَقيم الَّذِي على هَذَا الْعظم وَهُوَ الَّذِي يجذبه إِلَى اللحى وَزوج ينشأ من تَحت الذقن ثمَّ يمر تَحت اللِّسَان إِلَى الطّرف الْأَعْلَى من هَذَا الْعظم وَهَذَا أَيْضا يجذب هَذَا الْعظم إِلَى جَانِبي اللحى وَزوج منشؤه من الزَّوَائِد السهمية الَّتِي عِنْد الآذان ويتصل بالطرف الْأَسْفَل من الْخط الْمُسْتَقيم الَّذِي على هَذَا الْعظم وَأما الَّذِي يشركهُ غَيره فقد ذكر وَيذكر.

الْفَصْل الرَّابِع عشر تشريح عضل اللِّسَان أما العضل المحركة للسان فَهِيَ عضل تسع: اثْنَتَانِ معرضتان يأتيان من الزَّوَائِد السهمية ويتصلان بجانبيه وَاثْنَتَانِ مطولتان منشؤهما من أعالي الْعظم اللامي ويتصلان بِأَصْل اللِّسَان وَاثْنَتَانِ يحركان على الوراب منشؤهما من الضلع المنخفض من أضلاع. الْعظم اللامي وينفذان فِي اللِّسَان مَا بَين المطولة والمعرضة وَاثْنَتَانِ باطحتان للسان قالبتان لَهُ موضعهما تَحت مَوضِع هَذِه الْمَذْكُورَة قد انبسط ليفها تَحْتَهُ عرضا ويتصلان بِجَمِيعِ عظم الفك وَقد نذْكر فِي جملَة عضل اللِّسَان عضلة مُفْردَة تصل مَا بَين اللِّسَان والعظم اللامي وتجذب أحدهمَا إِلَى الآخر وَلَا يبعد أَن تكون العضلة المحركة للسان طولا إِلَى بارز تحركه كَذَلِك لِأَن لَهَا أَن تتحرك فِي نَفسهَا بالامتداد كَمَا لَهَا أَن تتحرك فِي نَفسهَا بالتقاصر والتشنج.

الْفَصْل الْخَامِس عشر تشريح عضل الْعُنُق والرقبة العضل المحركة للرقبة وَحدهَا زوجان: زوج يمنة وَزوج يسرة فأيتها تشنج وَحده انجذبت الرَّقَبَة إِلَى جِهَته بالوراب وَأي اثْنَتَيْنِ من جِهَة وَاحِدَة تشنجا مَعًا مَالَتْ الرَّقَبَة إِلَى تِلْكَ الْجِهَة بِغَيْر توريب بل باستقامة وَإِذا كَانَ الْفِعْل لأربعتها مَعًا انتصبت الرَّقَبَة من غير ميل.

الْفَصْل السَّادِس عشر تشريح عضل الصَّدْر العضل المحركة للصدر مِنْهَا مَا يبسطه فَقَط وَلَا يقبضهُ فَمن ذَلِك الْحجاب الحاجز بَين أَعْضَاء التنفس وأعضاء الْغذَاء الَّتِي سنصفه بعد وَزوج مَوْضُوع تَحت الترقوة منشؤه من جُزْء ممتد إِلَى رَأس الْكَتف نصفه بعد وَهُوَ مُتَّصِل بالضلع الأول يمنة ويسرة وَزوج كل فَرد مضاعف لَهُ جزآن أعلاهما يتَّصل بالرَّقَبَةِ ويحرّكها وأسفلها يُحَرك الصَّدْر ويخالطه عضلة سنذكرها وَهِي الْمُتَّصِلَة بالضلع الْخَامِس وَالسَّادِس وَزوج مدسوس فِي الْموضع المقعر من الْكَتف يتَّصل بِهِ زوج ينزل من الفقار إِلَى الْكَتف ويصيران كعضلة وَاحِدَة وتتصل بأضلاع الْخلف وَزوج ثَالِث منشؤه من الْفَقْرَة السَّابِعَة من فقرات الْعُنُق وَمن الْفَقْرَة الأولى وَالثَّانيَة من فقرات الصَّدْر ويتّصل بأضلاع القص فَهَذِهِ هِيَ العضلات الباسطة. وَأما العضل القابضة للصدر فَمن ذَلِك: مَا يقبض بِالْعرضِ وَهُوَ الْحجاب إذا سكن وَمِنْهَا مَا يقبض بِالذَّاتِ فَمن ذَلِك زوج مَمْدُود تَحت أصُول الأضلاع العلى وَفعله الشدّ وَالْجمع وَمن ذَلِك زوج عِنْد أطرافها يلاصق القصّ مَا بَين الحنجري والترقوة ويلاصق العضل الْمُسْتَقيم من عضل الْبَطن وزوجان آخرَانِ يعينانه وَأما العضل الَّتِي تقبض وتبسط مَعًا فَهِيَ العضل الَّتِي بَين الأضلاع لَكِن الِاسْتِقْصَاء فِي التَّأَمُّل يُوجب أَن تكون القابضة مِنْهَا غير الباسطة وَذَلِكَ أَن بَين كل ضلعين بِالْحَقِيقَةِ أَربع عضلات وَإِن ظنت عضلَة وَاحِدَة وَإِن هَذِه المظنونة عضلة وَاحِدَة منتسجة من لِيف مورب مِنْهُ مَا يستبطن وَمِنْه مَا يُجَلل والمجلل مِنْهُ مَا يَلِي الطّرف الغضروفي من الضلع وَمِنْه مَا يَلِي الطّرف الآخر الْقوي. والمستبطن كله مُخَالف فِي الْوَضع المجلل. وَالَّذِي على طرف الضلع الغضروفي مُخَالف كُله فِي الْوَضع للَّذين على الطّرف الآخر. وَإِذا كَانَت هيئات الليف أَرْبعا بِالْعدَدِ فبالحري أَن تكون العضل أَرْبعا بِالْعدَدِ فَمَا كَانَ مِنْهَا مَوْضُوعا فَوق فَهُوَ باسط وَمَا كَانَ مِنْهَا مَوْضُوعا تَحت فَهُوَ قَابض وتبلغ لذَلِك جملَة عضل الصَّدْر ثمانياً وَثَمَانِينَ وَقد يعيّن عضل الصَّدْر عضلتان يأتيان من الترقوة إِلَى رَأس الْكَتف فتتصل بالضلع الأول مِنْهُ وتشيله إِلَى فَوق فتعين على انبساط الصَّدْر.

الْفَصْل السَّابِع عشر تشريح عضل حَرَكَة الْعَضُد عضل الْعَضُد وَهِي المحركة لمفصل الْكَتف مِنْهَا ثَلَاث عضلات تأتيها من الصَّدْر وتجذبها إِلَى أَسْفَل: فَمن ذَلِك عضلة منشؤها من تَحت الثدي وتتصل بمقدم الْعَضُد عِنْد مقدم زيق الترقوة وَهِي مقربة للعضد إِلَى الصَّدْر مَعَ استنزال يستتبع الْكَتف وعضلة منشؤها من أَعلَى القص وتطيف أنسي رَأس الْعَضُد وَهِي مقرّبة إِلَى الصَّدْر مَعَ استرفاع يسير وعضلة مضاعفة عَظِيمَة منشؤها من جَمِيع القص تتصل بأسفل مقدم الْعَضُد إذا فعلت بالليف الَّذِي لجزئه الفوقاني أقبلت بالعضد إِلَى الصَّدْر شائلَة بِهِ أَو بالجزء الآخر أَقبلت بِهِ إِلَيْهِ خافضة أَو بهما جَمِيعًا فتقبل بِهِ على الإستقامة وعضلتان تأتيان من نَاحيَة الخاصرة يتّصلان أدخل من اتِّصَال العضلة الْعَظِيمَة الصاعدة من القص إحداهما عَظِيمَة تَأتي من عِنْد الخاصرة وَمن ضلوع الْخلف وتجذب الْعَضُد إِلَى ضلوع الْخلف بالإستقامة وَالثَّانيَة دقيقة تَأتي من جلد الْخَاصَّة لَا من عظمها أميل إِلَى الْوسط من تِلْكَ وتتصل بوتر الصاعدة من نَاحيَة الثدي غائرة وَهَذِه تفعل فعل الأولى على سَبِيل المعاونة إِلَّا أَنَّهَا تميل إِلَى خلف قَلِيلا. وَخمس عضل منشؤها من عظم الْكَتف عضلة مِنْهَا منشؤها من عظم الْكَتف وتشغل مَا بَين الحاجز

والضلع الْأَعْلَى للكتف وتنفذ إِلَى الْجُزْء الْأَعْلَى من رَأس الْعَضُد الوحشيّ مائلة يَسِيرا إِلَى الإنسيّ وَهِي تبعد مَعَ ميل إِلَى الْإِنْسِي. وعضلتان من هَذِه الْخَمْسَة منشؤهما الضلع الْأَعْلَى من الْكَتف: إِحْدَاهمَا: عَظِيمَة ترسل ليفها إِلَى الْأَجْزَاء السفلية من الحاجز وتشغل مَا بَين الحاجز والضلع الْأَسْفَل وتتصل بِرَأْس الْعَضُد من الْجَانِب الوحشي جدا فتبعد مَعَ ميل إِلَى الوحشيّ. وَالْأُخْرَى مُتَّصِلَة بِهَذِهِ الأولى حَتَّى كَأَنَّهَا جُزْء مِنْهَا وتنفذ مَعهَا وَتفعل فعلهَا لَكِن هَذِه لَا تتَعَلَّق بِأَعْلَى الْكَتف تعلقاً كثيرا وإِ تّصالها على التوريب بِظَاهِر الْعَضُد وتميلها إِلَى الوحشيّ. وَالرَّابِعَة: عضلة تشغل الْموضع المقعر من عظم الْكَتف ويتصل وترها بالأجزاء الدَّاخِلَة من الْجَانِب الْإِنْسِي من رَأس عظم الْعَضُد وفعلها إدارة الْعَضُد إِلَى خلف. وعضلة أُخْرَى منشؤها من الطّرف الْأَسْفَل من الضلع الْأَسْفَل للكتف ووترها يتّصل فَوق اتِّصَال الْعَظِيمَة الصاعدة من الخاصرة وفعلها جذب أَعلَى رَأس الْعَضُد إِلَى فَوق. وللعضد عضلة أُخْرَى ذَات رَأْسَيْنِ تفعل فعلين وفعلاً مُشْتَركا فِيهِ وَهِي تَأتي من أَسْفَل الترقوة وَمن الْعُنُق وتلتقم رَأس الْعَضُد وتقارب مَوضِع اتِّصَال وتر العضلة الْعَظِيمَة الصاعدة من الصَّدْر وَقد قيل إِن أحد رأسيها من دَاخل وَيَمِيل إِلَى دَاخل مَعَ توريب يسير. وَالرَّأْس الآخر من خَارج على ظهر الْكَتف عِنْد أَسْفَله وَيَمِيل إِلَى خَارج بتوريب يسير. هَذَا فعل بالجزءين أشال على الإستقامة. وَمن النَّاس من زَاد عضلتين: عضلة صَغِيرَة تَأتي من الثدي وَأُخْرَى.

الْفَصْل الثَّامِن عشر تشريح عضل حَرَكَة الساعد العضل المحركة للساعد مِنْهَا مَا يقبضهُ وَهَذِه مَوْضُوعَة على الْعَضُد وَمِنْهَا مَا يكبه وَمِنْهَا مَا يبطحه وَلَيْسَت على الْعَضُد فالباسطة زوج أحد فرديه يبسط مَعَ ميل إِلَى دَاخل لِأَن منشاه من تَحت مقدم الْعَضُد وَمن الضلع الْأَسْفَل وَمن الْكَتف ويتّصل بالمرفق حَيْثُ أجزاؤه الدَّاخِلَة. والفرد الثَّانِي يبسط مَعَ ميل إِلَى الْخَارِج لِأَنَّهُ يَأْتِي من فقار الْعَضُد ويتصل بالأجزاء الْخَارِجَة من الْمرْفق وَإِذا اجْتمعَا جَمِيعًا على فعليهمَا بسطا على الاسْتقَامَة لَا محَال. والقابضة زوج أحد فرديه هُوَ الْأَعْظَم يقبض مَعَ ميل إِلَى دَاخل وَذَلِكَ لِأَن منشأه من الزند الْأَسْفَل من الْكَتف وَمن المنقار يخص كل منشأ رَأس وَيَمِيل إِلَى بَاطِن الْعَضُد ويتصل وتر لَهُ عصباني بِمقدم الزند الْأَعْلَى والفرد الثَّانِي يقبض مَعَ ميل إِلَى الْخَارِج لِأَن منشأه من ظَاهر الْعَضُد من خلف وَهُوَ عضلة لَهَا رأسان لحميان أحدهمَا من وَرَاء الْعَضُد وَالْآخر قدامه وتستبطن فِي ممرها قَلِيلا إِلَى أَن تخلص إِلَى مقدم الزند الْأَسْفَل. وَقد وصل مَا يمِيل قَابِضا إِلَى الْخَارِج بالأسفل وَمَا يمِيل إِلَى الدَّاخِل بالأعلى ليكُون الْجَذب أحكم وَإِذا اجْتمع هَاتَانِ العضلتان على فعليهمَا قبضتا على الاسْتقَامَة لَا محَالة وَقد تستبطن العضلتين الباسطتين عضلة تحيط بِعظم الْعَضُد وَإِلَّا شُبِّه أَن تكون جُزْءا من العضلة القابضة الْأَخِيرَة. وَأما الباطحة للساعد فزوج أحد فرديه مَوْضُوع من خَارج بَين الزندين وتلاقي الزند الْأَعْلَى بِلَا وتر وَالْآخر رَقِيق متطاول منشؤه من الْجُزْء الْأَعْلَى من رَأس الْعَضُد مِمَّا يَلِي ظَاهره وجله يمر فِي الساعد وَينفذ حَتَّى يُقَارب مفصل الرسغ فَيَأْتِي الْجُزْء الْبَاطِن من طرف الزند الْأَعْلَى ويتصل بِهِ بوتْر غشائي. وَأما المكبة فزوج مَوْضُوع من خَارج أحد فرديه يبتدىء من أَعلَى الْإِنْسِي من رَأس الْعَضُد ويتّصل بالزند الْأَعْلَى دون مفصل الرسغ وَالْآخر أقصر مِنْهُ وليفه إِلَى الإستعراض وطرفه أَشد عصبانية ويبتدىء من نفس الزند الْأَسْفَل ويتّصل بِطرف الْأَعْلَى عِنْد مفصل الرسغ.

الْفَصْل التَّاسِع عشر تشريح عضل حَرَكَة الرسغ وَأما عضل تَحْرِيك مفصل الرسغ فَمِنْهَا قابضة وَمِنْهَا باسطة وَمِنْهَا مكبّة وَمِنْهَا باطحة على الْقَفَا. والعضل البسطة فَمِنْهَا عضلة مُتَّصِلَة بِأُخْرَى كَأَنَّهمَا عضلة وَاحِدَة إِلَّا أَن هَذِه منشؤها من وسط الزند الْأَسْفَل ويتصل وترها بالإبهام وَبهَا يتباعد عَن السبابَة. وَالْأُخْرَى منشؤها من الزند الْأَعْلَى ويتّصل وترها بالعظم الأول من عِظَام الرسغ أَعنِي الْمَوْضُوع بحذاء الْإِبْهَام فَإِذا تحركت هَاتَانِ مَعًا بسطتا الرسغ بسطاً مَعَ قَلِيل كب وَإِن تحركت الثَّانِيَة وَحدهَا بطحته وَإِن تحركت الأولى وَحدهَا باعدت بَين الْإِبْهَام والسبابة. وعضلة ملقاة على الزند الْأَعْلَى من الْجَانِب الوحشي منشؤها أسافل رَأس الْعَضُد ترسل وترا ذَا رَأْسَيْنِ يتَّصل بوسط الْمشْط قُدَّام الْوُسْطَى والسبابة وَرَأس وترها متكىء على الزند الْأَعْلَى عِنْد الرسغ ويبسط الرسغ بسطاً مَعَ كب. وَأما العضل القابضة فزوج على الْجَانِب الوحشي من الساعد والأسفل مِنْهُمَا يبتدىء من الرَّأْس الدَّاخِل من رَأْسِي الْعَضُد وَيَنْتَهِي إِلَى الْمشْط الْخِنْصر والأعلى مِنْهُمَا يبتدىء أَعلَى من ذَلِك وَيَنْتَهِي هُنَاكَ. وعضلة مَعهَا تبتدىء من الْأَجْزَاء السفلية من الْعَضُد تتوسط مَوضِع المذكورتين وَلها طرفان يتقاطعان تقاطعاً صليبياً ثمَّ يتصلان بالموضع الَّذِي بَين السبابَة وَالْوُسْطَى. وَإِذا تحركتا مَعًا قلصتا. فَهَذِهِ القوابض والبواسط هِيَ بِعَينهَا تفعل الكبّ والبطح إِذا تحرّك مِنْهَا متقابلتان على الوراب بل العضلة الْمُتَّصِلَة بالمشط قدّام الْخِنْصر إِذا تحركت وَحدهَا قلبت الْكَفّ وَإِن أعانها عضلة الْإِبْهَام الَّتِي نذكرها بعد تممت قلب الْكَفّ باطحة والمتصلة بالرسغ قُدَّام الْإِبْهَام إِذا تحركت وَحدهَا كبته قَلِيلا أَو مَعَ الخنصرية الَّتِي نذكرها كبته كبا تَاما فَاعْلَم ذَلِك.

الْفَصْل الْعشْرُونَ تشريح عضل حَرَكَة الْأَصَابِع العضل المحرّكة للاصابع مِنْهَا مَا هِيَ فِي الْكَفّ وَمِنْهَا مَا هِيَ فِي الساعد وَلَو جمعت كلهَا على الْكَفّ لثقل بِكَثْرَة اللَّحْم وَلما بَعدت الرسغيات مِنْهَا عَن الْأَصَابِع طَالَتْ أوتارها ضَرُورَة فحصّنت بأغشية تأتيها من جَمِيع النواحي وخلقت أوتارها مستديرة قَوِيَّة لَا تستعرض إِلاّ أَن توافي الْعُضْو فهناك تستعرض ليجود اشتمالها على الْعُضْو المحرّك. وَجَمِيع العضل الباسطة للأصابع مَوْضُوعَة على الساعد وَكَذَلِكَ المحركة إِيَّاهَا إِلَى أَسْفَل. فَمن الباسطة عضلة مَوْضُوعَة فِي وسط ظَاهر الساعد تنبت من الْجُزْء المشرف من رَأس الْعَضُد الْأَسْفَل وَترسل إِلَى الْأَصَابِع الْأَرْبَع أوتاراً تبسطها. وَأما المميلة إِلَى أَسْفَل فَثَلَاث: مِنْهَا مُتَّصِل بَعْضهَا بِبَعْض فِي جَانب هَذِه فَوَاحِدَة تنبت من الْجُزْء الْأَوْسَط من رَأس الْعَضُد الوحشي مَا بَين زائدتيه وَترسل وترين إِلَى الْخِنْصر والبنصر وَوَاحِدَة من جملَة عضلتين مضاعفتين هما إثنتان من هَذِه الثَّلَاثَة منشؤهما من أَسْفَل زائدتي الْعَضُد إِلَى دَاخل وَمن حافة الزند الْأَسْفَل وَترسل وترين إِلَى الْوُسْطَى والسبابة. وثانيتهما وَهِي الثَّالِثَة منشؤها من أَعلَى الزند الْأَعْلَى وَترسل وترا إِلَى الْإِبْهَام وَعند هَذِه العضة عضلة هِيَ إِحْدَى العضلتين المذكورتين فِي عضل تَحْرِيك الرسغ منشؤها من الْموضع الْوسط من الزند الْأَسْفَل ووترها يبعد الْإِبْهَام عَن السبابَة. وَأما القابضة فَمِنْهَا مَا على الساعد وَمِنْهَا مَا فِي بَاطِن الْكَفّ وَالَّتِي على الساعد ثَلَاث عضلات بَعْضهَا منضودة فَوق بعض مَوْضُوعَة فِي الْوسط. وَأَشْرَفهَا وَهُوَ الْأَسْفَل مدفون من تَحت مُتَّصِلا بِعظم الزند الْأَسْفَل لِأَن فعلهَا أشرف فَيجب أَن يكون موضعهَا أحرز وابتداؤها من وسط الرَّأْس الوحشي من الْعَضُد إِلَى دَاخل ثمَّ ينفذ ويستعرض وترها وينقسم إِلَى أوتار خَمْسَة

يَأْتِي كل وتر بَاطِن إِصْبَع. فَأما اللواتي تَأتي الْأَرْبَع فَإِن كل وَاحِدَة مِنْهَا تقبض الْمفصل الأول وَالثَّالِث مِنْهُ أما الأول فَلِأَنَّهُ مربوط هُنَاكَ برابطة ملتفة عَلَيْهِ. وَأما الثَّالِث فَلِأَن رَأسه يَنْتَهِي إِلَيْهِ ويتصل بِهِ. وَأما النافذة إِلَى الْإِبْهَام فَإِنَّهَا تقبض مفصله الثَّانِي وَالثَّالِث لِأَنَّهَا إِنَّمَا تتصل بهما. والعضلة الثَّانِيَة الَّتِي فَوق هَذِه هِيَ أَصْغَر مِنْهَا وتبتدىء من الرَّأْس الدَّاخِل من رَأْسِي الْعَضُد وتتصل بالزند الْأَسْفَل قَلِيلا وتستمر على الحدّ الْمُشْتَرك بَين الْجَانِب الوحشيّ والإنسي وَهُوَ السَّطْح الفوقاني من الزند الْأَعْلَى فَإِذا وافت نَاحيَة الْإِبْهَام مَالَتْ إِلَى دَاخل وَأرْسلت أوتاراً إِلَى الْمفاصل الْوُسْطَى مَعَ الْأَرْبَع لتقبضها وَلَا تَأتي الْإِبْهَام إِلَّا شُعْبَة لَيست من عِنْد وترها وَلَكِن من مَوضِع آخر ومنشأ الأولى بعد الِابْتِدَاء الْمَذْكُور هُوَ من رَأس الزند الْأَسْفَل والأعلى. ومنشأ الثَّانِيَة من رَأس الزند الْأَسْفَل وَقد جعل الْإِبْهَام مُقْتَصرا فِي الإنقباض على عضلة وَاحِدَة. والأربع تنقبض بعضلتين لِأَن أشرف فعل الْأَرْبَع هُوَ الانقباض وأشرف فعل الْإِبْهَام هُوَ الانبساط والتباعد من السبابَة. وَأما العضلة الثَّالِثَة فَلَيْسَتْ للقبض وَلكنهَا تنفذ بوترها إِلَى بَاطِن الْكَفّ وتنفرش عَلَيْهِ مستعرضة لتفيده الْحس وتمنع نَبَات الشّعْر عَلَيْهِ ولتدعم الْبَطن من الْكَفّ وتقويه لمعالجته مَا يعالج بِهِ فَهَذِهِ هِيَ الَّتِي على الرسغ. وَأما العضل الَّتِي فِي الْكَفّ نَفسهَا فَهِيَ ثَمَان عشرَة عضلة منضودة بَعْضهَا فَوق بعض فِي صفّين: صف أَسْفَل دَاخل وصف أَعلَى خَارج إِلَى الْجلد فالتي فِي الصَّفّ الْأَسْفَل عددهَا سبع: خمس مِنْهَا تميل الْأَصَابِع إِلَى فَوق والإبهامية مِنْهَا تنْبت من أول عِظَام الرسغ. وَالسَّادِسَة قَصِيرَة عريضة ليفها لِيف مورب ورأسها مُتَعَلق بِمشْط الْكَفّ حَيْثُ تحاذي الْوُسْطَى ووترها متصل بالإبهام تميله إِلَى أَسْفَل وَالسَّابِعَة عِنْد الْخِنْصر تبتدىء من الْعظم الَّذِي يَليهَا من الْمشْط فيميلها إِلَى أَسْفَل وَلَيْسَ شَيْء من هَذِه السَّبْعَة للقبض بل خمس للأشالة وَاثْنَتَانِ للخفض. وَأما الَّتِي فِي الصَّفّ الْأَعْلَى تَحت العضلة المنفرشة على الرَّاحَة وَهِي الَّتِي عرفهَا جالينوس وَحده فَهِيَ إِحْدَى عشرَة عضلة: ثَمَان مِنْهَا كل إثنتين مِنْهَا تتصل بالمفصل الأول من مفاصل الْأَصَابِع الْأَرْبَع وَاحِدَة فَوق أُخْرَى لتقبض هَذَا الْمفصل أما السُّفْلى مِنْهَا فقبضها مَعَ حط وخفض وَأما الْعليا فقبضها مَعَ يسير رفع وإشالة وَإِذا اجتمعتا فبالإستقالة وَثَلَاث مِنْهَا خَاصَّة بالإبهام وَاحِدَة لقبض الْمفصل الأول وَاثْنَتَانِ للثَّانِي كَمَا عرفت فتواسط الْخمس خمس والحافظات لما سوى الْإِبْهَام والخنصر لكل وَاحِدَة وَاحِدَة وللإبهام والخنصر اثْنَتَانِ والقوابض لكل إِصْبَع أَربع والمميلات إِلَى فَوق لكل إِصْبَع وَاحِدَة فَاعْلَم ذَلِك.

الْفَصْل الْحَادِي وَالْعشْرُونَ فِي تشريح عضل حَرَكَة الصلب عضل الصلب مِنْهَا مَا يثنيه إِلَى خلف وَمِنْهَا مَا يحنيه إِلَى قُدَّام وَعَن هَذِه يتَفَرَّع سَائِر الحركات. فالثانية إِلَى خلف هِيَ الْمَخْصُوصَة بِأَن تسمّى عضل الصلب وهما عضلتان يحدس أَن كل وَاحِدَة مِنْهُمَا مؤلفة من ثَلَاث وَعشْرين عضلة كل وَاحِدَة مِنْهَا ثانيها من كل فقرة عضلة إِذْ يَأْتِيهَا من كل فقرة لِيف مورب إِلَّا الْفَقْرَة الأولى. وَهَذِه العضل إِذا تمددت بالاعتدال نصبت الصلب فَإِن أفرطت فِي التمدد ثنته إِلَى خلف وَإِذا تحركت الَّتِي فِي جَانب وَاحِد مَالَتْ بالصلب إِلَيْهِ. وَأما العضل الحانية فَهِيَ زوجان: زوج مَوْضُوع من فَوق وَهِي من العضل المحركة للرأس والعنق النافذة من جنبتي المريء. وطرفها الْأَسْفَل يتَّصل بِخمْس من الفقار الصدرية الْعليا فِي بعض النَّاس وبأربع فِي أَكثر النَّاس. وطرفها الْأَعْلَى يَأْتِي الرَّأْس والرقبة. وزوج

مَوْضُوع تَحت هَذَا ويسميان المتنين وهما يبتدئان من الْعَاشِرَة والحادية عشرَة من الصَّدْر وينحدران إِلَى أَسْفَل فيحنيان حنياً خَافِضًا وَالْوسط يكْفِيهِ فِي حركاته وجود هَذِه العضل لِأَنَّهُ يتبع فِي الإنحناء والإنثناء والإنعطاف حَرَكَة الطَّرفَيْنِ.

الْفَصْل الثَّانِي وَالْعشْرُونَ تشريح عضل الْبَطن أما الْبَطن فعضله ثَمَان وتشترك فِي مَنَافِع: مِنْهَا المعونة على عصر مَا فِي الأحشاء من البرَاز وَالْبَوْل والأجنة فِي الْأَرْحَام. وَمِنْهَا أَنَّهَا تدعم الْحجاب وتعينه عِنْد النفخة لَدَى الانقباض. وَمِنْهَا أَنَّهَا تسخن الْمعدة والإمعاء بإدفائها. فَمن هَذِه الثَّمَانِية زوج مُسْتَقِيم ينزل على الاسْتقَامَة من عِنْد الغضروف الحنجري ويمتد ليفه طولا إِلَى الْعَانَة وينبسط طرفه فِيمَا يليهَا. وجوهر هَذَا الزَّوْج من أوّله إِلَى آخِره لحمي وعضلتان تقاطعان هَاتين عرضا موضعهما فَوق الغشاء الْمَمْدُود على الْبَطن كُله وَتَحْت الطولانيتين. والتقاطع الْوَاقِع بَين ليف هَاتين وليف الْأَوليين هُوَ تقاطع على زَوَايَا قَائِمَة. وزوجان موربان كل وَاحِد مِنْهُمَا فِي جَانب يمنة ويسرة وكل زوج مِنْهَا فَهُوَ من عضلتين متقاطعتين تقاطعاً صليبياً من الشرسوف إِلَى الْعَانَة وَمن الخاصرة إِلَى الحنجري فيلتقي طرف اثْنَتَيْنِ من الْيَمين واليسار عِنْد الْعَانَة وطرف اثْنَتَيْنِ أُخْرَيَيْنِ عِنْد الحنجري وهما موضوعان فِي كل جَانب على الْأَجْزَاء اللحمية من العضلتين المعارضتين وَهَذَانِ الزَّوْجَانِ لَا يزَالَانِ لحميين حَتَّى يماسا العضل المستقيمة بأوتار عراض كَأَنَّهَا أغشية وَهَذَانِ الزَّوْجَانِ موضوعان فَوق الطولانيتين الموضوعتين فَوق العرضيين.

الْفَصْل الثَّالِث وَالْعشْرُونَ تشريح عضل الْأُنْثَيَيْنِ أما للرِّجَال فعضل الْخصي أَربع جعلت لتحفظ الخصيتين وتشيلهما لِئَلَّا تسترخيا وَيكون كل خصية يلزمهَا زوج. وَأما للنِّسَاء فيكفيهن زوج وَاحِد لكل خصية فَرد إِذْ لم تكن خصاهن مدلاة بارزة كتدلي خصي الرِّجَال.

الْفَصْل الرَّابِع وَالْعشْرُونَ تشريح عضل المثانة وَاعْلَم أَنّ فِي فَم المثانة عضلة وَاحِدَة تحيط بهَا مستعرضة الليف على فمها. ومنفعتها حبس الْبَوْل إِلَى وَقت الْإِرَادَة فَإِذا أُريدت الاراقة استرخت عَن تقبضها فضغط عضل الْبَطن المثانة.

الْفَصْل الْخَامِس وَالْعشْرُونَ تشريح عضل الذّكر العضل المحركة للذّكر زوجان: زوج تمتد عضلتاه عَن جَانِبي الذّكر فَإِذا تمددتا وسّعتا المجرى وبسطتاه فاستقام المنفذ وَجرى فِيهِ الْمَنِيّ بسهولة وَزوج ينْبت من عظم الْعَانَة ويتصل بِأَصْل الذّكر على الوراب فَإِذا اعتدل تمدده انتصبت الْآلَة مُسْتَقِيمَة وَإِن اشْتَدَّ أمالها إِلَى خلف وَإِن عرض الإمتداد لأَحَدهمَا مَال إِلَى جِهَته.

الْفَصْل السَّادِس وَالْعشْرُونَ تشريح عضل المقعدة عضل المقعدة أَربع مِنْهَا عضلة تلْزم فمها وتخالط لَحمهَا مُخَالطَة شَدِيدَة شبه مُخَالطَة عضل الشّفة وَهِي تقبض الشرج وتسده وتنفض بالعصر بقايا البرَاز عَنهُ. وعضلة مَوْضُوعَة أَدخل من هَذِه وفوقها بِالْقِيَاسِ إِلَى رَأس الْإِنْسَان ويظن أَنَّهَا ذَات طرفين ويتصل طرفاها بِأَصْل الْقَضِيب بِالْحَقِيقَةِ. وَزوج مورب فَوق الْجَمِيع ومنفعتها إشالة المقعدة إِلَى فَوق وَإِنَّمَا يعرض خُرُوج المقعدة لاسترخائها.

الْفَصْل السَّابِع وَالْعشْرُونَ تشريح عضل حَرَكَة الْفَخْذ أعظم عضل الْفَخْذ هِيَ الَّتِي تبسطه ثمَّ الَّتِي تقبضه لِأَن أشرف أفعالها هَاتَانِ الحركتان. والبسط أفضل من الْقَبْض إِذْ الْقيام إِنَّمَا يَتَأَتَّى بالبسط ثمَّ العضل المبعدة ثمَّ المقربة ثمَّ المديرة. والعضل الباسطة لمفصل الْفَخْذ مِنْهَا عضلة هِيَ أعظم جَمِيع عضل الْبدن وَهِي عضلة تجلل عظم الْعَانَة والورك وتلتف على الْفَخْذ كُله من دَاخل وَمن خلف حَتَّى تَنْتَهِي إِلَى الرّكْبَة ولليفها مبادِ مُخْتَلفَة وَلذَلِك تتنوع أفعالها صنوفاً مُخْتَلفَة فَلِأَن بعض ليفها منشؤه من أَسْفَل عظم الْعَانَة فيبسط مائلاً إِلَى الإنسيّ. وَلِأَن بعض ليفها منشؤه أرفع من هَذَا يَسِيرا فَهُوَ يَشْمَل الْفَخْذ إِلَى فَوق فَقَط. وَلِأَن منشأ بَعْضهَا أرفع من ذَلِك كثيرا فَهُوَ يَشْمَل الْفَخْذ إِلَى فَوق ميلاً إِلَى الإنْسِي وَلِأَن بعض ليفها منشؤه من عظم الورك فَهُوَ يبسط الْفَخْذ بسطاً على الإستقامة صَالحا. وَمِنْهَا عضلة تجلّل مفصل الورك كُله من خلف وَلها ثَلَاثَة رُؤُوس وطرفان. وَهَذِه الأرؤس منشؤها من الخاصرة والورك والعصعص اثْنَان مِنْهَا لحميان وَوَاحِد غشائي. وَأما الطرفان فيتصلان بالجزء الْمُؤخر من رَأس الْفَخْذ فَإِن جذبت بِطرف وَاحِد بسطت مَعَ ميل إِلَيْهِ وَإِن جذبت بالطرفين بسطت على الإستقامة. وَمِنْهَا عضلة منشؤها من جَمِيع ظَاهر عظم الخاصرة وتتصل بِأَعْلَى الزَّائِدَة الْكُبْرَى الَّتِي تسمى طروخابطير الْأَعْظَم ويمتد قَلِيلا إِلَى قُدَّام ويبسط مَعَ ميل إِلَى الإنْسِي وَأُخْرَى مثلهَا وتتصل أَولا بِأَسْفَل الزَّائِدَة الصُّغْرَى. ثمَّ تنحدر وتفعل فعلهَا. إِلَّا أَن بسطها يسير وَإِمَّا أَنَّهَا كَثِيرَة ومنشؤها من أَسْفَل ظَاهر عظم الخاصرة. وَمِنْهَا عضلة تنْبت من أَسْفَل عظم الورك مائلة إِلَى خلف وتبسط مميلة يَسِيرا إِلَى خلف ومميلة إمالة صَالِحَة إِلَى الإنْسِي. وَأما العضل القابضة لمفصل الْفَخْذ فَمِنْهَا عضلة تقبض مَعَ ميل يسير إِلَى الإنْسِي وَهِي عضلة مُسْتَقِيمَة تنحدر من منشأين: أَحدهمَا يتّصل بآخر الْمَتْن وَالْآخر من عظم الخاصرة وَهِي تتّصل بالزائدة الصُّغْرَى الإنسية. وعضلة من عظم الْعَانَة وتتصل بِأَسْفَل الزَّائِدَة الصُّغْرَى. وعضلة ممتدّة إِلَى جَانبهَا على الوراب وَكَأَنَّهَا جُزْء من الْكُبْرَى. ورابعة تنْبت من الشَّيْء الْقَائِم المنتصب من عظم الخاصرة وَهِي تجذب السَّاق أَيْضا مَعَ قبض الْفَخْذ. وَأما العضل المميلة إِلَى دَاخل فقد ذكر بَعْضهَا فِي بَاب الْبسط وَالْقَبْض وَلِهَذَا النَّوْع من التحريك عضلة تنْبت من عظم الْعَانَة وتطول جدا حَتَّى تبلغ الرّكْبَة. وَأما المميلة إِلَى خَارج فعضلتان: إِحْدَاهمَا تَأتي من الْعظم العريض. وَأما المديرتان فعضلتان: إِحْدَاهمَا مخرجها من وَحشِي عظم الْعَانَة وَالْأُخْرَى: مخرجها من إنسية ويتوربان ملتقيين ويلتحمان عِنْد الْموضع الغائر بِقرب من مُؤخر الزَّائِدَة الْكُبْرَى. وأيتها جذبت وَحدهَا لوت الْفَخْذ إِلَى جهَته مَعَ قَلِيل بسط فَاعْلَم ذَلِك.

الْفَصْل الثَّامِن وَالْعشْرُونَ تشريح عضل حَرَكَة السَّاق والركبة أما العضل المحركة لمفصل الرّكْبَة فَمِنْهَا ثَلَاث مَوْضُوعَة قُدَّام الْفَخْذ وَهِي أكبر العضل الْمَوْضُوعَة فِي الْفَخْذ نَفسهَا وفعلها الْبسط. وَوَاحِدَة من هَذِه الثَّلَاث كالمضاعفة وَلها رأسان يَبْتَدِئ أَحدهمَا من الزَّائِدَة الْكُبْرَى وَالْآخر من مقدم الْفَخْذ وَله طرفان: أَحدهمَا لحمي يتّصل بالرضفة قبل أَن يصير وترا وَالْآخر: غشائي يتَّصل بالطرف الإنْسِي من طرفِي الْفَخْذ. وَأما الِاثْنَان الآخرَانِ: فأحدهما هُوَ الَّذِي ذكرنَاهُ فِي قوابض الْفَخْذ أَعنِي النَّابِت من الحاجز الَّذِي فِي عظم الخاصرة وَالْأُخْرَى مبدؤها من الزَّائِدَة الوحشية الَّتِي فِي الْفَخْذ وَهَاتَانِ تتصلان وتتحدان وَيحدث مِنْهُمَا وتر وَاحِد مستعرض يُحِيط بالرضفة ويوثقها بِمَا تحتهَا إيثاقاً

محكماً ثُمَّ يتَّصل بِأول السَّاق ويبسط الرّكْبَة بِمد السَّاق. على الوراب ثُمَّ تلتحم بالجزء المعرق من على السَّاق وتبسط السَّاق مميلة إِلَى الإنسيّ. وعضلة أُخْرَى فِي بعض كتب التشريح تقَابلهَا فِي الْجَانِب الوحشي مبدؤها من عظم الورك تتورب فِي الْجَانِب الوحشي حَتَّى تَأتي الْموضع المعرق وَلَا عضلة أَشد توريباً مِنْهَا وتبسط مَعَ إمالة إِلَى الوحشيّ وَإِذا بسط كِلَاهُمَا كَانَ بسطاً مُسْتَقِيمًا. وَأما القوابض للساق فَمِنْهَا عضلة ضيقَة طَوِيلَة تنشأ من عظم الخاصرة والعانة تقرب من منشأ الباسطة الدَّاخِلَة وَمن الحاجز الَّذِي فِي وسط الخاصرة ثُمَّ تنفذ بالتوريب إِلَى دَاخل طرفِي الرّكْبَة ثُمَّ تبرز وتنتهي إِلَى النتو الَّذِي فِي الْموضع المعرق من الرّكْبَة وتلتصق بِهِ وَبِه انجذاب السَّاق إِلَى فَوق مائلا بالقدم إِلَى نَاحيَة الاربية. وَثَلَاث عضل أنسية وحشية ووسطى الوحشية وَالْوُسْطَى تقبضان مَعَ ميل إِلَى الوحشي. والأنسية تقبض مَعَ ميل إِلَى الْإِنْسِي. والأنسيّة منشؤها من قَاعِدَة عظم الورك ثُمَّ تمرّ متورِّبة خلف الْفَخْذ إِلَى أَن توافي الْموضع المعرق من السَّاق فِي الْجَانِب الْإِنْسِي فتلتصق بِهِ ولونها إِلَى الخضرة. ومنشأ الْأُخْرَيَيْنِ أَيْضا من قَاعِدَة عظم الورك إِلَّا أَنَّهمَا تميلان إِلَى الِاتِّصَال بالجزء المعرق من الْجَانِب الوحشيّ. وَفِي مفصل الرّكْبَة عضلة كالمدفونة فِي معطف الرّكْبَة تفعل فعل هَذِه الْوُسْطَى وَقد يظنّ أنّ الْجُزْء النَّاشِئ من العضلة الباسطة المضاعفة من الحاجز رُبمَا قبض الرّكْبَة بِالْعرضِ وَإنَّهُ قد ينبعث من متصلها وتر يضْبط حق الورك ويصله بِمَا يَلِيهِ.

الْفَصْل التَّاسِع وَالْعشْرُونَ تشريح عضل مفصل الْقدَم وَأما العضل المحركة لمفصل الْقدَم فَمِنْهَا مَا تشيل الْقدَم وَمِنْهَا مَا تخفضه. أمّا المشيلة فَمِنْهَا عضلة عَظِيمَة مَوْضُوعَة قُدَّام القصبة الأنسية ومبدؤها الْجُزْء الوحشيّ من رَأس القصبة الإنسية فَإِذا برزت مَالَتْ على السَّاق مارة إِلَى جِهَة الْإِبْهَام فتتصل بِمَا يُقَارب أصل الْإِبْهَام وتشيل الْقدَم إِلَى فَوق. وَأُخْرَى تثبت من رَأس الوحشية وينبت مِنْهَا وتر يتَّصل بِمَا يُقَارب أصل الْخِنْصر ويشيل الْقدَم إِلَى فَوق وخصوصاً إِذا طابقها العضلة الأولى وَكَانَ ذَلِك على الإستواء والإستقامة. وَأما الخافضة فزوج مِنْهَا منشؤه من رَأس الْفَخْذ ثُمَّ ينحدران فيملآن بَاطِن مُؤخر السَّاق لَحْماً وينبت مِنْهُمَا وتْر من أعظم الأوتار وَهُوَ وتر الْعقب الْمُتَّصِل بِعظم الْعقب ويجذبه إِلَى خلف موربأ إِلَى الوحشي فَيكون ذَلِك سَببا لثبات الْقدَم على الأَرْض ويعينها عضلة تنشأ من رَأس الوحشية باذنجية اللَّوْن وتنحدر حَتَّى تتصل بِنَفسِهَا من غير وتر ترسله بل تبقى لَحْمِيَّة فتلتصق بمؤخر الْعقب فَوق التصاق الَّتِي قبلهَا. فَإِذا أصَاب هَاتين العضلتين أَو وترهما آفَة زمنت الْقدَم. وعضلة يتشعب مِنْهَا وتران وَاحِد مِنْهُمَا يقبض لْقدَم وَالثَّانِي يبسط الْإِبْهَام وَذَلِكَ أَن هَذِه العضلة منشؤها من رَأس القصبة الإنسية حَيْثُ تلاقي الوحشية وتنحدر بَينهمَا فتتشعب إِلَى وترين: أَحدهمَا يتَّصل من أَسْفَل بالرسغ قُدَّام الْإِبْهَام وَبِهَذَا الْوتر يكون انخفاض الْقدَم. وَالْوتر الآخر يحدث من جُزْء من هَذِه العضلة يُجَاوز منشأ الْوتر الأول وَترسل وترا إِلَى الْمفصل الأول من الْإِبْهَام فتبسطه بتوريب إِلَى الْإِنْسِي. وَقد ينشأ من الرَّأْس الوحشي من الْفَخْذ عضلة وتتّصل بِإِحْدَى العضلتين العقيبيتين ثُمَّ تنفصل عَنْهَا إِذا حازت بَاطِن السَّاق وتنبت وترا يستبطن أَسْفَل الْقدَم وينفرش تَحْتَهُ كُله على قِيَاس العضلة الْمنفرشة على بَاطِن الرَّاحِلَة ولمثل مَنْفَعَتهَا.

الْفَصْل الثَّلَاثُونَ تشريح عضل أَصَابِع الرجل وَأما العضل المحركة للأصابع فالقوابض مِنْهَا عضل كَثِيرَة: فَمِنْهَا عضلة منشؤها من رَأس القصبة الوحشية وتنحدر ممتدة عَلَيْهَا وَترسل وترا يَنْقَسِم إِلَى وترين لقبض الْوُسْطَى والبنصر. وَأُخْرَى أَصْغَر من هَذِه ومنشؤها هُوَ من خلف السَّاق فَإِذا أرْسلت الْوتر انقسم وترها إِلَى وترين يقبضان الْخِنْصر والسبابة ثمَّ يتعّب من كل وَاحِد من الْقسمَيْنِ وتر يتَّصل بالمتشعب من الآخر وَيصير وترا وَاحِدًا يَمْتَد إِلَى الْإِبْهَام فيقبضه. وعضلة ثَالِثَة قد ذكرنَاهَا تنشأ من وحشيّ طرفِي القصبة الإنسية وتنحدر بَين القصبتين وَترسل جُزْءا مِنْهَا لقبض الْقدَم وجزءاً إِلَى الْمفصل الأول من الْإِبْهَام. فَهَذِهِ هِيَ العضل المحركة للاصابع الَّتِي وَضعهَا على السَّاق وَمن خَلفه. وَأما اللواتي وَضعهَا فِي كف الرجل فَمِنْهَا عضل عشر قد فَاتَت المشرّحين وأوّل من عرفهَا جالينوس وَهِي تتصل بالأصابع الْخمس لكل أصْبع عضلتان يمنة ويسرة وتحرّك إِلَى الْقَبْض إمَّا على الإستقامة إن حركتا مَعًا أَو الْميل إن حرّكت وَاحِدَة وَمِنْهَا أَربع على الرسغ لكل إِصْبَع وَاحِدَة وعضلتان خاصتان بالإبهام والخنصر للقبض وَهَذِه العضل متمازجة جدا حَتَّى إذا أَصَاب بَعْضهَا آفَة حدث من ذَلِك ضعف فعل الْبَوَاقِي فِيمَا يَخُصهَا وَفِي أَن تنوب عَن هَذِه بعض النِّيَابَة فِيمَا يخصّ هَذِه. وَلِهَذَا السَّبَب مَا يعسر قبض بعض أَصَابِع الْقدَم خَاصَّة دون بعض. وَمن عضل الْأَصَابِع خمس عضل مَوْضُوعَة فَوق الْقدَم من شَأْنهَا أَن تميل إِلَى الوحشيّ وَخمس مَوْضُوعَة تحتهَا يصل كل وَاحِدَة مِنْهَا إصبعاً بِالَّذِي يَلِيهِ من الشق الْإِنْسِي فتميله بالحركة إِلَى الْجَانِب الإنسيّ وَهَذِه الْخمس مَعَ اللَّتَيْنِ يخصّان الْإِبْهَام والخنصر هِيَ على قِيَاس السَّبع.

الْجُمْلَة الثَّالِثَة العضل وَهِي سِتَّة فُصُول

الْفَصْل الأول كَلَام فِي العصب خَاص مَنْفَعَة العصب: مِنْهَا مَا هُوَ خَاص بِالذَّاتِ وَمِنْهَا مَا هُوَ بِالْعرضِ وَالَّذِي بِالذَّاتِ إِفَادَة الدِّمَاغ بتوسطها لسَائِر الْأَعْضَاء حسًّا وحركة. وَالَّذِي بِالْعرضِ فَمن ذَلِك تَشْدِيد اللَّحْم وتقوية الْبدن وَمن ذَلِك الْإِشْعَار بِمَا يعرض من الْآفَات للأعضاء العديمة الحسّ مثل الكبد وَالطحَال والرئة فَإِنَّ هَذِه الْأَعْضَاء وَإِن فقدت الْحس فقد أجْرى عَلَيْهَا لفافة عصبيّة وغشيت بغشاء عصبيّ فَإِذا ورمت أَو تمدّدت برِيح بَادِي ثقل الورم أَو تَفْرِيق الرّيح إِلَى اللفافة والى أَصْلهَا فَعرض لَهَا من الثّقل انجذاب وَمن الرّيح تمدد فأحس بِهِ. والأعصاب مبداها على الْوَجْه الْمَعْلُوم هُوَ الدِّمَاغ. ومنتهى تفرّقها هُوَ الْجلد فَإِن الْجلد يخالطه لِيف رَقِيق منبث فِيهِ أعصاب من الْأَعْضَاء الْمُجَاورَة لَهُ والدماغ مبدأ العصب على وَجْهَيْن فانه مبدأ لبَعض العصب بِذَاتِهِ ومبدأ لبعضه بوساطة النخاع السَّائِل مِنْهُ. والأعصاب المنبعثة من الدِّمَاغ نَفسه لَا يَسْتَفِيد مِنْهَا الْحس وَالْحَرَكَة إِلَّا أَعْضَاء الرَّأْس وَالْوَجْه والأحشاء الْبَاطِنَة وَأما سَائِر الْأَعْضَاء فَإِنَّمَا تستفيدهما من أعصاب النخاع وَقد دلّ جالينوس على عناية عَظِيمَة تختص بِمَا ينزل من الدِّمَاغ إِلَى الأحشاء من العصب فَإِن الصَّانِع جلّ ذكره احتاط فِي وقايتها احْتِيَاطًا لم يُوجبهُ فِي سَائِر العصب وَذَلِكَ لِأَنَّهَا لما بَعدت من المبدأ وَجب أَن ترفد بِفضل تَوْثِيق فغشاها بجرم متوسط بَين العصب والغضروف فِي قوامه مشاكل لما يحدث فِي جرم العصب عِنْد الالتواء وَذَلِكَ من مَوَاضِع ثَلَاثَة: أَحدهَا عِنْد الحنجرة وَالثَّانِي إذا صَار إِلَى أصُول الأضلاع وَالثَّالِث إذا جَاوز مَوضِع الصَّدْر والأعصاب الدماغية الْأُخْرَى فَمَا

كَانَ الْمَنْفَعَة فِيهِ إِفَادَة الحسّ أنفذ من مبعثه على الاسْتِقَامَة إِلَى الْعُضْو الْمَقْصُود إِذْ كَانَت الاسْتِقَامَة مؤدية إِلَى الْمَقْصُود من أقرب الطّرق وَهُنَاكَ يكون التَّأْثِير الفائض من المبدأ أقوى إِذْ كَانَت الأعصاب الحسية لَا يُرَاد فِيهَا من التصليب المحوج إِلَى التبعيد عَن جَوْهَر الدِّمَاغ بالتعريج ليبعد عَن مشابهته فِي اللين بالتدريج مَا يُرَاد فِي أعصاب الْحَرَكَة بل كلما كَانَت أَلين كَانَت لقُوَّة الْحس أَشدّ تأدية. وَأما الحركة فقد وجهت إِلَى الْمَقْصد بعد تعاريج تسلكها لتبعد عَن المبدأ وتندرج فِي التصليب. وَقد أعَان كل وَاحِد من الصِّنْفَيْنِ على الْوَاجِب مِنْهُ من التصلّب والتليين جَوْهَر منبته إِذْ كَانَ جلّ مَا يُفِيد الْحس منبعثاً من مقدم الدِّمَاغ. والجزء الَّذِي هُوَ مقدم الدِّمَاغ أَلين قواماً وجلّ مَا يُفِيد الْحَرَكَة منبعثاً من مُؤخر الدِّمَاغ والجزء الَّذِي هُوَ مُؤخر الدِّمَاغ أثخن قواماً.

الْفَصْل الثَّانِي تشريح العصب الدماغي ومسالكه قد تنبت من الدِّمَاغ أَزوَاج من العصب سَبْعَة: فالزوج الأوّل مبدؤه من غور البطنين المقدمين من الدِّمَاغ عِنْد جَوَاز الزائدتين الشبيهتين بحلمتي الثدي اللَّتَيْنِ بهما الشمّ وَهُوَ عَظِيم مجوف يتيامن النَّابِت مِنْهُمَا يسارا ويتياسر النَّابِت مِنْهُمَا يَمِينا ثمَّ يَلْتَقِيَانِ على تقاطع صليبي ثمَّ ينفذ النَّابِت يَمِينا إِلَى الحدقة الْيُمْنَى والنابت يسارا إِلَى الحدقة الْيُسْرَى وتتسع فوهاتهما حَتَّى تشْتَمل على الرُّطُوبَة الَّتِي تسمّى زجاجية. وَقد ذكر غير جالينوس أَنَّهُمَا ينفذان على التقاطع الصليبي من غير انعطاف وَقد ذكر لوُقُوع هَذَا التقاطع مَنَافِع ثَلَاث: إِحْدَاهَا: ليَكُون الرّوح السائلة إِلَى إِحْدَى الحدقتين غير محجوبة عَن السيلان إِلَى الْأُخْرَى إِذا عرضت لَهَا آفَة وَلِذَلِك تصير كل وَاحِدَة من الحدقتين أقوى أبصارا إِذا غمضت الْأُخْرَى وأصفى مِنْهَا لَو لحظت وَالْأُخْرَى لَا تلحظ وَلِهَذَا مَا تزيد النقبة العنبية وَالثَّانيَة: أَن يكون للعينين مؤدّى وَاحِد يؤديان إِلَيْهِ شبح المبصر فيتحد هُنَاكَ وَيكون الإبصار بالعينين إبصارا وَاحِدًا لتمثل الشبح فِي الْحَد الْمُشْتَرك وَلِذَلِك يعرض للحول أَن يرَوا الشَّيْء الْوَاحِد شَيْئَيْنِ عِنْدَمَا تزول إِحْدَى الحدقتين إِلَى فَوق أَو إِلَى أَسْفَل فَيبْطل بِهِ استقامة نُفُوذ المجرى إِلَى التقاطع ويعرض قبل الْحَد الْمُشْتَرك حد لإنكار الْعصبَة. وَالثَّالِثَة: لكَي تستدعم كل عصبَة بِالْأُخْرَى وتستند إِلَيْهَا وَتصير كَأَنَّهَا تنبت من قرب الحدقة. وَالزَّوْج الثَّانِي من أَزوَاج العصب الدماغي منشؤه خلف منشأ الزَّوْج الأول ومائلا عَنهُ إِلَى الوحشيّ وَيخرج من الثقبة الَّتِي فِي النقرة الْمُشْتَملَة على المقلة فينقسم فِي عضل المقلة.

وَهَذَا الزَّوْج غليظ جدا ليقاوم غلظه لينه الْوَاجِب لقُرْبه من المبدأ فيقوى على التحريك وخصوصاً إِذْ لَا معِين لَهُ إِذْ الثَّالِث مَصْرُوف إِلَى تَحْرِيك عُضْو كَبِير هُوَ الفك الْأَسْفَل فَلَا يفضل عَنهُ فضلَة بل يحْتَاج إِلَى معِين غَيره كَمَا نذكرهُ. وَأما الزَّوْج الثَّالِث: فمنشؤه الحدّ الْمُشْتَرك بَين مقدم الدِّمَاغ ومؤخره من لدن قَاعِدَة الدِّمَاغ وَهُوَ يخالط أَولا الزَّوْج الرَّابِع قَلِيلا يُفَارِقهُ ويتشعب أَربع شعب: شُعْبَة تخرج من مدْخل الْعرق السباتي الَّذِي نذكرهُ بعد وَتَأْخُذ منحدرة عَن الرَّقَبَة حَتَّى تجَاوز الْحجاب فتتوزعّ فِي الأحشاء الَّتِي دون الْحجاب. والجزء الثَّانِي مخرجه من ثقب فِي عظم الصدغ وَإِذا انْفَصل اتّصل بالعصب الْمُنْفَصِل من الزَّوْج الْخَامِس الَّذِي سنذكر حَاله وَشعْبَة تطلع من الثقب الَّذِي يخرج مِنْهُ الزَّوْج الثَّانِي إِذْ كَانَ مقْصده الْأَعْضَاء الْمَوْضُوعَة قُدَّام الْوَجْه وَلم يحسن أَن ينفذ فِي منفذ الزَّوْج الأول المجوف فيزاحم أشرف العصب ويضغطه فينطبق التجويف. وَهَذَا الْجُزْء إِذا انْفَصل انقسم

ثَلَاثَة أَقسَام. قسم يمِيل إِلَى نَاحيَة المَاق ويتخلص إِلَى عضل الصدغين والماضغين والحاجب والجبهة والجفن. وَالْقسم الثَّانِي ينفذ فِي الثقب الْمَخْلُوق عِنْد اللحاظ حَتَّى يخلص إِلَى بَاطِن الأنف فيَتَفَرَّق فِي الطَّبَقَة المستبطنة للأنف. وَالْقسم الثَّالِث: وَهُوَ قسم غير صَغِير ينحدر فِي التجويف البريخي المهيأ فِي عظم الوجنة فيتفرعّ إِلَى فرعين: فرع مِنْهُ يَأْخُذ إِلَى دَاخل تجويف الْفَم فيتوزع فِي الأَسْنَان. أما حِصَّة الأضراس مِنْهَا فظاهرة وَأما حِصَّة سائرها فكل يخفى عَن الْبَصَر ويتوزع أَيْضا فِي اللثة الْعليا. وَالْفرع الآخر ينْبت فِي ظَاهر الْأَعْضَاء هُنَاكَ مثل جلدَة الوجنة وطرف الأنف والشفة الْعليا. فَهَذِهِ أَقسَام الْجُزْء الثَّالِث من الزَّوْج الثَّالِث.

وَأما الشعبة الرَّابِعَة من الزَّوْج الثَّالِث فتتخلص نَافِذَة فِي ثقبة فِي الفك الْأَعْلَى إِلَى اللِّسَان فتتفرّق فِي طبقته الظَّاهِرَة وتفيده الحسّ الْخَاص بِهِ وَهُوَ الذَّوْق وَمَا يفضل من ذَلِك يتفرق فِي غمور الأَسْنَان السُّفْلى ولثاتها وَفِي الشّفة السُّفْلى والجزء الَّذِي يَأْتِي اللِّسَان أدق من عصب الْعين لِأَن وَأما الزَّوْج الرَّابِع: فمنشؤه خلف الثَّالِث وأميل إِلَى قَاعِدَة الدِّمَاغ ويخالط الثَّالِث كَمَا قُلْنَا ثمَّ يُفَارِقهُ ويخلص إِلَى الحنك فيؤتيه الْحس وَهُوَ زوج صَغِير إِلَّا أنه أَصْلَب من الثَّالِث لأنّ الحنك وصفاق الحنك أَصْلَب من صفاق اللِّسَان. وَأما الزَّوْج الْخَامِس: فَكل فَرد مِنْهُ ينشق بنصفين على هَيْئَة المضاعف بل عِنْد أَكْثَرهم كل فَرد مِنْهُ زوج ومنبته من جَانِبي الدِّمَاغ. وَالْقسم الأول من كل زوج مِنْهُ يعمد إِلَى الغشاء المتبطن للصماخ فيتفرّق فِيهِ كلّه. وَهَذَا الْقسم منبته بِالْحَقِيقَةِ من الْجُزْء الْمُؤخر من الدِّمَاغ وَبِه حس السّمع.

وَأما الْقسم الثَّانِي وَهُوَ أَصْغَر من الأول فَإِنَّهُ يخرج من الثقب المثقوب فِي الْعظم الحجري وَهُوَ الَّذِي يُسمى الْأَعْوَر وَالْأَعْمَى لشدَّة التوائه وتعريج مسلكه إِرَادَة لتطويل الْمسَافَة وتبعيد آخرها عَن المبدأ ليستفيد العصب قبل خُرُوجه مِنْهُ بعد أَمن المبدأ لتتبعه صلابة فَإِذا برز اخْتَلَط بعصب الزَّوْج الثَّالِث فَصَارَ أَكْثَرهَا إِلَى نَاحيَة الخدّ والعضلة العريضة وَصَارَ الْبَاقِي مِنْهُمَا إِلَى عضل الصدغين وَإِنَّمَا خلق الذَّوْق فِي العصبة الرَّابِعَة والسمع فِي الْخَامِسَة لِأَن آلَة السّمع احْتَاجَت إِلَى أَن تكون مكشوفة غير مسدود إِلَيْهَا سَبِيل الْهَوَاء وَآلَة الذَّوْق وَجب وَالْحكمَة فِي تبعيد هَذِه الشّعب الراجعة هِيَ أَن تقارب مثل هَذَا الْمُتَعَلّق وَأَن تستفيد بالتباعد عَن المبدأ قُوَّة وصلابة وَأقوى العصب الرَّاجِع هُوَ الَّذِي يتفرق فِي الطبقتين من عضل الحنجرة مَعَ شعب عصب مُعينَة ثمَّ سَائِر هَذَا العصب ينحدر فيتشعب مِنْهُ شعب تفرق فِي أغشية الْحجاب والصدر وعضلاتها وَفِي الْقلب والرئة والأوردة والشرايين الَّتِي هُنَاكَ وَبَاقِيه ينفذ فِي الْحجاب فيشارك المنحدر من الْجُزْء الثَّالِث ويتفرقان فِي أغشية الاحشاء وتنتهي إِلَى الْعظم العريض. وَأما الزَّوْج السَّابِع فمنشؤه من الحدّ الْمُشْتَرك بَين الدِّمَاغ والنخاع وَيذْهب أَكْثَره مُتَفَرقًا فِي العضل المحركة للسان والعضل الْمُشْتَركَة بَين الدرقي والعظم اللامي وسائره قد يتّفق أَن يتفرق فِي عضل أُخْرَى مجاورة لهَذِهِ العضل وَلَكِن لَيْسَ ذَلِك بدائم وَلما كَانَت الأعصاب الْأُخْرَى منصرفة إِلَى وَاجِبَات أُخْرَى وَلم يكن يحسن أَن تكْثر الثقب فِيمَا يتَقَدَّم وَلَا من تَحت كَانَ الأولى أَن تَأتي حَرَكَة اللِّسَان عصب من هَذَا الْموضع إِذْ قد أَتَى حسّه من مَوضِع آخر.

الْفَصْل الثَّالِث تشريح عصب نخاع الْعُنُق ومسالكه العصب النَّابِت من النخاع السالك من فقار الرَّقَبَة ثَمَانِيَة أَزوَاج: زوج مخرجه من ثقبتي الْفَقْرَة الأولى ويتفرق فِي عضل الرَّأْس وَحدهَا وَهُوَ صَغِير دَقِيق إِذْ كَانَ الْأَحْوَط فِي مخرجه أَن يكون ضيقا على مَا قُلْنَا فِي بَاب الْعِظَام. وَالزَّوْج الثَّانِي: مخرجه مَا بَين الثقبة الأولى وَالثَّانِيَة أَعنِي الثقبة الْمَذْكُورَة فِي بَاب الْعِظَام ويوصل أَكْثَره إِلَى الرَّأْس حسّ اللَّمْس بِأَن يصعد موربا إِلَى أَعلَى الفقار وينعطف إِلَى قُدَّام وينبت على الطَّبَقَة الْخَارِجَة من الأذنين فيتدارك تَقْصِير الزَّوْج الأول لصغره. وقصوره عَن الانبثاث والانبساط فِي النواحي الَّتِي تليه بالتمام وَبَاقِي هَذَا الزَّوْج يَأْتِي العضل الَّتِي خلف الْعُنُق والعضلة العريضة فيؤتيها الْحَرَكَة. وَالزَّوْج الثَّالِث: منشؤه ومخرجه من الثقبة الَّتِي بَين الثَّانِيَة وَالثَّالِثَة وَيتَفَرَّع كل وَاحِد فرعين فرع يتفرق فِي عمق العضل الَّتِي هُنَاكَ مِنْهُ شعب وخصوصاً المقلبة للرأس مَعَ الْعُنُق ثمَّ يصعد إِلَى شوك الفقار فَإِذا حاذاها تشبث بأصولها ثمَّ ارْتَفع إِلَى رؤوسها وخالطه أربطة غشائية تنبت من تِلْكَ السناسن ثمَّ ينفذان منعطفين إِلَى جِهَة الْأُذُنَيْنِ وَفِي غير الْإِنْسَان يَنْتَهِي إِلَى الْأُذُنَيْنِ فيحرّك عضل الْأُذُنَيْنِ وَالْفرع الثَّانِي يَأْخُذ إِلَى قُدَّام حَتَّى يَأْتِي العضلة العريضة وأوّل مَا يصعد يلتف بِهِ عروق وعضل تكتنفه ليَكُون أقوى فِي نَفسه وَقد يخالط أَيْضا عضل الصدغين وعضل الْأُذُنَيْنِ فِي الْبَهَائِم وَأَكْثَر تفرقه إِنَّمَا هُوَ فِي عضل الْخَدين.

وَأما الزَّوْج الرَّابِع: فمخرجه من 'لثقبة الَّتِي بَين الثَّالِثَة وَالرَّابِعَة وينقسم كَالَّذي قبله إِلَى جُزْء مقدم وجزء مُؤخر. والجزء الْمُقدّم مِنْهُ صَغِير وَلذَلِك يخالط الْخَامِس وَقيل أَنه قد ينفذ مِنْهُ شُعْبَة كنسج العنكبوت ممتدّة على الْعرق السباتي إِلَى أَن يَأْتِي الْحجاب الحاجز ماراً على شقي الْحجاب الْمنصف للصدر. والجزء الْأَكْبَر مِنْه يَنْعَطِف إِلَى خلف فيغور فِي عمق العضل حَتَّى يخلص إِلَى السناسن وَيُرْسل شعْبَان إِلَى العضل الْمُشْتَرك بَين الرَّأْس والرقبة يَأْخُذ طَرِيقه منعطفاً إِلَى قُدَّام فيتصل بعضل الخد والأذنين فِي الْبَهَائِم وَقد قيل إِنَّه ينحدر مِنْهُ إِلَى الصلب.
وَأما الزَّوْج الْخَامِس: فمخرجه من الثقبة الَّتِي بَين الرَّابِع وَالْخَامِس ويتفرعّ أَيْضا فرعين: وَأحد الفرعين وَهُوَ الْمُقدم هُوَ أصغرهما يَأْتِي عضل الْخَدين وعضل تنكيس الرَّأْس وَسَائِر العضل الْمُشْتَركَة للرأس والرقبة. وَالْفرع الثَّانِي يَنْقَسِم إِلَى شعبتين: شُعْبَة هِيَ المتوسّطة بَين الْفَرْع الأول وَبَين الشعبة الثَّانِيَة يَأْتِي أعالي الْكَتف ويخالطه شَيْء من السَّادِس وَالسَّابِع والشعبة الثَّانِيَة تخالط شعبًا من الْخَامِس وَالسَّادِس وَالسَّابِع وتنفذ إِلَى وسط الْحجاب.

وَأما الزَّوْج السَّادِس وَالسَّابِع وَلثَّامِن: فَإِنَّهَا تخرج من سَائِر الثقب على الْوَلَاء وَالثَّامِن مخرجه فِي الثقبة الْمُشْتَركَة بَين آخر فقار الرَّقَبَة وأوّل فقر الصلب وتختلط شعبها اختلاطاً شَدِيدا لَكِن أَكثر السَّادِس يَأْتِي السَّطْح من الْكَتف وَبَعض مِنْهُ أَكثر الْبَعْض الَّذِي من الرَّابِع وَأَقل من الْبَعْض الَّذِي للخامس يَأْتِي الْحجاب وَالسَّابِع أَكْثَره يَأْتِي الْعَضُد وَإِن كَانَ من شعبه مَا تَأتي عضل الرَّأْس والعنق والصلب مصاحبة لشعبة الْخَامِس وَتَأْتِي الْحجاب وَأما الثَّامِن فَبعد الإختلاط والمصاحبة يَأْتِي جلد الساعد والذراع وَلَيْسَ مِنْهُ مَا يَأْتِي الْحجاب لَكِن الصائر من السَّادِس إِلَى نَاحيَة الْيَد لَا يُجَاوز الْكَتف وَمن السَّابِع لَا يُجَاوز الْعَضُد وَأما الَّذِي يَجِيء للساعد من الْكَتف فَهُوَ من الثَّامِن مخلوطاً بِأول النوابت من فقار الصَّدْر وَإِنَّمَا قسم للحجاب من هَذِه الْأَعْصَاب دون أعصاب النخاع

الَّتِي تَحت هَذِهِ ليَكُون الْوَارِد عَلَيْهِ منحدراً من مشرف فَيحسن انقسامه فِيهِ وخصوصاً إِن كَانَ أول مقْصده هُوَ الغشاء الْمنصف للصدر وَلم يُمكن أَن يَأْتِيهِ عصب النخاع على اسْتِقَامَة من غير انكسار بزاوية وَلَو كَانَ جَمِيع العصب المنحدر إِلَى الْحجاب نازلاً من الدِّمَاغ لَكَانَ يطول مسلكه وَإِنَّمَا جعل متّصل هَذِه الأعصاب من الْحجاب وَسطه لِأَنَّهُ لم يكن يحسن انبثاثها وانتشارها فِيهِ على عدل وسوية لَو اتَّصَلت بِطرف دون الْوسط أَو كَانَت تتّصل بِجَمِيعِ الْمُحِيط وَكَانَ ذَلِك ناكساً لمجرى الْوَاجِب إِذْ كَانَت العضل إِنَّمَا تفعل التحريك بأطرافها ثمَّ الْمُحِيط هُوَ المتحرّك من الْحجاب فَوَجَبَ أَن يكون انْتِهَاء العصب إِلَيْهِ لَا ابتداؤه. وَلما وَجب أَن تَأتي الْوسط وَجب تعلقهَا ضَرُورَة فَوَجَبَ أَن تحمى وتغشى وقاية فغشيت وقاية حامية بِصُحْبَة من الغشاء الْمنصف للصدر وَترك مُتكئا عَلَيْهِ. وَلما كَانَ فعل هَذَا.

الْفَصْل الرَّابِع تشريح عصب فقار الصَّدْر الأوّل من أَزوَاجه مخرجه بَين الأولى وَالثَّانيَة من فقار الصَّدْر وينقسم إِلَى جزأين أعظمها يتفرق فِي عضل الأضلاع وعضل الصلب وَثَانِيهمَا يَأْتِي ممتدًا على الأضلاع الأول فيرافق ثامن عصب الْعُنُق ويمتدان مَعًا إِلَى الْيَدَيْنِ حَتَّى يوافيا الساعد والكف. وَالزَّوْج الثَّانِي يخرج من الثقبة الَّتِي تلِي الثقبة الْمَذْكُورَة فيتَوَجَّه جُزْء مِنْهُ إِلَى ظَاهر الْعَضُد ويفيده الْحس وَبَاقِيه مَعَ سَائِر الْأَزْوَاج الْبَاقِيَة يجْتَمع فينحو نَحْو عضل الْكَتف الْمَوْضُوعَة عَلَيْهِ المحرّكة لمفصله وعضل الصلب فَمَا كَانَ من هَذَا العصب نابتاً من فقار الصَّدْر فالشعب الَّتِي لَا تَأتي الْكَتف مِنْهُ تَأتي عضل الصلب والعضل الَّتِي فِيمَا بَين الأضلاع الخلص والموضوعة خَارج الصَّدْر وَمَا كَانَ منبته من فقار أضلاع الزُّور فَإِنَّمَا يَأْتِي العضل الَّتِي فِيمَا بَين الأضلاع وعضل الْبَطن وَيجْرِي مَعَ شعب هَذِه الأعصاب عروق ضاربة وساكنة وَتدْخل فِي مخارجها إِلَى النخاع.

الْفَصْل الْخَامِس تشريح عصب الْقطن عصب الْقطن تشترك فِي أَنَّهَا جُزْء مِنْهَا يَأْتِي عضل الصلب وجزء عضل الْبَطن والعضل المستبطنة للصلب لَكِن الثَّلَاثَة الْعلَا تخالط العصب النَّازِلَة من الدِّمَاغ دون بَاقِيهَا والزوجان السافلان يرسلان شعبًا كبارًا إِلَى نَاحيَة السَّاقَيْنِ ويخالطها شُعْبَة من الزَّوْج الثَّالِث وَشعْبَة من أول أعصاب الْعَجز إِلَّا أَن هَاتين الشعبتين لَا تجاوزان مفصل الورك بل يتفرقان فِي عضله وَتلك تجاوزها إِلَى السَّاقَيْنِ وتفارق عصب الفخذين وَالرجلَيْنِ عصب الْيَدَيْنِ فِي أَنَّهَا لَا تجْتَمع كلهَا فتميل غائرة إِلَى الْبَاطِن إِذْ لَيست هَيْئَة اتِّصَال الْعَضُد بالكتف كَهَيْئَةِ اتِّصَال الْفَخْذ بالورك وَلَا اتِّصَاله بمنبت أعصابه كاتصال ذَلِك بمنبت أعصابه فَهَذِهِ العصب تتَوَجَّه إِلَى نَاحيَة السَّاق توجهاً مختامًا مِنْهُ مَا يستبطن وَمِنْه مَا يستظهر وَمِنْه مَا يغوص مستتراً تَحت العضل. وَلما لم يكن للعضل الَّتِي تنبت من نَاحيَة عظم الْعَانَة. طَرِيق إِلَى الرجلَيْن من خلف الْبدن وَمن بَاطِن الفخذين لِكَثْرَة مَا هُنَاكَ من العضل وَالْعُرُوق أجري جُزْء من العصب الْخَاص بالعضل الَّتِي فِي الرجلَيْن فأنفذ فِي المجرى المنحدر إِلَى الخصيتين حَتَّى يتوجّه إِلَى عضل الْعَانَة ثمَّ ينحدر إِلَى عضل الرّكْبَة.

الْفَصْل السَّادِس تشريح عصب الْعجز الزَّوْج الأول من العجزي: يخالط القطنية على مَا قيل وَبَاقِي الْأَزْوَاج والفرد النَّابِت من طرف العصعص يتفرّق فِي عضل المقعدة والقضيب نَفسه وعضلة المثانة وَالرحم وَفِي غشاء الْبَطن وَفِي الْأَجْزَاء الانسية الدَّاخِلَة من عظم الْعَانَة والعضل المنبعثة من عظم الْعَجز.

الْجُمْلَة الرَّابِعَة الشرايين وَهِي خَمْسَة فُصُول

الْفَصْل الأول صفة الشرايين الْعُرُوق الضوارب وَهِي الشرايين خلقت إِلَّا وَاحِدَة مِنْهَا ذَات صفاقين وأصلبهما المستبطن إِذْ هُوَ الملاقي للضربان. وحركة جَوْهَر الرّوح القوية الْمَقْصُود صِيَانة جوهره وإحرازه وتقوية وعائه ومنبت الشرايين هُوَ من التجويف الْأَيْسَر من تجويفي الْقلب لِأَن الْأَيْمن مِنْهُ أقرب من الكبد فَوَجَبَ أَن يَجْعَل مَشْغُولًا بجذب الْغذَاء واستعماله.

الْفَصْل الثَّانِي وأوّل مَا ينْبت من التجويف الْأَيْسَر شريانان أَحدهمَا يَأْتِي الرئة وينقسم فِيهَا لاستنشاق النسيم وإيصال الدَّم الَّذِي يغذو الرئة إِلَى الرئة من الْقلب فَإِن ممر غذَاء الرئة هُوَ الْقلب وَمن الْقلب يصل إِلَى الرئة ومنبت هَذَا الْقسم هُوَ من أرق أَجزَاء الْقلب وَحَيْثُ تنفذ فِيهِ الأوردة إِلَيْهِ وَهُوَ ذُو طبقَة وَاحِدَة بِخِلَاف سَائِر الشرايين وَلِهَذَا يُسمى الشريان الوريدي وَإِنَّمَا خلق من طبقَة وَاحِدَة ليكون أَلين وأسلس وأطوع للانبساط والانقباض وليكون أطوع لترشح مَا يترشح مِنْهُ إِلَى الرئة من الدَّم اللَّطِيف الْبُخَارِيّ الملائم لجوهر الرئة الَّذِي قد قَارب كَمَال النضج فِي الْقلب. وَلَيْسَ يحْتَاج إِلَى فضل نضج كحاجة الدَّم الْجَارِي فِي الوريد الأجوف الَّذِي نورده وخصوصاً إِذْ مَكَانَهُ من الْقلب قريب فتتأدى إِلَيْهِ قوته الحارة المنضجة بسهولة وَأَيْضًا فَإِن الْعُضْو الَّذِي ينبض فِيهِ عُضْو سخيف لَا يخْشَى مصادمته لذَلِك السخيف عِنْد النبض أَن تُؤثر فِيهِ صلابته فاستغنى لذَلِك عَن تثخين لجرمه مَا لَا يسْتَغْنى عَنهُ فِي كل مَا يُجَاوز من اشرايين سَائِر الْأَعْضَاء الصلبة. وَأما الوريد الشرياني الَّذِي نذكرهُ فَإِنَّهُ وَإِن كَانَ مجاوراً للرئة فَإِنَّمَا يُجَاوز مِنْهُ مؤخره مِمَّا يَلِي الصلب وَهَذَا الشريان الوريدي إِنَّمَا يتفرق فِي مقدم الرئة ويغوص فِيهَا وَقد صَار أَجزَاء وشعباً بل إِذا قيس بَين حَاجَتي هَذَا الشريان إِلَى الوثاقة وَإِلَى السلاسة المسهلة عَلَيْهِ الإنبساط والإنقباض وَرشح مَا يرشح مِنْهُ وجدت الْحَاجة إِلَى التسليس أمس مِنْهَا إِلَى التوثيق والتثخين. وَأما الشريان الآخر وَهُوَ الْأَكْبَر ويسميه ارسطوطالس أورطي فَأول مَا ينْبت من الْقلب يُرْسل شعبتين أكبرهما تستدير حول الْقلب وتتفرق فِي أَجْزَائِهِ والأصغر يستدير ويتفرق فِي التجويف الْأَيْمن وَمَا يبْقى بعد الشعبتين فَإِنَّهُ إِذا انْفَصل انقسم قسمَيْنِ: قسم أعظم مرشح للإنحدار وَقسم أَصْغَر مرشح للإصعاد. وَإِنَّمَا خلق المرشح للإنحدار زَائِدا فِي مِقْدَاره على الآخر لِأَنَّهُ يؤم أَعْضَاء هِيَ أَكثر عددا وَأعظم مقادير وَهِي الْأَعْضَاء الْمَوْضُوعَة دون الْقلب. وعَلى مخرج أورطي أغشية ثَلَاثَة صلبة هِيَ من دَاخل إِلَى خَارج. فَلَو كَانَت وَاحِدَة أَو اثْنَتَيْنِ لما كَانَت تبلغ الْمَنْفَعَة الْمَقْصُودَة فِيهَا إِلَّا بتعظيم مِقْدَاره أَو مقدارها فَكَانَت الْحَرَكَة تثقل بهما وَلَو كَانَت أَرْبَعَة لصغرت جدا وَبَطلَت منفعتها وَإِن عظمت فِي مقاديرها ضيقت المسلك. وَأما الشريان الوريدي فَلهُ غشاءان موليان إِلَى دَاخل وَإِنَّمَا اقْتصر

على اثْنَيْنِ إذْ لَيْسَ هُنَاكَ من الْحَاجة إلَى إحكام السكن مَا هَهُنَا بل الْحَاجة هُنَاكَ إلَى السلاسة أَكْثر ليسهل اندفاع البخار الدخاني وَالدَّم الصائر إلَى الرئة.

الْفَصْل الثَّالِث تشريح الشريان الصاعد أما الْجُزْء الصاعد من جزأي أورطي فَإِنَّهُ يَنْقَسِم إلَى قسمَيْنِ أكبرهما يَأْخُذ مصعداً نَحْو اللثة ثمَّ يتورب إلَى الْجَانِب الْأَيْمن حَتَّى إذا بلغ اللَّحْم الرخو التوثي الَّذِي هُنَاكَ انقسم ثَلَاثَة أَقسَام: اثْنَان مِنْهَا هما الشريانان المسميان بالسباتيين ويصعدان يمنة ويسرة مَعَ الوداجين الغائرين اللَّذين نذكرهما بعد ويرافقانهما فِي الانقسام على مَا نذكرهُ بعد. وأمّا الْقسم الثَّالِث فَيَتَفَرَّق فِي القص وَفِي الأضلاع الأول الخلص والفقارات الستّ الْعلَا من الرَّقَبَة وَفِي نواحي الترقوة حَتَّى يبلغ رَأس الْكَتف ثمَّ يُجَاوِزهُ إلَى أَعْضَاء الْيَدَيْنِ. وَأما الْقسم الْأَصْغَر من قسمي أورطي الصاعد فانه يَأْخُذ إلَى نَاحيَة الْإِبِط وينقسم انقسام الثَّالِث من الْقسم الْأَكْبَر.

الْفَصْل الرَّابِع تشريح الشرياني السباتيين وكل وَاحِد من الشريانين السباتيين يَنْقَسِم عِنْد انتهائه إلَى الرَّقَبَة إلَى قسمَيْنِ: قسم مقدم وَوَاحِد مُؤخر والمقدم يَنْقَسِم قسمَيْنِ: قسم يستبطن فَيَأْخُذ إلَى اللِّسَان والعضل الْبَاطِنَة من عضل الفك الْأَسْفَل وَقسم يستظهر ويرتقي إلَى مَا يَلِي قُدَّام الْأُذُنَيْنِ إلَى عضل الصدغين ويجاوزها بعد أَن يخلف فِيهَا شعبًا كَثِيرَة إلَى قلَة الرَّأْس وتتلاقى أَطْرَاف الْيُمْنَى مَعَ أَطْرَاف الْيُسْرَى مِنْهَا. وَأما الْجُزْء الآخر فيتجزأ جزأين والأصغر مِنْهُمَا يرتقي كثره إلَى خلف ويتفرق فِي العضل المحيطة بمفصل الرَّأْس وَبَعضه يتَوَجَّه إلَى قَاعِدَة مُؤخر الدِّمَاغ دَاخِلا فِي ثقب عَظِيم عِنْد الدرز اللامي. وَأما الْأَكْبَر فَيدْخل قُدَّام هَذَا الثقب فِي الثقب الَّذِي فِي الْعظم الحجري إلَى الشبكة بل وتنتسج عَنهُ الشبكة عروقاً فِي عروق وطبقات على طَبَقَات من غُضُون على غُضُون من غير أَن يُمكن أَخذ كل وَاحِد مِنْهَا بانْفِرَادِهِ إلَّا ملتصقاً بآخر مربوطاً بِهِ كالشبكة ويتفرق قداماً وخلفاً ويمنةً ويسرةً وينتشر فِي الشبكة ثمَّ يجْتَمع مِنْهَا زوج كَمَا كَانَ أَولا وينثقب لَهُ الغشاء ويرتقي إلَى الدِّمَاغ ويتفرّق مِنْهُ فِيهِ الغشاء الرَّقِيق ثمَّ فِي جرم الدِّمَاغ إلَى بطونه وصفاق بطونه ويلاقي فوهات شعبها الَّتِي قد صعدت ثمَّ فوهات شعب الْعُرُوق الوريدية النَّازِلَة وَإِنَّمَا أصعدت هَذِه وأنزلت تِلْكَ لِأَن تِلْكَ ساقية صابة للدم الَّذِي أحسن أوضاع أوعيته الساقية أَن تكون منتكسة الْأَطْرَاف. وَأما هَذِه فَإِنَّهَا تنفذ الرّوح وَالروح لطيف متحرّك صاعد لَا يحْتَاج إلَى تنكيس وعائه حَتَّى ينصب بل إن فعل ذَلِك أدّى إلَى إفراط إستفراغ الدَّم الَّذِي يَصْحَبهُ وَإِلَى عسر حَرَكَة الرّوح فِيهِ لِأَن حركته إلَى فَوق أسهل. وَبِمَا فِي الرّوح من الْحَرَكَة واللطافة كِفَايَة فِي أَن ينبث مِنْهُ فِي الدِّمَاغ مَا يحْتَاج إِلَيْهِ ويسخنه وَلِهَذَا فرشت الشبكة تَحت الدِّمَاغ فيتردّد الدَّم الشرياني وَالروح فِيهَا ويتشبه بمزاج الدِّمَاغ بعد النضج ثمَّ يتخلّص إلَى الدِّمَاغ على تدريج والشبكة مَوْضُوعَة بَين.

الْفَصْل الْخَامِس تشريح الشريان النَّازِل وَأما الْقسم النَّازِل فَإِنَّهُ يمْضِي أَولا على الاسْتقَامَة إلَى أَن يتدلَى على الْفِقْرَة الْخَامِسَة إذْ وَضعهَا بحذاء وضع رَأس على الْقلب وَهُنَاكَ التوثة كالمسند والدعامة لَهُ ليحول بَينه وَبَين عِظَام الصلب والمري إذا بلغ ذَلِك الْموضع تنحّى عَنهُ يمنة وَلم يُجَاوِزهُ ثمَّ اسْتقل مُتَعَلقا بأغشية عِنْد موافاته الْحجاب

لِئَلَّا يضايقه. وَهَذَا الشريان النَّازِل إذا بلغ الْفَقْرَة الْخَامِسَة انحرف وَانْحَدَرَ إِلَى أَسْفَل ممتداً على الصلب إِلَى أن يبلغ عظم الْعَجز وَلما يُحَاذِي الصَّدْر ويمر بِهِ يخلف شعبًا مِنْهَا شُعْبَة صَغِيرَة دقيقة تتفرق فِي وعَاء الرئة من الصَّدْر وَتَأْتِي أَطْرَافه قَصَبَة الرئة وَلَا يزَال يخلف عِنْد كل فقرة يمر بهَا شُعْبَة حَتَّى يصير إِلَى مَا بَين الأضلاع والنخاع فَإِذا تجَاوز الصَّدْر تفرع مِنْهُ شريانان يأتيان الْحجاب ويتفرقان فِيهِ يمنة ويسرة. وَبعد ذَلِك يخلف شرياناً تتفرق شعبه فِي الْمعدة والكبد وَالطحَال ويتخلَّص من الكبد شُعْبَة إِلَى المثانة وينبت بعد ذَلِك شريان يَأْتِي الجداول الَّتِي حول الأمعاء الدقاق وقولون ثمَّ من بعد ذَلِك ينْفَصل مِنْهُ ثَلَاثَة شرايين: الْأَصْغَر مِنْهَا يخص الْكُلية الْيُسْرَى ويتفرق فِي لفائها وَمَا يُحِيط بهَا من الْأَجْسَام ويفيدها الْحَيَاة والآخران يصيران إِلَى الكليتين لتجتذب الْكُلية مِنْهُمَا مائية الدَّم فَإِنَّهُمَا كثيرا مَا يجتذبان من الْمعدة والأمعاء دَمًا غير نقي ثمَّ ينْفَصل شريانان يأتيان الْأُنْثَيَيْنِ فالآتي إِلَى الْيُسْرَى مِنْهُمَا يستصحب دَائِما قِطْعَة من الْآتِي إِلَى الْكُلية الْيُسْرَى بل رُبمَا كَانَ منشأ مَا يَأْتِي الخصية الْيُسْرَى هُوَ من الْكُلية الْيُسْرَى فَقَط وَالَّذِي يَأْتِي الْيُمْنَى يكون منشؤه دَائِما من الشريان الْأَعْظَم وَفِي الندرة رُبمَا استصحب شَيْئا مِمَّا يَأْتِي الْكُلية الْيُمْنَى ثمَّ ينْفَصل من هَذَا الشريان الْكَبِير شرايين تتفرق فِي جداول الْعُرُوق الَّتِي حول المعي الْمُسْتَقيم وَشعب تتفرق فِي النخاع وَتدْخل فِي ثقب الفقار وعروق تصير إِلَى الخاصرتين وَأُخْرَى تَأتي الْأُنْثَيَيْنِ. وَمن جملَة هَذَا زوج صَغِير يَنْتَهِي إِلَى الْقُبُلِ غير الَّذِي نذكرهُ بعد ذَلِك فِي الرِّجَال وَالنِّسَاء ويخالط الأوردة ثمَّ إن هَذَا الشريان الْكَبِير إذا بلغ آخر الفقار انقسم مَعَ الوريد الَّذِي يَصْحَبهُ كَمَا نذكرهُ قسمَيْنِ على هَيْئَة اللَّام فِي كِتَابَة اليونانيين هَكَذَا قسم يتيامن وَقسم يتياسر وكل وَاحِد مِنْهُمَا يمتطي عظم الْعَجز آخِذا إِلَى الفخذين وَقبل موافاتهما الْفَخْذ يخلف كل وَاحِد مِنْهُمَا عرقاً يَأْخُذ إِلَى المثانة والى السرّة ويلتقيان عِنْد السُّرَّة ويظهران فِي الأجنة ظهوراً بَينا.

وَأما فِي المستكملين فَيكون قد جفّت أطرافها وَبَقِي أصلاها فيتفرغ مِنْهُمَا فروع تتفرّق فِي العضل الْمَوْضُوعَة على عظم الْعَجز. وَالَّتِي تَأتي مِنْهَا المثانة تَنْقَسِم فِيهِ وَتَأْتِي أَطْرَافه الْقَضِيب وَبَاقِيه يَأْتِي الرَّحِم من النِّسَاء وَهُوَ زوج صَغِير. وَأما النازلان إِلَى الرجلَيْن فَإِنَّهُمَا يتشعبان فِي الفخذين شعبتين عظيمتين وحشياً وإنسياً. والوحشي فِيهِ أيْضا ميل إِلَى الأنسيّ ويخلف شعبًا فِي العضل الْمَوْضُوعَة هُنَاكَ ثمَّ ينحدر ويميل مِنْهَا إِلَى قُدَّام شُعْبَة كَبِيرَة بَين الْإِبْهَام والسبابة وتستبطن بَاقِيه وَهِي فِي أكبر أَجزَاء الرجل تنفذ ممتدّة تَحت الشّعب الوريدية الَّتِي نذكرها بعد. فَمن هَذِه الضوارب مَا يُوَافق الأوردة كالإتيان من الكبد إِلَى السُّرَّة فِي أبدان الأجنة وَشعب الضَّارِب الوريدي والضارب النَّافِذ إِلَى الْفَقْرَة الْخَامِسَة والصاعد إِلَى اللبة والمائل إِلَى الْإِبِط والسباتيين حَيْثُ يتفرقان فِي الشبكة والمشيمة وَالَّتِي تَأتي الْحجاب والنافذ إِلَى الْكَتف مَعَ شُعْبَة وَالَّتِي تَأتي الْمعدة والكبد وَالطحَال والأمعاء وَالَّذِي ينحدر من مراق الْبَطن وَالْعُرُوق الَّتِي فِي عظم الْعَجز وَحده. وَإِذا رافق الشريان العضل الْمَوْضُوعَة على الوريد على الصلب امتطى الشريان الوريد ليَكُون أخسهما حَامِلا للأشرف. وَأما فِي الْأَعْضَاء الظَّاهِرَة فَإِن الشريان يغور تَحت الوريد ليَكُون أستر وأكن لَهُ وَيكون الوريد لَهُ كالجنة وَإِنَّمَا استصحب الشرايين الأوردة لشيئين: أَحدهمَا

لترتبط الأوردة بالأغشية المجللة للشرايين وتستقي مِمَّا بَينهمَا من الْأَعْضَاء وَالْآخر ليستقي كل وَاحِد مِنْهُمَا من الآخر فَاعْلَم ذَلِك.

الْجُمْلَة الْخَامِسَة الأوردة وَهِي خَمْسَة فُصُول

الْفَصْل الأول صفة الأوردة أما الْعُرُوق الساكنة فَإِن منبت جَمِيعهَا من الكبد وَأول مَا ينْبت من الكبد عرقان: أَحدهمَا من الْجَانِب المقعر وَأكْثر منفعته فِي جذب الْغذَاء إِلَى الكبد وَيُسمى الْبَاب وَالْآخر من الْجَانِب المحدب ومنفعته إيصَال الْغذَاء من الكبد إِلَى الْأَعْضَاء وَيُسمى الأجوف.

الْفَصْل الثَّانِي تشريح الوريد الْمُسَمّى بِالْبَابِ ولنبدأ بتشريح الْعرق الْمُسَمّى بِالْبَابِ فَنَقُول: إن الْبَاب أوّلاً يَنْقَسِم طرفه الغائر فِي تجويف الكبد خَمْسَة أَقسَام ويتشعب حَتَّى يَأْتِي أَطْرَاف الكبد المحدبة وَيذْهب مِنْهَا وريد إِلَى المرارة. وَهَذِه الشّعب هِيَ مثل أُصُول الشَّجَرَة النابتة تَأْخُذ إِلَى غور منبتها. وَأما الطّرف الَّذِي يَلِي تقعيره فَإِنَّهُ فأحد الْقسمَيْنِ الصغيرين يتَّصل بِنَفس المعي الْمُسَمّى اثْنَي عشري ليجذب مِنْهُ الْغذَاء وَقد يتشعّب مِنْهُ شعب تتفرق فِي الجرم الْمُسَمّى بانقراس. وَالْقسم الثَّانِي: يتفرق فِي أسافل الْمعدة وَعند البواب الَّذِي هُوَ فَم الْمعدة السافل ليَأْخُذ الْغذَاء. وَأما السِّتَّة الْبَاقِيَة فَوَاحِدَة مِنْهَا تصير إِلَى الْجَانِب المسطح من الْمعدة لتغذو ظَاهرهَا إِذْ بَاطِن الْمعدة يلاقي الْغذَاء الأول الَّذِي فِيهِ فيغتذي مِنْهُ بالملاقاة. وَالْقسم الثَّانِي يَأْتِي نَاحيَة الطحال ليغذو الطحال ويتشعب مِنْهُ قبل وُصُوله إِلَى الطحال شعب تغذو الجرم الْمُسَمّى بانقراس من أصفى مَا ينفذ فِيهِ إِلَى الطحال ثمَّ يتَّصل بالطحال وَمَعَ اتِّصَاله بِهِ ترجع مِنْهُ شُعْبَة صَالِحَة تَنْقَسِم فِي الْجَانِب الْأَيْسَر من الْمعدة لتغذوه. وَإِذا نفذ النَّافِذ مِنْهُ فِي الطحال وتوسطه صعد مِنْهُ جُزْء وَنزل جُزْء فالصاعد يتفرق مِنْهُ شُعْبَة فِي النّصْف الفوقاني من الطحال ليغذوه والجزء الآخر يبرز حَتَّى يوافي حدبة الْمعدة ثمَّ يتجزّأ جزأين: جُزْء يتفرّق مِنْهُ فِي ظَاهر يسَار الْمعدة ليغذوه وجزء يغوص إِلَى فَم الْمعدة لتدفع إِلَيْهِ الْفضل العفص الحامض من السَّوْدَاء ليخرج فِي الفضول ويدغدغ فَم الْمعدة لدغدغة المنبهة للشهوة. وَقد ذَكرنَاهَا قبل. وَأما الْجُزْء النَّازِل مِنْهُ فَإِنَّهُ يتجزّأ أَيْضا جزأين: جُزْء مِنْهُ يتفرق شُعْبَة فِي النّصْف الْأَسْفَل من الطحال ليغذو ويبرز الْجُزْء الثَّانِي إِلَى الثرب فيتفرّق فِيهِ ليغذوه والجزء الثَّالِث من السِّتَّة الأول يَأْخُذ إِلَى الْجَانِب الْأَيْسَر ويتفرق فِي جداول الْعُرُوق الَّتِي حول المعي الْمُسْتَقيم ليمتص مَا فِي الثّقل من حَاصِل الْغذَاء والجزء الرَّابِع عَن السِّتَّة يتفرق كالشعر فبعضه يتوزع فِي ظَاهر يَمِين حدبة الْمعدة مُقَابلا للجزء الْوَارِد على الْيَسَار مِنْهُ من جِهَة الطحال وَبَعضهَا يتَوَجَّه إِلَى يَمِين الثرب ويتفرق فِيهِ مُقَابلا للجزء الْوَارِد عَلَيْهِ من جِهَة الْيَسَار من شعب الْعرق الطحالي. وَأما الْخَامِس من السِّتَّة فيتفرّق فِي الجداول الَّتِي حول معي قولون ليَأْخُذ الْغذَاء. وَالسَّادِس كَذَلِك أَكْثَره يتفرق حول الصَّائِم وباقية حول اللفائف الدقيقة الْمُتَّصِلَة بالأعور فيجذب الْغذَاء فَاعْلَم ذَلِك.

الْفَصْل الثَّالِث تشريح الأجوف وَمَا يصعد مِنْهُ وَأما الأجوف فَإِن أَصله أوّلاً يتفرق فِي الكبد نَفسه إِلَى أَجزَاء كالشعر ليجذب الْغذَاء من شعب الْبَاب المتشعّبة أَيْضا كالشعر أما شُعَب الأجوف فواردة من حدبة الكبد إِلَى جَوْفه وَأما شعب الْبَاب فواردة من تقعير الكبد إِلَى جَوْفه ثمَّ يطلع سَاقه عِنْد الحدبة فينقسم إِلَى قسمَيْنِ: قسم صاعد وَقسم هابط فَأَما الصاعد مِنْهُ فيخرق الْحجاب وَينفذ فِيهِ ويخلف فِي الْحجاب عرقين يتفرقان فِيهِ ويؤتيانه الْغذَاء ثمَّ يحَاذِي غلاف الْقلب فيُرْسل إِلَيْهِ شعبًا كَبِيرَة تتفرع قسم مِنْهُ عَظِيم يَأْتِي الْقلب فينفذ فِيهِ عِنْد أذن الْقلب الْأَيْمن وَهَذَا الْعرق أعظم عروق الْقلب. وَإِنَّمَا كَانَ هَذَا الْعرق أعظم من سَائِر الْعُرُوق لِأَن سَائِر الْعُرُوق هِيَ لاستنشاق النسيم. وَهَذَا هُوَ للغذاء والْغذاء أغْلظ من النسيم فَيحْتَاج أَن يكون منفذه أوسع ووعاؤه أعظم وَهَذَا كَمَا يدْخل الْقلب يتخَلَّف لَهُ أغشية ثَلَاثَة مسقفها من دَاخل إِلَى خَارج وَمن خَارج إِلَى دَاخل ليجتذب الْقلب عِنْد تمدده مِنْهَا الْغذَاء ثمَّ لَا يعود عِنْد الإنبساط وأغشيته أَصْلَب الأغشية. وَهَذَا الوريد يخلف عِنْد محاذاة الْقلب عروقاً ثَلَاثَة تصير مِنْهُ إِلَى الرئة ناتئاً عِنْد منبت الشرايين بِقرب الْأَيْسَر منعطفاً فِي التجويف الْأَيْمن إِلَى الرئة. وَقد خلق ذَا غشاءين كالشريانات. فَلهَذَا يُسمى الوريد الشرياني. وَالْمَنْفَعَة الأولى فِي ذَلِك أَن يكون مَا يرشح مِنْهُ دَمًا فِي غَايَة الرقة مشاكلاً لجوهر الرئة إِذْ هَذَا الدَّم قريب الْعَهْد بِالْقَلْبِ لم ينضج فِيهِ نضج المنصبّ فِي الشريان الوريدي.

وَالْمَنْفَعَة الثَّانِيَة أَن ينضج فِيهِ الم فضل نضج. وَأما الْقسم الثَّانِي من هَذِه الْأَقْسَام الثَّلَاثَة فيستدير حول الْقلب ثمَّ ينبثُّ فِي دَاخله ليغذو وَذَلِكَ عِنْدَمَا يكَاد الوريد الأجوف أَن يغوص فِي الأذن الْأَيْمن دَاخِلا فِي الْقلب. وَأما الْقسم الثَّالِث فَإِنَّهُ يمِيل من النَّاس خَاصَّة إِلَى الْجَانِب الْأَيْسَر ثمَّ ينحو نَحْو الْفَقْرَة الْخَامِسَة من فقار الصَّدْر ويتوكأ عَلَيْهَا ويتفرق فِي الأضلاع الثَّمَانِية السُّفْلى وَمَا يَليهَا من الْعَضل وَسَائِر الأجرام وَأما النَّافِذ من الأجوف بعد الْأَجْزَاء الثَّلَاثَة إِذا جاوزنا حَبَّة الْقلب صعُودًا تفرّق مِنْهُ فِي أعالي الأغشية المنصفة للصدر وأعالي الغلاف وَفِي اللَّحْم الرخو المسمّى بتوثة شعب شعرية ثمَّ عِنْد الْقرب من الترقوة يتشعب مِنْهُ شعبتان يتوجّهان إِلَى نَاحيَة الترقوة متوربتين كلما أمعنتا تباعدتا فَتَصِير كل شُعْبَة مِنْهُمَا شعبتين وَاحِدَة مِنْهُمَا من كل جَانب تنحدر على طرف القص يمنة ويسرة حَتَّى تَنْتَهِي إِلَى الحنجري ويخلف فِي ممرّها شعبًا تتفرّق فِي الْعَضل الَّتِي بَين الأضلاع وتلاقي أفواهها أَفْوَاه الْعُرُوق المنبثة فِيهَا ويبرز مِنْهَا طَائِفَة إِلَى الْعَضل الْخَارِجَة من الصَّدْر فَإِذا وافت الحنجري برزت طَائِفَة مِنْهَا إِلَى المتراكمة المحرّكة للكتف وتتفرّق فِيهَا وَطَائِفَة تنزل تَحت الْعَضل الْمُسْتَقيم وتتفرق فِيهَا مِنْهَا شعب وأواخرها تتّصِل بالأجزاء الصاعدة من الوريد العجزي الَّذِي سنذكرهُ. وَأما الْبَاقِي من كل وَاحِد مِنْهُمَا وَهُوَ زوج فَإِن كل وَاحِد من فرديه يخلف خمس شعب: شُعْبَة تتفرق فِي الصَّدْر وتغذو الأضلاع الْأَرْبَعَة الْعليا وَشعْبَة تغْذُو مَوضِع الْكَتِفَيْنِ وَشعْبَة تَأْخُذ نَحْو الْعَضل الغائرة فِي الْعُنُق لتغذوها وَشعْبَة تنفذ فِي ثقب الفقرات السّتّ الْعليا فِي الرَّقَبَة وتجاوزها إِلَى الرَّأْس وَشعْبَة عَظِيمَة هِيَ أعظمها تصير إِلَى الْإِبِط من كل جَانب وتتفرع فروعاً أَرْبَعَة: أوّلها: يتفرّق فِي الْعَضل الَّتِي على القصّ وَهِي من الَّتِي تحرّك مفصل الْكَتف وَثَانِيها فِي اللَّحْم الرخو والصفاقات الَّتِي فِي الْإِبِط

وَثَالِثهَا يهْبط ماراً على جَانب الصَّدْر إِلَى المراق وَرَابِعهَا أعظمها وينقسم ثَلَاثَة أَجزاء: جُزْء يتفرق فِي العضل الَّتِي فِي تقعير الْكَتف وجزء فِي العضلة الْكَبِيرَة الَّتِي فِي الإبط وَالثَّالِث أعظمها يمرّ على الْعَضُد إِلَى الْيَد وَهُوَ المسمّى بالإبطي وَالَّذِي يبْقى من الانشعاب الأول الَّذِي انشعب أحد فرعيه هَذِه الْأَقْسَام الْكَثِيرَة فإنّه يصعد نَحْو الْعُنُق وَقبل أَن يمعن فِي ذَلِك يَنْقَسِم قسمَيْنِ: أَحدهمَا: الوداج الظَّاهِر وَالثَّانِي الوداج الغائر. والوداج الظَّاهِر يَنْقَسِم كَمَا يصعد من الترقوة قسمَيْنِ: أَحدهمَا كَمَا ينفصل يَأْخُذ إِلَى قُدَّام وَإِلَى جَانب وَالثَّانِي يَأْخُذ أَولا إِلَى قدّام ويتسافل ثمَّ يصعد ويعلو مستظهراً ثَانِيًا من الترقوة ويستدير على الترقوة ثمَّ يصعد ويعلو مستظهر الرَّقَبَة حَتَّى يلْحق بالقسم الأول فيختلط بِهِ فَيكون مِنْهُمَا الوداج الظَّاهِر الْمَعْرُوف. وَقبل أَن يخْتَلط بِهِ ينْفَصل عَنهُ جزآن: أَحدهمَا يَأْخُذ عرضا ثمَّ يلتقيان عِنْد ملتقى الترقوتين فِي الْموضع الغائر وَالثَّانِي يتورب مستظهراً الْعُنُق وَلَا يتلاقى فرداه بعد ذَلِك وَيتَفَرَّع من هذَيْن الزَّوْجَيْنِ شعب عنكبوتية تفوت الحسّ وَلكنه قد يتفرّع من هَذَا الزَّوْج الثَّانِي خَاصَّة فِي جملَة فروعه أوردة ثَلَاثَة محسوسة لَهَا قدر. وسائرها غير محسوسة.

وَأحد هَذِه الأوردة يمْتَد على الْكَتف وَهُوَ الْمُسَمّى الكتفي وَمِنْه القيفال وَاثْنَانِ عَن جنبتي هَذَا يلزمانه إِلَى رَأس الْكَتف مَعًا لَكِن أَحدهمَا يحتبس هُنَاكَ وَلَا يُجَاوِزهُ بل يتفرّق فِيهِ. وَأما المتقدّم مِنْهُمَا فيجاوزه إِلَى رَأس الْعَضُد ويتفرق هُنَاكَ. وَأما الكتفي فيجاوزهما جَمِيعًا إِلَى آخر الْيَد هَذَا. وَأما الوداج الظَّاهِر بعد اخْتِلَاف طرديه فقد يَنْقَسِم بِاثْنَيْنِ فيستبطن جُزْء مِنْهُ ويفرّع شعبًا صغَارًا تتفرق فِي الفكّ الْأَعْلَى وشعباً أعظم مِنْهَا بِكَثِير تتفرق فِي الفكّ الْأَسْفَل وأجزاء من كلا صنفي الشّعب تتفرق حول اللِّسَان وَفِي الظَّاهِر من أَجزاء العضل الْمَوْضُوعَة هُنَاكَ. والجزء الآخر يستظهر فَيَتَفَرَّق فِي الْمَوَاضِع الَّتِي تلِي الرَّأْس والأذنين. وَأما الوداج الغائر فَإِنَّهُ يلْزم المريء ويصعد مَعَه مُسْتَقِيمًا ويخلف فِي مسلكه شعبًا تخالط الشّعب الْآتِيَة من الوداج الظَّاهِر وتنقسم جَمِيعهَا فِي المريء والحنجرة وَجَمِيع أَجزَاء العضل الغائرة وينفذ آخِره إِلَى مُنْتَهى الدرز اللامي وَيتَفَرَّع هُنَاكَ مِنْهُ فروع تتفرّق فِي الْأَعْضَاء الَّتِي بَين الفقارة الأولى وَالثَّانِيَة وَيَأْخُذ مِنْهُ عرق شعري إِلَى عِنْد مفصل الرَّأْس والرقبة وَيتَفَرَّع مِنْهُ فروع تَأتي الغشاء المجلّل للقحف وَتَأْتِي ملتقى جمجمتي القحف وتغوص هُنَاكَ فِي القحف. وَالْبَاقِي بعد إرْسَال هَذِه الْفُرُوع ينفذ إِلَى جَوف القحف فِي مُنْتَهى الدرز اللامي ويتفرق مِنْهُ شعب فِي غشائي الدِّمَاغ ليغذوهما وليربط الغشاء الصلب بِمَا حوله وفوقه ثمَّ يبرز فيغذو الْحجاب المجلل للقحف. ثمَّ ينزل من الغشاء الرَّقِيق إِلَى الدِّمَاغ ويتفرق فِيهِ تفرق الضوارب ويشملها كلهَا طي الصفاق الثخين ويؤدّيها إِلَى الْوَضع الْوَاسِع وَهُوَ الفضاء الَّذِي ينصت إِلَيْهِ الدَّم ويجتمع فِيهِ. ثمَّ يتفرق عَنهُ فِيمَا بَين الطاقين وَيُسمى معصرة فَإِذا قاربت هَذِه الشّعب الْبَطن الْأَوْسَط من الدِّمَاغ احْتَاجَت إِلَى أَن تصير عروقاً كبارًا تمتص من المعصرة ومجاريها الَّتِي تتشعب مِنْهَا ثمَّ تمتد من الْبَطن الْأَوْسَط إِلَى البطنين المقدمين وتلاقي الضوارب الصاعدة هُنَاكَ وتنسج الغشاء الْمَعْرُوف بالشبكة المشيمية.

الْفَصْل الرَّابِع تشريح أوردة الْيَدَيْنِ أما الكتفيّ وَهُوَ القيفال فَأول مَا يتفرّع مِنْهُ إِذا حَاذَى الْعَضُد شعب تتفرق فِي الْجلد وَفِي الْأَجْزَاء الظَّاهِرَة من الْعَضُد ثمَّ بِالْقربِ من مفصل الْمرْفق يَنْقَسِم ثَلَاثَة أَقسَام: أَحدهَا: حبل الذِّرَاع

وَهُوَ يَمْتَد على ظَاهر الزند الْأَعْلَى ثمَّ يمتدّ إِلَى الوحشي مائلاً إِلَى حدبة الزند الْأَسْفَل ويتفرق فِي أسافل الْأَجْزَاء الوحشية من الرسغ. وَالثَّانِي: يتوجّه إِلَى معطف الْمرْفق فِي ظَاهر الساعد ويخالط شُعْبَة من الإبطي فَيكون مِنْهُمَا وَالثَّالِث: يتعمق ويخالط فِي العمق شُعْبَة أَيْضا من الإبطي. وَأما الإبطي فَإِنَّهُ أول مَا يفرعّ يفرع شعبًا تتعمّق فِي العضل وتتفرّق فِي العضل الَّتِي هُنَاكَ وتفنى فِيهِ إِلاَّ شُعْبَة مِنْهَا تبلغ الساعد وَإِذا بلغ الإبطي قرب مفصل الْمرْفق انقسم اثْنَيْنِ: أحدهمَا: يتعمق ويتصل بِالشعبة المتعمقة من القيفال وتجاوره يَسِيرا ثمَّ ينفصلان فينخفض أَحدهمَا إِلَى الإنْسِي حَتَّى يبلغ الْخِنْصر والبنصر وَنصف الْوُسْطَى ويرتفع جُزْء يَنْقَسِم فِي أَجزَاء الْيَد الْخَارِجَة الَّتِي تماس الْعظم. وَالْقسم الثَّانِي من قسمي الإبطي فَإِنَّهُ يتفرعّ عِنْد الساعد فروعاً أَرْبَعَة: وَاحِد مِنْهَا يَنْقَسِم فِي أسافل الساعد إِلَى الرسغ وَالثَّانِي يَنْقَسِم فَوق انقسام الأوّل مثل انقسامه وَالثَّالِث يَنْقَسِم كَذَلِك فِي وسط الساعد وَالرَّابِع أعظمها وَهُوَ الَّذِي يظْهر ويعلو فَيُرْسل فروعاً تضام شُعْبَة من القيفال فَيصير مِنْهَا الأكحل وَبَاقِيه هُوَ الباسليق وَهُوَ أَيْضا يغور ويعمق مرّة أُخْرَى. والأكحل يبتدي من الانسيّ ويعلو الزند الْأَعْلَى ثمَّ يقبل على الوحشي ويتفرعّ فرعين على صُورَة حرف اللاَّم اليونانية فَيصير أَعلَى جزئه إِلَى طرف الزند الْأَعْلَى وَيَأْخُذ نَحْو الرسغ ويتفرغ خلف الْإِبْهَام وَفِيمَا بَينه وَبَين السبابَة وَفِي السبابَة والجزء الْأَسْفَل مِنْهُ يصير إِلَى طرف الزند الْأَسْفَل وَيَتَفَرَّع إِلَى فروع ثَلَاثَة: فرع مِنْهُ يتَوَجَّه إِلَى الْموضع الَّذِي بَين الْوُسْطَى والسبابة ويتّصل بشعبة من الْعرق الَّذِي يَأْتِي السبابَة من الْجُزْء الْأَعْلَى ويتحد بِهِ عرقاً وَاحِدًا وَيذْهب فرع ثَان مِنْهُ وَهُوَ الأسليم فَيَتَفَرَّق فِيمَا بَين الْوُسْطَى والبنصر ويمتد الثَّالِث إِلَى البنصر والخنصر وَجَمِيع هَذِه تَنْقَسِم فِي الْأَصَابِع.

الْفَصْل الْخَامِس تشريح الأجوف النَّازِل قد ختمنا الْكَلَام فِي الْجُزْء الصاعد من الأجوف وَهُوَ أَصْغَر جزأيه فلنبدأ فِي ذكر الأجوف النَّازِل فَنَقُول: الْجُزْء النَّازِل أول مَا يتفرعّ مِنْهُ كَمَا يطلع من الكبد وَقبل أَن يتَوَكَّأ على الصلب هُوَ شعب شعرية تصير إِلَى لفائف الْكُلية الْيُمْنَى ويتفرق فِيهَا وَفِيمَا يقاربها من الْأَجْسَام ليغوذها ثمَّ من بعد ذَلِك ينْفَصل مِنْهُ عرق عَظِيم فِي الْكُلية الْيُسْرَى ويتفرعّ أَيْضا إِلَى عروق كالشعر يتفرق فِي لفافة الْكُلية الْيُسْرَى وَفِي الْأَجْسَام الْقَرِيبَة مِنْهَا لتغذوها ثمَّ يتفرق مِنْهُ عرقان عظيمان يسمّيان الطالعين يتوجهان إِلَى الكليتين لتصفية مائية الدَّم إِذْ الْكُلية إِنَّمَا تجتذب مِنْهُمَا غذاءها وَهُوَ مائية الدَّم وَقد يتشعب من أيسر الطالعين عرق يَأْتِي الْبَيْضَة الْيُسْرَى من الذكران وَالْإِنَاث.

وعَلى النَّحْو الَّذِي بيناهُ فِي الشرايين لَا يغادره فِي هَذَا وَفِي أَنه يتَفَرَّع بعد هذَيْن عرقان يتوجهان إِلَى الْأُنْثَيَيْنِ فَالَّذِي يَأْتِي الْيُسْرَى يَأْخُذ دَائِما شُعْبَة من أيسر هذَيْن الطالعين وَرُبمَا كَانَ فِي بَعضهم كلاًّ منشئه مِنْهُ وَالَّذِي يَأْتِي الْيُمْنَى فقد يتَّفق لَهُ أَن يَأْخُذ فِي الندرة شُعْبَة من أَيمن هذَيْن الطالعين وَلَكِن أَكثر أَحْوَاله أَن لَا يخالطه وَمَا يَأْتِي الْأُنْثَيَيْنِ من الْكُلية وَفِيه المجرى الَّذِي ينضج فِيهِ الْمَنِيّ فيبيض بعد احمراره لِكَثْرَة معاطف عروقه واستدارتها وَمَا يَأْتِيهَا أَيْضا من الصلب وَأكْثر هَذَا الْعرق يغيب فِي الْقَضِيب وعنق الرَّحِم وعَلى مَا بَيناهُ من أَمر الضوارب وَبعد نَبَات الطالعين. وَشعْبَة تتوكأ الأجوف عَن قريب على الصلب وَتَأْخُذ فِي الانحدار وَيَتَفَرَّع مِنْهُ عِنْد كل فقرة شعب

ويدخلها ويتفرق في العضل الْمَوْضُوعَة عِنْدَمَا فتتفرع عروق تَأتي الخاصرتين وتنتهي إِلَى عضل الْبَطن ثمَّ عروق تدخل ثقب الفقار إِلَى النخاع.

فَإِذا انْتهى إِلَى آخر الفقار انقسم قسمَيْنِ: يتَنَحَّى أَحدهمَا عَن الآخر يمنة ويسرة كل وَاحِد مِنْهُمَا يَأْخُذ تِلْقَاء فَخذ ويتشعب من كل وَاحِد مِنْهُمَا قبل موافاة الكبد طَبَقَات عشر: وَاحِدَة مِنْهَا تقصد المتنين. وَالثَّانيَة دقيقة الشّعب شعريتها تقصد بعض أَسافل أَجزاء الصفاق. وَالثَّالِثَة تتفرق فِي العضل الَّتِي على عظم الْعَجز. وَالرَّابِعَة تتفرق فِي عضل المقعدة وَظَاهر الْعَجز. وَالْخَامِسَة تتوَجَّه إِلَى عنق الرَّحِم من النِّسَاء فَيَتَفَرَّق فِيهِ وَفِيمَا يتَّصل بِهِ وَإِلَى المثانة ثمَّ يَنْقَسِم القاصد إِلَى المثانة قسمَيْنِ: قسم يتفرق فِي المثانة وَقسم يقْصد عُنُقهَا وَهَذَا الْقسم فِي الرِّجَال كثير جدا لمَكَان الْقَضِيب وللنساء قَلِيل. وَالْعُرُوق الَّتِي تَأتي الرَّحِم من الجوانب تتفرع مِنْهَا عروق صاعدة إِلَى الثدي ليشاكل بهَا الرَّحِم الثدي. وَالسَّادِسَة تتوَجَّه إِلَى العضل الْمَوْضُوع على عظم الْعَانَة. وَالسَّابِعَة تصعد إِلَى العضل الذَّاهِب فِي استقامة الْبدن على الْبَطن وَهَذِه الْعُرُوق تتصل بأطراف الْعُرُوق الَّتِي قُلْنَا إِنَّهَا تنحدر فِي الصَّدْر إِلَى مراق الْبَطن وَيخرج من أصل هَذِه الْعُرُوق فِي الْإِنَاث عروق تَأتي الرَّحِم. والعروق الَّتِي تَأتي الرَّحِم من الجوانب يتَفَرَّع مِنْهَا عروق صاعدة إِلَى الثدي ليشارك بهَا الرَّحِم الثدي. وَالثَّامِنَة تَأتي الْقبل من الرِّجَال وَالنِّسَاء جَمِيعًا. والتاسعة تَأتي عضل بَاطِن الْفَخْذ فَيَتَفَرَّق فِيهَا. والعاشرة تَأْخُذ من نَاحيَة الحالب مستظهرة إِلَى الخاصرتين وتتصل بأطراف عروق منحدرة لَا سِيمَا المنحدرة من نَاحيَة الثديين وَيصير من جُمْلَتهَا جُزْء عَظِيم إِلَى عضل الْأُنْثَيَيْنِ. وَمَا يبْقى من هَذِه يَأْتِي الْفَخْذ فيتفرع فِيهِ فروع وَشعب: وَاحِد مِنْهَا يَنْقَسِم فِي العضل الَّتِي على مقدم الْفَخْذ وَآخر فِي عضل أَسْفَل الْفَخْذ وإنسيه متعمقاً.

وَشعب أُخْرَى كَثِيرَة تتفرق فِي عمق الْفَخْذ وَمَا يبْقى بعد ذَلِك كُله يَنْقَسِم كَمَا يتحَلَّل مفصل الرّكْبَة قَلِيلا إِلَى شعب ثَلَاث: فالوحشي مِنْهَا يمْتَد على القصبة الصُّغْرَى إِلَى مفصل الكعب والأوسط يمْتَد فِي منثنى الرّكْبَة منحدراً وَيتْرك شعبًا فِي عضل بَاطِن السَّاق ويتشعب شعبتين تغيب إِحْدَاهمَا فِيمَا دخل من أَجزاء السَّاق. وَالثَّانيَة تَأتي إِلَى مَا بَين القصبتين ممتدة إِلَى مقدم الرجل وتختلط بشعبة من الوحشي الْمَذْكُور. وَالثَّالِث وَهُوَ الإنْسِي فيميل إِلَى الْموضع المعرق من السَّاق ثمَّ يمْتَد إِلَى الكعب وَإِلَى الطّرف المحدب من القصبة الْعُظْمَى وينزل إِلَى الإنْسِي الْمُقدم وَهُوَ الصَّافِن وَقد صَارَت هَذِه الثَّلَاثَة أَرْبَعَة: إثنان وحشيان يأخذان إِلَى الْقدَم من نَاحيَة القصبة الصُّغْرَى وإثنان إنسيان: أَحدهمَا يَعْلُو الْقدَم ويتفرق فِي أعالي نَاحيَة الْخِنْصر وَالثَّانِي هُوَ الَّذِي يخالط الشعبة الوحشية من الْقسم الإنْسِي الْمَذْكُور ويتفرقان فِي الْأَجْزَاء السفلية. فَهَذِهِ هِيَ عدد الأوردة وَقد أَتَيْنَا على تشريح الْأَعْضَاء المتشابهة الْأَجْزَاء. فَأَما الإلية فسنذكر تشريح كل وَاحِد مِنْهَا فِي الْمقَالة الْمُشْتَملَة على أَحْوَاله ومعالجاته. وَنحن الآن نبتدىء بعون الله ونتكلم فِي أَمر القوى.

التَّعْلِيم السَّادِس القوى وَالْأَفْعَال وَهُوَ جملَة وفصل

الْجُمْلَة: القوى وَهِي سِتَّة فُصُول

الْفَصْل الأول أجناس القوى بقول كلي فَاعْلَم أن القوى وَالْأَفْعَال يعرف بَعْضهَا من بعض إِذْ كَانَ كل قُوَّة مبدأ فعل مَا وكل فعل إِنَّمَا يصدر عَن قُوَّة فَلذَلِك جمعناهما فِي تَعْلِيم وَاحِد. فأجناس القوى وأجناس الْأَفْعَال الصادرة عَنْهَا عِنْد الْأَطِبَّاء ثَلَاثَة: جنس القوى النفسانية وجنس القوى الطبيعية وجنس القوى الحيوانية. وَكثير من الْحُكَمَاء وَعَامة الْأَطِبَّاء وخصوصاً جالينوس يرى أن لكل وَاحِدَة من القوى عضوا رَئِيسا هُوَ مَعْدِنهَا وَعنهُ يصدر أفعالها ويرون أن الْقُوَّة النفسانية مَسْكَنهَا ومصدر أفعالها الدِّمَاغ وَأن الْقُوَّة الطبيعية لَهَا نَوْعَانِ: نوع غَايَته حفظ الشَّخْص وتدبيره وَهُوَ الْمُتَصَرف فِي أَمر الْغذَاء ليغذو الْبدن مُدَّة بَقَائِهِ وينميه إِلَى نِهَايَة نشوه ومسكن هَذَا النَّوْع ومصدر فعله هُوَ الكبد وَنَوع غَايَته حفظ النَّوْع والمتصرّف فِي أَمر التناسل ليفصل من أمشاج الْبدن جَوْهَر الْمَنِيّ ثمَّ يصور بِإِذن خالقه ومسكن هَذَا النَّوْع ومصدر أَفعاله هُوَ الأنثيان وَالْقُوَّة الحيوانية وَهِي الَّتِي تدبر أَمر الرّوح الَّذِي هُوَ مركّب الْحس وَالْحَرَكَة وتهيئة لقبوله إيَّاهُمَا إِذا حصل فِي الدِّمَاغ وتجعله بِحَيْثُ يُعْطي مَا يفشو فِيهِ الْحَيَاة ومسكن هَذِه القوى ومصدر فعلهَا هُوَ الْقلب.

وَأما الْحَكِيم الْفَاضِل أرسطوطاليس فَيرى أن مبدأ جَمِيع هَذِه القوى هُوَ الْقلب إِلَّا أَن لظُهُور أفعالها الأَوْلية هَذِه المبادىء الْمَذْكُورَة كَمَا أَن مبدأ الْحس عِنْد الْأَطِبَّاء هُوَ الدِّمَاغ ثمَّ لكل حاسة عُضْو مفرد مِنْهُ يظْهر فعله ثمَّ إِذا فتش عَن الْوَاجِب وحقق وجد الْأَمر على مَا رَآهُ أرسطوطالس دونهم. وتوجد أقاويلهم منتزعة من مُقَدمَات مقنعة غير ضَرُورِيَّة إِنَّمَا يتبعُون فِيهَا ظَاهر الْأُمُور. لكنّ الطَّبِيب لَيْسَ عَلَيْهِ من حَيْثُ هُوَ طَبِيب أَن يتعرّف الْحق من هذَيْن الْأَمريْنِ بل ذَلِك على الفيلسوف أَو على الطبيعي. والطبيب إِذا سلم لَهُ أَن هَذِه الْأَعْضَاء الْمَذْكُورَة مبادِ مَا لهَذِهِ القوى فَلَا عَلَيْهِ فِيمَا يحاوله من أَمر الطِّبّ كَانَت هَذِه مستفادة عَن مبدأ قبلهَا أَو لم تكن لَكِن جهل ذَلِك مِمَّا لَا يرخص فِيهِ للفيلسوف.

الْفَصْل الثَّانِي القوى الطبيعية المخدومة وَأما القوى الطبيعية فَمِنْهَا خادمة وَمِنْهَا مخدومة. والمخدومة جنْسَانِ: جنس يتصرّف فِي الْغذَاء لبَقَاء الشَّخْص وينقسم إِلَى نَوْعَيْنِ: إِلَى الغاذية والنامية. وجنس يتَصَرَّف فِي: الْغذَاء لبَقَاء النَّوْع وينقسم إِلَى نَوْعَيْنِ: إِلَى المولدة والمصورة فَأما الْقُوَّة الغاذية فَهِيَ الَّتِي تحيل الْغذَاء إِلَى مشابهة المغتذي ليخلف بدل مَا يتحَلَّل. وَأما النامية فَهِيَ الزائلة فِي أقطار الْجِسْم على التناسب الطبيعي ليبلغ تَمام النشء بِمَا يدْخل فِيهِ من الْغذَاء والغاذية تخْدم النامية والغاذية تورد الْغذَاء تَارَة مُسَاوِيا لما يتحَلَّل وَتارَة أنقص وَتارَة أَزِيد والنمو أَزِيد والنمو لَا يكون إِلَّا بِأَن يكون الْوَارِد أَزِيد من المتحلل إِلَّا أَنه لَيْسَ كل مَا كَانَ كَذَلِك كَانَ نموًا فَإِن السّمن بعد الهزال فِي سنّ الْوُقُوف هُوَ من هَذَا الْقَبِيل وَلَيْسَ هُوَ بنمو وَإِنَّمَا النموّ مَا كَانَ على تناسب طبيعي فِي جَمِيع الأقطار ليبلغ بِهِ تَمام النشء ثمَّ بعد ذَلِك لَا نمو الْبَتَّة. وَإِن كَانَ سمن كَمَا أَنه لَا يكون قبل الْوُقُوف ذبول وَإِن كَانَ هزال على أَن ذَلِك أبعد وَعَن الْوَاجِب أخرج.

والغادية يتم فعلهَا بِأَفعَال جزئية ثَلَاثَة: أَحدهَا: تَحْصِيل جَوْهَر الْبدن وَهُوَ الدَّم والخلط الَّذِي هُوَ بِالْقُوَّةِ الْقَرِيبَة من الْفِعْل شَبيه بالعضو وَقد تحل بِهِ كَمَا يَقع فِي عِلّة تسمى أطروفيا. وَهُوَ عدم الْغذَاء. وَالثَّانِي الإلزاق وَهُوَ أَن يَجْعَل هَذَا الْحَاصِل غذَاء بِالْفِعْلِ التَّام أَي صائراً جُزْء عُضْو وَقد يخل بِهِ كَمَا فِي الإستسقاء اللحمي. وَالثَّالِث التَّشْبِيه وَهُوَ أَن يَجْعَل هَذَا الْحَاصِل عِنْدَمَا صَار جزءاً من الْعُضْو شَبِيها بِهِ من كل جِهَة حَتَّى فِي قوامه ولونه وَقد يخل بِهِ كَمَا فِي البرص والبهق فَإِن الْبَدَل والإلزاق موجودان فيهمَا والتشبيه غير مَوْجُود وَهَذَا الْفِعْل للقوة الْمُغيرَة من القوى الغاذية وَهِي وَاحِدَة فِي الْإِنْسَان بِالْجِنْسِ أَو المبدأ الأول وتختلف بالنوع فِي الْأَعْضَاء المتشابهة إِذْ فِي كل عُضْو مِنْهَا بِحَسب مزاجه قُوَّة تغير الْغذَاء إِلَى تَشْبِيه مُخَالف لتشبيه الْقُوَّة الْأُخْرَى لَكِن الْمُغيرَة الَّتِي فِي الكبد تفعل فعلا مُشْتَركا بِجَمِيعِ الْبدن. وَأما الْقُوَّة المولدة فَهِيَ نَوْعَانِ: نوع يُولد الْمَنِيّ فِي الذُّكُور وَالْإِنَاث وَنَوع يفصل القوة الَّتِي فِي الْمَنِيّ فيمزجها تمزيجات بِحَسب عُضْو عُضْو فيخص للعصب مزاجاً خَاصّا وللعظم مزاجاً خَاصّا وللشريانات مزاجاً خَاصّا وَذَلِكَ من مني متشابهة الْأَجْزَاء أَو متشابهة الإمتزاج وَهَذِه الْقُوَّة تسميها الْأَطِبَّاء الْقُوَّة الْمُغيرَة. وَأما المصورة الطابعة فَهِيَ الَّتِي يصدر عَنْهَا بِإِذن خَالِقهَا تخطيط الْأَعْضَاء وتشكيلاتها وتجويفاتها وثقبها وملاستها وخشونتها وأوضاعها ومشاركاتها. وَبِالْجُمْلَةِ الْأَفْعَال الْمُتَعَلّقَة بنهايات مقاديرها. وَالْخَادِم لهَذِهِ الْقُوَّة المتصرفة فِي الْغذَاء بِسَبَب حفظ النَّوْع هِيَ الْقُوَّة الغاذية والنامية.

الْفَصْل الثَّالِث الْقُوَّة الطبيعية الخادمة وَأما الخادمة الصرفة فِي القوى الطبيعية فَهِيَ خوادم الْقُوَّة الغاذية وَهِي قوى أَربع: الجاذبة والماسكة والهاضمة والدافعة. والجاذبة: خلقت لتجذب النافع وَتفعل ذَلِك بِلِيفِ الْعُضْو الَّذِي هِيَ فِيهِ الذَّاهِب على الإستطالة. والماسكة: خلقت لتمسك النافع ريثما تتصرّف فِيهِ الْقُوَّة المغيّرة لَهُ الممتازة مِنْهُ وَيفْعل ذَلِك وَأما الهاضمة فَهِيَ الَّتِي تحيل مَا جذبته الْقُوَّة الجاذبة وأمسكته الماسكة إِلَى قوام مُهَيَّأ لفعل الْقُوَّة الْمُغيرَة فِيهِ وَإِلَى مزاج صَالح للإستحالة إِلَى الغذائية بِالْفِعْلِ. هَذَا فعلهَا فِي النافع وَيُسمى هضماً. وَأما فعلهَا فِي الفضول فَإِن تحيلها إِن أمكن إِلَى هَذِه الْهَيْئَة وَيُسمى أَيْضا هضماً أَو يسهل سَبِيلهَا إِلَى الاندفاع من الْعُضْو المحتبس فِيهِ بِدفع من الدافعة بترقيق قوامها إِن كَانَ الْمَانِع الغلظ أَو تغليظه إِن كَانَ الْمَانِع الرقة أَو تقطيعه إِن كَانَ الْمَانِع اللزوجة. وَهَذَا الْفِعْل يُسمى الإنضاج وَقد يُقَال الهضم والإنضاج على سَبِيل الترادف. وَأما الدافعة: فَإِنَّهَا تدفع الْفضل الْبَاقِي من الْغذَاء الَّذِي لَا يصلح للإغتذاء أَو يفضل عَن الْمِقْدَار الْكَافِي فِي الإغتذاء أَو يَسْتَغْنِي عَنهُ أَو يستفرغ عَن إستعماله فِي الْجِهَة المرادة مثل الْبَوْل. وَهَذِه الْقُوَّة تدفع هَذِه الفضول من جِهَات ومنافذ معدة لَهَا. وَأما إِن لم تكن هُنَاكَ منافذ معدة فَإِنَّهَا تدفع من الْعُضْو الْأَشْرَف إِلَى الْعُضْو الأخس وَمن الأصلب إِلَى الأرخى.

وَإِذا كَانَت جِهَة الدّفع هِيَ جِهَة ميل مَادَّة الْفضل لم تصرفها الْقُوَّة الدافعة عَن تِلْكَ الْجِهَة مَا أمكن. وَهَذِه القوى الطبيعية الْأَرْبَع تخدمها الكيفيات الْأَرْبَع الأولى أَعنِي الْحَرَارَة والبرودة والرطوبة واليبوسة. أما الْحَرَارَة فخدمتها بِالْحَقِيقَةِ مُشْتَركَة للأربع وَأما الْبُرُودَة فقد يخْدم بَعْضهَا خدمَة بِالْعرضِ لَا بِالذَّاتِ فَإِن الْأَمر الَّذِي بِالذَّاتِ للبرودة أَن يكون مضاداً لجَمِيع القوى لِأَن أَفعَال جَمِيع القوى هِيَ بالحركات. أما فِي الجذب وَالدَّفْع فَذَلِك ظَاهر. وَأما فِي

الهضم فَلِأَن الهضم يستكمل بتفريق أجزاء مَا غلظ وكثف وَجمعها مَعَ مارق ولطف. وَهَذِه بحركات تفريقية وتمزيجية. وَأما الماسكة فَهِيَ تفعل بتحريك الليف المورب إِلَى هَيْئَة من الإشتمال متقنه. والبرودة مميتة مخدرة مالعة عَن جَمِيع هَذِه الْأَفْعَال إِلَّا أَنَّهَا تنْفَع فِي الْإِمْسَاك بِالْعرضِ بِأَن يحبس الليف على هَيْئَة الإشتمال الصَّالح فتكون غير دَاخِلَة فِي فعل القوى الدافعة بل مهيئة للآلة تهيئة تحفظ بهَا فعلهَا. وَأما الدافعة فتنتفع بالبرودة بِمَا يمْنَع من تَحْلِيل الرّيح الْمعينَة للدَّفْع وَبِمَا يعين فِي تغليظه وَبِمَا يجمع الليف العريض العاصر ويكنفه. وَهَذَا أَيْضا تهيئة للآلة لَا مَعُونَة فِي نفس الْفِعْل. فالبرد إِنَّمَا يدْخل فِي خدمَة هَذِه القوى بِالْعرضِ وَلَو دخل فِي نفس فعلهَا لأضر ولأخمد الْحَرَكَة. وَأما اليبوسة فالحاجة إِلَيْهَا فِي أَفعَال قوى ثَلَاث: الناقلتان والماسكة. أما الناقلتان وهما الجاذبة والدافعة فلما فِي اليبس من فضل تمكين من الإعتماد الَّذِي لَا بُد مِنْهُ فِي الْحَرَكَة أَعنِي حَرَكَة الرّوح الحاملة لهَذِهِ القوى نَحْو فعلهَا باندفاع قوي تمنع عَن مثله الإسترخاء الرطوبي إِذا كَانَ فِي جَوْهَر الرّوح أَو فِي جَوْهَر الْآلَة. وَأما الماسكة فللقبض. وَأما الهاضمة فحاجتها إِلَى الرُّطُوبَة أمس ثمَّ إِذ. قايست بَين الكيفيات الفاعلة والمنفعلة فِي حَاجَة هَذِه القوى إِلَيْهَا صادفت الماسكة حَاجَتهَا إِلَى اليبس أَكثر من حَاجَتهَا إِلَى الْحَرَارَة لِأَن مُدَّة تسكين الماسكة أَكثر من مُدَّة تحريكها الليف المستعرض إِلَى الْقَبْض لِأَن مُدَّة تحريكها وَهِي الْمُحْتَاج فِيهَا إِلَى الْحَرَارَة قَصِيرَة وَسَائِر زمَان فعلهَا مَصْرُوف إِلَى الْإِمْسَاك والتسكين. وَلما كَانَ مزاج الصّبيان أميل كثيرا إِلَى الرُّطُوبَة ضعفت فيهم هَذِه الْقُوَّة. وَأما الجاذبة فَإِن حَاجَتهَا إِلَى الْحَرَارَة أَشد من حَاجَتهَا إِلَى اليبس لِأَن الْحَرَارَة قد تعين فِي الجذب بل لِأَن أَكثر مُدَّة فعلهَا هُوَ التحريك. وحاجتها إِلَى التحريك أمس من حَاجَتهَا إِلَى تسكين أَجزَاء آلتها وتقبيضها باليبوسة وَلِأَن هَذِه الْقُوَّة لَيست تحْتَاج إِلَى حَرَكَة كَثِيرَة فَقَط بل قد تحْتَاج إِلَى حَرَكَة قَوِيَّة. والإجتذاب يتم إِمَّا بِفعل الْقُوَّة الجاذبة كَمَا فِي المغناطيس الَّتِي بهَا يجذب الْحَدِيد وَأما باضطرار الْخَلَاء كانجذاب المَاء فِي الزراقات. وَأما الْحَرَارَة كاجتذاب لَهب السراج الدّهن وَإِن كَانَ هَذَا الْقسم الثَّالِث عِنْد الْمُحَقِّقين يرجع إِلَى اضطرار الْخَلَاء بل هُوَ هُوَ بِعَيْنِه فَإِذا مَتى كَانَ مَعَ الْقُوَّة الجاذبة معاونة حرارة كَانَ الجذب أقوى. وَأما الدافعة فَإِن حَاجَتهَا إِلَى اليبس أقل من حاجتهما أَعنِي الجاذبة والماسكة لِأَنَّهَا لَا تحْتَاج إِلَى قبض الماسكة وَلَا لزم الجاذبة وَقَبضهَا واحتوائها على المجذوب بإمساك جُزْء من الْآلَة ليلحق بِهِ جذب الْجُزْء الآخر.

وَبِالْجُمْلَةِ لَا حَاجَة بالدافعة إِلَى التسكين الْبَتَّةَ بل إِلَى التحريك وَإِلَى قَلِيل تكثيف يعين الْعَصْر وَالدَّفْع لَا مِقْدَار مَا تبقى بِهِ الْآلَة حافظة لهيئة شكل الْعُضْو أَو الْقَبْض كَمَا فِي الماسكة زَمَانا طَويلا وَفِي الجاذبة زمانا يَسِيرا ريث تلاحق جذب الْأَجْزَاء. فَلهَذَا حَاجَتهَا إِلَى اليبس قَليلَة وأحوجها كلهَا إِلَى الْحَرَارَة هِيَ الهاضمة وَلَا حَاجَة بهَا إِلَى اليبوسة بل إِنَّمَا يحْتَاج إِلَى الرُّطُوبَة لتسهيل الْغذَاء وتهيئته للنفوذ فِي المجاري وَالْقَبُول للأشكال. وَلَيْسَ لقَائِل أَن يَقُول: إِن الرُّطُوبَة لَو كَانَت مُعينَة للهضم لَكَانَ الصّبيان لَا يعجز قواهم عَن هضم الْأَشْيَاء الصلبة فَإِن الصّبيان لَيْسُوا يعجزون عَن هضم ذَلِك والشبن يقدرن عَلَيْهِ لهَذَا السَّبَب بل لسَبَب المجانسة. والبعد عَن المجانسة فَمَا كَانَ من الْأَشْيَاء صلباً لم يجانس مزاج الصّبيان فَلم تقبل عَلَيْهَا قواهم الهاضمة وَلم تقبلهَا قواهم الماسكة وَدفعهَا بِسُرْعَة

قواهم الدافعة. وَأما الشبّان فَذَلِكَ مُوَافق لمزاجهم صَالح لتغذيتهم فيجتمع من هَذِه أن الماسكة تحْتَاج إِلَى قبض وَإِلَى إثْبَات هَيْئَة قبضٍ زماناً طَويلا وَإِلَى مَعُونَة يسيرَة فِي الْحَرَكَة. والجاذبة إِلَى قبض وثبات قبض زَمَانا يسيراً جدا ومعونةً كَثِيرَة فِي الْحَرَكَة. والدافعة إِلَى قبض فَقَط من غير ثبات يعْتد بِهِ وَإِلَى مَعُونَة على الْحَرَكَة. والهاضمة إِلَى إذابة وتمزيج فَلذَلِك تتفاوت هَذِه القوى فِي اسْتِعْمَالهَا للكيفيات الْأَرْبَع واحتياجها إِلَيْهَا.

الْفَصْل الرَّابِع القوى الحيوانية وَأما الْقُوَّة الحيوانية فيعنون بهَا الْقُوَّة الَّتِي إِذا حصلت فِي الْأَعْضَاء هيأتها لقبُول قُوَّة الْحس وَالْحَرَكَة وأفعال الْحَيَاة. ويضيفون إِلَيْهَا حركات الْخَوْف وَالْغَضَب لما يَجدونَ فِي ذَلِك من الانبساط والانقباض الْعَارِض للروح الْمَنْسُوب إِلَى هَذِه الْقُوَّة.

ولنفصل هَذِه الْجُمْلَة فَنَقُول: إِنَّه كَمَا قد يتَوَلَّد عَن كثافة الأخلط بِحَسب مزاج مَا جَوْهَر كثيف هُوَ الْعُضْو أَو جُزْء من الْعُضْو فقد يتولّد من بخارية الأخلاط. ولطافتها بِحَسب مزاج مَا هُوَ جَوْهَر لطيف هُوَ الرّوح وكما أَن الكبد عِنْد الْأَطِبَّاء مَعْدن التولد الأول كَذَلِك الْقلب مَعْدن التولد الثَّانِي. وَهَذَا الرّوح إِذا حدث على مزاجه الَّذِي يَنْبَغِي أَن يكون لَهُ إستعد لقُوَّة تِلْكَ الْقُوَّة بعد الْأَعْضَاء كلهَا لقبُول القوى الْأُخْرَى النفسانية وَغَيرهَا. والقوى النفسانية لَا تحدث فِي الرّوح والأعضاء إِلَّا بعد حُدُوث هَذِه الْقُوَّة وَإِن تعطّل عُضْو من القوى النفسانية وَلم يتعطل بعد من هَذِه الْقُوَّة فَهُوَ حَيّ أَلا ترى أَن الْعُضْو الخدر والعضو المفلوج فَاقِد فِي الْحَال لقُوَّة الحسّ وَالْحَرَكَة لمزاج يمنعهُ عَن قبُوله أَو سدة عارضة بَين الدِّمَاغ وَبَينه وَفِي الأعصاب المنبثة إِلَيْهِ وَهُوَ مَعَ ذَلِك حَيّ والعضو الَّذِي يعرض لَهُ الْمَوْت فَاقِد الحسّ وَالْحَرَكَة ويعرض لَهُ أَن يعفن وَيفْسد. فَإِذن فِي الْعُضْو المفلوج قُوَّة تحفظ حَيَاته حَتَّى إِذا زَالَ العائق فاض إِلَيْهِ قُوَّة الْحس وَالْحَرَكَة وَكَانَ مستعدًّا لقبولها بِسَبَب صِحَة الْقُوَّة الحيوانية فِيهِ وَإِنَّمَا الْمَانِع هُوَ الَّذِي يمْنَع عَن قبُوله بِالْفِعْلِ. وَلَا كَذَلِك الْعُضْو الْمَيِّت وَلَيْسَ هَذَا الْمعد هُوَ قُوَّة التغذية وَغَيره حَتَّى إِذا كَانَت قُوَّة التغذية بَاقِيَة كَانَ حَيا وَإِذا بطلت كَانَ مَيتا. فَإِن هَذَا الْكَلَام بِعَيْنِه قد يتَنَاوَل قُوَّة التغذية فَرُبمَا بَطل فعلهَا فِي بعض الْأَعْضَاء وَبَقِي حَيا وَرُبمَا بَقِي فعلهَا والعضو إِلَى الْمَوْت.

وَلَو كَانَت الْقُوَّة المغذية بِمَا هِيَ قُوَّة مغذية تعد للحسّ وَالْحَرَكَة لَكَانَ النَّبَات قد يستعد لقبُول الْحس وَالْحَرَكَة فَيبقى أَن يكون الْمعد أمرا آخر يتبع مزاجاً خاصاً وَيُسمى قُوَّة حيوانية وَهُوَ أول قُوَّة تحدث فِي الرّوح إِذا حدث الرّوح من لطافة الأمشاج. ثمَّ إِن الرّوح تقبل بهَا - عِنْد الْحَكِيم ارسطوطاليس - الْمبدأ الأول وَالنَّفس الأولى الَّتِي ينبعث عَنْهَا سَائِر القوى إِلَّا أَن أَفعَال تِلْكَ القوى لَا تصدر عَن الرّوح فِي أول الْأَمر كَمَا أَن أيْضا لَا يصدر الإحساس عِنْد الْأَطِبَّاء عَن الرّوح النفساني الَّذِي فِي الدِّمَاغ مَا لم ينفذ إِلَى الجليدية أَو إِلَى اللِّسَان أَو غير ذَلِك فَإِذا حصل قسم من الرّوح فِي تجويف الدِّمَاغ قبل مزاجاً وَصلح لِأَن يصدر بِهِ عِنْد أَفعَال الْقُوَّة الْمَوْجُودَة فِيهِ بدناً. وَكَذَلِكَ فِي الكبد وَفِي الْأُنْثَيَيْنِ. وَعند الْأَطِبَّاء مَا لم يسْتَحل الرّوح عِنْد الدِّمَاغ إِلَى مزاج آخر لم يستعد

لقبُول النَّفس الَّتِي هِيَ مبدأ الْحَرَكَة والحس. وَكَذَلِكَ فِي الكبد وَإِن كَانَ الامتزاج الأول قد أَفَادَ قبُول الْقُوَّة الأولى الحيوانية وَكَذَلِكَ فِي كل عُضْو كَانَ لكل جنس عَن الْأَفْعَال عِنْدهم نفس أُخْرَى.

وَلَيْسَت النَّفس وَاحِدَة يفِيض عَنْهَا القوى أَو كَانَت النَّفس مَجْمُوع هَذِه **الْجُمْلَة** فَإِنَّهُ وَإِن كَانَ الإمتزاج الأول فقد أَفَادَ قبُول الْقُوَّة الأولى الحيوانية حَيْثُ حدث روح وَقُوَّة هِيَ كَمَاله لَكِن هَذِه الْقُوَّة وَحدهَا لَا تَكْفِي عِنْدهم لقبُول الرّوح بهَا سَائِر القوى الْأُخَر مَا لم يحدث فِيهَا مزاج خَاص. قَالُوا: وَهَذِه الْقُوَّة مَعَ أَنَّهَا مهيئة للحياة فَهِيَ أَيْضا مبدأ حَرَكَة الْجَوْهَر الروحي اللَّطِيف إِلَى الْأَعْضَاء ومبدأ قَبضه وَبسطه للتنسم والتنقي على مَا قيل كَأَنَّهَا بِالْقِيَاسِ إِلَى الْحَيَاة تقبل انفعالاً وبالقياس إِلَى أَفعَال "التَّنَفس والنبض تفِيد فعلا. وَهَذِه الْقُوَّة تشبه القوى الطبيعية لعدمها الْإِرَادَة فِيمَا يصدر عَنْهَا وتشبه القوى النفسانية لتعين أفعالها لِأَنَّهَا تقبض وتبسط مَعًا وتحرك حركتين متضادتين. إِلَّا أَن القدماء إِذا قَالُوا نفس للنَّفس الأرضية عنوا كَمَال جسم طبيعي آلي وَأَرَادُوا مبدأ كل قُوَّة تصدر عَنْهَا بِعَينهَا حركات وأفاعيل متخالفة فتكون هَذِه الْقُوَّة على مَذْهَب القدماء قُوَّة نفسانية. كَمَا أَن القوى الطبيعية الَّتِي ذَكرنَاهَا تسمى عِنْدهم قُوَّة نفسانية. وَأما إِذا لم يرد بِالنَّفسِ هَذَا الْمَعْنى بل عَنى بِهِ قُوَّة هِيَ مبدأ إِدْرَاك وتحريك تصدر عَن إِدْرَاك مَا بِإِرَادَة مَا وَأُرِيد بالطبيعة كل قُوَّة يصدر عَنْهَا فعل فِي جسمها على خلاف هَذِه الصُّورَة لم تكن هَذِه الْقُوَّة نفسانية بل كَانَت طبيعية. وَأَعْلَى دَرَجَة من الْقُوَّة الَّتِي يسميها الْأَطِبَّاء طبيعية. وَأما إِن سمي بالطبيعية مَا يتَصَرَّف فِي أَمر الْغذَاء وحالته سَوَاء كَانَ لبَقَاء شخص أَو بَقَاء نوع لم تكن هَذِه طبيعية وَكَانَت جِنْسا ثَالِثا. وَلِأَن الْغَضَب وَالْخَوْف وَمَا أشبههما إنفعال لهَذِهِ الْقُوَّة. وَإِن كَانَ مبدؤها الْحس وَالوهم والقوى الدَّاركة كَانَت منسوبة إِلَى هَذِه القوى. وَتَحْقِيق بَيَان هَذِه القوى وَإِنَّهَا وَاحِدَة أَو فَوق وَاحِدَة هُوَ إِلَى الْعلم الطبيعي الَّذِي هُوَ جُزْء من الْحِكْمَة.

الْفَصْل الْخَامِس القوى النفسانية المدركة وَالْقُوَّة النفسانية تشْتَمل على قوتين هِيَ كالجنس لَهما: إِحْدَاهمَا قُوَّة مدركة وَالْأُخْرَى قُوَّة مُحركَة. وَالْقُوَّة المدركة كالجنس لقوتين: قُوَّة مدركة فِي الظَّاهِر وَقُوَّة مدركة فِي الْبَاطِن. وَالْقُوَّة المدركة فِي الظَّاهِر هِيَ الحسية وَهِي كالجنس لنوى خمس عِنْد قوم وثمان عِنْد قوم. وَإِذا أخذت خَمْسَة كَانَت قُوَّة الإبصار وَقُوَّة السّمع وَقُوَّة الشم وَقُوَّة الذَّوْق وَقُوَّة اللَّمْس. وَأما إِذا أخذت ثَمَانِيَة فالسبب فِي ذَلِك أَن أَكثر المحصلين يرَوْنَ أَن اللَّمْس قوى كَثِيرَة بل هُوَ قوى أَربع. ويخصون كل جنس من الملموسات الْأَرْبَع بِقُوَّة على حِدة إِلَّا أَنَّهَا مُشْتَركَة فِي الْعُضْو الحساس كالذوق واللمس فِي اللِّسَان والإبصار واللمس فِي الْعين وَتَحْقِيق هَذَا إِلَى الفيلسوف. وَالْقُوَّة إِحْدَاهَا: الْقُوَّة الَّتِي تسمى الْحس الْمُشْتَرك والخيال: وَهِي عِنْد الْأَطِبَّاء قُوَّة وَاحِدَة وَعند المحصلين من الْحُكَمَاء قوتان. فالحس الْمُشْتَرك هُوَ الَّذِي يتَأَدَّى إِلَيْهِ المحسوسات كلهَا وينفعل عَن صورها وَيجْتَمع فِيهِ. والخيال هُوَ الَّذِي يحفظها بعد الِاجْتِمَاع ويمسكها بعد الغيوبة عَن الْحس وَالْقُوَّة الْقَابِلَة مِنْهُمَا غير الحافظة. وَتَحْقِيق الْحق فِي هَذَا هُوَ أَيْضا على الفيلسوف. وَكَيف كَانَ فَإِن مسكنها ومبدأ فعلهمَا هُوَ الْبَطن الْمُقدم من الدِّمَاغ. وَالثَّانيَة: الْقُوَّة الَّتِي تسميها الْأَطِبَّاء مفكرة: والمحققون تَارَة يسمونها متخيلة وَتارَة مفكرة فَإِن استعملتها الْقُوَّة الوهمية الحيوانية الَّتِي نذكرها بعد أَو نهضت هِيَ بِنَفسِهَا لفعلها سَموهَا متخيلة وَإِن أَقبلت عَلَيْهَا الْقُوَّة النطقية وصرفتها على مَا ينْتَفع بِهِ سنتها

سميت مفكرة. وَالْفرق بَين هَذِه الْقُوَّة وَبَين الأولى كَيفَ مَا كَانَت: أَن الأولى قَابِلَة أَو حافظة لما يتأدّى إِلَيْهَا من الصُّور المحسوسة. وَأما هَذِه فَإِنَّهَا تتصرف على المستودعات فِي الخيال تصرفاتها من تركيب وتفصيل فتستحضر صوراً على نَحْو مَا تأدى من الْحس وصوراً مُخَالفَة لَهَا كإنسان يطير وجبل من زمرد. وَأما الخيال فَلَا يحضرهُ إِلَّا للقبول من الْحس.

ومسكن هَذِه الْقُوَّة هُوَ الْبَطن الْأَوْسَط من الدِّمَاغ. وَهَذِه الْقُوَّة هِيَ آلَة لقُوَّة هِيَ بِالْحَقِيقَةِ المدركة الْبَاطِنَة فِي الْحَيَوَان وَهِي الْوَهم وَهُوَ الْقُوَّة الَّتِي تحكم فِي الْحَيَوَان بِأَن الذِّئْب عَدو وَالْولد حبيب وَأَن المتعهد بالعلف صديق لَا ينفر عَنهُ على سَبِيل غير نطقي. والعداوة والمحبة غير محسوسين لَيْسَ يدركهما الْحس من الْحَيَوَان فَإِذن إِنَّمَا يحكم بهما ويدركهما قُوَّة أُخْرَى وَإِن كَانَ لَيْسَ بالإدراك النطقي إِلَّا أَنه لَا محَالة إدْرَاك مَا غير النطقي. وَالْإِنْسَان أَيْضا قد يسْتَعْمل هَذِه الْقُوَّة فِي كثير من الْأَحْكَام وَيجْرِي فِي ذَلِك مجْرى الْحَيَوَان الْغَيْر النَّاطِق. وَهَذِه الْقُوَّة تفارق الخيال لِأَن الخيال يستثبت المحسوسات وَهَذِه تحكم فِي المحسوسات بمعان غير محسوسة وتفارق الَّتِي تسمّى مفكرة ومتخيلة بِأَن أَفعَال تِلْكَ لَا يتبعهَا حكم مَاء وأفعال هَذِه يتبعهَا حكم مَا بل هِيَ أَحْكَام مَا وأفعال تِلْكَ تركبت فِي المحسوسات وَفعل هَذِه هُوَ حكم فِي المحسوس من معنى خَارج عَن المحسوس. وكما أَن الْحس فِي الْحَيَوَان حَاكم على صور المحسوسات كَذَلِك الْوَهم فِيهَا حَاكم على مَعَاني تِلْكَ الصُّور الَّتِي تتأدى إِلَى الْوَهم وَلَا تتأدى إِلَى الْحس وَمن النَّاس من يتجوز ويسمي هَذِه الْقُوَّة تخيلاً وَله ذَلِك إِذْ لَا مُنَازعَة فِي الْأَسْمَاء بل يجب أَن يفهم الْمعَانِي والفروق وَهَذِه الْقُوَّة لَا يتَعَرَّض الطَّبِيب لتعرفها وَذَلِكَ أَن مضار أفعالها تَابِعَة لمضار أَفعَال قوى أُخْرَى قبلهَا مثل الخيال والتخيّل وَالذكر الَّذِي سنقوله بعد. والطبيب إِنَّمَا ينْتَظر فِي القوى الَّتِي إِذا لحقها مضرَّة فِي أفعالها كَانَ ذَلِك مَرضا فَإِن كَانَت المضرّة تلْحق فعل قُوَّة بِسَبَب مضرَّة لحقت فعل قبلهَا وَكَانَت تِلْكَ الْمضرَّة تتبع سوء مزاج أَو فَسَاد تركيب فِي عُضْو مَا فيكفيه أَن يعرف لُحُوق ذَلِك الضَّرَر بِسَبَب سوء مزاج ذَلِك الْعُضْو أَو فَسَاده حَتَّى يتداركه بالعلاج أَو يتحفظ عَنهُ. وَلَا عَلَيْهِ أَن يعرف حَال الْقُوَّة الَّتِي إِنَّمَا يلحقها مَا يلحقها كَمَا أَن الخيال خزانَة لما يتأدّى إِلَى الْحس من الصُّورَة المحسوسة بِوَاسِطَة إِذْ كَانَ قد عرف حَال الَّتِي يلحقها بِغَيْر وَاسِطَة. وَالثَّالِثَة مِمَّا يذكر الْأَطِبَّاء وَهِي الْخَامِسَة أَو الرَّابِعَة عِنْد التَّحْقِيق وَهِي الْقُوَّة الحافظة والمذكّرة وَهِي خزانَة لما يتأدّى إِلَى الْوَهم من معَان فِي المحسوسات غير صورها المحسوسة وموضعها الْبَطن الْمُؤخر من بطُون الدِّمَاغ وَهَهُنَا مَوضِع نظر حكمي فِي أَنه هَل الْقُوَّة الحافظة والمتذكرة المسترجعة لما غَابَ عَن الْحِفْظ من مخزونات الْوَهم قُوَّة وَاحِدَة أم قوتان وَلَكِن لَيْسَ ذَلِك مِمَّا يلْزم الطَّبِيب إِذا كَانَت الْآفَات الَّتِي تعرض لأيهما كَانَ هِيَ الْآفَات الْعَارِضَة للبطن الْمُؤخر من الدِّمَاغ إِمَّا من جنس المزاج وَإِمَّا من جنس التَّرْكِيب. وَأما الْقُوَّة الْبَاقِيَة من قوى النَّفس المدركة فَهِيَ الإنسانية الناطقة. وَلما سقط نظر الْأَطِبَّاء عَن الْقُوَّة الوهمية لما شرحناه من الْعلَّة فَهُوَ أَسْقَط عَن هَذِه الْقُوَّة بل نظرهم مَقْصُور على أَفعَال القوى الثَّلَاث لَا غير.

الْفَصْل السَّادِس وأمّا الْقُوَّة المحركة فَهِيَ الَّتِي تشنج الأوتار وترخيها فتحرّك بهَا الْأَعْضَاء. والمفاصل تبسطها وتثنيها وتنفذها فِي العصب الْمُتَّصِل بالعضل وَهِي جنس يتنوع بِحَسب تنوع مبادي الحركات فَتكون فِي كل عضلة طبيعة أُخْرَى وَهِي تَابِعَة لحكم الْوَهم الْمُوجب للْإِجْمَاع.

الْفَصْل الْأَخير فِي الْأَفْعَال نقُول: إن من الأفاعيل المفردة مَا يتم بِقُوَّة وَاحِدَة مثل الهضم وَمِنْهَا مَا يتم بقوّتين مثل شَهْوَة الطَّعَام فَإِنَّهَا تتمّ بِقُوَّة جاذبة طبيعية وبقوة حساسة فِي فَم الْمعدة. أما الجاذبة فبتحريكها الليف المطاول متقاضية مَا يجذبه وامتصاصها مَا يحضر من الرطوبات وَأما الحساسة فبإحساسها بِهَذَا الإنفعال وبلذع السَّوْدَاء المنبّهة للشهوة الْمَذْكُورَة قصّتهَا. وَإِنَّمَا كَانَ هَذَا الْفِعْل مِمَّا يتم بقوتين لِأَن الحساسة إذا عرض لَهَا آفَة بَطل الْمَعْنى الَّذِي يسمّى جوعا وشهوة فَلم يشته الطَّعَام. وَإِن كَانَ للبدن إِلَيْهِ حَاجَة وَكَذَلِكَ الازدراد يتم بقوتين: إِحْدَاهمَا الجاذبة الطبيعية وَالْأُخْرَى الجاذبة الإرادية. وَالأولَى يتم فعلهَا بالليف المطاول الَّذِي فِي فَم الْمعدة والمريء. وَالثَّانِيَة يتم فعلهَا بِلِيفِ عضل الإزدراد. وَإِذا بطلت إِحْدَى القوتين عسر الإزدراد بل إذا لم تكن بطلت إِلَّا أَنهَا لم تنبعث بعد لفعلها عسر الازدراد. أَو ترى أنه إِذا كَانَت الشَّهْوَة لم تصدق عسر علينا ابتلاع مَا لَا تشتهيه بل إذا كُنَّا نعاف شَيْئا ثمَّ أردنَا ابتلاعه فنفرت عَنهُ الْقُوَّة الجاذبة الشهوانية صَعب على الإرادية ابتلاعه. وعبور الْغذَاء أَيْضا يتمّ بِقُوَّة دافعة من الْعُضْو الْمُنْفَصِل عَنهُ وجاذبة من الْعُضْو المتوجه إِلَيْهِ. وَكَذَلِكَ إِخْرَاج الثفل من السَّبِيلَيْنِ وَرُبمَا كَانَ الْفِعْل مبدؤه قوتان نفسانية وطبيعية وَرُبمَا كَانَ سَببه قُوَّة وَكَيْفِيَّة مثل التبريد الْمَانِع للمواد فَإِنَّهُ يعاون الدافعة على مقاومة الْخَلْط المنصبّ إِلَى الْعُضْو وَمنعه وَدفعه فِي وَجهه والكيفية الْبَارِدَة تمنع بشيئين بِالذَّاتِ أي بتغليظ جَوْهَر مَا ينصب وتضييق المسام وبشيء ثَالِث هُوَ مِمَّا بِالْعرضِ وَهُوَ إطفاء الْحَرَارَة الجاذبة. والكيفية الجاذبة تجذب بِمَا يُقَابل هَذِه الْوُجُوه الْمَذْكُورَة وإضطرار الْخَلَاء إِنَّمَا يجذب أولا مَا لطف ثمَّ مَا كثف وَأما الْقُوَّة الجاذبة الطبيعية فَإِنَّمَا تجذب الأوفق أَو الَّذِي يخصّها فِي طبيعتها جذبة وَرُبمَا كَانَ الأكثف هُوَ الأوفق والأخصّ.

الْفَنّ الثَّانِي الْأَمْرَاض والأسباب والأعراض الْكُلية وَهُوَ تعاليم ثَلَاثَة

التَّعْلِيم الأول الْأَمْرَاض وَهُوَ ثَمَانِيَة فُصُول

الْفَصْل الأول السَّبَب وَالْمَرَض وَالْعرض نقُول: إِن السَّبَب فِي الطِّبّ وَهُوَ مَا يكون أولا فَيجب عَنهُ وجود حَالَة من حالات بدن الْإِنْسَان أَو ثباتها. وَالْمَرَض هَيْئَة غير طبيعية فِي بدن الْإِنْسَان يجب عَنْهَا بِالذَّاتِ آفَة فِي الْفِعْل وجوبا أولياً وَذَلِكَ إِمَّا مزاج غير طبيعي وَإِمَّا تركيب غير طبيعي. وَالْعرض هُوَ الشَّيْء الَّذِي يتبع هَذِه الْهَيْئَة وَهُوَ غير طبيعي سَوَاء كَانَ مضاداً للطبيعي مثل الوجع فِي القولنج أَو غير مضاد مثل إفْرَاد حمرَة الخد فِي ذَات الرئة مِثَال السَّبَب العفونة. مِثَال الْمَرَض الْحمى مِثَال الْعرض الْعَطش والصداع. وَأَيْضًا مِثَال السَّبَب امتلاء فِي الأوعية المنحدرة إِلَى الْعين مِثَال الْمَرَض السدّة فِي العنبية وَهُوَ مرض آلي تركيبي مِثَال الْعرض فقدان الإبصار وَأَيْضًا مِثَال السَّبَب نزلة حادة مِثَال الْمَرَض قرحَة فِي الرئة مِثَال الْعرض حمرَة الوجنتين وانجذاب الْأَظْفَار. وَالْعرض يسمّى

عرضا بِاعْتِبَار ذَاته أَو بقياسه إِلَى المعروض لَهُ وَيُسمى دَلِيلا بِاعْتِبَار مطالعة الطَّبِيب إِيَّاه وسلوكه مِنْهُ إِلَى معرفة مَاهِيَّة الْمَرَض وَقد يصير الْمَرَض سَببا لمَرض آخر كالقولنج للغشي أَو للفالج أَو الصرع بل قد يصير الْعرض سَببا للمرض كالوجع الشَّدِيد يصير سَببا للورم لانصباب الْموَاد إِلَى مَوضِع الوجع. وَقد يصير الْعرض بِنَفسِهِ مَرضا كالصداع الْعَارِض عَن الْحمى فَإِنَّهُ رُبمَا اسْتَقر واستحكم حَتَّى يصير مَرضا قد يكون الشَّيْء بِالْقِيَاسِ إِلَى نَفسه وَإِلَى شَيْء قبله وَإِلَى شَيْء بعده مَرضا وعرضاً وسبباً مثل الْحمى السلية فإنهَا عرض لقرحة الرئة وَمرض فِي نَفسهَا وَسبب لضعف الْمعدة مثلا. وَمثل الصداع الْحَادِث عَن الْحمى إِذا استحكم فَإِنَّهُ عرض للحمّى وَمرض فِي نَفسه وَرُبمَا جلب البرسام أَو السرسام فَصَارَ ذَلِك سَببا للمرضين الْمَذْكُورين.

الْفَصْل الثَّانِي أَحْوَال الْبدن وأجناس الْمَرَض أَحْوَال بدن الْإِنْسَان عِنْد جالينوس ثَلَاث: الصِّحَّة وَهِي هَيْئَة يكون بهَا بدن الْإِنْسَان فِي مزاجه وتركيبه بِحَيْثُ يصدر عَنهُ الْأَفْعَال كلهَا صَحِيحَة سليمَة. وَالْمَرَض هَيْئَة فِي بدن الْإِنْسَان مضادة لهَذِهِ وَحَالَة عِنْده لَيست بِصِحَّة وَلَا مرض إِمَّا لعدم الصِّحَّة فِي الْغَايَة وَالْمَرَض فِي الْغَايَة كأبدان الشُّيُوخ والناقهين والأطفال أَو لِاجْتِمَاع الأمرين فِي وَقت وَاحِد إِمَّا فِي عضوين وَإِمَّا فِي عُضْو وَلَكِن فِي جِنْسَيْنِ متباعدين مثل أَن يكون صَحِيح المزاج مَرِيض التَّرْكِيب. أَو فِي عُضْو وَفِي جِنْسَيْنِ متقاربين مثل أَن يكون صَحِيحا فِي الشكل لَيْسَ صَحِيحا فِي الْمِقْدَار والوضع أَو صَحِيحا فِي الكيفيتين المنفعلتين لَيْسَ صَحِيحا فِي الفاعلتين أَو لتعاقب من الأمرين فِي وَقْتَيْنِ مثل من يَصح شتاء ويمرض صيفاً. والأمراض مِنْهَا مُفْردَة وَمِنْهَا مركبة. والمفردة هِيَ الَّتِي تكون نوعا وَاحِدًا من أَنْوَاع مرض المزاج أَو نوعا وَاحِدًا من أَنْوَاع مرض التَّرْكِيب الَّذِي نذكرهُ بعد. والمركبة هِيَ الَّتِي يجْتَمع مِنْهَا نَوْعَانِ فَصَاعِدا يتحد مِنْهَا مرض وَاحِد. فلنبدأ أَولا بالأمراض المفردة فَنَقُول: إنّ أَجنَاس الْأَمْرَاض المفردة ثَلَاثَة: الأول: جنس الْأَمْرَاض المنسوبة إِلَى الْأَعْضَاء المتشابهة الْأَجْزَاء وَهِي أمراض سوء المزاج وَإِنَّمَا نسبت إِلَى الْأَعْضَاء المتشابهة الْأَجْزَاء لأنّها أَولا وبالذات تعرض للمتشابهة الْأَجْزَاء وَمن أجلهَا تعرض للأعضاء المركّبة حَتَّى إنّهَا يُمكن أَن تتصوّر حَاصِلَة مَوْجُودَة فِي أَي عُضْو من الْأَعْضَاء المتشابهة الْأَجْزَاء شِئْت. والمركبة لَا يُمكن فِيهَا. وَالثَّانِي: جنس أمراض الْأَعْضَاء الآلية وَهِي أمراض التَّرْكِيب الْوَاقِع فِي أَعْضَاء مؤلفة من الْأَعْضَاء المتشابهة الْأَجْزَاء هِيَ آلَات الْأَفْعَال. وَالثَّالِث: جنس الْأَمْرَاض الْمُشْتَركَة الَّتِي تعرض للمتشابهة الْأَجْزَاء وتعرض للآلية بِمَا هِيَ آلية من غير أَن يتبع عروضها للآلية عروضها للمتشابهة الْأَجْزَاء وَهُوَ الَّذِي يسمُّونه تفرق لاتصال وانحلال الْفَرد فَإِن تفرق الِاتِّصَال قد يعرض للمفصل من غير أَن تعرض للمتشابهة الْأَجْزَاء الَّتِي ركب مِنْهَا الْمفصل الْبَتَّة. وَقد يعرض لمثل العصب والعظم وَالْعُرُوق وَحدهَا.

وَبِالْجُمْلَةِ الْأَمْرَاض ثَلَاثَة أَجنَاس: أمراض تتبع سوء المزاج وأمراض تتبع سوء هَيْئَة التَّرْكِيب وأمراض تتبع تفرّق الِاتِّصَال. وكل مرض يتبع وَاحِدًا من هَذِه وَيكون عَنهُ تنْسب إِلَيْهِ وأمراض سوء المزاج مَعْرُوفَة وَهِي سِتَّة عشرَة قد ذكرنَاهَا.

الْفَصل الثَّالِث أمراض التَّرْكِيب وأمراض التَّرْكِيب أَيْضا تَنْحَصِر فِي أَرْبَعَة أَجنَاس: أمراض الْخلقَة. وأمراض الْمِقْدَار وأمراض وأمراض الْخلقَة: تَنْحَصِر فِي أَجنَاس أَرْبَعَة: أمراض الشكل وَهُوَ أَن يتَغَيَّر الشكل عَن مجْرَاه الطبيعي فَيحدث تغيره آفَة فِي الْفِعْل كاعوجاج الْمُسْتَقيم واستقامة المعوج وتربع المستدير واستدارة المربع وَمن هَذَا الْبَاب سفيط الرَّأْس إِذا عرض مِنْهُ ضَرَر وَشدَّة استدارة الْمعدة وَعدم القرحة فِي الحدقة. وَالثَّانِي أمراض المجاري وَهِي ثَلَاثَة أَصْنَاف لِأَنَّهَا إِمَّا أَن تتسع كانتشار الْعين وكالسبل وكالدوالي أَو تضيق كضيق ثقب الْعين ومنافذ النَّفس والمريء أَو تنسدّ كانسداد الثقبة العنبية وعروق الكبد وَغَيرهَا. وَالثَّالِث أمراض الأوعية والتجاويف وَهِي على أَصْنَاف أَرْبَعَة: فَإِنَّهَا إِمَّا أَن تكبر وتتسع كاتساع كيس الْأُنْثَيَيْنِ أَو تصغر وتضيق كضيق الْمعدة وضيق بطُون الدِّمَاغ عِنْد الصرع أَو تنسدُ وتمتلئ كانسداد بطُون الدِّمَاغ عِنْد السكتة أَو تستفرغ وتخلو كخلو تجاويف الْقلب عَن الدَّم عِنْد شدَّة الْفَرح الْمهْلكَة وشدّة اللَّذَّة الْمهْلكَة. وَالرَّابِع أمراض صَفَائِح الْأَعْضَاء إِمَّا بِأَن يتملس مَا يجب أَن يخشن كالمعدة والمعي إِذا تملست أَو يخشن مَا يجب أَن يتلمس كقصبة الرئة إِذا خشنت. هَذَا وَأما أمراض الْمِقْدَار: فَهِيَ صنفان: فَإِنَّهَا إِمَّا أَن تكون من جنس الزِّيَادَة كداء القيل وتعظم الْقَضِيب وَهِي عِلّة تسمى فريسميوس وكما عرض لرجل يُسمى نيقوماخس أَن عظمت أعضاؤه كلهَا حَتَّى عجز عَن الْحَرَكَة. وَإِمَّا أَن تكون من جنس النُّقْصَان كضمور اللِّسَان والحدقة وكالذبول. وَأما أمراض الْعدَد: فإمَّا أَن تكون من جنس الزِّيَادَة وَتلك إمَّا طبيعية كالسن الشاغبة والإصبع الزَّائِدَة أَو غير طبيعية كالسلعة والحصاة وَإِمَّا من جنس النُّقْصَان سَوَاء كَانَ نُقْصَانا فِي الطَّبْع كمن لم يخلق لَهُ إِصْبَع أَو نُقْصَانا لَا فِي الطَّبْع كمن قطعت أُصْبُعه. وَأما أمراض الْوَضع: فَإِن الْوَضع عِنْد جالينوس يَقْتَضِي الْموضع وَيَقْتَضِي الْمُشَاركَة. فأمراض الْوَضع أَرْبَعَة: انخلاع الْعُضْو عَن مفصله أَو زَوَاله عَن وَضعه من غير انخلاع كَمَا فِي الفتق الْمَنْسُوب إِلَى الأمعاء أَو حركته فِيهِ لَا على المجرى الطبيعي أَو الإرادي كالرعشة أَو لُزُومه مَوْضِعه فَلَا يَتَحَرَّك عَنهُ كَمَا يعرض عِنْد تحجر المفاصل فِي مرض النقرس. وأمراض الْمُشَاركَة وَهِي تشْتَمل على كل حَالَة تكون للعضو بِالْقِيَاسِ إِلَى عُضْو يجاوره من مقاربته أَو مباعدته لَا على المجرى الطبيعي وَهُوَ صنفان: أَحدهمَا أَن يعرض لَهُ امْتنَاع حركته إِلَيْهِ أَو تعسرها بعد أَن كَانَ ذَلِك مُمكنا لَهُ مثل الإصبع إِذا إمتنع تحركها إِلَى ملاصقة جارتها أَو يعرض لَهَا امْتنَاع تحركها عَنْهَا ومفارقتها إِيَّاهَا بعد أَن كَانَ ذَلِك مُمكنا أَو تعسر تباعدها وَذَلِكَ مثل استرخاء الجفن.

الْفَصل الرَّابِع أمراض تفرق الِاتِّصَال وَأما أمراض تفرق الِاتِّصَال فقد تقع فِي الْجلد وَتسَمى خدشاً وسحجاً وَقد تقع فِي اللَّحْم والقريب مِنْهُ الَّذِي لم يقيح وتسمّى جِرَاحَة. وَالَّذِي قيح تسمى قرحَة وَيحدث فِيهِ الْقَيْح لاندفاع الفضول إِلَيْهِ لضَعْفه وعجزه عَن اسْتِعْمَال غذائه وهضمه فيستحيل أَيْضا فضل فِيهِ وَرُبمَا قبلت الْجراحَة والقرحة لتفرق اتِّصَال يعرض فِي غير اللَّحْم وَقد يَقع فِي الْعظم إِمَّا مكسر إِلَى جزأين أَو أَجزَاء كبار هاما مفتتاً أَو وَاقعا فِي طوله صادعاً وَإِمَّا أَن يَقع فِي الغضاريف على الْأَقْسَام الثَّلَاثَة أَو يَقع فِي العصب. فَإِن وَقع عرضا سمي بتراً وَإِن وَقع طولا وَلم يكن غوراً كَبِيرا سمي شقًّا وَإِن كَانَ غوراً كَبِيرا سمي شدخاً. وَقد يَقع فِي أَجزَاء العضلة فَإِن وَقع على طرف

العضلة سمي هتكاً سَوَاء كَانَ فِي عصبَة أَو وتر وَإِن وَقع فِي عرض العضلة سمي جزاً وَإِن وَقع فِي الطول وَقل عدده وَكبر غوره سمي فدغاً وَإِن كثر أجزاؤه وَفَشَا وغار سمي رضا وفسخاً وربما قيل الْفَسْخ والرضض والفدغ لكل مَا يتَّفق فِي وسط العضلة كَيفَ كَانَ. فَإِن وَقع فِي الشرايين أَو الأوردة سمي انفجاراً ثمَّ إِمَّا أَن يعترضها فيسمى قطعا أَو فصلا أَو ينفذ فِي طولهَا فيسمى صدعاً أَو يكون ذَلِك على سَبِيل تفتح فوهاتها فيسمى بثقاً. وَإِن كَانَ فِي الشريان فَلم يلتحم وَكَانَ الدَّم يسيل مِنْهُ إِلَى الفضاء الَّذِي يحويه حَتَّى يمتلئ ذَلِك الفضاء. وَإِذا عصرت عَاد إِلَى الْعرق سمّي أم الدَّم وَقوم يَقُولُونَ أم الدَّم لكل انفجار شرياني. وَاعْلَم أَنه لَيْسَ كل عُضْو يحْتَمل انحلال الْفَرد فَإِن الْقلب لَا يحْتَملهُ وَيكون مَعَه الْمَوْت وَإِمَّا أَن يَقع فِي الأغشية والحجب فيسقى فتقاً وَإِمَّا أَن يَقع بَين جزأين من عُضْو مركّب فينفصل أَحدهمَا من الآخر من غير أَن ينَال الْعُضْو الْمُتَشَابه الْأَجْزَاء تفرق اتِّصَال فيسمى انفصالاً وخلعاً. وَإِذا كَانَ ذَلِك فِي عصب زَالَ عَن مَوْضِعه سمي فكاً. وَقد يكون تفرّق الِاتِّصَال فِي المجاري فيوسع وَقد يكون فِي غير المجاري فَيحدث مجاري لم تكن وَزَوَال الإتصال والتقرح وَنَحْوه إِذا وَقع فِي عُضْو جيد المزاج صلح بِسُرْعَة وَإِن وَقع فِي عُضْو رَدِيء المزاج استعصى حينا وَلَا سِيمَا فِي أبدان مثل أبدان الَّذين بهم الاسْتِسْقَاء أَو سوء الْقنية أَو الجذام. وَاعْلَم أَن القروح الصيفية إِذا تطاولت وَقعت الآكلة وَأَنت ستجد فِي كتب التَّفْصِيل استقصاء لأمر تفرق الإتصال مُؤَخرا إِلَيْهِ فَاعْلَم ذَلِك.

الْفَصْل الْخَامِس الْأَمْرَاض المركبة وَأما الْأَمْرَاض المركبة فلنقل فِيهَا أَيْضا قولا كلياً فَنَقُول: إِنَّا لسنا نعني بالأمراض المركبة أَي أمراض اتّفقت متجمعة بل الْأَمْرَاض الَّتِي إِذا اجْتمعت حدث من جُمْلَتهَا شَيْء هُوَ مرض وَاحِد وَهَذَا مثل الورم والبثور من جنس الورم فَإِن البثور أورام صغار كَمَا أَن الأورام بثور كبار. والورم يُوجد فِيهِ أَجنَاس الْأَمْرَاض كلهَا فيوجد فِيهِ مرض مزاج لآفة لِأَنَّهُ لَا ورم إِلَّا وَيحدث من سوء مزاج مَعَ مَادَّة وَيُوجد فِيهِ مرض الْهَيْئَة والتركيب فَإِنَّهُ لَا ورم إِلَّا وَهُنَاكَ آفَة فِي الشكل والمقدار وَرُبمَا كَانَ مَعَه أمراض الْوَضع وَيُوجد فِيهِ الْمَرَض الْمُشْتَرك وَهُوَ تفرق الإتصال فَإِنَّهُ لَا ورم إِلَّا وَهنا تفرق اتِّصَال فَإِنَّهُ لَا شكّ أَن تفرق الِاتِّصَال لما انصبت الْمَوَاد الفضلية إِلَى الْعُضْو الوَرِم وسكنت بَين أَجْزَائِهِ مفرقة بَعْضهَا عَن بعض حَتَّى تَأْخُذ لأنفسها أمكنة. والورم يعرض للأعضاء اللينة وَقد يعرض شَيْء شَبيه بالورم فِي الْعِظَام يغلظ لَهُ حجمها وتزداد رطوبتها وَلَا يغرب أَن يكون الْقَابِل للزِّيَادَة بالغذاء يقبلهَا بِالْفِعْلِ إِذا أنفذ فِيهِ أَو حدث فِيهِ وكل ورم لَيْسَ لَهُ سَبَب بادٍ وَسَببه البدني يتضمّن انْتِقَال مَادَّة من عُضْو إِلَى مَا تَحْتَهُ فيسمى نزلة. وَرُبمَا كَانَ السَّبَب المادي الَّذِي تتولد مِنْهُ الأورام والبثور مغموراً فِي أخلاط أُخْرَى غير مؤذية فِي كيفيتها فَإِذا استفرغت الأخلاط الجيدة فِي وُجُوه من الاستفراغ: إِمَّا الطبيعي كَمَا يعرض للنفساء فِي الْإِرْضَاع وَإِمَّا غير الطبيعي كَمَا يعرض لجراحة تسيل دَمًا مَحْمُودًا بقيت تِلْكَ الأخلاط الرَّدِيئَة خَالِصَة مُفْردَة فتأذى بهَا الطَّبْع فَدَفعهَا. وَرُبمَا كَانَ وَجه دَفعهَا إِلَى الْجلد فحدثت أورام وبثور. فالأورام قد تنفصل بفصول مُخْتَلفَة إِلَّا أَن فصولها بِالِاعْتِبَارِ هِيَ الْفُصُول الكائنة عَن أَسبَابهَا وَهِي الْمَوَاد الَّتِي تكون عَنْهَا الأورام وَالْمَرَاد الَّتِي تكون عَنْهَا الأورام سِتَّة: الأخلاط الْأَرْبَعَة والمائية وَالرِّيح. فالورم إِمَّا أَن يكون حاراً وَإِمَّا أَن لَا يكون وَلَا يَنْبَغِي أَن يظنّ

أن الورم الْحَار هُوَ الْكَائِن عَن دم أَو مرّة فَقَط بل عَن كل مَادَّة كَانَت حارة بجوهرها أَو عرضت لَهَا الْحَرَارَة بالعفونة وَإِن كَانَت هَذِه الْأَجْنَاس أَيْضا قد تَنْقَسِم بِحَسب انقسام أَنْوَاع كل مَادَّة وَذَلِكَ بِالْقَوْلِ النوعي فِي الأورام أولى.

وعادتهم أَن يسموا الدموي الْمَحْض فلغمونيا والصفراوي الْمَحْض جَمْرَة والمركب مِنْهَا باسم مركّب مِنْهُمَا ويقدّمون الْأَغْلَب فَيَقُولُونَ مَرَّة فلغموني جَمْرَة وَمرَّة جَمْرَة فلغمونية وَإِذا جمع سمي خراجاً وَإِذا وَقع الْخراج فِي اللحوم الرخوة والمغابن وَخلف الْأُذُنَيْنِ والأرنبة وَكَانَ من جنس فَاسد - وسنذكره فِي مَوْضِعه الجزئي - سمي طاعوناً. وللأرام الحارة ابْتِدَاء فِيهِ ينْدَفع الْخَلْط وَيظْهر الحجم ثمَّ يزِيد وَيزِيد مَعَه الحجم ويمتد ثمَّ يقف عِنْد غَايَة الحجم ثمَّ يَأْخُذ فِي الانحطاط فينضج بتحلّل أَو قيح ومآل أمره إِمَّا تحلّل وَإِمَّا جمع مُدَّة وَإِمَّا اسْتِحَالَة إِلَى الصلابة. وَأما الأورام الْغَيْر الحارة فإمَّا أَن تكون من مَادَّة سوداوية أَو بلغمية أَو مائية أَو ريحية. والكائنة عَن مَادَّة سوداوية ثَلَاثَة أَجنَاس: الصلابة والسرطان وأكثرها حريفية. وأجناس الغدد الَّتِي مِنْهَا الْخَنَازِير والسلع. وَالْفرق بَين أَجنَاس الغدد وَبَين الجنسين الآخرين أَن أَجنَاس الغدد تكون مبتدئة عَمَّا يحويها مثل الغدد الْمَحْضَة أَو متشبثة بظاهرها فَقَط مثل الْخَنَازِير. وَأما تِلْكَ الْأُخَر فَتكون مُخَالطَة مداخلة لجوهر الْعُضْو الَّتِي هِيَ فِيهِ. وَالْفرق بَين السرطان والصلابة أَن الصلابة ورم سَاكن هاد مُبْطل للحس أَو آيف فِيهِ لَا وجع مَعَه. والسرطان متحرك متزيّد مؤذٍ لَهُ أُصُول ناشئة فِي الْأَعْضَاء لَيْسَ يجب أَن يبطل مَعَه الْحس إِلَّا أَن تطول مدّته فيميت الْعُضْو وَيبْطل حسّه وَلَيْسَ يبعد أَن يكون الْفَصْل بَين الصلابة والسرطان بعوارض لَازِمَة لَا بفصول جوهرية. والأورام الصلبة السوداوية تبتدىء فِي أول كَونهَا صلبة وَقد تنْتَقل إِلَى الصلابة وخصوصاً الدموية وَقد يعرض ذَلِك أَيْضا فِي البلغمية أَحْيَانًا وتفارق الغدد والسلع وَمَا أشبههما من تعقد العصب بِأَن التعقد ألزم لموضعه وملمسه عصبي وَإِذا مدد بالغمز عَاد وَإِذا تبدّد بدواء قوي غير الغمز لم يعد

وأكثرها تحدث عَن التَّعَب وتبطل بالمثقلات من الأسرب وَنَحْوه وَأما جنس الأورام البلغمية فينقسم إِلَى نَوْعَيْنِ: الورم الرخو والسلع اللينة ويتفاصلان بِأَن السّلع متميزة فِي غلف والورم الرخو مخالط غير متميّز وَأكْثر أورام الشتَاء بلغمية حَتَّى الحارة مِنْهَا تكون بيض الألوان. وَاعْلَم أَن الأورام البلغمية تخْتَلف بِحَسب غلظ البلغم ورخاوته ورقته حَتَّى تشبه تَارَة السوداوية وَتارَة الريحية وَكثيرًا مَا ينزل البلغم الرَّقِيق فِي النَّوَازِل فِي خلل لِيف الأعصاب حَتَّى يبلغ إِلَى مثل عضلات الحنجرة السُّفْلى مِنْهَا فَمَا دونهَا. وَأما الأورام المائية فَهِيَ كالاستسقاء والقيلة المائية والورم الَّذِي يعرض فِي القحف من المائية وَمَا يشبه ذَلِك وَأما الأورام الريحية فَهِيَ أَيْضا تتنوع إِلَى نَوْعَيْنِ: أَحدهمَا التهبج وَالْآخر النفخة وَالْفرق بَين التهبج والنفخة من وَجْهَيْن: أَحدهمَا القوام وَالثَّانِي المخالطة. وَبَيَان هَذَا أَن الرّيح فِي التهبج مُخَالطَة لجوهر الْعُضْو وَفِي النفخة مجتمعة متمددة غير مُخَالطَة للعضو وَأَن التهبج يستلينه الْحس والنفخة تقاوم المدافع مقاومة كَثِيرَة أَو قَليلَة والبثور أَيْضا على عدد الأورام فَمِنْهَا دموية كالجدري وصفراوية مَحْضَة كالشري

الصفراوي والجاورسية ومختلطة كالحصبة والنملة والمسامير والجرب والثآليل وغير ذَلِك وقد تكون مائية كالنفاطات وريحية كالنفّاخات وَأنت تجِد ذَلِك فِي الْكتاب الرَّابِع تَفْصِيلًا لأحوال الأورام والبثور ويليق بذلك الْموضع.

الْفَصْل السَّادِس أُمُور تُعد مَعَ الْأَمْرَاض وَههُنَا أُمُور خَارِجَة عَن الْأَمْرَاض وتعد فِيهَا وَهِي الْأُمُور الدَّاخِلَة فِي الزِّينَة أحدهَا فِي الشّعْر وَالثَّانِي فِي اللَّوْن وَالثَّالِث فِي الرَّائِحَة وَالرَّابِع فِي السحنة بعد اللَّوْن. وأجناس أمراض الشّعْر التناثر والتمرط وَالْقصر والفلة والشقاق والدقة والغلظ وإفراط الجعودة وإفراط السبوطة والشيب واستحالة اللَّوْن كَيفَ كَانَ. وآفات اللَّوْن تدخل فِي أَربع أَجنَاس: جنس استحالته عَن سوء مزاج بمادة كاليرقان أَو بِغَيْر مَادَّة كالحصبة الْعَارِضَة للون عَن مزاج بَارِد مُفْرد والصفرة الَّتِي رُبمَا كَانَت عَن مزاج حَار مُفْرد وجنس إستحالته عَن أَسبَاب بادية كَمَا تسفع الشَّمْس وَالْبرد وَالرِّيح اللَّوْن وجنس إنبساط أجسام غَرِيبَة اللَّوْن على الْجلد الْحَامِل اللَّوْن كالبهق الأسود والتقاطها فِيهِ كالخيلان والنمش. وجنس الْآثَار الْعَارِضَة من التئام تفرق إتصال عرض كآثار الجدري وأنداب القروح وآفات الرَّائِحَة كالصأن وَغَيره من الروائح الكريهة الَّتِي تفوح من الْأَبدَان وآفات السحنة بعد اللَّوْن إِمَّا الهزال المفرط وَإِمَّا السّمن المفرط.

الْفَصْل السَّابِع أَوْقَات الْأَمْرَاض وَاعْلَم أَن لأَكْثَر الْأَمْرَاض أَرْبَعَة أَوْقَات: وَقت الِابْتِدَاء وَوقت التزايد وَوقت مُنْتَهى وَوقت الإنحطاط. وَمَا خرج من هَذِه فَهِي من أَوْقَات الصِّحَّة. وَلَيْسَ نعني بِوَقْت الإبتداء والإنتهاء طرفان لَا يستبان فيهمَا حَال الْمَرَض بل لكل وَاحِد مِنْهُمَا زمَان محسوس يكون لَهُ حكم مَخْصُوص. ووَقت الإبتداء هُوَ الزَّمَان الَّذِي يظْهر فِيهِ الْمَرَض وَيكون كالمتشابه فِي أَحْوَاله لَا يستبان فِيهِ تزايده. والتزايد هُوَ الْوَقْت النى يستبان فِيهِ اشتداده كل وَقت بعد وَقت. وَوقت الِانْتِهَاء هُوَ الْوَقْت الَّذِي يقف فِيهِ الْمَرَض فِي جَمِيع أَجْزَائِهِ على حَالَة وَاحِدَة. والانحطاط هُوَ الزَّمَان الَّذِي يظْهر فِيهِ انتقاصه. وكل مَا أمعن كَانَ الانتقاص أظهر. وَهَذِه الْأَوْقَات قد تكون بِحَسب الْمَرَض من أوله إِلَى آخِره فِي نوائبه وَتسَمى أوقاتاً كُلية وَقد تكون بِحَسب نوبَة نوبَة وَتسَمى أوقاتاً جزئية.

الْفَصْل الثَّامِن تَمام القَوْل فِي الْأَمْرَاض إِن الْأَمْرَاض قد تلحقها التَّسْمِيَة من وُجُوه. إمّا من الْأَعْضَاء الحاملة لَهَا كذات الْجنب وَذَات الرئة وَإِمَّا من أعراضها كالصرع وَإِمَّا من أَسبَابهَا كَقَوْلنَا مرض سوداوي وَإِمَّا من التَّشْبِيه كَقَوْلنَا دَاء الْأسد وداء الْفِيل وَإِمَّا مَنْسُوبا إِلَى أول من يذكر أَنه عرض لَهُ ذَلِك كَقَوْلِهِم قرحَة طيلانية منسوبة إِلَى رجل يُسمى طيلانس وَإِمَّا مَنْسُوبا إِلَى بَلْدَة يكثر حدوثها فِيهِ كَقَوْلِهِم القروح البلخية وَإِمَّا مَنْسُوبا إِلَى من كَانَ مَشْهُورا بالإنجاح فِي معالجاتها كالقرحة السيروتية وَإِمَّا قَالَ جالينوس: إِن الْأَمْرَاض إمّا ظَاهِرَة فتعرف حسا وَإِمَّا باطنة سهلة الْوُقُوف عَلَيْهَا كأوجاع الْمعدة والرئة أَو عسرة الْوُقُوف عَلَيْهَا كآفات الكبد ومجاري الرئة وَإِمَّا غير مدركة إِلَّا بالتخمين كالآفات الْعَارِضَة لمجاري الْبَوْل. والأمراض قد تكون خَاصَّة وَقد تكون بِالشّركَةِ والعضو يُشَارك عضوا فِي مَرضه إِمَّا لِأَنَّهُمَا متواصلان بالطبع يتّصل بَينهمَا آلات كالدماغ والمعدة يُوصل بَينهمَا العصب وَالرحم والثدي

يُوصل الأوردة بَينهمَا وَإِمَّا لِأَن أحدهمَا طَرِيق إِلَى الثَّانِي كالأربيتين لورم السَّاق وَإِمَّا لِأَنَّهُمَا متجاوران كالرئة والدماغ فكل يُشرك الآخر وخصوصاً إِذا كَانَ أَحدهمَا حاراً ضَعِيفا فيقبل الْفضل من صَاحبه كالإبط للقلب وَإِمَّا لِأَن أَحدهمَا مبدأ فَاضل لفعل الثَّانِي كالحجاب للرئة فِي التنفس وَإِمَّا لِأَن أَحدهمَا يخْدم الثَّانِي كالعصب للدماغ وَإِمَّا لِأَنَّهُمَا يشاركان عضوا ثَالِثا مثل الدِّمَاغ تشارك الْكُلية بِسَبَب أَن كل وَاحِد مِنْهُمَا يُشَارك الكبد. وَرُبمَا عَادَتْ الشّركَة.

وبالأمثل أَن الدِّمَاغ إِذا لم تشاركه الْمعدة فضعف هضمها فأوصلت إِلَيْهِ أبخرة رَدِيئَة وغذاء غير منهضم فزادت فِي ألم الدِّمَاغ نَفسه. والمشاركة تجْرِي على أَحْكَام الأَصْل فِي الدَّوَام وَفِي الدّور. ومراتب الْأَبدَان من الصِّحَّة وَالْمَرَض سِتَّة على مَا نَحن نصفه: بدن فِي غَايَة الصِّحَّة وبدن فِي الصِّحَّة دون الْغَايَة وبدن لَا صحي وَلَا مرضيّ كَمَا قيل ثمَّ الْبدن المستقام الْقَابِل للصِّحَّة سَرِيعا ثمَّ الْبدن الْمَرِيض مَرضا يَسِيرا ثمَّ الْبدن الْمَرِيض فِي الْغَايَة وكل مرض إِمَّا مُسلم وَإِمَّا غير مُسلم. وَالْمُسلم هُوَ الْمَرَض الَّذِي لَا عائق عَن معالجته كَمَا يَنْبَغِي. وَغير الْمُسلم هُوَ الَّذِي يقْتَرن بِهِ عائق لَا يرخص فِي صَوَاب تَدْبيره مثل الصداع إِذا قارنته النزلة. وَاعْلَم أَن الْمَرَض الْمُنَاسب للمزاج وَالسّن وَالْفَصْل أقل خطراً من الَّذِي لَا يُنَاسِبه. فَإِن الَّذِي لَا يُنَاسِبه وَلَا يحدث إِلَّا عَن عظم سَببه. وَاعْلَم أَن أمراض كل فصل يُرْجَى أَن ينْحل فِي صَدره من الفضول. وَاعْلَم أَن من الْأَمْرَاض أمراضاً تنْتَقل إِلَى أمراض أُخْرَى وتقلع هِيَ وَيكون فِيهَا خيرة فَيكون مرض وَاحِد شِفَاء من أمراض أُخْرَى مثل الرّبع فَإِنَّهُ كثيرا مَا يشفي من الصرع والنقرس والدوالي وأوجاع المفاصل والجرب والحكة والبثور وَمن التشنج. وَكَذَلِكَ الذرب من الرمد وَمن زلق الأمعاء وَمن ذَات الْجنب وَكَذَلِكَ انفتاح عروق المقعدة وينفع من كل مرض سوداي وَمن وجع الورك وَمن أوجاع الْكُلى والأرحام. وَقد يَنْتَقِل بعض الْأَمْرَاض إِلَى أمراض أُخْرَى فَيصير الْحَال لذَلِك أَشد رداءة مثل انْتِقَال ذَات الْجنب إِلَى ذَات الرئة وانتقال العلّة الْمَعْرُوفَة بقرانيطس إِلَى ليثرغس.

وَمن الْأَمْرَاض أمراض معدية مثل الجذام والجرب والجدري والحمى الوبائية والقروح العفنة وخصوصاً إِذا ضَاقَتْ المساكن وَكَذَلِكَ إِذا كَانَ الْمُجَاور فِي أَسْفَل الرّيح وَمثل الرمد وخصوصاً إِلَى متأمله بِعَيْنِه وَمثل الضّرس حَتَّى إِن تخيل الحامض يَفْعَله وَمثل السبل وَمثل البرص. وَمن الْأَمْرَاض أمراض تتوارث فِي النَّسْل مثل القرع الطبيعي والبرص والنقرس والسبل والجذام. وَمن الْأَمْرَاض أمراض جنسية تخْتَص بقبيلة أَو بسكان نَاحيَة أَو يكثر فيهم. وَاعْلَم أَن ضعف الْأَعْضَاء تَابع لسوء المزاج أَو تحلّل البنية.

التَّعْلِيم الثَّانِي الْأَسْبَاب وَهُوَ جملتان

الْجُمْلَة الأولى الْأَشْيَاء الَّتِي تحدث عَن سَبَب من الْأَسْبَاب الْعَامَّة وَهِي تِسْعَة عشر فصلا.

الْفَصْل الأول قَول كلي فِي الْأَسْبَاب: أَسبَاب أَحْوَال الْبدن وَقد قدمناها أَعنِي الصِّحَّة وَالْمَرَض وَالْحَال المتوسطة بَينهمَا ثَلَاثَة: السَّابِقَة والبادية والواصلة وتشترك السَّابِقَة والواصلة فِي أَنَّهُمَا أُمُور بدنية أَعنِي خلطية أَو مزاجية أَو

تركيبية. والأسباب الْبَادِيَة هِيَ من أُمُور خَارِجَة عَن جَوْهَر الْبدن إِمَّا من جِهَة أجسام خَارِجَة مثل مَا يحدث عَن الضَّرْب وسخونة الجو وَالطَّعَام الْحَار أَو الْبَارِد الواردين على الْبدن وَإِمَّا من جِهَة النَّفس فَإِن النَّفس شَيْء آخر غير الْبدن مثل مَا يحدث عَن الْغَضَب والأسباب السَّابِقَة والبادية تشترك فِي أَنه قد يكون بَينهمَا وَبَين هَذِه الْأَحْوَال وَاسِطَة مَا. والأسباب الْبَادِيَة والأسباب الْوَاصِلَة تشترك فِي أَنه قد لَا يكون بَينهمَا وَبَين الْحَالة الْمَذْكُورَة وَاسِطَة لَكِن الْأَسْبَاب السَّابِقَة تنفصل عَن الْأَسْبَاب الْوَاصِلَة بِأَن الْأَسْبَاب السَّابِقَة لَا يليهَا الْحَالة بل بَينهمَا أَسبَاب أُخْرَى أقرب إِلَى الْحَالة من السَّابِقَة. والأسباب السَّابِقَة تنفصل من الْبَادِيَة بِأَنَّهَا بدنية وَأَيْضًا فَإِن الْأَسْبَاب السَّابِقَة يكون بَينهَا وَبَين الْحَالة وَاسِطَة لَا محَالة. والأسباب الْبَادِيَة لَيْسَ يجب فِيهَا ذَلِك. والأسباب الْوَاصِلَة لَا يكون بَينهَا وَبَين الْحَالة وَاسِطَة الْبَتَّة.

والأسباب الْبَادِيَة لَيْسَ يجب فِيهَا ذَلِك بل الْأَمر أَن فِيهَا ممكنان فالأسباب السَّابِقَة هِيَ أَسبَاب بدنية أَعنِي خلطية أَو مزاجية أَو تركيبية هِيَ الْمُوجبَة للحالة إِيجَابا غير أولي أَعنِي توجبها بِوَاسِطَة. والأسباب الْوَاصِلَة أَسبَاب بدنية توجب أحوالاً بدنية إِيجَابا أولياً أَي بِغَيْر وَاسِطَة والأسباب الْبَادِيَة أَسبَاب غير بدنية توجب أحوالاً بدنية إِيجَابا أولياً وَغير أولي مِثَال الْأَسْبَاب السَّابِقَة الإمتلاء للحمى وإمتلاء أوعية الْعين لنزول المَاء فِيهَا. وَمِثَال الْأَسْبَاب الْوَاصِلَة العفونة للحمى والرطوبة السائلة إِلَى النفث للسدة والسدة للحمى وَمِثَال الْأَسْبَاب الْبَادِيَة حرارة الشَّمْس وَشدَّة الْحَرَارَة أَو الْغم أَو السهر أَو تنَاول شَيْء مسخن كالثوم. كل ذَلِك للحمى أَو الضَّرْبَة للانتشار ونزول المَاء فِي الْعين. وكل سَبَب إِمَّا سَبَب بِالذَّاتِ كالفلفل يسخن والأفيون يبرد وَإِمَّا بِالْعرضِ كَالمَاءِ الْبَارِد إِذا سخن بالتكثيف وتحقن الْحَرَارَة وَالْمَاء الْحَار إِذا برد بالتحليل والسقمونيا إِذا برد باستفراغ الْخَلط المسخن وَلَيْسَ كل سَبَب يصل إِلَى الْبدن يفعل فِيهِ بل قد يحْتَاج مَعَ ذَلِك إِلَى أُمُور ثَلَاثَة: إِلَى قُوَّة من قوته الفاعلة وَقُوَّة من قُوَّة الْبدن الإستعدادية وَتمكن من ملاقاة أَحدهمَا الآخر زَمَانا فِي مثله يصدر ذَلِك الْفِعْل عَنهُ. وَقد تخْتَلف أَحْوَال الْأَسْبَاب عِنْد موجباتها فَرُبمَا كَانَ السَّبَب وَاحِدًا واقْتضى فِي أبدان شَتَّى أمراضاً شَتَّى أَو فِي أَوْقَات شَتَّى أمراضاً شَتَّى وَقد يخْتَلف فعله فِي الضَّعِيف وَالْقوي وَفِي شَدِيد الْحس وَضَعِيف الْحس. وَمن الْأَسْبَاب مَا هُوَ مخلف وَمِنْهَا مَا هُوَ غير مخلف والمخلف هُوَ الَّذِي إِذا فَارق يبْقى تَأْثِيره. وَغير المخلف هُوَ الَّذِي يكون الْبُرْء مَعَ مُفَارقَته. ونقول: إِن الْأَسْبَاب الْمُغيرَة لأحوال الْأَبدَان والحافظة لَهَا إِمَّا ضَرُورِيَّة لَا يتَأَتَّى للإنسان التفصي عَنْهَا فِي حَيَاته وَإِمَّا غير ضَرُورِيَّة. والضرورية سِتَّة أَجنَاس: جنس الْهَوَاء الْمُحِيط وجنس مَا يُؤْكَل وَيشْرب وجنس الْحَرَكَة والسكون البدنيين وجنس الحركات النفسانية وجنس النّوم واليقظة وجنس الاستفراغ والاحتقان فلنشرع أَولا فِي جنس الْهَوَاء.

الْفَصْل الثَّانِي تَأْثِير الْهَوَاء الْمُحِيط بالأبدان: الْهَوَاء عنصر لأبداننا وأرواحنا وَمَعَ أَنه عنصر لأبداننا وأرواحنا فَهُوَ مددة يصل إِلَى أَرْوَاحنَا وَيكون عِلّة إصلاحها لَا كالعنصر فَقَط لَكِن كالفاعل أَعنِي الْمعدل وَقد بَينا مَا نعني بِالروحِ فِيمَا سلف ولسنا نعني بِهِ مَا تسميه الْحُكَمَاء النَّفس. وَهَذَا التَّعْدِيل الَّذِي يصدر عَن الْهَوَاء فِي أَرْوَاحنَا يتَعَلَّق بفعلين هما الترويح والتنقية. والترويح هُوَ تَعْدِيل مزاج الرّوح الْحَار إِذا أفرط بالإحتقان فِي الْأَكْثَر وتغيّره - وأعني

بالتعديل - التَّعْدِيل الإضافي الَّذِي علمته وَهَذَا التَّعْدِيل يفيدهُ الإستنشاق من الرئة. وَمن منافس النبض الْمُتَّصِلَة بالشرايين والهواء الَّذِي يُحِيط بأبداننا بَارِد جدا بِالْقِيَاسِ إِلَى مزاج الرّوح الغريزي فضلا عَن المزاج الْحَادِث بالاحتقان فَإِذا وصل إِلَيْهِ صدمه الْهَوَاء وخالطه وَمنعه عَن الإستحالة إِلَى النارية والإحتقانية المؤدية إِلَى سوء مزاج يَزُول بِهِ عَن الاستعداد لقبُول التأثر النفساني فِيهِ الَّذِي هُوَ سَبَب الْحَيَاة وَإِلَى تحلل نفس جوهره البُخَارِيّ الرطب. وَأما التنقية فَهِيَ باستصحابه عِنْد رد النَّفس مَا تسلمه إِلَيْهِ الْقُوَّة المميّزة من البخار الدخاني الَّذِي نسبته إِلَى الرّوح نِسْبَة الْخَلْط الفضلي إِلَى الْبدن. وَالتَّعْدِيل هُوَ بورود الْهَوَاء على الرّوح عِنْد الاِسْتِنْشَاق والتنقية بصدوره عَنهُ عِنْد رد النَّفس وَذَلِكَ لِأَن الْهَوَاء المستنشق إِنَّمَا يحْتَاج إِلَيْهِ فِي تعديله أول وُرُوده أَن يكون بَارِدًا بِالْفِعْلِ فَإِذا إستحال إِلَى كَيْفيَّة الرّوح بالتسخين لطول مكثه بطلت فَائِدَته فاستغنى عَنهُ. واحتيج إِلَى هَوَاء جَدِيد يدْخل وَيقوم مقَامه فاحتيج ضَرُورَة إِلَى إِخْرَاجه لإخلاء الْمَكَان لمعاقبة ولتندفع مَعَه فضول جَوْهَر الرّوح والهواء مَا دَامَ معتدلًا وصافياً لَيْسَ يخالطه جَوْهَر غَرِيب منَاف لمزاج الرّوح فَهُوَ فَاعل للصِّحَّة وحافظ لَهَا فَإِذا تغير فعل ضد فعله. والهواء يعرض لَهُ تغيرات طبيعية وتغيرات غير طبيعية وتغيّرات خَارِجَة عَن المجرى الطبيعي مضادة لَهُ. والتغيرات الطبيعية هِيَ التغيرات الفصلية فَإِنَّهُ يَسْتَحِيل عِنْد كل فصل إِلَى مزاج آخر.

الْفَصْل الثَّالِث طباع الْفُصُول اعْلَم أَن هَذِه الْفُصُول عِنْد الْأَطِبَّاء غَيرهَا عِنْد المنجمين فَإِن الْفُصُول الْأَرْبَعَة عِنْد المنجّمين هِيَ أزمنة انتقالات الشَّمْس فِي ربع ربع من فلك البروج مبتدئة من النقطة الربيعية وَأما عِنْد الْأَطِبَّاء فَإِن الرّبيع هُوَ الزَّمَان الَّذِي لَا يحوج فِي الْبِلَاد المعتدلة إِلَى إدفاء يعْتد بِهِ من الْبرد أَو ترويح يعْتد بِهِ من الْحر وَيكون فِيهِ ابْتِدَاء نشوء الْأَشْجَار وَيكون زَمَانه زمَان مَا بَين الاسْتوَاء الربيعي أَو قبله أَو بعده بِقَلِيل إِلَى حُصُول الشَّمْس فِي نصف من الثور. وَيكون الخريف هُوَ الْمُقَابل لَهُ فِي مثل بِلَادنَا. وَيجوز فِي بِلَاد أُخْرَى أَن يتَقَدَّم الرّبيع ويتأخر الخريف. والصيف هُوَ جَمِيع الزَّمَان الْحَار والشتاء هُوَ جَمِيع الزَّمَان الْبَارِد فَيكون زمَان الرّبيع والخريف كل وَاحِد مِنْهُمَا عِنْد الْأَطِبَّاء أقصر من كل وَاحِد من الصَّيف والشتاء. وزمان الشتَاء مُقَابل للصيف أَو أقل أَو أَكثر مِنْهُ بِحَسب الْبِلَاد. فيُشبه أَن يكون الرّبيع زمَان الأزهار ابْتِدَاء الأثمار والخريف زمَان تغير لون الْوَرق وَابْتِدَاء سُقُوطه وَمَا سواهُمَا شتاء وصيف. فَنَقُول إِن مزاج الرّبيع هُوَ المزاج المعتدل وَلَيْسَ على مَا يظنّ أَنه حَار رطب. وَتَحْقِيق ذَلِك بكنهه هُوَ إِلَى الْجُزْء الطبيعي من الْحِكْمَة بل ليسلم أَن الرّبيع معتدل والصيف حَار لقرب الشَّمْس من سمت الرؤوس وَقُوَّة الشعاع الفائض عَنْهَا الَّذِي يتَوَهَّم انعكاسه فِي الصَّيف إِمَّا على زَوَايَا حادة جدا وَإِمَّا ناكصاً على أعقابه فِي الخطوط الَّتِي نفذ فِيهَا فيكثف عِنْدهَا الشعاع. وَسبب ذَلِك فِي الْحَقِيقَة هُوَ أَن مسْقط شُعَاع الشَّمْس مِنْهُ مَا هُوَ بِمَنْزِلَة مخروط السهْم من الأسطوانة والمخروط كَأَنَّهُ ينفذ من مَرْكَز جرم الشَّمْس إِلَى مَا هُوَ محاذيه. وَمِنْه مَا هُوَ بِمَنْزِلَة الْبَسِيط وَالْمُحِيط أَو المقارب للمحيط وَأَن قوته عِنْد سَهْمه أقوى إِذْ التَّأْثِير يتَوَجَّه إِلَيْهِ من الْأَطْرَاف كلهَا وَأما مَا يَلِي الْأَطْرَاف فَهُوَ أَضْعَف وَنحن فِي الصَّيف واقعون فِي السهْم أَو بِقرب مِنْهُ ويدوم ذَلِك

علينا سكان الْعرُوض الشمالية. وَفِي الشتاء بِحَيْثُ يقرب من الْمُحِيط وَلذَلِك مَا يكون الضَّوْء فِي الصَّيف أنور مَعَ أَن الْمسَافَة من مقامنا إِلَى مقَام الشَّمْس فِي قرب أوجها أبعد.

أما نِسْبَة هَذَا القرب والبعد فتبتين فِي الْجُزْء النجومي من الْجُزْء الرياضي من الْحِكْمَة. وَأما تَحْقِيق إشتداد الْحر لاشتداد الضَّوْء فَهُوَ يتَبَيَّن فِي الْجُزْء الطبيعي من الْحِكْمَة. والصيف مَعَ أَنه حَار فَهُوَ أَيْضا يَابِس لتحلل الرطوبات فِيهِ من شدَّة الْحَرَارَة ولتخلخل جَوْهَر الْهَوَاء ومشاكلته للطبيعة النارية ولقلة مَا يَقع فِيهِ من الأنداء والأمطار. والشتاء بَارِد رطب لضد هَذِه الْعِلَل. وَأما الخريف فَإِن الْحر يكون قد انْتقص فِيهِ وَالْبرد لَا يستحكم بعد وكأنّا قد حصلنا فِي الْوسط من التبعد بَين السهْم الْمَذْكُور وَبَين الْمُحِيط. فَإِذن هُوَ قريب من الإعتدال فِي الْحر وَالْبرد إِلَّا أَنه غير معتدل فِي الرُّطُوبَة واليبوسة وَكَيف وَالشَّمْس قد جففت الْهَوَاء وَلم يحدث بعد من الْعِلَل المرطبة مَا يُقَابل تجفيف الْعلَّة المجففة وَلَيْسَ الْحَال فِي التبريد كالحال فِي الترطيب لِأَن الإستحالة إِلَى الْبُرُودَة تكون بسهولة والإستحالة إِلَى الرُّطُوبَة لَا تكون بِتِلْكَ السهولة. وَأَيْضًا لَيست الإستحالة إِلَى الرُّطُوبَة بالبرد كالاستحالة إِلَى الْجَفَاف بِالْحرِ لِأَن الاستحالة إِلَى الْجَفَاف بِالْحرِ تكون بسهولة فَإِن أدنى الْحر يجفف. وَلَيْسَ أدنى الْبرد يرطب بل رُبمَا كَانَ أدنى الحرّ أقوى فِي الترطيب إِذا وجد الْمَادَّة من أدنى الْبرد فِيهِ لأنّ أدنى الْحر يبخر وَلَا يحلّل. وَلَيْسَ أدنى الْبرد يكثف ويحقن وَيجمع. وَلِهَذَا لَيْسَ حَال بَقَاء الرّبيع على رُطُوبَة الشتاء كَحال بَقَاء الخريف على يبوسة الصَّيف فَإِن رُطُوبَة الرّبيع تعتدل بِالْحرِ فِي زمَان لَا تعتدل فِيهِ يبوسة الخريف بالبرد وَيُشبه أَن يكون هَذَا الترطيب والتجفيف شَبِيها بِفعل ملكة وَعدم لَا بِفعل ضدين لِأَن التجفيف فِي هَذَا الْموضع لَيْسَ هُوَ إِلَّا إفقاد الْجَوْهَر الرطب. والترطيب لَيْسَ هُوَ إفقاد الْجَوْهَر الْيَابِس بل تَحْصِيل الْجَوْهَر الرطب لأَنا لسنا نقُول فِي هَذَا الْموضع هَوَاء رطب وهواء يَابِس وَنَذْهَب فِيهِ إِلَى صورته أَو كيفيته الطبيعية بل لَا نتعرض لهَذَا فِي هَذَا الْموضع أَو نتعرض تعرضاً يَسِيرا وَإِنَّمَا نعني بقولنا هَوَاء رطب أَي هَوَاء خالطته أبخرة كثيفة مائية أَو هَوَاء اسْتَحَالَ بتكثفه إِلَى مشاكلة البخار المائي ونقول هَوَاء يَابِس أَي هَوَاء قد تفشش عَنهُ مَا يخالطه من البخارات المائية أَو اسْتَحَالَ إِلَى مشاكلة جَوْهَر النَّار بالتخلخل أَو خالطته أدخنة أرضية تشاكل الأَرْض فِي تنشفها. فالربيع ينتفض عَنهُ فضل الرُّطُوبَة الشتوية مَعَ أدنى حر يحدث فِيهِ لمقارنة الشَّمْس السمت.

والخريف لَيْسَ بِأَدْنَى برد يحدث فِيهِ بترطب جوه. وَإِذا شِئْت أَن تعرف هَذَا فَتَأمل هَل تندى الْأَشْيَاء الْيَابِسَة فِي الجو الْبَارِد كتجفف الْأَشْيَاء الرّطبَة فِي الجو الْحَار على أَن يَجْعَل الْبَارِد فِي برده كالحار فِي حره تَقْرِيبًا فَإنَّك إِذا تَأَمَّلت هَذَا وجدت الْأَمر فيهمَا مُخْتَلفا على أَن هَهُنَا سبباً آخر أعظم من هَذَا وَهُوَ أَن الرطوبات لَا تثبت فِي الجور الْبَارِد والحار جَمِيعًا إِلَّا بدوام لُحُوق المدد. والجفاف لَيْسَ يحْتَاج إِلَى مدد الْبَتَّة وَإِنَّمَا صَارَت الرُّطُوبَة فِي الأجساد المكشوفة للهواء أَو فِي نفس الْهَوَاء لَا تثبت إِلَّا بمدد لِأَن الْهَوَاء إِنَّمَا يُقَال لَهُ إِنَّه شَدِيد الْبرد بِالْقِيَاسِ إِلَى أبداننا وَلَيْسَ يبلغ برده فِي الْبِلَاد المعمورة قبلنَا إِلَى أَن لَا يحلل الْبَتَّة بل هُوَ فِي الْأَحْوَال كلهَا مُحَلل لما فِيهِ من قُوَّة الشَّمْس وَالْكَوَاكِب فَمَتَى انْقَطع المدد وَاسْتمرّ التَّحَلُّل أسْرع الْجَفَاف. وَفِي الرّبيع يكون مَا يتَحَلَّل أَكثر مِمَّا

يتبخر وَالسَّبَب فِي ذَلِك أَن التبخر يَفْعَله أَمْرَانِ: حرارة ورطوبة لَطِيفَة قليلَة فِي ظَاهر الجو وحر كامن فِي الأَرْض قوي يتَأَذَّى مِنْهُ شَيْء لطيف إِلَى مَا يقرب من ظَاهر الأَرْض. وَفِي الشتَاء يكون بَاطِن الأَرْض حارًا شَدِيد الْحَرَارَة كَمَا قد تبين فِي الْعُلُوم الطبيعية الأَصْلِيَّة وَتَكون حرارة الجو قليلَة فيجتمع إذن السببان للترطيب وَهُوَ التصعيد ثمَّ التَّغْلِيظ وَلَا سِيمَا وَالْبرد أَيْضا يُوجب فِي جَوْهَر الْهَوَاء نَفسه تكاثفاً واستحال إِلَى البخارية. وَأما فِي الرّبيع فان الْهَوَاء يكون تَحْلِيله أقوى من تبخيره والحرارة الْبَاطِنَة الكامنة تنقص جدا وَيظْهر مِنْهَا مَا يمِيل إِلَى بارز الأَرْض دَفعه شَيْء هُوَ أقوى من المبخر أَو شَيْء هُوَ لطيف التبخير لشدَّة استيلائه على الْمَادَّة فيلطفها: ويصادف تبخيره اللَّطِيف زِيَادَة حر الجو فيتمّ بِهِ التَّحْلِيل. هَذَا بِحَسب الْأَكْثَر وبحسب انْفِرَاد هَذِه الْأَسْبَاب دون أَسبَاب أُخْرَى توجب أَشْيَاء غير مَا ذكرنَاهُ.

ثمَّ لَا تكون هُنَاكَ مَادَّة كَثِيرَة تلْحق مَا يصعد ويلطف فَلهَذَا يجب أَن يكون طباع الرّبيع إِلَى الِاعْتِدَال فِي الرُّطُوبَة واليبس كَمَا هُوَ معتدل فِي الْحَرَارَة والبرودة على إِنَّا لَا نمْنَع أَن تكون أَوَائِل الرّبيع إِلَى الرُّطُوبَة مَا هِيَ إِلَّا أَن بعد ذَلِك عَن الإعتدال لَيْسَ كبعد مزاج الخريف من اليبوسة عَن الِاعْتِدَال ثمَّ إِن الخريف من لم يحكم عَلَيْهِ بِشدَّة الإعتدال فِي الْحر وَالْبرد لم يبعد عَن الصَّوَاب فَإِن ظهائره صيفية لِأَن الْهَوَاء الخريفي شَدِيد اليبس مستعد جدا لقبُول التسخين والاستحالة إِلَى مشاكلة النارية بتهيئة الصَّيف إِيَّاه لذَلِك ولياليه وغدواته بَارِدَة لبعد الشَّمْس فِي الخريف عَن سمت الرؤوس ولشدة قبُول اللَّطِيف المتخلخل لتأثير مَا يبرد. وَأما الرّبيع فَهُوَ أقرب إِلَى الِاعْتِدَال فِي الكيفيتين لِأَن جوه لَا يقبل من السَّبَب المشاكل للسبب فِي الخريف مَا يقبله جو الخريف من التسخين والتبريد فَلَا يبعد ليله كثيرا عَن نَهَاره. فَإِن قَالَ قَائِل: مَا بَال الخريف يكون ليله أبرد من ليل الرّبيع وَكَانَ يجب أَن يكون هواؤه أسخن لِأَنَّهُ ألطف فنجيبه ونقول: إِن الْهَوَاء الشَّدِيد التخلخل يقبل الحرّ وَالْبرد أسْرع وَكَذَلِكَ المَاء الشَّدِيد التخلخل وَلِهَذَا إِذا سخنت المَاء وعرضته للإجماد كَانَ أسْرع جموداً من الْبَارِد لنفوذ التبريد فِيهِ لتخلخله على أَن الْأَبدَان لَا تحس من برد الرّبيع مَا تحس من برد الخريف لِأَن الْأَبدَان فِي الرّبيع منتقلة من الْبرد إِلَى الحرّ متعودة للبرد وَفِي الخريف بالضدّ وعَلى أَن الخريف مُتَوَجّه إِلَى الشتَاء وَالربيع مُسَافر عَنهُ. وَاعْلَم أَن اخْتِلَاف الْفُصُول قد يثير فِي كل إقليم ضربا من الْأَمْرَاض وَيجب على الطَّبِيب أَن يتعرف ذَلِك فِي كل إقليم حَتَّى يكون الِاحْتِرَاز والتقدم بِالتَّدْبِيرِ مَبْنِيا عَلَيْهِ وَقد يشبه الْيَوْم الْوَاحِد أَيْضا بعض الْفُصُول دون بعض فَمن الْأَيَّام مَا هُوَ شتوي وَمِنْهَا مَا هُوَ صَيْفِي وَمِنْهَا مَا هُوَ خريفي يسخن ويبرد فِي يَوْم وَاحِد.

الْفَصْل الرَّابِع أَحْكَام الْفُصُول وتعابيرها كل فصل يُوَافق من بِهِ مزاج صحي مُنَاسِب لَهُ وَيُخَالف من بِهِ سوء مزاج غير مُنَاسِب لَهُ إِلَّا إِذا عرض خُرُوج عَن الِاعْتِدَال جدا فيخالف الْمُنَاسب وَغير الْمُنَاسب بِمَا يضعف من الْقُوَّة وَأَيْضًا فَإِن كل فصل يُوَافق المزاج العرضي المضاد لَهُ وَإِذا خرج فصلان عَن طبعها وَكَانَ مَعَ ذَلِك خروجهما متضاداً ثمَّ لم يَقع إفراط متماد مثل أَن يكون الشتَاء كَانَ جنوبياً فورد عَلَيْهِ ربيع شمَالي كَانَ لُحُوق الثَّانِي بِالْأولِ مُوَافقا

للأبدان معدلاً لَهَا فَإِن الرّبيع يتدارك جِنَايَة الشتَاء. وَكَذَلِكَ إِن كَانَ الشتَاء يَابسا جدا وَالربيع رطبا جدا فَإِن الرّبيع يعدل بيبس الشتَاء.

وَمَا لم تُفْرط الرُّطُوبَة وَلم يطلّ الزّمَان لم يتغيّر فعله عَن الإعتدال إِلَى الترطيب الضار. تغيّر الزّمَان فِي فصل وَاحِد أقل جلباً للوباء من تغيره فِي فُصُول كَثِيرَة تغيّراً جالباً للوباء لَيْسَ تغير امتداد كَالْمَاءِ يجنيه التغيّر الأول على مَا وَصفنَا. وَأولى أمزجة الْهَوَاء بِأَن يَسْتَحِيل إِلَى العفونة هُوَ مزاج الْهَوَاء الْحَار الرطب وَأَكْثَر مَا تعرض تغيرات الْهَوَاء إِنَّمَا هُوَ فِي الْأَمَاكِن الْمُخْتَلفَة الأوضاع والغائرة ويقلّ فِي المستوية والعالية خُصُوصا. وَيجب أَن تكون الْفُصُول ترد على واجباتها فَيكون الصَّيف حاراً والشتاء بَارِدًا وَكَذَلِكَ كل فصل فَإِن انخرق ذَلِك فكثيراً مَا يكون سَببا لأمراض رَدِيئَة. وَالسّنة المستمرة الْفُصُول على كَيْفيَّة وَاحِدَة سنة رَدِيئَة مثل أَن يكون جَمِيع السّنة رطبا أَو يَابسا أَو حاراً أَو بَارِدًا فَإِن مثل هَذِه السّنة تكون كَثِيرَة الْأَمْرَاض الْمُنَاسبَة ليكفيتها ثمَّ تطول مددها فان الْفَصْل الْوَاحِد يثير الْمَرَض اللَّائِق بِهِ فَكيف السّنة مثل أَن الْفَصْل الْبَارِد إِذا وجد بدناً بلغمياً حرك الصرع والفالج والسكتة وَالْقُوَّة والتشنُّج وَمَا يشبه ذَلِك. والفصل الْحَار إِذا وجد بدناً صفراوياً أثار الْجُنُون والحُمّيات الحادة والأورام الحارة فَكيف إِذا استمرت السّنة على طبع الْفَصْل. وَإِذا استعجل الشتَاء استعجلت الْأَمْرَاض الشتوية وَإِن استعجل الصَّيف استعجلت الأمراض الصيفية وتغيّرت الْأَمْرَاض الَّتِي كَانَت قبلهَا بِحكم الْفَصْل وَإِذا طَال فصل كثرت أمراضه وخصوصاً الصَّيف والخريف. وَاعْلَم أَن لانقلاب الْفُصُول تَأْثِيرا لَيْسَ هُوَ بِسَبَب الزّمَان لِأَنَّهُ زمَان بل لما يتغيّر مَعَه من الْكَيْفِيَّة هُوَ تَأْثِير عَظِيم فِي تغيّر الْأَحْوَال وَكَذَلِكَ لَو تغيّر الْهَوَاء فِي يَوْم وَاحِد من الْحر إِلَى برد لتغيّر مقتضاها فِي الْأَبدَان. وَأَصَح الزّمَان هُوَ أَن يكون الخريف مطيراً والشتاء معتدلاً لَيْسَ عادماً للبرد وَلَكِن غير مفرط فِيهِ بِالْقِيَاسِ إِلَى الْبَلَد. هان جَاءَ الرّبيع مطيراً وَلم يخل الصَّيف من مطر فَهُوَ أصحّ مَا يكون.

الْفَصْل الْخَامِس الْهَوَاء الْجيد الْهَوَاء الجيّد فِي الْجَوْهَر هُوَ الْهَوَاء الَّذِي لَيْسَ يخالطه من الأبخرة والأدخنة شَيْء غَرِيب وَهُوَ مَكْشُوف للسماء غير محقون للجدران والسقوف اللَّهُمَّ إِلَّا فِي حَال مَا يُصِيب الْهَوَاء فَسَاد عَام فَيكون المكشوف أقبل لَهُ من المغموم والمحجوب وَفِي غير ذَلِك فَإِن المكشوف أفضل. فَهَذَا الْهَوَاء الْفَاضِل نقي صافٍ لَا يخالطه بخار بطائح وآجام وخنادق وأرضين نزه ومباقل وخصوصاً مَا يكون فِيهِ مثل الكرنب والجرجير وأشجار خبيثة الْجَوْهَر مثل الْجَوْز والشوحط والتين وأرياح عفنة وَمَعَ ذَلِك يكون بِحَيْثُ لَا يحتبس عَنهُ الرِّيَاح الفاضلة لأنّ مَهابَّها أَرض عالية ومستوية فَلَيْسَ ذَلِك الْهَوَاء هَوَاء محتبساً فِي وهدة يسخن مَعَ طُلُوع الشَّمْس ويبرد مَعَ غُرُوبهَا بِسُرْعَة وَلَا أَيْضا محقوناً فِي جدران حَدِيثَة الْعَهْد بالصهاريج وَنَحْوهَا لم تجف بعد تَمام جفافها وَلَا عَاصِيا على التَّنَفس كَأَنَّمَا يقبض على الْحلق وَقد علمت أَن تغيرات الْهَوَاء مِنْهَا طبيعية وَمِنْهَا مضادة للطبيعة وَمِنْهَا مَا لَيْسَ بطبيعي وَلَا خَارج عَنهُ وَاعْلَم أَن تغيرات الْهَوَاء الَّتِي لَيست عَن الطبيعة كَانَت مضادة أَو غير مضادة قد تكون بأدوار وَقد تكون غير حافظة للأدوار وَأَصَح أَحْوَال الْفُصُول أَن تكون على طبائعها فَإِن تغيرها يجلب أمراضاً.

الْفَصْل السَّادِس كيفيات الأهوية ومقتضيات الْفُصُول الْهَوَاء الْحَار يحلل ويرخي فَإِن اعتدل حمر اللَّوْن بجذب الدَّم إِلَى خَارج وَإِن أفرط صفره بتحليله لما يجذب وَهُوَ يكثر الْعرق ويقلل الْبَوْل ويضعف الهضم ويعطش والهواء الْبَارِد يشد وَيُقَوِّي على الهضم وَيكثر الْبَوْل لاحتقان الرطوبات وَقلة تحللها بالعرق وَنَحْوه ويقلل الثفل لانعصار عضل المقعدة ومساعدة المعي الْمُسْتَقيم لهيئتها فَلَا ينزل الثفل لفقدان مساعدة المجرى فَيبقى كثيرا وتحلل مائيته إِلَى الْبَوْل. والهواء الرطب يلين الْجلد ويرطب الْبدن. واليابس يفحل الْبدن يجفف الْجلد. والهواء الكدر يوحش النَّفس ويثير الأخلاط. والهواء الكدر غير الْهَوَاء الغليظ فَإِن الْهَوَاء الغليظ هُوَ الْمُتَشَابه فِي خثورة جوهره والكدر هُوَ المخالط لأجسام غَلِيظَة.

وَيدل على الْأَمريْنِ قلَّة ظُهُور الْكَوَاكِب الصغار وَقلة لمعان مَا يلمع من الثوابت كالمرتعش. وسببهما كَثْرَة الأبخرة والأدخنة وَقلة الرِّيَاح الفاضلة. وَسَيَعُودُ لَك الْكَلَام فِي هَذَا الْمَعْنى وَيتم إِذا شرعنا فِي تغييرات الْهَوَاء الْخَارِجَة عَن المجرى الطبيعي. وكل فصل يرد على واجبه أَحْكَام خَاصَّة ويشترك آخر كل فصل وَأول الْفَصْل الَّذِي يتلوه فِي أَحْكَام الْفَصْلَيْنِ وأمراضهما. وَالربيع إِذا كَانَ على مزاجه فَهُوَ أفضل فصل وَهُوَ مُنَاسِب لمزاج الرّوح وَالدَّم وَهُوَ مَعَ اعتداله الَّذِي ذَكرْنَاهُ يمِيل عَن قرب إِلَى حرارة لَطِيفَة سمائية ورطوبة طبيعية وَهُوَ يحمر اللَّوْن لِأَنَّهُ يجذب الدَّم باعتدال وَلم يبلغ أَن يحلله تَحْلِيل الصَّيف الصَّائِف.

وَالربيع تهيج فِيهِ الْأَمْرَاض المزمنة لِأَنَّهُ يجْرِي الأخلاط الراكدة ويسيلها وَلذَلِك السَّبَب تهيج فِيهِ ماليخوليا أَصْحَاب الماليخوليا وَمن كثرت أخلاطه فِي الشتَاء لنهمه وَقلة رياضته استعد فِي الرّبيع للأمراض الَّتِي تهيج من تِلْكَ الْمَوَاد بتحليل الرّبيع لَهَا وَإِذا طَالَ الرّبيع واعتداله قلت الْأَمْرَاض الصيفية. وأمراض الرّبيع اخْتِلَاف الدَّم والرعاف وتهيج الماليخوليا الَّتِي فِي طبع المرة والأورام والدماميل والخوانيق وَتَكون قتالة وَسَائِر الخراجات وَيكثر فِيهِ انصداع الْعُرُوق وَنَفث الدَّم والسعال وخصوصاً فِي الشتوي مِنْهُ الَّذِي يشبه الشتَاء ويسوء أَحْوَال من بهم هَذِه الْأَمْرَاض وخصوصاً السد ولتحريكه فِي المبلغمين مواد البلغم تحدث فِيهِ السكتة والفالج وأوجاع المفاصل وَمَا يُوقع فِيهَا حَرَكَة من الحركات الْبَدَنِيَّة والنفسانية مفرطة وتناول المسخنات أَيْضا فَإِنَّهُمَا يعينان طبيعة الْهَوَاء وَلَا يُخَلّص من أمراض الرّبيع شَيْء كالفصد والإستفراغ والتقليل من الطَّعَام والتكثير من الشَّرَاب وَالْكَسْر من قُوَّة الشَّرَاب الْمُسكر بمزجه. وَالربيع مُوَافق للصبيان وَمن يقرب مِنْهُم.

وَأما الشتَاء فَهُوَ أَجود للهضم لحصر الْبرد جَوْهَر الْحَار الغريزي فيقوي وَلَا يتَحَلَّل ولقلة الْفَوَاكِه واقتصار النَّاس على الأغذية الْخَفِيفَة وَقلة حركاتهم فِيهِ على الإمتلاء ولإيوائهم إِلَى المدافىء وَهُوَ أَكثر الْفُصُول للمدة السَّوْدَاء لبرده وَقصر نَهَاره مَعَ طول ليله. وأكثرها حَقنا للمواد وأشدها إحواجاً إِلَى تنَاول المقطعات والملطفات والأمراض الشتوية أَكْثَرهَا بلغمية. وَيكثر فِيهِ البلغم حَتَّى إِن أَكثر الْقَيْء فِيهِ البلغم ولون الأورام يكون فِيهِ إِلَى الْبيَاض على أَكثر الْأَمر. وَيكثر فِيهِ أمراض الزُّكَام ويبتدىء الزُّكَام مَعَ اخْتِلَاف الْهَوَاء الخريفي ثمَّ يتبعهُ ذَات الْجنب وَذَات الرئة

والبحوحة وأوجاع الْحلق ثمَّ يحدث وجع الْجنب نَفسه وَالظّهْر وآفات العصب والصداع المزمن بل السكتة والصرع كل ذَلِك لإحتقان الْمَوَاد البلغمية وتكثرها. والمشايخ يتأذون بالشتاء وَكَذَلِكَ من يشبههم. والمتوسطون يَنْتَفِعُونَ بِهِ وَيكثر الرسوب فِي الْبَوْل شتاء بِالْقِيَاسِ إِلَى الصَّيف ومقداره أَيْضا يكون أَكثر. وَأما الصَّيف فَإِنَّهُ يحلل الأخلاط ويضعف الْقُوَّة وَالْأَفْعَال الطبيعية لسَبَب إفراط التَّحْلِيل ويقل الدَّم فِيهِ والبلغم وَيكثر المرار الْأَصْفَر ثمَّ فِي آخِره المرار الْأسود بِسَبَب تحلل الرَّقِيق واحتباس الغليظ واحتقانه.

وتجد الْمَشَايِخ وَمن يشبههم أقوياء فِي الصَّيف ويصفر اللَّوْن بِمَا يحلل من الدَّم الَّذِي يجذبه وتقصر فِيهِ مدد الْأَمْرَاض لِأَن الْقُوَّة إن كَانَت قَوِيَّة وجدت من الْهَوَاء معينا على التَّحْلِيل فأنضجت مَادَّة الْعلَّة ودفعتها وَإِن كَانَت ضَعِيفَة زَادهَا الْحر الهوائي ضعفا بالإرخاء فسقت وَمَات صَاحبهَا. والصيف الْحَار الْيَابِس سَرِيعا مَا يفصل الْأَمْرَاض وَالرّطب مضاغ طَوِيل مدد الْأَمْرَاض وَلذَلِك يؤول فِيهِ أَكثر القروح إِلَى الآكلة ويعرض فِيهِ الاسْتِسْقَاء وزلق الأمعاء وتليين الطَّبْع ويعين فِي جَمِيع ذَلِك كُله كَثْرَة إنحدار الرطوبات من فَوق إِلَى أَسْفَل وخصوصاً من الرَّأْس. وَأما الْأَمْرَاض القيظية فَمثل حَتَّى الغبّ والمطبقة والمحرقة وضمور الْبدن. وَمن الأوجاع أوجاع الأذن والرمد وَيكثر فِيهِ خَاصَّة إِذا كَانَ عديم الرّيح الْحمرَة والبثور الَّتِي تناسبها وَإِذا كَانَ الصَّيف ربيعياً كَانَت الحميات حَسَنَة الْحَال غير ذَات خشونة وحدة يابسة وَكثر فِيهِ الْعرق وَكَانَ متوقعاً فِي البحارين لمناسبة الْحَار الرطب لذَلِك فَإِن الْحَار يخلل وَالرّطب يُرْخِي ويوسع المسام. وَإِن كَانَ الصَّيف جنوبياً كثرت فِيهِ الأوبئة وأمراض الجدري والحصبة. وَأما الصَّيف الشمالي فَإِنَّهُ منضج لكنه يكثر فِيهِ أمراض الْعَصْر. وأمراض الْعَصْر أمراض تحدث من سيلان الْمَوَاد بالحرارة الْبَاطِنَة أَو الظَّاهِرَة إذا ضربتها برودة ظَاهِرَة فعصرتها وَهَذِه الْأَمْرَاض كلهَا كالنوازل وَمَا مَعهَا وَإِذا كَانَ الصَّيف الشمالي يَابسا انْتفع بِهِ البلغميون وَالنِّسَاء وَعرض لأَصْحَاب الصَّفْرَاء رمد يَابِس وحميات حارة مزمنة وَعرض من احتراق الصَّفْرَاء للإحتقان غَلَبَة سَوْدَاء.

وَأما الخريف فَإِنَّهُ كثير الْأَمْرَاض لِكَثْرَة تردد النَّاس فِيهِ فِي شمس حارة ثمَّ رَوَاحهمْ إِلَى برد ولكثرة الْفَوَاكِه وَفَسَاد الأخلاط بهَا ولانحلال الْقُوَّة فِي الصَّيف. والأخلاط تفسد فِي الخريف بِسَبَب المأكولات الرَّدِيئَة وبسبب تخَلّل اللَّطِيف وَبَقَاء الكثيف وإحتراقه. وَكلما أثار فِيهَا خلط من تثوير الطبيعة للدَّفْع والتحليل رده الْبرد إِلَى الحقن ويقلّ الدَّم فِي الخريف جدا بل هُوَ مضاد للدم فِي مزاجه فَلَا يعين على توليده وَقد تقدّم تَحْلِيل الصَّيف الدَّم وتقليله مِنْهُ. وَيكثر فِيهِ من الأخلاط المرار الْأَصْفَر بَقِيَّة عَن الصَّيف وَالْأسود لترمد الأخلاط فِي الصَّيف فَلذَلِك تكْثر فِيهِ السَّوْدَاء لِأَن الصَّيف يرمد والخريف يبرد. وَأول الخريف مُوَافق للمشايخ مُوَافقَة مَا وَآخره يضرهم وأمراض الخريف هِيَ الجرب المتقشر والقوابي والسرطانات وأوجاع المفاصل والحيّات المختلطة وحميات الرّبع لِكَثْرَة السَّوْدَاء لما أوضحناه من عِلّة وَلذَلِك يعظم فِيهِ الطحال ويعرض فِيهِ تقطير الْبَوْل لما يعرض للمثانة من اخْتِلَاف المزاج فِي الحرّ وَالْبرد ويعرض أَيْضا عسر الْبَوْل وَهُوَ أَكثر عرُوضا من تقطير الْبَوْل ويعرض فِيهِ زلق الأمعاء وَذَلِكَ لدفع الْبرد فِيهِ مَا رق من الأخلاط إِلَى بَاطِن الْبدن ويعرض فِيهِ عرق النسا أَيْضا وَتَكون فِيهِ الذبْحَة لذاعة مرارية وَفِي الرّبيع

بلغمية لِأَن مبدأ كل مِنْهُمَا من الْخَلط الَّذِي يثيره الْفَصْل الَّذِي قبله وَيكثر فِيهِ إيلاوس الْيَابِس وَقد يَقع فِيهِ السكتة وأمراض السكتة وأمراض الرئة وأوجاع الظّهْر والفخذين بِسَبَب حَرَكَة الْفُصُول فِي الصَّيف ثمَّ انحصارها فِيهِ. وَيكثر فِيهِ الديدان فِي الْبَطن لضعف الْقُوَّة عَن الهضم وَالدَّفْع وَيكثر خُصُوصا فِي الْيَابِس مِنْهُ الجدري وخصوصاً إذا سبقه صيف حَار وَيكثر فِيهِ الْجُنُون أَيْضا لرداءة الأخلاط المرارية ومخالطة السَّوْدَاء لَهَا. والخريف أضرّ الْفُصُول بأصحاب قُرُوح الرئة الَّذين هم أَصْحَاب السل وَهُوَ يكْشف الْمُشكل فِي حَاله إذا كَانَ ابْتَدَأَ وَلم يستبن آيَاته وَهُوَ من أضرّ الْفُصُول بأصحاب الدق الْمُفْرد أَيْضا بِسَبَب تجفيفه. والخريف كالكافل عَن الصَّيف بقايا أمراضه وأجود الخريف أرطبه والمطير مِنْهُ واليابس مِنْهُ أردؤه. أَحْكَام تركيب السّنة إذا ورد ربيع شمَالي على شتاء جنوبي ثمَّ تبعه صيف ومدّ وَكَثُرت الْمِيَاه وَحفظ الرّبيع الْمَوَاد إِلَى الصيفّ كثر الموتان فِي الخريف فِي الغلمان وَكثر السحج وقروح الأمعاء وَالْغِب الْغَيْر الْخَالِصَة الطَّوِيلَة. فَإِن كَانَ الشتَاء شَدِيد الرُّطُوبَة أسقطت اللواتي تتربص وضعهن ربيعاً بِأَدْنَى سَبَب. وَإِن ولدن أضعفن وأمتن أَو أسقمن.

وَيكثر بِالنَّاسِ الرمد وَاخْتِلَاف الدَّم والنوازل تكْثر حِينَئِذٍ وخصوصاً بالشيوخ وَينزل فِي أعصابهم فَرُبمَا مَاتُوا مِنْهَا فَجْأَة لهجومها على مسالك الرّوح دفْعَة مَعَ كَثْرَة فَإِن كَانَ الرّبيع مطيراً جنوبياً وَقد ورد على شتاء شمَالي كثر فِي الصَّيف الحميات الحارة والرمد ولين الطبيعة وَاخْتِلَاف الدَّم وَأكْثر ذَلِك كُله من النَّوَازِل واندفاع البلغم الْمُجْتَمع شتاء إِلَى التجاويف الْبَاطِنَة لما حرّكه الْحر وخصوصاً لِأَصْحَاب الأمزجة الرّطبَة مثل النِّسَاء وَيكثر العفن وحمياته فَإِن حدث فِي صيفهم - وَقت طُلُوع الشعرى - مطر وهبت شمال رُجي خير وتحللت الْأَمْرَاض. وأضر مَا يكون هَذَا الْفَصْل إِنَّمَا هُوَ بِالنسَاء وَالصبيان وَمن ينجو مِنْهُم يَقع إِلَى الرّبع لإحتراق الأخلاط وترمدها وَإِلَى الاسْتِسْقَاء بعد الرّبع بِسَبَب الرّبع وأوجاع الطحال وَضعف الكبد لذَلِك وَإِذا ورد على صيف يَابِس شمَالي خريف مطير جنوبي إستعدت الْأَبدَان لِأَن تصدع فِي الشتَاء وتسعل وتبح حلوقها وتسل لأَنْهَا يعرض لَهَا كثيرا أَن تزكم وَلذَلِك إذا ورد على صيف يَابِس جنوبي خريف مطير شمَالي كثر أَيْضا فِي الشتَاء الصداع ثمَّ النزلة والسعال والبحوحة. وَإِن ورد على صيف جنوبي خريف شمَالي كثرت فِيهِ أمراض الْعَصَر والحقن. وَإِذا تطابق الصَّيف والخريف فِي كَونهمَا جنوبيين رطبين كثرت الرطوبات. فَإِذا جَاءَ الشتَاء جَاءَت أمراض الْعَصَر الْمَذْكُورَة. وَلَا يبعد أَن يُؤَدِّي الإحتقان وارتكام الْمَوَاد لكثرتها وفقدان المنافس إِلَى أمراض عفنية. وَلم يخل الشتَاء عَن أَن يكون ممرضاً لمصادفته مواد رَدِيئَة محتقنة كَثِيرَة. وَإِذا كَانَا مَعًا يابسين شماليين انْتفع من يشكو الرُّطُوبَة والنسا. وَغَيرهم يعرض لَهُ رمد يَابِس ونزلة مزمنة وحميات حارة وماليخوليا. ثمَّ اعْلَم أَن الشتَاء الْبَارِد المطير يحدث حرقة الْبَوْل وَإِذا اشتدت حرارة الصَّيف ويبوسته حدثت خوانيق قتالة وَغير قتالة ومنفجرة وَغير منفجرة. والمنفجرة تكون دَاخِلا وخارجاً وَحدث عسر بَوْل وحصبة وحميقاً وجمري سليمت ورمد وَفَسَاد دم وكرب واحتباس طمث وَنَفث. والشتاء الْيَابِس - إذا كَانَ رَبيعه يَابسا - فَهُوَ رَدِيء. والوباء يفْسد الْأَشْجَار والنبات.

الْفَصْل الثَّامِن تَأْثِير التغيّرات الهوائية الَّتِي لَيست بمضادة للمجرى الطبيعي جدا. وَيجب أَن نستكمل الْآن القَوْل فِي سَائِر التغييرات الْغَيْر الطبيعية للهواء وَلَا المضادة للطبيعية الَّتِي نعرض بِحَسب أُمُور سَماوِيَّة وَأُمُور أرضية فقد أومأنا إِلَى كثير مِنْهَا فِي ذكر الْفُصُول فَأَما التابعة للأمور السماوية فَمثل مَا يعرض بِسَبَب الْكَوَاكِب فَإِنَّهَا تَارَة يجْتَمع كثير من الدراري مِنْهَا فِي حيّز وَاحِد ويجتمع مَعَ الشَّمْس فَيُوجب ذَلِك إفراط التسخين فِيمَا يسامته من الرؤوس أَو يقرب مِنْهُ وَتارَة يتباعد عَن سمت الرؤوس بعدا كثيرا فينقص من التسخين وَلَيْسَ تَأْثِير المسامتة فِي التسخين كتأثير دوَام المسامتة أَو المقاربة. وَأما الْأُمُور الأرضية فبعضها بِسَبَب عرُوض الْبِلَاد وَبَعضهَا بِسَبَب ارتفاع بقْعَة الْبِلَاد وانخفاضها وَبَعضهَا بِسَبَب الْجبَال وَبَعضهَا بِسَبَب الْبحار وَبَعضهَا بِسَبَب الرِّيَاح وَبَعضهَا بِسَبَب التربة. وَأما الْكَائِن بِسَبَب الْعرُوض فَإِن كل بلد يُقَارب مدَار رَأس السرطان فِي الشمَال أَو مدَار رَأس الجدي فِي الْجنُوب فَهُوَ أسخن صيفاً من الَّذِي يبعد عَنهُ إِلَى خطّ الاسْتوَاء وَإِلَى الشمَال. وَيجب أَن يصدق قَول من يرى أَن الْبقْعَة الَّتِي تَحت دَائِرَة معدل النَّهَار قريبَة إِلَى الِاعْتِدَال وَذَلِكَ أَن السَّبَب السماوي المسخن هُنَاكَ هُوَ سَبَب وَاحِد هُوَ مسامتة الشَّمْس للرأس وَهَذِه المسامتة وَحدهَا لَا تُؤثر كثير أثر بل إِنَّمَا تُؤثر مداومة المسامتة.

وَلِهَذَا مَا يكون الحرّ بعد الصَّلَاة الْوُسْطَى أَشد مِنْهُ فِي وَقت اسْتِوَاء النَّهَار. وَلِهَذَا مَا يكون الْحر وَالشَّمْس فِي آخر السرطان وأوائل الأسد أَشد مِنْهُ إِذا كَانَت الشَّمْس فِي غَايَة الْميل. وَلِهَذَا تكون الشَّمْس إِذا انصرفت عَن رَأس السرطان إِلَى حد مَا هُوَ دونه فِي الْميل أَشد تسخيناً مِنْهَا إِذا كَانَت فِي مثل ذَلِك الْحَد من الْميل وَلم يبلغ بعد رَأس السرطان والبقعة المسامتة لخط الاسْتوَاء إِنَّمَا تسامت فِيهَا الشَّمْس الرَّأْس أَيَّامًا قَليلَة ثمَّ تتباعد بِسُرْعَة لِأَن تزايد أَجزَاء الْميل عِنْد العقدتين أعظم كثيرا من تزايدها عِنْد المنقلبين بل رُبمَا لم يُؤثر عِنْد المنقلبين حَرَكَة أَيَّام ثَلَاثَة وَأَرْبَعَة وَأكْثر أثرا محسوساً ثمَّ إِن الشَّمْس تبقى هُنَاكَ فِي حِين وَاحِد مُتَقَارب مُدَّة مديدة فيمعن فِي الإسخان فَيجب أَن يعْتَقد من هَذَا أَن الْبِلَاد الَّتِي عروضها مُتَقَارِبَة للميل كُله هِيَ أسخن الْبِلَاد وَبعدهَا مَا يكون بعده عَنهُ فِي الْجَانِبَيْنِ القطبيين مقارباً لخمس عشرَة دَرَجَة وَلَا يكون الحرّ فِي خطّ الاسْتوَاء بذلك المفرط الَّذِي يُوجبهُ المسامتة فِي قرب مدارس رَأس السرطان فِي المعمورة لَكِن الْبرد فِي الْبِلَاد المتباعدة عَن هَذَا الْمدَار إِلَى الشمالي أَكثر. فَهَذَا مَا يُوجبهُ اعْتِبَار عرُوض المساكن على أَنَّهَا فِي سَائِر الْأَحْوَال متشابهة.

وَأما الْكَائِن بِحَسب وضع الْبَلَد فِي نجد من الأَرْض أَو غور فَإِن الْمَوْضُوع فِي الْغَوْر أسخن أبدا والمرتفع العالي مَكَانُهُ أبرد أبدا فَإِن مَا يقرب من الأَرْض من الجو الَّذِي نَحن فِيهِ أسخن لاشتداد شُعَاع الشَّمْس قرب الأَرْض وَمَا يبعد مِنْهُ إِلَى حدّ هُوَ أبرد. وَالسَّبَب فِيهِ فِي الْجُزْء الطبيعي من الْحِكْمَة وَإِذا كَانَ الْغَوْر مَعَ ذَلِك كالهوة كَانَ أَشد حصراً للشعاع وأسخن. وَأما الْكَائِن بِسَبَب الْجبَال فَمَا كَانَ الْجَبَل فِيهِ بِمَعْنى المستقر فَهُوَ دَاخل فِي الْقسم الَّذِي بَيناهُ وَمَا كَانَ الْجَبَل فِيهِ بِمَعْنى الْمُجَاورَة فَهُوَ الَّذِي نُرِيد أَن نتكلم الْآن فِيهِ فَنَقُول: إِن الْجَبَل يُؤثر فِي الجو على وَجْهَيْن: أحدهمَا من جِهَة رده على الْبَلَد شُعَاع الشَّمْس أَو ستره إِيَّاه دونه وَالْآخر من جِهَة مَنعه الرّيح أَو معاونته لهبوبها أما الوؤل فَمثل أَن يكون فِي الْبِلَاد حَتَّى فِي الشماليات مِنْهَا جبل مِمَّا يَلِي الشمَال من الْبَلَد فتشرق عَلَيْهِ

الشَّمْس فِي مدارها وينعكس تسخينه إِلَى الْبَلَد فيسخنه. وَإِن كَانَ شماليًا وَكَذَلِكَ إِن كَانَت الْجبَال من جِهَة الْمغرب فانكشف الْمشرق. وَإِن كَانَ من جِهَة الْمشرق كَانَ دون ذَلِك فِي هَذَا الْمَعْنى لِأَن الشَّمْس إِذا زَالَت فأشرقت على ذَلِك الْجَبَل فَإِنَّهَا كل سَاعَة تتباعد عَنهُ فينقص من كَيْفيَّة الشعاع الْمشرق مِنْهَا عَلَيْهِ وَلَا كَذَلِك إِذا كَانَ الْجَبَل مغربياً وَالشَّمْس تقرب مِنْهُ كل سَاعَة. وَأما من جِهَة منع الرّيح فَأن يكون الْجَبَل يصد عَن الْبَلَد مهب الشمَال الْمبرد أَو يكبس إِلَيْهِ مهب الجنوبي المسخن أَو يكون الْبَلَد مَوْضُوعا بَين صدفي جبلين منكشفاً لوجه ريح فَيكون هبوب تِلْكَ الرّيح هُنَاكَ أَشد مِنْهُ فِي بلد مصحر لِأَن الْهَوَاء من شَأْنه إِذا انجذب فِي مَسْلَك ضيق أَن يسْتَمر بِهِ الانجذاب فَلَا يهدأ وَكَذَلِكَ المَاء وَغَيره وعلته مَعْرُوفَة فِي الطبيعيات.

وَأعدل الْبِلَاد من جِهَة الْجبَال وسترها والانكشاف عَنْهَا أَن تكون مكشوفة للمشرق وَالشمَال مستورة نَحْو الْمغرب والجنوب. وَأما الْبحار فَإِنَّهَا توجب زِيَادَة ترطيب للبلاد الْمُجَاورَة لَهَا جملَة. فَإِن كَانَت الْبحار فِي الْجِهَات الَّتِي تلِي الشمَال كَانَ ذَلِك معيناً على تبريدها بترقرق ريح الشمَال على وَجه المَاء الَّذِي هُوَ بطبعه بَارِد. وَإِن كَانَ مِمَّا يَلِي الْجنُوب أوجب زِيَادَة فِي غلظ الْجنُوب وخصوصاً إِن لم تَجِد منفذاً لقِيَام جبل فِي الْوَجْه. وَإِذا كَانَ فِي نَاحيَة الْمشرق كَانَ ترطيبه للجو أَكثر مِنْهُ إِذا كَانَ فِي نَاحيَة الْمغرب إِذْ الشَّمْس تلح عَلَيْهِ بالتحليل المتزايد مَعَ تقَارب الشَّمْس وَلَا تلح على المغربية.

وَبِالْجُمْلَةِ فَإِن مجاورة الْبَحْر توجب ترطيب الْهَوَاء ثمَّ إِن كثرت الرِّيَاح وتسربت وَلم تعارض بالجبال كَانَ الْهَوَاء أسلم من العفونة. فَإِن كَانَت الرِّيَاح لَا تتمكن من الهبوب كَانَت مستعدة للتعفن وتعفين الأخلاط. وأوفق الرِّيَاح لِهَذَا الْمَعْنى هِيَ الشمالية ثمَّ المشرقية والمغربية. وأضرها الجنوبية. وَأما الْكَائِن بِسَبَب الرِّيَاح فَالْقَوْل فِيهَا على وَجْهَيْن: قَول كلي مُطلق وَقَول بِحَسب بلد بلد وَمَا يَخُصُّهُ. فَأَما القَوْل الْكُلِّي فَإِن الجنوبية فِي أَكثر الْبِلَاد حارة رطبَة. أما الْحَرَارَة فَلِأَنَّهَا تأتينا من الْجِهَة المتسخنة بمقاربة الشَّمْس وَأما الرُّطُوبَة فَلِأَن الْبحار أَكْثَرهَا جنوبية عَنَّا. وَمَعَ أَنَّهَا جنوبية فَإِن الشَّمْس تفعل فِيهَا بِقُوَّة وتبخر عَنْهَا أبخرة تخالط الرِّيَاح فَلذَلِك صَارَت الرِّيَاح الجنوبية مرخية. وَأما الشمالية فَإِنَّهَا بَارِدَة لِأَنَّهَا تجتاز على جبال وبلاد بَارِدَة كَثِيرَة الثلوج ويابسة لِأَنَّهَا لَا يصحبها أبخرة كَثِيرَة لِأَن التَّحَلُّل فِي جِهَة الشمَال أقل وَلَا تجتاز على مياه سَائِلَة بحرية بل إِمَّا أَن تجتاز فِي الْأَكْثَر على مياه جوامد أَو على البراري. والمشرقية معتدلة فِي الْحر وَالْبرد لَكِنَّهَا أيبس من المغربية إِذْ شمال الْمشرق أقل بخاراً من شمال الْمغرب. وَنحن شماليون لَا محَالة والمغربية أرطب يَسِيرا لِأَنَّهَا تجتاز على بحار وَلِأَن الشَّمْس تخالفها بحركتها فَإِن كل وَاحِد من الشَّمْس وَمِنْهَا كالمضاد للْآخر فِي حركته فَلَا تحللها الشَّمْس تحليلها للرياح المشرقية وخصوصاً وَأَكْثر مهب الرِّيَاح المشرقيات عِنْد ابْتِدَاء النَّهَار وَأكْثر مهب المغربيات عِنْد آخر النَّهَار. وَلذَلِك كَانَت المغربيات أقل حرارة من المشرقيات وأميل إِلَى الْبرد والمشرقيات أَكثر حرا وَإِن كَانَا كِلَاهُمَا بِالْقِيَاسِ إِلَى الرِّيَاح الجنوبية والشمالية معتدلين. وَقد تتَغَيَّر أَحْكَام الرِّيَاح فِي الْبِلَاد بِحَسب أَسبَاب أُخْرَى. فقد يتَّفق فِي بعض الْبِلَاد أَن تكون الرِّيَاح الجنوبية فِيهَا أبرد إِذا كَانَ بقربها جبال ثالجة جنوبية فتستحيل الرّيح الجنوبية بمرورها عَلَيْهَا إِلَى الْبِلَاد وَرُبمَا كَانَت الشمالية

أسخن من الجنوبية إذا كَانَ مجتازها ببراري محترقة. وَأما النسائم فَهِيَ إِمَّا ريَاح مجتازة ببراري حارة جدا وَإِمَّا ريَاح من جنس الأدخنة الَّتِي تفعل فِي الجو عَلَامَات هائلة شَبيهَة بالنَّار فَإِنَّهَا إِن كَانَت ثَقيلَة يعرض لَهَا هُنَاكَ اشْتِغَال أَو التهاب ففارقها اللَّطِيف نزل الثقيل وَبِه بَقِيَّة التهاب ونارية فَإِن جَمِيع الرِّيَاح القوية على مَا يرَاهُ عُلَمَاء القدماء إِنَّمَا يبتدىء من فَوق وَإِن كَانَ مبدأ موادها من أَسْفَل لَكِن مبدأ حركاتها وهبوبها وعصوفها من فَوق. وَهَذَا إِمَّا أَن يكون حكما عَاما أَو أكثرياً. وَتَحْقِيق هَذَا إِلَى الطبيعي من الفلسفة. وَنحن نذْكر فِي المساكن فضلا فِي هَذَا. وَأما اخْتِلَاف الْبِلَاد بالتربة فَلِأَن بَعْضهَا طِينَة حرَّة وَبَعضهَا صخري وَبَعضهَا رملي وَبَعضهَا حمئي أَو سنجي وَمِنْهَا مَا يغلب على تربته قُوَّة مَدَنِيَّة يُؤثر جَمِيع ذَلِك فِي هوائه ومائه.

الْفَصْل التَّاسِع التغيرات الهوائية الرَّدِيئَة المضادة للمجرى الطبيعي وَأما التغيرات الْخَارِجَة عَن الطبيعة فَإِمَّا لِاسْتِحَالَة فِي جَوْهَر الْهَوَاء وَإِمَّا لِاسْتِحَالَة فِي كيفياته. أما الَّذِي فِي جوهره فَهُوَ أَن يَسْتَحِيل جوهره إِلَى الرداءة لِأَن كَيْفيَّة مِنْهُ أفرطت فِي الاشتداد أَو النَّقْص وَهَذَا هُوَ الوباء وَهُوَ بعض تعفن يعرض فِي الْهَوَاء يشبه تعفن المَاء المستنقع الآجن. فَإنَّا لسنا نعني بالهواء الْبَسِيط الْمُجَرّد فان ذَلِك لَيْسَ هُوَ الْهَوَاء الَّذِي يُحِيط بِنَا فَإِن كَانَ مَوْجُودا صرفا نعني أَن يكون غَيره. وكل وَاحِد من البسائط المجرّدة فَإِنَّهُ لَا يعفن بل إِمَّا أَن يَسْتَحِيل فِي كيفيته وَإِمَّا أَن يَسْتَحِيل فِي جوهره إِلَى البسيط الآخر بِأَن يَسْتَحِيل مثل المَاء هَوَاء بل إِنَّمَا نعني بالهواء الْجِسْم المبثوث فِي الجو وَهُوَ جسم ممتزج من الْهَوَاء الْحَقِيقِيّ وَمن الْأَجْزَاء المائية البخارية وَمن الْأَجْزَاء الأرضية المتصعدة فِي الدُّخان وَالْغُبَار وَمن أَجزَاء نارية. وَإِنَّمَا نقُول لَهُ كَمَا نقُول لماء الْبَحْر والبطائح مَاء. وَإِن لم يكن مَاء صرفا بسيطاً بل كَانَ ممتزجاً من هَوَاء وَأَرْض ونار لَكِن الْغَالِب فِيهِ المَاء فَهَذَا الْهَوَاء قد يعفن ويستحيل جوهره إِلَى الرداءة كَمَا أَن مثل مَاء البطائح قد يعفن فيستحيل جوهره إِلَيْهَا وَأكْثر مَا يعرض الوباء وعفونة الْهَوَاء هُوَ آخر الصَّيف والخريف وَسَنذكر الْعَوَارِض الْعَارِضَة من الوباء فِي مَوضِع آخر. وَأما الَّذِي فِي كيفياته فَهُوَ أَن يخرج فِي الْحر أَو الْبرد إِلَى كَيْفيَّة غير مُحْتَملَة حَتَّى يفْسد لَهُ الزَّرْع والنسل وَذَلِكَ إِمَّا باستحالة مجانسة كمعمعة القيظ إِذا فسد أَو اسْتِحَالَة مضادة كزمهرة الْبرد فِي الصَّيف لعرض عَارض. والهواء إِذا تغيّر عرضت مِنْهُ عوارض فِي الْأَبدَان فَإِنَّهُ إِذا تعفن عفن الأخلاط وابتدأ بتعفين الْخَلْط المحصور فِي الْقلب لِأَنَّهُ أقرب إِلَيْهِ وُصُولا مِنْهُ إِلَى غَيره. وَإِن سخن شَدِيدا أرْخى المفاصل وحلل الرطوبات فَزَاد فِي الْعَطش وحلل الرّوح فأسقط القوى وَمنع الهضم بتحليل الْحَار الغريزي المستبطن الَّذِي هُوَ آلَة للطبيعة وصفر اللَّوْن بتحليله الأخلاط الدموية المحمرة اللَّوْن وتغليبه الْمرة على سَائِر الأخلاط وسخن الْقلب سخونة غير غريزية وسيل الأخلاط وعفنها وميلها إِلَى التجاويف وَإِلَى الْأَعْضَاء الضعيفة وَلَيْسَ بِصَالح للأبدان المحمودة بل رُبمَا نفع المستسقين والمفلوجين وَأَصْحَاب الكزاز الْبَارِد والنزلة الْبَارِدَة والتشنج الرطب واللقوة الرّطبَة. وَأما الْهَوَاء الْبَارِد فَإِنَّهُ يحصر الْحَار الغريزي دَاخِلا مَا لم يفرط إفراطاً يتوغّل بِهِ إِلَى الْبَاطِن فَإِنّ ذَلِك مميت والهواء الْبَارِد الْغَيْر المفرط يمْنَع سيلان الْمَوَاد ويحبسها لكنه يحدث النزلة ويضعف العصب ويضر بقصبة الرئة ضَرَرا شَدِيدا وَإِذا لم يفرط شَدِيدا قوى الهضم وقوى الْأَفْعَال الْبَاطِنَة كلهَا وأثار الشَّهْوَة وَبِالْجُمْلَةِ فَإِنَّهُ أوفق للأصحاء

من الْهَوَاء المفرط الْحر. ومضاره هِيَ من جِهَة الْأَفْعَال الْمُتَعَلّقَة بالعصب وبسده المسام وبعصره حَشْو وخلل الْعِظَام. والهواء الرطب صَالح مُوَافق للأمزجة أَكْثَرهَا وَيحسن اللَّوْن وَالْجَلد ويلينه ويبقي المسام منفتحة إِلَّا أَنه يهيىء للعفونة واليابس بالضد.

الْفَصْل الْعَاشِر قد ذكرنَا أَحْوَال الرِّيَاح فِي بَاب تغيرات الْهَوَاء ذكرا مَا إِلَّا أَنا نُرِيد أَن نورد فِيهَا قولا جَامعا على تَرْتِيب آخر ونبدأ بالشمال. فِي الرِّيَاح الشمالية. الشمَال تقوّي وتشد وَتمنع السيلانات الظَّاهِرَة وتسد المسام وتقوي الهضم وتعقل الْبَطن وتدرّ الْبَوْل وتصحح الْهَوَاء العفن الوبائي وَإِذا تقدم الْجنُوب الشمَال فتلاه الشمَال حدث من الْجنُوب إسالة وَمن الشمَال عصر إِلَى الْبَاطِن وَرُبمَا أَتَى إِلَى انفتاح إِلَى خَارج وَلذَلِك يكثر حِينَئِذٍ سيلان الْموَاد من الرَّأْس وَعلل الصَّدْر والأمراض الشمالية وأوجاع العصب وَمِنْهَا المثانة وَالرحم وعسر الْبَوْل والسعال وأوجاع الأضلاع وَالْجنب والصدر والاقشعرار. فِي الرِّيَاح الجنوبية. الْجنُوب مرخية للقوة مفتحة للمسام مثوّرة للاخلاط محركة لَهَا إِلَى خَارج مثقلة للحواس وَهِي مِمَّا يفْسد القروح وينكس الْأَمْرَاض ويضعف وَيحدث على القروح والنقرس حكاكاً ويهيج الصداع. ويجلب النّوم وَيُورث الحميات العفنة لَكِنَّهَا لَا تخشن الْحلق. فِي الرِّيَاح المشرقية. هَذِه الرِّيَاح إِن جَاءَت فِي آخر اللَّيْل وَأول النَّهَار تَأتي من هَوَاء قد تعدل بالشمس ولطف وقلّت رطوبته فَهِيَ أيبس وألطف وَإِن جَاءَت فِي آخر النَّهَار وأوّل اللَّيْل فَالْأَمْر بِالْخِلَافِ.

والمشرقية بِالْجُمْلَةِ خير من المغربية. فِي الرِّيَاح المغربية. هَذِه الرِّيَاح إِن جَاءَت فِي آخر اللَّيْل وَأول النَّهَار من هَوَاء لم تعْمل فِيهِ الشَّمْس فَهِيَ أكْثف وَأَغْلظ وَإِن جَاءَت فِي آخر النَّهَار وَأول اللَّيْل فَالْأَمْر بِالْخِلَافِ.

الْفَصْل الْحَادِي عشر مُوجبَات المساكن قد ذكرنَا فِي بَاب تغيرات الْهَوَاء أحوالاً للمساكن وَنحن نُرِيد أَن نورد أَيْضا فِيهَا كلَاما مُخْتَصرا على تَرْتِيب آخر وَلَا نبالي أَن نكرر بعض مَا سلف. فِي أَحْكَام المساكن قد علمت أَن المساكن تخْتَلف أحوالها فِي الْأَبدَان بِسَبَب ارتفاعها وانخفاضها فِي أَنْفسهَا وَحَال مَا يجاورها من ذَلِك وَمن الْجبَال وَحَال تربتها هَل هِيَ طِينَة أَو نزة أَو حمأة أَو بهَا قُوَّة مَعْدن وَحَال كَثْرَة الْمِيَاه وقلتها وَحَال مَا يجاورها من مثل الْأَشْجَار والمعادن والمقابر والجيف وَنَحْوهَا.

وَقد علمت كَيفَ يتعرّف أمزجة الأهوية من عروضها وَمن تربتها وَمن مجاورة الْبحار وَالْجِبَال لَهَا وَمن رياحها ونقول بِالْجُمْلَةِ: إِن كل هَوَاء يسْرع إِلَى التبرد إِذا غَابَتْ الشَّمْس ويسخن إِذا طلعت فَهُوَ لطيف وَمَا يضاده بِالْخِلَافِ. ثمَّ شَرّ الأهوية مَا كَانَ يقبض الْفُؤَاد ويضيّق النَّفس ثمَّ لنفصل الْآن حَال مسكن مسكن. فِي المساكن الحارة. المساكن الحارة مسوّدة مفلفلة للشعور مضعفة للهضم لماذا كثر فِيهَا التَّحْلِيل جدا وَقلت الرطوبات أسْرع الْهَرم إِلَى أَهلهَا كَمَا فِي الْحَبَشَة فَإِن أَهلهَا يهرمون من بِلَادهمْ فِي ثَلَاثِينَ سنة وَقُلُوبهمْ خائفة لتحلل الرّوح جدا. والمساكن الحارة أَهلهَا ألين أبداناً. فِي المساكن الْبَارِدَة. المساكن الْبَارِدَة أَهلهَا أقوى وَأَشْجَع وَأحسن هضماً كَمَا علمت فَإِن كَانَت رطبَة كَانَ أَهلهَا لحيمين شحميين غائري الْعُرُوق جافي المفاصل غضين بضين. فِي المساكن الرّطبَة. المساكن

الرّطبَة أَهلهَا حسنو السحنات لينو الْجُلُود يسْرع إِلَيْهِم الاسترء فِي رياضاتهم وَلَا يسخن صيفهم شَدِيدا وَلَا يبرد شتاؤهم شَدِيدا وتكثر فيهم الحميّات المزمنة والإسهال ونزف فِي المساكن الْيَابِسَة.

المساكن الْيَابِسَة يعرض لأصحابها أَن تيبس أمزجتهم وتقحل جُلُودهمْ وتتشقق ويسبق إِلَى أَمْغتهم اليبس وَيكون صيفهم حاراً وشتاؤهم بَارِد الضِّدّ مَا أوضحناه. فِي المساكن الْعَالِيَة. سكان المساكن الْعَالِيَة أصحاء أقوياء أجلاد طويلو الْأَعْمَار. فِي المساكن الغائرة. سكان الأغوار يكونُونَ دَائِما فِي وَمد وكمد ومياه غير بَارِدَة خُصُوصا إِن كَانَت راكدة أَو مياهاً بطيحية أَو سبخية وعَلى أَن مياهها بِسَبَب هوائها رَدِيئَة. فِي المساكن الحجرية المكشوفة هَؤُلَاءِ يكون هواؤهم حاراً شَدِيدا فِي الصَّيف بَارِدًا فِي الشتَاء وَتكون أبدانهم صلبة مدمجة كَثِيرَة الشّعْر قَوِيَّة بنية المفاصل تغلب عَلَيْهِم اليبوسة ويسهرون وهم سيئو الْأَخْلَاق مستكبرون مستبدون وَلَهُم نجدة فِي الحروب وذكاء فِي الصناعات وحدة. فِي المساكن الجبلية الثلجية. سكان المساكن الجبلية الثلجية حكمهم حكم كَانَ سَائِر الْبِلَاد الْبَارِدَة وَتكون بِلَادهمْ بِلَاد أريحية وَمَا دَامَ الثَّلج بَاقِيا تولد مِنْهَا ريَاح طيبَة فَإِذا ذَابَتْ وَكَانَت الْجبَال بِحَيْثُ تمنع الرِّيَاح عَادَتْ وَمُدَّة فِي المساكن البحرية. هَذِه الْبِلَاد يعتدل حرهَا وبردها لاستعصاء رطوبتها على الانفعال وَقبُول مَا ينفذ فِيهَا وَأما فِي الرُّطُوبَة واليبوسة فيميل إِلَى الرُّطُوبَة لَا محَالة فَإِن كَانَت شمالية كَانَ قرب الْبَحْر وغور الْمسكن أعدل لَهَا وَإِن كَانَت جنوبية حارة الضِّدّ من ذَلِك. فِي المساكن الشمالية. هَذِه المساكن فِي أَحْكَام الْبِلَاد والفصول الْبَارِدَة الَّتِي تكْثر فِيهَا أمراض الحقن وَالْعصر وتكثر الأخلاط فِيهَا مجتمعة فِي الْبَاطِن. وَمن مقتضياتها جودة الهضم وَطول الْعُمر وَيكثر فيهم الرعاف لِكَثْرَة الامتلاء وَقلة التَّحَلُّل فتتفجر الْعُرُوق.

وَأما الصرع فَلَا يعرض لَهُم لصِحَّة باطنهم ووفور حرارتهم الغريزية فَإِن عرض كَانَ قَوِيا لِأَنَّهُ لن يعرض إِلَّا لسَبَب قوي. ويسرع برْء القروح فِي أبدانهم لقوتهم وجودة دِمَائِهِمْ وَلِأَنَّهُ لَيْسَ من خَارج سَبَب يرخيها ويلينها ولشدة حرارة قُلُوبهم تكون فيهم أَخْلَاق سبعية. ويعرض لنسائهم أَن لايستنقين فضل استنقاء بالطمث فَإِن طمثهن لايسيل سيلاناً كَافِيا لتقبض المسالك وَعدم مَا يسيل ويرخي فَلذَلِك يكن فِيمَا قَالُوا عواقر لِأَن الْأَرْحَام فِيهِنَّ غير نقية. وَهَذَا خلاف مَا يُشَاهد عَلَيْهِ الْحَال فِي بِلَاد التّرْك بل أَقُول: إِن اشتداد حرارتهن الغريزية يُقَاوم مَا ينقص من فعل الْأَسْبَاب المسيّلة والمرخية من خَارج. قَالُوا: وقلما يعرض لَهُنَّ الإسْقَاط وَذَلِكَ دَلِيل صَحِيح على أَن القوى فِي سكان هَذَا الصقع قَوِيَّة ويعسر ولادهن لِأَن أَعْضَاء ولادتهن منضمة منسدة وَأَكْثَر مَا يسقطن للبرد وتقل أَلْبانهن وتغلظ للبرد الحابس من النّفُوذ والسيلان. وَقد يعرض فِي هَذِه الْبَلدة وخصوصاً لضعاف القوى مثل النِّسَاء كزاز وسل وخصوصاً للواتي تضعن فَإِنَّهُ يعرض لَهُنَّ السل والكزاز كثير الشدَّة تزحرهن لعسر الْولادَة فتنصدع الْعُرُوق الَّتِي فِي نواحي الصَّدْر أَو أَجزَاء من العصب والليف فَيعرض من الأول سل وَمن الثَّانِي كزاز وَيكون مراق الْبَطن مِنْهُنَّ عرضة للانصداع عِنْد شدَّة الْعسر. ويعرض للصبيان أدرة المَاء وَيَزُول مَعَ الْكبر. ويعرض للجواري مَاء الْبَطن والأرحام وَيَزُول مَعَ الْكبر. والرمد يعرض لَهُم فِي النَّادِر وَإِذا عرض كَانَ شَدِيدا. فِي المساكن الجنوبية. المساكن الجنوبية أَحْكَامهَا أَحْكَام الْبِلَاد والفصول الحارة وَأَكْثَر مياهها يكون ملحاً كبريتياً. ورؤوس سكانها

تكون ممتلئة مواد رطبة لِأن الْجنُوب يفعل ذَلِك. وبطونهم دائمة الِاخْتِلَاف مَا لَا بُد أَن يسيل إِلَى معدهم من رؤوسهم وَيكُونُونَ مسترخي الْأَعْضَاء ضعافها وحواسهم ثَقيلَة وشهواتهم للطعام وَالشرَاب ضَعِيفَة أيضاً. ويعظم خمارهم من الشَّرَاب لضعف رؤوسهم ومعدهم ويعسر بُرْء قروحهم وتترهل وتكثر بهَا فِي النِّسَاء نزف الْحيض وَلَا يحبلن إِلَّا بعسر ويسقطن فِي الْأَكْثَر لِكَثْرَة أمراضهن لَا لسَبَب آخر ويصيب الرِّجَال اخْتِلَاف الدَّم والبواسير والرمد الرطب السَّرِيع التَّحَلُّل. وَأما الكهول فَمن جَاوز الْخمسين فيصيبهم الفالج من نوازلهم ويصيب عامتهم لسَبَب امتلاء الرؤوس الربو والتمدد والصرع ويصيبهم حميات يجْتَمع فِيهَا حر وَبرد والحميات الطَّوِيلَة الشتوية والليلية وتقل فيهم الحميات الحارة لِكَثْرَة استطلاقاتهم وتحلل اللَّطِيف من أخلاطهم. فِي المساكن المشرقية. الْمَدِينَة الْمَفْتُوحَة إِلَى الْمشرق الْمَوْضُوعَة بحذائه صَحِيحَة جَيِّدَة الْهَوَاء تطلع عَلَيْهِم الشَّمْس فِي أول النَّهَار ويصفو هواؤهم ثمَّ ينْصَرف عَنْهُم وَقد صفى. وتهب عَلَيْهِم رياح لَطِيفَة ترسلها إِلَيْهِم الشَّمْس وتتبعها بنفسها وتتفق حركاتها. فِي المساكن المغربية. الْمَدِينَة المكشوفة إِلَى الْمغرب المستورة عَن الْمشرق لَا توافيها الشَّمْس إِلَى حِين وكما توافيها تَأْخُذ فِي الْبعد عَنْهَا لَا فِي الْقرب إِلَيْهَا فَلَا تلطف هواءها وَلَا تجففه بل تتركه رطبا غليظاً وَإِن أرسلت إِلَى الْمَدِينَة رياحاً أرسلتها مغربية وليلاً فتكون أحكامها أَحْكَام الْبِلَاد الرّطبَة المزاج المعتدلة الْحَرَارَة الغليظة وَلَوْلَا مَا يعرض من كثافة الْهَوَاء لكَانَتْ تشبه طباع الرّبيع لكنهَا تقصر عَن صِحَة هَوَاء الْبِلَاد المشرقية قُصُوراً كثيرا فَلَا يجب أَن يلْتَفت إِلَى قَوْله من جزم أَن قُوَّة هَذِه الْبِلَاد قُوَّة الرّبيع قولا مُطلقًا بل إِنَّهَا بِالْقِيَاسِ إِلَى بِلَاد أُخْرَى جَيِّدَة جدا. وَمن الْمَعْنى المذموم فِيهَا أَن الشَّمْس لَا توافيهم إِلَّا وَهِي مستولية على تسخين الإقليم لعلوها تطلع عَلَيْهِم لذَلِك دفْعَة بعد برد اللَّيْل ولرطوبة أمزجة هوائهم تكون أَصْوَاتهم باحة وخصوصاً فِي الخريف لنوازلهم. فِي اخْتِيَار المساكن وتهيئتها. يَنْبَغِي لمن يخْتَار المساكن أَن يعرف تربة الأَرْض وحالها فِي الِارْتِفَاع والانخفاض والانكشاف والإستتار وماءها وجوهر مَائِهَا وحاله فِي البروز والانكشاف أَو فِي الِارْتِفَاع والانخفاض وَهل هِيَ معرضة للرياح أَو غائراً فِي الأَرْض وَيعرف رياحهم. هَل هِيَ الصَّحِيحَة الْبَارِدَة وَمَا الَّذِي يجاورها من الْبحار والبطائح وَالْجِبَال والمعادن ويتعرف حَال أهل الْبَلَد فِي الصِّحَّة والأمراض وَأي الْأَمْرَاض يعْتَاد بهم ويتعرف قوتهم وهضمهم وجنس أغذيتهم ويتعرف حَال مَائِهَا وَهل هُوَ وَاسع منفتح أَو ضيق المداخل مخنوق المنافس ثمَّ يجب أَن يَجْعَل الكوى والأبواب شرقية شمالية وَيكون الْعُمْدَة على تَمْكِين الرِّيَاح المشرقية من مداخلة الْأَبْنِيَة وتمكين الشَّمْس من الْوُصُول إِلَى كل مَوضِع فِيهَا فَإِنَّهَا هِيَ الْمصلحَة للهواء. ومجاورة الْمِيَاه العذبة الْكَرِيمَة الْجَارِيَة الغمرة النظيفة الَّتِي تبرد شتاء وتسخن صيفاً خلاف الكامنة أَمر جيد منتفع بِهِ. فقد تكلمنا فِي الْهَوَاء والمساكن كلَاما مشروحاً وخليق بِنَا أَن نتكلم فِيمَا يتلوها من الْأَسْبَاب المعدودة مَعهَا.

الْفَصْل الثَّانِي عشر مُوجبَات الْحَرَكَة والسكون الْحَرَكَة يخْتَلف فعلهَا فِي بدن الْإِنْسَان بِمَا يشْتَد ويضعف وَبِمَا يقل وَيكثر وَبِمَا يخالطها من السّكُون وَهَذَا عِنْد الْحُكَمَاء قسم بِرَأْسِهِ وَبِمَا يتعاطاه من الْمَوَاد وَالْحَرَكَة الشَّدِيدَة والكثيرة والقليلة المخالطة للسكون يشْتَرك فِي تهييج الْحَرَارَة إِلَّا أَن الشَّدِيدَة الْغَيْر الْكَثِيرَة تفارق الْكَثِيرَة الْغَيْر الشَّدِيدَة

والكثيرة المخالطة للسكون بِأَنَّهَا تسخن الْبدن سخونة كَثِيرَة وتحلل إِن حللت أقل. وَأما الْكَثِيرَة فَإِنَّهَا تحلل بالرفق فَوق مَا يسخن وَإِذا أفرد كل وَاحِد مِنْهُمَا برد لفرط تَحْلِيله الْحَار الغريزي وجفف أيضاً. وَأما إِذا كَانَت متعاطاة لمادة فَرُبمَا كَانَت الْمَادَّة تفعل مَا يعين فعلهَا وَرُبمَا كَانَت تفعل مَا ينقص فعلهَا مثلا إِن كَانَت الْحَرَكَة حَرَكَة صناعَة القصارة فَإِنَّهَا يعرض لَهَا أَن تفِيد برد أَو رطوبات وَإِن كَانَت حَرَكَة صناعَة الحدادة عرض لَهَا أَن تفِيد فضل سخونة وجفاف. وَأما السّكُون فَهُوَ مبرّد دَائِما لفقدان انتعاش الْحَرَارَة الغريزية والإحتقان الخانق ومرطب لفقد التحلّل من الفضول.

الْفَصْل الثَّالِث عشر مُوجبَات النّوم واليقظة النّوم شَدِيد الشّبَه بِالسُّكُونِ واليقظة شَدِيدَة الشّبَه بالحركة لَكِن لَهما بعد ذَلِك خَواص يجب أَن نعتبر فَنَقُول: إِن النّوم يُقَوي القوى الطبيعية كلهَا بحقن الْحَرَارَة الغريزية ويرخي القوى النفسانية بترطيبه مسالك الرّوح النفساني وإرخائه إِيَّاهَا وتكديرها جَوْهَر الرّوح وَيمْنَع مَا يتحلّل ولكنه يزِيل أَصْنَاف الإعياء وَيحبس المستفرغات المفرطة لِأَن الْحَرَكَة تزيد المستعدات للسيلان إسالة إِلَّا مَا كَانَ من الْموَاد فِي نَاحيَة الْجلد فَرُبمَا أعَان للنوم على دَفعه لحصره الْحَرَارَة دَاخِلا وتوزيعه الْغذَاء فِي الْبدن واندفاع مَا قرب من الْجلد بضن مَا بعد وَلَكِن الْيَقَظَة فِي هَذَا أبلغ على أَن النّوم أَكثر تعريقاً من الْيَقَظَة وَذَلِكَ لِأَن تَعْرِيفه على سَبِيل الِاسْتِيلَاء على الْمَادَّة لَا على سَبِيل التَّحْلِيل الرَّقِيق المتّصل. وَمن عرق كثيرا فِي نَومه وَلَا سَبَب لَهُ من أَسبَاب أُخْرَى فَإِنَّهُ يمتلىء من الْغذَاء بِمَا لَا يحْتَملهُ فَإِن صَادف النّوم مَادَّة مستعدّة للهضم أَو النضج أحالها إِلَى طبيعة الدَّم وسخنها فانبث الْحَار فِي الْبدن فسخن الْبدن سخونة غريزية وَإِن صَادف أخلاطاً حارة مرارية وَطَالَ زَمَانه سخن البمن صخونة غَرِيبَة وَإِن صَادف خلاء تبرد بِمَا يحلل أَو خلطاً عَاصِيا على الْقُوَّة الهائمة برد بِمَا ينشر مِنْهُ واليقظة تفعل أضداد جَمِيع ذَلِك لَكِنَّهَا إِذا أفرطت أفسدت مزاج الدِّمَاغ إِلَى ضرب من اليبوسة وأضعفته فخلطت الْعقل وأحرقت الأخلاط فأحدثت أمراضاً حادة. وَالنَّوْم المفرط يحدث ضدّ ذَلِك فَيحدث بلادة القوى النفسانية وَثقل الدِّمَاغ والأمراض الْبَارِدَة وَذَلِكَ بِمَا يمْنَع من التَّحَلُّل والسهر يزِيد فِي الشَّهْوَة وَيجوع بِمَا يحلل من الْمَادَّة وَينْقص من الهضم بِمَا يحلّل من الْقُوَّة والتحليل بَين سهر ونوم رَدِيء الْأَحْوَال كلهَا. وَالْغَالِب من حَال النّوم أَن الحز فِيهِ يبطن وَالْبرد يظْهر وَلذَلِك يَحْتَاجُونَ من الدثار لأعضائهم كلهَا إِلَى مَا لَا يحْتَاج إِلَيْهِ الْيَقظَان. وستجد من أَحْكَام النّوم وَمَا يتعرف مِنْهُ وَمن أَحْوَاله كَلَاما كثيرا فِي الْكتب الْمُسْتَقْبلَة.

الْفَصْل الرَّابِع عشر مُوجبَات الحركات النفسانية جَمِيع الْعَوَارِض النفسانية يتبعهَا أَو يصحبها حركات الرّوح إِمَّا إِلَى خَارج وَإِمَّا إِلَى دَاخل وَذَلِكَ إِمَّا دفْعَة وَإِمَّا قَلِيلا قَلِيلا وَيتبع حركتها إِلَى خَارج برد الْبَاطِن وَرُبمَا أفرط ذَلِك فيتحلل دفْعَة فيبرد الْبَاطِن وَالظَّاهِر ويتبعه غشي أَو موت وَيتبع حركتها إِلَى دَاخل برودة الظَّاهِر وحرارة الْبَاطِن. وَرُبمَا اختنقت من شدّة الانحصار فيبرد الظَّاهِر وَالْبَاطِن ويتبعه غشي عَظِيم أَو موت. وَالْحَرَكَة إِلَى خَارج إِمَّا دفْعَة كَمَا عِنْد الْغَضَب وَإِمَّا أَولا فأولاً كَمَا عِنْد اللَّذَّة وَعند الْفَرح المعتدل. وَالْحَرَكَة إِلَى دَاخل إِمَّا دفْعَة كَمَا عِنْد الْفَزع وَإِمَّا أَولا فأولاً كَمَا عِنْد الْحزن. والاختناق والتحلل الْمَذْكُورَان إِنَّمَا يتبعان دَائِما مَا يكون دفْعَة. وَأما النُّقْصَان وذبول

الغريزية فيتبع دائما ما يكون قليلا قليلا - أعني بالنُّقْصَانِ الاختلاف بالتدريج - وَفِي جُزْء جُزْء لَا دفْعَة وَقد يتَّفق أن يَتَحَرَّك إِلَى جهَتَيْنِ في وقت وَاحِد إذاكَانَ الْعَارِض يلزمه عارضان مثل الْهم: فَإِنَّهُ قد يعرض مَعَه غضب وحزن فتختلف الحركتان وَمثل الخَجل: فَإِنَّهُ قد يقبض أولا إِلَى الْبَاطِن ثمَّ يعود الْعقل وَالرَّأْي فيبسط المنقبض فيثور إِلَى خَارج فيحمر اللَّوْن. وَقد ينفعل الْبدن عَن هيئات نفسانية غير الَّتِي ذكرنَاهَا مثل التصورات النفسانية فَإِنَّهَا تثير أموراً طبيعية كَمَا قد يعرض أن يكون الْمَوْلُود مشابهاً لمن يتخيل صورته عِنْد الْجِمَاعَة وَيقرب لَونه من لون مَا يلزمه الْبَصر عِنْد الْإِنْزَال. وَهَذِه أَحْوَال رُبمَا اشمأز عَن قبُولهَا قوم لم يقفوا على أَحْوَال غامضة من أَحْوَال الْوُجُود. وَأما الَّذين لَهُم غوص في الْمعرفَة فَلَا يُنْكرُونَهَا إِنكار مَا لَا يجوز وجوده. وَمن هَذِه الْقَبِيل اتِّبَاع حَرَكَة الدَّم من المستعد لَهَا إذا كَثر تأمله وَنظره في الْأَشْيَاء الْحمر وَمن هَذَا الْبَاب تضرس الْإِنْسَان لأكل غَيره من الحموضة وإصابته الْأَلَم في عُضْو يؤلم مثله غَيره إِذا رَاعه وَمن هَذَا الْبَاب تبدل المزاج بِسَبَب تصور مَا يخَاف أو يفرح بِهِ.

الفصْل الخَامِس عشر مُوجبَات مَا يؤْكَل وَيشْرب مَا يؤْكَل وَيشْرب يفعل في بدن الْإِنْسَان من وُجُوه ثَلَاثَة: فَإِنَّهُ يفعل بكيفيته فَقَط وفعلاً بعنصره وفعلاً بِجملَة جوهره وَرُبمَا تقاربت مفهومات هَذِه الْألْفَاظ بِحَسب التعارف اللّغَويّ. إِلَّا أَنا نصطلح في استعمالها على معَان نشير إِلَيْهَا. فَأَما الْفَاعِل بكيفيته فَهُوَ أَن يكون من شَأْنه أَن يتسخن إذا حصل في بدن الْإِنْسَان أو يتبرد فيسخن بسخونته ويبرد بِبرْدِه من غير أَن يتشبه بِهِ. وَأَمَّا بعنصره: فَأن يكون بِحَيْثُ يَسْتَحِيل عَن طباعه فَيقبل صُورَة جُزْء عُضْو من أَعْضَاء الْإِنْسَان إِلَّا أَن عنصره مَعَ قبُوله صورته قد يتَّفق أن يبقى فِيهِ من أول الْأَمر إِلَى أَن يتم الِانْعِقَاد. والتشبه بَقِيَّة من كيفياته الَّتِي كَانَت في بَابهَا من الكيفيات لبدن الْإِنْسَان مثل الدَّم الْمُتَوَلد من الخس فَإِنَّهُ يَصْحَبهُ ماهوأبرد من مزاج الْإِنْسَان وَإِن كَان قد صَار دَمًا وَصلح أَن يكون جُزْء عُضْو إِنْسَان. والدَّم الْمُتَوَلد من التوم بالضد وَأما الْفَاعِل بجوهره فَهُوَ الْفَاعِل بصورته النوعية الَّتِي بهَا هُوَ هُوَ لَا بكيفيته بهَا أو مَعَ تشبه بالْبدن وَأعني بالكيفية إحْدَى هَذِه الكيفيات الْأَرْبع فالكيفية بالكيفية الْفَاعِل لَا مدْخل لمادته في الْفِعْل والْفَاعِل هُوَ الَّذِي إذا اسْتَحَال عنصره عَن جوهره اسْتِحَالَة يُوجبهَا قُوَّة في الْبدن قَامَ مقَام بدل مَا يتَحَلَّل أَولا وذكى الْحَرَارَة الغريزية بِالزِّيَادَةِ في الدَّم ثَانِيًا وَربمَا فعل بالكيفية الْبَاقِية فِيهِ ثَالِثا. والْفَاعِل بالجوهر هُوَ الَّذِي يفعل بِصُورَة نَوعه الْحَاصِلة بعد المزاج الَّذِي إذا امترجت بسائطه وَحدث مِنْهَا شَيْء وَاحِد اسْتعد لقبُول نوع وَصُورَة زَائِدَة على بسائط تِلْك الصُّورَة لَيست الكيفيات الأول الَّتِي للعنصر وَلَا المزاج الْكَائِن عَنْهَا بل كَمَا يحصل للعنصر بِحَسب استعداد حصل لَهُ من المزاج مثل الْقُوَّة الجاذبة في مغناطيس وَمثل طبيعة كل نوع من أَنْوَاع الْحَيَوَان والنبات المستفادة بعد المزاج بإعداد المزاج وَلَيست من بسائط المزاج وَلَا نفس المزاج إِذْ لَيست حرارة وَلَا برودة وَلَا رُطُوبة وَلَا يبوسة لَا بسيطة وَلَا ممزوجة بل هِي مثل لون أو رَائِحَة أو نفس أو صُورَة أُخْرَى لَيست من المحسوسات.

وَهَذِه الصُّورَة الْحَادِثة بعد المزاج قد يتَّفق أن يكون كَمَالهَا الانفعال من الْغَيْر إذْ كَانَت هَذِه الصُّورَة قُوَّة إنفعالية وَقد يتَّفق أن يكون كَمَالهَا فعلا في الْغَيْر إذاكَانَت هَذِه الصُّورَة قوِيَّة على فعل في الْغَيْر. وَإِذا كَانَت فعالة

فِي الْغَيْر قد يتَّفق أَن يكون فعلهَا فِي بدن الْإِنْسَان وَقد يتَّفق أَن لَا يكون. وَإِن كَانَت قُوَّة تفعل فِي بدن الْإِنْسَان فقد يتَّفق أَن تفعل فعلا ملائماً وَقد يتَّفق أَن تفعل فعلا غير ملائم. وَتَكون جملَة الْفِعْل فعلا لَيْسَ مصدره عَن مزاجه بل عَن صورته النوعية الْحَادِثَة بعد المزاج فَلهَذَا يُسمى هَذَا فعلا بجملة الْجَوَاهِر أَي بِصُورَة النَّوْع لَا بالكيفية أَي لَا بالكيفيات الْأَرْبَع وَمَا هُوَ مزاج عَنْهَا. أما الملائم فَمثل فعل فاوانيا فِي إِبْطَاله الصرع. وَأما الْمنَافِي فَمثل قُوَّة البيش الْمفْسدَة لجوهر الْإِنْسَان. وَنَرْجِع الْآن فَنَقُول: إِنَّا إِذا قُلْنَا للشَّيْء المتناول أَو المطلوخ أَنه حَار أَو بَارِد فَإِنَّمَا نعني أَنه كَذَلِك بِالْقُوَّةِ لَا بِالْفِعْلِ ونعني أَنه بِالْقُوَّةِ أحر من أبداننا وَأبْرد من أبداننا ونعني بِهَذِهِ الْقُوَّة قُوَّة مُعْتَبرَة بِوَقْت فعل حرارة بدننا فِيهَا بِأَن يكون إِذا انفعل حاملها عَن الْحَار الغريزي الَّذِي لنا حدث حِينَئِذٍ فِيهَا ذَلِك بِالْفِعْلِ وَرُبمَا عنينا بِهَذِهِ الْقُوَّة شَيْئا آخر وَهُوَ أَن تكون الْقُوَّة بِمَعْنى جودة الاستعداد كَقَوْلِنَا إِن الكبريت حَار بِالْقُوَّةِ وَرُبمَا اكتفينا بقولنَا إِن الشَّيْء حَار أَو بَارِد إِلَى الْأَغْلَب فِي مزاجه من الْأَركان الأولى غير ملتفتين إِلَى جَانب فعل بدننا فِيهِ. وَقد نقُول للدواء إِنَّه بِالْقُوَّةِ كَذَا إِذا كَانَت الْقُوَّة بِمَعْنى الملكة كقوة الْكَاتِب التارك للكتابة على الْكِتَابَة مثل قَوْلنَا إِن البيش بِالْقُوَّةِ مُفسد. وَالْفرق بَين هَذَا وَبَين الأول أَن الأول مَا لم يُحِلْهُ الْبدن إِحَالَةً ظَاهِرَة لم يخرج إِلَى الْفِعْل وَهَذَا بِمَا أَن يفعل بِنَفس الملاقاة كسم الأفاعي أَو بِأَدْنَى اسْتِحَالَة فِي كيفيته كالبيش. وَبَين الْقُوَّة الأولى وَالْقُوَّة الَّتِي ذكرنَاهَا قُوَّة متوسطة هِيَ مثل قُوَّة الْأَدْوِيَة السمية. ثمَّ نقُول إِن مَرَاتِب الْأَدْوِيَة قد جعلت أَرْبَعَة. الْمرتبَة الأولى مِنْهَا: أَن يكون فعل المتناول فِي الْبدن بكيفيته فعلا غير مَحْسُوس مثل أَن يسخن أَو يبرّد تسخيناً أَو تبريداً لَيْسَ يفْطن لَهُ وَلَا يحس بِهِ إِلَّا أَن يتَكَرَّر أَو يكثر. والمرتبة الثَّانِيَة: أَن يكون الْفِعْل أقوى من ذَلِك وَلَكِن لَا يبلغ أَن يضر بالأفعال ضَرَرا بَينا وَلَا يُغير مجْرَاهَا الطبيعي إِلَّا بِالْعرضِ أَو إِلَّا أَن يتَكَرَّر وَيكثر. والمرتبة الثَّالِثَة: أَن يكون فعلهَا يُوجب بِالذَّاتِ ضَرَرا بَينا وَلَكِن لَا يبلغ أَن يهْلك وَيفْسد. والمرتبة الرَّابِعَة: أَن يكون بِحَيْثُ يبلغ أَن يهْلك وَيفْسد وَهَذِه خاصية الْأَدْوِيَة السميّة فَهَذَا مَا يكون بالكيفية. وَأما المهلك بجملة جوهره فَهُوَ السم. ونقول من رَأس إِن جَمِيع مَا يرد على الْبدن مِمَّا يَجْرِي بَينهمَا فعل وانفعال: إِمَّا أَن يتَغَيَّر عَن الْبدن وَلَا يُغَيِّرهُ وَإِمَّا أَن يتغيّر عَن الْبدن ويغيره وَإِمَّا أَن لَا يتغيّر عَن الْبدن ويغيره.

فَأما الَّذِي يتغيرعن الْبدن وَلَا يُغَيِّرهُ. تغييراً معتدًا بِهِ فإمَّا أَن يتشبه بِالْبدنِ وَإِمَّا أَن لَا يتشبه. وَأما الَّذِي يتَغَيَّر عَن الْبدن ويغيّره فَلَا يَخْلُو إِمَّا أَن يكون كَمَا يتَغَيَّر عَن الْبدن يغيّر الْبدن ثمَّ إِنَّه يتَغَيَّر عَن الْبدن آخر الْأَمر فيبْطل بِغَيْرِهِ وَإِمَّا أَن لَا يكون كَذَلِك بل يكون هُوَ الَّذِي يُغير الْبدن آخر الْأَمر ويفسده. وَالْقسم الأول إِمَّا أَن يكون بِحَيْثُ يتشبه بِالْبدنِ أَو لَا يكون بِحَيْثُ يتشبّه بِهِ فَإِن تشبه بِهِ فَهُوَ الْغذَاء الدوائي وَإِن لم يتشبّه فَهُوَ الدَّوَاء الْمُطلق. وَالْقسم الثَّانِي فَهُوَ الدَّوَاء السمّي. وَأما الَّذِي لَا يتَغَيَّر عَن الْبدن الْبَتَّة ويغيره فَهُوَ السم الْمُطلق ولسنا نعني بقولنَا إِنَّه لَا يتَغَيَّر عَن الْبدن أَنه لَا يسخن فِي الْبدن بِفعل الْحَار الغريزي فِيهِ بل أَكثر السمُوم مَا لم يسخن فِي الْبدن بِفعل الْحَار الغريزي فِيهِ لم يُؤثر فِيهِ بل نعني أَنه لَا يتَغَيَّر فِي صورته الطبيعية بل لَا يزَال يفعل وَهُوَ ثَابت الْقُوَّة وَالصُّورَة حَتَّى يفْسد الْبدن وَقد تكون طبيعة هَذَا حارة فتعين طَبِيعَته خاصيته فِي تَحْلِيل الرّوح

كسم الأفعى والبيش. وَقد تكون بَارِدَة فتعين طَبِيعَته خاصيته فِي إخماد الرّوح وإيهانه كسم الْعَقْرَب والشوكران وَجَمِيع مَا يبرّد وَقد يغيّر الْبدن آخر الْأَمر تغييراً طبيعياً وَهُوَ التسخين. فَإِنَّهُ إذا اسْتَحَالَ إِلَى الدَّم زاد لَا محَالة فِي التسخين حَتَّى إن الخس والقرع يسخن هَذَا التسخين إِلَّا أنا لسنا نقصد بالتغيير هَذَا التسخين بل مَا كَانَ صادراً عَن كَيْفيَّة الشَّيْء ونوعه بعد بَاقٍ. والدواء الغذائي يَسْتَحِيل عَن الْبدن بجوهره ويستحيل عَنهُ بكيفيته لكنه يَسْتَحِيل أَولا فِي كَيفيته فَمِنْهُ مَا يَسْتَحِيل أَولا إِلَى حرارة فيسخن كالثوم وَمِنْه مَا يَسْتَحِيل أَولا إِلَى برودة فيبرد كالخس. وَإِذا استتمت الاستحالة إِلَى الدَّم كَانَ أَكثر فعله التسخين بتوفير الدَّم وَكَيف لَا يسخن وَقد استحالت حارة وخلعت برودتها. لكنه قد يصحب أَيضا كل وَاحِد مِنْهُمَا من الْكَيْفِيَّة الغريزية شَيْء بعد الاستحالة فِي الْجَوْهَر فَيبقى فِي الدَّم الْحَادِث من الخس تبريد مَا وَمن الدَّم الْحَادِث من الثوم تسخين مَا وَلَكِن إِلَى حِين.

والأدوية الغذائية فَمِنْهَا مَا هُوَ أقرب إِلَى الدوائية وَمِنْهَا مَا هُوَ أقرب إِلَى الغذائية كَمَا أَن الأغذية نَفسهَا مِنْهَا مَا هُوَ قريب الطباع إِلَى جَوْهَر الدَّم كالشراب ومح الْبيض وَمَاء اللَّحْم وَمِنْهَا مَا هُوَ أبعد مِنْهُ يَسِيرا مثل الْخبز وَاللَّحم وَمِنْهَا مَا هُوَ أبعد جدا كالأغذية الدوائية. ونقول: إن الْغذَاء يُغير حَال الْبدن بكيفيته وكميته إِمَّا بكيفيته فقد عرف ذَلِك وَإِمَّا بكميته فَذَلِك إِمَّا بِأَن يزِيد فيورث التُّخمَة والسدد ثمَّ العفونة واما بِأَن ينقص فيورث الذبول وَالزِّيَادَة فِي كمية الْغذَاء مبردة دَائِما اللَّهُمَّ إِلَّا أَن يعرض مِنْهَا عفونة فتسخن فَإِن العفونة كَمَا أَنَّهَا إِنَّمَا تحدث عَن حرارة غَرِيبَة كَذَلِك تحدث عَنْهَا أَيْضا حرارة غَرِيبَة. ونقول أَيْضا: إن الْغذَاء مِنْهُ لطيف وَمِنْه كثيف وَمِنْه معتدل. واللطيف هُوَ الَّذِي يتَوَلَّد مِنْهُ دم رَقِيق والكثيف هُوَ الَّذِي يتَوَلَّد مِنْهُ دم ثخين وكل وَاحِد من الْأَقْسَام فإمَّا أَن يكون كثير التغذية وَإِمَّا أَن يكون يسير التغذية. مِثَال اللَّطِيف الْكثير الْغذَاء: الشَّرَاب وَمَاء اللَّحْم ومح الْبيض المسخّن أَو النيمبرشت فَإِنَّهُ كثير الْغذَاء لِأَن كثر جوهره يَسْتَحِيل إِلَى الْغذَاء. وَمِثَال الكثيف الْقَلِيل الْغذَاء: الْجُبْن والقديد والباذنجان وَمَا يشبهها فَإِن الشَّيْء المستحيل مِنْهَا إِلَى الدَّم قَلِيل. وَمِثَال الكثيف الْكثير الْغذَاء: الْبيض المسلوق وَلحم الْبَقر. وَمِثَال اللَّطِيف الْقَلِيل الْغذَاء: الْجلاب والبقول المعتدلة القوام والكيفية. وَمن الثِّمَار التفاح وَالرُّمَّان وَمَا يُشبههُ فَإِن كل وَاحِد من هَذِه الْأَقْسَام قد يكون رَدِيء الكيموس وَقد يكون مَحْمُود الكيموس. مِثَال اللَّطِيف الْكثير الْغذَاء الْحسن الكيموس: صفرَة الْبيض وَالشرَاب وَمَاء اللَّحْم. وَمِثَال اللَّطِيف الْقَلِيل الْغذَاء الْحسن الكيموس: الخس والتفاح وَالرُّمَّان. وَمِثَال اللَّطِيف الْقَلِيل الْغذَاء الرَّدِيء الكيموس: الفجل والخردل وَأَكْثَر الْبُقُول. وَمِثَال اللَّطِيف الْكثير الْغذَاء الرَّدِيء الكيموس: الرئة وَلحم النواهض. وَمِثَال الكثيف الْكثير الْغذَاء الْحسن الكيموس: الْبيض المسلوق وَلحم الحولي من الضَّأْن. وَمِثَال الكثيف الْكثير الْغذَاء الرَّدِيء الكيموس: لحم الْبَقر وَلحم البط وَلحم الْفرس. وَمِثَال الكثيف الْقَلِيل الْغذَاء الرَّدِيء الكيموس: القديد. وَأَنت تَجِد فِي هَذِه الْجُمْلَة المعتدل.

الْفَصْل السَّادِس عشر أَحْوَال الْمِيَاه إن المَاء ركن من الْأَركان ومخصوص من جملَة الْأَركان بِأَنَّهُ وَحده من بَينهَا يدْخل فِي جملَة مَا يتَنَاوَل لَا لِأَنَّهُ يغذو بل لِأَنَّهُ ينفذ الْغذَاء وَيصْلح قوامه وَإِنَّمَا قُلْنَا إن المَاء لَا يغذو لِأَن الغاذي هُوَ الَّذِي بِالْقُوَّةِ دم وبقوة أبعد من ذَلِك جُزْء عُضْو الْإِنْسَان. والجسم الْبَسِيط لَا يَسْتَحِيل إِلَى قبُول صُورَة الدموية

وَإِلَى قبُول صُورَة عُضْو الْإِنْسَان مَا لم يتركب لَكِن المَاء جَوْهَر يعيّن فِي تسييل الْغذَاء وترقيقه وبذرقته نَافِذا إِلَى الْعُرُوق ونافذاً إِلَى المخارج لَا يَسْتَغْنِي عَن معونته هَذِه فِي تَمام أَمر الْغذَاء. ثمَّ الْمِيَاه مُخْتَلفَة لَا فِي جَوْهَر المائية وَلَكِن بِحَسب مَا يخالطها وبحسب الكيفيات الَّتِي تغلب عَلَيْهَا. فأفضل الْمِيَاه مياه الْعُيُون وَلَا كل الْعُيُون وَلَكِن مَاء الْعُيُون الْحرَّة الأَرْض الَّتِي لَا يغلب على تربتهَا شَيْء من الْأَحْوَال والكيفيات الغريبة أَو تكون حجرية فتكون أولى بِأَن لَا تعفن العفونة الأرضية وَلَكِن الَّتِي من طِينَة حرّة خير من الحجرية وَلَا كل عين حرَّة بل الَّتِي هِيَ مَعَ ذَلِك جَارِيَة وَلَا كل جَارِيَة بل الْجَارِيَة المكشوفة للشمس والرياح فَإِن هَذَا مِمَّا تكتسب بهَا الْجَارِيَة فَضِيلَة.

وَأما الراكدة فَرُبمَا اكْتسبت رداءة بالكشف لَا تكتسبها بالغور والستر. وَاعْلَم أَن الْمِيَاه الَّتِي تكون طينية المسيل خير من الَّتِي تجْرِي على الْأَحْجَار فَإِن الطين ينقي المَاء وَيَأْخُذ مِنْهُ الممزوجات الغريبة ويروقه وَالْحِجَارَة لَا تفعل ذَلِك لكنه يجب أَن يكون طين مسيلها حرا لَا حمأة وَلَا سبخة وَلَا غير ذَلِك. فَإِن اتّفق أَن كَانَ هَذَا المَاء غمراً شَدِيد الجرية تحيل كثرته مَا يخالطه إِلَى طَبِيعَته يَأْخُذ إِلَى الشَّمْس فِي جَرَيَانه فيجْرِي إِلَى الْمشرق خُصُوصا إِلَى الصيفي مِنْهُ فَهُوَ أفضل لَا سِيمَا إِذا بعد جدا من مبدئه ثمَّ مَا يتَوَجَّه إِلَى الشمَال. والمتوجّه إِلَى الْمغرب والجنوب رَدِيء وخصوصاً عِنْد هبوب الْجنُوب. وَالَّذِي ينحدر من مَوَاضِع عالية مَعَ سَائِر الْفَضَائِل أفضل. وَمَا كَانَ بِهَذِهِ الصّفة كَانَ عذباً يخيل أَنه حُلْو وَلَا يحْتَمل الْخمر إِذا مزج بِهِ مِنْهُ إِلَّا قَلِيلا وَكَانَ خَفِيف الْوَزْن سريع التبرد والتسخن لتخلخله بَارِدًا فِي الشتَاء حاراً فِي الصَّيف لَا يغلب عَلَيْهِ طعم الْبَتَّةَ وَلَا رَائِحَة وَيكون سريع الإنحدار من الشراسيف سريع تهري مَا يهرى فِيهِ وطبخ مَا يطْبخ فِيهِ وَاعْلَم أَن الْوَزْن من الدستورات المنجحة فِي تعرف حَال المَاء فَإِن الأخف فِي أَكثر الْأَحْوَال أفضل وَقد يعرف الْوَزْن بالمكيال وَقد يعرف بِأَن تبل خرقتان بماءين مُخْتَلفين أَو قطنتان متساويتان فِي الْوَزْن ثمَّ يجففان تجفيفاً بَالغا ثمَّ يوزنان فالماء الَّذِي قطنته أخف فَهُوَ أفضل. والتصعيد والتقطير مِمَّا يصلح الْمِيَاه الرَّدِيئَة فَإِن لم يُمكن ذَلِك فالطبخ فَإِن الْمَطْبُوخ على مَا شهد بِهِ الْعلمَاء أقل نفخاً وأسرع انحداراً.

والجهال من الْأَطِبَّاء يظنون المَاء الْمَطْبُوخ يتصعَّد لطيفه وَيبقى كثيفه فَلَا فَائِدَة فِي الطَّبْخ إِذْ يزِيد المَاء تكثيفاً وَلَكِن يجب أَن تعلم أَن المَاء فِي حدّ مائيته متشابه الْأَجْزَاء فِي اللطافة والكثافة لِأَنَّهُ بسيط غير مركب لَكِن المَاء يكثف إِمَّا باشتداد كَيْفيَّة الْبرد عَلَيْهِ وَإِمَّا بمخالطة شَدِيدَة من الْأَجْزَاء الأرضية الَّتِي أفرط صغرها لَيْسَ يُمكنهَا أَن تنفصل عَنهُ وترسب فِيهِ لِأَنَّهَا لَيست بِمِقْدَار مَا يقدر أَن يشق اتِّصَال المَاء فيرسب فِيهِ صغراً فيضطرها ذَلِك إِلَى أَن يحدث لَهَا بجوهر المَاء امتزاج ثمَّ الطَّبْخ يزِيل التكثيف الْحَادِث عَن الْبرد أَولا ثمَّ يخلخل أَجزَاء المَاء خلخلة شَدِيدَة حَتَّى يصير أدق قواماً فَيمكن أَن تنفصل عَنهُ الْأَجْزَاء الثَّقِيلَة الأرضية المحبوسة فِي كثافته وتخرقه راسبة وتباينه بالرسوب وَيبقى مَاء مَحْضا قَرِيبا من الْبَسِيط وَيكون الَّذِي انْفَصل بالتبخير مجانساً للْبَاقِي غير بعيد مِنْهُ لِأَن المَاء إِذا تخلص من الْخَلْط تشابهت أجزاؤه فِي اللطافة فَلم يكن لصاعدها كثير فضل على بَاقِيهَا. فالطبخ إِنَّمَا يلطف المَاء بِإِزَالَة تكثيف الْبرد وبترسيب الْخَلْط المخالط لَهُ. وَالدَّلِيل على هَذَا أَنَّك إِذا تركت الْمِيَاه الغليظة مُدَّة كَثِيرَة لم يرسب مِنْهَا شَيْء يعْتد بِهِ وَإِذا طبختها رسب فِي الْوَقْت شَيْء كثير وَصَارَ المَاء الْبَاقِي خَفِيف الْوَزْن صافياً

وَكَانَ سَبَب الرسوب هُوَ الترقيق الْحَاصِل بالطبخ. أَلا ترى أَن مياه الأودية الْكِبَار مثل نهر جيحون - وخصوصاً مَا كَانَ مِنْهَا مغترفاً من آخِره - يكون عِنْد الاغتراف فِي غَايَة الكدر ثمَّ يصفو فِي زمَان قصير كرة وَاحِدَة بِحَيْثُ إِذا استصفيتها مرّة أُخْرَى لم يرسب شَيْء يعتدّ بِهِ الْبَتَّةَ.

وَقوم يفرطون فِي مدح مَاء النّيل إفراطاً شَدِيدا ويجمعون محامده فِي أَرْبَعَة بعد منبعه وَطيب مسلكه وَأَخذه إِلَى الشمَال عَن الْجنُوب ملطف لما يجْرِي فِيهِ من الْمِيَاه. وَأما غمورته فيشاركه فِيهَا غَيره. والمياه الرديئة لَو استصفيتها كل يَوْم من إِنَاء إِلَى إِنَاء لَكَانَ الرسوب يظْهر عَنْهَا كل يَوْم من الرَّأْس وَمَعَ ذَلِك فَإِنَّهُ لَا يرسب عَنْهَا مَا من شَأْنه أَن يرسب إِلَّا بأناة من غير إِسراع وَمَعَ ذَلِك فَلَا يتصفى تصفياً بَالغا والعلّة فِيهِ أَن المخالطات الأرضية يسهل رسوبها عَن الرَّقِيق الْجَوْهَر الَّذِي لَا غلظ لَهُ وَلَا لزوجة وَلَا دهنية وَلَا يسهل رسوبها عَن الكثيف تِلْكَ السهولة. ثمَّ الطَّبْخ يُفِيد رقة الْجَوْهَر وَبعد الطَّبْخ المخض. وَمن الْمِيَاه الفاضلة مَاء الْمَطَر وخصوصاً مَا كَانَ صيفياً وَمن سَحَاب راعد. وَأما الَّذِي يكون من سَحَاب ذِي رِيَاح عَاصِفَة فيكون كدر البخار الَّذِي يتَوَلَّد مِنْهُ وكدر السَّحَاب الَّذِي يقطر مِنْهُ فَيكون مغشوش الْجَوْهَر غير خالصه إِلَّا أَن العفونة تبادر إِلَى مَاء الْمَطَر وَإِن كَانَ أفضل مَا يكون لِأَنَّهُ شَدِيد الرقة فيؤثر فِيهِ الْمُفْسد الأرضي والهوائي بِسُرْعَة وَتصير عفونته سَببا لتعفن الأخلاط ويضرّ بالصدر وَالصَّوْت. قَالَ قوم: وَالسَّبَب فِي ذَلِك أَنه متولد عَن بخار يصعد من رطوبات مُخْتَلفَة وَلَو كَانَ السَّبَب ذَلِك لَكَانَ مَاء الْمَطَر مذموماً غير مَحْمُود وَلَيْسَ كَذَلِك وَلكنه لشدَّة لطافة جوهره فَإِن كل لطيف الْجَوْهَر قوامه قَابل للإنفعال وَإِذا بودر إِلَى مَاء الْمَطَر وأغلي قلّ قبُوله للعفونة. والحموضات إِذا تنوولت مَعَ وُقُوع الضَّرُورَة إِلَى شرب مَاء مطر قَابل للعفونة أَمن ضَرَره.

وَأما مياه الْآبَار والقنى بِالْقِيَاسِ إِلَى مياه الْعُيُون فرديئة وَذَلِكَ لِأَنَّهَا مياه محتقنة مُخَالطَة للأرضيات مُدَّة طَوِيلَة لَا تَخْلُو عَن تعفين مَا وَقد استخرجت وحركت بِقُوَّة قاسرة لَا بِقُوَّة فِيهَا مائلة إِلَى الظُّهُور والاندفاع بل بالحيلة والصناعة بِأَن قرب لَهَا السَّبِيل إِلَى الرشوح. وأردؤها مَا جعل لَهَا مسالك فِي الرصاص فتأخذ من قوته وتوقع كثيرا فِي قُرُوح الأمعاء. وَمَاء النز أردأ من مَاء الْبِئْر لِأَن مَاء الْبِئْر يستجدّ نبوعه بالنزح فتدوم حركته وَلَا يلبث اللّبْث الْكثير فِي المحقن وَلَا يريث فِي المنافس ريثاً طَويلا. وَأما مَاء النزّ فَمَاء يطول تردده فِي منافس الأَرْض العفنة ويتحرّك إِلَى النبوع والبروز. وحركته بطيئة لَا تصدر عَن قُوَّة اندفاعها بل لِكَثْرَة مادتها وَلَا تكون إِلَّا فِي أَرض فَاسِدَة عفنة.

وَأما الْمِيَاه الجليدية والثلجية فغليظة والمياه الراكدة الأجمية خُصُوصا المكشوفة فرديئة ثَقيلَة وَإِنَّمَا تبرد فِي الشتَاء بِسَبَب الثلوج وتولد البلغم وتسخن فِي الصَّيف بِسَبَب الشَّمْس والعفونة فتولّد المرارة ولكثافتها واختلاط الأرضية بهَا وتحلل اللَّطِيف مِنْهَا تولد فِي شاربيها أطحلة وترق مراقهم وتحبس أحشاءهم وتقضف مِنْهُم الْأَطْرَاف والمناكب والرقاب ويغلب عَلَيْهِ شَهْوَة الْأكل والعطش وتحتبس بطونهم ويعسر قيؤهم وَرُبمَا وَقَعُوا فِي الاسْتِسْقَاء لاحتباس المائية فيهم وَرُبمَا وَقَعُوا فِي ذَات الرئة وزلق الأمعاء وَالطحَال. وتضمر أَرجُلهم وتضعف أكبادهم وتقل من

غذاءهم بِسَبَب الطحال ويتولّد فيهم الْجُنون والبواسير والدوالي والأورام الرخوة خُصُوصا فِي الشتاء ويعسر على نِسَائِهِم الْحَبل والولادة جَمِيعًا وتلدن أجنّة متورمين وَيكثر فِيهِنَّ الرَّجَاء وَالْحَبل الْكَاذِب وَيكثر لصبيانهم الأدر وبكبارهم الدوالي وقروح السَّاق وَلَا تبرأ قروحهم وتكثر شهوتهم ويعسر إسهالهم وَيكون مَعَ أَذَى وتقريح الأحشاء وَيكثر فيهم الرّبع وَفِي مشايخهم المحرقة ليبس طبائعهم وبطونهم. والمياه الراكدة كَيْفَمَا كَانَت غير مُوَافقَة للمعدة وَحكم المغترف من الْعين قريب من حكم الراكد لكنه يفضل الراكد بِأَن بَقَاءَهُ فِي مَوضِع وَاحِد غير طَوِيل وَمَا لم يجر فَإِن فِيهِ ثقلاً مَا لَا محَالة وَرُبمَا كَانَ فِي كثير مِنْهُ قبض وَهُوَ سريع الاستحالة إِلَى التسخّن فِي الْبَاطِن فَلَا يُوَافق أَصْحَاب الحميّات وَالَّذين غلب عَلَيْهِم المرار بل هُوَ أوفق فِي الْعِلَل المحتاجة إِلَى حبس أَو إِلَى إنضاج. والمياه الَّتِي يخالطها جَوْهَر معدني أَو مَا يجْرِي مجْرَاه والمياه العلقية فكلهَا أردأ لَكِن فِي بَعْضهَا مَنَافِع وَفِي الَّذِي تغلب عَلَيْهِ قُوَّة الْحَدِيد مَنَافِع من تَقْوِيَة الأحشاء وَمِنْه الذرب وإنهاض القوى الشهوانية كلهَا. وَسَنذكر حَالهَا وَحَال مَا يجْرِي مجْرَاهَا فِيمَا بعد. والجمد والثلج إِذا كَانَ نقياً غير مخالط لِقُوَّة رَدِيئَة فَسَوَاء حلّل مَاء أَو برد بِهِ المَاء من خَارج أَو ألقي فِي المَاء فَهُوَ صَالح وَلَيْسَ تخْتَلف أَحْوَال أقسامه اخْتِلَافا كثيرا فَاحِشا إِلَّا أَنه أكثف من سَائِر الْمِيَاه ويتضرّر بِهِ صَاحب وجع العصب لماذا طبخ عَاد إِلَى الصّلاح.

وَأما إِذا كَانَ الجمد من مياه رَدِيئَة أَو الثَّلج مكتسباً قُوَّة غَرِيبَة من مساقطه فَالْأولى أَن يبرد بِهِ المَاء محجوباً عَن مخالطته. وَالْمَاء الْبَارِد المعتدل الْمِقْدَار أوفق الْمِيَاه للأصحاء وَإِن كَانَ قد يضر العصب ويضر أَصْحَاب أورام الأحشاء وَهُوَ مِمَّا يُنَبه الشَّهْوَة ويشد الْمعدة وَالْمَاء الْحَار يفْسد الهضم ويطفي الطَّعَام وَلَا يسكن الْعَطش فِي الْحَال وَرُبمَا أدّى إِلَى الاسْتِسْقَاء والدق ويذبل الْبدن.

فَأَما السخن فَإِن كَانَ فاتراً غثى وَإِن كَانَ أسخن من ذَلِك فتجرع على الرِّيق فكثيراً مَا يغسل الْمعدة وَيُطلق الطبيعة لَكِن الاستكثار مِنْهُ رَدِيء يوهن قُوَّة الْمعدة. والشديد السخونة رُبمَا حلل القولنج وَكسر الرِّيَاح. وَالَّذين يوافقهم المَاء الْحَار بالصنعة أَصْحَاب الصرع وَأَصْحَاب الماليخوليا وَأَصْحَاب الصداع الْبَارِد وَأَصْحَاب الرمد. وَالَّذين بهم بثور فِي الْحلق والعمور وأورام خلف الْأذن وَأَصْحَاب النَّوَازِل وَمن بهم قُرُوح فِي الْحجاب وانحلال الْفُؤَاد فِي نواحي الصَّدْر ويدر الطمث وَالْبَوْل ويسكن الأوجاع. وَأما المَاء المالح فَإِنَّهُ يهزل وينشف ويسهل أَولا بالجلاء الَّذِي فِيهِ ثمَّ يعقل آخر الْأَمر بالتجفيف الَّذِي فِي طبعه وَيفْسد الدَّم فيولد الحكة والجرب. وَالْمَاء الكدر يُولد الْحَصَى والسدد فليتناول بعده مَا يدر. على أَن المبطون كثيرا مَا ينْتَفع بِهِ وبسائر الْمِيَاه الغليظة الثَّقِيلَة لاحتباسها فِي بَطْنه وبطء انحدارها وَمن ترياقاته الدسم والحلاوات والنوشادرية يُطلق الطبيعة شرب مِنْهَا أَو جلس فِيهَا أَو احتقن والشبّية تَنْفَع من سيلان فضول الطمث وَمن نفث الدَّم وسيلان البواسير. غير أَنهَا شَدِيدَة الإثارة للحمى فِي الْأَبدَان المستعدة لَهَا. والحديدي يزِيل الطحال ويعين على الباه. والنحاسي صَالح لفساد المزاج وَإِذا اخْتلطت مياه مُخْتَلفَة جَيّدَة ورديئة غلب أقواها. وَنحن قد بَينا تَدْبِير الْمِيَاه الْفَاسِدَة فِي بَاب تَدْبِير الْمُسَافِرين. وَنَذْكُر بَاقِي أَحْكَام المَاء وَصِفَاته وقرى أصنافه فِي بَاب المَاء فِي الْأَدْوِيَة المفردة فاطلب مَا قُلْنَاهُ من هُنَالك.

الْفَصْل السَّابِع عشر مُوجبَات الاحتِبَاس وَالاستفرَاغ احتباس مَا يجب أن يستفرغ بالطبع يكون إِمَّا لضعف الدافعة أَو لشدَّة الْقُوَّة الماسكة فتشبث بِهِ أَو لضعف الهاضمة فيطول لبث الشَّيْء فِي الْوِعَاء تلبثاً من القوى الطبيعية إِيَّاه إِلَى اسْتِيفَاء الهضم أَو لضيق المجاري والسدد فِيهَا أَو لغلظ الْمَادَّة أَو لزوجتها أَو لكثرتها فَلَا تقوى عَلَيْهَا الدافعة أَو لفقدان الإحساس بِالْحَاجةِ إِلَى دَفعهَا إِذْ كَانَ قد تعين فِي الاستفراغ قُوَّة إرادية كَمَا يعرض فِي القولنج اليرقاني أَو لانصراف من قُوَّة الطبيعة إِلَى جِهَة أُخْرَى كَمَا يعرض فِي البحارين من شدّة احتباس الْبَوْل أَو احتباس البرَاز بِسَبَب كَون الاستفراغ البحراني من جِهَة أُخْرَى وَإِذا وَقع احتباس مَا يجب أَن يستفرغ عرض من ذَلِك أمراض. أما من بَاب أمراض التَّرْكِيب فالسدة والاسترخاء والتشنج الرطب وَمَا يشبه ذَلِك وَأما من أمراض المزاج فالعفونة وَأَيْضًا الْحَار الغريزي واستحالته إِلَى النارية وَأَيْضًا انطفاء الْحَرَارَة الغريزية من طول الاحتقان أَو شدته فيعقبه الْبرد وَأَيْضًا غَلَبَة الرُّطُوبَة على الْبدن. وَأما من الْأَمْرَاض الْمُشْتَركَة فانصداع الأوعية وانفجارها.

والتخمة من أردأ أَسبَاب الْأَمْرَاض وخصوصاً إِذا وافت بعد اعتياد الخواء مثل مَا يَقع من الشِّبَع المفرط فِي الْخطب عقيب جوع مفرط فِي الحدب وأما من الْأَمْرَاض المركبة فالأورام والبثور. واستفراغ مَا يجب أَن يحتبس يكون إِمَّا لقُوَّة الدافعة أَو لضعف الماسكة أَو لإيذاء الْمَادَّة بالثقل لكثرته أَو بالتمديد لريحته أَو باللذع لحدته وحرافته أَو لرقة الْمَادَّة فَيكون كَأَنَّهَا تسيل من نَفسهَا فيسهل اندفاعها وَقد يعينها سَعَة المجاري كَمَا يعرض لسيلان الْمَنِيّ أَو من إنشافها طولا أَو انقطاعها عرضا أَو انفتاحها عَن فوهاتها كَمَا فِي الرعاف وَقد يحدث هَذَا الاتساع بِسَبَب حَادث من خَارج أَو من دَاخل وَإِذا وَقع استفراغ مَا يجب أَن يحتبس عرض من ذَلِك برد المزاج باستفراغ الْمَادَّة المشعلة الَّتِي يغتذي مِنْهَا الْحَار الغريزي وَرُبمَا عرض مِنْهُ حرارة مزاج إِذا كَانَ مَا يستفرغ بَارِد المزاج مثل البلغم أَو قَرِيبا من اعْتِدَال المزاج مثل الدَّم فيستولي الْحَار المفرط كالصفراء فيسخن قد يعرض من ذَلِك اليبس دَائِما وبالذات وَرُبمَا عرضت مِنْهُ الرُّطُوبَة على الْقيَاس الَّذِي ذَكرنَاهُ فِي عرُوض الْحَرَارَة وَذَلِكَ عِنْد اعْتِدَال من استفراغ الْخَلْط المجفف أَو يعجز من الْحَرَارَة الغريزية عَن هضم الْغذَاء هضماً تَاما فيكثر البلغم لَكِن هَذِه الرُّطُوبَة لَا تنْفَع فِي المزاج الغريزي وَلَا تكون غريزية كَمَا أَن تِلْكَ الْحَرَارَة لم تكن غريزية بل كل استفراغ مفرط يتبعهُ برد ويبس فِي جَوْهَر الْأَعْضَاء وغريزتها وَإِن لحق بَعْضهَا حرارة غَرِيبَة ورطوبة غير صَالِحَة. وَقد يتبع الاستفراغ المفرط من الْأَمْرَاض لأولي السدة أَيْضا لفرط يبس الْعُرُوق وانسدادها ويتبعه التشنج والكزاز وَأما الاحتباس والاستفراغ المعتدلان المصادفان لوقت الْحَاجة إِلَيْهَا فهما نافعان حَافِظَانِ للحالة الصحية فقد تكلمنا فِي الْأَسْبَاب الضرورية بجنسيتها وَإِن كَانَت قد لَا يكون أَكثر أَنْوَاعهَا ضَرُورِيَّة فلنأخذ فِي الْأَسْبَاب الْأُخْرَى .

الْفَصْل الثَّامِن عشر غير ضَرُورِيَّة وَلَا ضارة ولنتكلم الْآن فِي الْأَسْبَاب الْغَيْر الضرورية وَلَا الضارة وَهِي الَّتِي لَيست بجنسيتها فِي الطَّبْع وَلَا هِيَ مضادة للطبع وَهَذِه هِيَ الْأَشْيَاء الملاقية للبدن غير الْهَوَاء فَإِنَّهُ ضَرُورِيّ بل مثل الاستحمامات وأنواع الدَّلْك وَغَيرهَا ولنبدأ بقول كلي فِي هَذِه الْأَسْبَاب فَنَقُول: إِن الْأَشْيَاء الفاعلة فِي بدن الْإِنْسَان من خَارج بالملاقاة تفعل فِيهِ على وَجْهَيْن: فَإِنَّهَا تفعل فِيهِ إِمَّا بنفوذ مَا لطف مِنْهَا فِي المسام لقُوَّة فِيهَا غواصة نَافِذَة

أو لجذب الْأَعْضَاء إيَّاهَا من مسامها أَو بتعاون من الْأَمريْن. وَإِمَّا أَن تفعل لَا بمخالطة الْبَتَّة بل بكيفية صرفه محيلة للبدن وَذَلِكَ إِمَّا لِأَن هَذِه الْكَيْفِيَّة بِالْفِعْلِ كالطلاء الْمبرد بِالْفِعْلِ فيبرد أَو الطلاء المسخن بِالْفِعْلِ فيسخن أَو الكماد المسخن بِالْفِعْلِ فيسخن وَإِمَّا لِأَن لَهَا هَذِه الْكَيْفِيَّة بِالْقُوَّةِ لَكِن الْحَار الغريزي مِنْهَا يهيج فِيهَا قُوَّة فعالة ويخرجها إِلَى الْفِعْل. وَإِمَّا بالخاصية. وَمن الْأَشْيَاء مَا يُغير بالملاقاة وَلَا يُغير بالتناول مثل البصل فَإِنَّهُ إِذا ضمد بِهِ من خَارج قرح وَلَا يقرح من دَاخل وَمن الْأَشْيَاء مَا هُوَ بِالْعَكْسِ مثل الاسفيداج فَإِنَّهُ إِن شرب غير تغييراً عَظِيما وَإِن طلي لم يفعل من ذَلِك شَيْئا. وَمِنْهَا مَا يفعل من الْوَجْهَيْنِ جَمِيعًا وَالسَّبَب فِي الْقسم الأول أحد أَسبَاب سِتَّة: لحما: أَن مثل البصل إِذا ورد على دَاخل الْبدن بادرت الْقُوَّة الهاضمة فَكَسرته وغيرت مزاجه وَالثَّانِي: أَنه فِي أَكثر الْأَمر يتَنَاوَل مخلوطاً بِغَيْرِهِ. وَالثَّالِث: أَنه يخْتَلط أَيْضا فِي أوعية الْغذَاء برطوبات تغمره وتكسر قوته. وَالرَّابِع: أَنه إِنَّمَا يلْزم من خَارج موضعا وَاحِدًا وَأما من دَاخل فَلَا يزَال ينْتَقل. وَالْخَامِس: أَنه إِمَّا من خَارج فيلتصق إلصاقاً موثقًا وَأما من دَاخل فَإِنَّمَا يماس مماسة غير ملتصقة. وَالسَّادِس: أَنه إِذا حصل فِي الْبَاطِن تولت تَدْبيره الْقُوَّة الطبيعية فَلم يلبث الْفضل مِنْهُ أَن ينْدَفع والجيد أَن يَسْتَحِيل دَمًا وَأما مَا يخْتَلف من حَال الاسفيداج فالسبب فِيهِ أَنه غليظ الْأَجْزَاء فَلَا ينفذ فِي المسام من خَارج وَإِن نفذ لم يمعن إِلَى منافس الرّوح وَإِلَى الْأَعْضَاء الرئيسة وَأما إِذا تنوول كَانَ الْأَمر بِالْعَكْسِ وَأَيْضًا ف! ن الطبيعة السمية الَّتِي فِيهَا لَا تثور إِلَّا بفرط تَأْثِير الْحَار الغريزي الذى فِينَا فِيهِ وَذَلِكَ مِمَّا لَا يحصل بِنَفس الملاقاة خَارِجا وَرُبمَا عَاد عَلَيْك فِي كتاب الْأَدْوِيَة المفردة كَلَام من هَذَا الْقَبِيل.

الْفَصْل التَّاسِع عشر مُوجبات الإستحمام والتضحي بالشمس قَالَ بعض المتحذلقين: خيرُ الْحَمام مَا قدمُ بِنَاؤُه واتسع هواؤه وعذب مَاؤُهُ، وَزَاد آخر: وَقدر الأتون توقد بِقدر مزاج من أَرَادَ وُرُوده. وَاعْلَم أَن الْفِعْل الطبيعي للحمام هُوَ التسخين بهوائه أَو الترطيب بمائه. وَالْبَيْت الأول مبرد مرطب. وَالثَّانِي مسخن مرطب. وَالثَّالِث مسخّن مجفّف. وَلَا يلْتَفت إِلَى قَول من يَقُول: إِن المَاء لايرطب الْأَعْضَاء الْأَصْلِيَّة تشرّباً وَلَا لفًا لِأَنَّهُ قد يعرض من الْحمام بَعْدَمَا وصفناه من تأثيراته وتغييراته تغييرات أُخْرَى بَعْضهَا بِالْعرضِ وَبَعضهَا بِالذَّاتِ فَإِن الْحمام قد يعرض لَهُ أَن يبرد بهوائه من كَثْرَة التَّحْلِيل للحار الغريزي وَأَن يجفف أَيْضا جَوْهَر الْأَعْضَاء التحليلية لكثير الرطوبات الغريزية وَإِن أَفَادَ رطوبات غَرِيبَة. وَإِذا كَانَ مَاؤُهُ شَدِيد السخونة يتقشعر مِنْهُ الْجلد فيستحصف مسامه لم يتأد من رطوبته إِلَى الْبدن شَيْء وَلَا أجَاد تَحْلِيله. وماؤه قد يسخن ويبرد أما تسخينه فبحماه إِن كَانَ حاراً إِلَى السخونة مَا هُوَ دون الفاتر فَإِنَّهُ يبرّد ويرطب وبالحقن إِذا كَانَ بَارِدًا فَإِنَّهُ يحقن الْحَرَارَة المستفادة من هوائه ويجمعها فِي الأحشاء إِذا أورد بارداً على الْبدن وَأما تبريده فَذَلِك إِذا كثر فِيهِ الاستنقاع فيبرد من وَجْهَيْن: أَحدهمَا لِأَن المَاء بالطبع بَارِد فيبرد آخر الْأَمر وَإِن سخن بحرارة عرضية لَا يثبت بل يَزُول وَيبقى الْفِعْل الطبيعي لما تشربه الْبدن من المَاء وَهُوَ التبريد وَأَيْضًا فَإِن المَاء وَإِن كَانَ حاراً أَو بَارِدًا فَهُوَ أرطب وَإِذا أفرط فِي الترطيب حقن الْحَار الغريزي من كَثْرَة الرُّطُوبَة فيطفئها فيبرد.

وَالْحمام قد يسْتَعْمل يَابسا فيجفف وينفع أَصْحَاب الإستسقاء أَو الترهل وَقد يسْتَعْمل رطبا فيرطب وَقد يقْعد فِيهِ كثيرا فيجفف بالتحليل والتعريق وَقد يقْعد فِيهِ قَلِيلا فيرطب بانتشاف الْبدن مِنْهُ قبل التعرق. وَالْحمام قد يسْتَعْمل على الرِّيق والخواء فيجفّف شَدِيدا ويهزل ويضعف وَقد يسْتَعْمل على قرب عهد بالشبع فيسمن بِمَا يجذب إِلَى ظَاهر الْبدن من الْمَادَّة إِلَّا أَنه يحدث السدد بِمَا ينجذب بِسَبَبِهِ إِلَى الْأَعْضَاء من الْمعدة والكبد من الْغذَاء الْغَيْر النضج وَقد يسْتَعْمل عِنْد آخر الهضم الأول قبل الإخلاء فينفع ويسمن باعتدال وَمن اسْتعْمل الحمّام للترطيب كَمَا يَسْتَعْمِلهُ أَصْحَاب الدق فَيجب عَلَيْهِم أَن يستنقعوا فِي المَاء مَا لم تضعف قواهم ثمَّ يتمرخوا بالدهن ليزِيد فِي الترطيب وليحبس المائية النافذة فِي امسام ويحقنها دَاخل الْجلد وَأَن لَا يبطئوا الْمقَام وَأَن يختاروا موضعا معتدلاً وَأَن يكثروا صب المَاء على أَرض الْحمام ليكْثر البخار فيرطب الْهَوَاء وَأَن ينقلوا من الْحمام من غير عناء ومشقة يلْزمهُم بل على محفة تتَّخذ لَهُم وَأَن يطيبوا بالطيب الْبَارِد كَمَا يخرجُون وَأَن يتْركُوا فِي المسلخ سَاعَة إِلَى أَن يعود إِلَيْهِم النَّفس المعتدل وَأَن يسقوا من المرطّبات شَيْئا مثل مَاء الشّعير وَمثل لبن الأتان. وَمن أَطَالَ الْمقَام فِي الْحمام خيف عَلَيْهِ الغشي بإسخانه الْقلب. ويثرر بِهِ أَولا الغثي.

وللحمام مَعَ كَثْرَة مَنَافِعه مضار فَإِنَّهُ يسهل انصباب الفضول إِلَى الْأَعْضَاء الَّتِي بهَا ضعف ويرخي الْجَسَد ويضرّ بالعصب ويحلل الْحَرَارَة الغريزية وَيسْقط الشَّهْوَة للطعام ويضعف قُوَّة الباه. وللحمام فضول من جِهَة الْمِيَاه الَّتِي تكون فِيهِ فَإِنَّهَا إِن كَانَت نطرونية كبريتية أَو بحريّة أَو رمادية أَو مالحة طبعا أَو بصنعة بِأَن يطْبخ فِيهَا شَيْء من ذَلِك أَو يطْبخ فِيهَا مثل الميوزج وَمثل حب الْغَار وَمثل الكبريت وَغير ذَلِك فَإِنَّهَا تحلل وتلطف وتزيل الترهل والتربّل وَيمْنَع انصباب الْموَاد إِلَى القروح وينفع أَصْحَاب الْعرق الْمَدِينِيّ. والمياه النحاسية والحديدية والمالحة أَيْضا تنْفَع من أمراض الْبرد والرطوبة وَمن أوجاع المفاصل والنقرس والإسترخاء والربو وأمراض الْكُلِّي وتقوي جبر الْكسر تنْفَع من الدماميل والقروح. والحاصية تنْفَع الْفَم واللهاة وَالْعين المسترخية ورطوبات الأذن. والحديدية نافعة للمعدة وَالطحَال. والبورقية المالحة تنْفَع الرؤوس الْقَابِلَة للمواد والصدر الَّذِي بِتِلْكَ الْحَال وَتَنْفَع الْمعدة الرّطبَة وَأَصْحَاب الإستسقاء والنفخ. وَأما الْمِيَاه الشبية والزاجية فينفع الاستحمام فِيهَا من نفث الدَّم وَمن نزف المقعدة والطمث وَمن تقلب الْمعدة وَمن الإسْقَاط بِغَيْر سَبَب وَمن التهيّج وفرط الْعرق. وَأما الْمِيَاه الكبريتية فَإِنَّهَا تنقي الأعصاب وتسكن أوجاع التمدّد والتشنج وتنقي ظَاهر الْبدن من البثور والقروح الرَّدِيئَة المزمنة والآثار السمجة والكلف والبرص والبهق ويحلل الفضول المنصبة إِلَى المفاصل وَإِلَى الطحال والكبد وَتَنْفَع من صلابة الرَّحِم لَكِنَّهَا ترخي الْمعدة وَتسقط الشَّهْوَة.

وَأما مياه القفرية فَإِن الاستحمام فِيهَا يمْلَأ الرَّأْس وَلذَلِك يجب أَن لَا يغمس المستحم بهَا رَأسه فِيهَا وفيهَا تسخين فِي مُدَّة متراخية وخصوصاً للرحم والمثانة والقولون وَلكنهَا رَدِيئَة للنِّسَاء. وَمن أَرَادَ أَن يستحم فِي الحمامات فَيجب أَن يستحم فِيهَا بهدوء وَسُكُون ورفق وتدريج غير بَغْتَة وَرُبمَا عَاد عَلَيْك فِي بَاب حفظ الصِّحَّة من أَمر الْحمام مَا يجب أَن يضيف النّظر فِيهِ إِلَى النّظر إِلَى مَا قيل وَكَذَلِكَ القَوْل فِي اسْتِعْمَال المَاء الْبَارِد. وَأما التضحي

إِلَى شمس الحارة وخصوصاً متحركاً لَا سِيمَا متحركاً حَرَكَة شَدِيدَة كالسعي والعدو مِمَّا يحلل الفضول بِقُوَّة ويعرّق النفخ ويحلل أورام الترىل وَالِاسْتِسْقَاء وينفع من الربو وَنَفس الانتصاب ويحلل الصداع الْبَارِد المزمن وَيُقَوِّي الدِّمَاغ الَّذِي مزاجه بَارِد وَإِذا لم يتبل من تَحْتَهُ بل كَانَ مَجْلِسه يَابسا نفع أوجاع الورك والكي وأوجاع الجذام واختناق الدَّم ونقى الرَّحِم. فَإِن تعرض للشمس كثف الْبدن وقشفه وحممه وَصَارَ كالكي على فوهات المسام وَمنع التحلّل. والسكون فِي الشَّمْس فِي مَوضِع وَاحِد أَشد فِي إحراق الْجلد من التنقل فِيهَا وَهُوَ أمنع للتحلل. وَأقوى الرمال فِي نشف الرطوبات من نواحي الْجلد رمال الْبحار وَقد يجلس عَلَيْهَا وَهِي حارة وَقد يندفن فِيهَا وَقد ينثر على الْبدن قَلِيلا قَلِيلا فيحلل الأوجاع والأمراض الْمَذْكُورَة فِي بَاب الشَّمْس. وَبِالْجُمْلَةِ يجفف الْبدن تجفيفاً شَدِيدا.

وَأما الاستنقاع فِي مثل الزَّيْت فقد ينفع أَصْحَاب الاعياء وَأَصْحَاب الحميات الطَّوِيلَة الْبَارِدَة وَالَّذين بهم حمياتهم مَعَ أوجاع عصب مفاصل وَأَصْحَاب التشنج والكزاز واحتباس الْبَوْل. وَيجب أَن يكون الزَّيْت مسخّناً من خَارج الْحمام. وَأما إِن انطبخ فِيهِ ثَعْلَب أَو ضبع على مَا نصفه فَهُوَ أفضل علاج لأَصْحَاب أوجاع المفاصل والنقرس. وَأما بل الْوَجْه ورش المَاء عَلَيْهِ فَإِنَّهُ ينعش الْقُوَّة المسترخية من الكرب ولهيب الحميات وَعند الغشي وخصوصاً مَعَ مَاء ورد وخل وَرُبمَا صحّح الشَّهْوَة وأثارها ويضرّ أَصْحَاب النَّوَازِل والصداع.

الْجُمْلَة الثَّانِيَة سَبَب لكلّ وَاحِد من الْعَوَارِض البدنيّة وَهِي تِسْعَة وَعِشْرُونَ فصلا

الْفَصْل الأول المسخّنات المسخّنات أَصْنَاف مثل الْغذَاء المعتدل فِي الْمِقْدَار وَالْحَرَكَة المعتدلة وَيدخل فِيهَا الرياضات المعتدلة والدلك المعتدل والغمز المعتدل وَوضع المحاجم بِغَيْر شرط فَإِن الَّذِي يكون مَعَ شرط يبرد بالاستفراغ وَأَيْضًا الْحَرَكَة الَّتِي هِيَ إِلَى الشدَّة وَالْكَثْرَة قَلِيلا لَيْسَ بالمفرط والغذاء الْحَار والدواء الْحَار وَالْحمام المعتدل على مَا عرف من تسخينه بهوائه والصناعة المسخّنة وملاقاة المسخنات الْغَيْر المفرطة كالأهوية والأضمدة والسهر المعتدل وَالنَّوْم المعتدل على الشَّرْط الْمَذْكُور وَالْغَضَب على كل حَال والهم إِذا لم يفرط فَأَما إِذا أفرط فيبرد الْفَرح المعتدل وَأَيْضًا العفونة وخاصيتها أَحْدَاث حرارة غَرِيبَة لَا غير وفعلها هُوَ التسخين الْمُطلق وَهُوَ غير الإحراق لِأَن التسخين دون الإحراق لَا محَالة وَيَقَع كثيرا وَلَا يعفن وَقد يحدث قبل التعفن فَلِأَن التعفن كثيرا مَا يكون بِأَن يبْقى بعد مُفَارقَة السَّبَب المسخن الْخَارِجِي سخونة خارجية فيشتعل فِي الْمَادَّة الرّطبَة فيغير رطوبتها عَن صلوحها لمزاج الْجَوْهَر الَّذِي هِيَ فِيهِ من غير رد إِيَّاهَا بعد إِلَى مزاج آخر من الأمزجة النوعية الطبيعية فَإِنَّهُ قد يُغير الْحَرَارَة الرّطبَة إِلَى صلوحها من مزاج إِلَى مزاج آخر من الأمزجة النوعية وَلَا يكون ذَلِك تعفيناً بل هضماً. وَأما الإحراق فَهُوَ أَن يُمَيّز الْجَوْهَر الرطب عَن الْجَوْهَر الْيَابِس تصعيداً لذَلِك وترسيباً لهَذَا. وَأما التسخين الساذج فَهُوَ أَن تبقى الرطوبات كلهَا على طبائعها النوعية إِلَّا أَنَّهَا تصير أسخن. وَمن المسخّنات التكاثف فِي ظَاهر الْبدن فَإِنَّهُ يسخن بحقن البخار.

والتخلخل دَاخل الْبدن فَإِنَّهُ بسخن يبسط البخار. وَمن عَادَة جالينوس أَن يحصر جَمِيع هَذِه الْأَسْبَاب فِي خَمْسَة أَجنَاس الْحَرَكَة غير المفرطة وملاقاة مَا يسخن لَا بإفراط والمادة الحارة مِمَّا يتَنَاوَل والتكاثف والعفونة.

الْفَصْل الثَّانِي المبردات أما المبردات فَهِيَ أَيْضا أَصْنَاف: الْحَرَكَة المفرطة لفرط تحليلها الْحَار الغريزي والسكون المفرط لخنقه الْحَار الغريزي وَكَثْرَة الْغذَاء المفرط مَأْكُولا ومشروباً وقلته المفرطة والغذاء الْبَارِد والدواء الْبَارِد وملاقاة مَا يسخن لإفراط من الأهوية والأضمدة وَمن مياه الحمامات وَشدَّة تخلخل الْبدن فينفش عَنهُ الْحَار الغريزي وَطول ملاقاة مَا يسخن باعتدال كطول اللّبْث فِي الْحمام وَشدَّة التكاثف فيحقن الْحَار الغريزي وملاقاة مَا يبرد بِالْفِعْلِ وملاقاة مَا يبرد بِالْقُوَّةِ وَإِن كَانَ حاراً فِي حَاضر الْوَقْت والإفراط فِي الاحتباس لِأَنَّهُ يحقن الْحَرَارَة الغريزة والإفراط فِي الاستفراغ لِأَنَّهُ يفقد مَادَّة الْحَرَارَة بِمَا فِيهِ من إستتباع الرّوح والسدد من الفضول وَمِنْهَا شدَّة شدّ الْأَعْضَاء وإدامتها فَإِنَّهَا تبرد أَيْضا بسد طَرِيق الْحَرَارَة وَكَذَلِكَ الْهم المفرط والفزع المفرط والفرح المفرط واللذة المفرطة والصناعة المبردة والهوة والفجاجة الْمُقَابلَة للعفونة. وَمن عَادَة الْحَكِيم الْفَاضِل جالينوس أَن يحصرها فِي أَجنَاس سِتَّة: الْحَرَكَة المفرطة والسكون المفرط وملاقاة مَا يبرد أَو مَا يسخن جدا حَتَّى يحلل والمادة المبردة وَقلة الْغذَاء بالإفراط وَكَثْرَة الْغذَاء بالإفراط.

الْفَصْل الثَّالِث أَسبَاب الترطيب كَثِيرَة مِنْهَا السّكُون وَالنَّوْم واحتباس مَا يستفرغ وإستفراغ الْخَلْط المجفف وَكَثْرَة الْغذَاء والغذاء المرطب والدواء المرطب وملاقاة المرطبات لَا سِيمَا الْحمام وخصوصاً على الطَّعَام وملاقاة مَا يبرد فيحقن الرُّطُوبَة وملاقاة مَا يسخن تسخيناً لطيفاً فيسيل الرُّطُوبَة والفرح المعتدل.

الْفَصْل الرَّابِع المجففات أَسبَاب المجففات أَيْضا كَثِيرَة مثل الْحَرَكَة والسهر وَكَثْرَة الاستفراغ وَمِنْهَا الْجِمَاع وَقلة الأغذية وَكَونهَا يابسة والأدوية المجففة وأنواع الحركات النفسانية المفرطة وتواتر الحركات النفسانية وملاقاة المجففات وَمن ذَلِك الاستحمام بالمياه القابضة وَمن ذَلِك الْبرد المجمد بِمَا يحبس الْعُضْو من جذب الْغذَاء إِلَى نَفسه وَبِمَا يقبض فَيحدث عَنهُ سدد تمنع من نُفُوذ الْغذَاء وَمن ذَلِك ملاقاة مَا هُوَ شَدِيد الْحَرَارَة فيفرط فِي التَّحْلِيل حَتَّى إِن من ذَلِك كَثْرَة الاستحمام.

الْفَصْل الْخَامِس مفسدات الشكل من أَسبَاب فَسَاد الشكل أَسبَاب وَقعت فِي الْخلقَة الأولى فقصرت الْقُوَّة المصورة أَو الْمُغيرَة الَّتِي فِي الْمَنِيّ بِسَبَبِهَا عَن تتميم فعلهَا وَأَسْبَاب تقع عِنْد الِانْفِصَال من الرَّحِم وَأَسْبَاب تقع عِنْد قمط الطِّفْل وإمساكه وَأَسْبَاب بادية تقع من خَارج كسقطة أَو ضَرْبَة وَأَسْبَاب تتعلّق بالمبادرة إِلَى الْحَرَكَة قبل تصلب الْأَعْضَاء واستيكاعها وَأَيْضًا أَسبَاب مرضية كالجذام والسل والتشنج والإسترخاء والتمدد وَقد يَقع بِسَبَب السّمن المفرط وَقد يكون بِسَبَب الهزال المفرط وَقد يكون بِسَبَب الأورام وَقد يكون بِسَبَب أمراض الْوَضع وَقد يكون بِسَبَب سوء اندمال القروح وَغير ذَلِك.

الْفَصْل السَّادِس أَسبَاب السدة وضيق المجاري إن السدة تحدث إِمَّا لوُقُوع شَيْء غَرِيب فِي المجرى وَذَلِكَ إِمَّا غَرِيب فِي جنسه كالحصاة أَو غَرِيب فِي مِقْدَاره كالثفل الْكثير أَو غَرِيب فِي الْكَيْفِيَّة وَذَلِكَ إِمَّا لغلظه وَإِمَّا للزوجته وَإِمَّا لجموده كالعلقة الجامدة. فَهَذِهِ أَقسَام السادّ لوُقُوعه فِي المجرى هَذَا. وَمن جملَته مَا هُوَ لَازم لمكانه فِي المجرى وَمِنْه مَا هُوَ قلق فِيهِ مُتَرَدّد وَقد تعرض السدة لالتحام المنفذ بِسَبَب اندمال قرحَة فِيهِ ولنبات شَيْء زَائِد كنبات لحم ثؤلولي سَاد أَو لانطباق المجرى لمجاورة ورم ضاغط أَو لتقبض برد شَدِيد أَو لشدَّة يبس حَادث من المقبضات أَو لشدَّة قُوَّة من الْقُوَّة الماسكة أَو لعصب عِصَابَة شَدِيدَة الشد والشتاء يكثر فِيهِ السدد لِكَثْرَة احتقان الفضول ولقبض الْبرد.

الْفَصْل السَّابِع أَسبَاب اتساع المجاري إن المجاري تتسع إِمَّا لضعف الماسكة أَو لحركة قَوِيَّة من الدافعة. وَمن هَذَا الْبَاب فعل حصر النَّفس أَو لأدوية مفتحة أَو لأدوية مرخيّة حارة رطبَة والمجاري تضيق لأضداد ذَلِك وللسدّ.

الْفَصْل الثَّامِن أَسبَاب الخشونة الخشونة تحدث إِمَّا لسَبَب شَدِيد الْجلاء بتقطيعه كالخلّ والفضول الحامضة أَو تَحْلِيله كزبد الْبَحْر والفضول الحادة" أَو لسَبَب قَابض يخشن بيبوسته كالأشياء العفصة أَو بَارِد فيخشن بتكثيفه أَو لركود أَجزَاء أرضية على الْعُضْو كالغبار.

الْفَصْل التَّاسِع سَبَب الملاسة إِمَّا مغز بلزوجته وَإِمَّا محلّل لطيف التَّحْلِيل يرقق الْمَادَّة فيسيلها أَو يزِيل التكاثف عَن صفحة الْعُضْو.

الْفَصْل الْعَاشِر أَسبَاب الْخلْع ومفارقة الْوَضع زَوَال الْوَضع إِمَّا بِسَبَب تمدّد كمن يجذب عُضْو مِنْهُ ويمدد حَتَّى ينخلع أَو حَرَكَة عنيفة على اعْتِمَاد مزيل للعضو عَن مَوْضِعه كمن تنقلب رجله أَو سَبَب مرخ مرطّب كَمَا يعرض فِي القيلة أَو سَبَب مُفسد لجوهر الرِّبَاط بتأكيله أَو تعفينه كَمَا يعرض فِي الجذام وعرق النسا.

الْفَصْل الْحَادِي عشر سوء الْمُجَاورَة لمنع المقاربة سَببه إِمَّا غلظ وَإِمَّا أثر قرحَة وَإِمَّا تشنّج وَإِمَّا استرخاء وَإِمَّا جفاف الْخَلْط فِي الْمفصل وتحجره وَإِمَّا ولادي.

الْفَصْل الثَّانِي عشر أَسبَاب سوء الْمُجَاورَة لمنع المباعدة.

الْفَصْل الثَّالِث عشر أَسبَاب الحركات الْغَيْر طبيعية سَببهَا إِمَّا يبس مضعف كالرعشة الْيَابِسَة أَو يبس مشنج كالفواق الْيَابِس أَو التشنج الْيَابِس أَو فضول مشنّجة أَو فضول وَأَسْبَاب سادة طَرِيق الْقُوَّة مَانِعَة عَن نفوذها إِلَى الْعُضْو بالسدد أَو فضول مؤذية ببردها كَمَا فِي النافض أَو بلذعها كَمَا فِي القشعريرة أَو الْغَوْر من الْحَرَارَة الغريزية وقلتها فتستظهر الْفضل بردا وتحدث ريحًا يطْلب التَّحَلُّل والتخلص كَمَا فِي الاختلاج. ونقول: إن هَذِه الْمَادَّة المؤذية إِمَّا بخارية يسيرَة فتحدث التمطيّ أَو أقوى مِنْهَا فتحدث الاعياء المعيي إن كَانَ سَاكِنا وتحدث أنواعاً من الإعياء

الآخر الَّتِي سنذكرها إن كَانَ متحرّكاً وَإن كَانَ أقوى أحدث القشعريرة وَإن كَانَ أقوى أحدث النافض. والمادة الريحية إذا احتسبت فِي العضلة أحدثت الاختلاج فَاعْلَم ذَلِك.

الْفَصْل الرَّابِع عشر أسبَاب زِيَادَة الْعظم والغدد هِيَ كَثْرَة الْمَادَّة وشدّة القوى الجاذبة فِي نَفسهَا وَشدَّة القوى الجاذبة لمعونة الدَّلْك والتسخين.

الْفَصْل الْخَامِس عشر أسبَاب النُّقْصَان هَذِه إمّا وَاقعَة فِي أصل الْخلقَة لنُقْصَان الْمَادَّة أَو خطأ الْقُوَّة الحائلة وضعفها وَإمَّا آفَات وَاقعَة تَارَة من خَارج كالقطع وَالضَّرْب وإفساد الْبرد وَتارَة من دَاخل كالتآكل والعفونة.

الْفَصْل السَّادِس عشر أسبَاب تفرق الِاتِّصَال هَذِه إِمَّا من دَاخل وَإِمَّا من خَارج. وَالَّتِي من دَاخل فَمثل خلط آكال أَو محرق أَو مرطب مرخ وميبس صادع أَو مثل امتلاء ريحي ممدد أَو ريحي غارز أَو خلطي ممدد بحركة الْخَلْط أَو منتقص أَو نَافِذ فِي الْبدن لتميزه حَرَكَة قَوِيَّة أَو خلطي غارز وَجَمِيع ذَلِك إمّا لشدّة الْحَرَكَة أَو لِكَثْرَة الْمَادَّة مثل شدَّة حَرَكَة من الدافعة لَا على المجرى الطبيعي وَمثل حَرَكَة على الامتلاء. وَمِمَّا يشبهها الصياح الشَّديد والوثبة وَمثل انفجار الأورام. وَأما الْأَسْبَاب الَّتِي من خَارج فَمثل جسم يمدد كالحبل وكالأثقال أَو يقطع كالسيف أَو يحرق كالنار أَو يرض كالحجر. فَإِن مثل هَذَا إِن وجد خلاء شَدَخ أَو امتلاء صدَعَ الأوعية وَمثل جسم يثقب كالسهم أَو ينهش ويعض .

الْفَصْل السَّابِع عشر أسبَاب القرحة هِيَ إِمَّا ورم ينفجر وَإِمَّا جِرَاحَة تنفتح وَإِمَّا بثور تتآكل.

الْفَصْل الثَّامِن عشر أسبَاب الورم هَذِه الْأَسْبَاب بَعْضهَا من الْمَادَّة وَبَعضهَا من هَيْئَة الْعُضْو أما الكائنة من جِهَة الْمَادَّة فالامتلاء من الْأَشْيَاء السِّت الْمَذْكُورَة وَأما الكائنة من جِهَة هيئات الْأَعْضَاء فقوة الْعُضْو الدَّافِع وَضعف الْعُضْو الْقَابِل وتهيؤه لقبُول الْفضل إِمَّ لطبع جوهره وَإِنَّهُ خلق لذَلِك كالجلد أَو لسخافته مثل اللَّحْم الرخو فِي المعاطف الثَّلَاثَة خلف الأذن من الْعُنُق والإبط والأرنبة أَو لاتساع الطّرف إِلَيْهِ وضيق الطّرف عَنهُ أَو لوضعه من تَحت أَو لصغره فيضيق عَمَّا يَأْتِيهِ من مَادَّة الْغذَاء وَإِمَّا لضَعْفه عَن هضم غذائه لآفة فِيهِ وَإِمَّا لضربة تحقن فِيهِ الْمَادَّة وَإِمَّا لفقدانه تحلل مَا يتحلّل عَنهُ بالرياضة وَإِمَّا لحرارة مفرطة فِيهِ فيجذب. وَتلك الْحَرَارَة إِمَّا طبيعية كَمَا للحم أَو مستفادة أحدثها وجع أَو حَرَكَة عنيفة أَو شَيْء من المسخنات. وَالْكَسْر يحدث الورم لشَيْء من هَذِه الْأَسْبَاب الْمَذْكُورَة مثل الرضّ وضغط الْعُضْو والتمديد الَّذِي بِهِ يجْبر والعظم نَفسه بل السن قد يرم لِأَنَّهُ يقبل النمو من الْغذَاء وَيقبل الابتلال والعفونة فَيقبل الورم.

الْفَصْل التَّاسِع عشر أسبَاب الوجع على الْإِطْلَاق وَلِأَن الوجع هُوَ أحد الْأَحْوَال الْغَيْر الطبيعية الْعَارِضَة لبدن الْحَيَوَان فلنتكلم فِي أَسبَابه كلَاما كلياً ونقول: إن الْوَجَه هُوَ الإحساس بالمنافي. وَجُمْلَة أَسبَاب الوجع منحصرة فِي جِنْسَيْنِ: جنس يُغير المزاج دفْعَة وَهُوَ سوء المزاج الْمُخْتَلف وجنس يفرّق الِاتِّصَال وأعني بِسوء المزاج الْمُخْتَلف

أن يكون للاعضاء فِي جواهرها مزاج متمكّن ثمّ يعرض عَلَيْهَا مزاج غَرِيب مضاد لذَلِك حَتَّى تكون أسخن من ذَلِك أَو أبرد فتحس الْقُوَّة الحاسة بورود الْمنَافِي فيتألم. فَإِن الْأَلَم أَن يحس الْمُؤثر الْمنَافِي منافياً. وَأما سوء المزاج الْمُتَّفق فَهُوَ لَا يؤلم الْبَتَّة وَلَا يحسّ بِهِ مثل أَن يكون المزاج الرَّدِيء قد تمكن من جوهرالأعضاء وأبطل المزاج الْأَصْلِيّ وَصَارَ كَأَنَّهُ المزاج الْأَصْلِيّ وَهَذَا لَا يوجع لِأَنَّهُ لايحس لِأَن الحاس يجب أَن ينفعل من المحسوس وَالشَّيْء لَا ينفعل عَن الْحَالة المتمكنة الَّتِي لَا تغيره فِي حَالَة فِيهِ بل إِنَّمَا ينفعل عَن الضِّدّ الْوَارِد المغير إِيَّاه إِلَى غير مَا هُوَ عَلَيْهِ. وَلِهَذَا مَا يحسّ صَاحب حمّى الدق من الالتهاب مَا يحس بِهِ صَاحب حمّى الْيَوْم أَو صَاحب حمى الغب مَعَ أَن حرارة الدق أَشد كثيرا من حرارة صَاحب الغب لِأَن حرارة الدق مستحكمة مُسْتَقِرَّة فِي جَوْهَر الْأَعْضَاء الْأَصْلِيَّة وحرارة الغب واردة من مجاورة خلط على أَعْضَاء مَحْفُوظ فِيهَا مزاجها الطبيعي بعد بِحَيْثُ إِذا تنحى عَنْهَا الْخَلْط بَقِي الْعُضْو مِنْهَا على مزاجه وَلم يثبت فِيهِ الْحَرَارَة إِلَّا أَن تكون قد تشبثت وانتقلت الْعلَّة إِلَى الدق.

وَسُوء المزاج الْمُتَّفق إِنَّمَا يتمكّن من الْعُضْو بتدريج وَقد يُوجد فِي حَال الصِّحَّة منال يقرب هَذَا إِلَى الْفَهم وَهُوَ أَن المعافص بالاستحمام شتاء إِذا استحم بِالْمَاءِ الْحَار بل بالفاتر عرض لَهُ مِنْهُ اشمئزاز وتأذ لِأَن كَيْفيَّة بدنه بعيدَة عَنهُ مضادة إِيَّاه ثمّ يألفه فيستلذه كَمَا يتدرج إِلَى الاستحالة عَن حَالَة الْبرد الْعَامِل فِيهِ ثمّ إِذا قعد سَاعَة فِي الْحمام الدَّاخِل فَرُبمَا يتَّفق أَن يصير بدنه أسخن من ذَلِك المَاء فَإِذا عوفص بصب المَاء الأول بِعَيْنِه عَلَيْهِ اقشعر مِنْهُ على أَنه يستبرده فَإِذا علمت هَذَا فَنَقُول: إِنَّه وَإِن كَانَ أحد جنسي أَسبَاب الْأَلَم هُوَ سوء المزاج الْمُخْتَلف فَلَيْسَ كل سوء مزاج مُخْتَلفا بل الْحَار بِالذَّاتِ والبارد بِالذَّاتِ واليابس بِالْعرضِ وَالرّطب لَا يؤلم الْبَتَّة لِأَن الْحَار والبارد كيفيتان فاعلتان واليابس وَالرّطب كيفيتان إنفعاليتان قوامهما لَيْسَ بِأَن يُؤثر بهما جسم فِي جسم بل بِأَن يتأثر جسم من جسم. وَأما الْيَابِس فَإِنَّمَا يؤلم بِالْعرضِ لِأَنَّهُ قد يتبعهُ سَبَب من الْجِنْس الآخر وَهُوَ تفرق الإتصال لِأَن الْيَابِس لشدّة التقبيض رُبمَا كَانَ سَببا لتفرق الإتصال لَا غير. أما جالينوس فَإِنَّهُ إِذا حقق مذْهبه رَجَعَ إِلَى أَن السَّبَب الذاتي للوجع هُوَ تفرق الإتصال لَا غير وَإِن الْحَار إِنَّمَا يوجع لِأَنَّهُ يفرّق الِاتِّصَال وَأَن الْبَارِد إِنَّمَا يوجع أَيْضا لِأَنَّهُ يلْزمه تفرق الإتصال وَذَلِكَ لِأَنَّهُ لشدَّة تكثيفه وَجمعه يلْزمه لَا مَحَالَة أَن تنجذب الْأَجْزَاء إِلَى حَيْثُ يتكاثف عِنْده فيتفرّق من جَانب مَا ينجذب عَنهُ. وَقد تَمَادى هُوَ فِي هَذَا الْبَاب حَتَّى أوهم فِي بعض كتبه أَن جَمِيع المحسوسات تؤذي مثل ذَلِك أَعنِي تؤذي بتفريق أَو جمع يلْزمه تَفْرِيق. فالأسود فِي المبصرات يؤلم لشدّة جمعه والأبيض لشدّة تفريقه والمر والمالح والحامض يؤلم فِي المذوقات بفرط تفريقه والعفص بفرط تقبيضه فيتبعه التَّفْرِيق لَا مَحَالَة وَكَذَلِكَ فِي الشم وَكَذَلِكَ الْأَصْوَات القوية تؤلم بِالتَّفْرِيقِ لعنف من الْحَرَكَة الهوائية عِنْد ملاقاة الصماخ. وَأما القَوْل الْحق فِي هَذَا الْبَاب فَهُوَ أَن يُجعل تغيّر المزاج جِنْسا مُوجبا بِذَاتِهِ الوجع وَإِن كَانَ قد يعرض مَعَه تَفْرِيق اتِّصَال. وَالْبَيَان الْمُحَقق فِي هَذَا لَيْسَ فِي الطِّبّ بل فِي الْجُزْء الطبيعي من الْحِكْمَة إِلَّا أَنا قد نشِير إِلَى طرف يسير مِنْهُ فَنَقُول: إِن الْوَجْه قد يكون متشابه الْأَجْزَاء فِي الْعُضْو الوجع وتفرق الِاتِّصَال لَا يكون متشابه الْأَجْزَاء الْبَتَّة فَإِذن وجود الوجع فِي الْأَجْزَاء الخالية عَن تفرق الِاتِّصَال لايكون عَن تفرق الِاتِّصَال بل يكون سوء المزاج وَأَيْضًا فَإِن الْبرد

يوجع حَيْثُ يقبض وَيجمع وَحَيْثُ يبرد بِالْجُمْلَةِ وتفرق الِاتِّصَال عَن الْبرد لَا يكون حَيْثُ يبرد بل فِي أَطْرَاف الْموضع المتبرد وأيضاً فَإِن الوجع لَا محَال هُوَ إحساس بمؤثر منَاف بَغْتَة من حَيْثُ هُوَ منَاف فالوجع هُوَ المحسوس الْمنَافِي بغْتَة وَالْحَد يَنعكس وكل محسوس منَاف من حَيْثُ هُوَ منَاف موجع. أَرَأَيْت إِذا أحس بالبردالمفسد للمزاج من حَيْثُ يفْسد المزاج وَكَانَ مثلا لَا يحدث عَنهُ تَفْرِيق الِاتِّصَال هَل كَانَ يكون ذَلِك إحساساً بمناف فَهَل كَانَ يكون وجعاً. فَمن هَذَا يعرف أَن تغير المزاج دفْعَة سَبَب الوجع كتفرق الِاتِّصَال. والوجع يثير الْحَرَارَة فيثير الوجع بعد الوجع وَقد يبْقى بعد الوجع شَيْء لَهُ حس الوجع وَلَيْسَ بوجع حَقِيقِيّ بل هُوَ من جملَة مَا يتَحَلَّل بِذَاتِهِ الْجَاهِل يشْتَغل بعلاجه فَيضر بِهِ.

الْفَصْل الْعشْرُونَ أَسبَاب الوجع أَصْنَاف الوجع الَّتِي لَهَا أَسمَاء هِيَ هَذِه الْجُمْلَة الحكاك الخشن الناخس الضاغط الممدد المفسخ المكسر الرخو الثاقب المسقي الخدر الضرباني الثقيل الإعيائي اللاذع فَهَذِهِ هِيَ خَمْسَة عشرجنساً. وَسبب الوجع الخشن خلط خشن. وَسبب الوجع الناخس: سَبَب ممدد للغشاء عرضا كالمفرق لاتصاله وَقد يكون مُتَسَاوِيا فِي الْحس وَقد لَا يكون مُتَسَاوِيا. والغير المتساوي فِي الْحس إِمَّا لِأَن مَا يتمدد عَلَيْهِ الغشاء ويلامسه غير متشابه الْأَجْزَاء فِي الصلابة واللين كالترقوة للغشاء المستبطن للأضلاع إِذا كَانَ الورم فِي ذَات الْجنب جاذباً إِلَى أَعْلَاهُ أَو يكون غير متشابه الْأَجْزَاء فِي حركته كالحجاب لذَلِك الغشاء وَلِأَن حس الْعُضْو غَيره متشابه إِمَّا بالطبع وَإِمَّا لِأَن آفَة عرضت لبَعض أَجْزَائِهِ دون بعض. وَسبب الوجع الممدّد: ريح أَو خلط يمدد العصب والعضل كَأَنَّهُ يجذبه إِلَى طَرفَيْهِ. والوجع الضاغط سَببه مَادَّة تضيق على الْعُضْو الْمَكَان أَو ريح تكتنفه فَيكون كَأَنَّهُ مَقْبُوض عَلَيْهِ فيضغط. وَسبب الوجع المفسّخ: هُوَ مَادَّة مَا يتَحَلَّل من العضلة وغشائها فيمدد الغشاء وَيفرق اتِّصَال الغشاء بل العضلة. وَسبب الوجع المكسّر مَادَّة أَو ريح يتوسّط مَا بَين الْعظم والغشاء المجلّل لَهُ أَو برد فَيقبض ذَلِك الغشاء بقوّة. وَسبب الوجع الرخو: مَادَّة تمدد لحم العضلة دون وترها وَإِنَّمَا سمي رخواً لِأَن اللَّحْم أرْخى من العصب وَالْوتر والغشاء. وَسبب الوجع الثاقب: هُوَ مَادَّة غَلِيظَة أَو ريح تحتبس فِيمَا بَين طَبَقَات عُضْو صلب غليظ كجرم معي قولون وَلَا يزَال يمزّقه وَينفذ فِيهِ فيحسّ كَأَنَّهُ يثقب بمثقب. وَسبب الوجع المسلّي: تِلْكَ الْمَادَّة بِعَينهَا فِي مثل ذَلِك الْعُضْو إِلَّا أَنَّهَا محتبسة وَقت تمزيقها. وَسبب الوجع الخدر: إِمَّا مزاج شَدِيد الْبرد وَإِمَّا انسداد مسام منافذ الرّوح الحساس الْجَارِي إِلَى الْعُضْو بعصب أَو امتلاء أوعية. وَسبب الوجع الضرباني: ورم حَار غير بَارِد إِذْ الْبَارِد كَيفَ كَانَ صلباً أَو لينًا فَإِنَّهُ لَا يوجع إِلَّا أَن يَسْتَحِيل إِلَى الْحَار وَإِنَّمَا يحدث الوجع الضرباني من الورم الْحَار على هَذِه الصّفة إِذا حدث ورم حَار وَكَانَ الْعُضْو المجاور لَهُ حساساً وَكَانَ بِقُرْبِهِ شريانات تضرب دَائِما لكنه لما كَانَ ذَلِك الْعُضْو سليما يحس بحركة الشريان فِي غور فَإِذا ألم وورم صَار ضربانه موجعاً. وَسبب الوجع الثقيل: ورم فِي عُضْو غير حساس كالرئة والكلية وَالطحَال فَإِن ذَلِك الورم لثقله ينجذب إِلَى أَسْفَل فيجذب الْعُضْو باللفافة والغلافة بانجذابه إِلَى أَسْفَل أَو ورم فِي عُضْو حساس إِلَّا أَن نفس الْأَلَم قد أبطل حس الْعُضْو مثل السرطان فِي فَم المعدة فَإِنَّهُ يحس بثقله وَلَا يوجع وَسبب الوجع الاعيائي إِمَّا تَعب فيسمى ذَلِك الوجع إعياء تعبيا وَإِمَّا خلط ممدد وَيُسمى

مَا يحدث عَنهُ الإعياء التمددي وَإِمَّا ريح وَيُسمى مَا يحدث عَنهُ الإعياء الناخ وَإِمَّا خلط لاذع وَيُسمى مَا يحدث عَنهُ الاعياء القروحي ويتركب مِنْهَا تراكيب كَمَا نبينها فِي الْموضع الْأَخَص بهَا. وَمن جملَة الْمركب الإعياء الْمَعْرُوف بالبورقي وَهُوَ مركب من تمددي وَمن قروحي. والوجع اللاذع: هُوَ من خلط لَهُ كَيْفيَّة حادة.

الْفَصْل الْحَادِي وَالْعشْرُونَ أَسبَاب سُكُون الوجع سَبَب سُكُون الوجع: إِمَّا مَا يقطع السَّبَب الْمُوجب إِيَّاه ويستفرغه كالشبت وبزر الْكَتَّان إِذا ضمد بِهِ الْموضع الأَلِمُ وَإِمَّا مَا يرطب وينوم فتغور الْقُوَّة الحسية وَيتْرك فعلهَا كالمسكرات وَإِمَّا مايبرد فيخدر مثل جَمِيع المخدرات والمسكن الْحَقِيقِيّ هُوَ الأول.

الْفَصْل الثَّانِي وَالْعشْرُونَ فِيمَا يُوجبهُ الوجع الوجع يحل الْقُوَّة وَيمْنَع الْأَعْضَاء عَن خَواص أفعالها حَتَّى يمْنَع المتنفس عَن التنفس أَو يشوش عَلَيْهِ فعله أَو يَجعله متقطعاً أَو متواتراً وَبِالْجُمْلَةِ على مجْرى غير الطبيعي وَقد يسخن الْعُضْو أَولا ثمَّ يبرده أخيراً بِمَا يحلل وَبِمَا يهْزم من الرّوح والحياة.

الْفَصْل الثَّالِث وَالْعشْرُونَ أَسبَاب اللَّذَّة هَذِه أَيْضا محصورة فِي جِنْسَيْنِ: أَحدهمَا: جنس مَا يُغير المزاج الطبيعي دفْعَة ليَقع بِهِ الإحساس. وَالثَّانِي: جنس مَا يرد الِاتِّصَال الطبيعي دفْعَة وكل مَا يَقع لَا لدفعه فَإِنَّهُ لَا يحس فَلَا يلذ. واللذة حس بالملائم وكل حسّ فَهُوَ بِالْقُوَّةِ الحساسة وَيكون الإحساس بانفعالها فَإِذا كَانَ بملائم أَو بمناف كَانَ لَذَّة أَو ألماً بِحَسب مَا يتأثر. وَلما كَانَ اللَّمْس أكثف الْحَواس وأشدها استحفاظ لما قبله من تَأْثِير منَاف أَو ملائم كَانَ إحساسه الملائم عِنْد ذَوي الطبيعة الكثيفة أَشد إلذاذاً وإحساسه الْمنَافِي أَشد إيلاماً من الَّذِي يخص قوي آخر.

الْفَصْل الرَّابِع وَالْعشْرُونَ كَيْفيَّة إيلام الْحَرَكَة.

الْفَصْل الْخَامِس وَالْعشْرُونَ كَيْفيَّة إيلام الاخلاط الرَّديئَة الأخلاط الرَّديئَة توجع إِمَّا بكيفيتها كَمَا تلذع أَو بكثرتها كَمَا تمدد أَو باجتماع الْأَمريْنِ جَمِيعًا.

الْفَصْل السَّادِس وَالْعشْرُونَ كَيْفيَّة إيلام الرِّيَاح الرّيح تؤلم بالتمديد. وَالرِّيح الممددة إِمَّا أَن تكون فِي تجاويف الْأَعْضَاء وبطونها كالنفخة فِي الْمعدة أَو فِي طَبَقَات الْأَعْضَاء. وليفها كَمَا فِي القولنج الريحي أَو فِي طَبَقَات العضل أَو تَحت الأغشية وَفَوق الْعِظَام أَو حول العضل بَينهَا وَبَين اللَّحْم وَالْجلد أَو مستبطناً الْعُضْو كَمَا يستبطن عضل الصَّدْر وَسُرْعَة انفشاشه أَو طول لبثه وَهُوَ بِحَسب كَثْرَة مادته وقلتها وَغلظ مادته ورقتها واستحصاف للعضو تخلخله فَحسب.

الْفَصْل السَّابِع وَالْعشْرُونَ أَسبَاب مَا يحبس ويستفرغ الاحتباس والاستفراغ يسهل الْوُقُوف عَلَيْهِمَا من تَأمل مَا قُلْنَاهُ فِي الاحتباس والاستفراغ فليطلب.

الْفَصْل الثَّامِن وَالْعشْرُونَ أسبَاب التُّخمَة والامتلاء هَذِه إِمَّا من خَارج وَمن الْبَادِيَة فَمثل اسْتِعْمَال مَا يشْتَد ترطيبه فَلَا يفْتَقر الْبدن إِلَى ترطيب الْمَأْكُول والمشروب فَإِذا اجْتمعَا مَعًا كثرت الْمَادَّة فِي الْبدن وَفَسَد بِصَرْف الطَّبْع فِيهَا مثل الاستكثار من الْحمام وخصوصاً بعد الطَّعَام وموانع التَّحْلِيل مثل الدعة وَترك الرياضة والاستفراغ والترفه فِي الْمَأْكُول والمشروب وَسُوء التَّدْبِير وَإِمَّا من دَاخل فَهُوَ مثل ضعف القرة الهاضمة فَلَا يهضم أَو ضعف الدافعة أَو قُوَّة الماسكة فتنحصر الأخلاط وَلَا تنْدَفع أَو ضيق المجاري.

الْفَصْل التَّاسِع وَالْعشْرُونَ أسبَاب ضعف الْأَعْضَاء إِمَّا أَن يكون سَبَب الضعْف وارداً على جرم الْعُضْو أَو على الرّوح الْحَامِل للقوة المتصرفة فِي الْعُضْو أَو على نفس الْقُوَّة. وَالَّذِي يكون السَّبَب فِيهِ خَاصّا بالعضو فإمَّا سوء مزاج مستحكم وخصوصاً الْبَارِد على أَن الْحَار قد يفعل بِمَا يضعف فعل الْبَارِد فِي الإخدار لإفساده مزاج الرّوح كَمَا يعرض لمن أَطَالَ الْمقَام فِي الْحمام بل لمن غشي عَلَيْهِ. واليابس يمْنَع القوى عَن النّفُوذ بتكثيفه وَالرّطب بإرخائه وسدّه. وَأما مرض من أمراض التَّرْكِيب والأخص مِنْهُ بِمَا يكون الْإِنْسَان مَعَه غير ظَاهر الْأَذَى وَالْمَرَض. والألم هُوَ تهلهل تشنج ذَلِك الْعُضْو فِي عصبه إِذا كَانَت الْأَفْعَال الطبيعية كلهَا والإرادية تتمّ بالليف وتأليفه. والهضم أَيْضا مفتقر إِلَى الْإِمْسَاك الْجيد على هَيْئَة جيدة وَذَلِكَ بالليف. وَالَّذِي يكون السَّبَب فِيهِ خَاصّا بِالروحِ فَهُوَ إِمَّا سوء مزاج وَإِمَّا تحلّل باستفراغ يَخُصُّهُ أَو يكون على سَبِيل اتِّبَاع لاستفراغ غَيره. وَالَّذِي يخْتَص بِالْقُوَّةِ فكثرة الْأَفْعَال وتكررها فَإِنَّهَا توهن الْقُوَّة وان كَانَ قد يصحب ذَلِك تحلّل الرّوح على سَبِيل صُحْبَة سَبَب لسَبَب فَإِذا أعددنا الْأَسْبَاب على جِهَة أُخْرَى وأوردنا فِيهَا الْأَسْبَاب الْبَعِيدَة الَّتِي هِيَ أَسبَاب للأسباب الملاصقة فَيحدث مِنْهَا أَسبَاب سوء المزاج وَمِنْهَا فَسَاد الْهَوَاء وَالْمَاء والمأكل وَمِنْهَا مَا يفزع الرّوح أَولا مثل النتن وأسن المَاء وانتشار القوى السمية فِي الْهَوَاء أَو فِي الْبدن. وَمن جملَة أَسبَاب الضعْف مَا يتَعَلَّق بالإستفراغ مثل نزف الدَّم والإسهال خُصُوصا فِي رَقِيق الأخلاط وبزل مائية الاسْتِسْقَاء إِذا أرسل مِنْهَا شَيْء كثير دَفعه وربط الدُّبَيْلَة الْكَثِيرَة إِذا سَالَ مِنْهَا مدة كَثِيرَة دفْعَة وَكَذَلِكَ إِذا انفجرت بِنَفسِهَا والعرق الْكثير والرياضة المفرطة والأوجاع أَيْضا فَإِنَّهَا تحلّل الرّوح وَإِن كَانَ قد تغير المزاج وَمن جملَة هَذِه الأوجاع مَا هُوَ أَكثر تَأْثِيرا مثل وجع فَم الْمعدة كَانَ ممدداً أَو لاذعاً أَو جُزْء عُضْو وكل وجع يقرب من نواحي الْقلب والحميات مِمَّا يضعف بالتحليل والاستفراغ من الْبدن وَالروح وتبديل المزاج وسعة المسام من المعاون على حُدُوث الضعْف التحللي. والجوع الْكثير من هَذَا الْقَبِيل. وَرُبمَا كَانَ ضعف الْبدن كُله تَابعا لضعف عُضْو آخر مثل ضعف الْبدن بأذى يُصِيب فَم الْمعدة حَتَّى تنحل قوته وَحين يكون قلبه ودماغه شَدِيد الإنفعال من المؤذيات الْيَسِيرَة فَيكون هَذَا الْإِنْسَان سريع الانحلال والضجر من أدنى شَيْء. وَرُبمَا كَانَ سَبَب الضعْف كَثْرَة مقاساة الْأَمْرَاض وَقد يكون بعض الْأَعْضَاء فِي الْخلقَة أَضْعَف من بعض أَو أَضْعَف من غَيره كالرئة والدماغ فَيكون قبولاً لما يَدْفَعهُ القويّ فِي الْخلقَة عَن نَفسه وَلَو لم يخص الدِّمَاغ بارتفاع مَوْضِعه لَكَانَ يمنى من هَذِه الْأَسْبَاب بِمَا لَا يُطيق وَلَا يبْقى مَعَه قُوَّة فَاعْلَم جَمِيع ذَلِك.

التَّعْلِيم الثَّالِث الْأَعْرَاض والدلائل وَهُوَ أحد عشر فصلا وجملتان

الْفَصْل الأول كَلَام كلي فِي الْأَعْرَاض والدلائل الْأَعْرَاض والعلامات الَّتِي تدل على إِحْدَى الْحَالَات الثَّلَاث الْمَذْكُورَة إِحْدَى ثَلَاث دلالات: إِمَّا على أَمر حَاضر قَالَ جالينوس: وَينْتَفع بِهِ الْمَرِيض وَحده فِيمَا يَنْبَغِي أَن يفعل. وَإِمَّا على أَمر مَاض قَالَ جالينوس: وَينْتَفع بِهِ الطَّبِيب وَحده إِذْ قد يستدلّ بذلك على تقدمه فِي صناعته فتزداد الثِّقَة بمشورته. وَإِمَّا على أَمر مُسْتَقْبل قَالَ: وينتفعان بِهِ جَمِيعًا. أما الطَّبِيب فيستدل بِهِ على تقدمه فِي الْمعرفَة وَأما الْمَرِيض فيقف مِنْهُ على وَاجِب تَدْبيره. والعلامات الصحيّة: مِنْهَا مَا يدل على اعْتِدَال المزاج وسنذكره فِي مَوْضِعه وَمِنْهَا مَا يدل على اسْتِوَاء التَّرْكِيب فَمِنْهَا جوهرية وَهِي مثل أَن تكون الْخلقَة والوضع والمقدار وَالْعدَد على مَا يَنْبَغِي وَقد فصلت هَذِه الْأَقْوَال وَمِنْهَا عرضية بِمَنْزِلَة الحسّ وَالْجمال وَمِنْهَا تمامية وَهِي من تَمام الْأَفْعَال واستمرارها على الْكَمَال وكل عُضْو تمّ فعله فَهُوَ صَحِيح. وَوجه الِاسْتِدْلَال من الْأَفْعَال على الْأَعْضَاء الرئيسة أما على الدِّمَاغ فبأحوال الْأَفْعَال الإرادية وأفعال الْحس وأفعال التَّوَهُّم وَأما على الْقلب فبالنبض وَالتنفس وَأما على الكبد فبالبراز وَالْبَوْل فَإِن ضعفها يتبعهَا بَرَاز وَبَوْل شبيهان بغسالة اللَّحْم الطري. والأعراض الدَّالَّة على الْأَمْرَاض: مِنْهَا دَالَّة على نفس الْمَرَض كاختلاف النبض فِي السرعة فِي الْحمى فَإِنَّهُ يدل على نفس الْحمى وَمِنْهَا دَالَّة على مرض الْموضع كالنبض المنشاري إِذا كَانَ الوجع فِي نواحي الصَّدْر فَإِنَّهُ يدل على أَن الورم فِي الغشاء والحجاب وكالنبض الموجي فِي مثله فَإِنَّهُ يدل على أَن الورم فِي جرم الرئة وَمِنْهَا دَالَّة على سَبَب الْمَرَض كعلامات الإمتلاء باخْتلَاف أحوالها الدَّال كل فن مِنْهَا على فن من الإمتلاء. الْأَعْرَاض. مِنْهَا مَا هِيَ مُؤَقَّتَة يبتدىء وَيَنْقَطِع مَعَ الْمَرَض كالحمى الحادة والوجع الناخس وضيق النَّفس والسعال والنبض المنشاري مَعَ ذَات الْجنب وَمِنْهَا مَا لَيْسَ لَهُ وَقت مَعْلُوم فَتَارَة يتبع الْمَرَض وَتارَة لَا يتبع مثل الصداع للحمى وَمِنْهَا مَا يَأْتِي آخر الْأَمر فَمن ذَلِك عَلَامَات البحران وَمن ذَلِك عَلَامَات النضج وَمن ذَلِك عَلَامَات العطب وَهَذِه أَكْثَرهَا فِي الْأَمْرَاض الحادة. مِنْهَا مَا يدل فِي ظَاهر الْأَعْضَاء وَهِي مَأْخُوذَة إِمَّا عَن المحسوسات الْخَاصَّة مثل أَحْوَال اللَّوْن وأحوال اللَّمْس فِي الصلابة واللين وَالْحر وَالْبرد وَغير ذَلِك وَإِمَّا عَن المحسوسات الْمُشْتَركَة وَهِي الْمَأْخُوذَة من خلق الْأَعْضَاء وأوضاعها وحركاتها وسكوناتها وَرُبمَا دلّ ذَلِك مِنْهَا على الْأَحْوَال الْبَاطِنَة مثل اخْتِلَاج الشّفة على الْقَيْء ومقاديرها هَل زَادَت أَو نقصت وأعدادها وَرُبمَا دلّ ذَلِك مِنْهَا على أَحْوَال أَعْضَاء باطنة مثل قصر الْأَصَابِع على صغر الكبد. والإستدلال من البرَاز هَل هُوَ أسود أَو هُوَ أَبيض أَو أصفر على مَاذَا يدلّ بَصرِي. وَمن القراقر على النفخ وَسُوء الهضم سمعي.

وَمن هَذَا الْقَبِيل الِاسْتِدْلَال من الروائح وَمن طعوم الْفَم وَغير ذَلِك وَالِاسْتِدْلَال من تحدب الظفر على السل. والدق بَصرِي وَلَكِن من بَاب المحسوسات الْمُشْتَركَة. وَقد يدلّ المحسوس الظَّاهِر مِنْهَا على أَمر بَاطِن كَمَا تدل حمرَة الوجنة على ذَات الرئة وتحدّب الظفر على قرحَة الرئة. وَالِاسْتِدْلَال من الحركات والسكونات مِمَّا يَقْتَضِي فصل بسط نبسطه. فالأعراض الْمَأْخُوذَة من بَاب السّكُون هِيَ مثل السكتة والصرع والغشي والفالج. والمأخوذة من بَاب الْحَرَكَة فَهِيَ مثل القشعريرة والنافض والفواق والعطاس والتثاؤب والتمطي والسعال والاختلاج والتشنج عِنْدَمَا يبتدىء بتشنج فَمن ذَلِك مَا هُوَ عَن فعل الطبيعة الْأَصْلِيَّة كالفواق وَمن ذَلِك مَا هُوَ عَن فعل

طبيعة عارضة كالتشنج والرعشة. وَمِنْهَ مَا هِيَ إرادية صرفة لقلق والململة وَمِنْهَا مَا هِيَ مركبة من طبيعية وارادية مثل السعال وَالْبَوْل فَمن ذَلِك مَا يسْبق فِيهِ الْإِرَادَة الطبيعة مثل السعال وَمِنْهَا مَا يسْبق فِيهِ الطبيعة الْإِرَادَة إِذا لم تبادر إِلَيْهَا الْإِرَادَة مثل الْبَوْل وَالْبرَاز والعارض عَن الطبيعة دون إِرَادَة. وَمِنْهَا مَا يكون المنبه عَلَيْهِ الْحس كالقشعريرة وَمِنْهَا مَا لَا يُنَبه عَلَيْهِ الْحس لِأَنَّهُ لَا يحسّ كالاختلاج. وَهَذِه الحركات تخْتَلف إِمَّا باخْتلَاف ذواتها فَإِن السعال أقوى فِي نَفسه من الاختلاج ءإِمَّا باخْتلَاف عدد المحرّكات فَإِن العطاس أَكثر عدد محركات من السعال لِأَن السعال يتم بتحريك أَعْضَاء الصَّدْر وَأما العطاس فَيتم باجتماع تَحْرِيك أَعْضَاء الصَّدْر وَالرَّأْس جَمِيعًا. وَإِمَّا بِمِقْدَار الْخطر فِيهَا فَإِن حَرَكَة الفواق الْيَابِس أعظم خطراً من حَرَكَة السعال وَإِن كَانَ السعال أقوى.

وَإِمَّا بِمَا تستعين بِهِ الطبيعة فقد تستعين بِآلَة ذاتية أَصْلِيَّة كَمَا تستعين فِي إِخْرَاج الثفل بعضل الْبَطن وَقد تستعين بِآلَة غَرِيبَة كَمَا تستعين فِي السعال بالهواء وَإِمَّا باخْتلَاف المبادىء لَهَا من الْأَعْضَاء مثل السعال والتهوّع وَإِمَّا باخْتلَاف القوى الفعالة فَإِن الاختلاج مبدؤه طبيعي والسعال نفساني. وَإِمَّا باخْتلَاف الْمَادَّة فَإِن السعال عَن نفث والاختلاج عَن ريح فَهَذِهِ عَلَامَات تدل من ظَاهر الْأَعْضَاء. وَأَكْثَر دلالتها على أَحْوَال ظَاهِرَة وَقد تدل على الْبَاطِنَة كحمرة الوجنة على ذَات الرئة. وَمن العلامات عَلَامَات يسْتَدلّ بهَا على الْأَمْرَاض الْبَاطِنَة وَيَنْبَغِي أَن يكون الْمُسْتَدلّ على الْأَمْرَاض الْبَاطِنَة قد تقدّم لَهُ الْعلم بالتشريح حَتَّى يحصل مِنْهُ معرفَة جَوْهَر كل عُضْو أَنه هَل هُوَ لحمي أَو غير لحمي وَكَيف خلقته ليعرف مثلا أَنه هَل هَذَا الورم بِهَذَا الشكل فِيهِ أَو فِي غَيره من جِهَة أَنه هَل هُوَ مُنَاسِب لشكله أَو غير مُنَاسِب.

ويتعرّف أَنه هَل يجوز أَن يحتبس فِيهِ شَيْء أَو لَا يجوز إِذْ هُوَ مزلق لما يحصل فِيهِ كالصائم وَإِن كَانَ يجوز أَن يحتبس فِيهِ شَيْء أَو يزلق عَنهُ شَيْء فَمَا الشَّيْء الَّذِي يجوز أَن يحتبس فِيهِ أَو يزلق عَنهُ وَحَتَّى يعرف مَوْضِعه فَيَقْضِي بذلك على مَا يحس من وجع أَء ورم هَل هُوَ عَلَيْهِ أَو على بعد مِنْهُ وَحَتَّى يعرف مشاركته حَتَّى يقْضِي على أَن الوجع لَهُ من نَفسه أَو بالمشاركة وَأَن الْمَادَّة انبعثت مِنْهُ نَفسه أَو وَردت عَلَيْهِ من شَرِيكه وَأَن مَا انْفَصل مِنْهُ هُوَ من جوهره أَو هُوَ ممرّ ينفذ فِيهِ الْمُنْفَصِل من غَيره وَحَتَّى يعرف أَن على مَاذَا يحتوي فَيعرف أَنه هَل يجوز أَن يكون مثل المستفرغ مستفرغاً عَنهُ ءأَن يعرف فعل الْعُضْو حَتَّى يسْتَدلّ على مَرضه من حُصُول الآفة فِي فعله هَذَا كُله مِمَّا يُوقف عَلَيْهِ بالتشريح ليعلم أَنه لَا بُد للطبيب المحاول تَدْبِير أمراض الْأَعْضَاء الْبَاطِنَة من التشريح فَإِذا حصل لَهُ علم أَولهَا: من مضار الْأَفْعَال وَقد علمت الْأَفْعَال بكيفيتها وكميتها ودلالتها دلَالَة أولية دائمة. وَالثَّانِي: مِمَّا يستفرغ ودلالتها دائمة وَلَيْسَت بأولية أما دائمة فَلِأَنَّهَا توقع التَّصْدِيق دَائِما وَأما غير أولية فَلِأَنَّهَا تدل بتوسط النضج وَعدم النضج. وَالثَّالِث: من الوجع وَالرَّابِع: من الورم وَالْخَامِس: من الْوَضع وَالسَّادِس: من الْأَعْرَاض الظَّاهِرَة الْمُنَاسبَة. ودلالتها لَيست بأولية وَلَا دائمة ولنفصل القَوْل فِي وَاحِد وَاحِد مِنْهَا.

أما الِاسْتِدْلَال من الْأَفْعَال فَهُوَ أنه إذا لم يجر فعل الْعُضو على المجرى الطبيعي الَّذِي لَهُ دل على أن الْقُوَّة أصابتها آفة. وَآفَة الْقُوَّة تتبع مَرضا فِي الْعُضو الَّذِي الْقُوَّة فِيهِ. ومضار الْأَفْعَال على وُجُوه ثَلَاثَة فَإِن الْأَفْعَال إِمَّا أَن تنقص كالبصر تضعف رُؤْيَته فَيرى الشَّيْء أقل اكتناها وَمن أقرب مَسَافَة والمعدة تهضم أعْسر وَأَبْطَأ وَأَقل مِقْدَارًا وَإِمَّا أَن يتَغَيَّر كالبصر يرى مَا لَيْسَ أَو يرى الشَّيْء رُؤْيَة على غير مَا هُوَ عَلَيْهِ وكالمعدة تفْسد الطَّعَام وتسيء هضمه. وَإِمَّا أَن تبطل كَالْعَيْنِ لَا ترى والمعدق لَا تهضم الْبَتَّة. وَأما دَلَائِل مَا يستفرغ ويحتبس فَمن وُجُوه إِمَّا أَن يدل من طَرِيق احتباس غير طبيعي مثل احتباس شَيْء من شَأْنه أَن يستفرغ لمن يحتبس بَوْله أَو برازه أَو يدل من طَرِيق استفراغ غير طبيعي وَذَلِكَ: إِمَّا لِأَنَّهُ من جَوْهَر الْأَعْضَاء وَإِمَّا لَا. كَذَلِك وَالَّذِي يكون من جَوْهَر الْأَعْضَاء فيدل بِوُجُوه ثَلَاثَة لِأَنَّهُ: إِمَّا أَن يدل بِنَفس جوهره كالحلق المنفوثة تدل على تآكُلٍ فِي قَصَبَة الرئة وَإِمَّا أَن يدل بمقداره كالقشرة البارزة فِي السحج فَإِنَّهَا إِن كَانَت غَلِيظَة دلّت على أَن القرحة فِي الأمعاء الْغِلَاظ. أَو رقيقَة دلّت على أَنَّهَا فِي الرقاق. وَإِمَّا أَن يدل بلونه كالرسوب القشري الْأَحْمَر فَإِنَّهُ يدل على أنه من الْأَعْضَاء اللحمية كالكلية والأبيض. فَإِنَّهُ يدل على أنه من الْأَعْضَاء العصبية كالمثانة. وَالَّذِي يدلّ على أنه لَا من جَوْهَر الْأَعْضَاء فيدلّ إِمَّا لِأَنَّهُ غير طبيعي الْخُرُوج كالأخلاط السليمة وَالدَّم إذا خرج وَإِمَّا لِأَنَّهُ غير طبيعي الْكَيْفِيَّة كَالدَّمِ الْفَاسِد كَانَ مُعْتَاد الْخُرُوج أَو لم يكن وَإِمَّا لِأَنَّهُ غير طبيعي الْجَوْهَر على الْإِطْلَاق مثل الْحَصَاة.

وَإِمَّا لِأَنَّهُ غير طبيعي الْمِقْدَار وَإِن كَانَ طبيعي الْخُرُوج وَذَلِكَ إِمَّا بِأَن يقل أَو يكثر كالثفل وَالْبَوْل القليلين والكثيرين وَإِمَّا لِأَنَّهُ غير طبيعي الْكَيْفِيَّة وَإِن كَانَ مُعْتَاد الْخُرُوج كالبراز وَالْبَوْل الأسودين وَإِمَّا لِأَنَّهُ غير طبيعي جِهَة الْخُرُوج وَإِن كَانَ مُعْتَاد الْخُرُوج مثل البرَاز إذا خرج فِي علّة إيلاوس من فوق. وَأما دَلَائِل الوجع فَهِيَ تنْحَصر فِي جِنْسَيْنِ: وَذَلِكَ أَن الوجع إِمَّا أَن يدلّ بموضعه فَإِنَّهُ مثلا إِن كَانَ عَن الْيَمين فَهُوَ فِي الكبد وَإِن كَانَ فِي الْيَسَار فَهُوَ فِي الطحال. وَقد يدل بنوعه على سَببه على مَا فصلناه فِي تَعْلِيم الْأَسْبَاب مثلا إِن كَانَ ثقيلاً دلّ على ورم فِي عُضْو غير حساس أَو بَاطِل حسه والممدد يدل على مَادَّة كَثِيرَة واللذاع على مَادَّة حادة. وَأما دَلَائِل الورم فَمن ثَلَاثَة أوجه: إِمَّا من جوهره كالحمرة على الصراء والصلب على السَّوْدَاء وَإِمَّا من مَوْضِعه كَالَّذي يكون فِي الْيَمين فيدل مثلا على أنه عِنْد الكبد أَو فِي الْيَسَار فيدل على أنه فِي نَاحيَة الطحال وَإِمَّا بشكله فَإِنَّهُ إِن كَانَ عِنْد الْيَمين وَكَانَ هلالياً دلّ على أنه فِي نفس الكبد وَإِن كَانَ مطاولاً دلّ على أنه فِي العضلة الَّتِي فَوْقهَا. وَأما دَلَائِل الْوَضع فَإِمَّا من الْمَوَاضِع وَإِمَّا من المشاركات. أما من الْمَوَاضِع فَظَاهر. وَأما من المشاركات فَكَمَا يستدلّ على ألم فِي الْأُصْبع من سَبَب سَابق أَنه لآفة عارضة فِي الزَّوْج السَّادِس من أَزْوَاج العصب الَّذِي للعنق.

الْفَصْل الثَّانِي الْفرق بَين الْأَمْرَاض الخاصية والمشارك فِيهَا وَلما كَانَت الْأَمْرَاض قد تعرض بدءا فِي عُضْو وَقد تعرض بالمشاركة كَمَا يُشَارك الرَّأْس الْمعدة فِي أمراضها فَوَاجِب أَن نحد الْفرق بَين الْأَمريْنِ بعلامة فاصلة فَنَقُول: أنه يجب أَن يتَأَمَّل أَيهمَا عرض أَولا فيحدس أَنه الْأَصْلِيّ وَالْآخر مشارك ويتأمل أَيهمَا يبْقى بعد فنَاء الثَّانِي فنحدس الْأَصْلِيّ وَالْآخر مشارك وبالضد فَإِن المشارك يحدس من أمره أَنه هُوَ الَّذِي يعرض أخيراً وَأَنه يسكن مَعَ سُكُون الأول.

لَكِن قد يعرض من هَذَا غلط وَهُوَ أَنه رُبمَا كَانَت الْعلَّة الْأَصْلِيَّة غير محسوسة وَغير مؤلمة فِي ابتدائها ثمَّ يحس ضررها بعد ظُهُور الْمَرَض الشركي. وَهُوَ بِالْحَقِيقَةِ عَارض بعْدهَا تالٍ لَهَا فيظن بالمشارك والعارض أَنه وَالْمَرَض الْأَصْلِيّ أَو ربما لم يفْطن إِلَّا بالعارض وَحده وغفل عَن الْأَصْلِيّ أصلا وسيل التَّحَرُّز من هَذَا الْغَلَط أَن يكون الطَّبِيب عَالم مشارك الْأَعْضَاء وَذَلِكَ من علمه بالتشريح وعارفاً بالآفات الْوَاقِعَة بعضو عُضْو وَمَا كَانَ مِنْهَا محسوساً أَو غير محسوس فيتَوَقَّف فِي الْمَرَض وَلَا يحكم فِيهِ أَنه أَصْلِيّ إِلَّا بعد تَأمله لما يُمكن أَن يكون عروضه تبعا لَهُ فيسائل الْمَرِيض عَن عَلَامَات الْأَمْرَاض الَّتِي يُمكن أَن تكون فِي الْأَعْضَاء الْمُشَاركَة للعضو العليل أَو تكون غير محسوسة وَلَا مؤلمة ألماً ظَاهرا وَلَا مثيرة عرضا قَرِيبا مِنْهَا لَكِنَّهَا إِنَّمَا يتبعهَا أُمُور بعيدَة عَنْهَا محسوسة. وَيجْعَل الْمَرِيض أَنَّهَا عوارض لمثل ذَلِك الأَصْل الْبعيد بل إِنَّمَا يهدي إِلَى ذَلِك معرفَة الطَّبِيب. وَأكْثر مَا يهْتَدي مِنْهُ تَأمله لمضار الْأَفْعَال وَإِذا وجدهَا سَابِقَة حكم بِأَن الْمَرَض مشارك فِيهِ. على أَن الْأَعْضَاء أَعْضَاء أَكثر أحوالها أَن تكون أمراضها مُتَأَخِّرَة عَن أمراض أَعْضَاء أُخْرَى فَإِن الرَّأْس فِي أَكثر الْأَحْوَال تكون أمراضه بمشاركة الْمعدة وَإِمَّا عكس ذَلِك فَأَقل. وَنحن نضع بَين يديك عَلَامَات الأمزجة الْأَصْلِيَّة والعارضة بِوَجْه عَام. فَأَما الَّتِي يخْتَص مِنْهَا عضوا عضوا فسيقال فِي بَابه. وَأما عَلَامَات أمراض التَّرْكِيب فَإِن مَا كَانَ مِنْهَا ظَاهرا فَإِن الْحس يعرفهُ وَمَا كَانَ من بَاطِن فَإِن مَا سوى الامتلاء والسدة والأورام وتفرق الِاتِّصَال يعسر حصره فِي القَوْل الْكُلِّي وَكَذَلِكَ مَا يخص من الامتلاء والسدة والورم والتفرق عضوا عضوا فَالْأولى لجَمِيع ذَلِك أَن يُؤخر إِلَى الْأَقَاوِيل الْجُزْئِيَّة.

الْفَصْل الثَّالِث عَلَامَات الأمزجة أَجنَاس الدَّلَائِل الَّتِي مِنْهَا يتعرّف أَحْوَال الأمزجة عشرَة. أَحدهَا: الملمس وَوجه التعرف مِنْهُ أَن يتَأَمَّل أَنه هَل هُوَ مساوٍ للمس الصَّحِيح فِي الْبلدَانِ المعتدلة والهواء المعتدل فَإِن ساواه دلّ على الِاعْتِدَال وَإِن انفعل عَنهُ اللامس الصَّحِيح المزاج فبرد أَو سخن أَو استلانه استلانة فَوق الطبيعي أَو استصلبه واستخشنه فَوق الطبيعي وَلَيْسَ هُنَاكَ سَبَب من هَوَاء أَو استحمام بِمَاء وَغير ذَلِك مِمَّا يزِيدهُ لينًا أَو خشونة فَهُوَ غير معتدل المزاج وَقد يُمكن أَن يتعزف من حَال أظفار الْيَدَيْنِ فِي لينها وخشونتها ويبسها حَال مزاج الْبدن إِن لم يكن ذَلِك لسَبَب غَرِيب. على أَن الحكم من اللين والصلابة مُتَوَقف على تقدم صِحَة دلَالَة الِاعْتِدَال فِي الْحَرَارَة والبرودة فَإِنَّهُ إِن لم يكن كَذَلِك أمكن أَن يلين الحارة الملمس الصلب والخشن فضلا عَن المعتدل بتحليله فيتوهم أَنه لين بالطبع وَرطب وَأَن يصلب الْبَارِد الملمس اللين فضلا عَن المعتدل بِفضل إجماده وتكثيفه فيتوهم يَابسا مثل الثَّلج والسمين. أما الثَّلج فلانعقاده جَامِدا وَأما السمين فلغلظه وَأكْثر من هُوَ بَارِد المزاج لين الْبدن وَإِن كَانَ نحيفاً لِأَن الفجاجة تكْثر فِيهِ. وَالثَّانِي: حسن الدَّلَائِل الْمَأْخُوذَة من اللَّحْم والشحم فَإِن اللَّحْم الْأَحْمَر إِذا كَانَ كثيرا دلّ على الرطوبة والحرارة وَيكون هُنَاكَ تلزز. وَإِن كَانَ يَسِيرا وَلَيْسَ هُنَاكَ شَحم كثير دلّ على اليبس والحرارة. وَأما السمين والشحم فيدلان على الْبُرُودَة وَيكون هُنَاكَ ترهل فَإِن كَانَ مَعَ ذَلِك ضيق من الْعُرُوق وقلّة من الدَّم وَكَانَ صَاحبه يضعف على الْجُوع لعقدة الدَّم الغريزي المهيىء لحَاجَة الْأَعْضَاء إِلَى التغذية بِهِ دلّ على أَن هَذَا المزاج جبلي طبيعي وَإِن لم تكن هَذِه العلامات الْأُخْرَى دلّ على أَنه مزاج مكتسب. وَقلة السمين والشحم تدل على الْحَرَارَة

فَإِن السمين والشحم مادته دسومة الدّم وفاعله الْبرد وَلذَلِك يقل على الكبد وَيكثر على الأمعاء وَإِنَّمَا يكثر على الْقلب فَوق كثرته على الكبد للمادة لَا للمزاج وَالصُّورَة ولعناية من أطبيعة مُتَعَلقَة بِمثل تِلْكَ الْمَادَّة والسمين والشحم فَإِن جمودهما على الْبدن يقلّ وَيكثر بِحَسب قلَّة الْحَرَارَة وَكثرتهَا.

وَالْبدن اللحيم بِلَا كَثْرَة من السمين والشحم هُوَ الْبدن الْحَار الرطب وَإِن كَانَ كثير اللَّحْم الْأَحْمَر وَمَعَ سمين وشحم قَلِيل دلّ على الإفراط فِي الرُّطُوبَة وَإِن أفرطا دلّ على الإفراط فِي الْبرد وأقصف الْأَبدَان الْبَارِد الْيَابِس ثمَّ الْحَار الْيَابِس ثمَّ الْيَابِس المعتدل فِي الحرّ وَالْبرد ثمَّ الْحَار المعتدل فِي الرُّطُوبَة واليبس. وَالثَّالِث: جنس الدَّلَائِل الْمَأْخُوذَة من الشّعْر وَإِنَّمَا يُؤْخَذ من جِهَة هَذِه الْوُجُوه وَهِي سرعَة النَّبَات وبطؤه وكثرته وقلته ورقته وغلظه وسبوطته وجعودته. ولونه أحد الْأُصُول فِي ذَلِك. وَأما الِاسْتِدْلَال من سرعَة نَبَاته وبطئه أَو عدم نَبَاته فَهُوَ أَن البطيء النَّبَات أَو فَاقِد النَّبَات إِذا لم يكن هُنَاكَ عَلَامَات دَالَّة على أَن الْبدن عادم للدم أصلا يدل على أَن المزاج رطب جدا فَإِن أسْرع فَلَيْسَ الْبدن بذلك الرطب بل هُوَ إِلَى اليبوسة وَلَكِن يستدلّ على حرارته وبرودته من دَلَائِل أُخْرَى مِمَّا ذَكرنَاهُ. لكنه إِذا اجْتمعت الْحَرَارَة واليبوسة أسْرع نَبَات الشّعْر جدا وَكثر وَغلظ وَذَلِكَ لِأَن الْكَثْرَة تدل على الْحَرَارَة والغلظ يدلّ على كَثْرَة الدخانية كَمَا فِي الشبَّان دون مَا فِي الصّبيان فَإِن الصّبيان مادتهم بخارية لَا دخانية وضدهما يتبع ضدهما. وَأما من جِهَة الشكل فَإِن الجعودة تدل على الْحَرَارَة وعَلى اليبس وَقد تدلّ على التواء الثقب والمسام وَهَذَا لَا يَسْتَحِيل بتغيّر المزاج. والسببان الْأَوَّلَانِ يتغيران. والسبوطة تدل على أضداد ذَلِك.

وَأما من جِهَة اللَّوْن فالسواد يدل على الْحَرَارَة والصهوبة تدلُ على الْبُرُودَة والشقرة والحمرة تدلان على الِاعْتِدَال وَالْبَيَاض يدل إِمَّا على رُطُوبَة وبرودة كَمَا فِي الشيب وَإِمَّا على يبس شَدِيد كَمَا يعرض لنبات عِنْد الْجَفَاف من انسلاخ سوَاده وَهُوَ الخضرة إِلَى الْبيَاض. وَهَذَا إِنَّمَا يعرض فِي النَّاس فِي أعقاب الْأَمْرَاض المجففة. وَسبب الشيب عِنْد أرسطوطاليس هُوَ الإستحالة إِلَى لون البلغم وَعند جالينوس هُوَ التكرج الَّذِي يلْزم الْغذَاء الصائر إِلَى الشّعْر إِذا كَانَ بَارِدًا وَكَانَ بطيء الْحَرَكَة مُدَّة نُفُوذه فِي المسام. وَإِذا تَأَمَّلت الْقَوْلَيْنِ وجدتهما فِي الْحَقِيقَة متقاربين فَإِن العلّة فِي بَيَاض اللَّوْن البلغم. وَالْعلَّة فِي ابيضاض المتكرج وَاحِد وَهُوَ إِلَى الطبيعي وَبعد هَذَا فَإِن للبلدان والأهوية تَأْثِيرا فِي الشّعْر يَنْبَغِي أَن يُرَاعى فَلَا يتَوَقَّع من الزنْجِي شقرة شعر ليستدلّ بِهِ على اعْتِدَال مزاجه الَّذِي لَهُ وَلَا فِي الصقلبي سَواد شعر حَتَّى يسْتَدلّ بِهِ على سخونة مزاجه الَّذِي يحسبه.

وللأسنان أَيْضا تَأْثِير فِي أَمر الشّعْر فَإِن الشبَّان كالجنوبيين وَالصبيان كالشماليين والكهول كالمتوسطين وَكَثْرَة الشّعْر فِي الصَّبِي تدلّ على اسْتِحَالَة مزاجه إِلَى السوداوية إِذا كبر وَفِي الشَّيْخ على أَنه سوداوي فِي الْحَال. وَأما الرَّابِع: فَهُوَ جنس الدَّلَائِل الْمَأْخُوذَة من لون الْبدن فَإِن الْبيَاض دَلِيل عدم الدَّم وقلّته مَعَ برودة فَإِنَّهُ لَو كَانَ مَعَ حرارة وخلط صفراوي لاصفر والأحمر دَلِيل على كَثْرَة الدَّم وعَلى الْحَرَارَة والصفرة والشقرة يدلان على الْحَرَارَة الْكَثِيرَة لَكِن الصُّفْرَة أدل على المرار والشقرة على الدَّم أَو الدَّم المراري وَقد تدلّ الصُّفْرَة على عدم الدَّم وَإِن لم يُوجد

المرار كَمَا تكون فِي أبدان الناقهين. والكمودة دَلِيل على شدّة الْبرد فيقل لَهُ الدَّم ويجمد ذَلِك الْقَلِيل ويستحيل إِلَى السوَاد. وَتغَير لون الْجلد والأدم دَلِيل على الْحَرَارَة. والباذنجاني دَلِيل على الْبرد واليبس لِأَنَّهُ لون يتبع صرف السَّوْدَاء. والجصي يدل على صرف الْبرد والبلغمية. والرصاصي دَلِيل للبرودة والرطوبة مَعَ سوداوية مَا لِأَنَّهُ بَيَاض مَعَ أدنى خضرَة فَيكون الْبيَاض تَابعا للون البلغم أَو المزاج الرّطوبَة. والخضرة تَابِعَة لدم جامد إِلَى السوَاد مَا هُوَ قد خالط البلغم فخضره. والعاجي يدل على برد بلغمي مَعَ مرار قَلِيل. وَفِي أَكثر الْأَمر فَإِن اللَّوْن يتَغَيَّر بِسَبَب الكبد إِلَى صفرَة وَبَيَاض وبسبب الطحال إِلَى صفرَة وَسَوَاد وَفِي علل البواسير إِلَى صفرَة وخضرة وَلَيْسَ هَذَا بالدائم بل قد يخْتَلف. وَالِاسْتِدْلَال من لون اللِّسَان على مزاج الْعُرُوق الساكنة والضاربة فِي الْبدن قوي. والاستدلاد من لون الْعين على مزاج الدِّمَاغ قوي وَرُبمَا عرض فِي مرض وَاحِد اخْتِلَاف لوني عضوين مثل أَن اللِّسَان قد يبيض وبشرة الْوَجْه تسود فِي مرض وَاحِد مثل اليرقان الْعَارِض لشدَّة الحرقة من المرار . وَأما الْخَامِس: فَهُوَ جنس الدَّلَائِل الْمَأْخُوذَة من هَيْئَة الْأَعْضَاء فَإِن المزاج الْحَار يتبعهُ سَعَة الصَّدْر وَعظم الْأَطْرَاف وتمامها فِي قدورها من غير ضيق وَقصر وسعة الْعُرُوق وظهورها وَعظم النبض وقوته وَعظم العضل وقربها من المفاصل لِأَن جَمِيع الأفاعيل النسبية والهيئات التركيبية يتم بالحرارة. والبرودة يتبعهَا أضداد هَذِه لقُصُور القوى الطبيعية بِسَبَبِهَا عَن تتميم أَفعَال الانشاء والتخليق. والمزاج الْيَابِس يتبعهُ قشف وَظُهُور مفاصل وَظُهُور الغضاريف فِي الحنجرة وَالْأنف وَكَون الْأنف مستوياً. وَأما السَّادِس: فَهُوَ جنس الدَّلَائِل الْمَأْخُوذَة من سرعَة انفعال الْأَعْضَاء فَإِنَّهُ إِن كَانَ الْعُضْو يسخن سَرِيعا بِلَا معاسرة فَهُوَ حَار المزاج إِذْ الاستحالة فِي الْجِنْس الْمُنَاسب تكون أسهل من الاستحالة إِلَى المضادة وَإِن كَانَ يبرد سَرِيعا فَالْأَمْر بالضد لذَلِك بِعَيْنِه فَإِن قَالَ قَائِل: إِن الْأَمر يجب أَن يكون بالضد فَإنَّا نعرف يَقِينا أَن الشَّيْء إِنَّمَا ينفعل عَن ضِدّه لَا عَن شبهه وَهَذَا الْكَلَام الَّذِي قدمته يُوجب أَن يكون الإنفعال من الشّبَه أولى. وَالْجَوَاب عَن هَذَا أَن الشبيه الَّذِي لَا ينفعل عَنهُ هُوَ الَّذِي كيفيته وَكَيْفِيَّة مَا هُوَ شَبيه بِهِ وَاحِدَة فِي النَّوْع والطبيعة.

والأسخن لَيْسَ شَبِيها بالأبرد بل السخينان واحدهما أسخن يَخْتَلِفَانِ فَيكون الَّذِي لَيْسَ بأسخن هُوَ بِالْقِيَاسِ إِلَى الأسخن بَارِدًا فينفعل من حَيْثُ هُوَ بَارِد بِالْقِيَاسِ إِلَيْهِ لَا حَار وينفعل أَيْضا عَن الْأَبْرد مِنْهُ وَعَن الْبَارِد إِلَّا أَن أحدهمَا يُنمّي كيفيته ويعيّن أقوى مَا فِيهِ وَالْآخر ينقص كيفيته فَيكون استحالته إِلَى مَا ينمي كيفيته ويعين أقوى مَا فِيهِ أسهل. على أَن هَهُنَا شَيْئا آخر يخْتَص بِبَعْض مَا يُشَارِكهُ فِي الْكَيْفِيَّة وَهُوَ نَاقص فِيهَا مثل أَن الْحَار المزاج فِي طبعه إِنَّمَا يسْرع قبُوله لتأثير الْحَار فِيهِ لما يبطل الْحَار من تَأْثِير الضدّ الَّذِي هُوَ الْبرد المعاوق لما ينحوه المزاج الْحَار من زِيَادَة تسخين فَإِذا التقيا وَبَطل الْمَانِع تعاونا على التسخين فيتبع ذَلِك التعاون اشتداد تامّ من الكيفيتين. وَأما إِذا حاول الْحَار الْخَارِجِي أَن يبطل الِاعْتِدَال فَإِن الْحَار الغريزي الدَّاخِل أَشد الْأَشْيَاء مقاومة لَهُ حَتَّى إِن السمُوم الحارة لَا يقاومها وَلَا يَدْفَعهَا وَلَا يفْسد جوهرها إِلَّا الْحَرَارَة الغريزية. فَإِن الْحَرَارَة الغريزية آلَة للطبيعة تدفع ضَرَر الْحَار الْوَارِد بتحريكها الرّوح إِلَى دفْعَة وتنحية بخاره وتحليله وإحراق مادته وتدفع أَيْضا ضَرَر الْبَارِد الْوَارِد بالمضادة. وَلَيْسَت هَذِه الخاصية للبروعة فَإِنَّهَا إِنَّمَا تنازع وتعاوق الْوَارِد الْحَار بالمضادة فَقَط وَلَا تنازع الْوَارِد الْبَارِد. والحرارة

الغريزية هِيَ الَّتِي تَحْمِي الرطوبات الغريزية عَن أَن تستولي عَلَيْهَا الْحَرَارَة الغريبة فَإِن الْحَرَارَة الغريزية إذا كَانَت قَوِيَّة تمكنت الطبيعة بتوسّطها من التصرّف فِي الرطوبات على سَبِيل النضج والهضم وحفظها على الصِّحَّة فتحرّكت الرطوبات على نهج تصريفها وامتنعت عَن التحرك على نهج تصريف الْحَرَارَة الغريبة فَلم يعفن. أما إِن كَانَت هَذِه الْحَرَارَة ضَعِيفَة خلت الطبيعة عَن الرطوبات لضعف الْآلَة المتوسطة بَينهَا وَبَين الرطوبات فوقفت وصادفتها الْحَرَارَة الغريبة غير مَشْغُولَة بتصريف فتمكنت مِنْهَا واستولت عَلَيْهَا وحركتها حَرَكَة غَرِيبَة فَحدثت العفونة فالحرارة الغريزية آلَة للقوى كلهَا والبرودة مُنَافِيَة لَهَا لَا تَنْفَع إِلَّا بِالْعرضِ فَلهَذَا يُقَال حرارة غريزية وَلَا يُقَال برودة غريزية وَلَا ينْسب إِلَى الْبُرُودَة من كدخدائية الْبدن مَا ينْسب إِلَى الْحَرَارَة. وَأما السَّابِع: فَحال النّوم واليقظة فَإِن اعتدالهما يدلّ على اعْتِدَال المزاج لَا سِيمَا فِي الدِّمَاغ وَزِيَادَة النّوم بالرطوبة والبرودة وَزِيَادَة الْيَقَظَة لليبس والحرارة خَاصَّة فِي الدِّمَاغ. وَأما الثَّامِن: فَهُوَ الْجِنْس الْمَأْخُوذ من دَلَائِل الْأَفْعَال فَإِن الْأَفْعَال إِذا كَانَت مستمرة على المجرى الطبيعي تَامَّة كَامِلَة دلّت على اعْتِدَال المزاج وَإِن تغيّرت عَن جهتها إِلَى حركات مفرطة دلّت على حرارة المزاج وَكَذَلِكَ إِذا أسرعت فَإِنَّهَا تدل على الْحَرَارَة مثل سرعَة النشو وَسُرْعَة نَبَات الشّعْر وَسُرْعَة نَبَات الْأَسْنَان وَإِن تبلدت أَو ضعفت وتكاسلت وأبطأت دلّت على برودة المزاج. على أن قد يكون ضعفها وتبلدها وفتورها وَاقعا بِسَبَب مزاج حَار إِلَّا أنه لَا يَخْلُو مَعَ ذَلِك عَن تَغْيِير عَن المجرى الطبيعي مَعَ الضعْف وَقد يفوت بِسَبَب الْحَرَارَة أيْضا كثيرا من الْأَفْعَال الطبيعية وَينْقص مثل النّوم فَرُبمَا بَطل بِسَبَب المزاج الْحَار أَو نقص وَلذَلِك قد يزْدَاد بعض الْأَحْوَال الطبيعية للبرد مثل النّوم إِلَّا أَنَّهَا لَا تكون من جملَة الْأَحْوَال الطبيعية مُطلقًا بل بِشَرْط وبسبب فان النّوم لَيْسَ مُحْتَاجا إِلَيْهِ فِي الْحَيَاة. وَالصِّحَّة حَاجَة مُطلقَة بل بِسَبَب تخل من الرّوح عَن الشواغل لما عرض لَهُ من التَّعَب أَو لما يحْتَاج إِلَيْهِ من الإكباب على هضم الْغذَاء لعجزه عَن الْوَفَاء بالأمرين. فَإِذن: النّوم إِنَّمَا يحْتَاج إِلَيْهِ من جِهَة عجز مَا وَهُوَ خُرُوج عَن الْوَاجِب الطبيعي. وَإِن كَانَ ذَلِك الْخُرُوج طبيعياً من حَيْثُ هُوَ ضَرُورِيّ فَإِن الطبيعي يُقَال على الضَّرُورَة باشتراك الإسم. وَهَذَا الْقسم أصح دلائله إِنَّمَا هُوَ على المزج المعتدل وَذَلِكَ بِأَن تعتدل الْأَفْعَال وتتم. وَأما دلَالَته على الْحر وَالْبرد واليبوسة والرطوبة فدلالة تخمينية.

وَمن جنس الْأَفْعَال القوية الدَّالَّة على الْحَرَارَة قُوَّة الصَّوْت وجهارته وَسُرْعَة الْكَلَام واتصاله وَالْغَضَب وَسُرْعَة الحركات والطرف وَإِن كَانَ قد تقع هَذِه لَا بِسَبَب عَام بل بسبب خَاص بعضو الْفِعْل. وَالْجِنْس التَّاسِع: جنس دفع الْبدن للفضول وَكَيْفِيَّة مَا يدْفع فَإِن الدّفع إِذا اسْتمرّ وَكَانَ مَا يبرز من البرَاز وَالْبَوْل والعرق وَغير ذَلِك حاراً لَهُ رَائِحَة قَوِيَّة وصبغ لما لَهُ من صبغ وانشواء وانطباخ لما لَهُ انشواء وانطباخ فَهُوَ حَار وَمَا يُخَالِفهُ فَهُوَ بَارِد. وَالْجِنْس الْعَاشِر: مَأْخُوذ من أَحْوَال قوى النَّفس فِي أفعالها وانفعالاتها مثل أَن الحرد الْقوي والضجر والفطنة والفهم والإقدام والوقاحة وَحسن الظَّن وجودة الرَّجَاء والقساوة والنشاط ورجولية الْأَخْلَاق وَقلة الكسل وَقلة الإنفعال من كل شَيْء يدلّ على الْحَرَارَة وأضدادها على الْبُرُودَة. وثبات الحرد وَالرِّضَا والمتخيل وَالْمَحْفُوظ وَغير ذَلِك يدل على اليبوسة وَزَوَال الإنفعالات بِسُرْعَة يدل على الرُّطُوبَة. وَمن هَذَا الْقَبِيل الأحلام والمنامات فَإِن من غلب على مزاجه حرارة يرى

كَأَنَّهُ يصطلي نيراناً أَو يشمس وَمن غلب على مزاجه برد فيرى كَأَنَّهُ يثلج أَو هُوَ منغمس فِي مَاء بَارِد وَيرى صَاحب كل خلط مَا يجانس خلطه فِيمَا يُقَال. وَهَذَا الَّذِي ذكرنَاهُ كُله أَو أَكْثَره إِنَّمَا هُوَ من بَاب عَلَامَات الأمزجة الْوَاقِعَة فِي أصل البنية.

وَأما الأمزجة الغريبة العرضية: فالحار مِنْهَا يدل على اشتعال للبدن مؤذ وتأذ بالحميات وَسُقُوط قُوَّة عِنْد الحركات لثوران الْحَرَارَة وعطش مفرط والتهاب فِي فَم الْمعدة ومرارة فِي الْفَم ونبض إِلَى الضعْف والسرعة الشَّدِيدَة والتواتر وتأذ بِمَا يتَنَاوَلهُ من المسخنات وتشف بالمبردات ورداءة حَال فِي الصَّيف. وَأما دَلَائِل المزاج الْبَارِد الْغَيْر الطبيعي فقلة هضم وَقلة عَطش واسترخاء مفاصل وَكَثْرَة حميات بلغمية وتأذ بالنزلات. وبتناول المبردات وتشف بتناول مَا يسخن ورداءة حَال فِي الشتَاء. وَأما دَلَائِل الرطب الْغَيْر الطبيعي فمناسبة لدلائل الْبُرُودَة وَتَكون مَعَ ترهّل وسيلان لعاب ومخاط وانطلاق طبيعة وَسُوء هضم وتأذ بتناول مَا هُوَ رطب وَكَثْرَة نوم وتهيج أجفان. وَأما دَلَائِل اليبس الْغَيْر الطبيعي فتقشف وسهر ونحول عَارض وتأذ بتناول مَا فِيهِ من يبس وَسُوء حَال فِي الخريف وتشف بِمَا يرطب وانتشاف فِي الْحَال للْمَاء الْحَار والدهن اللَّطِيف وَشدَّة قبُول لَهما فَاعْلَم هَذِه الْجُمْلَة.

حَاصِل عَلَامَات المعتدل المزاج علاماته الْمَجْمُوعَة الملتقطة مِمَّا قُلْنَا هِيَ: اعْتِدَال الملمس فِي الْحر وَالْبرد واليبوسة والرطوبة واللين والصلابة واعتدال اللَّوْن فِي الْبيَاض والحمرة واعتدال السحنة فِي السّمن والقصافة وميل إِلَى السّمن وعروقه بَين الغائرة وَبَين الرَّكْبَة على اللَّحْم المتبرية عَنهُ بارزاً واعتدال الشّعْر فِي الزبب والزعر والجعودة والسبوطة إِلَى الشقرة مَا هُوَ فِي سنّ الصِّبَا وَإِلَى السوَاد مَا هُوَ فِي سنّ الشَّبَاب واعتدال حَال النّوم واليقظة ومواتاة الْأَعْضَاء فِي حركاتها وسلاسة وَقُوَّة من التخيل والتفكر والتذكر وتوسط من الْأَخْلَاق بَين الإفراط والتفريط أَعنِي التَّوَسُّط بَين التهور والجبن وَالْغَضَب والخمول والدقة والقساوة والطيش والتيه وَسُقُوط النَّفس وَتَمام الْأَفْعَال كلهَا وَصِحَّة وجودة النمو وسرعته وَطول الْوُقُوف. وَتَكون أحلامه لذيذة مؤنسة من الروائح الطّيبَة والأصوات اللذيذة والمجالس البهيجة وَيكون صَاحبه محبباً طلق الْوَجْه هشاً معتدل شَهْوَة الطَّعَام وَالشرَاب جيد الاستمراء فِي الْمعدة والكبد وَالْعُرُوق وَالنِّسْبَة فِي جَمِيع الْبدن معتدل الْحَال فِي انْتِقَاض الفضول مِنْهُ من المجاري الْمُعْتَادَة .

الْفَصْل الْخَامِس عَلَامَات من لَيْسَ بجيد الْحَال فِي خلقته هَذَا هُوَ الَّذِي لَا يتشابه مزاج أَعْضَائِهِ بل رُبمَا تعاندت أعضاؤه الرئيسة فِي الْخُرُوج عَن الِاعْتِدَال فَخرج عُضْو مِنْهَا إِلَى مزاج وَالْآخر إِلَى ضِدّه فَإِذا كَانَت بنيته غير متناسبة كَانَ رديئاً حَتَّى فِي فهمه وعقله مثل الرجل الْعَظِيم الْبَطن الْقصير الأصابع المستدير الْوَجْه والهامة الْعَظِيم الهامة أَو الصَّغِير الهامة لحيم الْجَبْهَة وَالْوَجْه والعنق وَالرّجلَيْنِ وكأنما وَجهه نصف دَائِرَة فَإِن كَانَ فكاه كبيرين فَهُوَ مُخْتَلف جدا وَكَذَلِكَ إِن كَانَ مستدير الرَّأْس والجبهة لَكِن وَجهه شَدِيد الطول ورقبته شَدِيدَة الغلظ فِي عَيْنَيْهِ بلادة حَرَكَة فَهُوَ أَيْضا من أبعد النَّاس عَن الْخَيْر.

الْفَصْل السَّادِس العلامات الدَّالَّة على الامتلاء الامتلاء على وَجْهَيْن: امتلاء بِحَسب الأوعية وامتلاء بِحَسب الْقُوَّة. والامتلاء بِحَسب الأوعية هُوَ أَن تكون الأخلاط والأرواح وَإِن كَانَت صَالِحَة فِي كيفيتها قد زَادَت فِي كميتها حَتَّى مَلَأت الأوعية ومددتها. وَصَاحبه يكون على خطر من الْحَرَكَة فَإِنَّهُ رُبمَا صدع الامتلاء للعروق وسالت إِلَى المخانق فَحدث خناق وصرع وسكتة. وعلاجه هُوَ الْمُبَادرَة إِلَى الفصد.

وَأما الامتلاء بِحَسب الْقُوَّة فَهُوَ أَن لَا يكون الْأَذَى من الأخلاط لكميتها فَقَط بل لرداءة كيفيتها فَهِيَ تقهر الْقُوَّة برداءة كيفيتها وَلَا تطاوع الهضم والنضج وَيكون صَاحبهَا على خطر من أمراض أما عَلَامَات الامتلاء جملَة: فَهِيَ ثقل الْأَعْضَاء والكسل عَن الحركات واحمرار اللَّوْن وانتفاخ الْعُرُوق وتمدد الْجلد وامتلاء النبض وانصباغ الْبَوْل وثخنه وَقلة الشَّهْوَة وكلال الْبَصَر والأحلام الَّتِي تدلّ على الثّقل مثل من يرى أنه لَيْسَ بِهِ حراك أَو لَيْسَ بِهِ اسْتِقْلَال للنهوض أَو يحمل حملا ثقيلاً أَو لَيْسَ يقدر على الْكَلَام كَمَا أَن رُؤْيا الطيران وَسُرْعَة الحركات تدل على أَن الأخلاط رقيقَة وبقدر معتدل وعلامات الامتلاء بِحَسب الْقُوَّة. أما الثّقل والكسل وَقلة الشَّهْوَة فَهُوَ يُشَارك فِيهَا الامتلاء الأول وَلَكِن إِذا كَانَ الامتلاء بِحَسب الْقُوَّة ساذجاً لم تكن الْعُرُوق شَدِيدَة الانتفاخ وَلَا الْجلد شَدِيد التمدد وَلَا النبض شَدِيد الامتلاء والعظم وَلَا المَاء كثير الثخن وَلَا اللَّوْن شَدِيد الْحمرَة وَيكون الانكسار والإعياء إِنَّمَا يهيج فِيهِ بعد الْحَرَكَة وَالتَّصَرُّف وَتَكون أحلامه تريه حكة ولذعاً وإحراقاً وروائح مُنْتِنَة. ويدلّ أَيْضا على الْخَلْط الْغَالِب بدلائله الَّتِي سنذكرها. وَفِي أَكثر الْأَمر فَإِن الامتلاء بِحَسب الْقُوَّة يولّد الْمَرَض قبل استحكام دلائله.

الْفَصْل السَّابِع عَلَامَات غَلَبَة الْخَلْط خلط أما الدَّم إِذا غلب فعلاماته: مُقَارِنَة لعلامات الامتلاء بِحَسب الأوعية وَلذَلِك قد يحدث من غلبته ثقل فِي الْبدن فِي أصل الْعَيْنَيْنِ خَاصَّة وَالرَّأْس والصدغين وتمط وتثاؤب وغشيان ونعاس لازب وتكدر الْحَوَاس وبلادة فِي الْفِكر وإعياء بِلَا تَعب سَابق وحلاوة فِي الْفَم غير معهودة وَحُمرَة فِي اللِّسَان وَرُبمَا ظهر فِي الْبدن دماميل وَفِي الْفَم بثور ويعرض سيلان دم من الْمَوَاضِع السهلة الانصداع كالمنخر والمقعدة واللثة. وَقد يدلّ عَلَيْهِ المزاج وَالتَّدْبِير السالف والبلد وَالسّن والعاثة وَبعد الْعَهْد بالفصد والأحلام الدَّالَّة عَلَيْهِ مثل الْأَشْيَاء الْحمر يَرَاهَا فِي النّوم وَمثل سيلان الدَّم الْكثير عَنهُ وَمثل الثخانة فِي الدَّم وَمَا أشبه مَا ذكرنَا.

وَأما عَلَامَات غَلَبَة البلغم: فبياض زَائِد فِي اللَّوْن وترهّل ولين ملمس وبرودة وَكَثْرَة الرِّيق ولزوجته وَقلة الْعَطش إِلَّا أَن يكون مالحاً وخصوصاً فِي الشيخوخة وَضعف الهضم والجشاء الحامض وَبَيَاض الْبَوْل وَكَثْرَة النّوم والكسل واسترخاء الأعصاب والبلادة ولين نبض إِلَى البطء والتفاوت ثمَّ السن وَالْعَادَة وَالتَّدْبِير السالف والصناعة والبلد والأحلام الَّتِي يرى فِيهَا مياه وأنهار وثلوج وأمطار وَبرد برعدة. وَأما عَلَامَات غَلَبَة الصَّفْرَاء: فصفرة اللَّوْن والعينين ومرارة الْفَم وخشونة اللِّسَان وجفافه ويبس المنخرين واستلذاذ النسيم الْبَارِد وشدّة الْعَطش وَسُرْعَة

النّفس وَضعف شَهْوَة الطَّعَام والغثيان والقيء الصفراوي الْأَصْفَر والأخضر وَالِاخْتِلَاف اللاذع وقشعريرة كغرز الأبر ثمَّ التَّدْبِير السالف وَالسّن والمزاج وَالْعَادَة والبلد وَالْوَقْت والصناعة والأحلام الَّتِي يرى فِيهَا النيرَان والرايات الصفر وَيرى الْأَشْيَاء الَّتِي لَا صفرَة لَهَا مصفرة وَيرى التهاباً وحرارة حمام أَو شمس وَمَا يشبه ذَلِك. وَأما عَلَامَات غَلَبَة السَّوْدَاء: فقحل اللَّوْن وكمودته وَسَوَاد الدَّم وغلظه وَزِيَادَة الوسواس والفكر واحتراق فَم الْمعدة والشهوة الكاذبة وَبَوْل كمد وأسود وَأمر غليظ وَكَون الْبدن أسود أزب فقلما تتولد السَّوْدَاء فِي الْأَبدَان الْبيض الزعر وَكَثْرَة حُدُوث البهق الْأسود والقروح الرَّديئَة وَعلل الطحال وَالسّن والمزاج وَالْعَادَة والبلد والصناعة وَالْوَقْت وَالتَّدْبِير السالف والأحلام الهائلة من الظُّلم والهوات والأشياء السود والمخاوف.

الْفَصْل الثَّامِن العلامات الدَّالَّة على السدد إِنَّه إِذا احتقنت مواد ودلت الدَّلَائِل عَلَيْهَا وأحس بتمدد وَلم يحس بدلائل الامتلاء فِي الْبدن كُله فهناك سدد لَا محَالة وَأما الثّقل فيحسّ فِي السدد إِذا كَانَت السدد فِي مجار لَا بُد من أَن يجْرِي فِيهَا مواد كَثِيرَة مثل مَا يعرض من السدد فِي الكبد فَإِن مَا يصير من الْغذَاء إِلَى الكبد إِذا عاقته السدد عَن النّفوذ اجْتمع شَيْء كثير وَاحْتبسَ وأثقل ثقلاً كثيرا فَوق ثقل الورم ويميز عَن الورم بِشدَّة الثّقل وَعدم الْحمى. وَأما إِذا كَانَت السدّة فِي غير هَذِه المجاري لم يحس بثقل وأحس باحتباس نُفُوذ الدَّم وبالتمدد وَأكْثر من بِهِ سدد فِي الْعُرُوق يكون لَونه أصفر لِأَن الدَّم لَا ينبعث فِي مجاريه إِلَى ظَاهر الْبدن.

الْفَصْل التَّاسِع العلامات الدَّالَّة على الرِّيَاح الرِّيَاح قد يسْتَدلّ عَلَيْهَا بِمَا يحدث فِي الْأَعْضَاء الحساسة من الأوجاع وَذَلِكَ تَابع لما يَفْعَله من تفرق الِاتِّصَال ويستدلّ عَلَيْهَا من حركات تعرُّض للأعضاء ويستدلّ عَلَيْهَا من الْأَصْوَات ويستدل عَلَيْهَا باللمس. وَأما الأوجاع الممددة تدل على الرِّيَاح لَا سِيمَا إِذا كَانَت مَعَ خفَّة فَإِن كَانَ هُنَاكَ انْتِقَال من الوجع فقد تمت الدّلَالَة وَهَذَا إِنَّمَا يكون إِذا كَانَ تفرق الِاتِّصَال فِي الْأَعْضَاء الحساسة. وَأما مثل الْعظم وَاللَّحم الغددي فَلَا يبين ذَلِك فِيهَا بالوجع فقد يكون من رِيَاح الْعِظَام مَا يكسر الْعِظَام كسراً ويرضّها رضًا وَلَا يكون لَهُ وجع إِلَّا تَابعا لحس المنكسر بِمَا يَلِيهِ. وَأما الِاسْتِدْلَال على الرِّيَاح من حركات الْأَعْضَاء فَمثل الِاسْتِدْلَال من الاختلاجات على رِيَاح تتكون وتتحرك على الإقلال والتحلّل. وَأما الِاسْتِدْلَال عَلَيْهَا من الْأَصْوَات فإمَّا أَن تكون الْأَصْوَات مِنْهَا أَنْفسهَا كالقراقر وَنَحْوهَا وكما يحس فِي الطحال إِذا كَانَ وَجَعه من ريح بغمز وَإِمَّا أَن يكو الصَّوْت يفعل فِيهَا بالقرع كَمَا يُمَيّز بَين الاسْتِسْقَاء الزقيّ والطبلي بِالضَّرْبِ. وَأما الِاسْتِدْلَال عَلَيْهَا من طَرِيق الْمس يُمَيّز بَين النفخة والسلعة بِمَا يكون هُنَاكَ من تمدد مَعَ انغماز فِي غيررطوبة سيّالة مترجرجة أَو خلط لزج فَإِن الحسّ اللمسي يُمَيّز بَين ذَلِك وَالْفرق بَين النفخة وَالرِّيح لَيْسَ فِي الْجَوْهَر بل فِي هَيْئَة الْحَرَكَة والركود والإنزعاج.

الْفَصْل الْعَاشِر العلامات الدَّالَّة على الأورام أما الظَّاهِرَة: فَيدل عَلَيْهَا الْحس والمشاهدة وَأما الْبَاطِنَة فالحار مِنْهَا يدلّ عَلَيْهِ الْحمى اللَّازِمَة والثقل إِن كَانَ لَا حس للعضو الَّذِي هُوَ فِيهِ أَو التفل مَعَ الوجع الناخس إِن كَانَ للعضو

الوارم حسّ. وَمِمَّا يدل أَيْضا أَو يعين فِي الدّلَالَة الآفة الدَّاخِلَة فِي أَفعَال ذَلِك الْعُضْو وَمِمَّا يوكد الدّلَالَة إحساس الانتفاخ فِي نَاحيَة ذَلِك الْعُضْو كَانَ للحس إِلَيْهِ سَبِيل. وَأما الْبَارِد فَلَيْسَ يتبعهُ لَا محَالة وجع وتعسر الْإِشَارَة إِلَى علاماته الْكُلية وَإِن سهل أحْوج إِلَى كَلَام مُمل وَالْأولَى أَن نؤخر الْكَلَام فِيهِ إِلَى الْأَقَاوِيل الْجُزْئِيَّة فِي عُضْو عُضْو. وَالَّذِي يُقَال هَهُنَا أَنه إِذا أحس بثقل وَلم يحس بوجع وَكَانَ مَعَه دَلَائِل غَلَبَة البلغم فليحدس أَنه بلغمي. وَإِن كَانَ مَعَه دَلَائِل غَلَبَة السَّوْدَاء فَهُوَ سوداوي وخصوصاً إِذا لمس وَكَانَ صلباً. والصلابة من أفضل الدَّلَائِل عَلَيْهَا. وَإِذا كَانَت الأورام الحارة فِي الأعصاب كَانَ الوجع شَدِيدا والحميات قَوِيَّة وسارعت إِلَى الْإِيقَاع فِي التمدد وَفِي اخْتِلَاط الْعقل وأحدثت فِي حركات الْقَبْض والبسط آفَة. وَجَمِيع أورام الأحشاء يحدث رقة ونحولاً فِي المراق وَإِذا أجمعت أورام الأحشاء وَأخذت فِي طَرِيق الخراجية اشْتَدَّ الوجع جدا والحمى وخشن اللِّسَان خشونة شَدِيدَة وَاشْتَدَّ السهر وعظمت الْأَعْرَاض وَعظم الثّقل وَرُبمَا أحس الصلابة والتركز وَرُبمَا ظهر فِي الْبدن نحافة عاجلة وَفِي الْعَينَيْنِ غؤر مغافص فَإِذا تقيّح الْجمع سكنت ثورة الْحمى والوجع والضربان وَحصل بدل الوجع شَيْء كالحكة وَإِن كَانَت حمرَة وصلابة خفت الْحمرَة ولان المغمز وسكّنت الْأَعْرَاض المؤلمة كلهَا وَبلغ الثّقل غَايَته فَإِذا انفجر عرض أَولا نافض للذع الْمدَّة ثمَّ ظَهرت حمى بِسَبَب لذع الْمَادَّة واستعرض النبض للاستفراغ وَاخْتلف وَأخذ طَرِيق الضعْف والصغر والإبطاء والتفاوت وَظهر فِي الشَّهْوَة سُقُوط. وَكثيرًا مَا تسخن لَهُ الْأَطْرَاف.

وَأما الْمَادَّة فتندفع بِحَسب جهتهَا إِمَّا فِي طَرِيق النفث أَو فِي طَرِيق الْبَوْل أَو فى طَرِيق البرَاز. والعلامة الجيدة بعد الانفجار تَمام سُكُون الْحمى وسهولة التنفس وانتعاش الْقُوَّة وَسُرْعَة اندفاع المادّة فِي جهتهَا وَرُبمَا انْتقلت الْمَادَّة فِي الأورام الْبَاطِنَة من عُضْو إِلَى عُضْو وَذَلِكَ الِانْتِقَال قد يكون جيدا وَقد يكون رديئاً والجيد أَن ينْتَقل من عُضْو شرِيف إِلَى عُضْو خسيس مثل مَا ينْتَقل فِي أورام الدِّمَاغ إِلَى مَا خلف الْأُذُنَيْنِ وَفِي أورام الكبد إِلَى الأربيتين. والرديء أَن ينْتَقل من عُضْو إِلَى عُضْو أشرف مِنْهُ أَو أقلّ صبرا على مَا يعرض بِهِ مثل أَن ينْتَقل من ذَات الْجنب إِلَى نَاحيَة الْقلب أَو إِلَى ذَات الرئة. ولانتقال الأورام الْبَاطِنَة وميلان الخراجات الْبَاطِنَة الَّتِي تَحت وَإِلَى فَوق عَلَامَات فَإِنَّهَا إِذا مَالَتْ فِي انتقالها إِلَى مَا تَحت ظهر فِي الشراسيف تمدد وَثقل وَإِذا مَالَتْ فِي انتقالها إِلَى مَا فَوق دلّ عَلَيْهِ سوء حَال التَّنَفس وضيقه وعسره وضيق الصَّدْر والتهاب يبتدىء من تَحت إِلَى فَوق وَثقل فِي نَاحيَة الترقوة وصداع وَرُبمَا ظهر أَثَره فِي الترقوة والساعد. والمائل إِلَى فَوق إِن تمكّن من الدِّمَاغ كَانَ رديئاً فِيهِ خطر وَإِن مَال إِلَى اللَّحْم الرخو الَّذِي خلف الْأُذُنَيْنِ كَانَ فِيهِ رَجَاء خلاص. والرعاف فِي مثل هَذَا دَلِيل جيد وَفِي جَمِيع أورام الاحشاء. وانتظر فِي استقصاء هَذَا مَا نقُوله من بعد حَيْثُ نستقصي الْكَلَام فِي الأورام وَحَيْثُ نذْكر حَال ورم عُضْو عُضْو من الْبَاطِنَة.

الْفَصْل الْحَادِي عشر عَلَامَات تفرق الِاتِّصَال تفرق الِاتِّصَال إِن عرض فِي الْأَعْضَاء الظَّاهِرَة وقف عَلَيْهِ الْحس وَإِن وَقع فِي الْأَعْضَاء الْبَاطِنَة دلّ عَلَيْهِ الوجع الثاقب والناخس والآكال وَلَا سِيمَا إِن لم يكن مَعَه حمى. وَكثيرًا مَا

يتبعهُ سيلان خلط كنفث الدَّم وانصبابه إِلَى فضاء الصَّدْر وَخُرُوج مُدَّة وقيح إِن كَانَ بعد عَلَامَات الأورام ونضجها. وَالَّذِي يكون عقيب الأورام فَرُبمَا كَانَ دَالا على انفجار عَن نضج وَرُبمَا لم يكن. فَمَان كَانَ عَن نضج سكن الْحمى مَعَ الانفجار واستفراغ الْقَيْح وَسكن الثّقل وخف. وَإِن لم يكن كَذَلِك اشْتَدَّ الوجع وَزَاد. وَقد يسْتَدلّ على تفرق الِاتِّصَال بانخلاع الْأَعْضَاء عَن مواضعهَا وبزوال الْعُضْو عَن مَوْضِعه وَإِن لم ينخلع كالفتق. وَقد يسْتَدلّ عَلَيْهِ باحتباس المستفرغات عَن المجاري فَإِنَّهَا رُبمَا انصبت إِلَى فضاء يُؤَدِّي إِلَيْهِ تفرق الِاتِّصَال وَلم ينْفَصل عَن المسلك الطبيعي كَمَا يعرض لمن انخرق أمعاؤه أَن يحتبس برازه وَرُبمَا خَفِي تفرق الِاتِّصَال وَلم يُوقف عَلَيْهِ بالعلامات الْكُلية الْمَذْكُورَة واحتيج فِي بَيَانه إِلَى الْأَقْوَال الْجُزْئِيَّة بِحَسب عُضْو عُضْو وَذَلِكَ بِأَن يكون الْعُضْو لَا حس لَهُ أَو لَا يحتوي على رُطُوبَة فيسيل مَا فِيهِ أَو لَا مجَال لَهُ فيزول عَن مَوْضِعه أَو لَيْسَ يعْتَمد على عُضْو فيزول بانخلاعه. وَاعْلَم أَن أصعب الأورام أعراضاً وأصعب تفرق الِاتِّصَال أعراضاً مَا كَانَ فِي الْأَعْضَاء العصبية الشَّدِيدَة الْحس فَإِنَّهَا رُبمَا كَانَت مهلكة وَأما الغشي والتشنج فيلحقها دَائِما.

أما الغشي فلشدة الوجع. وَأما التشنج فلعصبية الْعُضْو ثمَّ اللَّاتِي تكون على المفاصل فَإِنَّهَا يبطؤ قبُولهَا للعلاج لِكَثْرَة حَرَكَة الْمفصل وللفضاء الَّذِي يكون عِنْد الْمفصل المستعد لانصباب الْموَاد إِلَه وَلِأَن النبض وَالْبَوْل من العلامات الْكُلية لأحوال الْبدن

الْجُمْلَة الأولى النبض وَهِي تِسْعَة عشر فصلا.

الْفَصْل الأول كَلَام كلي فِي النبض فَنَقُول: النبض حَرَكَة من أوعية الرّوح مؤلفة من انبساط وانقباض لتبريد الرّوح بالنسيم. وَالنَّظَر فِي النبض إِمَّا كلي وَإِمَّا جزئي بِحَسب مرض مرض. وَنحن نتكلم هَهُنَا فِي القوانين الْكُلية من علم النبض ونؤخر الْجُزْئِيَّة إِلَى الْكَلَام فِي الْأَمْرَاض الْجُزْئِيَّة فَنَقُول: إِن كل نبضة فَهِيَ مركبة من حركتين وسكونين لِأَن كل نبض مركّب من انبساط وانقباض ثمَّ لَا بُد من تخَلّل السّكُون بَين كل حركتين متضادتين لِاسْتِحَالَة اتِّصَال الْحَرَكَة بحركة أُخْرَى بعد أَن يحصل لمسافتها نِهَايَة وطرف بِالْفِعْلِ وَهَذَا مِمَّا يبين فِي الْعلم الطبيعي وَإِذا كَانَ كَذَلِك لم يكن بُد من أَن يكون لكل نبضة إِلَى أَن تلْحق الْأُخْرَى أَجزَاء أَرْبَعَة: حركتان وسكونان حَرَكَة انبساط وَسُكُون بَينه وَبَين الانقباض وحركة انقباض وَسُكُون بَينه وَبَين الانبساط. وحركة الإنقباض عِنْد كثير من الْأَطِبَّاء غير محسوسة أصلا وَعند بَعضهم أَن الإنقباض قد يحس إِمَّا فِي النبض الْقوي فلقوته وَأما فِي الْعَظِيم فلإشرافه وَأما فِي الصلب فلشدة مقاومته وَأما فِي الْبَطن فلطول مُدَّة حركته. وَقَالَ جالينوس: إِنِّي لم أزل أغفل عَن الإنقباض مُدَّة ثمَّ لم أزل أتعاهد الجسّ حَتَّى فطنت لشَيْء مِنْهُ ثمَّ بعد حِين أحكمت ثمَّ انْفَتح عَليّ أَبْوَاب من النبض وَمن تعهد ذَلِك تعهدي أدْرك إدراكي وَأَنه - وَإِن كَانَ الْأَمر على مَا يَقُولُونَ - فالانقباض فِي أَكثر الْأَحْوَال غير محسوس وَالسَّبَب فِي وُقُوع الِاخْتِيَار على جس عرق الساعد أُمُور ثَلَاثَة: - سهولة متناوله. - وَقلة المحاشاة

عَن كشفه. واستقامة وَضعه بحذاء الْقلب وقربه مِنْهُ. وَيَنْبَغِي أَن يكون الجس وَالْيَد على جنب فَإِن الْيَد المتكئة تزيد فِي الْعرض والإشراف وتنقص من الطول خُصُوصا فِي المهازيل والمستلقية تزيد فِي الإشراف والطول وتنقص من الْعرض.

وَيجب أَن يكون الجس فِي وَقت يَخْلُو فِيهِ صَاحب النبض عَن الْغَضَب وَالسُّرُور والرياضة وَجَمِيع الانفعالات وَعَن الشِّبع المثقل والجوع وَعَن حَال ترك الْعَادَات واستحداث الْعَادَات وَيجب أَن ثمَّ نقُول إِن الْأَجْنَاس الَّتِي مِنْهَا تتعرف الْأَطِبَّاء حَال النبض هِيَ على حسب مَا يصفه الْأَطِبَّاء عشرَة وَإِن كَانَ يجب عَلَيْهِم أَن يجعلوها تِسْعَة: فَالْأول مِنْهَا: الْجِنْس الْمَأْخُوذ من مِقْدَار الانبساط. وَالْجِنْس الثَّانِي: الْمَأْخُوذ من كَيْفيَّة قرع الْحَرَكَة الْأَصَابِع. وَالْجِنْس الثَّالِث: الْمَأْخُوذ من زمَان كل حَرَكَة. وَالْجِنْس الرَّابِع: الْمَأْخُوذ من قوام الْآلَة. وَالْجِنْس الْخَامِس: الْمَأْخُوذ من خلائه وامتلائه. وَالْجِنْس السَّادِس: الْمَأْخُوذ من حر ملمسه وبرده. وَالْجِنْس السَّابِع: الْمَأْخُوذ من زمَان السّكُون. وَالْجِنْس الثَّامِن: الْمَأْخُوذ من اسْتِوَاء النبض واختلافه. وَالْجِنْس التَّاسِع: الْمَأْخُوذ من نظامه فِي الِاخْتِلَاف أَو تَركه للنظام. وَالْجِنْس الْعَاشِر: الْمَأْخُوذ من الْوَزْن. أما من جنس مِقْدَار النبض فَيدل من مِقْدَار أقطاره الثَّلَاثَة الَّتِي هِيَ طوله وَعرضه وعمقه فتكون أَحْوَال النبض فِيهِ تِسْعَة بسيطة ومركبات. فالتسعة البسيطة هِيَ الطَّوِيل والقصير والمعتدل والعريض والضيق والمعتدل والمنخفض والمشرف والمعتدل. فالطويل هُوَ الَّذِي تحس أجزاؤه فِي طوله أَكثر من المحسوس الطبيعي على الْإِطْلَاق وَهُوَ المزاج المعتدل الْحق أَو من الطبيعي الْخَاص بذلك الشَّخْص وَهُوَ المعتدل الَّذِي يَخُصُّهُ وَقد عرفت الْفرق بَينهمَا قبل. والقصير ضِدّه وَبَينهمَا المعتدل وعَلى هَذَا الْقيَاس فاحكم فِي السِّتَّة الْبَاقِيَة. وَأما المركبات من هَذِه البسيطة فبعضها لَهُ اسْم وَبَعضهَا لَيْسَ لَهُ اسْم فان الزَّائِد طولا وعرضاً وعمقاً يُسمى الْعَظِيم والناقص فِي ثلاثتها يُسمى الصَّغِير وَبَينهمَا المعتدل وَالزَّائِد عرضا وشهوقاً يُسمى الغليظ والناقص فيهمَا يُسمى الدَّقِيق وَبَينهمَا المعتدل .

وَأما الْجِنْس الْمَأْخُوذ من كَيْفيَّة قرع الْحَرَكَة للاصابع فأنواعه ثَلَاثَة: الْقوي وَهُوَ الَّذِي يُقَاوم الجس عِنْد الانبساط والضعيف يُقَابله والمعتدل بَينهمَا. وَأما الْجِنْس الْمَأْخُوذ من زمَان كل حَرَكَة فأنواعه ثَلَاثَة: السَّرِيع وَهُوَ الَّذِي يتم الْحَرَكَة فِي مُدَّة قَصِيرَة البطيء ضِدّه ثمَّ المعتدل بَينهمَا. وَأما الْجِنْس الْمَأْخُوذ من قوام الْآلَة فأصنافه ثَلَاثَة: اللين وَهُوَ الْقَابِل للاندفاع إِلَى دَاخل عَن الغامر بسهولة والصلب ضِدّه ثمَّ المعتدل. وَأما الْجِنْس الْمَأْخُوذ من حَال مَا يحتوي عَلَيْهِ فأصنافه ثَلَاثَة: الممتلىء وَهُوَ الَّذِي يحس أَن فِي تجويفه رُطُوبَة مائلة. يعْتد بهَا لإفراغ صرف والخالي ضده ثمَّ المعتدل. وَأما الْجِنْس الْمَأْخُوذ من ملمسه فأصنافه ثَلَاثَة: الْحَار والبارد والمعتدل بَينهمَا. وَأما الْجِنْس الْمَأْخُوذ من زمَان السّكُون فأصنافه ثَلَاثَة: الْمُتَوَاتر وَهُوَ الْقصير الزَّمَان المحسوس بَين القرعتين وَيُقَال لَهُ أَيْضا المتدارك والمتكاثف والمتفاوت ضِدّه وَيُقَال لَهُ أَيْضا المتراخي والمتخلخل وبيهما المعتدل. ثمَّ هَذَا الزَّمَان هُوَ بِحَسب مَا يدْرك عَن الإنقباض فَإِن لم يدْرك الإنقباض أصلا كَانَ هُوَ وَأما الْجِنْس الْمَأْخُوذ من الاسْتوَاء وَالِاخْتِلَاف فَهُوَ

إمَّا مستو وَإمَّا مُخْتلف غير مستو وَذَلِكَ بِاعْتِبَار تشابه نبضات أَو أَجزَاء نبضة أَو جُزْء وَاحِد من النبضة فِي أُمُور خَمْسَة: الْعظم والصغر وَالْقُوَّة والضعف والسرعة والبطء والتواتر والتفاوت والصلابة واللين حَتَّى إن النبض الْوَاحِد يكون أَجزَاء انبساطه أَسْرع لشِدَّة الْحَرَارَة أَو أَضْعَف للضعف وَإِن شِئْت بسطت القَوْل فاعتبرت فِي الاسْتوَاء وَالِاخْتِلَاف فِي الْأَقْسَام الْمَذْكُورَة الثَّلَاثَة سَائِر الْأَقْسَام الآخر. لَكِن ملاك الِاعْتِبَار مَصْرُوف إِلَى هَذِه والنبض المستوي على الْإِطْلَاق هُوَ النبض المستوي فِي جَمِيع هَذِه وَإِن اسْتَوَى فِي شَيْء مِنْهَا وَحده فهر مستوفية وَحده كَأَنَّك قلت مُسْتَوْفِي الْقُوَّة أَو مُسْتَوْفِي السرعة.

وَكَذَلِكَ الْمُخْتَلف وَهُوَ الَّذِي لَيْسَ بمستوٍ فَهُوَ إِمَّا على الْإِطْلَاق وَإِمَّا فِيمَا لَيْسَ فِيهِ بمستو. وَأما الْجِنْس الْمَأْخُوذ من النظام وَغير النظام فَهُوَ ذُو نَوْعَيْنِ مُخْتَلف مُنْتَظم ومختلف غير مُنْتَظم والمنتظم هُوَ الَّذِي لاختلافه نظام مَحْفُوظ يَدُور عَلَيْهِ وَهُوَ على وَجْهَيْن: إِمَّا مُنْتَظم على الْإِطْلَاق وَهُوَ أَن يكون للمتكرر مِنْهُ خلاف وَاحِد فَقَط واما مُنْتَظم يَدُور وَهُوَ أَن يكون لَهُ دوراً اختلافين فَصَاعِدا مثل أَن يكون هُنَاكَ دور ودور آخر مُخَالف لَهُ إِلَّا أَنَّهُمَا يعودان مَعًا على ولائهما كدور وَاحِد وَغير المنتظم ضِدّه وَإِذا حققت وجدت هَذَا الْجِنْس التَّاسِع كالنوع من وَيَنْبَغِي أَن يُعلَم أَن فِي النبض طبيعة موسيقاوية مَوْجُودَة فَكَمَا أَن صناعة الموسيقى تتمّ بتأليف النغم على نِسْبَة بَينهَا فِي الحدة والثقل وبأدوار إيقاع مِقْدَار الْأَزْمِنَة الَّتِي تتخلل نقراتها كَذَلِك حَال النبض فَإِن نِسْبَة أزمنتها فِي السرعة والتواتر إيقاعية وَنسبَة أحوالها فِي الْقُوَّة والضعف وَفِي الْمِقْدَار نِسْبَة كالتأليفية وكما أَن أزمنة الْإِيقَاع ومقادير النغم قد تكون متفقةً وَقد تكون غير متفقة كَذَلِك الاختلافات قد تكون منتظمة وَقد تكون غير منتظمة وَأَيْضًا نسب أَحْوَال النبض فِي الْقُوَّة والضعف والمقدار قد تكون متفقة وَقد تكون غير متفقة بل مُخْتَلفَة وَهَذَا خَارج عَن جنس اعْتِبَار النظام. وجالينوس يرى أَن الْقدر المحسوس من مناسبات الْوَزْن مَا يكون على إِحْدَى هَذِه النّسَب الموسيقاوية الْمَذْكُورَة إِمَّا على نِسْبَة الْكل والخمسة وَهُوَ على نِسْبَة ثَلَاثَة أَضْعَاف إِذْ هُوَ الضعْف مؤلفة بِنِسْبَة الزَّائِد نصفا وَهُوَ الَّذِي يُقَال لَهُ نِسْبَة الَّذِي بالخمسة وَهُوَ الزَّائِد نصفا وعَلى نِسْبَة الَّذِي بِالْكُلِّ وَهُوَ الضعْف وعَلى نِسْبَة الَّذِي بالخمسة وَهُوَ الزَّائِد نصفا وعَلى نِسْبَة الَّذِي بالأربعة وَهُوَ الزَّائِد ثلثا وعَلى نِسْبَة الزَّائِد ربعا ثمَّ لَا يحس وَأَنا أستعظم ضبط هَذِه النّسَب بالجس وأسهله على من اعْتَادَ درج الْإِيقَاع وتناسب النغم بالصناعة ثمَّ كَانَ لَهُ قدرَة على أَن يعرف الموسيقى فيقيس الْمَصْنُوع بالمعلوم فَهَذَا الْإِنْسَان إِذا صرف تَأمله إِلَى النبض أمكن أَن يفهم هَذِه النّسَب بالجس. وَأَقُول أَن أَفْرَاد جنس المنتظم وَغير المنتظم على أَنه أحد الْعشْرَة - وَإِن كَانَ نَافِعًا - فَلَيْسَ بصواب فِي التَّقْسِيم لِأَن هَذَا الْجِنْس دَاخل تَحت الْمُخْتَلف فَكَأَنَّهُ نوع مِنْهُ. وَأما الْجِنْس الْمَأْخُوذ من الْوَزْن فَهُوَ بمقايسة مقادير نسب الْأَزْمِنَة الْأَرْبَعَة الَّتِي للحركتين والوقوفين وَإِن قصر الجس عَن ضبط ذَلِك كُله فبمقايسة مقادير نسب أزمنة الانبساط إِلَى الزَّمَان الَّذِي بَين انبساطين.

وَبِالْجُمْلَةِ الزَّمَان الَّذِي فِيهِ الْحَرَكَة إِلَى الزَّمَان الَّذِي فِيهِ السّكون. وَالَّذين يدخلُونَ فِي هَذَا الْبَاب مقايسة زَمَان الْحَرَكَة بِزَمَان الْحَرَكَة وزمان السّكُون بِزَمَان السّكُون فهم يدْخلُونَ بَابا فِي بَاب على أَن ذَلِك الإدخال جَائِز أَيْضا غير محَال إِلَّا أَنه غير جيد. وَالْوَزْن هُوَ الَّذِي يَقع فِيهِ النّسَب الموسيقاوية. ونقول إِن النبض إِمَّا أَن يكون جيّد الْوَزْن وَإِمَّا أَن يكون رَدِيء الْوَزْن. ورديء الْوَزْن أَنْوَاعه ثَلَاثَة: أَحدهَا: المتغيّر الْوَزْن مجاوز الْوَزْن وَهُوَ الَّذِي يكون وَزنه وزن سنّ يَلِي سنّ صَاحبه كَمَا يكون للصبيان وزن نبض الشبَّان. وَالثَّانِي: مباين الْوَزْن كَمَا يكون للصبيان مثل وزن نبض الشُّيُوخ. وَالثَّالِث: الْخَارِج عَن الْوَزْن وَهُوَ الَّذِي لَا يشبه فِي وَزنه نبضاً من نبض الْأَسْنَان. وَخُرُوج النبض عَن الْوَزْن كثيرا يدل على تغير حَال عَظِيم. شرح خَاص النبض المستوي والمختلف يَقُولُونَ: إِن النبض الْمُخْتَلف إِمَّا أَن يكون اختلافه فِي نبضات كَثِيرَة أَو فِي نبضة وَاحِدَة. والمختلف فِي نبضة وَاحِدَة إِمَّا أَن يخْتَلف فِي أَجزَاء كَثِيرَة أَي مواقع للأصابع متباينة أَو فِي جُزْء وَاحِد أَي فِي موقع أصْبع وَاحِد. والمختلف فِي نبضات كَثِيرَة مِنْهُ الْمُخْتَلف المتدرج الْجَارِي فِي الاسْتوَاء وَهُوَ أَن يَأْخُذ من نبضة وينتقل إِلَى أزيد مِنْهَا أَو أنقص وَيسْتَمر على هَذَا النهج حَتَّى يوافي غَايَة فِي النُّقْصَان أَو غَايَة فِي الزِّيَادَة بتدريج متشابه فَيَنْقَطِع عَائِدًا إِلَى الْعظم الأول أَو متراجعاً من صغره تراجعاً متشابهاً فِي الْحَالين جَمِيعًا للمأخذ الأول أَو مُخَالفا بعد أَن يكون مُتَوَجها من ابْتِدَاء بِهَذِهِ الصّفة إِلَى انْتِهَاء بِهَذِهِ الصّفة. وَرُبمَا وصل إِلَى الْغَايَة وَرُبمَا انْقَطع دونه وَرُبمَا جاوزه. وَحين يَنْقَطِع فَرُبمَا يَنْقَطِع فِي وَسطه بفترة وَقد يفعل خلاف الِانْقِطَاع وَهُوَ أَن يَقع فِي وَسطه. وَذُو الفترة من النبض هُوَ الْمُخْتَلف الَّذِي يتَوَقَّع فِيهِ حَرَكَة فَيكون سُكُون وَالْوَاقِع فِي الْوسط هُوَ الْمُخْتَلف الَّذِي حَيْثُ يتَوَقَّع فِيهِ سُكُون فَيكون حَرَكَة. وَأما اخْتِلَاف النبض فِي أَجزَاء كَثِيرَة من نبضة وَاحِدَة فإمَّا فِي وضع أَجْزَائِهَا أَو فِي حَرَكَة أَجْزَائِهَا. أما الإختلاف الَّذِي فِي وضع الْأَجْزَاء فَهُوَ اخْتِلَاف نِسْبَة أَجزَاء الْعرق إِلَى الْجِهَات وَلِأَن وَأما الِاخْتِلَاف فِي الْحَرَكَة فإمَّا فِي السرعة والإبطاء وَإِمَّا فِي التَّأَخُّر والتقدم أَعنِي أَن يتحَرَّك جُزْء قبل وَقت حركته أَو بعد وقته وَإِمَّا فِي الْقُوَّة والضعف وَإِمَّا فِي الْعظم والصغر وَذَلِكَ كُله إِمَّا جَار على تَرْتِيب مستو أَو تَرْتِيب مُخْتَلف بالتزيد والتنقص وَذَلِكَ إِمَّا فِي جزأين أَو ثَلَاثَة أَو أَرْبَعَة أَعنِي مواقع الْأَصَابِع وَعَلَيْك التَّرْكِيب والتأليف. وَأما اخْتِلَاف النبض فِي جُزْء وَاحِد فَمِنْهُ الْمُنْقَطع وَمِنْه الْعَائِد ومنْه المتّصل. والمنقطع هُوَ الَّذِي ينْفَصل فِي جُزْء وَاحِد بفترة حَقِيقِيَّة والجزء الْوَاحِد المفصول مِنْهُ بالفترة قد يخْتَلف طرفاه بالسرعة والبطء والتشابه. وَأما الْعَائِد فَأن يكون نبض عَظِيم رَجَعَ صَغِيرا فِي جُزْء وَاحِد ثمَّ عَاد عودة لَطِيفَة. وَمن هَذَا النَّوْع النبض المتداخل وَهُوَ أَن يكون نبض كنبضتين بِسَبَب الإختلاف أَو بِنُقْصَان كنبض لتداخلها وعَلى حسب رَأْي الْمُخْتَلِفين فِي ذَلِك. وَأما الْمُتَّصِل فَهُوَ الَّذِي يكون اختلافه متدرجاً على اتِّصَاله غير محسوس

الْفَصْل الثَّانِي فِيمَا يتَغَيَّر إِلَيْهِ من سرعَة إِلَى بطء أَو بِالْعَكْسِ أَو إِلَى الِاعْتِدَال أَو من اعْتِدَال فيهمَا أَو من عظم أَو صغر أَو اعْتِدَال فيهمَا إِلَى شَيْء مِمَّا ينْتَقل إِلَيْهِ. وَهَذَا قد يسْتَمر على التشابه وَقد يتَّفق أَن يكون مَعَ اتِّصَاله فِي بعض الْأَجْزَاء أَشد اخْتِلَافا وَفِي بَعْضهَا أقل.

الْفَصْل الثالث فِي أَصْنَاف النبض الْمركب الْمَخْصُوص فَمِنْهُ الْغَزالِيّ وَهُوَ الْمُخْتَلف فِي جُزْء وَاحِد إِذا كَانَ بطيئاً ثمَّ يَنْقَطِع فيسرع وَمِنْه الموجي وَهُوَ الْمُخْتَلف فِي عظم أَجزَاء الْعُرُوق وصغرها أَو شهوقها. وَفِي الْعرض وَفِي التَّقَدُّم والتأخر فِي مُبْتَدأ حَرَكَة النبض مَعَ لين فِيهِ وَلَيْسَ بصغير جدا وَله عرض مَا وَكَأَنَّهُ أمواج يَتْلُو بَعْضهَا بَعْضًا على الاسْتقَامَة مَعَ اخْتِلَاف بَينهَا فِي الشهوق والانخفاض والسرعة والبطء وَمِنْه الدودي وَهُوَ شَبيه بِهِ إِلَّا أَنه صَغِير شَدِيد التَّوَاتُر يُوهم تواتره سرعَة وَلَيْسَ بسريع. والنملي أَصْغَر جدا أَو أَشد تواتراً والدودي والنملي اخْتِلَافهمَا فِي الشهوق وَفِي التَّقَدُّم والتأخر أَشد ظهوراً فِي الجس من اخْتِلَافهمَا فِي الْعرض بل عَسى ذَلِك أَن لَا يظْهر. وَمِنْه المنشاري وَهُوَ شَبيه بالموجي فِي اخْتِلَاف الْأَجْزَاء فِي الشهوق وَالْعرض وَفِي التَّقَدُّم والتأخر إِلَّا أَنه صلب وَمَعَ صلابته مُخْتَلف الْأَجْزَاء فِي صلابته فالمنشاري نبض سريع متواتر صلب مُخْتَلف الْأَجْزَاء فِي عظم الانبساط والصلابة واللين. وَمِنْه ذَنْب الفار وَهُوَ الَّذِي يتدرّج فِي اخْتِلَاف أَجزَاء من نُقْصَان إِلَى زِيَادَة وَمن زِيَادَة إِلَى نُقْصَان وذنب الفار قد يكون فِي نبضات كَثِيرَة وَقد يكون فِي نبضة وَاحِدَة فِي أَجزَاء كَثِيرَة أَو فِي جُزْء وَاحِد. واختلافه الأخصّ هُوَ الَّذِي يتَعَلَّق بالعظم وَقد يكون بِاعْتِبَار البطء والسرعة وَالْقُوَّة والضعف. وَمِنْه المسلّي وَهُوَ الَّذِي يَأْخُذ من نُقْصَان إِلَى حد فِي الزِّيَادَة ثمَّ يتناكس على الْوَلَاء إِلَى أَن يبلغ الْحَد الأول فِي النُّقْصَان فَيكون كذنبي فار يتصلان عِنْد الطّرف الْأَعْظَم وَمِنْه ذُو القرعتين. والأطباء مُخْتَلفُونَ فِيهِ فَمنهمْ من يَجعله نبضة وَاحِدَة مُخْتَلفَة فِي التَّقَدُّم والتأخر وَمِنْهُم من يَقُول إنَّهُمَا نبضتان متلاحقتان.

وَبِالْجُمْلَةِ لَيْسَ الزَّمَان بَينهمَا بِحَيْثُ يَتَّسِع لانقباض ثمَّ انبساط وَلَيْسَ كل مَا يحس مِنْهُ قرعتان يجب أَن يكون نبضتين وَإِلَّا لَكَانَ الْمُنْقَطع الإنبساط الْعَائِد نبضتين. وَإِنَّمَا يجب أَن يعد نبضتين إِذا ابْتَدَأَ فانبسط ثمَّ عَاد إِلَى العمق منقبضاً ثمَّ صَار مرّة أُخْرَى منبسطاً. وَمِنْه ذُو الفترة وَالْوَاقِع فِي الْوسط الْمَذْكُورَان وَالْفرق بَين الْوَاقِع فِي الْوسط وَبَين الْغَزالِيّ أَن الْغَزالِيّ تلْحق فِيهِ الثَّانِيَة قبل انْقِضَاء الأولى وَأما الْوَاقِع فِي الْوسط فَتكون النبضة الطارئة فِيهِ فِي زمَان السّكُون وانقضاء الْقرعَة الأولى. وَمن هَذِه الْأَبْوَاب النبض المتشنج والمرتعش والملتوي الَّذِي كَأَنَّهُ خيط يلتوي وينفتل وَهِي من بَاب الِاخْتِلَاف فِي التَّقَدُّم والتأخر والوضع وَالْعرض. والمتوتر جنس من جملَة الملتوي يشبه المرتعد إِلَّا أَن الانبساط فِي الْمُتَوَاتر أخْفى وَكَذَلِكَ الْخُرُوج عَن اسْتِوَاء الْوَضع فِي الشهوق فِي الْمُتَوَاتر أخْفى وَأما الثمود فَهُوَ فِي الْمُتَوَاتر وَاضح وَرُبمَا كَانَ الْميل مِنْهُ إِلَى جَانب وَاحِد فَقَط. وَأكْثر مَا تعرض أَمْثَال الْمُتَوَاتر والملتوي والمائل إِلَى جَانب إِنَّمَا يعرض.

الْفَصْل الرَّابِع فِي الطبيعي من أَصْنَاف النبض كل وَاحِد من الْأَجْنَاس الْمَذْكُورَة الَّتِي تَقْتَضِي تفَاوتا فِي زِيَادَة ونقصان فالطبيعي مِنْهَا هُوَ المعتدل إِلَّا الْقوي مِنْهَا فَإِن الطبيعي فِيهِ هُوَ الزَّائِد وَإِن كَانَ شَيْء من الْأَصْنَاف الآخر إِنَّمَا زَاد تَابعا للزِّيَادَة فِي الْقُوَّة فَصَارَ أعظم مثلا فَهُوَ طبيعي لأجل القوى. وَأما الْأَجْنَاس الَّتِي لَا تحْتَمل الأزيد والأنقص فَإِن الطبيعي مِنْهَا هُوَ المستوى والمنتظم وجيد الْوَزْن.

الْفَصْل الْخَامِس أَسبَاب أَنْوَاع النبض الْمَذْكُورَة أَسبَاب النبض: مِنْهَا أَسبَاب عَامَّة ضَرُورِيَّة ذاتية دَاخِلَة فِي تَقْوِيم النبض وَتسمى الماسكة وَمِنْهَا أَسبَاب غير دَاخِلَة فِي تَقْوِيم النبض وَهَذِه مِنْهَا لَازِمَة مغيّرة بتغيرها لأحكام النبض وتسمّى الْأَسْبَاب اللَّازِمَة وَمِنْهَا غير لَازِمَة وَتسمى الْمُغيرَة على الْإِطْلَاق. والأسباب الماسكة ثَلَاثَة: الْقُوَّة الحيوانية المحرّكة للنبض الَّتِي فِي الْقلب وَقد عرفتها فِي بَاب القوى الحيوانية. وَالثَّانِي الْآلَة: وَهِي الْعرق النابض وَقد عَرفته فِي ذكر الْأَعْضَاء. وَالثَّالِث الْحَاجة إِلَى التطفئة وَهُوَ المستدعي لمقدار مَعْلُوم من التطفئة ويتجدد بِإِزَاءِ حدّ الْحَرَارَة فِي اشتعالها أَو انطفائها أَو اعتدالها. وَهَذِه الْأَسْبَاب الماسكة تتَغَيَّر أفعالها بِحَسب مَا يقْتَرن بهَا من الْأَسْبَاب اللَّازِمَة والمغترة على الْإِطْلَاق.

الْفَصْل السَّادِس مُوجبَات الْأَسْبَاب الماسكة وَحدهَا إِذا كَانَت الالة مطاوعة للينها وَالْقُوَّة قَوِيَّة وَالْحَاجة شَدِيدَة إِلَى التطفئة كَانَ النبض عَظِيما. وَالْحَاجة أعون الثَّلَاثَة على ذَلِك فَإِن كَانَت الْقُوَّة ضَعِيفَة تبعها صفر النبض لَا محَالة فَإِن كَانَت الْآلَة صلبة مَعَ ذَلِك وَالْحَاجة يسيرَة كَانَ أَصْغَر. والصلابة قد تفعل الصغر أَيْضا إِلَّا أَن الصغر الَّذِي سَببه الصلابة يَنْفَصِل عَن الصغر الَّذِي سَببه الضعْف بِأَنَّهُ يكون صلباً وَلَا يكون ضَعِيفا وَلَا يكون فِي الْقصر والإنخفاض مفرطاً كَمَا يكون عِنْد ضعف الْقُوَّة.

وَقلة الْحَاجة أَيْضا تفعل الصغر وَلَكِن لَا يكون هُنَاكَ ضعف وَلَا شَيْء فِي هَذِه الثَّلَاثَة يُوجب الصغر بمبلغ إِيجَاب الضعْف وَصغر الصلابة مَعَ الْقُوَّة أَزِيد من صغرعدم الْحَاجة مَعَ الْقُوَّة لِأَن الْقُوَّة مَعَ عدم الْحَاجة لَا تنقص من المعتدل شَيْئا كثيرا إِذْ لَا مَانع لَهُ عَن الْبسط وَإِنَّمَا يمِيل إِلَى ترك زِيَادَة على الِاعْتِدَال كَثِيرَة لاحاجة إِلَيْهَا فَإِن كَانَت الْحَاجة شَدِيدَة وَالْقُوَّة قَوِيَّة والآلة غير مطاوعة لصلابتها للعظم فَلَا بُد من أَن يصير سَرِيعا ليتدارك بالسرعة مَا يفوت بالعظم وَأَن كَانَت الْقُوَّة ضَعِيفَة فَلم يتأت لَا تَعْظِيم النبض وَلَا إِحْدَاث السرعة فِيهِ فَلَا بُد من أَن يصير متواتراً ليتدارك بالتواتر مَا فَاتَ بالعظم والسرعة فتقوم المرار الْكَثِيرَة مقَام مرّة وَاحِدَة كَافِيَة عَظِيمَة أَو مرَّتَيْنِ سريعتين وَقد يشبه هَذَا حَال الْمُحْتَاج إِلَى حمل شيء ثقيل فَإِنَّهُ إِن كَانَ يقوى على حمله جملَة فعل وَإِلَّا قسمه بنصفين واستعجل وَإِلَّا قسمه أقساماً كَثِيرَة فَيحمل كل قسم كَمَا يقدر عَلَيْهِ بتؤدة أَو عجلة ثمَّ لَا يريث بَين كل نقلتين وان كَانَ بطيئاً فيهمَا اللَّهُمَّ إِلَّا أَن يكون فِي غايه الضعْف فيريث وينقل بكد وَيعود ببطء فَإِن كَانَت الْقُوَّة قَوِيَّة والآلة مطاوعة لَكِن الْحَاجة شَدِيدَة أَكثر من الشدَّة المعتدلة فَإِن الْقُوَّة تزيد مَعَ الْعظم سرعَة وَإِن كَانَت الْحَاجة أَشد فعلت مَعَ الْعظم والسرعة التَّوَاتُر.

والطول يَفْعَله إِمَّا بِالْحَقِيقَةِ فأسباب الْعظم إِذا منع مَانع عَن الاستعراض والشهوق كصلابة الْآلَة مثلا الْمَانِعَة عَن الاستعراض وكثافة اللَّحْم وَالْجلد الْمَانِعَة عَن الشهوق وَإِمَّا بِالْعرضِ فقد يعين عَلَيْهِ الهزال. وَالْعرض يَفْعَله إِمَّا خلاء الْعُرُوق فيميل الطَّبَقَة الْعَالِيَة على السافلة فيستعرض أَو شدَّة لين الْآلَة. والتواتر سَببه ضعف أَو كَثْرَة حَاجَة

لحرارة. والتفاوت سَببه قُوَة قد بلغت ٱلْحَاجة فِي الْعظم أَو برد شَدِيد فقل من الْحَاجة أوغاية من سُقُوط الْقُوَّة ومشارفة الْهَلَاك. وَأَسْبَاب ضعف النبض من الْمُغيرَات الْهم والأرق والاستفراغ والتحول والخلط الرَّدِيء والرياضة المفرطة وحركات الأخلاط وملاقاتها لأعضاء شَدِيدَة الْحس ومجاورة للقلب وَجَمِيع مَا يحلل.

وَأَسْبَاب صلابة النبض يبس جرم الْعرق أَو شدّة تمدده أَو شدَّة برد مجمد وَقد يصلب النبض فِي النجارين لشدَّة المجاهدة وتمدد الْأَعْضَاء لَهَا نَحْو جِهَة دفع الطبيعة. وَأَسْبَاب لينه الْأَسْبَاب المرطبة الطبيعية كالغذاء أَو المرطبة المرضية كالاستسقاء وليثيارغوس أَو الَّتِي لَيست بطبيعية وَلَا مرضية كالاستحمام. وَسبب اخْتِلَاف النبض مَعَ ثبات الْقُوَّة ثقل مَادَّة من طَعَام أَو خلط وَمَعَ ضعف الْقُوَّة مجاهدة الْعلَّة وَالْمَرَض. وَمن أَسبَاب الِاخْتِلَاف امتلاء الْعُرُوق من الدَّم.

وَمثل هَذَا يُزيلهُ الفصد وَأَشد مَا يُوجب الِاخْتِلَاف أَن يكون الدَّم لزجاً خانقاً للروح المتحرك فِي الشرايين وخصوصاً إِذا كَانَ هَذَا التراكم بِالْقربِ من الْقلب وَمن أَسبَابه الَّتِي توجبه فِي مُدَّة قَصِيرَة امتلاء الْمعدة والفم والفكر فِي شَيْء وَإِذا كَانَ فِي الْمعدة خلط رَدِيء لَا يزَال دم الإختلاف وَرُبمَا أدّى إِلَى الخفقان فَصَارَ النبض خفقانياً. وَسبب المنشاري إختلاف المصبوب فِي جرم الْعرق فِي عفنه وفجاجته ونضجه وَاخْتِلَاف أَحْوَال الْعرق فِي صلَابَته وَلينه وورم فِي الْأَعْضَاء العصبانية. وَذُو القرعتين سَببه شدَّة الْقُوَّة وَالْحَاجة وصلابه الْآلَة فَلَا تطاوع لما تكلفها الْقُوَّة من الإنبساط دفْعَة واحده كمن يُرِيد أَن يقطع شَيْئا بضربة وَاحِدَة فَلَا يطاوعه فيلحقها أُخْرَى وخصوصاً إِذا تزايدت الْحَاجة دفْعَة وَسبب النبض الفأري أَن تكون الْقُوَّة ضَعِيفَة فتأخذ عَن اجْتِهَاد إِلَى استراحة ويتدرج وَمن استراحة إِلَى اجْتِهَاد وَالثَّابِت على حَالَة وَاحِدَة ٲدل على ضعف القوه فذب الفأر وَمَا يُشبههُ أدل على قُوَّة مَا وعَلى أَن الضعْف لَيْسَ فِي الْغَايَة وأردؤه الذَّنب المنقضي ثمَّ الثَّابِت ثمَّ الذَّنب الرَّاجِع. وَسبب ذَات الفترة إعياء الْقُوَّة واستراحتها أَو عَارض مغافص يتصَرَّف إِلَيْهِ فِيهَا النَّفس والطبيعة دفْعَة. وَسبب النبض المتشنج حركات غير طبيعية فِي الْقُوَّة ورداءة فِي قوام ى لآلة. والنبض المرتعد ينبعث من قُوَّة وَمن آلَة صلبة وحاجة شَدِيدَة وَمن دون ذَلِك لَا يجب ارتعاده - والموجي قد يكون سببه ضعف الْقُوَّة فِي الْأَكْثَر فَلَا يتَمَكَّن أَن يبسط الْأَشْيَاء بعد شَيْء ولين الألة قد يكون سَببا لَهُ وَإِن لم تكن الْقُوَّة شَدِيدَة الضعْف لِأَن الألة الرّطبَة اللينة لَا تقبل الهز والتحريك النَّافِذ فِي جُزْء حر قبُول الْيَابِس الصلب فَإِن اليبوسة تهيىء للهز والإرعاد والصلب الْيَابِس يَتَحَرَّك آخِره من تَحْرِيك أَوله. وَأما الرطب اللين فقد يجوز أَن يَتَحَرَّك مِنْهُ جُزْء وَلَا ينفعل عَن حركته جُزْء آخر لسرعة قبُوله للإنفصال والإنثناء وَالْخلاف فِي الْهَيْئَة. وَسبب النبض الدودي والنملي شدَّة الضعْف حَتَّى يجْتَمع إبطاء وتواتر وَاخْتِلَاف فِي أَجزَاء النبض لِأَن الْقُوَّة لَا تَسْتَطِيع بسط الْآلَة دفْعَة وَاحِدَة بل شَيْئا بعد شَيْء. وَسبب النبض الْوَزْن أما إِن كَانَ النَّقْص فِي أَحْوَال زمَان السّكُون فَهُوَ زِيَادَة الْحَاجة وَأما إِن كَانَ فِي أَحْوَال زمَان الْحَرَكَة فَهُوَ زِيَادَة الضعْف أَو عدم الْحَاجة وَأما

نقص زمَان الْحَرَكَة بِسَبَب سرعَة الإنبساط فَهُوَ غير هَذَا. وَسبب الممتلىء والخالي والحار والبارد والشاهق والمنخفض ظَاهر.

الْفَصْل السَّابِع نبض الذُّكُور وَالْإِنَاث ونبض الْأَسْنَان نبض الذُّكُور لشدَّة قوتهم وحاجتهم أعظم وَأقوى كثيرا وَلِأَن حَاجتهم تتمّ بالعظم فنبضهم أَبْطَأ من نبض النِّسَاء تَفَاوتا فِي الْأَمر الْأَكْثَر وكل نبض تثبت فِيهِ الْقُوَّة وتتواتر فَيجب أَنا يسْرع لَا محَالة لِأَن السرعة قبل التَّوَاتُر فَلذَلِك كَمَا أَن نبض الرِّجَال أَبْطَأ فَكَذَلِك هُوَ أَشد تفَاوتا. ونبض الصّبيان أَلين للرطوبة وأضعف وَأَشد تواتراً لِأَن الْحَرَارَة قَوِيَّة وَالْقُوَّة لَيست بقوية فَإِنَّهُم غير مستكملين بعد. ونبض الصّبيان على قِيَاس مقادير أجْسَادهم عَظِيم لِأَن آلتهم شَدِيدَة اللين وحاجتهم شَدِيدَة وَلَيْسَت قوتهم بِالنِّسْبَةِ إِلَى مقادير أبدانهم ضَعِيفَة لِأَن أبدانهم صَغِيرَة الْمِقْدَار إِلَّا أَن نبضهم بِالْقِيَاسِ إِلَى نبض المستكملين لَيْسَ بعظيم وَلكنه أسْرع وَأَشد تواتراً للْحَاجة فَإِن الصّبيان يكثر فيهم اجْتِمَاع البخار الدخاني لِكَثْرَة هضمهم وتواتره فيهم وَيكثر لذَلِك حَاجتهم إِلَى إخْرَاجه وَإِلَى ترويح حارهم الغريزي.

وَأما نبض الشبَّان فزائد فِي الْعظم وَلَيْسَ زَائِدا فِي السرعة بل هُوَ نَاقص فِيهَا جدا وَفِي التَّوَاتُر وذاهب إِلَى التَّفَاوُت لَكِن نبض الَّذين هم فِي أول الشَّبَاب أعظم ونبض الَّذين هم فِي أواسط الشَّبَاب أقوى وَقد كُنَّا بَينا أَن الْحَرَارَة فِي الصّبيان والشبان قريبَة من التشابه فتكون الْحَاجة فيهمَا مُتَقَارِبَة لَكِن الْقُوَّة فِي الشبَّان زَائِدَة فتبلغ بالعظم مَا يُغني عَن السرعة والتواتر وملاك الْأَمر فِي إِيجَاب الْعظم هُوَ الْقُوَّة وَأما الْحَاجة فداعية وَأما الْآلَة فمعينة. ونبض الكهول أَصْغَر وَذَلِكَ للضعف وَأقل سرعَة لذَلِك أَيْضا ولعدم الْحَاجة وَهُوَ لذَلِك أَشد تفَاوتا ونبض الشُّيُوخ الممعنين فِي السن صَغِير متفاوت بطيء وَرُبمَا كَانَ لينًا بِسَبَب الرطوبات الغريبة لَا الغريزية.

الْفَصْل الثَّامِن المزاج الْحَار أَشد حَاجَة فَإِن ساعدت الْقُوَّة والآلة كَانَ النبض عَظِيما وَإِن خَالف أَحدهمَا كَانَ على مَا فصل فِيمَا سلف وَإِن كَانَ الْحَار لَيْسَ سوء مزاج بل طبيعياً كَانَ المزاج قَوِيا صَحِيحا وَالْقُوَّة قَوِيَّة جدا وَلَا تظنن أَن الْحَرَارَة الغريزية يُوجب تزايدها نُقْصَانا فِي الْقُوَّة بَالِغَة مَا بلغت بل توجب الْقُوَّة فِي الْجَوْهَر الروحي والشهامة فِي النَّفس والحرارة التابعة لسوء المزاج كلما ازدادت شدَّة ازدادت الْقُوَّة ضعفا. وَأما المزاج الْبَارِد فيميل النبض إِلَى جِهَات النُّقْصَان مثل الصغر خُصُوصا والبطء والتفاوت فَإِن كَانَت الْآلَة لينَة كَانَ عرضهَا زَائِدا وَكَذَلِكَ بطؤها وتفاوتها وَإِن كَانَت صلبة كَانَت دون ذَلِك. والضعف الَّذِي يورثه سوء المزاج الْبَارِد أَكثر من الَّذِي يورثه سوء المزاج الْحَار لِأَن الْحَار أَشد مُوَافقَة للغريزية. وَأما المزاج الرطب فتتبعه الموجية والاستعراض واليابس يتبعهُ الضّيق والصلابة ثمَّ إِن كَانَت الْقُوَّة قَوِيَّة وَالْحَاجة شَدِيدَة حدث ذُو القرعتين والمتشنج والمرتعش ثمَّ إِلَيْك أَن تركب على حفظ مِنْك لِلْأُصُولِ. وَقد يعرض لإِنْسَان وَاحِد أَن يخْتَلف مزاج شقيه فَيكون أحد شقيه بَارِدًا وَالْآخر حاراً فيعرض لَهُ أَن يكون نبضا شقّيه مُخْتَلفين الِاخْتِلَاف الَّذِي توجبه الْحَرَارَة والبرودة فَيكون الْجَانِب الْحَار

نبضه نبض المزاج الْحَار والجانب الْبَارِد نبضه نبض المزاج الْبَارِد وَمن هَذَا يعلم أَن النبض فِي انبساطه وانقباضه لَيْسَ على سَبِيل مد وجزر من الْقلب بل .

الْفَصْل التَّاسِع نبض الْفُصُول

أما الرّبيع فَيكون النبض فِيهِ معتدلاً فِي كل شَيْء وزائداً فِي الْقُوَّة وَفِي الصَّيف يكون سَرِيعا متواتراً للْحَاجة صَغِيرا ضَعِيفا لانحلال الْقُوَّة بتحلل الرّوح للحرارة الْخَارِجَة المستولية المفرطة. وَأما فِي الشتَاء فَيكون أَشد تفاوتا وإبطاءً وضعفاً مَعَ أَنه صَغِير لِأَن الْقُوَّة تضعف. وَفِي بعض الْأَبدَان يتَّفق أَن تحقن الْحَرَارَة فِي الْغَوْر وتجمع وتقوي الْقوَّة وَذَلِكَ إِذا كَانَ المزاج الْحَار غَالِبا مقاوماً للبرد لَا ينفعل عَنهُ فَلَا يعمق الْبرد. وَأما فِي الخريف فَيكون النبض مُخْتَلفا وَإِلَى الضعْف مَا هُوَ. أما اخْتِلَافه فبسبب كَثْرَة اسْتِحَالَة المزاج العرضي فِي الخريف تَارَة إِلَى حر وَتارَة إِلَى برد. وَأما ضعفه فَلذَلِك أَيْضا فَإِن المزاج الْمُخْتَلف فِي كل وَقت أَشد نكاية من الْمُتَشَابه المستوي وَإِن كَانَ رديئاً وَلِأَن الخريف زمَان مُنَاقض لطبيعة الْحَيَاة لِأَن الْحر فِيهِ يضعف واليبس يشْتَد وَأما نبض الْفُصُول الَّتِي بَين الْفُصُول فَإِنَّهُ يُنَاسب الْفُصُول الَّتِي تكتنفها.

الْفَصْل الْعَاشِر نبض الْبلدَان من الْبلدَان معتدلة ربيعية وَمِنْهَا حارة صيفية وَمِنْهَا بَارِدَة شتوية وَمِنْهَا يابسة خريفية فَتكون أَحْكَام النبض فِيهَا على قِيَاس مَا عرفت من نبض الْفُصُول.

الْفَصْل الْحَادِي عشر النبض الَّذِي توجبه المتناولات المتناول يُغيّر حَال النبض بكيفيته وكميته. أما بكيفيته فبأن يمِيل إِلَى التسخين أَو التبريد فيتغيّر بِمُقْتَضى ذَلِك. وَأما فِي كميته فَإِن كَانَ معتدلاً صَار النبض زَائِدا فِي الْعظم والسرعة والتواتر لزِيَادَة الْقُوَّة والحرارة وَيثبت هَذَا التَّأْثِير مُدَّة. وَإِن كَانَ كثير الْمِقْدَار جدا صَار النبض مُخْتَلفا بِلَا نظام لثقل الطَّعَام على الْقُوَّة وكل ثقل يُوجب اخْتِلَاف النبض. وَزعم أركاغانيس أَن سرعته حِينَئِذٍ تكون أَشد من تواتره وَهَذَا التَّغَيُّر لابث لِأَن السَّبَب ثَابت وَإِن كَانَ فِي الْكَثْرَة دون هَذَا كَانَ الِاخْتِلَاف منتظماً وَإِن كَانَ قَلِيل الْمِقْدَار كَانَ النبض أقل اخْتِلَافا وعظماً وَسُرْعَة وَلَا يثبت تغيره كثيرا لِأَن الْمَادَّة قليلَة فينهضم سَرِيعا ثمَّ إِن خارت الْقُوَّة وضعفت من الْإِكْثَار والإقلال أَيهمَا كَانَ تضاهي النبضان فِي الصغر والتفاوت آخر الْأَمر وَإِن قويت الطبيعة على الهضم والإحالة عَاد النبض معتدلاً. وللشراب خُصُوصِيَّة وَهُوَ أَن الْكثير مِنْهُ وَأَن كَانَ يُوجب الِاخْتِلَاف فَلَا يُوجب مِنْهُ قدرا يعْتد بِهِ وَقدرا يَقْتَضِي إِيجَابه نَظِيره من الأغذية وَذَلِكَ لتخلخل جوهره ولطافته ورقته وَخِفته وَأما إِذا كَانَ الشَّرَاب بَارِدًا بِالْفِعْلِ فَيُوجب مَا يُوجبهُ الباردات من التصغير وَإِيجَاب التَّفَاوُت والبطء إِيجَابا بِسُرْعَة لسرعة نُفُوذه ثمَّ إِذا سخن فِي الْبدن أوشك أَن يَزُول مَا يُوجبهُ وَالشرَاب إِذا نفذ فِي الْبدن وَهُوَ حَار لم يكن بَعيدا جدا عَن الغريزة وَكَانَ يعرض تحلل سريع لى ان نفذ بَارِدًا بلغ فِي النكاية مَا لَا يبلغهُ غَيره من الباردات لِأَنَّهَا تتأخر إِلَى أَن تسخن وَلَا تنفذ بِسُرْعَة نُفُوذه وَهَذَا يُبَادر إِلَى النّفُوذ قبل أَن يَسْتَوِي تسخنه وضرر ذَلِك عَظِيم وخصوصاً

بالأبدان المستعدة للتضرر بِهِ وَلَيْسَ كضرر تسخينه إذا نفذ سخيناً فَإِنَّهُ لَا يبلغ تسخينه فِي أول الملاقاة أَن ينكي نكاية بَالِغَة بل الطبيعة تتلقاه بالتوزيع والتحليل والتفريق .

وَأما الْبَارِد فَرُبمَا أقعد الطبيعة وخمد قوتها قبل أَن ينْهض للتوزيع والتفريق والتحليل فَهَذَا مَا يُوجبهُ الشَّرَاب بِكَثْرَة الْمِقْدَار وبالحرارة والبرودة وَأما إذا اعْتبر من جِهَة تقويته فَلهُ أَحْكَام أُخْرَى لِأَنَّهُ بِذَاتِهِ مقو للأصحاء ناعش للقوة بِمَا يزِيد فِي جَوْهَر الرّوح بالسرعة. وَأما التبريد والتسخين الْكَائِن مِنْهُ وَأَن كَانَ ضاراً بِالْقِيَاسِ إِلَى أَكثر الْأَبدَان فكل وَاحِد مِنْهُمَا قد يُوَافق مزاجاً وَقد لَا يُوَافقهُ فَإِن الْأَشْيَاء الْبَارِدَة قد تقَوِّي الَّذِي بهم سوء مزاج كَمَا ذكر جالينوس أَن مَاء الرُّمَّان يُقَوي المحرورين دَائِما وَمَاء الْعَسَل يُقَوي المبرودين دَائِما فالشراب من وَلَيْسَ كلامنا فِي هَذَا الْآن بل فِي قوته الَّتِي بهَا يَسْتَحِيل سَرِيعا إِلَى الرّوح فَإِن ذَلِك بِذَاتِهِ مقو دَائِما فَإِن أَعَانَهُ أَحدهمَا فِي بدن ازدادت تقويته وَإِن خَالفه انتقصت تقويته بِحَسب ذَلِك فَيكون تَغْيِيره النبض بِحَسب ذَلِك إِن قوي زَاد النبض قُوَّة وَإِن سخن زَاد فِي الْحَاجة وَإِن برد نقص من الْحَاجة وَفِي أَكثر الْأَمر يزِيد فِي الْحَاجة حَتَّى يزِيد فِي السرعة. وَأما المَاء فَهُوَ بِمَا ينفذ الْغذَاء يُقَوي ويعفل شَبِيها بِفعل الخمرولأنه لَا يسخن بل يبرد فَلَيْسَ يبلغ مبلغ الْخمر فِي زِيَادَة الْحَاجة فَاعْلَم ذَلِك.

الْفَصْل الثَّانِي عشر مُوجبَات النّوم واليقظة فِي النبض أما النبض فِي النّوم فتختلف أَحْكَامه بِحَسب الْوَقْت من النّوم وبحسب حَال الهضم. والنبض فِي أول النّوم صَغِير ضَعِيف لِأَن الْحَرَارَة الغريزية حركتها فِي ذَلِك الْوَقْت إِلَى الانقباض والغور لَا إِلَى الإنبساط والظهور لِأَنَّهَا فِي ذَلِك الْوَقْت تتوَجّه بكليتها بتحريك النَّفس لَهَا إِلَى الْبَاطِن لهضم الْغذَاء وإنضاج الفضول وَتَكون كالمقهورة المحصورة لَا محَالة وَتَكون أَيْضا أَشد بطأ وتفاوتاً فَإِن الْحَرَارَة وَإِن حدث فِيهَا تزايد بِحَسب الإحتقان والاجتماع فقد عدمت التزايد الَّذِي يكون لَهَا فِي وَالْحَرَكَة أَشدّ إلهاباً وإمالة إِلَى جِهَة سوء المزاج. والاجتماع والاحتقان المعتدلان أقل إلهاباً وَأَقل إخراجاً للحرارة إِلَى القلق. وَأَنت تعرف هَذَا من أَن نفس المتعب وقلقه أَكثر كثيرا من نفس المحتقن حرارة وقلقه بِسَبَب شَبيه بِالنَّوْمِ مِثَاله المنغمس فِي مَاء معتدل الْبرد وَهُوَ يقظان فَإِنَّهُ إِذا احتقنت حرارته وتقوت من ذَلِك لم تبلغ من تعظيمها النَّفس مَا يبلغهُ التَّعَب والرياضة الْقَرِيبَة مِنْهُ وَإِذا تَأَمَّلت لم تَجِد شَيْئا أَشد للحرارة من الْحَرَكَة. وَلَيْسَت الْيَقَظَة توجب التسخين لحركة الْبدن حَتَّى إِذا سكن الْبدن لم يجب ذَلِك بل إِنَّمَا توجب التسخين بانبعاث الرّوح إِلَى خَارج وحركته إِلَيْهِ على اتِّصَال من تولده هَذَا فَإِذا اسْتَمر الطَّعَام فِي النّوم عَاد النبض فقوي لتزيد الْقُوَّة بالغذاء وانصراف مَا كَانَ اتجه إِلَى الْغَوْر لتدبير الْغذَاء إِلَى خَارج وَإِلَى مبدئه وَلذَلِك يعظم النبض حِينَئِذٍ أَيْضا وَلِأَن المزاج يزْدَاد بالغذاء تسخيناً كَمَا قُلْنَاهُ والآلة أَيْضا تزداد بِمَا ينفذ إِلَيْهَا من الغناء لينًا وَلَكِن لَا تزداد كَبِير سَعَة وتواتر إِذْ لَيْسَ ذَلِك مِمَّا يزِيد فِي الْحَاجة وَلَا أَيْضا يكون هُنَاكَ عَن استيفاء الْمُحْتَاج إِلَيْهِ بالعظم وَحده مَانع ثمَّ إِذا تَمَادى بالنائم النّوم عَاد النبض ضَعِيفا لاحتقان الْحَرَارَة الغريزية وانضغاط الْقُوَّة تَحت الفضول الَّتِي من حَقّهَا أَن تستفرغ بأنواع الاستفراغ الَّذِي يكون باليقظة الَّتِي مِنْهَا الرياضة والاستفراغات الَّتِي لَا تحس هَذَا. وَأما إِذا صَادف النّوم من أول الْوَقْت خلاء وَلم يجد مَا يقبل عَلَيْهِ فيهضمه فَإِنَّهُ يمِيل بالمزاج إِلَى جنبه الْبرد فيدوم الصغر والبطء والتفاوت فِي النبض وَلَا يزَال يزْدَاد. وللبقظة

أَيْضا أَحْكَام مُتَفَاوِتَة فَإِنَّهُ إذا اسْتَيْقَظَ النَّائِم بطبعه مَال النبض إِلَى الْعظم والسرعة ميلًا متدرجاً وَرجع إِلَى حَاله الطبيعي. وَأما المستيقظ دفْعَة بِسَبَب مفاجىء فَإِنَّهُ يعرض لَهُ أَن يفتر مِنْهُ النبض كَمَا يَتَحَرَّك عَن مَنَامه لانهزام الْقُوَّة عَن وَجه المفاجىء ثمَّ يعود لَهُ نبض عَظِيم سريع متواتر مُخْتَلف إِلَى الإرتعاش لِأَن هَذِه الْحَرَكَة شَبيهَة بالقسرية فَهِيَ تلهب أَيْضا وَلِأَن الْقُوَّة تتحرك بَغْتَة إِلَى دفع مَا عرض طبعا وَتحدث حركات مُخْتَلفَة فيرتعش النبض لكنه لَا يبْقى على ذَلِك زَمَانا طَويلا بل يسْرع إِلَى الِاعْتِدَال لِأَن سَببه وَإِن كَانَ كالقوي فثباته قَلِيل والشعور بِبُطْلَانِهِ سريع.

الْفَصْل الثَّالِث عشر أَحْكَام نبض الرياضة أما فِي ابْتِدَاء الرياضة وَمَا دَامَت معتدلة فَإِن النبض يعظم ويقوى وَذَلِكَ لتزايد الْحَار الغريزي وتقويه وَأَيْضًا يسْرع ويتواتر جدا لإفراط الْحَاجة الَّتِي أوجبتها الْحَرَكَة فَإِن دَامَت وطالت أَو كَانَت شَدِيدَة وَإِن قصرت جداً بَطل مَا توجبه الْقُوَّة فضعف النبض وَصغر لانحلال الْحَار الغريزي لكنه يسْرع ويتواتر لأمرين: أَحدهمَا: استبداد الْحَاجة وَالثَّانِي: قُصُور الْقُوَّة عَن أَن تفي بالتعظيم ثمَّ لَا تزَال السرعة تنتقص والتواتر يزِيد على مِقْدَار مَا يضعف من الْقُوَّة ثمَّ آخر الْأَمر إِن دَامَت الرياضة وأنهكت عَاد النبض نمليأ للضعف ولشدة التَّوَاتُر فَإِن أفرطت وكادت تقارب العطب فعلت جَمِيع مَا تَفْعَلهُ الانحلالات فَتَصِير النبض إِلَى الدودية ثمَّ تميله إِلَى التَّفَاوُت والبطء مَعَ الضعْف والصغر.

الْفَصْل الرَّابِع عشر أَحْكَام نبض المستحمين الاستحمام إِمَّا أَن يكون بِالْمَاءِ الْحَار وَإِمَّا أَن يكون بِالْمَاءِ الْبَارِد والكائن بِالْمَاءِ الْحَار فَإِنَّهُ فِي أَوله يُوجب أَحْكَام الْقُوَّة وَالْحَاجة فَإِذا حلل بإفراط أَضْعَف النبض. قَالَ جالينوس: فَيكون حِينَئِذٍ صَغِيرا بطيئاً متفاوتاً فَنَقُول: أما التَّضْعِيف وتصغير النبض فَمَا يكون لَا محَالة لَكِن المَاء الْحَار إِذا فعل فِي بَاطِن الْبدن تسخيناً لحرارته العرضية فَرُبمَا لم يلبث بل يغلب عَلَيْهِ مُقْتَضى طبعه وَهُوَ التبريد وَرُبمَا لبث وتشبث فَإِن غلب حكم الْكَيْفِيَّة العرضية صَار النبض سَرِيعا متواتراً وَإِن غلب بِمُقْتَضى الطبيعة صَار بطيئاً متفارتاً فَإِذا بلغ التسخين العرضي مِنْهُ فرط تَحْلِيل من الْقُوَّة حَتَّى تقارب الغشي صَار النبض أيضاً بطيئاً متفاوتاً. وَأما الإستحمام الْكَائِن بِالْمَاءِ الْبَارِد فَإِن غاص برده ضعف النبض وصغره وأحدث تفَاوتا وإبطاء وَإِن لم يغص بل جمع الْحَرَارَة زَادَت الْقُوَّة فعظم يَسِيرا ونقصت السرعة والتواتر. وَأما الْمِيَاه الَّتِي تكون فِي الحمامات فالمجففات مِنْهَا تزيد النبض صلابة وتنقص من عظمه والمسخنات تزيد النبض سرعَة إِلَّا أَن تحلّل الْقُوَّة فَيكون مَا فرغنَا من ذكره.

الْفَصْل الْخَامِس عشر النبض الْخَاص بِالنسَاء وَهُوَ نبض الحبالى أما الْحَاجة فِيهِنَّ فتشتد بِسَبَب مُشَاركَة الْوَلَد فِي النسيم المستنشق فَكَأَن الحبلى تستنشق لحاجتين ولنفسين فَأَما الْقُوَّة فَلَا تزداد لَا محَالة وَلَا تنقص أَيْضا كَبِير انتقاص إِلَّا بِمِقْدَار مَا يُوجبهُ يسير إعياء لحمل الثّقل فَلذَلِك تغلب أَحْكَام الْقُوَّة المتوسطة وَالْحَاجة الشَّدِيدَة فيعظم النبض ويسرع ويتواتر.

الْفَصْل السَّادِس عشر نبض الأوجاع الوجع بِغَيْر النبض إِمَّا لِشِدَّتِهِ وَإِمَّا لكَونه فِي عُضْو رَئِيس وَإِمَّا لطول مدّته. والوجع إِذا كَانَ فِي أَوله هيج الْقُوَّة وحرّكها إِلَى المقاومة والدفاع وألهب الْحَرَارَة فيكون النبض عَظِيما سَرِيعا وَأَشد تَفَاوتا لِأَن الوطر يُفْضِي بالعظم والسرعة. فَإِذا بلغ الوجع النكاية فِي الْقُوَّة لما ذكرنَا من الْوُجُوه أخذ يتناكس ويتناكص حَتَّى يفقد الْعظم والسرعة ويخلفها أَولا شدَّة التَّوَاتُر ثمَّ الصغر والدودية والنملية فَإِن زَاد أدّى الى التَّفَاوُت وَإِلَى الْهَلَاك بعد ذَلِك.

الْفَصْل السَّابِع عشر نبض الأورام الأورام مِنْهَا محدثة للحمّى وَذَلِكَ لعظمها أَو لشرف عضوها فَهِيَ تغير النبض فِي الْبدن كُله أَعنِي التَّغَيُّر الَّذِي يخص الْحمى. وسنوضحه فِي مَوْضِعه وَمِنْهَا مَا لَا يحدث الْحمى فيغير النبض الْخَاص فِي الْعُضْو الَّذِي هُوَ فِيهِ بِالذَّاتِ وَرُبمَا غَيره من سَائِر الْبدن بِالْعرضِ أَي لَا بِمَا هُوَ ورم بل بِمَا يوجع. والورم المغير للنبض إِمَّا أَن يُغير بنوعه وَإِمَّا أَن يُغير بوقته وَإِمَّا أَن يُغير بمقداره وَإِمَّا أَن يُغَيّرهُ للعضو الَّذِي هُوَ فِيهِ وَإِمَّا أَن يُغَيّرهُ بِالْعرضِ الَّذِي يتبعهُ وَيلْزمهُ. أما تغيره بنوعه فَمثل الورم الْحَار فَإِنَّهُ يُوجب بنوعه تغيّر النبض إِلَى المنشارية والارتعاد والارتعاش والسرعة والتواتر إِن لم يُعَارضهُ سَبَب مرطب فتبطل المنشارية ويخلفها إِذن الموجية. وَأما الارتعاد والسرعة والتواتر فلازم لَهُ دَائِما وكما أَن من الْأَسْبَاب مَا يمْنَع منشاريته كَذَلِك مِنْهَا مَا يزِيد منشاريته ويظهرها .

والورم اللين يَجْعَل النبض موجياً وَأَن كَانَ بَارِدًا جدا جعله بطيئاً متفاوتاً والصلب يزِيد فِي منشاريته. وَأما الْخراج إِذا جمع فَإِنَّهُ يصرف النبض من المنشارية إِلَى الموجية للترطيب والتليين الَّذِي يتبعهُ وَيزِيد فِي الِاخْتِلَاف لثقله. وَأما السرعة والتواتر فكثيراً مَا تخص بِسُكُون الْحَرَارَة العرضية بِسَبَب النضج. وَأما تغيره بِحَسب أوقاته فَإِنَّهُ مَا دَامَ الورم الْحَار فِي التزيد كَانَت المنشارية وَسَائِر مَا ذكرنَا إِلَى التزيد ويزداد دَائِما فِي الصلابة للتمدد الزَّائِد وَفِي الإرتعاد للوجع. وَإِذا قَارب الْمُنْتَهى ازدادت الْأَعْرَاض كلهَا إِلَّا مَا يتبع الْقُوَّة فَإِنَّهُ يضعف فِي النبض فيَزْدَاد التَّوَاتُر والسرعة فِيهِ. ثمَّ إِن طَال بطلت السرعة وَعَاد نملياً فَإِذا انحط فتحلل أَو انفجر قوي النبض بِمَا وضع عَن الْقُوَّة من الثّقل وخف ارتعاده بِمَا ينقص من الوجع المدد. وَأما من جِهَة مِقْدَاره فان الْعَظِيم يُوجب أَن تكون هَذِه الْأَحْوَال أعظم وأزيد وَالصَّغِير يُوجب وَأما من جِهَة عضوه فَإِن الْأَعْضَاء العصبانية توجب زِيَادَة فِي صلابة النبض ومنشاريته والعرقية توجب زِيَادَة عظم وَشدَّة اخْتِلَاف لَا سِيمَا إِن كَانَ الْغَالِب فِيهَا هُوَ الشريانات كَمَا فِي الطحال والرئة وَلَا يثبت هَذَا الْعَظِيم إِلَّا مَا يثبت الْقُوَّة والأعضاء الرطبه اللينة تجْعَلهُ مُوجبا كالدماغ والرئة. وَأما تَغْيِير الورم النبض بِوَاسِطَة فَمثل أَن ورم الرئة يَجْعَل النبض خناقياً وورم الكبد ذبولياً وورم الْكُلية حصرياً وورم الْعُضْو الْقوي الْحس كفم المعمة والحجاب يشنّج تشنّجاً غشيياً.

الْفَصْل الثَّامِن عشر أَحْكَام نبض الْعَوَارِض النفسانية أما الْغَضَب فَإِنَّهُ بِمَا يُشِير من الْقُوَّة ويبسط من الرّوح دفْعَة يَجْعَل النبض عَظِيما شاهقاً جدا سَرِيعا متواتراً وَلَا يجب أَن يَقع فِيهِ اخْتِلَاف لِأَن الانفعال متشابه إِلَّا أَن يخالطه

خوف فتَارَة يغلب ذَلِك وتارَة هَذَا وَكَذَلِكَ إن خالطه خجل أَو مُنَازعَة من الْعقل وتكلف الْإِمْسَاك عَن تهييجه وتحريكه إِلَى الْإِيقَاع بالمغضوب عَلَيْهِ. وَأما اللَّذَّة فَلِأَنَّهَا تحرّك إِلَى خَارج بِرِفْق فَلَيْسَ تبلغ مبلغ الْغَضَب فِي إِيجَابه السرعة وَلَا فِي إِيجَابه التَّوَاتُر بل رُبمَا كفى عظمه الْحَاجة فكَانَ بطيئاً وَأما الْغم فَلِأَن الْحَرَارَة تختنق فِيهِ وتغور وَالْقُوَّة تضعف وَيجب أَن يصير النبض صَغِيرا ضَعِيفا متفاوتاً بطيئاً. وَأما الْفَزع فالمفاجىء مِنْهُ يَجْعَل النبض سَرِيعا مرتعداً مُخْتَلفا غير مُنْتَظم والممتد مِنْهُ والمتدرج يُغير النبض تَغْيِير الْهم فَاعْلَم ذَلِك.

الْفَصْل التَّاسِع عشر تَغْيِير الْأُمُور المضادة لطبيعة هَيْئَة النبض تغييرها إِمَّا بِمَا يحدث مِنْهَا من سوء مزاج وَقد عرف نبض كل مزاج وَإِمَّا بِأَن يضغط القوه فَيصير النبض مُخْتَلفا وَإِن كَانَ الضغط شَدِيدا جدا كَانَ بِلَا نظام وَلَا وزن. والضاغط هُوَ كل كَثْرَة مادية كَانَت ورماً أَو غير ورم وَإِمَّا بِأَن يحل الْقُوَّة فَيصير النبض ضَعِيفا. وَهَذَا كالوجع الشَّديد والآلام النفسانية القوية التَّحْلِيل فَاعْلَم ذَلِك.

الْجُمْلَة الثَّانِيَة الْبَوْل وَالْبرَاز وَهِي ثَلَاثَة عشر فصلا.

الْفَصْل الأول لَا يَنْبَغِي أَن يوثق بطرق الِاسْتِدْلَال من أَحْوَال الْبَوْل إِلَّا بعد مُرَاعَاة شَرَائِط يجب أَن يكون الْبَوْل أول بَوْل أصبح عَلَيْهِ وَلم يدافع بِهِ إِلَى زمَان طَوِيل وَيثبت من اللَّيْل وَلم يكن صَاحبه شرب مَاء أَو أكل طَعَاما وَلم يكن تنَاول صابغاً من مَأْكُول أَو مشروب كالزعفران وَالرُّمَّان وَالْخيَار شنبر فَإِن ذَلِك يصْبغ الْبَوْل إِلَى الصُّفْرَة والحمرة وكالبقول فَإِنَّهَا تصبغ إِلَى الْحمرَة والزرقة والمري فَإِنَّهُ يصْبغ إِلَى السوَاد وَالشرَاب الْمُسكر يُغير الْبَوْل إِلَى لَونه وَلَا لاقت بَشرته صابغاً كالحناء فَإِن المختضب بِهِ رُبمَا انصبغ بَوْله مِنْهُ وَلَا يكون تنَاول مَا يدر خلطاً كَمَا يدرّ الصَّفْرَاء أَو البلغم وَلم يكن تعَاطِي من 'الحركات والأعمال. وَمن الْأَحْوَال الْخَارِجَة عَن المجرى الطبيعي مَا يُغير المَاء لوناً مثل الصَّوْم والسهر والتعب والجوع وَالْغَضَب فَإِن هَذِه كلهَا تصبغ المَاء إِلَى الصُّفْرَة والحمرة. وَالْجِمَاع يدسم المَاء تدسيماً شَدِيدا وَمثل الْقَيْء والاستفراغ فَإِنَّهُمَا أَيْضا يبدلان الْوَاجِب من لون المَاء وقوامه وَكَذَلِكَ إتْيَان سَاعَات عَلَيْهِ وَلذَلِك قيل يجب أَن لَا ينظر فِي الْبَوْل بعد سِتّ سَاعَات لِأَن دلائله تضعف ولونه يتَغَيَّر وثقله يذوب ويتغير أَو يكثف أَشد. على أَنِّي أَقُول: وَلَا بعد سَاعَة. وينبغي أَن يُؤْخَذ الْبَوْل بِتَمَامِهِ فِي قَارُورَة وَاسِعَة لَا يصب مِنْهُ شَيْء ويعْتَبر حَاله لَا كَمَا يبال بل يعد أَن يهدأ فِي القارورة بِحَيْثُ لَا يُصِيبهُ شمس وَلَا ريح فيثوره أَو يجمده حَتَّى يتَمَيَّز الرسوب وَيتم الِاسْتِدْلَال فَلَيْسَ كَمَا يبال يرسب وَلَا فِي تَامّ النضج جدا وَلَا يبال فِي قَارُورَة لم يغسل بعد الْبَوْل الأول. وأبوال الصّبيان قليلَة الدَّلَائِل وخصوصاً أَبْوَال الْأَطْفَال للبنيتها وَلِأَن الْمَادَّة الصابغة فيهم سَاكِنة مغمورة - وَفِي طبائعهم من الضعْف وَمن اسْتِعْمَال النّوم الْكثير مَا يُمِيت دَلَائِل النضج وَآلَة أَخذ الْبَوْل هُوَ الْجِسْم الشفاف النقي الْجَوْهَر كالزجاج الصافي والبلور. وَاعْلَم أَن الْبَوْل كلما قربته مِنْك ازْدَادَ غلظاً وَكلما بعدته ازْدَادَ صفاء وَبهَا يُفَارق سَائِر الْغِش مِمَّا يحرض على الْأَطِبَّاء للامتحان - وَإِذا أَخذ الْبَوْل فِي قَارُورَة فَيجب أَن يصان عَن تَغْيِير

الْبرد وَالشَّمْس وَالرّيح إِيَّاه وَأَن ينظر إِلَيْهِ فِي الضَّوْء من غير أَن يَقع عَلَيْهِ الشعاع بل يسْتَتر عَن الشعاع فَحِينَئِذٍ يحكم عَلَيْهِ من الْأَعْرَاض الَّتِي ترى فِيهِ.

وليعلم أَن الدّلَالَة الأولية للبول هِيَ على حَال الكبد ومسالك المائية وعَلى أَحْوَال الْعُرُوق وبتوسطها يدل على أمراض أُخْرَى أصح دلائلها مَا يدل بِهِ على الكبد وخصوصاً على أَحْوَال خدمته. والدلائل الْمَأْخُوذَة من الْبَوْل منتزعة من أَجنَاس سَبْعَة: جنس اللَّوْن وجنس القوام وجنس الصفاء والكدرة وجنس الرسوب وجنس الْمِقْدَار فِي الْقلَّة وَالْكَثْرَة وجنس الرَّائِحَة وجنس الزّبد وَمن النَّاس من يدْخل فِي هَذِه الْأَجْنَاس جنس اللَّمْس وجنس الطَّعْم وَنحن أسقطناهما تفرداً وتنفراً من ذَلِك. ونعني بقولنَا جنس اللَّوْن مَا يحسه الْبَصَر فِيهِ من الألوان أَعنِي السوَاد وَالْبَيَاض وَمَا بَينهمَا ونعني بِجِنْس القوام حَاله فِي الغلظ والرقة ونعني بِجِنْس الصفاء والكدورة حَاله فِي سهولة نُفُوذ الْبَصَر فِيهِ وعسره. وَالْفرق بَين هَذَا الْجِنْس وجنس القوام أَنه قد يكون غليظ القوام صافياً مَعًا مثل بَيَاض الْبيض وَمثل غذَاء السّمك الْمُذَاب وَمثل الزَّيْت وَقد يكون رَقِيق القوام كدراً كَالْمَاءِ الكدر فَإِنَّهُ أرق كثيرا من بَيَاض الْبيض وَسبب الكدورة مُخَالطَة أَجزَاء غَرِيبَة اللَّوْن دكن أَو ملونة بلون آخر غير محسوسة التَّمْيِيز تمنع الإسفاف وَلَا تحس هِيَ بانفرادها وتفارق الرسوب لِأَن الرسوب قد يميزه الْحس وَلَا يُفَارق اللَّوْن فَإِن اللَّوْن فَاش فِي جَوْهَر الرُّطُوبَة وَأَشد مُخَالطَة مِنْهُ.

الْفَصْل الثَّانِي دَلَائِل أَلْوَان الْبَوْل من أَلْوَان الْبَوْل طَبَقَات الصُّفْرَة كالتبني ثمَّ الأترجي ثمَّ الْأَشْقَر ثمَّ الْأَصْفَر النارنجي ثمَّ الناري الَّذِي يشبه صبغ الزَّعْفَرَان وَهُوَ الْأَصْفَر المشبع ثمَّ الزَّعْفَرَانِي الَّذِي يشبه شقرة وَهَذَا هُوَ الَّذِي يُقَال لَهُ الْأَحْمَر الناصع وَمَا بعد الاترجي فكله يدل على الْحَرَارَة وَيخْتَلف بِحَسب درجاتها وَقد توجبها الحركات الشَّدِيدَة والأوجاع والجوع وأنقطاع مادة المَاء المشروب. وَبعده الطَّبَقَات الْمَذْكُورَة طَبَقَات الْحمرَة كالأصهب والوردي والأحمر القاني والأحمر الأقتم وَكلهَا تدل على غَلَبَة الدَّم وَكلما ضربت إِلَى الزعفرانية فالأغلب هُوَ الْمرة. وَكلما ضربت إِلَى القتمة فالدم أغلب والناري أدل على الْحَرَارَة من الْأَحْمَر والأقتم كَمَا أَن المرة فِي نَفسهَا أسخن من الدَّم وَيكون لون المَاء فِي الْأَمْرَاض الحادة المحرقة ضَارِبًا إِلَى الزعفرانية والنارية فَإِن كَانَت هُنَاكَ رقة دلّ على حَال من النضج وءانه ابْتَدَأَ وَلم يظْهر فِي القوام فَإِذا اشتدت الصُّفْرَة إِلَى حد النارية وَإِلَى النِّهَايَة فِيهَا فالحرارة قد أمعنت فِي الازدياد وَذَلِكَ هُوَ الشقرة الناصعة فَإِن ازدادت صفاء فالحرارة فِي النُّقْصَان وَقد ينَال فِي الْأَمْرَاض الحادة الدموية بَوْل كَالدَّمِ نَفسه من غير أَن يكون هُنَاكَ انفتاح عرق فيدل على امتلاء دموي مفرط وَإِذا بيل قَلِيلا قَلِيلا وَكَانَ مَعَ نَتن فَهُوَ دَلِيل خطر يخْشَى مِنْهُ انصباب الدَّم إِلَى المخانق. وأردؤه أرقه على لَونه وحاله وهيئته وَإِذا بيل غزيراً فَرُبمَا كَانَ دَلِيل خير فِي الحميات الحادة والمختلطة لِأَنَّهُ كثيرا مَا يكون دَلِيل بحران وإفراق إِلَّا أَن يرق فِي الأول دفْعَة قبل وَقت البحران فَيكون حِينَئِذٍ دَلِيل نكس. وَكَذَلِكَ إِذا لم يتدرج إِلَى الرقة بعد البحران. وَأما فِي اليرقان فَكلما كَانَ الْبَوْل أَشد حمرَة حَتَّى يضْرب إِلَى السوَاد ويصبغ الثَّوْب صبغاً غير منسلخ وَكلما كَانَ كثيرا فَهُوَ أسلم فَإِنَّهُ إِذا كَانَ الْبَوْل فِيهِ أَبيض أَو كَانَ أَحْمَر قَلِيل الْحمرَة واليرقان بِحَالهِ خيف الاسْتِسْقَاء والجوع مِمَّا يكثر صبغ الْبَوْل ويحده جدا.

ثمَّ طَبَقَات الخضرة مثل الْبَوْل الَّذِي يضْرب إِلَى الفستقية ثمَّ الزنجاري والاسمانجوني والبتلنجي ثمَّ الكراثي. وَأما الفستقي فَإِنَّهُ يدل على برد وَكَذَلِكَ مَا فِيهِ خضرَة إِلَّا الزنجاري والكراثي فَإِنَّهُمَا يدلان على احتراق شَدِيد. والكراثي أسلم من الزنجاري. والزنجاري بعد التَّعَب يدل على تشنّج. وَالصبيان يدلّ الْبَوْل الْأَخْضَر مِنْهُم على تشنج وَأما الإسمانجوني فَإِنَّهُ يدل على الْبرد الشَّدِيد فِي أَكثر الْأَمر ويتقدمه بَوْل أَخْضَر. وَقد قيل أنه يدل على شرب السم فَإِن كَانَ مَعَه رسوب رُجي أَن يعِيش وإِلاّ خيف على صَاحبه. والزنجاري شَدِيد الدّلَالَة على العطب. وَأما طَبَقَات اللَّوْن الْأسود فَمِنْهُ أسود سالك إِلَى السوَاد طَرِيق الزعفرانية كَمَا فِي اليرقان وَيدل على تكاثف الصَّفْرَاء واحتراقها بل على السَّوْدَاء الْحَادِثَة من الصَّفْرَاء وعَلى اليرقان وَمِنْه أسود آخذ من القتمة وَيدل على السَّوْدَاء الدموية وأسود آخذ من الخضرة والبتلنجية ويدلّ على السَّوْدَاء الصّرْف.

وَالْبَوْل الْأسود فِي الْجُمْلَة يدل إِمَّا على شدَّة احتراق وَإِمَّا على شدَّة برد وَإِمَّا على موت من الْحَرَارَة الغريزية وانهزام وَإِمَّا على بحران وَدفع من الطبيعة للفضول السوداوية. ويستدل على الْكَائِن من الاحتراق بِأَن يكون هُنَاكَ احتراق شَدِيد وَيكون قد تقدّمه بَوْل أصفر وأحمر وَيكون الثفل فِيهِ متشبثاً قَلِيل الاسْتوَاء لَيْسَ بذلك الْمُجْتَمع المكتنز وَلَا يكون شَدِيد السوَاد بل يضْرب إِلَى زعفرانية وصفرة أَو قتمة فَإِن كَانَ يضْرب إِلَى الصُّفْرَة دلّ كثيرا على اليرقان. ويستدل أَيْضا على الْكَائِن من الْبرد بِأَن يكون قد تقدمه بَوْل إِلَى الخضرة والكمدة وَيكون الثفل قَلِيلا مجتمعاً كَأَنَّهُ جَاف وَيكون السوَاد فِيهِ أخْلص وَقد يفرق بَين المزاجين بِأَنَّهُ إِذا كَانَ مَعَ الْبَوْل الْأسود شدَّة قُوَّة من الرَّائِحَة كَانَ دالاًّ على الْحَرَارَة وَإِذا كَانَ مَعَه عدم الرَّائِحَة أَو ضعف من قوتها كَانَ دالاًّ على الْبُرُودَة فَإِنَّهُ إِذا انْهَزَمت الطبيعة جدا لم تكن لَهُ رَائِحَة. ويستدل على الْحَادِث لسُقُوط الْقُوَّة الغريزية بِمَا يعقبه من سُقُوط الْقُوَّة وانحلالها ويستدل على الْحَادِث على سَبِيل التنقية والبحران كَمَا يكون فِي أَوَاخِر الرّبيع وانحلال علل الطحال وأوجاع الظّهْر وَالرحم والحميّات السوداوية النهارية واللّيلية والأفات الْعَارِضَة من احتباس الطمث واحتباس الْمُعْتَاد سيلانه من المقعدة وخصوصاً إِذا أعانت الطبيعة أَو الصِّنَاعَة بالإدرار كَمَا يُصِيب النِّسَاء اللواتي قد احْتبسَ طمثهن فَلم تقبل الطبيعة فضلَة الدَّم بِأَن يكون قد تقدمه بَوْل غير نضيج مائي. ويصادف الْبدن عَقِيبه خفاً وَيكون كثير الْمِقْدَار غزيراً. وَأما إِن لم يكن هَكَذَا فان الْبَوْل الْأسود عَلامَة رَدِيئَة وخصوصاً فِي الْأَمْرَاض الحادة وَلَا سِيمَا إِذا كَانَ مِقْدَاره قَلِيلا فَيعلم من قلته أَن الرُّطُوبَة قد أفناها الاحتراق وَكلما كَانَ أغْلظ كَانَ أردأ وَكلما كَانَ أرقّ فَهُوَ أقل رداءة. وَقد يعرض أَن يبال بَوْل أسود وأحمر قاني بِسَبَب شرب شراب بِهَذِهِ الصّفة تعْمل فِيهِ الطبيعة أصلا فَيخرج بِحَالِهِ وَهَذَا الأخطر فِيهِ وَرُبمَا كَانَ دَلِيل بحران صَالح فِي الْأَمْرَاض الحادة أَيْضا مثل الْبَوْل الَّذِي يبوله الْمَرِيض رَقِيقا وَفِيه تعلق فِي نواح مُخْتَلفَة فَإِنَّهُ كثيرا مَا يدلّ على صداع وسهر وصمم واختلاط عقل لَا سِيمَا إِذا بيل قَلِيلا قَلِيلا فِي زمَان طَوِيل وَكَانَ حاد الرَّائِحَة وَكَانَ فِي الحميات فَإِنَّهُ حِينَئِذٍ شَدِيد الدّلَالَة على الصداع والاختلاط فِي الْعقل واذا كَانَ هُنَاكَ سهر وصمم واختلاط عقل وصداع دلّ على رُعَاف يكون وَيُمكن أَن يكون سَببا للحصاة فِي كليته. قَالَ روفس: الْبَوْل الأسود يسْتَحبّ فِي علل الْكُلَى والعلل الهائجة من الأخلاط الغليظة وَهُوَ دَلِيل مهلك فِي

الأَمْرَاض الحادة. ونقول: قد يكون الْبَوْل الأسود أَيْضا رديئاً فِي علل الْكُلِي والمثانة إِذا كَانَ هُنَاكَ احتراق شَدِيد فتأمل سَائِر العلامات وَالْبَوْل الأسود فِي الْمَشَايِخ وَلَيْسَ لصلاح لَهُم مِمَّا يعلم وَلَا هُوَ وَاقع إِلَّا لفساد عَظِيم وَكَذَلِكَ فِي النِّسَاء. وَالْبَوْل الأسود بعد التَّعَب يدل على تشنّج.

وَبِالْجُمْلَةِ الْبَوْل الأسود فِي ابْتِدَاء الحميات قتّال وَكَذَلِكَ الَّذِي فِي انتهائها إِذا لم يَصْحَبهُ خف وَلم يكن دَلِيلا على بحران. وَأما الْبَوْل الأَبْيَض فقد يفهم مِنْهُ مَعْنيانِ: أَحدهمَا أَن يكون رَقِيقا مشفًّا فَإِن النَّاس قد يسمُون المشف أَبيض كَمَا يسمون الزّجاج الصافي والبلور الصافي أَبيض. والقاني الأَبْيَض بِالْحَقِيقَةِ هر الَّذِي لَهُ لون مفرق لِلْبَصَرِ مثل اللَّبن والكاغد وَهَذَا لَا يكون مشفًّا ينفذ فِيهِ الْبَصَر لِأَن الإشفاف بِالْحَقِيقَةِ هُوَ عدم الألوان كلهَا. فالأبيض بِمَعْنى المشف دَلِيل على الْبرد جملَة ومونس عَن النضج وَإِن كَانَ مَعَ غلظ دلّ على البلغم. وَأما الأَبْيَض الْحَقِيقِيّ فَلَا يكون إِلَّا مَعَ غلظ فَمن ذَلِك مَا يكون بياضه بَيَاضًا مُخَاطبا وَيدل على كَثْرَة بلغم وخام وَمِنْه مَا بياضه بَيَاض دسمي وَيدل على ذوبان الشحوم وَمِنْه مَا بياضه بَيَاض إهالي وَيدل على بلغم وعَلى ذرب وَاقع أَو سيقع وَمِنْه مَا بياضه بَيَاض فقاعي مَعَ رقة وَمُدَّة يدل على قُرُوح متقيحة فِي آلَات الْبَوْل فَإِن لم يكن مَعَ مُدَّة فلغلبة المائة الْكَثِيرَة الخامية الفجة وَرُبمَا كَانَ مَعَ حَصَاة المثانة وَمِنْه مَا يشبه الْمَنِيّ فَرُبمَا كَانَ بحراناً لأورام بلغمية ورهل فِي الأحشاء وأمراض تعرض من البلغم الزجاجي.

وَأما إِذا كَانَ الْبَوْل شَبِيها بالمني لَيْسَ على سَبِيل البحران وَلَا لأورام بلغمية بل إِنَّمَا وَقع ابْتِدَاء فَإِنَّهُ إِنَّمَا ينذر بسكتة أَو فالج وَإِذا كَانَ الْبَوْل أَبيض فِي جَمِيع أَوْقَات الْحمى أوشك أَن تنْتَقل إِلَى الرّبع. وَالْبَوْل الرصاصي بِلَا رسوب رَدِيء جدا. وَالْبَوْل اللبني أَيْضا فِي الحادة مهلك وَبَيَاض الْبَوْل فِي الْحُمِّيات الحادة كَيفَ كَانَ الْبيَاض بعد أَن يعْدم الصَّبْغ يدل على أَن الصَّفْرَاء مَالَتْ إِلَى عُضْو يتورم أَو إِلَى إسهال وَالْأَكْثَر أَن يدل على أَنَّهَا مَالَتْ إِلَى نَاحيَة الرَّأْس وَكَذَلِكَ إِذا كَانَ الْبَوْل رَقِيقا فِي الحميات ثمَّ أَبيض دفْعَة دلّ على اخْتِلَاط عقل يكون. واذا دَامَ الْبَوْل فِي حَال الصِّحَّة على لون الْبيَاض دلّ على عدم النضج. والإهالي الشبيه بالزيت فِي الحميات الحادة ينذر بِمَوْت أَو بدق. وَاعْلَم أَنه قد يكون بَوْل أَبيض والمزاج حَار صفراوي وبولى أَحْمَر والمزاج بَارِد بلغمي فَإِن الصَّفْرَاء إِذا مَالَتْ عَن مَسْلَك الْبَوْل وَلم تختلط بالبول بَقِي الْبَوْل أَبيض فَيجب أَن يتَأَمَّل الْبَوْل الأَبْيَض فَإِن كَانَ لَونه مشرقاً وثقله غزيراً غليظاً وقوامه مَعَ هَذَا إِلَى الغلظ فَاعْلَم أَن الْبيَاض من برد بلغم. وَأما إِن كَانَ اللَّوْن لَيْسَ بالمشرق وَلَا الثفل بالغزير وَلَا بالمفصول وَلَا الْبيَاض إِلَى كمودة فَاعْلَم أَنه لكمون الصَّفْرَاء وَإِذا كَانَ الْبَوْل فِي الْمَرَض الحاد أَبيض وَكَانَ هُنَاكَ دَلَائِل السَّلامَة لَا يخَاف مَعهَا السرسام وَنَحْوه فَاعْلَم أَن الْمَادَّة الحادة مَالَتْ إِلَى المجرى الآخر فالأمعاء تعرض للإسحاج.

وَأما الْعلَّة فِي كَون الْبَوْل فِي الأَمْرَاض الْبَارِدَة أَحْمَر اللَّوْن فسببه أحد أُمُور إِمَّا شدَّة الوجع وتحليله الصَّفْرَاء مثل مَا يعرض فِي القولنج الْبَارِد وَإِمَّا شدَّة وَقعت من غَلَبَة البلغم فِي المجرى الَّذِي بَين المرار والأمعاء فَلم ينصب

المرار إِلَى الأمعاء الإنصباب الطبيعي الْمُعْتَاد بل يضْطَر إِلَى مرافقة الْبَوْل وَالْخُرُوج مَعَه كَمَا يعرض أيضاً فِي القولنج الْبَارِد وَأما ضعف الكبد وقصور قوته عَن التَّمْيِيز بَين المائية وَالدَّم كَمَا يكون فِي الاسْتِسْقَاء الْبَارِد وَفِي أمراض ضعف الكبد فِي الْأَكْثَر فَيكون الْبَوْل شَبِيها بغسالة اللَّحْم الطري. وَأما الاحتقان الَّذِي توجبه السمد فبتغير لون البلغم فِي الْعُرُوق لعفونة مَا تلْحقهُ وعلامته أَن تكون مائية الْبَوْل وثقله على الْوَجْه الْمَذْكُور ثمَّ يكون صبغه صبغاً ضَعِيفا غير مشرق فَإِن الصفراوي يكون صبغه مشرقاً وَكَثِيرًا مَا يكون الْبَوْل فِي أول الْأَمر أَبيض ثمَّ يسود وينتن كَمَا يعرض فِي اليرقان. وَالْبَوْل بعد الطَّعَام يبيض وَلَا يزَال كَذَلِك حَتَّى يَأْخُذ فِي الهضم فَيَأْخُذ فِي الصَّبْغ وَلذَلِك مَا يكون بَوْل أَصْحَاب السهر أَبيض ويعين عَلَيْهِ تحلل الْحَار الغريزي لكنه يكون غير مشرق بل إِلَى كدورة لعدم النضج. والصبغ الْأَحْمَر فِي الْأَمْرَاض الحادة أفضل من المائي والأبيض لقوامه أَيْضا خير من المائي والأحمر الدموي أَكثر أَمَانًا من الْأَحْمَر الصفراوي والأحمر الصفراوي أَيْضا لَيْسَ بذلك الْمخوف إِن كَانَ الصَّفْرَاء سَاكِنا ومخوف إِن كَانَ متحركاً. وَالْبَوْل الْأَحْمَر القاني فِي أمراض الْكُلية رَدِيء فَإِنَّهُ يدل فِي الْأَكْثَر على ورم حَار وَفِي أوجاع الرَّأْس ينذر باختلاط. وَإِذا ابْتَدَأَ الْبَوْل فِي الْأَمْرَاض الحادة بالأحمر وَبَقِي كَذَلِك وَلم يرسب خيف مِنْهُ الْهَلَاك وَدلّ على ورم الكلى فَإِن كَانَ كدراً مَعَ الْحمرَة وَبَقِي كَذَلِك دلّ على ورم فِي الكبد وَضعف الْحَار الغريزي. وَمن أَلْوَان الْبَوْل أَلْوَان مركبة من ذَلِك اللَّوْن الشبيه بغسالة اللَّحْم الطري وَيُشبه دَمًا ديف فِي المَاء وَقد يكون من ضعف الكبد وَقد يكون من كَثْرَة الدَّم وَأَكْثَره من ضعف الكبد من أَي سوء مزاج غلب وَيدل عَلَيْهِ ضعف الهضم وانحلال القوى فَإِن كَانَت الْقُوَّة قَوِيَّة فَلَيْسَ إِلَّا من كَثْرَة الدَّم وزيادته على الْمبلغ الَّذِي يَفِي الْقُوَّة المميزة بتمييزه بِكَمَالِهِ. وَمن ذَلِك اللَّوْن الزيتي وَهُوَ صفرَة يخالطها سلقية وَيُشبه الزَّيْت للزوجة فِيهِ وإشفاف مَعَ بريق دسمي وقوام مَعَ الشف إِلَى الغلظ مَا هُوَ وَفِي أَكثر الْأَحْوَال يدل على الشَّرّ وَلَا يدل على الْخَيْر والنضج وَالصَّلَاح وَرُبمَا دلّ فِي النَّادِر على استفراغ مواد دسمة على سَبِيل البحران وَهَذِه إِنَّمَا تكون إِذا تعقبه رَاحَة. والمهلك مِنْهُ مَا كَانَت دسومته مُنْتِنَة وخصوصاً الْبَوْل مِنْهُ قَلِيلا قَلِيلا وَإِذا خالطه شَيْء كغسالة اللَّحْم الطري فَهُوَ أردأ وَهَذَا أَكْثَره فِي الاسْتِسْقَاء والسل والقولنج الرَّدِيء وَرُبمَا يعقب الزيتي بولاً أسود مُتَقَدما وَكَانَ عَلامَة صَلَاح وَكَثِيرًا مَا دلّ الْبَوْل الزيتي فِي الرَّابِع على أَن الْمَرِيض سيموت فِي السَّابِع أَعنِي فِي الْأَمْرَاض الحادة.

وَبِالْجُمْلَةِ فَإِن الْبَوْل الزيتي ثَلَاثَة أَصْنَاف فَإِنَّهُ: إِمَّا أَن يكون كُله دسماً أَو يكون أَسْفَله فَقَط أَو يكون أَعْلَاهُ. دسماً وَأَيْضًا فَإِنَّهُ إِمَّا أَن يكون زيتياً فِي لَونه فَقَط كَمَا فِي السل وخصوصاً فِي أَوله أَو فِي قوامه فَقَط أَو فيهمَا جَمِيعًا كَمَا فِي علل الكلى وَفِي كَمَال السل وَآخره وَمن ذَلِك الأرجواني وَهُوَ ردي قتال لِأَنَّهُ يدل على احتراق الْمُرَّتَيْنِ وَقد يكون لون أَحْمَر يجْرِي فِيهِ سَواد فَيدل على الحميات المركبة والحميات الَّتِي من الأخلاط الغليظة فَإِن كَانَ أصفى وَكَانَ السوَاد أميل إِلَى رَأسه دلّ على ذَات الْجنب.

الْفَصْل الثَّالِث قوام الْبَوْل وَصِفَاته وكدورته قوام الْبَوْل إِمَّا أَن يكون رَقِيقا وَإِمَّا أَن يكون غليظاً وَإِمَّا أَن يكون معتدلاً. وَالرَّقِيق جدا: يدل على عدم النضج فِي كل حَال أَو على السدد فِي الْعُرُوق أَو على ضعف الْكُلية ومجاري

الْبَوْل فَلَا يجذب إِلَّا الرَّقِيق أَو يجذب وَلَا يدْفع إِلَّا الرَّقِيق الْمُطِيع للدَّفْع أَو على كَثْرَة شرب المَاء أَو على المزاج الشَّدِيد الْبرد مَعَ يبس. وَيدل فِي الْأَمْرَاض الحادة على ضعف الْقُوَّة الهاضمة وَعدم النضج وَرُبمَا دلّ على ضعف سَائِر القوى حَتَّى لَا ينْصَرف فِي المَاء الْبَتَّةَ بل يزلق كَمَا يدْخل وَالْبَوْل الرَّقِيق على هَذِه الصّفة هُوَ فِي الصّبيان أردأ مِنْهُ فِي الشبَّان لِأَن الصّبيان بَوْلهمْ الطبيعي أغْلظ من بَوْل الشبَّان لأَنهم أرطب وَلِأَن أبدانهم للرطوبات أجذب لِأَنَّهَا تحْتَاج إِلَى فضل مَادَّة بِسَبَب الاستنماء فَإِذا رق بَوْلهمْ فِي الحميات الحادة جدا كَانُوا قد بعدوا عَن حالتهم الطبيعية جدا. واستمرار ذَلِك بهم يدل على العطب فَإِنَّهُ إِذا دَامَ دلّ على الْهَلَاك إِلَّا أَن يُوَافقهُ عَلَامَات صَالِحَة وثبات قُوَّة فَحِينَئِذٍ يدل على خراج يحدث وخصوصاً تَحت نَاحيَة الكبد وَكَذَلِكَ إِذا دَامَ هَذَا بالأصحاء لَا يَسْتَحِيل فيهم فَإِنَّهُ يدل على ورم يحدث حَيْثُ يحسون فِيهِ الوجع. وَفِي الْأَكْثَر يعرض لَهُم أَن يحسوا مَعَ ذَلِك بوجع فِي الْقطن وَفِي الكلى فَيدل على استعداد لورم فَإِن لم يخص ذَلِك الوجع والثقل نَاحيَة بل عَم يدل على بثور وجدري وأورام تعم الْبدن. ورقة الْبَوْل عِنْد البحران بِلَا تدريج تنذر بالنكس. وَأما الْبَوْل الغليظ جدا فانه يدل فِي أَكثر الْأَحْوَال على عدم النضج وَفِي أقلهَا على نضج أخلاط غَلِيظَة القوام وَيكون فِي مُنْتَهى حميات خلطية أَو انفجار أورام.

وَأكْثر دلائله فِي الْأَمْرَاض الحادة هُوَ على الشَّرّ لَكِن دوَام الرقة على الشَّرّ أدل فَإِن الغليظ يدل على هضم مَا هُوَ الَّذِي يُفِيد القوام فِيمَا يدل على هضم واستقلال من الْقُوَّة بِالدفع يُرْجَى وَرُبمَا يدل على فَسَاد الْمَادَّة. وَكَثْرَتهَا وامتناعها عَن النضج الْمُمَيز المرسب يدل على الشَّرّ ويستدل على الْغَالِب من الْأَمريْنِ بِمَا يعقبه من الرَّاحَة أَو يعقبه من زِيَادَة الضعْف. والأسلم من الْبَوْل الغليظ فِي الحميات مَا يستفرغ مِنْهُ شَيْء كثير دفْعَة وَأما الَّذِي يستفرغ قَلِيلا قَلِيلا فَهُوَ دَلِيل على كَثْرَة أخلاط أَو ضعف قُوَّة والنافع مِنْهُ يعقبه بَوْل معتدله مُقَارن للراحة وإذا اسْتَحَالَ الرَّقِيق إِلَى الغلظ فِي الْأَمْرَاض الحادة وَلم يعقب رَاحَة دلّ على الذوبان. وَالصَّحِيح إِذا دَامَ بِهِ الْبَوْل الغليظ وَكَانَ يحس بوجع فِي نواحي الرَّأْس وانكسار فَهُوَ مُنْذر لَهُ بالحمى وَرُبمَا كَانَ ذَلِك بِهِ من فضل اندفاع أَو انفجار أَو قُرُوح بنواحي مسالك الْبَوْل وَإِنَّمَا كَانَت الرقة والغلظ جَمِيعًا يدلان على عدم النضج لِأَن النضج يتبعهُ اعْتِدَال القوام.

فالغليظ نضجه أَن ينهضم إِلَى الرقة وَالرَّقِيق نضجه أَن ينطبخ إِلَى السخونة وَالْبَوْل الغليظ كَمَا قُلْنَا فِيمَا سلف قد يكون صافياً مشفا وَقد يكون كدراً وَالْفرق بَين الغليظ المشف وَبَين الرَّقِيق أَن الغليظ المشفا إِذا موّج بِالتحريك لم تصغر أجزاؤه المتموجة بل حدثت فِيهِ أمواج كبار وَكَانَت حركتها بطيئة وَإِذا أزيد كَانَ زبده كثير النفاخات بطيء الانفقاء وتولد مثل هَذَا هُوَ عَن بلغم جيد الانهضام أَو صفراء مُحي إِن كَانَ لَهُ صبغ إِلَى الصُّفْرَة وَإِذا لم يكن صبغ دلّ على انحلال بلغم زجاجي وَهَذَا كثيرا مَا يكون فِي أَبْوَال المصروعين. وَالرَّقِيق الَّذِي يَأْكُل فِيهِ الصَّبْغ يعلم أَن صبغه لَيْسَ عَن نضج وَإِلَّا لفعل النضج فِيهِ القوام أَولا لكنه من اخْتِلَاط الْمرة بِهِ فَإِن أول فعل الإنضاج التَّقْوِيم ثمَّ الصَّبْغ - والنضج فِي القوام أصلح مِنْهُ فِي اللَّوْن فَلذَلِك الْبَوْل الرَّقِيق الْأَصْفَر إِذا دَامَ فِي مُدَّة الْمَرَض الحادّ دلّ على شَرّ وعَلى فتور الْقُوَّة الهاضمة وَإِذا رَأَيْت بولاً رَقِيقا وَهُنَاكَ اخْتِلَاف أَجزَاء من الْحمرَة

والصفرة فاحدس تعباً ملهباً وَإِن كَانَ رَقِيقا فيه أَشْيَاء كالنخالة من غير عِلَّة فِي المثانة فَذَلِكَ لاحتراق البلغم. وَالْبَوْل الغليظ فى الْأَمْرَاض الحادة يدل بِالْجُمْلَةِ على كَثْرَة الأخلاط وَرُبمَا دلّ على الذوبان وَهُوَ الَّذِي إذا بَقِي سَاعَة جمد فغلظ. وبالجملة كدورة الْبَوْل الأرضية مَعَ ريح تخالطه المائية فَإِذا اخْتلطت هَذِه كَانَت كدورة وَفِي انْفِصَال بَعْضهَا من بعض يتم الصفاء ثمَّ يجب أن ينظر إِلَى أَحْوَال ثَلَاث لِأَنَّهُ إِمَّا أَن يبال رَقِيقا ثمَّ يغلظ فيدل على أَن الطبيعة مجاهدة هُوَ ذَا ينضج لَكِن الْمَادَّة بعد لم تُطِع من كل وَجه وَهِي متأثرة وَرُبمَا دلّ على ذوبان الْأَعْضَاء. وَإِمَّا أَن يبال غليظاً ثمَّ يصفو ويتميز مِنْهُ الغليظ راسباً فيدل على أن الطبيعة قد قهرت الْمَادَّة وأنضجتها. وَكلما كَانَ الصفاء أَكثر الرسوب أوفر وأسرع فَهُوَ على النضج أدلّ.

وَالْحَالة المتوسطة بَين الأول وَالْآخر إن دَامَت وَكَانَت الطبيعة قَوِيَّة وَالْقُوَّة ثَابِتَة حدس أنه سيبلغ مِنْهُ الإنضاج التَّام وَإِن لم تكن الْقُوَّة ثَابِتَة خيف أنا يسْبق الْهَلَاك النضج وَإِذا طَال وَلم تكن عَلَامَة مخيفة أنذر بصداع لِأَنَّهُ يدل على ثوران وعَلى رِيَاح بخارية وَالَّذِي يَأْخُذ من الرقة إِلَى الخثورة ويستمرّ خير من الْوَاقِف على الخثورة فِي كثير من الْأَوْقَات وَكَثِيرًا مَا يغلظ الْبَوْل ويكدر لسُقُوط القوّة لَا لدفع الطبيعة. وَأما الْبَوْل الَّذِي يبال مائياً وَيبقى مائياً فَهُوَ دَلِيل عدم النضج الْبَتَّةَ وَالْبَوْل الغليظ أَحْمَده مَا كَانَ سهل الْخُرُوج كثير الِانْفِصَال مَعًا ومثل هَذَا يبري الفالج وَمَا يجْرِي مجْرَاه وَإِذا كَانَت أَبْوَال غَلِيظَة ثمَّ أخذت ترق على التدريج مَعَ غزارة فَذَلِك مَحْمُود وَرُبمَا كَانَ يعقب الغليظ الكدر الْقَلِيل الْكثير فيكون دَلِيل خير وَذَلِكَ إذا انفجر الغليظ الكدر الَّذِي كَانَ يبال قَلِيلا قَلِيلا ودفعة وَاحِدَة بَوْل بولاً كثيرا بسهولة فَإِن هَذَا كثيرا مَا تنحل بِهِ الْعلَّة سَوَاء كَانَت الْعلَّة شَيْئا من الحميات الحادة أَو غَيرهَا من الْأَمْرَاض الامتلائية وَكَانَ امتلاء لَهُ يعرض بعد مِنْهُ مرض ظَاهر وَهَذَا ضرب من الْبَوْل نَادِر. وَالْبَوْل الطبيعي اللَّوْن إذا أفرط فِي الغلظ دلّ أَحْيَانًا على جودة نقص الْموَاد كثيرا ونضجه بسهولة الْخُرُوج وَقد يدل أَحْيَانًا على التلف لدلالته على كَثْرَة الأخلاط وَضعف الْقُوَّة ويدل عَلَيْهِ عسر الْخُرُوج وَقلة مَا يخرج. وَالْبَوْل الغليظ الْجيد الَّذِي هُوَ بحران لأمراض الطحال والحمّيات المختلطة لَا يتوقع فِيهِ الاسْتوَاء فَإِن الطبيعة تعْمل فِي الدّفع. وَالْبَوْل الميثور فِي الْجُمْلَة يدلّ على كَثْرَة الاخلاط مَعَ اشْتِغَال من الطبيعة بهَا وبإنضاجها. وَالْبَوْل الغليظ الَّذِي لَهُ ثقل زيتي يدل على حَصَاة.

وَالْبَوْل الغليظ الدَّال على انفجار الأورام يسْتَدلّ عَلَيْهِ بِمَا يخالطه وَبِمَا قد سبقه. أما مَا يخالطه فكالمدة وَيدل عَلَيْهَا الرَّائِحَة المنتنة والجرادات الْمُنْفَصِلَة مَعَه كصفائح بيض أَو حمر أَو كنخالة أَو غير ذَلِك مِمَّا يسْتَدلّ عَلَيْهِ بعد وَأما مَا سبقه فَإِن يكون قد كَانَ فِيمَا سلف عَلَامَة لورم أَو قرحَة بالمثانة أَو الْكُلية والكبد أَو نواحي الصَّدْر فيدل ذَلِك على الإنفجار من الورم وَإِن كَانَ قبله بَوْل يشبه غسالة اللَّحْم الطري فَهُوَ من حدبة الكبد أَو برَاز كَذَلِك فالورم فِي تقعيره وَإِن كَانَ قد سبق ضيق نفس وسعال يَابِس ووجع فِي أَعْضَاء الصَّدْر ناخس فَهُوَ ذَات الْجنب انفجر واندفع من نَاحيَة الشريان الْعَظِيم. وَإِذا كَانَ فِي ذَلِك الَّذِي هُوَ الْمدَّة نضج كَانَ مَحْمُودًا وَإِن كَانَ ذَلِك الْبَوْل مغ الغلظ إِلَى السود وَكَانَ مَعَه وجع فِي نَاحيَة الْيَسَار فَهُوَ من نَاحيَة الطحال وعَلى هَذَا الْقيَاس إن كَانَ فَوق السُّرَّة

وَأعْلَى الْبطن فَهُوَ من نَاحيَة الْمعدة. وَأَكْثَر ذَلِك يكون من الكبد ومجاري الْبَوْل. وَرُبمَا بَال الصَّحِيح المتدع التارك الرياضة بولاً كالمدة والصديد فيتنقى بدنه وَيَزُول ترهله الَّذِي لَهُ بترك الرياضة وَإِن كَانَ أَيْضا فِي الكبد وَمَا يَلِيهِ سدد فَرُبمَا كَانَ غلظ الْبَوْل تَابعا لانفتاحها واندفاع مادتها وَلَا يكون هَذَا الغلظ قيحياً وَالَّذِي يكون عَن الانفجار يكون قيحياً. وَالْبَوْل الكدر كثيرا مَا يدل على سُقُوط الْقُوَّة وَإِذا سَقطت الْقُوَّة استولى الْبرد وَكَانَ كالْبردِ الْخَارِج وَالْبَوْل الكدر الشبيه بلون الشَّرَاب الرَّدِيء أَو مَاء الحمص يكون للحبالى وَأَصْحَاب أورام حارة مزمنة فِي الأحشاء وَالْبَوْل الَّذِي يشبه بَوْل الْحمير وأبوال الدَّوَابّ وَكَأَنَّهُ ملخلخ لشقة بثوره يدل على فَسَاد أخلاط الْبدن. وَأَكْثَره على خام عملت فِيهِ حرارة مَا فيورث ريحًا غَلِيظَة وَكَذَلِكَ قد يدل على الصداع الْكَائِن أَو المطل وَقد يدل إِذا دَامَ على الترعش. وَالْبَوْل الَّذِي يشبه لون عُضْو مَا فَإِن دَوَامه يدل على عِلّة بذلك الْعُضْو قَالَ بَعضهم: إِنَّه إِذا كَانَ فِي أَسْفَل الْبَوْل شَبيه بغيم أَو دُخان طَال الْمَرَض وَإِن كَانَ فِي جَمِيع الْمَرَض أنذر بِمَوْت. والخام يُفَارق الْمدَّة بالنتن. وَالْبَوْل الْمُخْتَلف الْأَجْزَاء كلما كَانَت الْأَجْزَاء الْكِبَار فِيهِ أَكثر دلّ على أَن عمل الطبيعة فِيهِ أنفذ والطبيعة أقدر والمسام أَشد إنفتاحاً. وَالْبَوْل الَّذِي يرى فِيهِ كالخيوط مختلط بَعْضهَا بِبَعْض يدل على أَنه بيل أثر الْجِمَاع وَأَنت تعلم ذَلِك بالامتحان.

الْفَصْل الرَّابِع دَلَائِل رَائِحَة الْبَوْل قَالُوا: لم ير بَوْل مَرِيض قطّ توَافق رَائِحَته رَائِحَة بَوْل الأصحاء. ونقول: إِن كَانَ الْبَوْل لَا رَائِحَة لَهُ الْبَتَّة دلّ على برد مزاج ونجاجة مفرطة وَرُبمَا دلّ على الْأَمْرَاض الحادة على موت الغريزة فَإِن كَانَت لَهُ رَائِحَة مُنْتِنَة فَإِن كَانَ هُنَاكَ دَلَائِل النضج كَانَ سَببه جرباً وقروحاً فِي آلَات الْبَوْل ويستدل عَلَيْهِ بعلامات ذَلِك وَإِن لم يكن نضج جَازَ أَن يكون من ذَلِك وَجَاز أَن يكون للعفونة وَإِذا كَانَ ذَلِك فِي الحميات الحادة وَلم يكن بِسَبَب أَعْضَاء الْبَوْل فَهُوَ دَلِيل رَدِيء وَإِن كَانَ إِلَى الحموضة دلّ على أَن العفونة هِيَ فِي أخلاط بَارِدَة الْجَوْهَر استولى عَلَيْهَا حرارة غَرِيبَة. وَأما إِن كَانَت الْعلَّة حادة فَهُوَ دَلِيل الْمَوْت لِأَنَّهُ يدل على موت الْحَرَارَة الغريزية واستيلاء برد فِي الطَّبْع مَعَ حر غَرِيب والرائحة الضاربة إِلَى الْحَلَاوَة تدل على غَلَبَة الدَّم والمنتنة شَدِيدا صفراوية والمنتنة إِلَى الحموضة سوداوية وَالْبَوْل المنتن الرَّائِحَة إِذا دَامَ بالأصحاء دلّ على حميات تحدث من العفن أَو على انْتِقَاض عفونة محتبسة فيهم وَيدل عَلَيْهِ وجود الخفة إثره وَفِي الْأَمْرَاض الحادة إِذا فَارق الْبَوْل من كَانَ يلْزمه فِيهَا وَزَالَ عَنهُ وَكَانَ ذَلِك الزَّوَال دفْعَة وَلم يعقب رَاحَة فَهُوَ عَلامَة سُقُوط القوى.

الْفَصْل الْخَامِس الدَّلَائِل الْمَأْخُوذَة من الزّبد الزّبد يحدث فِي الرُّطُوبَة من الرّيح المنزرقة فِي المَاء وَمَعَ زرق الْبَوْل وَالرِّيح الْخَارِجَة مَعَ الْبَوْل فِي جَوْهَر الْبَوْل مَعُونَة لَا محَال وخصوصاً إِذا كَانَت الرّيح غالبة فِي المَاء كَمَا يعرض فِي بَوْل أَصْحَاب التمدد من النفاخات الْكَثِيرَة. والزبد قد يدل بلونه كَمَا يدل بسواده وشقرته على اليرقان وَقد يدل بصغره وَكبره فَإِن كبره يدل على اللزوجة وَإِمَّا بقلته وكثرته فَإِن كثرته تدل على لزوجة وريح كَثِيرَة وَإِمَّا بِبَقَائِهِ طَويلا أَو بِبَقَائِهِ سَرِيعا فَإِن بَقَاءَهُ بطيئاً يدل على اللزوجة والعبب الْبَاقِيَة فِي علل الكلى وَيدل على طول الْمَرَض لدلالته على الرِّيَاح واللزوجة.

وَبِالْجُمْلَةِ فَإِن الْخَلْط اللزج فِي علل الكلى رَدِيء وَيدل على أخلاط رَدِيئَة وَبرد.

الْفَصْل السَّادِس دَلَائِل أَنْوَاع الرسوب نقُول: أَولا إِن اصْطِلَاح الْأَطِبَّاء فِي اسْتِعْمَال لَفْظَة الرسوب والثفل قد زَالَ عَن المجرى الْمُتَعَارف وَذَلِكَ لأَنهم يَقُولُونَ رسوب وثفل لَا لما يرسب فقط بل لكل جَوْهَر أغْلظ قواماً من المائية متميزعنها وَإِن تعلق وطفا فَنَقُول: إِن الرسوب قد يُسْتَدلّ مِنْهُ من وُجُوه من جوهره وَمن كميته وَمن كيفيته وَمن وضع أَجْزَائِهِ وَمن مَكَانَهُ وَمن زَمَنه وَمن كَيْفيَّة مخالطته أما دلَالَته من جوهره فَهُوَ أَنه إِمَّا أَن يكون رسوباً طبيعياً مَحْمُودًا دَالا على الهضم والنضج الطبيعيين وهر أَبيض راسب مُتَّصِل الْأَجْزَاء متشابهها مستويها وَيجب أَن يكون مستدير الشكل أملس مستوياً لطيفاً شَبِيها برسوب مَاء الْورْد. وَنسبَة دلَالَته على نضج الْمَادَّة فِي الْبدن كُله كنسبة الْمدَّة للبيضاء الملساء المشابهة القوام على نضج الورم لَكِن الْمدَّة كثيفة وَهَذِه لَطِيفَة. والرسوب والثفل دَلِيل جيد وَإِن فَاتَ الصَّبْغ والاستواء أدل عِنْد الأقدمين من النضج فَإِن المستوى الَّذِي لَيْسَ بذلك الْأَبْيَض بل هُوَ أَحْمَر أصلح من الْأَبْيَض الخشن. وَأَكْثَر الرسوب على لون الْبَوْل وأجود مَا خَالف الْأَبْيَض فَهُوَ الْأَحْمَر ثمَّ الْأَصْفَر ثمَّ الزرنيخي ويبتدىء الشَّرّ من العدسي وَلَا يلْتَفت إِلَى مَا يَقُوله الْآخرُونَ فَإِن الْبيَاض قد يكون لَا للنضج والاستواء لَيْسَ إِلَّا للنضج. وَمن الْبيَاض مَا يكون عَن وَأما الرسوب الرَّدِيء المذموم فتشتنه خير من استوائه والرسوب الرَّدِيء هُوَ الَّذِي تعرفه عَن قريب وَأما الرسوب الْجيد الَّذِي كلامنا فِيهِ فقد يشبه الْمدَّة والخام الرقيقين وَلَكِن الْمدَّة تخالفه بالنتن والخام يُخَالِفهُ باندماج أَجْزَائِهِ وَهُوَ يُخَالف كليهمَا باللطافة والخفة وَهَذَا الرسوب إِنَّمَا يطْلب فِي الْأَمْرَاض وَلَا يطْلب فِي حَال الصِّحَّة وَذَلِكَ لِأَن الْمَرِيض لَا يشك فِي احتباس مواد رَدِيئَة فِي بدنه فِي عروقه فَإِذا لم ينضج دلّ على الْفساد. وَأما الصَّحِيح فَلَيْسَ يجب دَائِما أَن يكون فِي عرقه خلط ينْتَقض بل الأولى أَن يدل ذَلِك مِنْهُم على فضول تفضل فيهم عَن الْغذَاء عديمة الهضم ثمَّ يفضل فضل يرسب فِي الْبَوْل نضيجاً أَو غير نضيج. والقضاف يقل فيهم الثفل الراسب فِي حَال الصِّحَّة وخصوصاً المزاولين للرياضات وَأَصْحَاب الصَّنَائِع المتعبة وَإِنَّمَا يكثر هَذَا الرسوب فِي أَبْوَال السمان المتدعين وَكَذَلِكَ أَيْضا لَا يجب أَن يتَوَقَّع فِي أَبْوَال المرضى القضاف من الرسوب مَا يتَوَقَّع فِي أبدان المرضى السمان فَإِن أُولَئِكَ كثيرا مَا تقلع أمراضهم وَلم يرسبوا شَيْئا وَكَثِيرًا مَا لَا يبلغ الرسوب فِي أبوالهم إِلَى أَن يتسفل بل رُبمَا كَانَ مِنْهُ شَيْء يسير طَاف أَو يتَعَلَّق وَلَيْسَ كَمَا يُقَال: كل بَوْل فانه يرسب إِلَّا الْبَوْل النضيج جدا بل يجب أَن يصبر عَلَيْهِ قَلِيلا هَذَا. وَأَكْثَر ألوان الرسوب فِي أَكثر الْأَمر يكون على لون الْبَوْل وأجود مَا خَالف الْأَبْيَض هُوَ الْأَحْمَر ثمَّ الْأَصْفَر.

وَأما الرسوب الْغَيْر الطبيعي فَمِنْهُ خراطي نخالي أَو كرسني أَو دشيشي شَبيه بالزرنيخ الْأَحْمَر والمشبع صفرَة وَمِنْه لحمي وَمِنْه دسمي وَمِنْه مدي وَمِنْه مخاطي وَمِنْه شَبيه بِقطع الخمير المنقوع وَمِنْه لحموي علقي وَمِنْه شعري وَمِنْه رملي حصوي وَمِنْه رمادي. والخراطي القشوري مِنْهُ صفائحي كبار الْأَجْزَاء بيض وحمر يدل فِي أَكثر الْأَمر على انفصالها من أَعْضَاء قريبَة من مفصل لَبول وَهِي أَعْضَاء الْبَوْل. والأبيض يدل على أَنه من المثانة لقروح فِيهَا أَو

جرب أو تآكُل. والأحمر اللحمي على أنه من الْكُلية وَقد يكون من الصفائحي مَا هُوَ كمد اللَّوْن أدكن أَو شَبيه بفلوس السّمك وَهَذَا أردأ جدا من جَمِيع أَصْنَاف الرسوب الَّذِي نذكرهُ وَيدل على انجراد صَفَائِح الْأَعْضَاء الْأَصْلِيَّة.

وَأما الجنسان الْأَوَّلَانِ فكثيراً مَا يضرّان الْبَتَّة بل رُبمَا نقيا المثانة. وَقد حكى بَعضهم أَن رجلا سُقي الذراريح فَبَال قشوراً بيضًا كالفرقىء وَكَانَت إِذا حلت فِي المائية انحلّت وصبغت صبغاً أَحْمَر فبرأ وعاش. وَمن الخراطي مَا يكون أقل عرضا من الْمَذْكُورين وأثخن قواماً فَإِن كَانَ أَحْمَر سمي كرسنياً وَإِن لم يكن أَحْمَر سمي نخالياً والكرسني إِن كَانَ أَحْمَر فقد يكون أَجزَاء من الكبد محترقة وَقد يكون دَمًا محترقاً فِيهَا وَقد يكون من الْكُلية لَكِن الْكَائِن من الْكُلية أَشد اتِّصَالًا لَحْماً وَالْآخر إِن أشبه بِمَا لَيْسَ بلحمي وَأقبل للتفتيت وَإِن كَانَ شَدِيد الضَّرْب إِلَى الصُّفْرَة فَهُوَ عَن الْكُلية لَا محَالة فَإِن الَّذِي عَن الكبد يضْرب إِلَى القتمة وَقد يُشَارِكهُ فِي هَذَا أَحْيَانًا الَّذِي عَن الْكُلية. وَأما النخالي فقد يكون من جرب المثانة وَقد يكون من ذوبان الْأَعْضَاء وَالْفرق بَينهمَا أَنه إِن كَانَ هُنَاكَ حكة فِي أصل الْقَضِيب ونتن فَهُوَ من المثانة وخصوصاً إِذا سبقه بَوْل مُدَّة وخصوصاً إِذا دلّ سَائِر الدَّلَائِل على نضج الْبَوْل فتكون الْعُرُوق الْعَالِيَة صَحِيحَة المزاج لَا عِلّة بهَا بل بالمثانة وَأما إِن كَانَ مَعَ إلهاب وَضعف قُوَّة وسلامة أَعْضَاء الْبَوْل وَكَانَ اللَّوْن إِلَى الكمودة فَهُوَ من ذوبان خلط. وَأما السويقي والدشيشي فأكثره من احتراق الدَّم وَهُوَ إِلَى الْحمرَة وَقد يكون كثيرا من ذوبان الْأَعْضَاء وانجرادها إِن كَانَ إِلَى الْبيَاض وَقد يكون أَيْضا من المثانة الجربة فِي الْأَقَل وَأَنت يمكنك أَن تتعرف وَجه الْفرق بَينهمَا بِمَا قد علمت. وَأما إِن كَانَ إِلَى السوَاد فَهُوَ من احتراق الدَّم وخصوصاً فِي الطحال وَجَمِيع الرسوب الصفائحي الَّذِي لَا يكون عَن سَبَب فِي المثانة والكلية ومجاري الْبَوْل فَإِنَّهُ فِي الْأَمْرَاض الحادة رَدِيء مهلك وَقد عرفت من هَذِه الْجُمْلَة حَال اللحمي وَأَن أَكْثَره يكون من الْكُلية وَأَنه مَتى لَا يكون عَن الْكُلية فَإِنَّمَا يكون إِذا كَانَ اللَّحم صَحِيح اللحمية وَلَا ذوبان فِي الْبدن.

وَالْبَوْل النضيج يدلّ على صِحَة الأوردة فَإِن علل الكِلية لَا تمنع نضج الْبَوْل لِأَن ذَلِك فَوْقهَا وَأما الرسوب الدسمي فَيدل على ذوبان الشَّحْم وَالسمن وَاللَّحم أَيْضا. وأبلغه الشبيه بِمَاء الذَّهَب ويستدل على مبدئه من الْقلَّة وَالْكَثْرَة وَمن المخالطة والمفارقة فَإِنَّهُ إِذا كَانَ كثيرا متميزاً فاحدس أَنه من نَاحيَة الْكُلية لذوبان شحمها وَإِن كَانَ أقل وشديد المخالطة فَهُوَ من مَكَان أبعد وَإِذا رَأَيْت فِي الْبَوْل قِطْعَة بَيْضَاء مثل حب الرُّمَّان فَذَلِك من شَحم الْكُلية. وَأما المري فَيدل على قرحَة منفجرة وخصوصاً فِي أَعْضَاء الْبَوْل وَلَا سِيمَا إِذا كَانَ هُنَاكَ ثفل مَحْمُود راسب. والمخاطي يدل على غليظ خام إِمَّا كثير فِي الْبدن أَو مَدْفُوع عَن آلَات الْبَوْل وبحران عرق النسا ووجع المفاصل. ويستدل عَلَيْهِ بالخفة عقبه وَرُبمَا لطف ورقه فَظن رسوباً مَحْمُودًا فَلذَلِك يجب أَن لَا يغتر فِي الْأَمْرَاض بِمَا يرى فِي هَيْئَة الرسوب الْمَحْمُود إِذْ لم يكن وَقت النضج وَلَا دلائله حَاضِرَة وَقد يدل على شدَّة برد من مزاج الكِلْية وَالْفرق بَين المدّي والخام أَن المدي يكون مَعَ نَتن وَتقدم دَلِيل ورم ويسهل اجْتِمَاع أَجْزَائِهِ وتفرقها وَيكون مِنْهُ مَا يخالط المائية جداً وَمِنْه مَا يتَمَيَّز وَأما الخام فَإِنَّهُ كدرغليظ لَا يجْتَمع بسهولة وَلَا يتشتت بسهولة.

وَالْبَوْل الَّذِي فِيهِ رسوب مخاطي كَثِير إِذا كَانَ غزيراً وَكَانَ فِي آخر النقرس وأوجاع المفاصل دلّ على خير. وَأما الرسوب الشعري فَهُوَ لانعقاد رُطُوبَة مستطيلة من حرارة فاعلة فِيهَا وَرُبمَا كَانَ أَبيض وَأما الشبيه بِقطع الخمير المنقوع فَيدل على ضعف الْمعدة والأمعاء وَسُوء الهضم فيهمَا وَرُبمَا كَانَ سَببه تنَاول اللَّبن والجبن. وَأما الرَّمْلِيّ فَيدل دَائِما على حَصَاة منعقدة أَو فِي الِانْعِقَاد أَو فِي الانحلال والأحمر مِنْهُ من الْكُلية وَالَّذِي لَيْسَ بأحمر هُوَ من المثانة. وَأما الرَّمَادِي فَأكْثر دلَالَته على بلغم أَو مُدَّة عرض لَهَا اللّبْث تغير لون وتقطع أَجزَاء وَقد يكون لاحتراق عَارض لَهَا. وَأما الرسوب العلقي فَإِن كَانَ شَدِيد الممازجة دلّ على ضعف الكبد أَو دون ذَلِك دلّ على جِرَاحَة فِي مجاري الْبَوْل وتفرق اتِّصَال فِيهَا وَإِن كَانَ متميزاً فَأَكْثره دلَالَة من المثانة والقضيب وسنستقصي هَذَا فِي الْأَمْرَاض الْجُزْئِيَّة فِي بَاب بَوْل الدَّم. وَإِذا كَانَ فِي الْبَوْل مثل علق أَحْمَر وَالْمَرِيض مطحول ذبل طحاله. وَاعْلَم أَنه لَا يخرج فِي علل المثانة دم كثير لِأَن عروقها مُخَالطَة مندسة فِي جرمها ضيقَة قَليلَة. وَأما دلَالَة الرسوب من كميته فإمَّا من كثرته وقلّته وَيدل على كَثْرَة السَّبَب الْفَاعِل لَهُ وقلته وَإِمَّا من مِقْدَاره فِي صغره وَكبره كَمَا ذَكرْنَاهُ فِي الرسوب الخراطي. وَأما دلَالَته من كيفيته فإمَّا من لَونه فَإِن الْأسود مِنْهُ دَلِيل رَدِيء على الْأَقْسَام الَّتِي ذكرنَاهَا وأسلمه مَا كَانَ الرسوب أسود والمائية لَيست بسوداء والأحمر يدل على الدموية وعَلى التخم والأصفر على شدَّة الْحَرَارَة وخبث الْعلَّة والأبيض مِنْهُ مَحْمُود على مَا قُلْنَا وَمِنْه مَذْمُوم مخاطي ومدي أَو رغوي مضاد للنضج والأخضر أَيْضا طَرِيق إِلَى الْأسود. وَأما من رَائِحَته فعلى مَا سلف وَأما من وَضعه فَمن ملاسته وتشتته فَإِن الملاسة والاستواء فِي الرسوب الْمَحْمُود أَحْمد وَفِي المذموم أردأ.

والتشتّت يدل على رِيَاح وَضعف هضم. وَأما دلَالَته من مَكَانَهُ فَهُوَ إِمَّا أَن يكون عافياً وَيُسمى غماماً وَإِمَّا مُتَعَلقا وَهُوَ الْوَاقِف فِي الْوسط وَهُوَ أَكثر نضجاً من الأول وَخير الْمُتَعَلّق مَا مَال خمله وهدبه إِلَى أَسْفَل وَإِمَّا راسباً فِي الْأَسْفَل وَهُوَ أحسن نضجاً هَذَا فِي الرسوب الْمَحْمُود. وَأما المذموم فاخفه أصلحه مثل الْأسود وَذَلِكَ فِي الحميات الحادة وَكَذَلِكَ إِذا كَانَ الْخَلْط بلغمياً أَو سوداوياً فالسحابي خير من الراسب فَإِنَّهُ يدل على تلطيفه إِلَّا أَن يكون سَبَب الطفو الرّيح الْكَثِيرَة جدا وَإِذا لم يكن ذَلِك فَإِن الطافي مِنْهُ أسلم ثمَّ الْمُتَعَلّق وشره الراسب وَسبب الطفو حرارة مصعدة أَو ريح. والرسوب المتميز يطفو فِي الغليظ وخصوصاً إِذا خص ويرسب فِي الرَّقِيق خُصُوصا إِذا ثقل وَإِذا ظهر الْمُتَعَلّق والطافي فِي أول الْمَرَض ثمَّ دَامَ دلّ على أَن البحران يكون بالخراج لَكِن النحفاء قد يَنْقَضِي مرضهم برسوب مَحْمُود طَاف أَو متعلّق كَمَا ذكرنَا فِيمَا سلف. والطافي والمتعلق الدسومي إِذا كَانَ شَبِيها بنسج العنكبوت أَو تراكم الزلَال فَهُوَ عَلامَة رَدِيئَة. وكثيراً مَا يظْهر ثفل طَاف غير جيد فيخاف مِنْهُ لكنه يكون ذَلِك ابْتِدَاء النضج ويحول إِلَى الْجَوْدَة ثمَّ يتَعَلَّق ثمَّ يرسب فَيكون دَلِيلا غير رَدِيء. وَأما إِذا تعقبته رسوبات رَدِيئَة فالخوف الَّذِي وَقع مِنْهُ فِي أول الْأَمر وَاجِب وَأما دلَالَة الرسوب من زَمَانه فَإِنَّهُ إِذا بيل فأسرع الرسوب فَهُوَ عَلامَة جَيِّدَة فِي النضج فَإِذا أَبْطَأَ أَو لم يرسب فَهُوَ دَلِيل عدم النضج بِقدر حَاله وَأما الدّلَالَة من هَيْئَة مخالطته فكمَا قُلْنَا فِي ذكر بَوْل الدَّم وَالدَّسم وَأَنت تعلم جَمِيع ذَلِك.

الْفَصْل السَّابِع دَلَائِل كَثْرَة الْبَوْل وقلته الْبَوْل الْقَلِيل الْمِقْدَار يدل على ضعف القوى وَالَّذِي يقل عَن الْمَشْرُوب يدل على تحلل كثير أَو استطلاق بطن واستعداد للاستسقاء. وَكثير الْمِقْدَار قد يدل على ذوبان وعَلى استفراغ فضول ذائبة فِي الْبدن وَيدل على إِصَابَة الْفرق بَينهمَا بِحَال الْقُوَّة. وَالْبَوْل الرَّدِيء اللَّوْن الدَّال على الشَّرّ كلما كَانَ أغزر كَانَ أسلم وَإِذا كَانَ متقطعاً دلّ على الشَّرّ أَكثر كالأسود والغليظ. وَالْبَوْل الْمُخْتَلف الْأَحْوَال الَّذِي تَارَة يبال كثيرا وَتارَة يبال قَلِيلا وَتارَة يحتبس هُوَ دَلِيل جِهَاد مُتْعب من الغريزة وَهُوَ دَلِيل رَدِيء. وَالْبَوْل الغزير فِي الْأَمْرَاض الحادة إِذا لم يعقب رَاحَة فَهُوَ من دَلِيل دق أَو تشنج من التهاب وَكَذَلِكَ الْعرق وَالْبَوْل الَّذِي يقطر فِي الْأَمْرَاض الحادة قَطْرَة قَطْرَة من غير إدرار يدل على آفَة فِي الدِّمَاغ تأدت إِلَى العصب والعضل فَإِن كَانَ الْحمى سَاكِنة وَهُنَاكَ دَلَائِل السَّلامَة أنذر برعاف. وَالْأول على اخْتِلَاط الْعقل وَفَسَاد الذِّهْن. واذا قل بَوْل الصَّحِيح ورق ودام ذَلِك وأحس بثقل ووجع فِي الْقطن دلّ على ورم صلب بنواحي الْكُلية وَإِذا غزر الْبَوْل فِي عِلّة القولنج فَرُبمَا يبشر بإقبال خَاصَّة إِذا كَانَ أَبيض سهل الْخُرُوج.

الْفَصْل الثَّامِن الْبَوْل النضيج الصحي الْفَاضِل هُوَ معتدل القوام لطيف الصَّبْغ إِلَى الأترجية مَحْمُود الرسوب إِن كَانَ فِيهِ على الصّفة الْمَذْكُورَة من الْبيَاض والخفة والملاسة والاستواء وَإستدارة الشكل وَتَكون الرَّائِحَة معتدلة لَا مُنْتِنَة وَلَا خامدة وَمثل هَذَا الْبَوْل إِذا رُؤِيَ فِي مرض فِي غَايَة الحدة دفْعَة دلّ على إفراق يكون فِي الْيَوْم الثَّانِي وَأَنت تعرف ذَلِك.

الْفَصْل التاسع أَبْوَال الْإِنْسَان الْأَطْفَال أبوالهم تضرب إِلَى اللبنية من جِهَة غذائهم ورطوبة مزاجهم وَيكون أميل إِلَى الْبيَاض. وَالصبيان بَوْلهمْ أغْلظ وأثخن من بَوْل الشبَّان وَأكْثر بثوراً وَقد ذكرنَا هَذَا من قبل. وَبَوْل الشبَّان إِلَى النارية واعتدال القوام. وَبَوْل الكهول إِلَى الْبيَاض والرقة وَرُبمَا كَانَ غليظاً بِحَسب فضول فِيهِم يَأْكُثر استفراغها. وَبَوْل الْمَشَايِخ أَشد رقة وبياضاً ويعرض لَهُم الغلظ الْمَذْكُور ندرة. لماذا كَانَ بَوْلهمْ شَدِيد الغلظ كَانُوا بِعرْض حُدُوث الْحَصَاة فيهم.

الْفَصْل الْعَاشِر أَبْوَال النِّسَاء وَالرِّجَال بَوْل النِّسَاء على كل حَال أغْلظ وَأَشد بَيَاضًا وَأَقل رونقاً من بَوْل الرِّجَال وَذَلِكَ لِكَثْرَة فضولهن وَضعف هضمهن وسعة منافذ مَا ينْدَفع عَنْهُن وَلما يتحَلّل إِلَى آلَات أبوالهن من أرحامهن. ثمَّ اعْلَم أَن بَوْل الرِّجَال إِذا حركته فكدر مَالَتْ كدرته إِلَى فَوق وَهُوَ فِي الْأَكْثَر يكدر. وَبَوْل النِّسَاء لَا يكدره التحريك لقلَّة تميزه وَيكون فِي الْأَكْثَر على رَأسه زبد مستدير وَإِن تكدر كَانَ قَلِيل الكدر. وَبَوْل الرجل على أثر جماعه فِيهِ خيوط منتسج بَعْضهَا فِي بعض. وَبَوْل الحبالى صَاف عَلَيْهِ ضباب فِي رَأسه وَرُبمَا كَانَ على لون مَاء الحمص وَمَاء الْأَكَارِع أصفر فِيهِ زرقة وعَلى رَأسه ضباب وَكَيف كَانَ فيرى فِي وَسطه كقطن منفوش وَكثيرًا مَا يكون مثل الْحبّ ينزل ويصعد. وَإِن كَانَت الزرقة شَدِيدَة الظُّهُور فَهُوَ أول الْحمل وَأَن كَانَ بدلهَا حمرَة فَهُوَ آخِره وخصوصاً إِذا كَانَ يتكدر بالتحريك. وَبَوْل النُّفَسَاء فِي الْأَكْثَر يكون أسود فِيهِ كالمداد والسخام.

الْفَصْل الْحَادِي عشر أَبْوَال الْحَيَوَانَات للامتحان وَبَيَان مخالفتها لأبوال النَّاس فَنَقُول: رُبمَا انْتفع الطَّبِيب عِنْد وُقُوفه على أَبْوَال الْحَيَوَانَات فِيمَا يجرب بِهِ إِذا اتّفق أَن أصَاب وَذَلِكَ عسر قَالُوا: إِن بَوْل الْجمال يكون فِي القارورة كالسمن الذائب مَعَ كدورة وَغلظ من خَارج وَبَوْل الدَّوَابّ يُشبههُ لكنه أصفى ويخيل أَن نصف قارورته الْأَعْلَى صَاف وَنصفه الْأَسْفَل كدر. وَبَوْل الْغنم أَبيض فِي صفرَة قريب من بَوْل النَّاس وَلَكِن لَيْسَ لَهُ قوام وثقله كالدهن أَو كثفل الدّهن وَكلما كَانَ غذاؤه أَجود فَهُوَ أصفى. وَبَوْل الظبي يشبه بَوْل الْغنم.

الْفَصْل الثَّانِي عشر أَشْيَاء سيالة تشبه الأبوال والتفرقة بَينهَا وَبَين الأبوال اعْلَم أَن السكنجبين وَجَمِيع السيّالات من مَاء الْعَسَل وَمَاء التِّين وَغير ذَلِك من مَاء الزَّعْفَرَان وَنَحْوه كلما قربت مِنْهُ ازدادت صفاء. وَالْبَوْل بِالْخِلَافِ. وَمَاء الْعَسَل أصفر الزّبد وَمَاء التِّين يرسب ثفله من جَانب لَا فِي الْوسط وَلَا بالهندام وَلَا حَرَكَة لَهُ. فَلْيَكُن هَذَا الْمبلغ كَافِيا فِي ذكر أَحْوَال الْبَوْل. وسيأتيك فِي الْكتب الْجُزْئِيَّة تَفْصِيل آخر للبول.

الْفَصْل الثَّالِث عشر دَلَائِل البرَاز البرَاز قد يسْتَدلّ من كميته بِأَن ينظر أَنه أقل من المطعوم أَو أَكثر أَو مسَاوٍ وَمن الْمَعْلُوم أَن زِيَادَته بِسَبَب أخلاط كَثِيرَة وقلته لقلتها أَو لاحتباس كثير مِنْهُ فِي الْأَعْوَر والقولون أَو اللفائف وَذَلِكَ من مُقَدمَات القولنج وَيدل على ضعف الْقُوَّة الدافعة وَقد يسْتَدلّ من قوامه: فيدل الرطب مِنْهُ إِمَّا على سدد وَإِمَّا على سوء هضم وَقد يدل على ضعف من الجداول فَلَا تمتص الرُّطُوبَة وَقد يكون لنزلات من الرَّأْس أَو لتناول شَيْء مرطب للبراز. وَأما اللزوجة من الرطب فقد تدل على الذوبان وَذَلِكَ يكون مَعَ نَتن وَقد تدلّ على كَثْرَة أخلاط رَدِيئَة لزجة وَذَلِكَ لَا يكون مَعَ فضل نَتن وَقد تدل على أغذية لزجة تنوولت غير قَليلَة مَعَ حرارة قَوِيَّة فِي المزاج لم يجد بَينهمَا الهضم. أما الزُّبْدِيُّ مِنْهُ فَإِنَّهُ يدل على غليان من شدَّة الْحَرَارَة أَو على مُخَالطَة من رياح كَثِيرَة.

وَأما الْيَابِس من البرَاز فيدل على تَعب وتحلل أَو على كَثْرَة درور الْبَوْل أَو على حرارة نارية أَو يبس أغذية أَو طول لبث فِي المعي على مَا سنصفه فِي بَابه وَإِذا خالط الْيَابِس الصلب رُطُوبَة دلّ على أَن يبسه لطول احتباسه فِي رطوبات مَانِعَة لَهُ من البروز وَعدم مرار لاذع معجل وَإِذا لم يكن هُنَاكَ طول احتباس وَلَا عَلَامَات رُطُوبَة فِي الأمعاء فالسبب فِيهِ انصباب فضل صديدي لاذع انصب من الكبد مِمَّا يَلِيهِ وَلم يُمْهل بلذعه ريث أَن يخْتَلط. وَقد يسْتَدلّ من لون البرَاز: ولونه الطبيعي نَارِي خَفِيف النارية فان اشْتَدَّ دلّ على كَثْرَة المرار وَإِن نقص دلّ على الفجاجة وَعدم النضج وَإِن أَبيض فَرُبمَا كَانَ بياضه بِسَبَب سدة من مجْرى المرار فيدل ذَلِك على يرقان وَإِن كَانَ مَعَ الْبيَاض قيح لَهُ ريح المدة فَإِنَّهُ يدلّ على انفجار دبيلة. وَكثيرًا مَا يجلس الصَّحِيح المتدع التارك للرياضة صديدياً ومدياً فَيكون ذَلِك استنقاء وَاعْلَم أَن اللَّوْن الناري المفرط جدا من البرَاز كثيرا مَا يدل فِي وَقت مُنْتَهى الْأَمْرَاض على النضج وَكثيرًا مَا يدل على رداءة الْحَال وَالْأسود يدلّ على مثل دَلَائِل الْبَوْل الْأسود فَإِنَّهُ يدل على احتراق شَدِيد أَو على نضج مرض سوداوي أَو على تنَاول صابغ أَو على شرب مستفرغ للسوداء. وَالْأول هُوَ الرَّدِيء

والكائن عَن السَّوْدَاء الصّرْف لَيْس يَكْفِي أَن يسْتَدلّ عَلَيْهِ من لَونه بل من حموضته وعفوصته وغليان الأَرْض مِنْهُ وَهُوَ رَدِيء برازاً أَو قيأً وَمن خواصه أَن لَهُ بريقاً. وَبِالْجُمْلَةِ فَإِن الْخَلْط السوداوي الصّرْف قَاتل فِي أَكثر الْأَمر لِخُرُوجِهِ أَي دَلِيل على الْهَلَاك.

وَأما الكيموس الاسود فكثيراً مَا يَقع خُرُوجه وَذَلِكَ لِأَن خُرُوج السَّوْدَاء الاصلية يدل على غَايَة احتراق الْبدن وفناء رطوباته. وَأما البرَاز الْأَخْضَر فَإِنَّهُ يدلّ على انطفاء الغريزة والكمد كَذَلِك وَقد يسْتَدلّ من هَيْئَة البرَاز أَيْضا فِي الضمود والانتفاخ فَإِن الانتفاخ كزبل الْبَقر يدلّ على ريح وَقد يسْتَدلّ من وقته فَإِن البرَاز إِذا أسْرع خُرُوجه وَتقدم الْعَادة فَهُوَ دَلِيل رَدِيء يدل على كَثْرَة مرَارَة وَضعف قوّة ماسكة وَإِن أَبْطَأَ خُرُوجه دلّ على ضعف الهاضمة وَبرد الأمعاء وَكَثْرَة الرُّطُوبَة. وَالصَّوْت يدل على ريَاح نافخة والألوان الْمُنكرَة والمختلفة رَدِيئَة وسنذكرها فِي الْكتاب الجزئي. وَأفضل البرَاز الْمُجْتَمع الْمُتَشَابه الْأَجْزَاء الشَّديد اخْتِلَاط المائية باليبوسة الَّذِي ثخنه كثخن الْعَسَل وَهُوَ سهل الْخُرُوج لَا يلذع ولونه إِلَى الصُّفْرَة غير شَدِيد النتن وَلَا دعامة غير فِي بقابق وقراقر وَغير ذِي زبدية وَهُوَ الَّذِي خُرُوجه فِي الْوَقْت الْمُعْتَاد بِمِقْدَار تقارب الْمَأْكُول فِي الكمية. وَاعْلَم أَنه لَيْسَ كل اسْتِوَاء برَاز مَحْمُود وَلَا كل ملاسة فَإِنَّهُمَا رُبمَا كَانَا للنضج الْبَالِغ الْمُتَشَابه فِي كل جُزْء وَرُبمَا كَانَا لاحتراق وذوبان متشابه وهما حِينَئِذٍ من شَرّ العلامات. وَاعْلَم أَن البرَاز المعتدل القوام الَّذِي هُوَ الى الرقة انما يكون مَحْمُودًا إِذا لم يكن مَعَ قراقر ريَاح وَلَا كَانَ مُنْقَطع الْخُرُوج قَلِيلا قَلِيلا وَإِلَّا فيجوز أَن يكون اندفاعه لصديد يخالطه مزعج فَلَا يذره يجْتَمع هَذَا وَقد يُرَاعِي عَلَامَات تظهر فِي الْعُرُوق وَفِي أَشْيَاء أخر إِلَّا أَن الْكَلَام فِيهَا أخص بالْكَلَام الجزئي وَكَذَلِكَ نجد فِي الْكَلَام الجزئي فضل شرح لأمر البرَاز وَالْبَوْل وَغير ذَلِك فَافْهَم جَمِيع مَا بَينا.

الْفَنّ الثَّالِث يشْتَمل على فصل وَاحِد وَخَمْسَة تعاليم

الْفَصْل الْمُفْرد فِي سَبَب الصِّحَّة وَالْمَرَض وضرورة الْمَوْت اعْلَم أَن الطبّ يَنْقَسِم بِالْقِسْمَةِ الأولى إِلَى جزأين: جُزْء نَظَرِي وجزء عَمَلي وَكِلَاهُمَا علم وَنظر لَكِن الْمَخْصُوص بِاسْم النظري هُوَ الَّذِي يُفِيد علم آراء فَقَط من غير أَن يُفِيد علم عمل الْبَتَّةَ مثل الْجُزْء الَّذِي يعلم فِيهِ أَمر الأمزاج والأخلاط والقوى وأصناف الْأَمْرَاض والأعراض والأسباب. والمخصوص باسم العملي هُوَ الَّذِي يُفِيد علم كَيْفيَّة الْعَمَل وَالتَّدْبِير مثل الْجُزْء الَّذِي يعلمك أَنَّك كَيفَ تحفظ صِحَّة بدن بِحَال كَذَا أَو كَيفَ تعالج بدناً بِهِ مرض كَذَا وَلَا تَظنن أَن الْجُزْء العملي هُوَ الْمُبَاشرَة وَالْعَمَل بل الْجُزْء الَّذِي يتعقم فِيهِ علم الْمُبَاشرَة وَالْعَمَل وَكُنَّا قد عرفناك هَذَا فِيمَا سلف وَقد فَرَغْنَا فِي الْفَنّ الأول من الْجُزْء النظري الْكُلِّي من الطِّبّ. وَنحن نصرف ذكرنَا فِي الباقيين إِلَى الْجُزْء العملي مِنْهُ على نَحْو كلي. والجزء العملي مِنْهُ يَنْقَسِم قسمَيْنِ: أحدهما: علم تَدْبِير الْأَبدَان الصَّحِيحَة أَنه كَيفَ يحفظ عَلَيْهَا صِحَّتهَا وَذَلِكَ يُسمى علم حفظ الصِّحَّة. وَنحن نبدأ ونكتب فِي هَذَا الْفَنّ موجزاً من الْكَلَام فِي حفظ الصِّحَّة فَنَقُول: إِنَّه لما كَانَ المبدأ الأول لتكون أبداننا شَيْئَيْنِ: أحدهما: الْمَنِيّ من الرجل والأصحّ من أمره أَنه قَائِم مقَام الْفَاعِل. وَالثَّانِي: مني الْمَرْأَة وَدم الطمث وَالأَصَح

من أمره أنه قائِم مقام الْمَادَّة. وَهَذَانِ الجوهران مشتركان فِي أن كل وَاحِد مِنْهُمَا سيال رطب وَإِن اخْتلفَا بعد ذَلِك وَكَانَت المائية والأرضية فِي الدَّم ومني الْمَرْأَة أَكثر. والهوائية والنارية فِي مني الرجل أغلب وَجب أَن يكون أول انْعِقَاد هذين انعقاداً رطبا وَإِن كَانَت الأرضية والنارية موجودتين أَيْضا فِيمَا تكون مِنْهُمَا وَكَانَت الأرضية بِمَا فِيهَا من الصلابة والنارية بِمَا فِيهَا من الإنضاج قد تعاونا فصلبتا المنعقد وعقدتاه فضل تصليب وتعقيد لكنه لَيْسَ يبلغ ذَلِك حدُّ انْعِقَاد الْأَجْسَام الصلبة مثل الْحِجَارَة والزجاج حَتَّى لَا يتَحَلَّل مِنْهُمَا شَيْء أَو يكون يتحلّل شَيْء غير محسوس فيكون فِي أمن من الأفات الْعَارِضَة لسَبَب التَّحَلُّل دَائِم أَو طَوِيل الزَّمَان جدا. وَلَيْسَ الْأَمر هَكَذَا وَلذَلِك فَإِن أبداننا معرضة لنوعين من الْآفَات وكل وَاحِد مِنْهُمَا لَهُ سَبَب من دَاخل وَسبب من خَارج.

وَأحد نَوْعي الافة هُوَ تحفل الرُّطُوبَة الَّتِي مِنْهَا خلقنَا وَذَا وَاقع بالتدريج. وَالثَّانِي تعفّن الرُّطُوبَة وفسادها وتغيّرها عَن الصلوح لإمداد الْحَيَاة وَهَذَا غير الْوَجْه الأول وَإِن كَانَ يُؤَدِّي تأدية ذَلِك إِلَى الْجَفَاف بِأَن يفْسد أَولا الرُّطُوبَة وَيُخَالف هَيْئَة صلوحيتها لأبداننا ثمَّ آخر الْأَمر يتَحَلَّل عَن التعفّن فَإِن العفونة تفِيد أَولا الرُّطُوبَة ثمَّ تحللها وَتذر الشَّيْء الْيَابِس الرَّمَادِي. وَهَاتَانِ الآفتان خارجتان عَن الْآفَات اللاحقة من أَسبَاب أُخْرَى كالْبردِ المجمد والسموم وأنواع تفرق الِاتِّصَال المهلك وَسَائِر الْأَمْرَاض. ولكنّ النَّوْعَيْنِ الْمَذْكُورين أخص تسخيناً هَذَا وَأَحْرَى أَن نعتبرهما فِي حفظ الصِّحَّة وكل وَاحِد مِنْهُمَا يَقع من أَسبَاب خَارِجَة وَمن أَسبَاب باطنة. أما الْأَسْبَاب الْخَارِجَة: فَمثل الْهَوَاء الْمُحَلّل والمعفّن. وَأما الْأَسْبَاب الْبَاطِنَة: فَمثل الْحَرَارَة الغريزية الَّتِي فِينَا المحلّلة لرطوباتنا والحرارة الغريبة المتولدة فِينَا عَن أغذيتنا وَغَيرهَا المتعفنة. وَهَذِه الْأَسْبَاب كلهَا متعاونة على تجفيفنا بل أول أستكمالنا وبلوغنا وتمكننا من أفاعيلنا يكون بجفاف كثير يعرض لنا ثمَّ يسْتَمر الْجَفَاف إِلَى أَن يتم وَهَذَا الْجَفَاف الَّذِي يعرض لنا أمر ضَرُورِيّ لَا بُد مِنْهُ فَإنَّا من أول الْأَمر مَا نَكُون فِي غَايَة الرُّطُوبَة وَيجب لَا محَالة أَن تكون حرارتنا مستولية عَلَيْهَا وَإِلَّا احتقنت فِيهَا فَهِيَ تفعل فِيهَا لَا محَالة دائمة وتجففها دَائِما وَيكون أول مَا يظْهر من تجفيفها هُوَ إِلَى الِاعْتِدَال ثمَّ إِذا بلغت أبداننا إِلَى الْحَد المعتدل من الْجَفَاف والحرارة بِحَالهَا لَا يكون التجفيف بِقدر التجفيف الأول بل أقوى لِأَن الْمَادَّة أقل فَهِيَ أقبل فَيُؤَدِّي لَا محَالة إِلَى أَن يزْدَاد التجفيف على المعتدل فَلَا يزْدَاد لَا محَالة إِلَى أَن تفنى الرطوبات فتَصِير الْحَرَارَة الغريزية بِالْعرضِ سَببا لإطفاء نَفسهَا إِذْ صَارَت سَببا لإفناء مادتها كالسراج الَّذِي يطفأ إِذا أفنيت مادته وَكلما أَخذ التجفيف فِي الزِّيَادَة أخذت الْحَرَارَة فِي النُّقْصَان فعرض دَائِما عجز مُسْتَمر إِلَى الإمعان وَعجز عَن استبدال الرُّطُوبَة بدل مَا يتَحَلَّل متزايداً دَائِما فَيَزْدَاد التجفيف من وَجْهَيْن: أَحدهمَا: لتناقص لُحُوق الْمَادَّة وَالْآخر لتناقص الرُّطُوبَة فِي نَفسهَا بتحليل الْحَرَارَة فَيَزْدَاد ضعف الْحَرَارَة لاستيلاء اليبوسة على جَوْهَر الْأَعْضَاء ونقصان الرُّطُوبَة الغريزية الَّتِي هِيَ كالمدة وكالدهن للسراج لِأَن السراج لَهُ رطوبتان مَاء ودهن يقوم بِأَحَدِهِمَا وينطفىء بِالْآخرِ كَذَلِك الْحَرَارَة الغريزية تقوم بالرطوبة الغريزية وتختنق بالغريبة وازدياد الرُّطُوبَة الغريبة الَّتِي هِيَ عَن ضعف الهضم الَّتِي هِيَ كالرطوبة امائية للسراج فَإِذا تمّ الْجَفَاف طفئت الْحَرَارَة وَكَانَ الْمَوْت الطبيعي. وَإِنَّمَا بَقِي الْبدن مُدَّة بَقَائِهِ لَا لِأَن الرُّطُوبَة الطَّبِيعِيَّة الأولية قاومت تَحْلِيل حرارة الْعَالم وحرارة بدنه فِي غريزته وَمَا يحدث

من حركاته هَذِه المقاومة المديدة فَإِنَّهَا أَضْعَف مقاومة من ذَلِك لَكِن إِنَّمَا أَقَامَهَا الِاسْتِبْدَال بدل مَا يتَحَلَّل مِنْهَا وَهُوَ الْغذَاء. ثمَّ قد بَينا أَن الْغذَاء إِنَّمَا تتصرّف فِيهِ الْقُوَّة وتستعمله إِلَى حد وصناعة حفظ الحصّة لَيست صناعَة تضمن الأمان عَن الْمَوْت وَلَا تخلص الْبدن عَن الأفات الْخَارِجَة وَلَا أَن تبلغ بِكُل بدن غَايَة طول الْعُمر الَّذِي يجب الْإِنْسَان مُطلقًا بل إِنَّمَا تضمن أمرين: منع العفونة أصلا وحماية الرُّطُوبَة كي لَا يسْرع إِلَيْهَا التحلّل وَفِي قوتها أن تبقى إِلَى مُدَّة تقتضيها بِحَسب مزاجها الأول وَيكون ذَلِك بِالتَّدْبِيرِ الصَّوَاب فِي استبدال الْبدن بدل مَا يتحلّل مِقْدَار الْمُمكن.

وَالتَّدْبِير الْمَانِع من اسْتِيلَاء أَسبَاب مُعجلَة للتجفيف دون الْأَسْبَاب الْوَاجِبَة للتجفيف وبالتدبير المحرز عَن تولّد العفونة لحماية الْبدن وحراسته عَن اسْتِيلَاء حرارة غَرِيبَة خَارِجا أَو دَاخِلا إِذْ لَيست الْأَبدَان كلهَا مُتَسَاوِيَة فِي قُوَّة الرُّطُوبَة الْأَصْلِيَّة والحرارة الْأَصْلِيَّة بل الْأَبدَان مُخْتَلفَة فِي ذَلِك وَلكُل بدن حد فِي مقاومة الْجَفَاف الْوَاجِب يَقْتَضِيهِ مزاجه وحرارته الغريزية. وَمِقْدَار رطوبته الغريزية لَا يتعداه وَلَكِن قد يسْبق بِوُقُوع أَسبَاب مُعينَة على التجفيف أَو مهلكة بِوَجْه آخر وَكثير من النَّاس يَقُول: إِن الْآجَال الطبيعية هِيَ هَذِه وَإِن الْآجَال العرضية هِيَ الآخرى وَكَأن صناعَة حفظ الصِّحَّة هِيَ المبلغة بدن الْإِنْسَان هَذَا السنّ الَّذِي يُسمى أَجَلًا طبيعياً على حفظ للملائمات وَقد وكل بِهَذَا الْحِفْظ قوتان يَخْدُمُهُمَا الطَّبِيب: إِحْدَاهمَا طبيعية: وَهِي الغاذية فتخلف بدل مَا يتَحَلَّل من الْبدن الَّذِي جوهره إِلَى الأرضية والمائية. وَالثَّانيَة حيوانية: وَهِي الْقُوَّة النابضة لتخلف بدل مَا يتَحَلَّل من الرّوح الَّذِي جوهره هوائي نَارِي. وَلما لم يكن الْغذَاء شَبِيها بالمغتذي بِالْفِعْلِ خلقت الْقُوَّة الْمُغيرَة لتغير الأغذية إِلَى مشابهة المغتذيات بل إِلَى كَونهَا غذَاء بِالْفِعْلِ وبالحقيقة وَخلق لذَلِك آلَات ومجار هِيَ للجذب وَالدَّفْع والإمساك والهضم. فَنَقُول: إِن ملاك الْأَمر فِي صناعَة حفظ الصِّحَّة هُوَ تَعْدِيل الْأَسْبَاب الْعَامَّة اللَّازِمَة الْمَذْكُورَة - وَأَكْثَر الْعِنَايَة بهَا هُوَ فِي تَعْدِيل أُمُور سَبْعَة: تَعْدِيل المزاج وَاخْتِيَار مَا يتَنَاوَل وتنقية الفضول وَحفظ التَّرْكِيب وَإِصْلَاح المستنشق وَإِصْلَاح الملبوس وتعديل الحركات الْبَدَنِيَّة والنفسانية. وَيدخل فِيهَا بِوَجْه مَا النّوم واليقظة. وَأَنت تعرف مِمَّا سلف بَيَانه أَنه لَا الِاعْتِدَال حد وَاحِد وَلَا الصِّحَّة وَلَا أَيْضا كل وَاحِد من المزاج دَاخل فِي أَن يكوق صِحَة مَا واعتدالًا مَا فِي وَقت مَا بل الْأَمر بَين الْأَمريْنِ. فلنبدأ أَولا بتدبير الْمَوْلُود المعتدل المزاج فِي الْغَايَة .

التَّعْلِيم الأول التربية وَهُوَ أَرْبَعَة فُصُول:

الْفَصْل الأول تَدْبِير الْمَوْلُود كَمَا يُولد إِلَى أَن ينْهض أما تَدْبِير الْحَوَامِل واللواتي يقارِن الْولادَة فسنكتبه فِي الأقاريل الْجُزْئِيَّة وَأما الْمَوْلُود المعتدل المزاج إِذا ولد فقد قَالَ جمَاعَة من الْفُضَلَاء: أَنه يجب أَن يبْدَأ أول شَيْء بِقطع سرته فَوق أَربع أَصَابِع وتربط بصوف نقي فتل فتلا لطيفاً كي لَا يؤلم وتوضع عَلَيْهِ خرقة مغموسة فِي الزَّيْت. وَمِمَّا أَمر بِهِ فِي قطع السُّرَّة أَن يُؤْخَذ الْعُرُوق الصفر وَدم الْأَخَوَيْنِ والأنزروت والكمون والأشنة والمر أَجزَاء سَوَاء تسحق وَتذر على سرته ويبادر إِلَى تمليح بدنه بِمَاء الْملح الرَّقِيق لتصلب بَشرته وتقوى جلدته. وَأَصْلح الأملاح مَا خالطه

شَيْء من شادنج وقسط وسماق وحلبة وصعتر وَلَا يملح أَنفه وَلَا فَمه. وَالسَّبَب فِي إيثارنا تصليب بدنه أَنه فِي أول الْأَمر يتأذَّى من كل ملاق يستخشنه ويستبرده وَذَلِكَ لرقة بَشرته وحرارته فَكل شَيْء عِنْده بَارِد وصلب وخشن وَإِن احتجنا أَن نكرر تمليحه وَذَلِكَ إِذا كَانَ كثير الْوَسخ والرطوبة فعلنا ثمَّ نغسله بِمَاء فاتر وننقي مَنْخَرَيْهِ دَائِما بأصابع مقلمة الْأَظْفَار ونقطر فِي عَيْنَيْهِ شَيْئا من الزَّيْت ويدغدغ دبره بالخنصر لينفتح ويتوقى أَن يُصِيبهُ برد وَإِذا سَقَطت سرته وَذَلِكَ بعد ثَلَاثَة أَيَّام أَو أَرْبَعَة فالأصوب أَن يذر عَلَيْهِ رماد الصدف أَو رماد عرقوب الْعجل أَو الرصاص المحرق مسحوقاً أَيهمَا كَانَ بالشراب. وَإِذا أردنَا أَن نقمطه فَيجب أَن تبدأ الْقَابِلَة وتمس أعضاءه بالرفق فتعرض مَا يستعرض وتدق مَا يستدق وتشكّل كل عُضْو على أحسن شكله كل ذَلِك بغمز لطيف بأطراف الْأَصَابِع. ويتوالى فِي ذَلِك معاودات مُتَوَالِيَة وتديم مسح عَيْنَيْهِ بِشَيْء كالحرير وغمز مثانته ليسهل انْفِصَال الْبَوْل عَنْهَا ثمَّ نفرش يَدَيْهِ وتلصق ذِرَاعَيْهِ بركبتيه وتعمّمه أَو تقلنسه بقلنسوة مهندمة على رَأسه وتنومه فِي بَيت معتدل الْهَوَاء لَيْسَ ببارد وَلَا حَار وَيجب أَن يكون الْبَيْت إِلَى الظل والظلمة مَا هُوَ لَا يسطع فِيهِ شُعَاع غَالب. وَيجب أَن يكون رَأسه فِي مرقده أَعلَى من سَائِر جسده ويحفر أَن يلوي مرقده شَيْئا من عُنُقه وأطرافه وصلبه. وَيجب أَن يكون إحمامه بِالْمَاءِ المعتدل صيفاً وبالمائل إِلَى الْحَرَارَة الْغَيْر اللاذعة شتاء وَأصْلح وَقت يغسل ويستحم بِهِ هُوَ بعد نَومه الأطول وَقد يجوز أَن يغسل فِي الْيَوْم مرَّتَيْنِ أَو ثَلَاثَة وَأَن ينْقل بالتدريج إِلَى مَا هُوَ أضْرب إِلَى الفتور إِن كَانَ الْوَقْت صيفاً. وَأما فِي الشتَاء فَلَا يفارقن بِهِ المَاء المعتدل الْحَرَارَة وَإِنَّمَا يحمّم مِقْدَار مَا وَيجب أَن يكون أَخذه وَقت الْغسْل على هَذِه الصّفة وَهُوَ أَن يُؤْخَذ بِالْيَدِ الْيُمْنَى على الذِّرَاع الْأَيْسَر معتمداً على صَدره دون بَطْنه ويجتهد فِي وَقت الْغسْل أَن تمس راحتاه ظَهره وَقدمه رَأسه بلطف وبرفق ثمَّ تنشفه بِخرقَة ناعمة وتمسحه بالرفق وتضجعه أَولا على بَطْنه ثمَّ على ظَهره وَلَا يزَال مَعَ ذَلِك يمسح ويغمز وَيشكل ثمَّ يرد فيعصب فِي خرقَة ويقطر فِي أَنفه الزَّيْت العذب فَإِنَّهُ يغسل عَيْنَيْهِ وصبقاتها.

الْفَصْل الثَّانِي تَدْبِير الْإِرْضَاع وَالنَّقْل أما كَيْفيَّة إرضاعه وتغذيته فَيجب أَن يرضع مَا أمكن بِلَبن أمه فَإِنَّهُ أشبه الأغذية بجوهر مَا سلف من غذائه وَهُوَ فِي الرَّحِم أَعنِي طمث أمه فَإِنَّهُ بِعَيْنِه هُوَ المستحيل لَبَنًا وَهُوَ أقبل لذَلِك وآلف لَهُ حَتَّى إِنَّه قد صَحَّ بالتجربة أَن لقامه حلمة أمه عَظِيم النَّفْع جدا فِي دفع مَا يُؤْذِيه وَيجب أَن يكتفى بإرضاعه فِي الْيَوْم مرَّتَيْنِ أَو ثَلَاثًا وَلَا يبْدَأ فِي أول الْأَمر فِي إرضاعه بإرضاع كثير على أَنه يسْتَحبّ أَن تكون من ترضعه فِي أول الْأَمر غير أمه حَتَّى يعتدل مزاج أمه والأجود أَن يلعق عسلاً ثمَّ يرضع. وَيجب أَن يحلب من اللَّبن الَّذِي يرضع مِنْهُ الصَّبِي فِي أول النَّهَار حلبتان أَو ثَلَاثَة ثمَّ يلقم الحلمة وخصوصاً إِذا كَانَ بِاللَّبنِ عيب وَالْأولَى بِاللَّبنِ الرَّدِيء والحريف أَن لَا ترضعها الْمُرضعَة وَهِي على الرِّيق وَمَعَ ذَلِك فانه من الْوَاجِب أَن يلْزم الطِّفْل شَيْئَيْنِ نافعين أَيْضا لتقوية مزاجه: أَحدهمَا: التحريك اللَّطِيف وَالْآخر: الموسيقى والتلحين الَّذِي جرت بِهِ الْعَادة لتنويم الْأَطْفَال. وبمقدار قبُوله لذَلِك يُوقف على تهيئة للرياضة والموسيقى: أَحدهمَا ببدنِهِ وَالْآخر بنفسِهِ فَإِن مَنَعَ عَن إرضاعة لبن والدته مَانع من ضعف وَفَسَاد لبنهَا أَو ميله إِلَى الرقة فَيَنْبَغِي أَن يخْتَار لَهُ مُرضعَة على الشَّرَائِط الَّتِي نصفهَا بَعْضهَا

فِي سنّهَا وَبَعضهَا فِي سحنتها وَبَعضهَا فِي أخلاقها. وَبَعضهَا فِي هَيْئَة ثديها وَبَعضهَا فِي كَيْفيَّة لَبنهَا وَبَعضهَا فِي مِقْدَار مُدَّة مَا بَينهَا وَبَين وَضعهَا وَبَعضهَا من جنس مولودها وَإِذا أصبت شرائطها فَيجب أَن يجاد غذاؤها فَيجْعَل من الْحِنْطَة والخندريس وَلُحُوم الخرفان والجداء والسمك الَّذِي لَيْسَ بعفن اللَّحْم وَلَا صلبه. والخس غذَاء مَحْمُود واللوز أَيْضا والبندق .

وشرّ الْبُقُول لَهَا الجرجير والخردل والباذروج فَإِنَّهُ يفْسد اللَّبن وَفِي النعناع قُوَّة من ذَلِك. وَأما شَرَائِط الْمُرْضع فسنذكرها: ونبدأ بشريطة سنّهَا فَنَقُول: إِن الْأَحْسَن أَن يكون مَا بَين خمس وَعشْرين سنة إِلَى خمس وَثَلَاثِينَ سنة فَإِن هَذَا هُوَ سنّ الشَّبَاب وَسن الصِّحَّة والكمال. وَأما فِي شريطة سحنتها وتركيبها فَيجب أَن تكون حَسَنَة اللَّوْن قَوِيَّة الْعُنُق والصدر واسعته عضلانية صلبة اللَّحْم متوسطة فِي السّمن والهزال لحمانية لَا شحمانية. وَأما فِي أخلاقها فَأن تكون حَسَنَة الْأَخْلَاق محمودتها بطيئة عَن الانفعالات النفسانية الرَّديئَة من الْغَضَب وَالْغَم والجبن وَغير ذَلِك فَإِن جَمِيع ذَلِك يفْسد المزاج وَرُبمَا أعدى بِالرّضَاعِ وَلِهَذَا نهى رَسُول الله صلى الله عليه وسلم عَن استظئار الْمَجْنُونَة على أَن سوء خلقهَا أَيْضا مِمَّا يسلك بهَا سوء الْعِنَايَة بتعهّد الصَّبِي وإقلال مداراته. وَأما فِي هَيْئَة ثديها فَأن يكون ثديها مكتنزاً عَظِيما وَلَيْسَ مَعَ عظمه بمسترخ وَلَا يَنْبَغِي أَيْضا أَن يكون فَاحش الْعظم وَيجب أَن يكون معتدلاً فِي الصلابة واللين.

وَأما فِي كَيْفيَّة لَبنهَا فَأن يكون قوامه معتدلاً ومقداره معتدلاً ولونه إِلَى الْبيَاض لَا كمد وَلَا أَخْضَر وَلَا أصفر وَلَا أَحْمَر ورائحته طيّبة لَا ونة فِيهَا وَلَا عفونة. وطعمه إِلَى الْحَلَاوَة لَا مرَارَة فِيهِ وَلَا ملوحة وَلَا حموضة وَإِلَى الْكَثْرَة مَا هُوَ وأجزاؤه متشابهة فَحِينَئِذٍ لَا يكون رَقِيقا سيالاً وَلَا غليظاً جدا جبنياً وَلَا مُخْتَلف الْأَجْزَاء وَلَا كثير الرغوة وَقد يجرب قوامه بالتقطير على الظفر فَإِن سَالَ فَهُوَ رَقِيق وَإِن وقف عَن الإسالة من الظفر فَهُوَ ثخين. ويجرب أَيْضا فِي زجاجة بِأَن يلقي عَلَيْهِ شَيْء من المر ويحرك بالأصبع فيعرف مِقْدَار جبنيته ومائيته فَإِن اللَّبن الْمَحْمُود هُوَ المتعادل الجبنية والمائية فَإِن اضْطر إِلَى من لَبنهَا لَيْسَ بِهَذِهِ الصّفة دبر فِيهِ من وَجه السَّقْي وَمن علاج الْمُرضعَة. أما من وَجه السَّقْي فَمَا كَانَ من الألبان غليظاً كريه الرَّائِحَة فالأصوب أَن يسقى بعد حلب ويعرض للهواء وَمَا كَانَ شَدِيد الْحَرَارَة فالأصوب أَن لَا يسقى على الرِّيق الْبَتَّةَ. وَأما علاج الْمُرضع فَإِنَّهَا إِن كَانَت غَلِيظَة اللَّبن سقيت من السكنجبين البزوري الْمَطْبُوخ بالملطفات مثل الفودنج والزوفا والحاشا والصعتر الْجبلي تطعمه والطرنج وَنَحْوه وَيجْعَل فِي طعامها شَيْء من الفجل يسير وتؤمر أَن تتقيأ بسكنجبين حَار وَأَن تتعاطى رياضة معتدلة وَإِن كَانَ مزاجها حَار أسقيت السكنجبين مَعَ الشَّرَاب الرَّقِيق مجموعين ومفردين وَإِن كَانَ لَبنهَا إِلَى الرقة رفهت ومنعت الرياضة وغذيت بِمَا يُولد دَمًا غليظاً وَرُبمَا سقوها - إِن لم يكن هُنَاكَ مَانع - شرابًا حلواً أَو عقيد الْعِنَب وتؤمر بِزِيَادَة النّوم فَإِن كَانَ لَبنهَا قَلِيلا تؤمّل السَّبَب فِيهِ هَل هُوَ سوء مزاج حَار فِي بدنهَا كُله أَو فِي ثديها ويتعرف ذَلِك من العلامات الْمَذْكُورَة فِي الْأَبْوَاب الْمَاضِيَة ويلمس الثدي فَإِن دلّ الدَّلِيل على أَن بهَا حرارة غذيت بِمثل كشك الشّعير والأسفاناخ وَمَا أشبهه وَإِن دلّ الدَّلِيل على أَن بهَا برد مزاج أَو سدد أَو ضعف من الْقُوَّة الجاذبة زيد فِي

غذائها اللَّطِيف المائل إِلَى الْحَرَارَة وعلق عَلَيْهَا المحاجم تحت الثديين بِلَا تعنيف وينفع من ذَلِك بزر الجزر. وللجزر نَفسه مَنْفَعَة شَدِيدَة وَإِن كَانَ السَّبَب فِيهِ استقلالها من الْغذَاء غذيت بالأحساء المتخذة من الشّعير والنخالة والحبوب. وَيجب أَن يجْعَل فِي أحسائها وأغذيتها أصل الرازيانج وبزره والشبث والشونيز وَقد قيل: إِن أكل ضروع الضَّأْن والمعز بِمَا فِيهِ من اللَّبن نَافِع جد لهَذَا الشَّأْن لما فِيهِ من المشاكلة أَو لخاصية فِيهِ وَقد جرب أَن يؤخد وزن دِرْهَم من الأرضة أَو من الخراطين المجففة فِي مَاء الشّعير أَيَّامًا مُتَوَالِيَة وَوجد ذَلِك غَايَة وَكَذَلِكَ سلاقة رُؤُوس السّمك المالح فِي مَاء الشبث وَمِمَّا يغزر اللَّبن أَن تُؤْخَذ أُوقِيَّة من سمن الْبَقر فيصبّ فِيهِ شَيْء من شرار صرف وَيشْرب أَو يُؤْخَذ طحين السمسم ويخلط بِالشرابِ ويصفّى ويسقى ويضمد الثديان بثفل الناردين مَعَ زَيْت وَلبن أتان أَو تُؤْخَذ أُوقِيَّة من جوف الباذنجان المسلوق ويمرس بِالشرابِ مرساً ويسقى وتغلى النخالة والفجل فِي الشَّرَاب ويسقى أَو يُؤْخَذ بزر الشبث ثَلَاث أَوَاقٍ وبزر الحندقوقي وبزر الكراث من كل وَاحِد أُوقِيَّة وبزر الرّطبَة والحلبة من كل وَاحِد أوقيتان يخلط بعصارة الرازيانج وَالْعَسَل وَالسمن وَيشْرب مِنْهُ.

وَإِذا كَانَ اللَّبن بِحَيْثُ يُؤْذِي وَيفْسد من الْكَثْرَة لاحتقانه وتكاثفه فينقص بتقليل الْغذَاء وَتَنَاول مَا يقل غذاؤه وبتضميد الصَّدْر وَالْبدن بكمّون وخل أَو بطين حر وخل أَو بعدس مطبوخ بخل وَيشْرب المَاء المالح عَلَيْهِ. وَكَذَلِكَ أستعمال النعناع الْكثير والاستكثار من ذَلِك للثدي يغزر اللَّبن فَأَما اللَّبن الكريه الرَّائِحَة فيعالج بسقي الشَّرَاب الريحاني ومناولة الأغذية الطّيبَة الرَّائِحَة وَأما التَّدْبِير الْمَأْخُوذ من مُدَّة وضع الْمُرْضع فَيجب أَن تكون وِلَادَتهَا قريبَة لَا ذَلِك الْقرب جدا بل مَا بَينهَا وَبَينه شهر وَنصف أَو شَهْرَان وَأَن تكون وِلَادَتهَا لذكر وَأَن يكون وَضعهَا لمُدَّة طبيعية وَأَن لَا تكون أسقطت وَلَا كَانَت مُعْتَادَة الإسْقَاط. وَيجب أَن تُؤمر الْمُرْضع برياضة معتملة وتغذى بأغذية حَسَنَة الكيموس وَلَا تجامع الْبَتَّةَ فَإِن ذَلِك يُحَرك مِنْهَا دم الطمث فيفسد رَائِحَة اللَّبن ويقل مِقْدَاره بل رُبمَا حبلت وَكَانَ من ذَلِك ضَرَر عَظِيم على الْوَلَدَيْنِ جَمِيعًا أما المرتضع فلانصراف اللَّطِيف من اللَّبن إِلَى غذَاء الْجَنِين وَأما الْجَنِين فلقلة مَا يَأْتِيهِ من الْغذَاء لاحتياج الآخر إِلَى اللَّبن.

وَيجب فِي كل إرضاعة وخصوصاً فِي الإرْضَاع الأول أَن يحلب شَيْء من اللَّبن ويسيل وَأَن يعان بالغمز لِئَلَّا تضطره شدَّة المص إِلَى إيلام آلَات الْحلق والمريء فيحجف بِهِ. وَإِن ألعق قبل الإرْضَاع كل مرّة ملعقة من عسل فَهُوَ نَافِع وَإِن مزج بِقَلِيل شراب كَانَ صَوَابا وَلَا يَنْبَغِي أَن يرضع اللَّبن الْكثير دفْعَة وَاحِدَة بل الأصوب أَن يرضع قَلِيلا قَلِيلا متوالياً متوالياً فَإِن ارضاعه الشِّبَع دفْعَة وَاحِدَة رُبمَا ولد تمدداً ونفخة وَكَثْرَة ريَاح وَبَيَاض بَوْل فَإِن عرض ذَلِك فَيجب أَن لَا يرضع ويجوّع شَدِيد أَو يشْتَغل بنومه إِلَى أَن ينهضم ذَلِك وَأكْثر مَا يرضع فِي الْأَيَّام الأول هُوَ فِي الْيَوْم ثَلَاث مَرَّات وَإِن أرْضَعَتْه فِي الْيَوْم الأول غير أمه على مَا قد ذكرنَا كَانَ أصوب وَكَذَلِكَ إِذا عرض للمرضعة مزاج رَدِيء أَو عِلّة مؤلمة أَو إسهال كثير أَو احتباس مؤذ فَالْأولى أَن يتَوَلَّى إرضاعه غَيرهَا إِلَى أَن تستقل وَكَذَلِكَ إِذا أحوجت الضَّرُورَة إِلَى سقيها دَوَاء لَهُ قُوَّة وَكَيْفِيَّة غالبة وَإِذا نَام عقيب الرَّضَاع لم يعنف عَلَيْهِ بتحريك شَدِيد للمهد يخضخض اللَّبن فِي معدته بل يرجح بِرِفْق. والبكاء الْيَسِير قبل الرَّضَاع يَنْفَعهُ والمدة الطبيعية للرضاع سنتان.

واذا اشْتهى الطِّفْل غير اللَّبن أعطي بتدريج وَلم يشدد عَلَيْهِ ثم إذا جعلت ثناياه تظهر إِلَى الْغذَاء الَّذِي هُوَ أقوى بالتدريج من غير أَن يعْطى شَيْئا صلب الممضغ وَأول ذَلِك خبز تمضغه الْمُرْضع ثمَّ خبز بِمَاء وَعسل أَو بشراب أَو بِلَبن ويسقى عِنْد ذَلِك قَلِيل مَاء وَفِي الأحيان مَعَ يسير شراب ممزوج بِهِ وَلَا تدعه يتملأ فَإِن عرض لَهُ كظة وانتفاخ بطن وَبَيَاض بَوْل منعته كل شَيْء. وأجود تغذيته أَن يُؤَخر إِلَى أَن يمرخ ويحمم ثمَّ إذا أفطم نقل إِلَى مَا هُوَ من جنس الأحساء. واللحوم الْخَفِيفَة. وَيجب أَن يكون الْفِطَام بالتدريج لَا دفْعَة وَاحِدَة ويشغل ببلاليط متخذة من خبز وسكر فَإِن ألح على الثدي واسترضع وَبكى فَيجب أَن يُؤْخَذ من المر والفوتنج من كل وَاحِد دِرْهَم يسحق ويطلى مِنْهُ على الثدي.

ونقول بِالْجُمْلَةِ: إن تَدْبِير الطِّفْل هُوَ الترطيب لمشاكلة مزاجه لذَلِك ولحاجته إِلَيْهِ فِي تغذيته ونموه والرياضة المعتدلة الْكَثِيرَة. وَهَذَا كالطبيعي لَهُم فَكَأَن الطبيعة تتقاضاهم بِهِ وَلَا سِيمَا إذا جاوزوا الطفولية إِلَى الصِّبَا فَإِذا أَخذ ينْهض ويتحرك فَلَا يَنْبَغِي أَن يُمكن من الحركات العنيفة وَلَا يجوز أَن يحمل على الْمَشْي أَو الْقعُود قبل انبعاثه إِلَيْهِ بالطبع فَيُصِيب سَاقيه وصلبه آفَة والوَاجِب فِي أول مَا يقْعد ويزحف على الأَرْض أَن يَجْعَل مَقْعَده على نطع أملس لِئَلَّا تخدشه خشونة الأَرْض وينحى عَن وَجهه الْخشب والسكاكين وَمَا أشبه ذَلِك مَا ينخس أَو يقطع ويحمى عَن التزلق من مَكَان عَال وَإِذا جعلت الأنياب تفطر منعُوا كل صلب الممضغ لِئَلَّا تتحلل الْمَادَّة الَّتِي مِنْهَا تتخلق الأنياب بالمضغ الَّذِي يولع بِهِ وَحِينَئِذٍ تمرخ غمورهم بدماغ الأرنب وشحم الدَّجَاج فَإِن ذَلِك يسهل فطورها فَإِذا انغلق عَنْهَا الغمور مرخت رؤوسهم وأعناقهم حِينَئِذٍ بالزيت المغسول مَضْرُوبا بِمَاء حَار وقطر من الزيت فِي آذانهم فَإِذا صَارَت بِحَيْثُ يُمكنهُ أَن يعَض بهَا فَإِنَّهُ يُغرى بأصابعه وعضها فَيجب أَن يعْطى قِطْعَة من أصل السوس الَّذِي لم يجف بعد كثيراً أَو رُبَّه فَإِن ذَلِك ينفع فِي ذَلِك الْوَقْت وينفع من القروح والأوجاع فِي اللثة وَكَذَلِكَ يجب أَن يدلك فَمه بملح وَعسل لِئَلَّا تصيبه هَذِه الأوجاع ثمَّ إذا استحكم نباتها أَيْضا أعْطوا شَيْئا من رب السوس أَو من أَصله الَّذِي لَيْسَ بشديد الْجَفَاف يمسكونه فِي الْفَم ويوافقهم تمريخ أَعْنَاقهم فِي وَقت نَبَات الأنياب بزَيْت عذب أَو دهن عذب وَإِذا أخذُوا ينطقون تعهدوا بإدامة ذَلِك أصُول أسنانهم.

الْفَصْل الثَّالِث الأَمْرَاض الَّتِي تعرض للصبيان وعلاجاتها الْغَرَض الْمُقدم فِي معالجة الصّبيان هُوَ تَدْبِير الْمُرْضع حَتَّى إن حدس أَن بهَا امتلاء من دم فصدت أَو حجمت أَو امتلاء من خلط استفرغ مِنْهَا الْخَلْط أَو احْتِيجَ إِلَى حبس الطبيعة أَو إطْلَاقهَا أَو منع بخار من الرَّأْس أَو إصْلَاح لأعضاء التنفس أَو تَبْدِيل لسوء مزاج عولجت بالمتناولات الْمُوَافقَة لذَلِك. وَإِذا عولجت بإسهال أَو وَقع طبعا بإفراط أَو عولجت بقيء أَو وَقع طبعا وقوعاً قَوِيا فَالْأولى أَن يرضع ذَلِك الْيَوْم غَيرهَا. فلنذكر أمراضاً جزئية تعرض للصبيان فَمن ذَلِك أورام تعرض لَهُم فِي اللثة عِنْد نَبَات الأَسْنَان وأورام تعرض لَهُم عِنْد أوتار فِي نَاحيَة اللحيين وتشنج فِيهَا وَإِذا عرض ذَلِك فَيجب أَن يغمز عَلَيْهَا الأصْبع بالرفق وتمرخ بالدهنيات الْمَذْكُورَة فِي بَاب نَبَات الأَسْنَان. وَزعم بَعضهم أَنه يمضمض بالعسل مَضْرُوبا

بدهن البابونج أَو الْعَسَل مَعَ علك الأنبط وَيسْتَعْمل على الرَّأْس نطول بِمَاء قد طبخ فِيهِ البابونج والشبث. وَمِمَّا يعرض للصبيان استطلاق الْبَطن وخصوصاً عِنْد نَبَات الْأَسْنَان.

زعم بَعضهم أَنه يعرض لِأَنَّهُ يمص فضلا مالحاً قيحياً من لثته مَعَ اللَّبن وَيجوز أَن لَا يكون لذَلِك بل لاشتغال الطبيعة بتخليق عُضْو عَن إجادة الهضم ولعروض الوجع وَهُوَ مِمَّا يمْنَع الهضم فِي الْأَبدَان الضعيفة. والقليل مِنْهُ لَا يجب أَن يشْتَغل بِهِ فَإِن خيف من ذَلِك إفراط تدوركَ بتكميد بَطْنه ببزر الْورْد أَو بزر الكرفس أَو الأنيسون أَو الكمون أَو يضمّد بَطْنه بكمّون وورد مبلولين بخل أَو بجاورس مطبوخ مَعَ قَلِيل خل. وَأَن لم ينجع سقوا من أنفحة الجدي دانقاً بِمَاء بَارِد ويحذر حِينَئِذٍ.من تجبن اللَّبن فِي معدته بِأَن يغذى ذَلِك الْيَوْم مَا يَنُوب عَن اللَّبن مثل النيمبرشت من صفرَة الْبيض ولباب الخبز مطبوخاً فِي مَاء أَو سويق مطبوخاً فِي مَاء. وَقد يعرض لَهُم اعتقال الطبيعة فيشيفون بزبل الفأر أَو شيافة من عسل مَعْقُود وَحده أَو مَعَ فودنج أَو أصل السوسن الأسمانجوني كَمَا هُوَ أَو محرقاً أَو يطعم قَلِيل عسل أَو مِقْدَار حمصة من علك البطم ويمرخ بَطْنه بالزيت تمريخاً لطيفاً أَو تلطخ سرّته بمرارة الْبَقر وبخور مَرْيَم وَرُبمَا عرض بلثته لذع فيكمّد بدهن وشمع. وَاللَّحم المالح العفن يَنْفَعهُ وَرُبمَا عرض لَهُم خَاصَّة عِنْد نَبَات الْأَسْنَان تشنج وَأَكْثَره بِسَبَب مَا يعرض لَهُم من فَسَاد الهضم مَعَ شدَّة ضعف العصب وخصوصاً فِيمَن بدنه عبل رطب فيعالج بدهن إيرسا أَو لدهن السوسن أَو دهن الْحِنَّاء أَو دهن الخيري.

وَرُبمَا عرض كزاز فيعالج بِمَاء قد طبخ فِيهِ قثاء الْحمار أَو بدهن البنفسج مَعَ دهن قثاء الْحمار فَإِن حدس أَن التشنج الْعَارِض بِهِ من يبس لوُقُوعه عقيب الحميات والإسهال العنيف ولحدوثه قَلِيلا قَلِيلا عرقت مفاصله بدهن البنفسج وَحده أَو مَضْرُوبا بِشَيْء من الشمع الْمُصَفّى وصب على دماغهم زَيْت ودهن بنفسج وَغير ذَلِك صبا كثيرا وَكَذَلِكَ إِن عرض لَهُم كزاز يَابِس. وَقد يعرض لَهُم سعال وزكام وَقد أَمر فِي ذَلِك بِمَاء حَار كثير يصب على رَأس من أُصِيب بذلك مِنْهُم ويلطخ لِسَانه بِعَسَل كثير ثمَّ يغمز على أصل لِسَانه بالأصبع ليتقيأ بلغماً كثيرا فيعافى أَو يُؤْخَذ صمغ عَرَبِيّ وكثيراء وَحب السفرجل وَرب السوس وفانيد يسقى مِنْهُ كل يَوْم شَيْئا بِلَبن حليب.

وَقد يعرض للطفل سوء تنفس فَيجب حِينَئِذٍ أَن تدهن أُصُول أُذُنَيْهِ وأصل لِسَانه بالزيت ويقيأ وَكَذَلِكَ يكبس لِسَانه فَهُوَ نَافِع جدا ويقطر الْمَاء الْحَار فِي أَفْوَاههم ويلعقوا شَيْئا من بزر الْكَتَّان بالعسل. وَقد يعرض لَهُم القلاع كثيرا فَإِن غشاء أَفْوَاههم وألسنتهم لين جدا لَا يحْتَمل اللَّمْس لينًا فَكيف جلاء مائية اللَّبن فان ذَلِك يؤذيهم ويورثهم القلاع. وأردأ القلاع الفحمي الْأسود وَهُوَ قَاتل. وأسلمه الْأَبْيَض والأحمر فَيَنْبَغِي أَن يعالجوا بِمَا خص من أدوية القلاع الْمَذْكُورَة فِي الْكتاب الجزئي وَرُبمَا كَفاهُ البنفسج المسحوق وَحده أَو مخلوط بورد وَقَلِيل زعفران أَو الخرنوب وَحده وَرُبمَا كَفاهُ مثل عصارة الخس وعنب الثَّعْلَب والعرفج فَإِن كَانَ أقوى من ذَلِك فَأصل السوس المسحوق وَرُبمَا نفع بثور لثته وقلاعه المر والعفص وقشور الكندر مسحوقة جدا مخلوطة بالعسل وَرُبمَا كَفاهُ رب التوث وَحده الحامض وَرب الحصرم وَقد ينفع من ذَلِك غسله بشراب الْعَسَل أَو مَاء الْعَسَل ثمَّ اتِّبَاعه بِشَيْء مِمَّا

ذكَرْنَاهُ من المجففات فَإِن احْتِيجَ إِلَى مَا هُوَ أقوى فليؤخذ عروق وقشور الرُّمَّان والجلنار والسماق من كل وَاحِد سِتَّة دَرَاهِم وَمن العفص أَرْبَعَة دَرَاهِم وَمن الشبث دِرْهَمَانِ يدق وينخل ويذر.

وَقد يعرض فِي آذانهم سيلان الرُّطُوبَة فَإِن أبدانهم وخصوصاً أدمغتهم رطبَة جدا. فَيجب أَن تغمس لَهُم صوفة فِي عسل وخمر مخلوط بِهِ شَيْء يسير من شب أَو زعفران أَو شمة من نطرون وَيجْعَل فِي آذانهم وربما كفى أَن يغمس صوف فِي شراب عفص وَيسْتَعْمل مَعَ شَيْء من الزَّعْفَرَان وَيجْعَل فِي ذَلِك الشَّرَاب قد يعرض للصبيان كثيرا وجع الْأذن من ريح أَو رُطُوبَة فيعالج بالحضض والصعتر وَالْملح الطبرزد والعدس والمر وَحب الحنظل والأبهل يغلي أَيّمَا كَانَ فِي دهن ويقطر وَرُبمَا عرض فِي دماغ الصّبيان ورم حَار يُسمى العطاس وَقد يصل وَجَعه كثيرا إِلَى الْعين وَالْحلق ويصفر لَهُ الْوَجْه فَيجب حِينَئِذٍ أَن يبرد دماغه ويرطب بقشور القرع وَالْخيَار وَمَاء عِنَب الثَّعْلَب وعصارة البقلة الحمقاء خَاصَّة ودهن الْورْد مَعَ قَلِيل خل وصفرة الْبيض مَعَ دهن الْورْد ويبدل أَيّمَا كَانَ دَائِما وَقد يعرض للصَّبِيّ مَاء فِي رَأسه. وَقد ذكرنَا علاجه فى علل الرَّأْس وَرُبمَا انتفخت عيونهم فيطلى عَلَيْهَا حضض بِلَبن ثمَّ يغسل بطبيخ البابونج وَمَاء الباذروج وَرُبمَا أحدثت كَثْرَة الْبكاء بَيَاضًا فِي حدقتهم فيعالجون بعصارة عِنَب الثَّعْلَب. وَقد يعرض لجفن الصَّبِي سلاق من الْبكاء وَذَلِكَ علاجه أَيْضا عصارة عِنَب الثَّعْلَب. وَقد يصيبهم حميات وَالْأولَى فِيهَا أَن تدثر الْمُرضعَة ويسقى هُوَ أَيْضا مثل مَاء الرُّمَّان مَعَ سكنجبين وَعسل وَمثل عصارة الْخِيَار مَعَ قَلِيل كافور وسكر ثمَّ يعرقون بِأَن يعتصر الْقصب الرطب وَتجْعَل عصارته على الهامة وَالرجل ويدثروا فَإِن هَذَا يعرقهم.

وَرُبمَا عرض لَهُم مغص فيلتوون ويبكون فَيجب أَن يكمد الْبَطن بِالْمَاءِ الْحَار والدهن الْكثير الْحَار بالشمع الْيَسِير. وَقد يعرض لَهُم عطاس متواتر فَرُبمَا كَانَ ذَلِك من ورم فِي نواحي الدِّمَاغ فَإِن كَانَ كَذَلِك عولج الورم بالتبريد والطلاء والتمريخ بالمبردات من العصارات والأدهان وَإِن لم يكن من ورم عرض لَهُم فَيجب أَن ينفخ الباذورج المسحوق فِي مناخرهم. وَقد يعرض لَهُم بثور فِي الْبدن فَمَا كَانَ قرحياً أسود فَهُوَ قتال وَأما الْأَبْيَض فأسلم مِنْهُ وَكَذَلِكَ الْأَحْمَر. وَلَو كَانَ قلاعاً فَقَط لَكَانَ قتالاً فَكيف إِذا بثر وَرُبمَا كَانَت فِي خُرُوجهَا مَنَافِع كَثِيرَة وعَلى كل حَال فيعالجون بالمجففات اللطيفة مجعولة فِي مَائه الَّذِي يغسل بِهِ مطبوخة فِيهِ كالورد والأس وورق شَجَرَة المصطكي والطرفاء. وأدهان هَذِه الْأَشْيَاء أَيْضا.

والبثور السليمة تتْرك حَتَّى تنضج ثمَّ تعالج وَإِن تقرحت اسْتعْمل مرهم مِنْهُم الإسفيداج وَرُبمَا احْتِيجَ إِلَى أَن يغسل بِمَاء الْغسْل مَعَ قَلِيل نطرون وَكَذَلِكَ القلاع فاذا كثفت احْتِيجَ إِلَى مَا هُوَ أقل فَيغسل حِينَئِذٍ بِمَاء البورق نَفسه ممزوجاً بِلَبن ليحتمله فَإِن تنقطت بشرتهم حُمّوا بِمَاء طبيخ الآس والورد والإذخر وورق شَجَرَة المصطكي وَأولى هَذَا كُله إصْلَاح غذَاء الْمُرْضع. وَرُبمَا أحدث كَثْرَة الْبكاء فيهم نتوءاً فِي السُّرَّة أَو أحدث سَببا من أَسبَاب الفتق وَقد أَمر فِي ذَلِك بِأَن يسقى النانخواه ويعجن ببياض الْبيض ويلطخ عَلَيْهِ ويُعلى بِخرقَة كتَّان رقيقَة أَو تبل

حراقة الترمس المز بنبيذ وتشد عَلَيْهِ. وَأقوى مِنْهُ القوابض الحارة مثل المر وقشور السرو وَجوزهُ والأقاقيا وَالصَّبْر وَمَا يُقَال فِي بَاب الفتق. وَرُبمَا عرض للصبيان وخصوصاً عِنْد قطع السرّة ورم فَحِينَئِذٍ يجب أَن يُؤْخَذ الشنكال وَهُوَ الفنجيوس وعلك البطم ويذابان فِي دهن الشيرج ويسقى. مِنْهُ الصَّبِي وتطلى بِهِ سرته. وَقد يعرض للصَّبِيّ أَن لَا ينَام وَلَا يزَال يبكي ويدمدم دمدمة ويضطر ضَرُورَة إِلَى إرقاده فَإِن أمكن أَن ينوّم بقشور الخشخاش وبزره وبدهن الخسّ ودهن الخشخاش وضع على صُدْغه وهامته فَذَلِك وَإِن احْتِيجَ إِلَى أقوى من ذَلِك فَهَذَا الدَّوَاء ونسخته. يُؤْخَذ حب السمنة وَجوز كندم وخشخاش أَبيض وخشخاش أصفر وبزر الْكَتَّان وَالْحب الخوري وبزر العرفج وبزر لِسَان الْحمل وبزر الخس وبزر الرازيانج وأنيسون وكمون يغلى الْجَمِيع قَلِيلا قَلِيلا ويدق وَيجْعَل فِيهَا جُزْء من بزر قطونا مقلواً غير مدقوق ويخلط الْجَمِيع بِمثلِهِ سكرا وويسقى الصَّبِي مِنْهُ قدر دِرْهَمَيْنِ فَإِن أُرِيد أَن يكون أقوى من هَذَا جعل فِيهِ شَيْء من الأفيون قدر ثث جُزْء أَوأقل. وَقد يعرض للصَّبِيّ فوَاق فَيجب أَن يسقى جوز الْهِنْد مَعَ السكر. وَقد يعرض للصَّبِيّ قَيْء مبرح فَرُبمَا نفع مِنْهُ أَن يسقى نصف دانق من القرنفل وَرُبمَا نفع مِنْهُ تضميد المعمة بِشَيْء من حوابس الْقَيْء الضعيفة. وَقد يعرض للصَّبِيّ ضعف الْمعدة فَيجب أَن تلطخ معدته بميسوس بِمَاء الْورْد أَو مَاء الآس ويسقى مَاء السفرجل بِشَيْء من القرنفل والسك أَو قِيرَاط من السك فِي شَيْء يسير من الميبة.

وَقد يعرض للصَّبِيّ أَحْلَام تفزعه فِي نَومه وَأَكْثَره من امتلائه لشدّة نهمته فَإِذا فسد الطَّعَام وأحست المعمة بِهِ تأذى ذَلِك الْأَذَى من الْقُوَّة الحاسة إِلَى الْقُوَّة المصورة والمخيلة فمثلت أحلاماً رَدِيئَة هائلة فَيجب أَن لَا ينوم على كظة وَأَن يلعق الْعَسَل ليهضم مَا فِي معدته ويحدره. وَقد يعرض للصَّبِيّ ورم الحلقع بَين الْفَم والمريء وَرُبمَا امتدّ ذَلِك إِلَى العضل وَإِلَى خرز الْقَفَا فَيجب أَن تلين الطبيعة بالشيافة ثمَّ يعالج بِمثل رب التوث وَنَحْوه. وَقد يعرض لَهُ خرخرة عَظِيمَة فِي نَومه فَيجب أَن يلعق من بزر الْكَتَّان المدقوق بالعسل أَو من الكمون المدقوق المعجون بالعسل.

وَقد يعرض للصَّبِيّ ريح الصّبيان وَقد ذكرنَا علاجه فِي بَاب أمراض الرَّأْس لكنا نذْكر شيئاً قد ينجع فيهم كثيرا وَهُوَ أَن يَأْخُذ من السعتر والجند بيدستر والكمّون أَجزَاء سَوَاء فتجمع سحقاً ويسقى والشربة ثَلَاث حبات. وَقد يعرض للصَّبِيّ خُرُوج المقعدة فَيجب أَن تُؤْخَذ قشور الرُّمَّان والآس الرطب وجفت البلوط وَورد يَابِس وَقرن محرق والشب الْيَمَانِيّ وظلف الْمعز وجلنار وعفص أَجزَاء سَوَاء من كل وَاحِد دِرْهَم يطْبخ فِي المَاء طبخاً شَدِيدا حَتَّى يسْتَخْرج قوته ثمَّ يقْعد فِي طبيخه فاتراً. وَقد يعرض للصبيان زحير من برد يصيبهم فينفعهم أَن يُؤْخَذ حرف وكمّون من كل وَاحِد ثَلَاثَة دَرَاهِم يدق وينخل ويعجن بِسمن الْبَقر الْعَتِيق ويسقى مِنْهُ بِمَاء بَارِد. وَقد يتَوَلَّد فِي بطن الصّبيان دود صغَار يؤذيهم وَأَكْثَره فِي نواحي المقعدة ويتولد فيهم مِنْهُ الطوَال أَيْضا. وَأما العراض فقلما تتولد فالطوال تعالج بِمَاء الشيح يسقون مِنْهُ فِي اللَّبن شَيْئا يَسِيرا بِمِقْدَار قوتهم وَرُبمَا احْتِيجَ إِلَى أَن تضمّد بطونهم بالأفسنتين والبرنج الكابلي ومرارة الْبَقر وشحم الحنظل. وَأما الصغار الَّتِي تكون مِنْهُم فِي المقعدة فَيجب أَن يُؤْخَذ

الراسن وَالْعُرُوق الصفر من كل وَاحِد جُزْء سكر مثل الْجَمِيع فيسقى فِي المَاء. وَقد يعرض للصَّبِيّ سحج فِي الْفَخذ فَيجب أَن يذر عَلَيْهِ الآس المسحوق وأصل السوسن المسحوق أَو الْورْد المسحوق أَو السعد أَو دَقِيق الشّعير أَو دَقِيق العدس.

الْفَصْل الرَّابِع تَدْبِير الْأَطْفَال إِذا انتقلوا إِلَى سنّ الصِّبَا يجب أَن يكون وكد الْعِنَايَة مصروفاً إِلَى مُرَاعَاة أَخْلَاق الصَّبِي فيعدل وَذَلِكَ بِأَن يحفظ كَيْلا يعرض لَهُ غضب شَدِيد أَو خوف شَدِيد أَو غم أَو سهر وَذَلِكَ بِأَن يتَأَمَّل كلّ وَقت مَا الَّذِي يشتهيه ويحنّ إِلَيْهِ فيقرب إِلَيْهِ وَمَا الَّذِي يكرههُ فينحى عَن وَجهه وَفِي ذَلِك منفعتان: إِحْدَاهمَا فِي نَفسه بِأَن ينشأ من الطفولة حسن الْأَخْلَاق وَيصير ذَلِك لَهُ ملكة لَازِمَة. وَالثَّانيَة لبدنه فَإِنَّهُ كَمَا أَن الْأَخْلَاق الرَّدِيئَة تَابِعَة لأنواع سوء المزاج فَكَذَلِك إِذا حدثت عَن الْعَادة استتبعت سوء المزاج الْمُنَاسب لَهَا فَإِن الْغَضَب يسخن جدا وَالْغَم يجفف جدا والتبليد يُرْخِي الْقُوَّة النفسانية وتميل بالمزاج إِلَى البلغمية فَفِي تَعْدِيل الْأَخْلَاق حفظ الصِّحَّة للنَّفس وَالْبدن جَمِيعًا مَعًا وَإِذا انتبه الصَّبِي من نَومه فالأحرى أَن يستحم ثمَّ يخلّى بَينه وَبَين اللّعب سَاعَة ثمَّ يطعم شَيْئا يَسِيرا ثمَّ يُطلق لَهُ اللّعب الأطول ثمَّ يستحمّ ثمَّ يغذّى ويجنبون مَا أمكن شرب المَاء على الطَّعَام لِئَلَّا ينفذهُ فيهم نيئاً قبل الهضم. وَإِذا أَتَى عَلَيْهِ من أَحْوَاله سِتّ سِنِين فَيجب أَن يقدم إِلَى الْمُؤَدب والمعلم ويدرج أَيْضا فِي ذَلِك وَلَا يحكم عَلَيْهِ بملازمة الْكتاب كرة وَاحِدَة فَإِذا بلغ سنهم هَذَا السن نقص من إجمامهم وَزيد فِي تعبهم قبل الطَّعَام وجنبوا النَّبِيذ خُصُوصا إِن كَانَ أحدهم حَار المزاج مرطوبه لِأَن الْمضرَّة الَّتِي تبقى من النَّبِيذ وَهِي توليد المرار فِي ضاربيه تسرع إِلَيْهِم بسهولة وَالْمَنْفَعَة المتوقعة من سقيه وَهِي إدرار المرار مِنْهُم أَو ترطيب مفاصلهم غير مَطْلُوبَة فيهم لِأَن مرارهم لَا تكْثر حَتَّى تستدر بالبول وَلِأَن مفاصلهم مستغنية عَن الترطيب وليطلق لَهُم من المَاء الْبَارِد العذب النقي شهوتهم وَيكون هَذَا هُوَ النهج فِي تدبيرهم إِلَى أَن يوافوا الرَّابِع عشر من سنيهم مَعَ الْإِحَاطَة بِمَا هُوَ ذاتي لَهُم كل يَوْم من تنقص الرطوبات والتجفف والتصلّب فيدرجون فِي تقليل الرياضة وهجر المعنفة مِنْهَا مَا بَين سنّ الصِّبَا إِلَى سنّ الترعرع ويلزمون المعتدل. وَبعد هَذَا السن تدبيرهم هُوَ تَدْبِير الإنماء وَحفظ صِحَة أبدانهم. فلننتقل إِلَيْهِ ولنقدم الْقَوْل فِي الْأَشْيَاء الَّتِي فِيهَا ملاك الْأَمر فِي تَدْبِير الأصحاء الْبَالِغين ولنبدأه بالرياضة.

التَّعْلِيم الثَّانِي التَّدْبِير الْمُشْتَرك للبالغين وَهُوَ سَبْعَة عشر فصلا

الْفَصْل الأول جملَة الْقَوْل فِي الرياضة لما كَانَ مُعظم تَدْبِير حفظ الصِّحَّة هُوَ أَن يرتاض ثمَّ تَدْبِير الْغذَاء ثمَّ تَدْبِير النّوم وَجب أَن نبدأ بالْكلَام فِي الرياضة فَنَقُول: الرياضة هِيَ حَرَكَة إرادية تضطر إِلَى التنفس الْعَظِيم الْمُتَوَاتر والموفق لاستعمالها على جِهَة اعتدالها فِي وَقتهَا بِهِ غناء عَن كل علاج تَقْتَضِيه الْأَمْرَاض المادّية والأمراض المزاجية الَّتِي تتبعها وتحدث عَنْهَا وَذَلِكَ إِذا كَانَ سَائِر تَدْبيره مُوَافقا صَوَابا. وَبَيَان هَذَا هُوَ أَنا كَمَا علمت مضطرون إِلَى الْغذَاء وَحفظ صحتنا هُوَ بالغذاء الملائم لنا المعتدل فِي كميته وكيفيته وَلَيْسَ شَيْء من الأغذية بِالْقُوَّةِ يَسْتَحِيل بكليته إِلَى الْغذَاء بِالْفِعْلِ بل يفضل عَنهُ فِي كل هضم فضل والطبيعة تجتهد فِي استفراغه وَلَكِن لَا يكون استفراغ الطبيعة

وَحدهَا استفراغاً مُسْتوفى بل قد يبْقى لَا محَالة من فضلات كل هضم لطخة وَأثر فَإِذا توَاتر ذَلِك وتكرر اجْتمع مِنْهَا شَيْء لَهُ قدر وَحصل من اجتماعه موَاد فضلية ضارة بِالْبدنِ من وُجُوه. أَحدهَا: أَنَّهَا إِن عفنت أحدثت أمراض العفونة وَإِن اشتدت كيفياتها أحدثت سوء المزاج وَإِن أكثرت كمياتها أورثت أمراض الامتلاء الْمَذْكُورَة وَإِن انصبت إِلَى عُضْو أورثت الأورام. وبخاراتها تفْسد مزاج جَوْهَر الرّوح فيضطر لَا محَالة إِلَى استفراغها واستفراغها فِي أَكثر الْأَمر إِنَّمَا يتم ويجود إِذا كَانَ بأدوية سمية وَلَا شكّ أَنَّهَا تنهك الغريزة وَلَو لم تكن سميَّة أَيْضا لَكَانَ لَا يَخْلُو اسْتِعْمَالهَا من حمل على الطبيعة كَمَا قَالَ أبقراط أَن الدَّوَاء ينقي وينكي وَمَعَ ذَلِك فَإِنَّهَا تستفرغ من الْخَلْط الْفَاضِل والرطوبات الغريزية وَالروح الذى هُوَ جَوْهَر الْحَيَاة شَيْئا صَالحا وَهَذَا كُله مِمَّا يضعف قُوَّة الْأَعْضَاء الرئيسة والخادمة فَهَذِهِ وَغَيرهَا مضار الامتلاء ترك على حَاله أَو استفرغ ثمَّ الرياضة أمنع سَبَب لِاجْتِمَاع مبادىء الامتلاء إِذا أصبت فِي سَائِر التَّدْبِير مَعهَا مَعَ إنعاشها الْحَرَارَة الغريزية وتعويدها الْبدن الخفة وَذَلِكَ لِأَنَّهَا تثير حرارة لَطِيفَة فتحلّل مَا اجْتمع من فضل كل يَوْم وَتَكون الْحَرَكَة مُعينَة فِي إزلاقها وتوجيهها إِلَى مخارجها فَلَا يجْتَمع على مرورة الْأَيَّام فضل يعْتد بِهِ وَمَعَ ذَلِك فَإِنَّهَا كَمَا قُلْنَا تنمّي الْحَرَارَة الغريزية وتصلب المفاصل والأوتار فيقوى على الْأَفْعَال فَيَأْمَن الإنفعال وَتَعْتد الْأَعْضَاء لقبُول الْغذَاء بِمَا ينقص مِنْهَا من الْفضل فتتحرك الْقُوَّة الجاذبة وَتحل العقد عَن الْأَعْضَاء فتلين الْأَعْضَاء وترقّ الرطوبات وتتسع المسام وَكَثِيرًا مَا يَقع تَارِك الرياضة فِي الدق لِأَن الْأَعْضَاء تضعف قواها لتركها الْحَرَكَة الجالبة إِلَيْهَا الرّوح الغريزية الَّتِي هِيَ آلَة حَيَاة كل عُضْو.

الْفَصْل الثَّانِي أَنْوَاع الرياضة الرياضة مِنْهَا مَا هِيَ رياضة يَدْعُو إِلَيْهَا الِاشْتِغَال بِعَمَل من الْأَعْمَال الإنسانية وَمِنْهَا رياضة خَالِصَة وَهِي الَّتِي تقصد لِأَنَّهَا رياضة فَقَط وتتحرّى مِنْهَا مَنَافِع الرياضة وَلها فُصُول: فَإِن من هَذِه الرياضة مَا هُوَ قَلِيل وَمِنْهَا مَا هُوَ كثير وَمن هَذِه الرياضة مَا هُوَ قوي شَدِيد وَمِنْهَا مَا هُوَ ضَعِيف وَمِنْهَا مَا هُوَ سريع وَمِنْهَا مَا هُوَ بطيء وَمِنْهَا مَا هُوَ حثيث أَي مركب من الشدَّة والسرعة وَمِنْهَا مَا هُوَ متراخ وَبَين كل طرفين معتدل مَوْجُود. وَأما أَنْوَاع الرياضة فالمنازعة والمباطشة والملاكزة والإحضار وَسُرْعَة الْمَشْي وَالرَّمْي عَن الْقوس والزفن والقفز إِلَى شَيْء ليتعلق بِهِ والحجل على إِحْدَى الرجلَيْن والمثاقفة بِالسَّيْفِ وَالرمْح وركوب الْخَيل والخفق باليدين وَهُوَ أَن يقف الْإِنْسَان على أَطْرَاف قَدَمَيْهِ ويدل يَدَيْهِ قداماً وخلفاً ويحركهما بالسرعة وَهِي من الرياضة السريعة. وَمن أَصْنَاف الرياضة اللطيفة اللينة التَّرْجِيح فِي الأراجيح والمهود قَائِما وَقَاعِدا ومضطجعاً وركوب الزواريق والسماريات. وَأقوى من ذَلِك ركُوب الْخَيل وَالْجمال والعماريات وركوب الْعجل. وَمن الرياضات القوية الميدانية وَهُوَ أَن يشد الْإِنْسَان عدوه فِي ميدان مَا إِلَى غَايَة ثمَّ ينْكص رَاجعا متقهقراً فَلَا يزَال ينقص الْمسَافَة كل كرة حَتَّى يقف آخِره على الْوسط وَمِنْهَا مجاهدة الظل والتصفيق بالكفين والطفر والزج واللعب بالكرة الْكَبِيرَة وَالصَّغِيرَة واللعب بالصولجان واللعب بالطبطاب والمصارعة وإشالة الْحجر وركض الْخَيل واستقطافها والمباطشة أَنْوَاع: فَمن ذَلِك أَن يشبك كل وَاحِد من الرجلَيْن يَده على وسط صَاحبه وَيلْزمهُ ويتكلف كل وَاحِد مِنْهُمَا أَن يتَخَلَّص من صَاحبه وَهُوَ يمسِكهُ وَأَيْضًا أَن يلتوي بيدَيْهِ على صَاحبه يدْخل الْيَمين إِلَى يَمِين صَاحبه واليسار إِلَى يسَاره وَوَجهه

إِلَيْهِ ثمَّ يشيله ويقلبه وَلَا سِيمَا وَهُوَ ينحني تَارَة وينبسط أُخْرَى وَمن ذَلِك المدافعة بالصدرين وَمن ذَلِك مُلَازمَة كل وَاحِد مِنْهُمَا عنق صَاحبه يجذبه إِلَى أَسْفَل وَمن ذَلِك ملاواة الرجلَيْن والشغزبية وفحج رجْلي صَاحبه برجليه وَمَا يشبه هَذَا من الهيئات الَّتِي يستعملها المصارعون. وَمن الرياضات السريعة مُبَادلَة رَفِيقَيْنِ مكانيهما بالسرعة ومواترة طفرات إِلَى خلف يتخللها طفرات إِلَى قُدَّام بنظام وَغير نظام. وَمن ذَلِك رياضة المسلتين وَهُوَ أَن يقف إِنْسَان موقفا ثمَّ يغرز عَن جانبيه مسلتين فِي الأَرْض بَينهمَا بَاع فيقبل عَلَيْهِمَا نَاقِلا المتيامنة مِنْهُمَا إِلَى المغرز الْأَيْسَر والمتياسرة إِلَى المغرز الأَيمن ويتحرى أَن يكون ذَلِك أعجل مَا يُمكن.

والرياضات الشَّدِيدَة والسريعة تسْتَعْمل مخلوطة بفترات أَو برياضات فاترة. وَيجب أَن يتفنن فِي اسْتِعْمَال الرياضات الْمُخْتَلفَة وَلَا يُقَام على واحده وَلكُل عُضْو رياضة تخصه. أما رياضة الْيَدَيْنِ وَالرجلَيْنِ فَلَا خَفَاء بهَا وَأما الصَّدْر وأعضاء التنفس فَتَارَة يراض بالصوت الثقيل الْعَظِيم وَتارَة بالحاد ومخلوطاً بَينهمَا فَيكون ذَلِك أَيضاً رياضة للفم واللهاة وَاللِّسَان وَالْعين أَيضاً وَيحسن اللَّوْن وينقي الصَّدْر ويراض بالنفخ مَعَ حصر النَّفس فَيكون ذَلِك رياضة مَا للبدن كُله ويوسع مجاريه وإعظام الصَّوْت زَمَانا طَويلا جدا مخاطرة وإدامة شَدِيدَة تحوج إِلَى جذب هَوَاء كثير وَفِيه خطر وتطويله محوج إِلَى إِخْرَاج هَوَاء كثير وَفِيه خطر. وَيجب أَن يبْدَأ بِقِرَاءَة لينَة ثمَّ يرفع بهَا الصَّوْت على تدريج ثمَّ إِذا شدد الصَّوْت وأعظم وَطول جعل زمَان ذَلِك معتدلاً فَحِينَئِذٍ ينفع نفعا بَينا عَظِيما فَإِن أطيل زَمَانه كَانَ فِيهِ خطر للمعتدلين الصَّحِيحَيْنِ. وَلكُل إِنْسَان بِحَسبِهِ رياضة وَمَا كَانَ من الرياضات اللينة مثل التَّرْجِيح فَهُوَ مُوَافق لمن أضعفته الحميات وأعجزته عَن الْحَرَكَة والقود والناقهين وَلمن أضعفه شرب الخربق وَنَحْوه وَلمن بِهِ مرض فِي الْحجاب وَإِذا رفق بِهِ نوم وحلل الرِّيَاح ونفع من بقايا أمراض الرَّأْس مثل الْغَفْلَة وَالنِّسْيَان وحرك الشَّهَوَات وَنبهَ الغريزة وَإِذا رجح على السرير كَانَ أوفق لمن بِهِ مثل شطر الغب والحميات المركبة والبلغمية وَلِصَاحِب الحبن وَصَاحب أوجاع النقرس وأمراض الكلى فَإِن هَذَا التَّرْجِيح يهيىء الْمَوَاد إِلَى الانقلاع واللين لما هُوَ أَلين وَالْقَوِي لما هُوَ أقوى. وَأما ركُوب الْعجل فقد يفعل هَذِه الْأَفْعَال لكنه أَشد إثارة من هَذَا وَقد يركب الْعجل وَالْوَجْه إِلَى خلف فينفع ذَلِك من ضعف الْبَصَر وظلمته نفعا شَدِيدا. وَأما ركُوب الزواريق والسفن فينفع من الجذام وَالِاسْتِسْقَاء والسكتة وَبرد الْمعدة ونفختها وَذَلِكَ إِذا كَانَ بِقرب الشطوط وَإِذا هاج من غثيان ثمَّ سكن كَانَ نَافِعًا للمعدة وَأما الرّكُوب فِي السفن مَعَ التلحيج فِي الْبَحْر فَذَلِك أقوى فِي قلع الْأَمْرَاض الْمَذْكُورَة لما يخْتَلف على النَّفس عَن فَرح وحزن. وَأما أَعْضَاء الْغذَاء فرياضتها تَابِعَة لرياضة سَائِر الْبدن. وَالْبَصَر يراض بتأمل الْأَشْيَاء الدقيقة والتدريج أَحْيَانًا فِي النّظر إِلَى المشرفات بِرِفْق. والسمع يراض بتسمع الْأَصْوَات الْخفية وَفِي الندرة بِسَمَاع الْأَصْوَات الْعَظِيمَة وَلكُل عُضْو رياضة خَاصَّة بِهِ. وَنحن نذْكر ذَلِك فِي حفظ صِحَة عُضْو عُضْو وَذَلِكَ إِذا اشتغلنا بِالْكتاب الجزئي وَيَنْبَغِي أَن يحذر المرتاض وُصُول حمية الرياضة إِلَى مَا هُوَ ضَعِيف من أَعْضَائِهِ إِلَّا على سَبِيل التبع مثلا من يَعْتَرِيه الدوالي فَالْوَاجِب لَهُ من الرياضة الَّتِي يستعملها أَن لَا يكثر تَحْرِيك رجلَيْهِ بل يقلل ذَلِك وَيحمل برياضته على أعالي بدنه من عُنُقه وَرَأسه وبدنه بِحَيْثُ يصل تأثر الرياضة إِلَى رجلَيْهِ من فَوق وَالْبدن الضَّعِيف رياضته ضَعِيفَة

وَالْبدن الْقوي رياضته قوِيَّة. وَاعْلَم أَن لكل عُضْو فِي نَفسه رياضة تخصه كَمَا للعين فِي تبصر الدَّقِيق وللحلق فِي إجهار الصَّوْت بعد أَن يكون بتدريج وللسن وَالْأُذن كَذَلِك وكل فِي بَابه.

الْفَصْل الثَّالِث وَقت ابْتِدَاء الرياضة وقطعها وَقت الشُّرُوع فِي الرياضة يجب أَن يكون الْبدن نقياً وَلَيْسَ فِي نواحي الأحشاء وَالْعُرُوق كيموسات خامة رَدِيئَة تنشرها الرياضة فِي الْبدن وَيكون الطَّعَام الأمسي قد انهضم فِي الْمعدة والكبد وَالْعُرُوق وَحضر وَقت غذَاء آخر وَيدل على ذَلِك نضج الْبَوْل بالقوام واللون وَيكون ذَلِك أول وَقت هَذَا الانهضام فَإِن الْغذَاء إِذا بعد الْعَهْد بِهِ وخلت الغريزة مُدَّة عَن التَّصَرُّف فِي الْغذَاء واشتعلت النارية فِي الْبَوْل وجاوزت حد الصُّفْرَة الطبيعية فَإِن الرياضة ضارة لِأَنَّهَا لم تنهك الْقُوَّة. وَلِهَذَا قيل إِن الْحَال إِذا أوجبت رياضة شَدِيدَة فبالحري أَن لاتكون الْمعدة خَالِيَة جدا بل يكون فِيهَا غذَاء قَلِيل أما فِي الشتَاء فغليظ وَأما فِي الصَّيف فلطيف ثمَّ أَن يرتاض ممتلئاً خير من أَن يرتاض خاوياً وَأَن يرتاض حاراً أَو رطبا خير من أَن يرتاض وَالْبدن بَارِد أَو جَاف وأصوب أوقاته الِاعْتِدَال وَرُبمَا أوقعت الرياضة حَار المزاج يابسه فِي أمراض فَإِذا تَركهَا صَحَّ. وَيجب على من يرتاض أَن يبْدَأ فينقص الفضول من الأمعاء وَمن المثانة ثمَّ يشْتَغل بالرياضة ويتدلك أَولا للإستعداد دلكاً ينعش الغريزة ويوسع المسام وَأَن يكون التدلك بِشَيْء خشن ثمَّ يتمرخ بدهن عذب ثمَّ يدرج التمريخ إِلَى أَن يضغط الْعُضْو بِهِ ضغطاً غير شَدِيد الوغول وَيكون ذَلِك بأيد كَثِيرَة ومختلفة أوضاع الملاقاة ليبلغ ذَلِك جَمِيع شظايا الْعَضَل ثمَّ يتْرك ثمَّ يَأْخُذ المدلوك فِي الرياضة. أما فِي زمَان الرّبيع فأوفق أَوْقَاتهَا قرب انتصاف النَّهَار فِي بَيت معتدل وَيقدم فِي الصَّيف. وَأما فِي الشتَاء فَكَانَ الْقيَاس أَن يُؤخر إِلَى وَقت الْمسَاء لَكِن الْمَوَانِع الآخرى تمنع مِنْهُ فَيجب أَن يدفأ فِي الشتَاء الْمَكَان ويسخن ليعتدل. وتستعمل الرياضة فِي الْوَقْت الأصوب بِحَسب مَا ذَكَرْنَاهُ من انهضام الْغذَاء وَنقص الْفضل. وَأما مِقْدَار الرياضة فَيجب أَن يُرَاعى فِيهِ ثَلَاثَة أَشْيَاء: أَحدهَا: اللَّوْن فَمَا دَامَ يزْدَاد جودة فَهُوَ بعد وَقت وَالثَّانِي: الحركات فَإِنَّهَا مَا دَامَت خَفِيفَة فَهُوَ بعد وَقت وَالثَّالِث: حَال الْأَعْضَاء وانتفاخها فَمَا دَامَت تزداد انتفاخاً فَهُوَ بعد وَقت وَأما إِذا أخذت هَذِه الْأَحْوَال فِي الانتقاص وَصَارَ الْعرق البُخَارِيّ رشحاً سَائِلًا فَيجب أَن تقطع وَإِذا قطعهَا أقبل عَلَيْهِ بالدهن المعرق وَلَا سِيمَا وَقد حصر نَفسه. فَإِذا وَقعت فِي الْيَوْم الأول على حد رياضته وغذوته فَعرفت الْمِقْدَار الَّذِي احتمله من الْغذَاء فَلَا تغير فِي الْيَوْم الثَّانِي شَيْئا بل قدر غذَاء ورياضته فِي الْيَوْم الثَّانِي على حَده فِي الْيَوْم الأول.

الْفَصْل الرَّابِع الدَّلْك الدَّلْك مِنْهُ صلب فيشدد وَمِنْه لين فيرخي وَمِنْه كثير فيهزل وَمِنْه معتدل فيخصب وَإِذا ركب ذَلِك حدثت مزاوجات تسع وَأَيْضًا من الدَّلْك مَا هُوَ خشن أَي بخرقٍ خشنة فيجذب الدَّم إِلَى الظَّاهِر سَرِيعا وَمِنْه أملس أَي بالكف أَو بخرقة لينَة فَيجمع الدَّم ويحبسه فِي الْعُضْو وَالْغَرَض فِي الدَّلْك تكثيف الْأَبدَان المتخلخلة وتصليب اللينة وخلخلة الكثيفة وتليين الصلبة. وَمن الدَّلْك دلك الاستعداد وَهُوَ قبل الرياضة يبتدىء لينًا ثمَّ إِذا كَاد يقوم إِلَى الرياضة شدد. وَمِنْه دلك الِاسْتِرْدَاد وَهُوَ بعد الرياضة وَيُسمى الدَّلْك الْمسكن أَيْضا وَالْغَرَض فِي تَحْلِيل الفضول المحتبسة فِي الْعَضَل مِمَّا لم يستفرغ بالرياضة لينعش فَلَا يحدث الإعياء. وَهَذَا الدَّلْك

يجب أن يكون رَقِيقا معتدلاً وَأحسنه مَا كَانَ بالدهن وَلَا يجب أن يحتمه على جساوة وصلابة وخشونة فتجسو بِهِ الْأَعْضَاء وَيمْنَع فِي الصّبيان عَن النشو وضرره فِي الْبَالِغين أقل وَلِأَن يقع فِي الدَّلْك خطأ مائل إِلَى الصلابة فَهُوَ أسلم من الْخَطَأ المائل إِلَى اللين لِأَن التَّحْلِيل الشَّدِيد أسهل تلاقياً من إعداد الْبدن بالدلك اللين لقبُول الْفساد على أَن الدَّلْك الصلب والخشن إِذا أفرط فِيهِ فِي الصّبيان مَنعهم النشوّ وستجد ذَلِك من بعد وَقت الدَّلْك وشرائطه لَكنا نُرِيد فِي هَذَا الْوَقْت لذَلِك الِاسْتِرْدَاد بَيَانا فَنَقُول إِنَّه بِالْحَقِيقَةِ كَأَنَّهُ جُزْء آخر من الرياضة. وَيجب فِيهِ أَن يبْدَأ أَولا بالدهن وبالقوة ثمَّ يمال بِهِ إِلَى الِاعْتِدَال وَلَا يقطع على عنفه وَالْأَحْسَن أَن تَجْتَمِع عَلَيْهِ أيد كَثِيرَة وَيجب أَن يُوتر المدلوك أعضاءه المدلوكة بعد الدَّلْك لينفض عَنْهَا الفضول فَيُؤْخَذ قماط ويمرّ على نواحي الْأَعْضَاء كلهَا وَهِي موترة ويحصر النَّفس حِينَئِذٍ مَا أمكن لَا سِيمَا مَعَ إرخاء عضل الْبَطن وتوتير عضل الصَّدْر إِن سهل ثمَّ يُوتر آخر الْأَمر عضل الْبَطن أَيْضا يَسِيرا ليصيب الأحشاء بذلك اسْتِرْدَاد مَّا وَفِيمَا بَين ذَلِك يمشي ويستلقي ويشابك برجليه رجْلي صَاحبه والمبرزون من أهل الرياضة يستعملون حصر النَّفس فِيمَا بَين رياضاتهم وَرُبمَا أدخلُوا ذَلِك الِاسْتِرْدَاد فِي وسط الرياضة فقطعوها وعاودوها إِن أَرَادوا تَطْوِيل الرياضة. وَلَا حَاجَة إِلَى الدَّلْك الْكثير لمن يُرِيد الِاسْتِرْدَاد وَهُوَ مِمَّن لَا يشكو شَيْئا من حَاله وَلَا يُرِيد المعاودة بل إِن وجد إعياء تمرخ تمريخاً لينًا بالدهن على مَا نَصِفُ فَإِن وجد يبساً زَاد فِي الدَّلْك حَتَّى توافي بِهِ الْأَعْضَاء الِاعْتِدَال. وَقد ينْتَفع بالدلك والغمز الشَّدِيد عِنْد النّوم فَإِنَّهُ يجفف الْبدن وَيمْنَع الرُّطُوبَة عَن السيلان.

الْفَصْل الْخَامِس الاستحمام وَذكر الحمامات أما هَذَا الْإِنْسَان الَّذِي كلامنا فِي تَدْبيره فَلَا حَاجَة بِهِ إِلَى الاستحمام الْمُحَلّل لِأَن بدنه نقي وَإِنَّمَا يحْتَاج إِلَى الْحمام من يحْتَاج إِلَيْهِ ليستفيد مِنْهُ حرارة لَطِيفَة وترطيباً معتدلاً فَلذَلِك يجب على هَؤُلَاءِ أَن لَا يطيلوا اللّبْث فِيهِ بل إِن استعملوا الأبزن استعملوه ريثما تحمر فِيهِ بشرتهم وتربو ويفارقونه عِنْدَمَا يبتدىء يتحَلَّل. وَيجب أَن يمنوا الْهَوَاء بصبّ المَاء العذب حواليهم ويغتسلوا سَرِيعا ويخرجوا وَيجب أَن لَا يُبَادر المرتاض إِلَى الْحمام حَتَّى يستريح بالتمام. وَأما أَحْوَال الحَمَّامات وشرائطها فقد شرحت وقيلت فِي غير هَذَا الْموضع وَالَّذِي يَنْبَغِي أَن نقُول هَهُنَا: هُوَ أَن جَمِيع المستحمّين يجب أَن يتمزجوا فِي دُخُول بيُوت الْحمام وَلَا يقيموا فِي الْبَيْت الْحَار إِلَّا مِقْدَار مَا لَا يكرب فيربح بتحليل الفضول وإعداد الْبدن للغذاء مَعَ التحرّز عَن الضعْف وَعَن سَبَب قوي من أَسبَاب حميات العفونة. وَمن طلب السّمن فَلْيَكُن دُخُوله الْحمام بعد الطَّعَام إِن أَمن حُدُوث السدد فَإِن أَرَادَ الِاسْتِظْهَار وَكَانَ حَار المزاج إستعمل السكنجبين ليمنع السمد أَو كَانَ بَارِد المزاج اسْتعْمل الفوذنجي والفلافلي. وَأما من أَرَادَ التَّحْلِيل والتهزيل فَيجب أَن يستحم على الْجُوع وَيكثر الْقعُود فِيهِ. وَأما الَّذِي يُرِيد حفظ الصِّحَّة فَقَط فَيجب أَن يدْخل الْحمام بعد هضم مَا فِي الْمعدة والكبد وَأَن كَانَ يخْشَى ثوران مرار إِن فعل هَذَا واستحم على الرِّيق فليأخذ قبل الاستحمام شَيْئا لطيفاً يتَنَاوَلهُ.

والحار المزاج صَاحب المرار قد لَا يجد بدا من ذَلِك وَمثله يحرم عَلَيْهِ دُخُول الْبَيْت الْحَار وَأفضل مَا يجب أَن يتلَقَّى بِهِ هَؤُلَاءِ خبز منقوع فِي مَاء الْفَاكِهَة أَو مَاء الْورْد وليتوق شرب شَيْء بَارِد بِالْفِعْلِ عقيب الْخُرُوج من

الْحمام أَو فِي الْحمام فَإِن المسام تكون منفتحة فَلَا يلبث أَن ينْدَفع الْبرد إِلَى جَوْهَر الْأَعْضَاء الرئيسة فيفسد قواها وليتوق أَيْضا كل شَيْء شَدِيد الْحَرَارَة وخصوصاً المَاء فَإِنَّهُ إِن تنَاوله خيف أَن يسْرع نُفُوذه إِلَى الْأَعْضَاء الرئيسة فَيحدث السل والدق وليتوق معافصة الْخُرُوج عَن الْحمام وكشف الرَّأْس بعده وتعريض الْبدن للبرد بل يجب أَن يخرج من الْحمام إِن كَانَ الزَّمَان شاتياً وَهُوَ متدثر فِي ثِيَابه. وَيَنْبَغِي أَن يحذر الْحمام من كَانَ محموماً فِي حماه أَو من بِهِ تفرق اتِّصَال أَو ورم. وَقد علمت فِيمَا سلف أَن الْحمام مسخن مبرد مرطب ميبس نَافِع ضار. ومنافعه التنويم والتفتيح والجلاء والإنضاج والتحليل وجذب الْغذَاء إِلَى ظَاهر الْبدن ومعونته إِنَّمَا هِيَ فِي تَحْلِيل مَا يُرَاد أَن يتَحَلَّل ونفض مَا يُرَاد أَن ينفض فِي جِهَته الطبيعية وَحبس الإسهال وإزالته الإعياء. ومضارة تَضْعِيف الْقلب إِن أفرط مِنْهُ وإيراث الغشي والغثيان وتحريك الْموَاد الساكنة وتهيئتها للعفونة وإمالتها إِلَى الأفضية وَإِلَى الْأَعْضَاء الضعيفة فَيحدث عَنْهَا أورام فِي ظَاهر الْأَعْضَاء وباطنها.

الْفَصْل السَّادِس الِاغْتِسَال بِالْمَاءِ الْبَارِد إِنَّمَا يصلح ذَلِك لمن كَانَ تَدْبيره من كل الْوُجُوه مستقصى وَكَانَ سنه وقوته وسحنته وفصله مُوَافقا وَلم يكن بِهِ تخمة وَلَا قيء وَلَا إسهال وَلَا سهر وَلَا نَوَازِل وَلَا هُوَ صبي وَلَا شيخ وَفِي وَقت يكون بدنه نشيطاً والحركات مواتية. وَقد يسْتَعْمل ذَلِك بعد اسْتِعْمَال المَاء الْحَار لتقوية الْبشرَة وَحصر الْحَرَارَة الغريزية فَإِن أُرِيد ذَلِك فَيجب أَن يكون ذَلِك المَاء غير شَدِيد الْبرد بل معتدلاً وَقد يسْتَعْمل بعد الرياضة فَيجب أَن يكون الدَّلْك قبله أَشد من الْمُعْتَاد. وَأما تمريخ الدّهن فَيكون على الْعَادة وَتَكون الرياضة بعد الدَّلْك والتمريخ معتدلة وأسرع من الْمُعْتَاد قَلِيلا قَلِيلا ثمَّ يشرع بعد الرياضة فِي المَاء الْبَارِد دفْعَة ليصيب أعضاءه مَعًا ثمَّ يلبث فِيهِ مِقْدَار النشاط والإحتمال وَقبل أَن يُصِيبهُ قشعريرة ثم إذا خرج ذَلِك بِمَا نذكرهُ وَزيد فِي كذائه وَنقص من شرابه وَنظر فِي مُدَّة عود لَونه وحرارته إِلَيْهِ إِن كَانَ سَرِيعا اعدم أَن اللّبْث فِيهِ قد كَانَ معتدلاً وَأَن كَانَ بطيئاً علم أَن اللّبْث فِيهِ قد كَانَ أَزِيد من الْوَاجِب فيقدر فِي الْيَوْم الثَّانِي بِقدر مَا يعلم من ذَلِك. وَرُبمَا ثنى دُخُول المَاء العذب بعد الدَّلْك واسترجاع اللَّوْن والحرارة. وَمن أَرَادَ أَن يسْتَعْمل ذَلِك فليتدرج فِيهِ وليبدأ أول مرّة من أسخن يَوْم فِي الصَّيف وَقت الهاجرة وليتحرز أَن لَا يكون فِيهِ ريح وَلَا يَسْتَعْمِلهُ عقيب الْجِمَاع وَلَا عقيب الطَّعَام وَلَا وَالطَّعَام لم ينهضم وَلَا يَسْتَعْمِلهُ عقيب الْقَيْء والإستفراغ والهيضة والسهر وَلَا على ضعف من الْبدن وَلَا من الْمعدة وَلَا عقيب الرياضة إِلاّ لمن هُوَ قوي جدا فيستعمل على الحدّ الَّذِي قُلْنَاهُ. وَاسْتِعْمَال الِاغْتِسَال بِالْمَاءِ الْبَارِد على الأنحاء الْمَذْكُورَة يهزم الْحَار الغريزي إِلَى دَاخل دفْعَة ثمَّ يقوّيه على الإستظهار والبروز أضعافاً لما كَانَ.

الْفَصْل السَّابِع تَدْبِير الْمَأْكُول يجب أَن يجْتَهد حَافظ الصِّحَّة فِي أَن لَا يكون جَوْهَر غذائه شَيْئا من الأغذية الدوائية مثل الْبُقُول والفواكه وَغير ذَلِك فَإِن الملطفة محرقة للدم والغليظة مبلغمة مثقلة للبدن بل يجب أَن يكون الْغذَاء من مثل اللَّحْم خُصُوصا لحم الجدي والعجاجيل الصغار والحملان وَالْحِنْطَة المنقاة من الشوائب الْمَأْخُوذَة من زرع صَحِيح لم يصبهُ آفَة وَالشَّيْء الحلو الملائم للمزاج وَالشرَاب الطّيب الريحاني وَلَا يلْتَفت إِلَى مَا سوى ذَلِك إِلَّا على سَبِيل التعالج والتقدم بِالْحِفْظِ. وأشبه الْفَوَاكِه بالغذاء التِّين وَالْعِنَب الصَّحِيح النضيج الحلو جدا وَالتَّمْر

فِي الْبِلَاد والأراضي الْمُعْتَاد فِيهَا ذَلِك. فَإِن اسْتعْمل هَذِه وَحدث مِنْهَا فضل بَادر إِلَى استفراغ ذَلِك الْفضل وَيجب أَن لَا يَأْكُل إِلَّا على شَهْوَة وَلَا يدافع الشَّهْوَة إِذا هَاجَتْ وَلم تكن كَاذِبَة كشهوة السكارى وَمن بِهِ تخمة فَإِن الصَّبْر على الْجُوع يمْلَأ الْمعدة أخلاطاً صديدية رَدِيئَة وَيجب أَن يُؤْكَل فِي الشتَاء الطَّعَام الْحَار بِالْفِعْلِ وَفِي الصَّيف الْبَارِد أَو الْقَلِيل السخونة وَلَا يبلغ الْحر وَالْبرد إِلَى مَا لَا يُطَاق. وَاعْلَم أَنه لَا شَيْء أردأ من شبع فِي الخصب يتبعهُ جوع فِي الجدب وَبِالْعَكْسِ. وَالْعَكْس أردأ وَقد رَأينَا خلقا ضَاق عَلَيْهِم الطَّعَام فِي الْقَحْط فَلَمَّا اتَّسع الطَّعَام امتلأوا وماتوا. على أَنّ الإمتلاء الشَّديد فِي كلّ حَال قتال كَانَ من طَعَام أَو شراب فكم من رجل امْتَلَأَ بِمَا فراط فاختنق وَمَات.

وَإِذا وَقع الْخَطَأ فتنوول شَيْء من الأغذية الدوائية فَيجب أَن يدبر فِي هضمه وإنضاجه وليحترز من سوء المزاج المتوقع مِنْهُ بِاسْتِعْمَال مَا يضاده عَقِيبه حَتَّى ينهضم فَإِن كَانَ بَارِدًا مثل القثاء وَالْخيَار والقرع عدل بِمَا يضاده مثل الثوم والكراث وَإِن كَانَ حاراً عدل بِمَا يضاده أَيْضا من مثل القثاء وبقلة الحمقاء وَإِن كَانَ سددياً اسْتعْمل مَا يفتح ويستفرغ ثمَّ يجوع بعده جوعا صَالحا فَلَا يتاول شَيْئا هُوَ وكل مستصح الْبَتَّة مَا لم تصدق الشَّهْوَة وتخلو الْمعدة والأمعاء العلى عَن الْغذَاء الأول فأضر شَيْء بِالْبدنِ إِدْخَال غذَاء على غذَاء لم ينضج وينهضم وَلَا شَرّ من التُّخمَة وخصوصاً مَا كَانَ تخمة من أغذية رَدِيئَة فَإِن التُّخمَة إِذا عرضت من الأغذية الغليظة أورثت وجع المفاصل والكلى والربو وضيق النَّفس والنقرس وجساوة الطحال والكبد والأمراض البلغمية والسوداوية وَأما إِذا عرضت من أغذية لَطِيفَة فيعرض مِنْهَا حميات حادة خبيثة وأورام حادة رَدِيئَة وَرُبمَا احْتِيجَ إِلَى إِدْخَال طَعَام مَا أَو شَيْء يشبه الطَّعَام على طَعَام يكون كَأَنَّهُ دَوَاء لَهُ مثل الَّذين يتناولون أغذية حريفة ومالحة فَإِذا اتبعوها بعد زمَان يكون لم يتمم فِيهِ الهضم بالمرطبات من الأغذية التفهة صلح بذلك كيموس مَا اغتذوا بِهِ وَهَؤُلَاء يغنيهم هَذَا التَّدْبِير وَلَا حَاجَة بهم إِلَى الرياضة وبضد هَذَا حَال من يتبع الغليظة بعد زمَان بِمَا هُوَ سريع الهضم حريف وَالْحَرَكَة الْخَفِيفَة على الطَّعَام بِقَدرِهِ فِي الْمعدة وخصوصاً لمن أَرَادَ النّوم عَلَيْهِ.

والأعراض النفسانية القادحة والحركات الْبَدَنِيَّة الفادحة يمنعان الهضم وَيجب أَن لَا يُؤْكَل فِي الشتَاء الأغذية القليلة الْغذَاء كالبقول بل يُؤْكَل مَا هُوَ أغْنى من الْحُبُوب وَأَشد اكتنازاً وَفِي الصَّيف بالضد ثمَّ يجب أَن لَا يمتلىء مِنْهُ حَتَّى لَا مَكَان لفضلة بل يجب أَن يمسك عَنهُ وَفِي النَّفس بعض من بَقِيَّة الشَّهْوَة. فَإِن تِلْكَ الْبَقِيَّة من تقاضى الْجُوع تبطل بعد سَاعَة وَيجب أَن يحفظ مجْرى الْعَادة فِي ذَلِك فَإِن شَرّ الْأكل مَا أثقل الْمعدة وَشر الشَّرَاب مَا جَاوز الِاعْتِدَال وطقا فِي الْمعدة فَإِن أفرط يَوْمًا جَاع فِي الثَّانِي وَأَطَالَ النّوم فِي مَكَان معتدل لَا حر فِيهِ وَلَا برد وَإِذا لم يساعده النّوم مَشى مشياً كثيرا لينًا مُتَّصِلا لَا فَتْرَة فِيهِ وَلَا استراحة ويشرب شرابًا قَلِيلا صرفا. قَالَ روفس: أَنا أَحْمد هَذَا الْمَشْي وخصوصاً بعد الْغذَاء فَإِنَّهُ يهيىء لجودة موقع الْعشَاء. وَيجب أَن يكون النّوم على الْيَمين أَو زَمَانا يَسِيرا ثمَّ ينَام على الْيَسَار ثمَّ ينَام على الْيَمين.

وَاعْلَم أَن الدثار وَرفع الوساد معِين على الهضم **وَبِالْجُمْلَة** أَن يكون وضع الْأَعْضَاء مائلاً إِلَى تحت لَيْسَ إِلَى فوق وَتَقْدِير الطَّعَام هُوَ بِحَسب الْعَادة وَالْقُوَّة وَأَن يكون مِقْدَاره فِي الصَّحِيح الْقُوَّة والمقدار الَّذِي إِذا تنَاوله لم يثقل وَلم يمدد الشراسيف وَلم ينْفخ وَلم يقرقر وَلم يطف وَلم يعرض غثى وَلَا شَهْوَة كلبية وَلَا سُقُوط وَلَا بلادة ذهن وَلَا أرق وَلم يجد طعمه فِي الجساء بعد زمَان وكل مَا وجد طعمه بعد مُدَّة أطول فَهُوَ أردأ وَقد يدل على أَن الطَّعَام معتدل أَن لَا يعرض مِنْهُ عظم نبض مَعَ صغر نفس فَإِنَّهُ إِنَّمَا يعرض بِسَبَب مزاحمة الْمعدة للحجاب فيصغر النَّفس لذَلِك ويتواتر وتزداد بذلك حَاجَة الْقلب فيعظم النبض ويزداد ضعف الْقُوَّة وَمن لَهُ على طَعَامه حرارة وسخونة فَلَا يَأْكُلن دفْعَة بل قَلِيلا قَلِيلا لِئَلَّا يعرض من الامتلاء عرض حَالَة كالنافض ثمَّ يتبعهُ حرارة كحمى يومية حِين يسخن الطَّعَام وَمن كَانَ يعجز عَن هضم الْكِفَايَة أَكثر عمد اغتذائه وقلل مِقْدَاره والسوداوي يحْتَاج إِلَى غذَاء مرطب كثيرا مسخن قَلِيلا والصفراوي إِلَى مَا يرطب ويبرد وَمن كَانَ الدَّم الَّذِي يتَوَلَّد فِيهِ حاراً فَيحْتَاج إِلَى أغذية بَارِدَة قليلَة الْغذَاء وَمن كَانَ مَا يتَوَلَّد فِيهِ من الدَّم بلغمياً فَيحْتَاج إِلَى أغذية قَليلَة الْغذَاء فِيهَا سخونة وتلطيف .

وللأغذية فِي اسْتِعْمَالهَا تَرْتِيب يجب أَن يراعيه الْحَافِظ لصِحَّته فليحذر أَن يتَنَاوَل مَا هُوَ رَقِيق سريع الهضم على غذَاء قوي أَصْلَب مِنْهُ فينهضم قبله وَهُوَ طَاف عَلَيْهِ وَلَا سَبِيل لَهُ إِلَى النّفُوذ فيعفن ويفسد فَيفْسد مَا يخالطه إِلَّا على سَبِيل صفة سنذكرها. وَأَيْضًا لَا يجوز أَن يتَنَاوَل مثل هَذَا الطَّعَام المزلق وليتناول فِي إثره طَعَاما قَوِيا صلباً فَإِنَّهُ ينزلق مَعَه عِنْد نُفُوذه إِلَى الامعاء وَلما يسْتَوْف الْحَظ من الهضم مثل السّمك وَمَا يجْرِي مجْرَاه لَا يجب أَن يتَنَاوَل عقيب رياضة متعبة فَيفْسد وَيفْسد الأخلاط وَمن النَّاس من يجوز لَهُ تنَاول مَا فِيهِ قُوَّة قابضة قبل تنَاول الطَّعَام وَهُوَ صَاحب رخاوة الْمعدة الَّذِي يستعجل نزُول طَعَامه فَلَا يريث ريث الانهضام وَيجب أَن يتَأَمَّل دَائِما حَال الْمعدة ومزاجها فَمن النَّاس من يفْسد فِي معدته الْغذَاء للطيف السَّرِيع الهضم وينهضم فِيهَا الْقوي البطيء الهضم وَهَذَا هُوَ الْإِنْسَان الناري الْمعدة. وَمِنْهُم من هُوَ بالضد وكل يدبر على مُقْتَضى عَادَته. وللبلدان خَواص من الطبائع والأمزجة أُمُور خَارِجَة من الْقيَاس فَلْيحْفَظ ذَلِك وليغلب للتجريه فِيهِ على الْقيَاس فَرب غذَاء مألوف فِيهِ مضرَّة مَا هُوَ أوفق من الْفَاضِل الْغَيْر المألوف وَلكُل سحنة ومزاج غذَاء مرافق مشاكل فَإِن أُرِيد تغييرها فَإِنَّمَا يتَأَتَّى بالضد.

وَمن النَّاس من يضرّهُ بعض الْأَطْعِمَة الجيدة المحمودة فليهجره وَمن استمرأ الأغذية الرَّدِيئَة فَلَا يغتر بذلك فَإِنَّهُ سيتولد مِنْهُ على الْأَيَّام أخلاط رَدِيئَة ممرضة قتالة. وَكثيرًا مايرخص لمن فِي بدنه أخلاط رَدِيئَة أَن يتوسع فِي الْأكل الْمَحْمُود وخصوصاً إِذا لم يحْتَمل الإسهال لضَعْفه. وَمن كَانَ متخلخل الْبدن سهل التَّحَلُّل وَجب أَن يغتذي بالرطب السَّرِيع الانهضام على أَن الْأَبدَان المتخلخلة أَشد احْتِمَالا للأطعمة الغليظة والمختلفة وَأبْعد من أَن يضرهَا الْأَسْبَاب الْخَارِجَة. وَمن كَانَ متكثراً من اللحوم مترفهاً فليتعهد الفصد فَإِن كَانَ يمِيل إِلَى برد من المزاج فَعَلَيهِ بالجوارشنات والإطريفلات وَمَا من شَأْنه أَن ينقي الْمعدة والأمعاء والجداول الْقَرِيبَة مِنْهَا وَشر الْأَشْيَاء جمع أغذية مُخْتَلفَة مَعًا وَبعد تَطْوِيل الْأكل مُدَّة الْأكل فَيلْحق الْغذَاء الآخر وَقد أَخذ الأول فِي الانهضام فَلَا تتشابه أَجزَاء

الْغذَاء فِي الانهضام وَيجب أَن تعلم أَن أوفق الْغذَاء أَلذه لشدَّة اشْتِمَال الْمعدة وَالْقُوَّة القابضة عَلَيْهِ إِذا كَانَ صَالح الْجَوْهَر وَكَانَت الْأَعْضَاء الرئيسية كلهَا متصادقة سَالِمَة فَهَذَا هُوَ الشَّرْط فَإِن لم تصح الأمزجة أَو تخالفت الْأَعْضَاء فِي أمزجتها وَكَانَت الكبد مُخَالفَة للمعدة مُخَالفَة فَوق الطبيعي لم يلْتَفت إِلَى ذَلِك. وَمن مضار الطَّعَام اللذيذ جدا أَنه يُمكن الاستكثار مِنْهُ وَإِن أوفق المرات للْأَكْل المشبع أَن يَأْكُل يَوْمًا وجبة وَيَوْما مرَّتَيْنِ بكرَة وَعَشِيَّة. وَيجب أَن تراعى الْعَادة فِي ذَلِك مُرَاعَاة شَدِيدَة فَإِن من اعْتَادَ مرَّتَيْنِ وَجب ضعف ووهنت قوته بل يجب إِن كَانَ بِهِ ضعف هضم أَن يتَنَاوَل مرَّتَيْنِ ويقلل الْأكل كل مرّة وَمن اعْتَادَ الوجبة فثنى عرض لَهُ ضعف وكسل واسترخاء.

فَإِن وقف الْغذَاء عَلَيْهِ ضعف فِي مبيته وَإِن تعشى لم يسْتَمر وَعرض جشاء حامض وخبث نفس وغثيان ومرارة فَم ولين بطن لإيراده على الْمعدة مَا لم تألفه وَعرض مَا يعرض لمن لم يجد هضم غذائه مِمَّا ستعرفه من الْعَوَارِض. وَمِمَّا يعرض لَهُ جبن وجزع ووجع فِي فَم الْمعدة ولذع ويظن أَن أمعاءه وأحشاءه معلقَة لخلو الْمعدة وانقباضها إِلَى نَفسهَا وتقلصها ويبول بولاً محرقاً ويبرز إبرازاً محترقاً وَرُبمَا عرض لَهُ برد الْأَطْرَاف بانصباب المرارة إِلَى الْمعدة. وَهَذَا فِي مراري الأمزجة أَكثر وَكَذَلِكَ فِي مراري الْمعدة دون الْبدن وَيفْسد نَومه وَيكون متململاً. والأبدان الَّتِي تجْتَمع فِي معدها مرار كَثِيرَة تحْتَاج إِلَى تنَاول مفرق وَإِلَى سرعَة تغذ وَإِلَى تَمْدِيمه قبل الاستحمام. وَأما غَيرهم فَيجب أَن يرتاضوا ويستحموا ثمَّ يَأْكُلُوا وَلَا يقدموا الْأكل على الاستحمام. وَمن احْتَاجَ إِلَى أكل مقدم على الرياضة فليَأْكُل من الْخبز وَحده قدرا يَأْخُذ مِنْهُ الهضم قبل شُرُوعه فِي حركته. وكما أَن الْحَرَكَة قبل الطَّعَام يجب أَن لَا تكون ضَعِيفَة كَذَلِك الْحَرَكَة بعده يجب أَن لَا تكون إِلَّا رقيقَة لينَة. ولامصلح للشهوة الْفَاسِدَة المائلة إِلَى الحريفة العائفة للحلو وَالدَّسم من الْقَيْء بِمثل السكنجبين والفجل على السّمك. وَيجب أَن لَا يَأْكُل السمين من النَّاس كَمَا يخرج من الْحمام بل يصبر وينام نومَة خَفِيفَة والأصلح لَهُم الوجبة وَلَا يَنْبَغِي أَن ينَام على طَعَام طَاف وليحترز كل التحرز عَن الْحَرَكَة العنيفة على الطَّعَام فينفذ قبل الهضم أَو ينزلق بِلَا هضم أَو يفْسد مزاجه بالخضخضة وَلَا يشرب عَلَيْهِ مَاء كثيرا يفرق بَينه وَبَين الْمعدة ويطفئه بل يتربص بالشرب مُدَّة نُزُوله عَن الْمعدة وليستدل عَلَيْهِ بخفة أعالي الْبَطن فَإِن أحوج الْعَطش فليمص شَيْئا يَسِيرا من المَاء الْبَارِد مصاً. وَكلما كَانَ أبرد أقنع الْيَسِير مِنْهُ أَكثر وَهَذَا الْقدر يبسط الْمعدة ويجمعها.

وَبِالْجُمْلَةِ إِن شرب على الطَّعَام بعد الْفَرَاغ مِنْهُ لَا فِي خلله مِقْدَار مَا ينْتَفع فِيهِ الطَّعَام جَازَ. والمصابرة على الْعَطش وَالنَّوْم عَلَيْهِ نَافِع للمبرودين المرطوبين ضار للمحرورين الممرورين وَكَذَلِكَ الصَّبْر على الْجُوع. ويعرض للممرورين من الصَّبْر على الْجُوع أَن تنصت المرار إِلَى معدهم فَإِذا تناولوا شَيْئا فسد طعامهم فَعرض لَهُم فِي النّوم واليقظة مَا ذَكرْنَاهُ مِمَّا يعرض لمن فسد طَعَامه.

ويعرض أَيْضا أَن تفْسد شَهْوَة الطَّعَام فَحِينَئِذٍ يجب أَن يشرب مَا يحدر ذَلِك ويلين الطبيعة مِمَّا هُوَ خَفِيف غير مغير مثل الإجاص أَو شَيْء يسير من الشيرخشت فَإِذا عَادَتْ الشَّهْوَة أكل. على أَن مرطوبي الْأَبدَان بالرطوبة

الطبيعية مهيئون لسرعة التَّحلُّل فَلَا يصبرون على الْجُوع صَبر يابسي الْأَبدَان إِلَّا أَن يَكُونُوا مملوئين من رطوبات غير الَّتِي هِيَ فِي جَوْهَر أعضائهم إِذا كَانَت جَيِّدَة مُوَافقَة قَابِلَة لِأَن تحيلها الطبيعة إِلَى الْغذَاء التَّام بِالْفِعْلِ. وَالشرَاب على الطَّعَام من أضرّ الْأَشْيَاء لِأَنَّهُ سريع الهضم والنفوذ فينفذ الطَّعَام وَلم ينهضم فيورث السدد والعفونة والجرب فِي بعض الْأَحَايِين. والحلاوات تسرع إيراث السدد لجذب الطبيعة لَهَا قبل الهضم. والسدد توقع فِي أمراض كَثِيرَة مِنْهَا الإستسقاء وَغلظ الْهَوَاء وَالْمَاء لَا سِيمَا فِي الصَّيف مِمَّا يفْسد الطَّعَام فَلَا بَأْس أَن يُشرب عَلَيْهِ قدح ممزوج أَو مَاء حَار طبخ فِيهِ عود ومصطكى. وَمن كَانَت أحشاؤه حارة قَوِيَّة فَإِذا تنَاول طَعَاما غليظاً فكثيراً مَا يعرض أَن يصير طَعَامه رياحاً ممدة للمعدة ونواحيها وَالْعلَّة المراقبة من ذَلِك. وخالي الْمعدة إِذا تنَاول لطيفاً سلمت عَلَيْهِ معدته فَإِن تنَاول بعده غليظاً نفرت عَنهُ الْمعدة وَلم تهضمه فيفسد اللَّهُمَّ إِلَّا أَن يَجْعَل بَينهمَا مهلة. وَالْأولَى فِي مثل هَذِه الْمحَال أَن يقدم الغليظ قَلِيلا قَلِيلا فَإِن الْمعدة حِينَئِذٍ لَا تجبن عَن اللطيف وَإِذا أفرط الْأكل فِي التملي أَو خضخض مَا فِي الْمعدة حَرَكَة أَو شوشه شرب فليبادر إِلَى الْقَيْء فَإِن فَاتَ أَو تعذر الْقَيْء شرب المَاء الْحَار قَلِيلا قَلِيلا فَإِنَّهُ يحدر الامتلاء ويجلب النعاس فليلق نَفسه وينام كَمَا شَاءَ. فَإِن لم يغن ذَلِك أَو لم يَتَيَسَّر تَأمل فَإِن كفت الطبيعة الْمُؤْنَة بِالدفع فِيهَا فنعمت وَإِلَّا أعانها مِمَّا يُطلق بالرفق. أما المحرور فبمثل الإطريفل والخلنجبين المسفل مخلوطاً بِشَيْء من الصعتر المربى. وَأما المبرود فبمثل الكموني والشهربازاني والتمري الْمَذْكُور فِي القراباذين. وَلِأَن يمتلىء الْبدن من الشَّرَاب خير من أَن يمتلىء من الطَّعَام. وَمِمَّا هُوَ جيد أَن يتَنَاوَل الصَّبْر على مثل هَذَا الطَّعَام قدر ثَلَاث حمصات أَو يُؤْخَذ نصف دِرْهَم علك الأنباط ودانق بورق وَمِمَّا هُوَ خَفِيف حمصتان أَو ثَلَاث من علك البطم وَرُبمَا جعل مَعَه مثله أَو أقل مِنْهُ البورق وَمِمَّا هُوَ مَحْمُود جدا أَخذ شَيْء من الأفثيمون مَعَ شراب. وَإِن لم يحصل شَيْء من ذَلِك نَام نوماً طَويلا وهجر الْغذَاء يَوْمًا وَاحِدًا فَإِن خف استحم وكمد ولطف الْغذَاء فَإِن لم يسْتَمر مَعَ هَذَا كُله وأثقل ومدد وكسل فَاعْلَم أَنه قد امْتَلَأت الْعُرُوق من فضوله فَإِن الْغذَاء الْكثير المفرط وَإِن عرض لَهُ أَن ينهضم فِي الْمعدة فَإِنَّهُ قَلما ينهضم فِي الْعُرُوق بل يبْقى فِيهَا نيأً يمددها وَرُبمَا صدعها وَيُورث كسلاً وتمطياً وتثاؤباً فليعالج بِمَا يسهل من الْعُرُوق فَإِن لم يحدث ذَلِك بل أحدث إعياءً فَقَط فليسكن مُدَّة ثمَّ ليعالج النَّوْع الْعَارِض من الإعياء بِمَا سَنذكرُهُ. وَمن أوغل فِي السن فَلَا يقبل بدنه من الْغذَاء مَا كَانَ يقبله وَهُوَ شَاب فَيصير غذاءه فضولاً فَلَا يأكلن قدر الْعَادة بل دونه. ومعتاد تَغْلِيظ التَّدْبِير إِذا لطف التَّدْبِير دخل من الْهَوَاء فِي المنافذ مَا كَانَ يشْغلهُ غلظ التَّدْبِير وَلَيْسَ يشْغلهُ الْآن لطف التَّدْبِير فَكلما يعود إِلَى التَّغْلِيظ يحدث فِيهِ السدد. والأغذية الحارة تتدارك مضرتها بالسكنجبين لَا سِيمَا الْبُزُورِي فَإِنَّهُ أَنْفَع أَنْوَاع السكنجبين إِن كَانَ سكرياً وَإِن كَانَ عسلياً فالساذج مِنْهُ كَاف والباردة يتبعهَا مَاء الْعَسَل وَشَرَابه والكموني والغليظ يتبعهُ حَار المزاج سكنجبيناً قوي البزور ويتبعه بَارِد المزاج شَيْئا من الفلافلي والفوذنجي. والأغذية اللطيفة أحفظ للصِّحَّة وَأَقل مَعُونَة للقوة وَالْجَلد والغليظة بالضد فَمن احْتَاجَ إِلَى جلد وَاحْتَاجَ بِسَبَبِهِ إِلَى أغذية قَوِيَّة الكيموس رصد الْجُوع الشَّديد ويتناول مِنْهَا غير الْكَثِيرَة لينهضم. وَأَصْحَاب الرياضات والتعب الْكثير أحمل للاغذية الغليظة. وَمِمَّا يعينهم على هضمها قُوَّة نومهم واستغراقهم فِيهِ

لكنه يعرض لَهُم لِكَثْرَة مَا يعْرفُونَ ويتحلل من أبدانهم أَن تسلب أكبادهم من الْغذَاء مَا لم ينهضم بعد فيهيئوهم لأمراض قتالة فِي آخر الْعُمر أَو فِي أَوله وخصوصاً وهم يعترفون بهضمهم الَّذِي لَهُم من نومهم الَّذِي يبطل إِذا عرض لَهُم سهر متواتر خُصُوصا إِذا استحموا.

والفواكه الرّطبَة إِنَّمَا توافق الْغَيْر المرتاضين الممرورين فِي الصَّيف وَأَن تؤكل قبل الطَّعَام وَهِي مثل المشمش والتوت والبطيخ وَكَذَلِكَ الخوخ والإجاص وَأَن يدبروا بغَيْرهَا فَهُوَ أحب فَإِن كل مَا يمْلَأ الدَّم مائية يغلي فِي الْبدن غليان عصارات الْفَوَاكِه فِي خَارج وَإِن كَا رُبمَا نفع فِي الْوَقْت فَإِنَّهُ يهيئه للعفونة. وَكَذَلِكَ كل مَا مَلأ الدَّم خلطاً نيئاً وَإِن كَانَ رُبمَا نفع كالقثاء والقشد وَلذَلِك كَانَ المستكثرون من هَذِه الأغذية معرضين للحميات وَأَن بردت فِي أول الْأَمر. وَاعْلَم أَن الْخَلْط المائي رُبمَا عرض لَهُ أَن يصير صديداً وَذَلِكَ إِذا لم يتَحَلَّل وَبَقِي فِي الْعُرُوق وَهَؤُلَاء إِفذ استعملوا الرياضات قبل أَن تجْتَمع هَذِه المائيات بل كَمَا كَانُوا يتناولون من الْفَوَاكِه يرتاضون لتحلل تِلْكَ المائيات وَقل تضررهم بهَا. وَاعْلَم أَيْضا أَنه إِذا كَانَ فِي الدَّم خام أَو مائي منع من أَن يلتصق بِالْبدنِ فيقل وخليق بِمن يَأْكُل الْفَاكِهَة أَن يمشي بعْدهَا ثمَّ ليَأْكُل عَلَيْهَا ليزلق. والأغذية الَّتِي تولد المائية والخلط الغليظ اللزج والمراري فَإِنَّهَا تجلب الحميات لتعفين المائي مِنْهَا للدم وتسديد اللزج والغليظ مِنْهَا للمجاري والمرارية وتسخين المراري مِنْهَا للبدن وحدة الدَّم الْمُتَوَلد عَنْهَا والبقول المرارية رُبمَا أَكثر نفعها فِي الشتَاء كَمَا أَن التفهة رُبمَا أَكثر نفعها فِي الصَّيف وَمن صَار إِلَى أَن ينَال من الأغذية الرَّديئَة فليقلل من المرات وَلَا يتواتر وليخلط بهَا مَا يضادها فَإِن تأذى بالحلو شرب عَلَيْهِ الحامض من الْخلّ وَالرُّمَّان وسكنجبين الْخلّ والسفرجل وَنَحْوه وتعهد الاستفراغ وَمن تأذى بالحامض تناول عَلَيْهِ الْعَسَل وَالشرَاب الْعَتِيق وَذَلِكَ قبل النضج والانهضام وَكَذَلِكَ فليتدارك أَذَى الدسم بالعفص مثل: الشاهبلوط وَحب الآس والخرنوب الشَّامي والنبق والزعرور وبالمر مثل الراسن المر وبالمالح والحريف مثل الكواميخ والثوم والبصل وَبِالْعَكْسِ وَمن كَانَ بدنه رَدِيء الأخلاط مَعَ رقة وسع عَلَيْهِ فِي الْغذَاء الْمَحْمُود وَمن كَانَ بدنه سهل التَّحَلُّل غذي بالرطب السَّرِيع الانهضام.

قَالَ جالينوس: والغذاء الرطب هُوَ المفارق لكل كَيْفيَّة كَأَنَّهُ نقه فَلَيْسَ بحلو وَلَا حامض وَلَا مر وَلَا حريف وَلَا قابض وَلَا مالح والمتخلخل أحمل للغذاء الغليظ من المتكاثف والاستكثار من الأغذية الْيَابِسَة يسْقط الشَّهْوَة وَيفْسد اللَّوْن ويجفف الطَّبع وَمن الدسم يكسل ويذهب الشَّهْوَة وَمن الْبَارِد يكسل ويفتر وَمن الحامض يجلب الْهَرم وَكَذَلِكَ من الحريف وَمن المالح يضر بالمعدة والمالح يضر بِالْعينِ والغذاء الدسم والموافق إِذا تنوول بعده غذَاء رَدِيء أفسدهُ والغذاء اللزج أبطأ انحداراً وَكَذَا الْخِيَار بقشره أسْرع انحداراً من المقشر وَكَذَلِكَ الْخبز بالنخالة أسْرع انحداراً من المنخول والمتعب إِذا لطف تَدْبيره ثمَّ تناول غليظاً كالأرز بِلَبن بعد الْجُوع أحد الدَّم وأثاره وَاحْتَاجَ إِلَى قصد وَإِن كَانَ قريب الْعَهْد بِهِ وَكَذَلِكَ الغضبان. وَاعْلَم أَن الحلو من الْغذَاء تبتزه الطبيعة قبل النضج والانهضام فيفْسد الدَّم وَقد يعرض للأغذية من جِهَة تأليفها إحكام وَقد قَالَ أَصْحَاب التجارب من أهل الْهِنْد وَغَيرهم أَنه لَا يَنْبَغِي أَن يُؤْكَل لبن مَعَ الحموضات وَلَا سمك مَعَ لبن فَإِنَّهُمَا يورثان أمراضاً مزمنة مِنْهَا الجذام. وَقَالُوا أَيْضا لَا يُؤْكَل

ماش مَعَ الْجُبْن وَلَا مَعَ لُحُوم الطير وَلَا سويق على أرز بِلَبن وَلَا يسْتَعْمل فِي المطعومات دهن أَو دسم كَانَ فِي إناء نُحَاس وَلَا يُؤْكَل شواء شوي على جمر الخروع.

والأطعمة الْمُخْتَلفَة تضر من وَجْهَيْن أَحدهمَا لاختلافها فِي الهضم وَاخْتِلَاف المنهضم مِنْهَا وَغير المنهضم. وَالثَّانيَة أَنَّهَا يُمكن أَن يتَنَاوَل مِنْهَا أَكثر من الباج الْوَاحِد وَقد هرب أَصْحَاب الرياضة فِي الزَّمَان الْقَدِيم من ذَلِك إِذْ كَانُوا يقتصرون على اللَّحْم فِي الْغذَاء وعَلى الْخبز فِي الْعشَاء. وَأفضل أَوْقَات الْأكل فِي الصَّيف الْوَقْت الَّذِي هُوَ أبرد ومدافعة الْجُوع رُبمَا مَلَأت الْمعدة صديد ت رَدِيئَة. وَاعْلَم أَن الكباب إِذا انهضم كَانَ أغذى غذَاء وَهُوَ بطيء الانحدار بَاقٍ فِي الْأَعْوَر والشورباج غذَاء جيد وَإِذا كَانَ ببصل طرد الرِّيَاح وَإِن لم يكن ببصل أهاج الرِّيَاح وَمن النَّاس من يحْسب أَن الْعِنَب على الرؤوس المشوية جيد وَلَيْسَ كَمَا يحْسب بل هُوَ رَدِيء جدا فَكَذَلِك النَّبِيذ بل يجب أَن يُؤْكَل عَلَيْهِ مثل حب الرُّمَّان بِلَا ثقله. وَاعْلَم أَن الطيهوج يَابِس يعقل والفروج رطب يُطلق وَخير الدَّجَاج المشوي مَا شوي فِي بطن جدي أَو حمل فيحفظ رطوبته. وَاعْلَم أَن مرق الْفروج شَدِيد التَّعْلِيل للأخلاط أَكثر من مرق الدَّجَاج لَكِن مرق الدَّجَاج أغذى والجدي بَارِدًا أطيب لسكون بخاره وَالْحمل حاراً أطيب لذوبان سهولته والذرباج للمحرورين يجب أَن يكون بِلَا زعفران وللمبرود يجب أَن يكون بزعفران والحلاوات وَإِن كَانَت بسكر كالفالوذج فَإِنَّهَا رَدِيئَة لتسديدها وتعطيشها. وَاعْلَم أَن مضرَّة الْخبز إِذا لم ينهضم كَثِيرَة ومضرة اللَّحْم إِذا لم ينهضم دون ذَلِك فِي الْمضرَّة وَقس على ذَلِك نَظَائِر مَا قُلْنَاهُ.

الْفَصْل الثَّامِن تَدْبِير المَاء وَالشرَاب أصلح المَاء للأمزجة المعتدلة مَا كَانَ معتدلاً فِي شدَّة الْبرد أَو كَانَ تبريده بالجمد من خَارج لَا سِيمَا إِن كَانَ الجمد رديئاً وَكَذَلِكَ الْحَال فِي الجمد الْجيد أَيْضا فَإِن المتحلل مِنْهُ يضر بالأعصاب وأعضاء التنفس وبجملة الأحشاء وَلَا يحْتَملهُ إِلَّا الدموي جدا إِن لم يضرّهُ فِي الْحَال ضره على طول الْأَيَّام والإمعان فِي السن. وَقَالَ أَصْحَاب التجربة لَا يجمع بَين ماءي الْبِئْر وَالنهر مَا لم ينحدر أَحدهمَا. وَأما اخْتِيَار المَاء فقد دللنا عَلَيْهِ وَكَذَلِكَ إصْلَاح الرَّدِيء مِنْهُ والمزج بالخل يصلحه. وَاعْلَم أَن الشّرْب على الرِّيق وعَلى الرياضة والاستحمام خُصُوصا مَعَ خلاء الْبَطن وَكَذَلِكَ طَاعَة الْعَطش الْكَاذِب فِي اللَّيْل كَمَا يعرض للسكارى والمخمورين وَعند اشْتِغَال الطبيعة بهضم الْغذَاء ضار وَقد سبق أَن الريّ الْكَافِي ضار جدا بل يجب أَن كَانَ لَا بُد أَن يجتزي بالهواء الْبَارِد والمضمضة بِالْمَاءِ الْبَارِد ثمَّ إِن لم يقنع بذلك فَمن كوز ضيق الرَّأْس. على أَن المخمور رُبمَا انْتفع بذلك وَرُبمَا لم يضرّهُ إِن شرب على الرِّيق. وَمن لم يصبر على الشّرْب على الرِّيق خُصُوصا بعد رياضة فليشرب قبله شرابًا ممزوجاً بِمَاء حَار وليعلم المبتلي بالعطش الْكَاذِب أَن النّوم ومصابرته للعطش يسكنهُ لِأَن الطبيعة حِينَئِذٍ تحلل الْمَادَّة المعطشة وخصوصاً إِذا جمع بَين الصَّبْر وَالنَّوْم وَإِذا أطفئت الطبيعة المنضجة بِالشربِ طَاعَة لَهُ عود الْعَطش لإِقَامَة الْخَلْط المعطش وَيجب خُصُوصا على صَاحب الْعَطش الْكَاذِب أَن لَا يعب المَاء عباً بل يمص مِنْهُ مصاً. وَشرب الْبَارِد جدا رَدِيء وَإِن كَانَ لَا بُد مِنْهُ فبعد طَعَام كَاف وَالْمَاء الفاتر يغثي والمسخن فَوق ذَلِك إِذا استكثر مِنْهُ أوهن الْمعدة وَإِذا شرب فِي الأحيان غسل الْمعدة وَأطلق الطبيعة. وَأما الشَّرَاب فالأبيض الرَّقِيق أوفق للمحرورين وَلَا

يصدع بل رُبمَا رطب فيخفف الصداع الْكَائِن من التهاب الْمعدة وَيقوم المروق بالعسل وَالْخبز مقامه خُصُوصا إِذا مزج قبل الشّرْب بساعتين.

وَأما الشَّرَاب الغليظ الحلو فَهُوَ أوفق لمن يُرِيد السّمن وَالْقُوَّة وليكن من تسديده على حذر والعتيق الْأَحْمَر أوفق لصَاحب المزاج الْبَارِد البلغمي وَتَنَاول الشَّرَاب على كل طَعَام من الْأَطْعِمَة رَدِيء على مَا فزعنا من إِعْطَاء عِلّة ذَلِك فَلَا يشربن إِلَّا بعد انهضامه وانحداره. وَأما الطَّعَام الرَّدِيء الكيموس فشرب الشَّرَاب عَلَيْهِ وَقت تنَاوله وَبعد انهضامه رَدِيء لِأَنَّهُ ينفذ الكيموس الرَّدِيء إِلَى أقاصي الْبدن وَكَذَلِكَ على الْفَوَاكِه وخصوصاً الْبِطِّيخ والابتداء بالصغار من الأقداح أولى من الْكِبَار وَلَكِن إِن شرب على الطَّعَام قدحين أَو ثَلَاثَة كَانَ غير ضار للمعتاد وَكَذَلِكَ عقيب الفصد للصحيح. وَالشرَاب ينفع الممرورين بإدرار الْمرة والمرطوبين بإنضاج الرطوبة وَكلما زَادَت عطريته وَزَاد طيبه وطاب طعمه فَهُوَ أوفق وَالشرَاب نعم المنفذ للغذاء فِي جَمِيع الْبدن وَهُوَ يقطع البلغم ويحلله وَيخرج الصَّفْرَاء فِي الْبَوْل وَغَيره ويزلق السَّوْدَاء فَيخرج بسهولة ويقمع عاديتها بالمضادة وَيحل كل مُنْعَقد من غير تسخين كثير غَرِيب. وَسَنَذْكُر أَصْنَافه فِي مَوْضِعه وَمن كَانَ قوي الدِّمَاغ لم يسكر بِسُرْعَة وَلم يقبل دماغه الأبخرة المتراقية الرَّدِيئَة وَلم يصل إِلَيْهِ من الشَّرَاب إِلَّا حرارته الملائمة فيصفو ذهنه مَا لَا يصفو بِمثلِهِ أذهان آخرى وَمن كَانَ بِالْخِلَافِ كَانَ بِالْخِلَافِ وَمن كَانَ فِي صَدره وَهن يضيق فِي الشتَاء نَفسه فَلَا يقدر أَن يستكثر من الشَّرَاب شَيْئا وَمن أَرَادَ أَن يستكثر من الشَّرَاب فَلَا يمتلئ من الطَّعَام وليجعل فِي طَعَامه مَا يدر فَإِن عرض امتلاء من طَعَام وشراب فليقف وليشرب مَاء الْعَسَل ثمَّ يقذف أَيْضا ثمَّ يغسل فَمه بخل وَعسل وَوَجهه بِمَاء بَارِد. وَمن تأذى من الشَّرَاب بسخونة الْبدن وَحمى الكبد فليجعل غذاءه مثل الحصرمية وَنَحْوهَا وَنَقله مَاء الرُّمَّان وحماض الأترج وَمن تأذى مِنْهُ فِي نَاحيَة رَأسه قلّل وَشرب الممزوج المروق وينقل عَلَيْهِ بِمثل السفرجل وَإِن تأذى فِي معدته بحرارتها فليتناول حب الآس المحمص وليمص شَيْئا من أَقْرَاص الكافور وَمَا فِيهِ قبض وحموضة وَإِن كَانَ تأذيه لبرودتها يتنقل بالسعد وبالقرنفل وقشر الأترج .

وَاعْلَم أَن الشَّرَاب الْعَتِيق فِي حكم الدَّوَاء لَيْسَ فِي حكم الْغذَاء وَإِن الشَّرَاب الحَدِيث ضار بالكبد ومؤد إِلَى الْقيام الكبدي لنفخه وإسهاله. وَاعْلَم أَن خير الشَّرَاب هُوَ المعتدل بَين الْعَتِيق والْحَدِيث الصافي الْأَبْيَض إِلَى الحمرَة الطّيب الرَّائِحَة المعتدل الطّعْم لَا حامض وَلَا حُلْو وَالشرَاب الْجيد الْمَعْزُوف بالمغسول وَهُوَ أَن يتَّخذ ثَلَاثَة أَجزَاء من السعتر وجزءاً من المَاء ويغلي حَتَّى يذهب ثلثه وَمن أَصَابَهُ من شرب الشَّرَاب لذع مصّ بعده الرُّمَّان وَالْمَاء الْبَارِد وشراب الإفسنتين من الْغَد وَاسْتَعْمل الْحمام وَقد تنَاول شَيْئا يَسِيرا. وَاعْلَم أَن الممزوج يرخّي الْمعدة ويرطّبها وَهُوَ يسكر أسْرع لتنفيذ المائية وَلَكِن ذَلِك يجلو الْبشرَة ويصفي القوى النفسانية وليجتنب الْعَاقِل تنَاول الشَّرَاب على الرِّيق أَو قبل استيفَاء الْأَعْضَاء من المَاء فِي المرطوبين أَو عقيب حَرَكَة مفرطة فَإِن هذَيْن ضاران بالدماغ والعصب ويوقعان فِي التشنّج واختلاط الْعقل أَو فِي مرض أَو فضل حَار. وَالسكر الْمُتَوَاتر رَدِيء جدا يفْسد مزاج الكبد والدماغ ويضعف العصب وَيُورث أمراض العصب والسكتة وَالْمَوْت فَجْأَة.

وَالشرَاب الْكثير يَسْتَحِيل صفراء رَدِيئَة فِي بعض الْمعد وخلا حاذقاً فِي بعض الْمعد وضررهما جَمِيعًا عَظِيم. وَقد رأى بَعضهم أَن السكر إذا وَقع فِي الشَّهْر مرّة أَو مرَّتَيْنِ نفع بِمَا يُخَفف من القوى النفسانية ويريح بدر الْبَوْل والعرق ويحلل الفضول سِيمَا من الْمعدة. وليعلم أَن غَالب ضَرَر الشَّرَاب إِنَّمَا هُوَ بالدماغ فَلَا يشربنه ضَعِيف الدِّمَاغ إِلَّا قَلِيلا وممزوجاً وَالصَّوَاب لمن يمتلىء من الشَّرَاب أَن يُبَادر إِلَى الْقَيْء فَإِن سهل وَإِلَّا شرب عَلَيْهِ مَاء كثيرا وَحده أَو مَعَ عسل ثمَّ استحم بعـ الْقَيْء بالأبزن وتمرخ بدهن كثير وينام. وَالصبيان شربهم الشَّرَاب كزيادة نَار على نَار فِي حطب ضَعِيف وَمَا احْتمل الشَّيْخ فاسقه وَعدل الشبَّان فِيهِ. وَالْأولَى للشبان أَن يشربُوا الشَّرَاب الْعَتِيق ممزوجاً بِمَاء الرُّمَّان أَو ممزوجاً بِالْمَاءِ الْبَارِد كي يبعد عَن الضَّرَر وَلَا يَحْتَرِق مزاجهم والبلد الْبَارِد يحْتَمل الشّرْب فِيهِ والحار لَا يحْتَملهُ وَمن أَرَادَ الامتلاء من الشَّرَاب فَلَا يمتلىء من الطَّعَام وَلَا يَأْكُل الحلو بل يتحسى من الأسفيذاج الدسم ويتناول ثريدة دسمة وَلَحْمًا دسماً مجزعاً واعتدل وَلم يتعب ويتنقل باللوز والعدس المفلحين وكامخ الْكبر وَإِن أكل الكرنبية وزيتون الْمَاء وَنَحْوه نفع وأعان على الشّرْب وَكَذَلِكَ جَمِيع مَا يجفف البخار مثل بزر الكرنب النبطي والكمّون والسذاب الْيَابِس والفوذنج وَالْملح النفطي والنانخواه والأغذية الَّتِي فِيهَا لزوجة وتغرية وَرُبمَا غلظت البخار وَذَلِكَ مثل الدسومات الحلوة اللزجة فَإِنَّهَا تمنع السكر وَإِن كَانَت لَا تقبل الشَّرَاب الْكثير بِسَبَب أَنَّهَا بطيئة النّفُوذ. وَسُرْعَة السكر تكون لضعف الدِّمَاغ أَو لِكَثْرَة الأخلاط فِيهِ وَتَكون لقُوَّة الشَّرَاب وَتَكون لقلَّة الْغذَاء وَسُوء التَّدْبِير فِيهِ وَفِيمَا يتَّصل بِهِ. وَالَّذِي لضعف الرَّأْس فعلاجه علاج النزلة الْمُتَقَدّمَة من اللطوخات الْمَذْكُورَة فِي ذَلِك الْبَاب وَلَا يشربن مِنْهُ إِلَّا قَلِيلا. شراب يبطىء بالسكر. يُؤْخَذ من مَاء الكرنب الْأَبْيَض جُزْء وَمن مَاء الرُّمَّان الحامض جُزْء وَمن الْخلّ نصف جُزْء ويغلي غليات وَيشْرب مِنْهُ قبل الشَّرَاب أُوقِيَّة وَأَيْضًا يتَّخذ حب من الْملح والسذاب والكمون الْأسود ويجفف ويتناول حَبَّة بعد حَبَّة وَأَيْضًا يُؤْخَذ بزر الكرنب النبطي والكمُون واللوز المر المقشر والفوتنج و لإفسنتين وَالْملح النفطي والنانخواه والسذاب الْيَابِس وَيشْرب مِنْهُ من لَا يخَاف مضرَّة من حرارته وزن دِرْهَمَيْنِ بِمَاء بَارِد على الرِّيق وَمِمَّا يصحي السَّكْرَان أَن يسقى الْمَاء والخل ثَلَاث مَرَّات متواترة أَو مَاء المصل والرائب الحامض ويتشمم الكافور والصندل أَو يَجْعَل على رَأسه المبردات الرادعة مثل دهن ورد بخل خمر. وَأما علاج الْخمار فنذكره فِي الجزئيات .

وَمن أَرَادَ أَن يسكر بِسُرْعَة من غير مضرَّة: نَقَعَ فِي الشَّرَاب الأشنة أَو الْعود الْهِنْدِيّ وَمن احْتَاجَ إِلَى سكر شَدِيد لعلاج عُضْو علاجاً مؤلماً جعل فِي شرابه مَاء الشيلم أَو يَأْخُذ من الشاهترج والأفيون والبنج أَجزَاء سَوَاء نصف دِرْهَم نصف دِرْهَم وَمن جوزبوا والسك وَالْعود الخام قيراطاً قيراطاً ويسقى مِنْهُ فِي الشَّرَاب قدر الْحَاجة أَو يطْبخ البنج الْأسود وقشور اليبروح فِي الْمَاء حَتَّى يحمر ويمزج بِهِ الشَّرَاب.

الْفَصْل التَّاسِع النّوم واليقظة أما الْكَلَام فِي سَبَب النّوم الطبيعي والسبات وضدهما من الْيَقَظَة والأرق وَمَا يجب أَن يفعل فِي جلب كل وَاحِد مِنْهَا وَدفعه إذا كَانَ مُؤْذِيًا وَمَا يدل عَلَيْهِ كل وَاحِد مِنْهَا وَغير ذَلِك فقد قيل مِنْهُ شَيْء فِي مَوْضِعه وسيقال فِي الطِّبّ الجزئي. وَأما الَّذِي يُقَال فِي هَذَا الْموضع فَهُوَ أَن النّوم المعتدل مُمكن للقوة الطبيعية

من أفعالها مريح للقوة النفسانية مكثر من جوهره حَتَّى إِنَّه رُبَمَا عاد لإرخائه مَانِعا من تحلل الرّوح أي روح كَانَت وَلذَلِك يهضم الطّعْم الهضوم الْمَذْكُورَة ويتدارك بِهِ الضعْف الْكَائِن عَن أَصْنَاف التَّحَلُّل مَا كَانَ من إعياء وَمَا كَانَ من مثل الْجِمَاع وَالْغَضَب وَنَحْو ذَلِك. وَالنَّوْم المعتدل إذا صَادف اعْتِدَال الأخلاط فِي الحكم والكيف فَهُوَ مرطّب مسخن وَهُوَ أَنْفَع شَيْء للمشايخ فَإِنَّهُ يحفظ عَلَيْهِم الرطوبة وَيُعِيدهَا وَلذَلِك ذكر جالينوس أنه يتَنَاوَل كل لَيْلَة بقيلة خس مُطيب فَأَما الخس فلينومه وَأما التطييب فليتدارك بِهِ تبريده. قَالَ: فَإِنِّي الْآن على النّوم حَرِيص أي أَنِّي الْيَوْم شيخ يَنْفَعنِي ترطيب النّوم وَهَذَا أنعم التَّدْبِير لمن يعصاه النّوم وَإِن قدم عَلَيْهِ حَماما بعد استكمال هضم الْغذَاء المتناول واستكثاراً من صب المَاء الْحَار على الرَّأْس فَإِنَّهُ نعم الْمعِين. وَأما التَّدْبِير الَّذِي هُوَ أقوى من ذَلِك فنذكره فِي المعالجات فَيجب على الأصحاء أَن يراعوا أمر النّوم وليكونوا مِنْهُ على اعْتِدَال وَفِي وقته وَلَا يفرطوا فِيهِ وليتقوا ضَرَر السهر بأدمغتهم وبقواهم كلهَا وَكَثِيرًا مَا يُكلف الْإِنْسَان السهر ويطرد عَنهُ النّوم خوفًا من الغشي وَسُقُوط الْقُوَّة. وَأفضل النّوم الْغَرق وَمَا كَانَ بعد إنحدار الطَّعَام من الْبَطن الْأَعْلَى وَسُكُون مَا عَسى يتبعهُ من النفخ والقراقر فَإِن النّوم على ذَلِك ضار من وُجُوه كَثِيرَة بل وَلَا يطيب وَلَا يتَّصل وَلَا يُفَارق التململ والتقلب وَهُوَ ضار وَهُوَ مَعَ ضَرَره مؤذ لصَاحبه فَلذَلِك يجب أَن يتمشى يَسِيرا إِلَى وَالنَّوْم على الخوى رَدِيء مسْقط للقوة وعَلى الامتلاء قبل الانحدار من الْبَطن الْأَعْلَى رَدِيء لِأَنَّهُ لَا يكون غرقاً بل يكون مَعَ تململ كَمَا تشتغل فِيهِ الطبيعة بِمَا تشتغل بِهِ فِي حَال النّوم من الهضم عارضها استيقاظ مزعج محيّر فتتبلد مَعَه الطبيعة فَيفْسد الهضم. ونوم النَّهَار رَدِيء يُورث الْأَمْرَاض الرطوبية والنوازل وَيفْسد اللَّوْن وَيُورث الطحال ويرخي العصب ويكسل ويضعف الشَّهْوَة وَيُورث الأورام والحميات كثيرا.

وَمن أَسبَاب آفاته سرعَة انْقِطَاعه وتبلد الطبيعة عَمَّا كَانَت فِيهِ. وَمن فَضَائِل نوم اللَّيْل أَنه تَامّ مُسْتَمر غرق على أَن مُعْتَاد النّوم بِالنَّهَارِ لَا يجب أَن يهجره دفْعَة بِغَيْر تدريج. وَأما أفضل هيئات النّوم فَأن يبتدىء على الْيَمين ثمَّ يَنْقَلِب على الْيَسَار طِبًّا وَشرعا فَإِذا ابْتَدَأَ على الْبَطن أعَان على الهضم مَعُونَة جَيِّدَة لما يحقن بِهِ من الْحَار الغريزي ويحصره فيكثر وَأما الاستلقاء فَهُوَ نوم رَدِيء يهيء للأمراض الرَّدِيئَة مثل السكتة والفالج والكابوس وَذَلِكَ لِأَنَّهُ يمِيل بالفضول إِلَى خلف فيحتبس عَن مجاريها الَّتِي هِيَ إِلَى قُدَّام مثل المنخرين والحنك وَالنَّوْم على الإستلقاء من عَادَة الضعفى من المرضى لما يعرض لعضلاتهم من الضعْف ولأعضائهم فَلَا يحمل جنب جنبا بل يسْرع إِلَى الاستلقاء على الظّهْر إِذْ الظّهْر أقوى من الْجنب وَمثل هَذَا مَا ينامون فاغرين لضعف العضل الَّتِي بهَا يجمعُونَ الفكين. وَلِهَذَا بَابَانِ قد ذكرناهما فِي الْكتب الْجُزْئِيَّة وَقد اسْتَوْفَيْنَا الْكَلَام فِي ذَلِك.

الْفَصْل الْعَاشِر فِيمَا يجب أَن يُؤخر عَن هَذَا الْموضع مِمَّا يذكر فِي مثل هَذَا الْموضع هُوَ أَمر الْجِمَاع وتعديله وتدارك ضَرَره وَنحن نؤخر القَوْل فِيهِ إِلَى الْكتب الْجُزْئِيَّة. وَمِمَّا يُقَال هَهُنَا أَيْضا أَمر الْأَدْوِيَة المسهلة وتدارك ضررها. وَنحن أَيْضا نؤخر الْكَلَام فِي بعضه إِلَى مقالتنا فِي العلاج وَفِي بعضه إِلَى كلامنا فِي الْأَدْوِيَة المسهلة إِلَّا أَنَّا نقُول يجب على

مستحفظ الصِّحَّة أن يتعَاهَد الاستفراغ السهل والإدرار والتعريق والنفث وتتعاهده النِّسَاء بالطمث مِمَّا نوضحه ونعرفه فِي مَوْضِعه.

الْفَصْل الْحَادِي عشر تقْوِيَة الْأَعْضَاء الضعيفة وتسمينها وتعظيم حجمها فَنَقُول: الْأَعْضَاء الضعيفة وَالصَّغِيرَة تقوى وتعظم أما فِيمَن هُوَ بعد فِي سنّ النمو والنشو فبالتغذية وَأما فِي المسنين فبالدلك المعتدل والرياضة الدائمة الَّتِي تخصّها ثمَّ تطلى بالزفت وَحصر النَّفس دَاخله فِي هَذَا الْبَاب خُصُوصا إِذا كَانَ الْعُضْو مجاور للصدر والرئة مِثَال ذَلِك من كَانَ قصيف السَّاقَيْنِ فَإِنَّا نأمره بالإحصار الْيَسِير والدلك المعتدل ونطليه بالطلاء الزفتي ثمَّ فِي الْيَوْم الثَّانِي يحفظ الدَّلْك بِحَالِهِ وَيزِيد فِي الرياضة وَفِي الثَّالِث يحفظ أَيْضا الدَّلْك بِحَالِهِ وَيزِيد فِي الرياضة إِلَّا أَن يظْهر دَلِيل اتساع الْعُرُوق وانصباب الموادّ فيخاف فِي كل عُضْو حُدُوث الورم وَالآفة الامتلائية الَّتِي تخصه كَمَا يخَاف هَهُنَا الدوالي وداء الْفِيل وَإِذا ظهر شَيْء من هَذَا الْجِنْس نقصنا مَا كُنَّا نفعله من الرياضة والدلك بل أمسكنا واضجعناه وأشلنا بذلك الْعُضْو مثلا فِي ضامر السَّاق بِرجلِهِ ودلكناه عكس الدَّلْك الأول وابتدأنا من طرفه إِلَى أَصله. وَإِن أردنَا ذَلِك بعضو مقارب لأعضاء التنفس وَكَانَ مثلا الصَّدْر فليقمط مَا تَحْتَهُ بقماط وسط الشد معتدل الْعرض ثمَّ نأمر أَن يسْتَعْمل رياضات الْيَدَيْنِ وَحصر النَّفس الشَّديد والصياح وَالصَّوْت الْعَظِيم والدلك الرَّقِيق ثمَّ سيأتيك فِي الْكتب الْجُزْئِيَّة تَفْصِيل لهَذِهِ **الْجُمْلَة** مستقصى فانتظره فِي كتاب الزِّينَة.

الْفَصْل الثَّانِي عشر الإعياء الَّذِي يتبع الرياضات فَنَقُول: أَصْنَاف الإعياء ثَلَاثَة وَيُزَاد عَلَيْهَا رَابِع ووجوه حُدُوثه وَجْهَان فأصنافه الثَّلَاثَة القروحي والتمددي والورمي وَالَّذِي يُزَاد هُوَ الإعياء الْمُسَمّى بالقشفي واليبسي والقضفي. فالقروحي إعياء يحسن مِنْهُ فِي ظَاهر الْجلد شَبِيه بمسّ القروح أَو فِي غور الْجلد. وأقواه غوره وَقد يحس ذَلِك بالمس وَقد يحسّ بِهِ صَاحبه عِنْد حركته وربمَا أحسّ بنخش كنخش الشوك ويكرهون الحركات حَتَّى التمطي أَو يتمطون بِضعْف وَإِذا اشتدّ وجدوا قشعريرة وَإِن زَاد أَصَابَهُم نافض وحموا. وَسَببه كَثْرَة فضول رقيقَة حادة أَو ذوبان اللَّحْم والشحم لشدَّة الْحَرَكَة.

وبالجُمْلَة أخلاط رَدِيئَة انتشرت فِي الْعُرُوق وَكسر الدَّم الْجيد أ فتها فَلَمَّا انتفضت إِلَى نواحي الْجلد انتفضت خَالِصَة الْأَذَى. وَأَقل مَا يُؤْذى بِهِ هُوَ أَن يحدث هَذَا الْجِنْس من الإعياء فَإِن تحركت قَلِيلا أحدثت القشعريرة إِن تحركت كثيرا أحدثت النافض وَرُبمَا انتفض مِنْهَا الأخلاط الحادة وَيبقى فِي الْعُرُوق الخامة وَرُبمَا كَانَ الخام أَيْضا فِي اللَّحْم. والتمددي يحس صَاحبه كَأَن بدنه قد رُضّ ويحسّ بحرارة وتمدد ويكرهُ صَاحبه الْحَرَكَة حَتَّى التمطي خُصُوصا إِن كَانَ عَن تعب وَيكون من فضول محتبسة فِي العضل إِلَّا أَنَّهَا جَيِّدَة الْجَوْهَر لَا لذع فِيهَا أَو من ريح ويفرّق بَينهمَا حَال الخفة والثقل وَكَثِيرًا مَا يعرض من نوم غير تامّ وَإِذا عرض بعد نوم تامّ فهنالك اخْتِلَاف آ خر وَهُوَ شَرّ الْأَصْنَاف وأشده مَا وتر شظايا العضل على الاسْتقَامَة. وَأما الإعياء الورمي فَهُوَ أَن يكون الْبدن أسخن من الْعَادة وشبيهاً بالمنتفخ حجماً ولوناً وتأذياً بالمس وَالْحَرَكَة ويحس مَعَه بتمدد أَيْضا. وَأما الأعياء القضفي فَهُوَ حَالَة يحس بهَا

الْإِنْسَان من بدنه كَأَن قد أفرط بِهِ الْجَفَاف واليبس وَيحدث من إفراط رياضة مَعَ جودة الكيموس وَاسْتِعْمَال الاسْتِرْدَاد خشن بعده وَقد يحدث من يبس الْهَوَاء والاستقلال من الْغذَاء وَاسْتِعْمَال الصَّوْم.

الْفَصْل الثَّالِث عشر أما وَجه حُدُوث الاعياء فَذَلِك لِأَن الإعياء إِمَّا أَن يحدث عَن رياضة وَهُوَ أسلم وَطَرِيق علاجه وَجه يَخُصُّهُ وَإِمَّا أَن يحدث عَن ذَاته وَهُوَ مُقَدّمَة مرض وَطَرِيق علاجه وَجه يَخُصُّهُ. وَقد تتركب هَذِه بَعْضهَا مَعَ بعض بِحَسب تركب مرادها إِمَّا بذاتها وَإِمَّا بالرياضة وَإِذا عرفت تَدْبِير المركبات نقلته إِلَى تَدْبِير المركبات على القانون الَّذِي أقوله وَهُوَ أَن الْوَاجِب أَن يصرف فضل الْعِنَايَة أول شَيْء إِلَى مَا هُوَ أَشد اهتماماً مَعَ تَدْبِير مَا هُوَ دونه أَيْضا والأهم يكون أهم لأمور ثَلَاثَة: إِمَّا لأجل الْقُوَّة وَإِمَّا لأجل الشّرف وَإِمَّا لأجل الْجَوْهَر. وَإِذا اجْتمع فِي الْوَاجِب من هَذِه الشُّرُوط اثْنَان أَو ثَلَاثَة فَهُوَ أهم إِلَّا أَن يكون الْوَاحِد من الآخر أقوى من اثْنَيْنِ من الأول فيقاوم الِاثْنَيْنِ من الأول. وَمِثَال هَذَا أَن الإعياء الورمي أقوى وأشرف لَكِن جَوْهَر القروحي إِن كَانَ بعد جدا عَن الِاعْتِدَال وَعَن المجرى الطبيعي قاوم مُوجب الإعياء الورمي بالشرف وَالْقُوَّة فَقدم عَلَيْهِ وَأَن لم يكن بعد جدا قدم عَلَيْهِ الورمي. التمطّي والتثاؤب التمطي يكون لفضول مجتمعة فِي العضل وَلذَلِك يعرض كثيرا عقيب النّوم وَإِذا صَارَت تِلْكَ الأخلاط أَكثر صَار قشعريرة ونافضاً وَإِن صَارَت أَكثر من ذَلِك أحدثت الْحمى. والتثاؤب ضرب من التمطي لعَارض ممط يعرض فِي عضل الفك والقص. وعروضه للصحيح ابْتِدَاء بِلَا سَبَب وَفِي غير الْوَقْت إِذا أَكثر فَهُوَ رَدِيء. والجيد مِنْهُ مَا كَانَ عِنْد الهضم الآخر وَيكون لدفع الْفضل وَقد يفعل التثاؤب والتمطي الْبرد والتكاثف وَقلة التحلّل والانتباه عَن النّوم قبل استيفائه وَهُوَ دفع عاصر وَالشرَاب الممزوج مُنَاصَفَة جيد للتثاؤب والتمطّي إِذا لم يكن هُنَاكَ سَبَب آخر مَانع لَهُ.

الْفَصْل الرَّابِع عشر علاج الإعياء الرياضي نقُول: إِن الْعِنَايَة بعلاج الإعياء الرياضي أَمَان من أمراض كَثِيرَة مِنْهَا الحميات فَأَما الإعياء القروحي فَيجب أَن ينقص مَعَ ظُهُوره من الرياضة إِن كَانَت هِيَ سَببه وَإِن اقْترن بهَا كَثْرَة أخلاط نقصت أَو تخم قريبَة الْعَهْد تدورك ضررها بِالْجُوعِ والاستفراغ وتحليل حصل فِي نَاحيَة الْجلد بالدلك الْكثير اللين بدهن لَا قبض فِيهِ إِلَى الْيَوْم الثَّالِث ثمَّ تسْتَعْمل رياضة الِاسْتِرْدَاد ويغذى فِي الْيَوْم الأول بِمَا جرت بِهِ عَادَته فِي الْكَيْفِيَّة إِلَّا أَنه ينقص من كميته وَفِي الثَّانِي يغذى بالمرطبات فَإِن كَانَت الْعُرُوق نقية والخام فِي شَحم المعي فالدلك قد ينضجه وخصوصاً إِذا أنفذت إِلَيْهِ قُوَّة أدوية مسخنة. ودهن الغرب نَافِع جدا من ذَلِك وأدهان الشبث والبابونج وَنَحْو ذَلِك وطبيخ أصل السلق فِي الدّهن فِي إِنَاء مضاعف ودهن أصل الخطمي ودهن أصل قثاء الْحمار والفاشرا ودهن الأشنة جَيِّدَة وكل مَا يَقع من الأدهان فِيهِ الأشنة. وَأما الإعياء التمددي فالغرض فِي معالجته إرخاء مَا صلب بالدلك اللين والدهن المسخن فِي الشَّمْس والإستحمام بِالْمَاءِ الفاتر واللبث فِيهِ طَويلا حَتَّى إِنَّه إِن عاود الأبزن فِي الْيَوْم مرَّتَيْنِ أَو ثَلَاثَة جَازَ ويتدهن بعد كل استحمام وان احْتِيجَ بِسَبَب وجوب نشف الْعرق وانتشاف الدّهن مَعَه إِلَى أَن يُعَاد مسح الدّهن عَلَيْهِ فعل ويغذّى بغذاء رطب قَلِيل الْمِقْدَار فَإِنَّهُ إِلَى تقليل الْغذَاء أحْوج من القروحي. وَهَذَا الإعياء تحلله الرياضة وتفش الإعياء وَإِن كَانَ عارضاً بِذَاتِهِ لفضول غَلِيظَة لم يكن

بُد من استفراغ وَإِن كَانَت ريح ممّددة حلله مثل الكمون والكرويا والأنيسون. وأمّا الإعياء الورمي فالغرض فِي تَدْبيره أُمُور ثَلَاثَة إرخاء مَا تمدد وتبريد مَا سخن واستفراغ الْفضل. وَيتم ذَلِك بالدهن الْكثير الفاتر والدلك اللين جدا وَطول اللّبْث فِي المَاء المائل إِلَى السخونة قَلِيلا والراحة.

وَأما القشفي فَلَا يُغير فِيهِ من تَدْبِير الأصحاء شَيْء إِلَّا أَن المَاء الَّذِي يستحمّ فِيهِ يجب أَن يُزَاد سخونة فَإِن المَاء الْحَار جدا فِيهِ تكثيف للجلد مَعَ أَنه لَا مضرَّة فِيهِ مثل مضرَّة الْبَارِد من الْمِيَاه فَإِنَّهُ وَإِن كثف فَفِيهِ مخاطرة لنفوذ برده فِي بدن قد نحف وَرُبمَا كَانَ سَبَب نحافته تخلخل جلده بل هَذَا هُوَ الْأَكْثَر وَفِي الْيَوْم الثَّانِي تسْتَعْمل رياضة اسْتِرْدَاد على رفق ولين وَالْحمام كَحال الْيَوْم الأول ثمَّ يُؤمر أَن ينزج فِي المَاء الْبَارِد دفْعَة ليكثف جلده ويقلل تحلله وَتحفظ فِيهِ الرُّطُوبَة ويلقي بدناً فِيهِ مَا يقاومه من الْحَرَارَة وَقد تكيف بِهِ وَهَذَانِ السببان يتعاونان على دفع غائلة برده وخصوصاً إِذا انزج فِيهِ وَخرج فِي الْحَال وَلم يمْكث فَإِن الْمكْث لَا أَمَان مَعَه ويغذى ضحوة النَّهَار بغذاء مرطب يسير لكَي يُمكن أَن يدلك عِنْد العشية كرّة أُخْرَى. وَحِينَئِذٍ يُؤَخر الْعشَاء ويجتهد أَن يكون قد نفض الفضول عَن نَفسه بتدلك بدهن عذب وَلَا يصيبن بِهِ بَطْنه إِلَّا أَن يكون أحس بأعياء فِي عضل بَطْنه فَحِينَئِذٍ يدهنها بِرِفْق ولين. وليتوسع فِي غذائه ويزد فِيهِ مَعَ توق أَن يكون غذاؤه شَدِيد الْحَرَارَة. وكل إعياء يكون سَببه الْحَرَكَة فَإِن تَركهَا مَعَ ابْتِدَاء أثر الإعياء يمْنَع حُدُوثه ثمَّ يسْتَعْمل رياضة الِاسْتِرْدَاد لتدفع الْحَرَكَة المعتدلة الْموَاد إِلَى الْجلد ويحللها الدَّلْك فِيمَا بَين تِلْكَ الحركت فِي وقفاتها وَيعرف حَاله بالاستحمام فَإِن أحدث الْحمام نافضاً فَالْأَمْر مجاوز الْحَد وخصوصاً إِن أحدث حمى وَحِينَئِذٍ فَلَا يجب أَن يستحم بل يستفرغ وَيصْلح المزاج. وَإِن لم يحدث الْحمام أَيْضا شَيْئا من ذَلِك فهومنتفع بِهِ. وَإِن كَانَ فِي عروق المعي أخلاط جامدة أَو خامة فدبر أَولا الإعياء بِمَا يجب ثمَّ اشْتغل بِمَا ينضج الخامة ويلطفها ويخرجها. فَإِن كَانَت كَثِيرَة أُشير عَلَيْهِ حِينَئِذٍ بِالسُّكُونِ وَترك الرياضات فَإِن السّكُون أهضم وَترك الفصد فَإِنَّهُ فِي الْأَكْثَر يخرج النقي ويبقي الخام وَلَا يسهل أَيْضا قبل الانضاج فَإِن ذَلِك لَا يُغني ويؤذي وَلَا بَأْس بالإدرار وَلَا تعطيه مسخناً فينشر الخام فِي الْبدن وليكن اسْتِعْمَاله عَلَيْهِ بِرِفْق وبقدر معتدل .

وَيجب أَن يَجْعَل فِي أغذيته الفلفل وَالْكبر والزنجبيل وخل الْكبر وخل الثوم وخل الاسترغان وأجرامها أَيْضا والجوارشنات الْمَعْرُوفَة بِقدر. وَبعد النضج وَظُهُور الرسوب فِي الْبَوْل ونضج الْأَغْلَب فَاسْتعْمل الشَّرَاب ليتم النضج وأدر وليكن شرابه اللَّطِيف الرَّقِيق وَلَا يسْتَعْمل الْقَيْء.

الْفَصْل الْخَامِس عشر أَحْوَال أُخْرَى تتبع الرياضات من الْأَحْوَال وَهِي التكاثف والتخلخل والترطيب الْمفرط فنتكلم أَولا فِي هَذِه الْأَحْوَال ثمَّ ننتقل إِلَى تَدْبِير الإعياء الْكَائِن من تِلْقَاء نَفسه. فَمن ذَلِك تخلخل يعرض للبدن وَكثيرًا مَا يعرض للبدن من الدَّلْك الْيَسِير وَمن الْحمام. ويعالج بالدلك الْيَابِس الْيَسِير المائل إِلَى الصلابة مَعَ دهن قَابض وَمن ذَلِك تكاثف يعرض عَن برد أَو شَيْء قَابض أَو كَثْرَة فضول أَو غلظها أَو لزوجتها يُؤَدِّي ذَلِك إِلَى احتباسها فِي

مسام الْجلد أَو يكون التكاثف بِسَبَب رياضة جذبته من الْغَوْر من غير أَن يكون عَن أَسبَاب سَابِقَة. أَو يكون السَّبَب فِي ذَلِك الْمقَام فِي مَوضِع غباري أَو دلكا قَوِيا صلباً. أما كَانَ من برد وَقبض فعلامته بَيَاض اللَّوْن وإبطاء التسخن والتعرق وعود اللَّوْن إِلَى الْحمرَة عِنْد الرياضة فَهَؤُلَاءِ يجب أَن يستحموا بحمامات حارة ويتمرغوا على طوابقها المعتدلة الْحَرَارَة وعَلى فراشها حَتَّى يعرقوا ويتدهنوا بأدهان لَطِيفَة حارة محللة.

وَأما الواقعون فِي ذَلِك من رياضة فعلامتهم عدم تِلْكَ العلامات وتوسّخ الْجلد. وعلاجه النفض إن كَانَ هُنَاكَ فضل وَاسْتِعْمَال مَا يحلل من حمام وتمريخ. وَأما الواقعون فِي ذَلِك من كبار أَو قُوَّة ذَلِك فهم إِلَى الإستحمام أحْوج مِنْهُم إِلَى التمريخ بالأدهان وليتدكلوا تدليكاً لينًا قبل الْحمام وَبعده. وَقد يعرض عقيب الإفراط فِي الرياضة مَعَ قلَّة الدَّلْك ضعف مَعَ التخلخل وَقد يعرض من الْجِمَاع المفرط أَيْضا وَمن الْحمام الْمُتَوَاتر فَيَنْبَغِي أَن يعالجوا برياضة الِاسْتِرْدَاد وبدلك يَابِس إِلَى الصلابة مَعَ دهن قَابض ويتناولوا أغذية مرطبة قَليلَة الكمية معتدلة فِي الْحر وَالْبرد أَو إِلَى الْحر مَا هِيَ قَلِيلا. وَكَذَلِكَ يصنعون إن عرض ضعف أَو سهر أَو غم أَو عرض يبس من الْغَضَب فَإِن عرض لهَؤُلَاء سوء استمراء لم يوافقهم رياضة الِاسْتِرْدَاد وَلَا شَيْء من الرياضات الْبَتَّةَ. وَقد يعرض من فرط الاستحمام والاستكثار من الْغذَاء وَالشرَاب والترفه أَن يحس الْإِنْسَان فِي أَعْضَائِهِ بِفضل رُطُوبَة وخصوصاً فِي لِسَانه حَتَّى إِنَّهَا تضر بِأَفْعَال الْأَعْضَاء فَإِن كَانَ من سَبَب سَابق فَذَلِك إِلَى الطِّبّ الجزئي وَإِن كَانَ من أمر مِمَّا عددناه قَرِيبا كشرب أَو فرط دعة أَو شدَّة استرطاب من الْحمام فَيجب أَن يجشموا رياضة قَوِيَّة ودلكاً خشناً يَابسا بِلَا دهن أومع شَيْء قَلِيل من الدّهن السخن. وَأما اليبس المفرط الَّذِي يحسه صَاحبه بِبدنِهِ فَهُوَ من جنس الإعياء القشفي وعلاجه ذَلِك العلاج بِعَيْنِه.

الْفَصْل السَّادِس عشر علاج الإعياء الْحَادِث بِنَفسِهِ أما القروحي فَيجب أَن يتعرف حَاله: أَنه هَل هُوَ فِي الْخَلْط الْمُوجب لَهُ دَاخل الْعُرُوق أَو خَارِجهَا ويدلّ على كَونه فِي الْعُرُوق نَتن الْبَوْل وأحوال الأغذية السالفة وعادته فِي كَثْرَة تولد الفضول فِي عروقه أَو قلّتها وَسُرْعَة انتفاثها عَنهُ أَو إحواجها إِيَّاه إِلَى علاج وَحَال مشروبه أَنه هَل كَانَ صافياً أَو كدراً فَإِن دلّت هَذِه الدَّلَائِل فَهُوَ فِي الْعُرُوق وَإِلَّا فَهُوَ بارز. فَإِن كَانَ الإعياء من فضول خَارِجَة وَكَانَ دَاخل الْعُرُوق نقياً كفى فِيهِ رياضة الِاسْتِرْدَاد وَمَا أوردناه من التَّدْبِير الْمَقُول فِي بَاب القروحي الْحَادِث بالرياضة. وَإِن كَانَ الْقسم الآخر فَلَا تتعرض لَهُ بالرياضة بل عَلَيْك بتوديعه وتنويمه وتجويعه ومسحه كل عَشِيَّة بالدهن وإحامه بِالْمَاءِ المعتدل إِن احْتمل الْحمام على الشَّرْط الَّذِي أوردناه وغذه بِمَا قلّ مِمَّا يجود كيموسه من جنس الأحساء مِمَّا لَا يكون فِيهِ كَثْرَة لزوجة وَلَا كَثْرَة غذَاء وَهَذَا مثل الشّعير والخندروس وَلُحُوم الطير مِمَّا لطف لَحْمه وَمن الْأَشْرِبَة السكنجبين العسلي وَمَاء الْعَسَل وَالشرَاب الْأَبْيَض الرَّقِيق وَلَا تمنعهُ الشَّرَاب فَإِنَّهُ منضج مدر. وَيجب أَن يبْدَأ أَولا بِمَا فِيهِ حموضة يسيرَة ثمَّ يتدرّج إِلَى الْأَبْيَض الرَّقِيق فَإِن لم يغن هَذَا التَّدْبِير فهنالك خلط فاستفرغ الْغَالِب فَإِن كَانَ الْغَالِب دَمًا أَو مَعَه دم فصدت إِلَّا أسهلت أَو جمعت على مَا ترى من أمر الدَّم. وَإِيَّاك أَن تفعل شَيْئا من هَذَا إِذا استضعفت الْقُوَّة. واستدلالك على جنس الْخَلْط هُوَ من الْبَوْل أَو من العرق وَمن حَال النّوم

والسهر فَإِذا امْتنع النّوم مَعَ تدبيرك الْجيد فَهُوَ دَلِيل رَدِيء فَإِن توهمت أَن الْجيد من الدَّم قَلِيل فِي الْعُرُوق وَأَن الأخلاط النيئة هِيَ الْغَالِبَة فأرحه وأطعمه واسقه مَا يلطف بعد أَن لَا تسقيه مَا فِيهِ إسخان كثير بل اسْقِهِ مَا فِيهِ تقطيع مثل السكنجبين العسلي فَإِن احتجت إِلَى أَن تزيد الملطّفات قُوَّة جعلت فِي الطَّعَام أَو فِي مَاء الشّعير الَّذِي تسقيه شَيْئا من الفلفل. وَإِن اضطررت إِلَى الكموني أَو الفلفلي لفجاجة الأخلاط سقيت كَمَا ترى قبل الطَّعَام وَبعده وَعند النّوم مِقْدَار ملعقة صَغِيرَة وَلَا يصلح لَهُم الفودنجي فَإِنَّهُ يُجَاوز الحدّ فِي الإسخان فَإِن تحققت أَن الأخلاط النيئة لَيست فِي الْعُرُوق لَكِنَّهَا فِي الْأَعْضَاء الْأَصْلِيَّة دلكتهم خَاصَّة بالغدوات بالأدهان المرخية اللزجة وسقيتهم من المسخنات مَا يبلغ إسخانه ويلزمهم السّكُون الطَّوِيل ثمَّ الاستحمام بِمَاء معتدل الْحَرَارَة وتسقيهم الفودنجي بِلَا خوف. وَلَكِن يجب أَن يكون قبل الطَّعَام وَقبل الرياضة فَإِن احتجت قبل الطَّعَام إِلَى ممرىء فَلَا تسقه قَوِيا منفذاً مثل الفودنجي بل مثل الكموني والفلافلي وليكن من أَيهمَا كَانَ يَسِيرا والسفرجلي. وَيجوز أَن يكون مَا تسقيه مِنْهَا بعد أَن تتأمل حَتَّى لَا يكون الْبدن شَدِيد الْحَرَارَة العرضية وَأَنت تسقيه هَذِه. وينفع هَؤُلَاءِ الْمسْح بدهن البابونج والشبث والمرزنجوش وَغير ذَلِك وَحدهَا أَو مَعَ الشمع أَو يقوى برزيانج أَو الرزيانج مَعَ اثْنَي عشر ضعفا من الزَّيْت وَإِذا تعرّفت أَن الأخلاط فِي الْعُرُوق وخارجاً مَعًا قصدت الْأَعْظَم وَلم تهمل الْأَصْغَر .

فَإِن اسْتَويَا قصدت أَولا قصد الهضم بالفلافلي وَإِن شِئْت زِدْت عَلَيْهِ فطراساليون بِوَزْن الأنيسون ليَكُون أَشد إدراراً وَإِن شِئْت خلطت بِهِ يَسِيرا من الفودنجي بعد أَن تنقص من شربه الكموني أَو الفلافلي أَو تزيد فِي ذَلِك حَتَّى يبْقى بِآخِرهِ الفودنجي الصّرْف عِنْدَمَا يكون الَّذِي مَا فِي الْعُرُوق قد انهضم وانتفض وَبقيت عَلَيْك الْعِنَايَة بِمَا هُوَ خَارج الْعُرُوق. والفودنجي كَمَا علمت نَافِع لهَذَا ضار للأول. وَأما هَؤُلَاءِ الْمُجْتَمع فيهم الْأَمْرَانِ فَيَنْبَغِي أَن تجنبهم كل مَا يشْتَد جذبه إِلَى خَارج أَو إِلَى دَاخل فَلذَلِك يجب أَن لَا تبادر إِلَى قيئهم وإسهالهم مَا لم تتقدم أَولا بالتلطيف والتقطيع والإنضاج وَلَا تريضهم أَيْضا فَإِذا سكن الإعياء وَحسن اللَّوْن ونضج الْبَوْل فادلكهم دلكا كثيرا وريضهم رياضة يسيرَة وجرب فَإِن عاودهم شَيْء من الْمَرَض فاترك وَإِن لم يعاودهم فاستمر بهم إِلَى عَادَتهم متدرجاً فِيهِ إِلَى أَن يبلغ واجبهم من الاستحمام والتمريخ والدلك والرياضة وَفِي آخر الْأَمر فزد فِي قُوَّة أذهانهم فَإِن عاود أحدا من هَؤُلَاءِ إعياء مَعَ حس قُرُوح فعاود تدبيرك وَإِن عاوده بِلَا حس قُرُوح فدبره بالاسترداد وَأَن اخْتلطت الدَّلَائِل وَلم يظْهر إعياء قوي مَحْسُوس فأرحه. وَأما الإعياء التمددي فسببه هَهُنَا هُوَ امتلاء بِلَا رداءة خلط وعلاجه فِي الْأَبدَان الردية المزاج الفصد وتلطيف التَّدْبِير وَفِي الْبدن الَّذِي نتكلم فِيهِ نَحن هُوَ بالتلطيف والتقطيع وَحده ثمَّ يعان من بعد بِمَا يجب. وَأما الورمي فعلاجه الْمُبَادرَة إِلَى الفصد من الْعرق الَّذِي يُنَاسب الْعُضْو الَّذِي فِيهِ أَكثر الإعياء أَو الَّذِي يظْهر فِيهِ أول الإعياء وَمن الأكحل إِن كَانَ لَا تفَاوت فِيهِ بَين الْأَعْضَاء وَرُبمَا احتجت أَن تفصده فِي الْيَوْم الثَّانِي بل فِي الثَّالِث فافصد فِي الْيَوْم الأول كَمَا يظْهر وَلَا تؤخره فيتمكن فِيهِ وَفِي الْيَوْم الثَّانِي وَالثَّالِث فافصمه عشَاء وَيجب أَن يكون غذاؤه فِي الْيَوْم الأول مَاء الشّعير أَو حسو الخندروس ساذجاً إِن لم تعرض حمى

فَإِن عرضت فماء الشّعير وَحده. وَفِي الْيَوْم الثَّانِي ذَلِك مَعَ دهن بَارِد أَو معتدل كدهن اللوز. وَفِي الْيَوْم الثَّالِث مثل الخسّية والفرعية والملوكية والحماضية وَمثل السّمك الرضراضي أسفيدباجا.

وَيمْنَعُونَ فِي هَذِه الْأَيَّام من شرب المَاء مَا أمكن وَلَكنهُمْ إِذا عيل صبرهم فِي الْيَوْم الثَّالِث وَلم يستمرئوا طعامهم سقوا مَاء الْعَسَل أَو شرابًا أَبيض رَقِيقا أَو ممزوجاً. وَإِيَّاك أَن تغذيهم إِثْر هَذِه الاستفراغات دفْعَة تتِمَّة حَاجتهم فينجذب الْغذَاء الْغَيْر المنهضم إِلَى الْعُرُوق لوجوه ثَلَاثَة: أَحدهَا أَن الْغذَاء إِذا قل بخلت الْمعدة بِهِ ونازعت قوتها الماسكة قُوَّة الكبد الجافبة أما إِذا أَكثر لم تبخل بِهِ بل رُبمَا أعانت جذب الكبد بقوتها الدافعة وَكَذَلِكَ كل وعَاء مُتَقَدم بِالْقِيَاسِ إِلَى مَا بعده وَالثَّانِي أَن الْكثير لَا يجود هضمه فِي الْمعدة وَالثَّالِث أَن الْكثير يُرْسل إِلَى الْعُرُوق غذَاء كثيرا فتعجز الْعُرُوق أَيْضا عَن هضمه. تَدْبِير الْأَبدَان الَّتِي أمزجتها غير فاضلة هَذِه الْأَبدَان إِمَّا مخطئة وَإِمَّا ممنوة فِي الخلفة. فَأَما المخطئة فَهِيَ الَّتِي أمزجتها الجبلية فاضلة وَقد اكْتسبت أمزجة رَدِيئَة فِي الْوَقْت بخطأ التَّدْبِير المتطاول حَتَّى اسْتَقَرَّتْ فِيهَا. والممنوة هِيَ الَّتِي أمزجتها فِي الأَصْل غير فاضلة أما المخطئة فيتعرف خطؤها بالكيفية والكمية لتعالج بالضد وَقد يستحلّ على ذَلِك من حَال سخنة الْبدن. وَأما الممنوة فَهِيَ الَّتِي وَقع فَسَاد حَالهَا من مزاجها الأول أَو من سنهَا.

التَّعْلِيم الثَّالِث تَدْبِير الْمَشَايِخ وَهُوَ سِتَّة فُصُول

الْفَصْل الأول قَول كلي فِي تَدْبِير الْمَشَايِخ جملَة تدبيرهم فِي اسْتِعْمَال مَا يرطّب ويسخن مَعًا من إطالة النّوم واللبث فِي الْفراش أَكثر من الشبَّان وَمن الأغذية والاستحمامات والأشربة وإدامة إدرار بَوْلهمْ وَإِخْرَاج البلغم من معدهم من طَرِيق المعي والمثانة وَأَن يدام لين طبيعتهم وينفعهم جدا الدَّلْك المعتدل فِي الكمية والكيفية مَعَ الدّهن ثمَّ الرّكُوب أَو الْمَشْي إِن كَانُوا يضعفون عَن الرّكُوب. والضعيف مِنْهُم يُعَاد عَلَيْهِ الدَّلْك ويثنى وَيجب أَن يتعهد التَّطَيُّب من الْعطر كثيرا وخصوصاً الْحَار باعتدال وَأَن يمرخوا بالدهن بعد النّوم فَإِن ذَلِك يُنَبه الْقُوَّة الحيوانية ثمَّ يسْتَعْمل الْمَشْي وَالرُّكُوب.

الْفَصْل الثَّانِي تغذية الْمَشَايِخ يجب أَن يفرق غذَاء الشَّيْخ قَلِيلا قَلِيلا ويغذى فِي كرتين أَو ثَلَاث بِحَسب الهضم وقوته وَضَعفه فيأكل فِي السَّاعَة الثَّالِثَة الْخبز الْجيد الصَّنْعَة مَعَ الْعَسَل وَفِي السَّابِعَة بعد الاستحمام مَا يلين الْبَطن مِمَّا نذكرهُ ويتناول بعد ذَلِك بِقرب اللَّيْل الطَّعَام الْمَحْمُود الْغذَاء فَإِن كَانَ قَوِيا زيد فِي غذائه قَلِيلا وليجتنبوا كل غذَاء غليظ يُولد السَّوْدَاء والبلغم وكل حاد حريف يجفف مثل الكواميخ والتوابل إِلَّا على سَبِيل الدَّوَاء فَإِن فعلوا من ذَلِك مَا مَلا يَنْبَغِي لَهُم فتناولوا من الصِّنْف الأول مثل المالح والباذنجاق والمقدد وَلُحُوم الصَّيْد أَو مثل السّمك الصلب اللَّحْم والبطيخ الرقيّ والقثاء أَو فعلوا الْخَطَأ الثَّانِي فَأَكَلُوا الكواميخ والصحناة وَاللَّبن عولجوا بتناول الضِّد بل إِنَّمَا يجب أَن يسْتَعْمل فيهم الملطفات إِذا علم أَن فيهم فضولاً فَإِذا نقوا غذوا بالمرطبات ثمَّ يعاودون أَحْيَانًا

بِأَشْيَاء من الملطفات مَعَ الْغذَاء على مَا سنقول فِيهِ. وَأما اللَّبن فينتفع بِهِ مِنْهُم من يستمرئه وَلَا يجد عَقِيبه تمدداً فِي نَاحيَة الكبد أَو الْبَطن وَلَا حكّة وَلَا وجعاً فَإِن اللَّبن يغفو ويرطب.

وأوفقه لبن الماعز والأتن. وَلبن الأتن من خواصه أنه لَا يتجبن كثيرا وينحدر سَرِيعا وَلَا سِيمَا إِن كَانَ مَعَه ملح وَعسل. وَيجب أَن يتعهد المرعى حَتَّى لَا يكون نباتاً عفصاً أَو حريفاً أَو حامضاً أَو شَدِيد الملوحة. وَأما الْبُقُول والفواكه الَّتِي تتناولها الْمَشَايِخ فِي مثل اسلق والكرفس وَقَلِيل من الكرات يَتَنَاوَلهَا مطيبة بالمري وَالزَّيْت وخصوصاً قبل طعامهم ليعين على تليين الطبيعة وَإِذا استعملوا الثوم فِي الْأَوْقَات وَكَانُوا معتادين لَهُ انتفعوا بِهِ والزنجبيل المربى من الْأَدْوِيَة الْمُوَافقَة لَهُم وَأَكْثر المربيات الحارة وَليكن بِقدر مَا يسخن ويهضم لَا بِقدر مَا يجفف الْبدن.

وَيجب أَن تكون أغذيتهم مرطّبة إِنَّمَا ينفعل عَن هَذِه من طَرِيق الهضم والتسخين وَلَا ينفعل إِلَى التجفيف وَمِمَّا يستعملونه لتليين طبائعهم ويوافق أبدانهم من الْفَوَاكِه التِّين والإجاص فِي الصَّيف والتين الْيَابِس الْمَطْبُوخ بِمَاء الْعَسَل إِن كَانَ الْوَقْت شتاء. وَجَمِيع هَذَا يجب أَن يكون قبل الطَّعَام لتليين طبائعهم وَأَيْضًا اللبلاب الْمَطْبُوخ بِالْمَاءِ وَالْملح مطيباً بِالْمَاءِ وَالزَّيْت وأصل البسفايج إِذا جعل شورباجة من الدَّجَاج أَو فِي مرقة السلق أَو فِي مرقة الكرنب فَإِن كَانَت طبيعتهم تستمر على لين يَوْمًا دون يَوْم فَعَن المسهل والمزلق غنى. وَإِن كَانَت تلين يَوْمًا وتحتبس يَوْمَيْنِ كفاهم مثل اللبلاب وَمَاء الكرنب ولباب القرطم بكشك الشّعير أَو مِقْدَار جوزة أَو جوزتين من صمغ البطم. وَأَكْثَره ثَلَاث جوزات فَإِنَّهَا تلين طبائعهم بخاصية فِيهِ ويجلو الأحشاء بِغَيْر أَذَى. وينفعهم أيضاً الدَّوَاء المركّب من لباب القرطم مَعَ عشرَة أَمْثَاله تيناً يَابسا والشربة مِنْهُ كالجوزة. وتنفعهم الحقنة بالدهن فَإِن فِيهَا مَعَ الاستفراغ تليين الأحشاء وخصوصاً الزَّيْت العذب ويجتنب فيهم الحقن الحارة فَإِنَّهَا تجاقف أمعاءهم. وَأما الحقنة الرّطبَة الدهنية فَإِنَّهَا من أَنْفَع الْأَشْيَاء لَهُم إِذا احْتبست بطونهم أَيَّامًا. وَلَهُم أدوية ملينة للطبيعة خَاصَّة سنذكرها فِي القراباذين وَيجب أَن يكون الاستفراغ فِي الكهول والمشايخ بِغَيْر الفصد مَا أمكن فَإِن الإسهال المعتدل أوفق لَهُم.

الْفَصْل الثَّالِث شراب الْمَشَايِخ خير شرابهم الْعَتِيق الْأَحْمَر ليدر ويسخن مَعًا وليجتنبوا الحَدِيث والأبيض إِلَّا أَن يَكُونُوا استحموا بعد التَّنَاوُل من الْغذَاء وعطشوا فيسقون حِينَئِذٍ شرابًا رَقِيقا قَلِيل الْغذَاء على أنه لَهُم بدل المَاء وليجتنبوا الحلو المسدد من الْأَشْرِبَة.

الْفَصْل الرَّابِع تفتيح سدد الْمَشَايِخ إِن عرض لَهُم سدد وأسهلها مَا عرض من شرب الشَّرَاب فَيجب أَن يفتحوا بالفودنجي والفلافلي وينثر الفلفل على الشَّرَاب وَإِن كَانَت عَادَتهم قد جرت بِاسْتِعْمَال الثوم والبصل استعملوها. والترياق يَنْفَعهُمْ جدا وخصوصاً عِنْد حُدُوث السدد. وَكَذَلِكَ أثاناسيا وأمروسيا وَلَكِن يجب أَن يترطبوا بعده بالاستحمام وبا لتمريخ وبا لأغذية مثل مَاء اللَّحْم بالخندروس وَالشعِير. واستعمالهم شراب الْعَسَل يَنْفَعهُمْ ويؤمنهم حُدُوث السدد ووجع المفاصل بعد أَن يُزَاد عَلَيْهِ مَعَ إحساس سدة فِي عُضْو أَو إحساس استعداده لَهَا مَا يَخُصُّهُ

كبزر الكرفس وَأصله لأعضاء الْبَوْل وَإن كَانَت السدة حصوية طبخ بِمَا هُوَ أقوى مثل فطراساليون وَأن كَانَت السدد فِي الرئة فَمثل البرشاوشان والزوفا والسليخة وَمَا يشبه ذَلِك.

الْفَصْل الْخَامِس دَلْك الْمَشَايِخ يجب أن يكون معتدلاً فِي الكيف والكم غير متعرض للأعضاء الضعيفة أصلا أَو المثانة وَإن كَانَ الدَّلْك ذَا مرَات فليدلكوا فِي المرَات بخرق خشنة أَو أيد مُجَرّدَة فَإِن ذَلِك يَنْفَعهُمْ وَيمْنَع نَوَائِب علل أعضائهم وينفعهم الْحمام مَعَ الدَّلْك.

الْفَصْل السَّادِس رياضة الْمَشَايِخ تخْتَلف رياضة الْمَشَايِخ بِحَسب اخْتِلَاف حالات أبدانهم وبحسب مَا يعتادهم من الْعِلَل وبحسب عاداتهم فِي الرياضة فَإِن كَانَت أبدانهم على غَايَة الِاعْتِدَال وافقهم الرياضات المعتدلة ثمَّ إن كَانَ عُضْو مِنْهُم لَيْسَ على أفضل حالاته جعلُوا رياضته تَابِعَة لسَائِر الْأَعْضَاء فِي الرياضة مثل أَن كَانَ رَأسه يَعْتَرِيه الدوار أَو الصراع أَو انصباب مواد إِلَى الرَّقَبَة وَكَانَ كثيرا مَا يصعد فِيهِ بخارات إِلَى الرَّأْس والدماغ لم يوافقهم من الرياضات مَا يطأطىء الرَّأْس ويدلّيه وَلَكِن يجب أَن يمالوا إِلَى الارتياض بِالْمَشْيِ والإحضار وَالرُّكُوب وكل رياضة تتَنَاوَل النّصْف الْأَسْفَل. وَإِن كَانَت الآفة إِلَى جِهَة الرجل استعملوا الرياضات الفوقانية كالمشايلة وَرمي الْحِجَارَة وَرفع الْحجر. وَإِن كَانَت الآفة فِي نَاحيَة الْوسط كالطحال والكبد والمعدة والأمعاء وافقهم كلتا الرياضتين الطرفيتين إن لم يمْنَع مَانع. وَأما إن كَانَت الآفة فِي نَاحيَة الصَّدْر فَلَا يوافقهم إِلَّا الرياضة الفوقانية وَلَا سَبِيل لَهُم إِلَى أَن يدرجوا تِلْكَ الْأَعْضَاء فِي الرياضة ليقووها بهَا وَهَذَا للمشايخ بِخِلَاف مَا فِي سَائِر الْأَسْنَان وَبِخِلَاف الْمَشَايِخ المستهلكين الَّذِي يوافقهم أَكثر مَا يُوَافق الْمَشَايِخ فَإِن أُولَئِكَ يجب أَن يقووا الْأَعْضَاء الضعيفة بتدريجها فِي النَّوْع من الرياضة الَّتِي توافقها وتليق بهَا وَأما الْأَعْضَاء الْمَرِيضَة فَرُبمَا راضوها وَرُبمَا لم يرخص لَهُم فِي ذَلِك أعني إذا كَانَت حارة أَو يابسة أَو فِيهَا مَادَّة يخَاف أَن تميل إِلَى العفونة وَلَيْسَ بهَا نضج.

التَّعْلِيم الرَّابِع تَدْبِير بدن **من مزاجه فَاضل وَهُوَ خَمْسَة فُصُول**

الْفَصْل الأول استصلاح المزاج الأزيد حرارة نقُول: إن سوء المزاج الْحَار إِمَّا أَن يكون مَعَ اعْتِدَال من المنفعلين أَو غَلَبَة يبوسة أَو رُطُوبَة وَإذا اعتدلت المنفعلتان عرفنَا أَن زِيَادَة الْحَرَارَة إِلَى حد وَلَيْسَت بمفرطة وَإِلَّا لجففت. وَأما الْحَار مَعَ اليبوسة فيجوز أَن يبْقى هَذَا المزاج بِحَالِهِ مُدَّة طَوِيلَة.

وَأما الْحَار مَعَ الرُّطُوبَة فَإِن اجْتِمَاعهمَا لَا يطول فَتَارَة تغلب الرُّطُوبَة الْحَرَارَة فتطفئها وَتارَة تغلب الْحَرَارَة الرُّطُوبَة فتجففها. فَإِن غلبت الرُّطُوبَة فَإِن صَاحبهَا يصلح حَاله عِنْد الْمُنْتَهى فِي الشَّبَاب وَيصير معتدلاً فيهمَا. فَإِذا انحط أخذت الرُّطُوبَة الغريبة تزداد والحرارة تنقص. فَنَقُول: إن جملَة تَدْبِير حارّي المزاج منحصرة فِي غرضين: أحدهما: أَن نردهم إِلَى الِاعْتِدَال وَالثَّانِي: أَن نستحفظ صحتهم على مَا هِيَ عَلَيْهِ. أما الأول فَإِنَّمَا يَتَيَسَّر للوادعين المكفيين الموطنين أنفسهم على صَبر طَوِيل مُدَّة رجوعهم بالتدريج إِلَى الِاعْتِدَال لِأَن من يردّهم من غير تدريج

يمرض أبدانهم. وَأما الثَّانِي فَإِنَّمَا يُمكن تدبيرهم بأغذية تشاكل مزاجهم حَتَّى تحفظ الصِّحَّة الْمَوْجُودَة لَهُم فَمن كَانَ من حاري المزاج معتدلاً فِي المنفعلتين كَانُوا أدنى إِلَى الصِّحَّة فِي ابْتِدَاء أمرهم وَكَانَ مزاجهم أسْرع لنبات أسنانهم وشعورهم وَكَانُوا ذَوي بَيَان ولسن وَسُرْعَة فِي الْمَشْي. ثمَّ إِذا أفرط عَلَيْهِم الْحر وَزَاد اليبس حدث لَهُم مزاج لذاع.

وَكثير مِنْهُم يتَوَلَّد فيهم المرار كثيرا وتدبيرهم فِي السن الأول هُوَ تَدْبِير المعتدلين فَإِذا انتقلوا نقلوا إِلَى تَدْبِير من يرام إدرار بَوْله واستفراغ مراره وَمن الْجِهَة الَّتِي تميل إِلَيْهَا فضولهم جهتي الإسهال أَو الْقَيْء. وَإِذا لم تف الطبيعة بإمالة الْخَلْط إِلَى الاستفراغ أعينت بأَشْيَاء خَفِيَّة. أما الْقَيْء فبمثل شرب المَاء الْحَار الْكثير وَحده أَو مَعَ النبذ وَأما الإسهال فَمثل البنفسج المربى وَالتَّمْر الْهِنْدِيّ والشيرخشك والترنجبين. وَيجب أَن تخفف رياضتهم وَأَن يغذوا بغذاء حسن الكيموس وَرُبمَا وَجب أَن يثلثوا الاستحمام فِي الْيَوْم وَيجب أَن يجتنبوا كل سَبَب مسخن. وَإِن لم يورثهم الاستحمام عقيب الطَّعَام تمدداً أَو تعقداً فِي نَاحيَة الكبد والبطن استعملوه على أَمن.

وَأما إِن عرض شَيْء من ذَلِك فَعَلَيْهِم بِاسْتِعْمَال المفتحات مثل نَقِيع الأفسنتين وداء الصَّبْر والأنيسون واللوز المر والسكنجبين ويمنعوا عَن الإستحمام بعد الطَّعَام. وَيجب أَن يسقوا هَذِه المفتحات بعد انهضام الطَّعَام الأول وَقبل أَخذهم الطَّعَام الثَّانِي بل فِي وَقت بَينهم فِيهِ وَبَين أَخذ الطَّعَام الثَّانِي فسحة مُدَّة وَذَلِكَ مَا بَين انتباههم بالغدوات واستحمامهم وَيَنْبَغِي أَن يديموا التمريخ بالدهن ويسقوا الشَّرَاب الْأَبْيَض الرَّقِيق وينفعهم المَاء الْبَارِد. وَأَصْحَاب المزاج الْيَابِس الْحَار فِي أول الْأَمر أولى بذلك كُله. وَأما أَصْحَاب المزاج الْحَار الرطب فهم بِعرْض العفونة وانصباب الْموَاد إِلَى الْأَعْضَاء فلتكن رياضتهم كَثِيرَة التَّحْلِيل لينَة لِئَلَّا يسخن مَعَ توق من حَرَكَة تظهر فِي الأخلاط بثوراً. وَأَكْثَر مَا يجب أَن يجْتَنب الرياضة مِنْهُم من لم يعتدها والأصوب أَن يرتاضوا بعد الاستفراغ وَأَن يستحموا قبل الطَّعَام وَأَن يعنوا بنفض الفضول كلهَا وَإِذا دخلُوا فِي الرّبيع احتاطوا بالفصد والاستفراغ.

الْفَصْل الثَّانِي استصلاح المزاج الأزيد برودة أَصْنَاف هَؤُلَاءِ ثَلَاثَة فَمن كَانَ مِنْهُم معتدل المنفعلتين فليقصد قصد إنهاض حرارة بأغذية حارة متوسطة فِي الرُّطُوبَة واليبس وبالأدهان المسخنة والمعاجين الْكِبَار والاستفراغات الْخَاصَّة بالرطوبات والاستحمامات الْمعرفَة والرياضات الصَّالِحَة فَإِنَّهُم وَإِن كَانُوا معتدلي الرُّطُوبَة فِي وَقت فهم بِعرْض تولد الرطوبات فيهم لمَكَان الْبرد وَأما الَّذين بهم مَعَ ذَلِك يبس فَإِن تدبيرهم هُوَ بِعَيْنِه تَدْبِير الْمَشَايِخ.

الْفَصْل الثَّالِث تَدْبِير الْأَبدَان السريعة الْقبُول هَؤُلَاءِ إِنَّمَا يستعدون لذَلِك إِمَّا لامتلائهم فلتعدل مِنْهُم كمية الأخلاط وَإِمَّا لأخلاط نيئة فيهم فلتعدل كيفيتها. وليختر لَهُم من الأغذية مَا يغذو غذَاء وسطا بَين الْقَلِيل وَالْكثير. وتعديل كمية الأخلاط هُوَ بتعديل مِقْدَار الْغذَاء وَزِيَادَة الرياضة والدلك قبل الاستحمام إِن كَانَا معتادين وبالأخف مِنْهُمَا إِن لم يكونا معتادين وَأَن يوزع عَلَيْهِ التغذية وَلَا يحمل عَلَيْهِ بِتَمَام الشِّبَع مرّة وَاحِدَة. إِن كَانَ الْبدن مِنْهُم سهل التعرق مُعْتَادا لَهُ عرق فِي الأحيان وَإِن لم يكن تَأْخِير غذائه يصب مراراً إِلَى معدته أخر إِلَى مَا بعد الْحمام وَإِلَّا قدم عَلَيْهِ. وَالْوَقْت المعتدل إِن لم يكن مَانع هُوَ بعد الرَّابِعَة من سَاعَات النَّهَار المستوي وَإِن أوجب انصباب المرار

إِلَى معدته مَا قُلْنَاهُ من تَقْدِيم الطَّعَام ثمَّ أحس بعلامات سدد فِي الكبد عولج بالمفتحات الْمَذْكُورَة الملائمة لمزاجه وَإِن وجد لذَلِك ضَرَرا فِي رَأسه تداركه بِالْمَشْيِ فَإِن فسد طَعَامه فِي الْمعدة فانحدر بِنَفسِهِ فَذَلِك غنيمَة وَإِلَّا أحدره بالكموني والتين المعجون بالقرطم الْمَذْكُور صفته. تسمين القضيف أقوى علل الهزال كَمَا سنصفه يبس المزاج والماساريقا ويبس الْهَوَاء فَإِذا يبس الماساريقا لم يقبل الْغذَاء فليداو اليبس والهزال بدلك قبل الْحمام دلكا بَين الخشونة واللين إِلَى أَن يحمر الْجلد ثمَّ يصلب الدَّلْك ثمَّ يطلى بطلاء الزفت ثمَّ يراض بالاعتدال ثمَّ يستحم بِلَا إبطاء وينشف بعد ذَلِك بمناديل يابسة ثمَّ يمرخ بدهن يسير ثمَّ يتَنَاوَل الْغذَاء الْمُوَافق فَإِن احْتمل سنه وفصله وعادته المَاء الْبَارِد صبه على نَفسه. ومنتهى الدَّلْك الْمُقدم على اسْتِعْمَال طلاء الزفت هُوَ أَن لَا يبتدىء الانتفاخ فِي الذبول وَهَذَا قريب مِمَّا قُلْنَاهُ فِي تَعْظِيم الْعُضْو الصَّغِير وَتَمام القَوْل فِيهِ يُوجد فِي كتاب الزِّينَة من الْكتاب الرَّابِع.

الْفَصْل الْخَامِس تقضيف السمين تَدْبيره إسراع إحدار الطَّعَام من معدته وأمعائه لِئَلَّا تستوفي الجداول مصها وَاسْتِعْمَال الطَّعَام الْكثير الكمية الْقَلِيل التغذية ومواترة الاستحمام قبل الطَّعَام والرياضة السريعة والأدهان المحللة. وَمن المعاجين الإطريفل الصَّغِير ودواء الدَّلْك والترياق وَشرب الْخلّ مَعَ المري على الرِّيق وَسَنذكر تَمَامه فِي كتاب الزِّينَة.

التَّعْلِيم الْخَامِس الانتقالات وَهُوَ فصل مُفْرد وَجُمْلَة

فصل تَدْبِير الْفُصُول أما الرّبيع فيبادر فِي أَوَائِله بالفصد والإسهال بِحَسب المواجب وَالْعَادَة وَيسْتَعْمل فِيهِ خُصُوصا الْقَيْء ويهجر كل مَا يسخن ويرطّب كثيرا من اللحوم والأشربة ويلطّف الْغذَاء ويرتاض رياضة معتدلة فَوق رياضة الصَّيف وَلَا يمْلَأ من الطَّعَام بل يفرق وَيسْتَعْمل الْأَشْرِبَة والربوب المطفئة ويهجر الْحَار وكلّ مرّ وحريف ومالح. وَأما فِي الصَّيف فينقص من الأغذية والأشربة والرياضة ويلزم الهدوّ والدعة والمطفئات والقيء لمن أمكنه وَيلْزم الظل والكن. وَأما فِي الخريف وخصوصاً فِي الخريف الْمُخْتَلف الْهَوَاء فَيلْزم أَجود التَّدْبِير ويهجر المجففات كلهَا وليحذر الْجِمَاع وَشرب المَاء الْبَارِد كثيرا وصبه على الرَّأْس وَالنَّوْم فِي الْموضع الْبَارِد الَّذِي يقشعرّ فِيهِ الْبدن وَلَا ينَام على الامتلاء وليتوق حرّ الظهائر وَبرد الغدوات ويوقي رَأسه لَيْلًا وغداة من الْبرد وليحذر فِيهِ الْفَوَاكِه الوقتية والاستكثار مِنْهَا وَلَا يستحمّ إِلَّا بفاتر وَإِذا اسْتَوَى فِيهِ اللَّيْل وَالنَّهَار استفرغ لِئَلَّا يحتقن فِي الشتَاء فضول. على أَن كثيرا من الْأَبدَان الأوفق لَهَا فِي الخريف أَن لَا يشْتَغل بتدبير الأخلاط وتحريكها بل يكون تسكينها أجدى عَلَيْهَا. وَقد منعُوا عَن الْقَيْء فِي الخريف لأنه يجلب الحمّى. وَأما الشَّرَاب فَيجب أَن يسْتَعْمل فِيهِ مَا هُوَ كثير المزاج من غير إِسْرَاف. وَاعْلَم أَن كَثْرَة الْمَطَر فِي الخريف أَمَان من شرّه. وَأما فِي الشتَاء فليكثر التَّعَب وليبسط الْغذَاء إِلَّا أَن يكون جنوبياً فَحِينَئِذٍ يجب أَن يُزَاد فِي الرياضة ويقلل من الْغذَاء وَيجب أَن تكون حِنْطَة خبز الشتَاء أقوى وَأَشد تلززاً من حِنْطَة خبز الصَّيف.

وَكَذَلِكَ الْقِيَاس فِي اللحمان والمشوِي وَنَحْوه وَأن تكون بقوله مثل الكرنب والسلق والكرفس لَيْسَ القطف واليمانية والحمقاء والهندبا وقلما يعرض لشَيْء من الأَبدَان الصَّحِيحَة مرض فِي الشتَاء فَإِن عرض فليبادر بالعلاج والإستفراغ إن أوجبه فَإِنَّهُ لم يكن ليعرض فِيهِ مرض إِلَّا وَالسَّبَب عَظِيم خُصُوصا إن كَانَ حاراً لِأَن الْحَرَارَة الغريزية وَهِي الْمُدبرَة تقوى جدا فِي الشتَاء بِمَا يسلم من التحلّل ويجتمع بالاحتقان وَجَمِيع القوى الطبيعية تفعل فعلهَا بجودة. وأبقراط يستصلح فِيهِ الإسعال دون الفصد وَيكرهُ فِيهِ الْقَيْء ويستصوبه فِي الصَّيف لِأَن الأخلاط فِي الصَّيف طافئة وَفِي الشتَاء مائلة إِلَى الرسوب فليقتد بِهِ. وَأما الْهَوَاء إذا فسد ووبىء فَيجب أَن يتلَقَّى بتجفيف الْبدن وتعديل الْمسكن بالأشياء الَّتِي تبرد وترطب بقوتها وَهُوَ الأوجب فِي الوباء أَو تسخن وَتفعل ضد مُوجب فَسَاد الْهَوَاء. والروائح الطّيبَة أَنْفَع شَيْء فِيهِ وخصوصاً إذا روعي بهَا مضادة المزاج. وَفِي الوباء يجب أَن تقلل الْحَاجة إِلَى استنشاق الْهَوَاء الْكثير وَذَلِكَ بالتوزيع والترويح وَكَثِيرًا مَا يكون فَسَاد الْهَوَاء عَن الأَرْض فَيجب حِينَئِذٍ أَن يجلس على الأسرة وَيطْلب المساكن الْعَالِيَة جدا ومخترقات الرِّيَاح وَكَثِيرًا مَا يكون مبدأ الْفساد من الْهَوَاء نَفسه لما انْتقل إِلَيْهِ من فَسَاد الأهوية الْمُجَاورَة أَو لأمر سماوي خَفِي على النَّاس كيفيته فَيجب فِي مثله أَن يلتجأ إِلَى الأسراب والبيوت المحفوفة من جهاتها بالجدران وَإِلَى المخادع وَأما البخورات الْمصلحَة لعفونة الأهوية فالسعد والكندر والآس والورد والصندل وَاسْتِعْمَال الْخلّ فِي الوباء أَمَان من آفاته. وَسَنذكر فِي الْكتب الْجُزْئِيَّة تَتِمَّة مَا يجب أَن يُقَال فِي هَذَا الْبَاب.

جملَة تَدْبِير الْمُسَافِرين وَهِي ثَمَانِيَة فُصُول

الْفَصْل الأول من حدث بِهِ خفقان دَائِم فليدبر أمره كَيْلا يَمُوت فَجْأَة وَإِذا أَكثر الكابوس والدوار فليدبر أمره باستفراغ الْخَلْط الغليظ كَيْلا يَقع صَاحبه فِي الصرع والسكتة وَإِذا كثر الاختلاج فِي الْبدن فليدبر أمره باستفراغ البلغم كَيْلا يَقع صَاحبه فِي التشنج والسكتة وَكَذَلِكَ إِن طَالَتْ كدورة الْحَواس وَضعف الحركات مَعَ امتلاء. وَإِذا خدرت الْأَعْضَاء كلهَا كثيرا فليدبر أمره باستفراغ البلغم كَيْلا يَقع صَاحبه فِي الفالج. إِذا اختلج الْوَجْه كثيرا فليدبر أمره بتنقية الدِّمَاغ كَيْلا يُؤَدِّي إِلَى اللقوة. وَإِذا احمر الْوَجْه وَالْعين كثيرا وَأخذت الدُّمُوع تسيل ويفرعن الضَّوْء وَكَانَ صداع فليدبر أمره بالفصد والإسهال وَنَحْوه كَيْلا يَقع صَاحبه فِي السرسام وَإِذا كثر الْغم بِلَا سَبَب وَأكْثر الْخَوْف فليدبر أمره بالاستفراغ للخلط المحترق كَيْلا يَقع صَاحبه فِي المالنخوليا. وَأَيْضًا فَإِن الْوَجْه إِذا احمر وانتفخ وَضرب إِلَى كمودة ودام ذَلِك أنذر بجذام وَإِذا ثقل الْبدن وكل وَدرت الْعُرُوق فليفصد كَيْلا يعرض انفراز عرق وسكتة وَموت فَجْأَة. وَإِذا فَشَا التهيج فِي الْوَجْه والأجفان والأطراف فليتدارك حَال الكبد لِئَلَّا يَقع صَاحبه فِي الاسْتِسْقَاء. وَإِذا اشْتَدَّ نَتن البراز دبر بإزالة العفونة عَن الْعُرُوق لِئَلَّا يَقع صَاحبه فِي الحميات وَدلَالَة الْبَوْل أَشد فِي ذَلِك. وَإِذا رَأَيْت إعياء وتكسراً فاحدس حمّى تكون وَإِذا سَقَطت شَهْوَة الطَّعَام أَو زَادَت دلّ على مرض.

وَبِالْجُمْلَةِ فَإِن كل شَيْء إذا تغير عَن عَادَته فِي شَهْوَة أَو بَراز أَو بَوْل أَو شَهْوَة جماع أَو نوم أَو عرق أَو جفاف بدن أَو حِدة ذهن أَو طعم أَو ذوق أَو عَادَة احْتِلَام فَصَارَ أقل أَو أَكثر أَو تَغَيَّرت كيفيته أنذر بِمَرَض. وَكَذَلِكَ الْعَادَات الْغَيْر الطبيعية مثل بواسير أَو طمث أَو قيء أَو رُعَاف أوعادة شَهْوَة شَيْء كَانَ فَاسِدا أَو غير فاصد فَإِن الْعَادة كالطبيعة. وَلذَلِك لَا يتْرك الرَّدِيء جدا مِنْهَا وَيتْرك بتدريج وَقد تدل أُمُور جزئية على أُمُور جزئية فَإِن دوَام الصداع والشقيقة تنذر بالانتشار ونزول المَاء فِي الْعين وتخيل الْعين قُدَّام الْوَجْه كالبق وَغَيره إِذا ثَبت ورسخ وَجعل البصريضعف مَعَه أنذر بنزول المَاء فِي الْعين. والثقل والوجع فِي الْجَانِب الْأَيْمن إِذا طَال دلّ على عِلّة فِي الكبد. والثقل والتمدد فِي أَسْفَل الظّهْر والخاصرة مَعَ تغير حَال الْبَوْل عَن الْعَادة ينذر بعلة فِي الكلى. وَالْبراز العادم للصبغ فَوق الْعَادة ينذر بيرقان. واذا طَال حرق الْبَوْل أنذر بقروح تحدث فِي المثانة والقضيب. والإسهال المحرق للعقدة ينذربالسحج وَسُقُوط الشَّهْوَة مَعَ الْقَيْء والنفخ. والوجع فِي الْأَطْرَاف وينذر بالقولنج. والحكاك فِي المعدة إِن لم يكن ديدان صغَار بهَا ينذر بالبواسير. وَكَثْرَة خُرُوج الدماميل والسلع ينفر بدبيلة كَثِيرَة تحدث. والقوباء ينذر بالبرص الأسود. والبهق الْأَبْيَض ينذر بالبرص الْأَبْيَض.

الْفَصْل الثَّانِي قَول كلي فِي تَدْبِير الْمُسَافِر إِن الْمُسَافِر قد يَنْقَطِع عَن أَشْيَاء كَانَ يعتادها وَهُوَ فِي أَهله وَقد يُصِيبهُ تَعب ووصب فَيجب أَن يحرص على مداواة أَمر نَفسه لِئَلَّا تصيبه أمراض كَثِيرَة وَأَكْثَر مَا يجب أَن يتعهد بِهِ نَفسه أَمر الْغذَاء وَأمر الأعياء فَيجب أَن يصلح غذاءه ويجعله جيد الْجَوْهَر قريب الْقدر غير كَثِيره حَتَّى يجود هضمه وَلَا تَجْتَمِع الفضول فِي عروقه. وَيجب أَن لَا يركب ممتلئاً لِئَلَّا يفْسد طَعَامه وَيحْتَاج إِلَى أَن يشرب المَاء فَيَزْدَاد تخضخضاً ويتقيأ وينبسط بل يجب أَن يُؤخر الْغذَاء إِلَى وَقت النُّزُول إِلَّا أَن يستدعيه سَبَب مِمَّا سنقوله بعد فَإِن لم يجد بدا تنَاول قدرا قَلِيلا على سَبِيل التلهي بِحَيْثُ لَا يحوجه إِلَى شرب المَاء لَيْلًا كَانَ سيره أَو نَهَارا. وَيجب أَن يدبر إعياءه بِمَا قيل فِي بَاب الإعياء وَيجب أَن لَا يُسَافر ممتلئاً من دم أَو غَيره بل ينقي بدنه ثمَّ يُسَافر. وَإِن كَانَ منتخماً جَاع ونام وَحل التُّخمَة ثمَّ يُسَافر.

وَمن الْوَاجِب على الْمُسَافِر أَن يتدرج ويرتاض يَسِيرا أَكثر من الْعَادة وَإِن كَانَ يحْتَاج إِلَى سهر يعانيه فِي طَرِيقه اعْتَادَ السهر قَلِيلا قَلِيلا وَكَذَلِكَ إِن كَانَ يخمن أَنه سيعرض لَهُ جوع أَو عَطش أَو غير ذَلِك فَيجب أَن يعتاده وليتعود من الْغذَاء الَّذِي يُرِيد أَن يغتذي بِهِ فِي سَفَره. وليجعل غذاءه قَلِيل الْكمّ كثير التغذية وليهجر الْبُقُول والفواكه وكل مَا يولّد خلطاً مائياً إِلَّا لضَرُورَة التعالج بِهِ كَمَا نحدده فِيمَا يسْتَقْبل وَرُبمَا اضطر الْمُسَافِر أَن يتهيأ لَهُ الصَّبْر على الْجُوع إِلَى أَن تقل مِنْهُ الشَّهْوَة. وَمِمَّا يُعينهُ على ذَلِك الْأَطْعِمَة المتخذة من الأكباد المشوية وَنَحْوهَا وَرُبمَا اتخذ مِنْهَا كبب مَعَ لزوجات وشحوم مذابة قَوِيَّة ولوز ودهن لوز والشحوم مثل الْبَقر فَإِذا تنَاول مِنْهَا وَاحِدَة صبرعلى الْجُوع زَمَانا لَهُ قدر. وَقيل: لَو أَن إنْسَانا شرب قدر رَطْل من دهن البنفسج وَقد أذاب فِيهِ شيأ من الشمع حَتَّى صَار قيروطياً لم يشته الطَّعَام عشرَة أَيَّام وَكَذَلِكَ رُبمَا احتاجوا إِلَى أَن يتهيأ لَهُم الصَّبْر على الْعَطش فَيجب أَن يكون مَعَهم الْأَدْوِيَة المسكنة للعطش الَّتِي بيناها فِي الْكتاب الثَّالِث فِي بَاب الْعَطش وخصوصاً بزر البقلة الحمقاء

يشرب مِنْهُ ثَلَاثَة دَرَاهِم بالخل ويهجر الأغذية المعطشة مثل السّمك وَالْكبر والمملحات والحلاوات ويقل الْكَلَام ويرفق باليسير وَإِذا شرب المَاء بالخل كَانَ الْقَلِيل مِنْهُ كَافِيا فِي تسكين الْعَطش حَيْثُ لَا يُوجد مَاء كثير وَكَذَلِكَ شرب لعاب بزر القطونا.

الْفَصْل الثَّالِث وخصوصاً فِي السّفر وتدبير من يُسَافر فِيهِ إِذا لم يدبروا أنفسهم تأذى بهم الْأَمر فِي آخِره إِلَى أَن يضعفوا وتتحلّل قواهم حَتَّى لَا يُمكنهُم أَن يتحركوا ويغلب عَلَيْهِم الْعَطش وَرُبمَا أضرت الشَّمْس بأدمغتهم فَلذَلِك يجب أَن يحرصوا على ستر الرَّأْس عَن الشَّمْس سترا شَدِيدا. وَكَذَلِكَ يجب أَن يحفظ الْمُسَافِر مِنْهَا صَدره ويطليه بِمثل لعاب بزر قطونا وعصارة البقلة الحمقاء. والمسافرون فِي الْحر رُبمَا احتاجوا إِلَى شَيْء يتناولونه قبل السّير مثل سويق الشّعير وشراب الْفَوَاكِه وَغير ذَلِك فَإِنَّهُم إِذا ركبوا وَلَا شَيْء فِي أحشائهم بَالغ التَّحْلِيل فِي إضعافهم وَإِذ لَا يكون لَهُم فِيهِ بدل فَيجب أَن يتناولوا مِمَّا ذكرنَا شيأ ثمَّ يَلْبَثُوا حَتَّى ينحدر عَن الْمعدة وَلَا يتخضخض. وَيجب أَن يصحبهم فِي الطَّرِيق دهن الْورْد والبنفسج يستعملون مِنْهُمَا سَاعَة بعد سَاعَة على هامهم.

وَكثير مِمَّن تصيبهم آفَة من السّفر فِي الْحر يعود إِلَى حَاله بسباحة فِي مَاء بَارِد وَلَكِن الأصوب أَن لَا يستعجل بل يصبر يَسِيرا ثمَّ يتدرج إِلَيْهِ. وَمن خَافَ السمُوم فَالْوَاجِب عَلَيْهِ أَن يعصب منخره وفمه بعمامة ولثام ويصبر على الْمَشَقَّة فِيهِ وليقدم قبله أكل البصل فِي الدوغ وخصوصاً إِذا كَانَ البصل مربى فِيهِ أَو منقوعاً فِيهِ لَيْلَة تَأْكُل البصل ويتحسى الدوغ. وَيجب أَن يكون البصل قبل الْإِلْقَاء فِي الدوغ بصلاً قوي التقطيع وَليكن التنشق بدهن الْورْد ودهن حب القرع ويتحسّى دهن القرع فَإِنَّهُ مِمَّا يدْفع مضرَّة السمُوم المتوقعه. وَإِذا ضربه السمُوم سكب على أَطْرَافه مَاء بَارِد أَو غسل بِهِ وَجهه وَيجْعَل غذاءه من الْبُقُول الْبَارِدَة وَيَضَع على رَأسه الأدهان الْبَارِدَة مثل دهن الْورْد والعصارات الْبَارِدَة مثل عصارة حَيّ الْعَالم ودهن الْخلاف ثمَّ يغْتَسل وليحذر الْجِمَاع. والسمك المالح يَنْفَعهُ إِذا سكن مَا بِهِ. وَالشرَاب الممزوج أَيْضا يَنْفَعهُ وَاللَّبن من أَجود الْغذَاء لَهُ إِن لم يكن بِهِ حمى فَإِن كَانَ بِهِ حمى لَيست من الحميات العفنة بل ايومية اسْتعْمل الدوغ الحامض. وَإِذا عَطش على النّوم تجزى بالمضمضة وَلم يشرب ريه فَإِنَّهُ حِينَئِذٍ يَمُوت على الْمَكَان بل يجب أَن يتجزى بالمضمضة وَأَن لم يجد بدا من أَن يشرب يشرب جرعة بعد جرعة فَإِذا سكن مَا بِهِ وَسكن الهائج من عطشه شرب وَإِن بَدَأَ أَولاً قبل شربه فَشرب دهن ورد وَمَاء ممزوجين ثمَّ شرب المَاء كَانَ أصوب. وَبِالْجُمْلَةِ فَإِن مَضْرُوب الحرّ يجب أَن يَجْعَل مَجْلِسه موضعا بَارِدًا وَيغسل رجله بِالْمَاءِ الْبَارِد وَإِن كَانَ عطشان شرب الْبَارِد قَلِيلا قَلِيلا ويغتذي بِشَيْء سريع الانهضام.

الْفَصْل الرَّابِع تَدْبِير من يُسَافر فِي الْبرد إِن السّفر فِي الْبرد الشَّديد عَظِيم الْخطر مَعَ الِاسْتِظْهَار بِالْعدَدِ والأهب فَكيف مَعَ ترك الِاسْتِظْهَار فكم من مُسَافر متدثّر بِكُل مَا يُمكن قد قَتله الْبرد والدمق بتشنج وكزاز وجمود وسكتة وَمَات موت من شرب الأفيون واليبروح فَإِن لم يبلغ حَالهم إِلَى الْمَوْت فكثيراً مَا يقعون فِي الْجُوع الْمُسَمّى بوليموس. وَقد ذكرنَا مَا يجب أَن يعْمل فِيهِ وَفِي الْأَمْرَاض الآخرى فِي مَوْضِعه. وَأولى الْأَشْيَاء بهم أَن يسدوا المسام ويحفظوا

الأنف والفم من أن يدخلهَا هَوَاء بَارِد بَغْتَة ويحفظوا الأَطْرَاف بِمَا سَنذكرُهُ. واذا نزل الْمُسَافِر فِي الْبرد فَلَا يجب أن يدفىء نَفسه فِي الْحَال بل يتدرج يَسِيرا يَسِيرا فِي دفء وَيجب أَن لَا يستعجل إِلَى الصلاء بل أَن لَا يقربهُ أحسن وَإِن كَانَ لم يجد بدا تدرج إِلَى ذَلِك. وَأولى الْأَوْقَات بِهِ أَن يجتنبه فِيهِ إِذا كَانَ من عزمه أَن يسير فِي الْوَقْت وَيخرج إِلَى الْبرد هَذَا مَا لم يبلغ الْبرد من الْمُسَافِر مبلغ الإيهان وَإِسْقَاط الْقُوَّة. وَأما إِذا عمل فِيهِ الخصر فَلَا بُد من استعجال التدفي والتمرخ بالأدهان المسخنة خُصُوصا مَا فِيهِ ترياقية كدهن السوسن. وَإِذا نزل الْمُسَافِر فِي الْبرد وَهُوَ جَائِع فَتَنَاول شيأ حاراً عرض بِهِ حرارة كالحمى عَجِيبَة. وللمسافرين أغذية تسهل عَلَيْهِم أمر الْبرد وَهِي الأغذية الَّتِي يكثر فِيهَا الثوم والجوز والخردل والحلتيت وَرُبمَا وَقع فِيهَا المصل ليطيّب الثوم والجوز وَالسمن أَيْضا جيد لَهُم وخصوصاً إِذا شربوا عَلَيْهَا الشَّرَاب الصّرْف. وَيحْتَاج الْمُسَافِر فِي الْبرد إِلَى أَن لَا يُسَافر خاوياً بل يمتلىء من غذائه وَيشْرب الشَّرَاب بدل المَاء ثمَّ يصبر حَتَّى يقر ذَلِك فِي بَطْنه ويسخن ثمَّ يركب. والحلتيت مِمَّا يسخن الجامد فِي الْبرد خُصُوصا إِذا سلم فِي الشَّرَاب. والشربة التَّامَّة دِرْهَم من الحلتيت فِي رَطْل من الشَّرَاب. وللمسافر فِي الْبرد مسوحات تمنع بدنه عَن التأثر من الْبرد مِنْهَا الزَّيْت وَغير ذَلِك. والثوم من أفضل الْأَشْيَاء لمن برد عَن هَوَاء بَارِد وَإِن كَانَ يضر بالدماغ والقوى النفسانية.

الْفَصْل الْخَامِس حفظ الْأَطْرَاف عَن ضَرَر الْبرد يجب أَن يدلكها الْمُسَافِر أَولا حَتَّى تسخن ثمَّ يطليها بدهن حَار من الأدهان العطرة مثل دهن السوسن ودهن البان والميسوسن لطوخ جيّد لَهُم فَإِن لم يحضر فالزيت وخصوصاً إِذا جعل فِيهِ الفلفل والعاقر قرحا أَو الفربيون والحلتيت أَو الجندبادستر وَمن الأضمدة الحافظة للأطراف أَن يَجْعَل عَلَيْهَا قنة وثوم فَإِنَّهُ أَمَان وَلَا كالقطران. وَلَا يجوز أَن يكون الْخُف والدستبانج بِحَيْثُ لَا يتحرّك فِيهِ الْعُضْو. فَإِن حَرَكَة الْعُضْو أحد الْأَسْبَاب الدافعة عَنهُ الْبرد والعضو المخنوق يُصِيبهُ الْبرد بشدّة وَإِذا غشي بكاغد وَشعر أَو وبر كَانَ أوقى لَهُ وَإِذا صَارَت الرجل مثلا أَو الْيَد لَا تحس بالبرد من غير أَن يحس الْبرد وَمن غير أَن يزِيد وقايته بتدبير جَدِيد فَاعْلَم أَن الْحس فِي طَرِيق الْبطلَان وَأَن الْبرد قد عمل فِيهِ فليدبر مِمَّا تعلمه الان. وَأما إِذا عمل الْبرد فِي الْعُضْو فأمات الْحَار الغريزي الَّذِي كَانَ فِيهِ وحقن مَا كَانَ يتَحَلَّل مِنْهُ فِي جوهره وَعرضه للعفونة فَرُبمَا احْتِيجَ أَن يفعل فِي بَابه مَا قيل فِي بَاب القروح وخصوصاً الْأَكِلَة الخبيثة. وَأما إِذا ضربه الْبرد وَلم يعفن بعد بل هُوَ فِي سَبيله فالأصوب أَن يوضع الطّرف فِي مَاء الثَّلج خَاصَّة أَو مَاء طبخ فِيهِ التِّين. وَمَاء الكرنب ومأء الرياحين وَمَاء الشبت وَمَاء البابونج كُله جيّد. والتردوغ لطوخ جيّد. وَمَاء الشيح وَمَاء الفودنج وَمَاء النمام والتضميد بالسلجم دَوَاء جيد نَافِع لَهُ. وَيجب أَن يجنب النَّار وقربها وَيجب فِي الْحَال أَن يمشي ويحرك الرجل والطرف فيروضه ويدلكه ثمَّ يمرخه ويطليه وينطله بِمَا قُلْنَاهُ. وليعلم أَن ترك الْأَطْرَاف مُتَعَلقَة سَاكِنة فِي الْبرد لَا تحرّك وَلَا تراض هُوَ من أقوى الْأَسْبَاب الممكنة للبرد من الطّرف. وَمن النَّاس من يغمسه فِي مَاء بَارِد فيجد لذَلِك مَنْفَعَة كَأَن الْأَذَى ينْدَفع عَنهُ كَمَا يعرض للفاكهة الجامدة أَن تلقى فِي المَاء الْبَارِد. فَيكون كَأَنَّهُ يخرج الجمد عَنْهَا وينتسج عَلَيْهَا فتلين وتستوى وَلَو أَنَّهَا قربت من النَّار فَسدتْ. وَأما كَيفَ هَذَا فَهُوَ مِمَّا لَا يحْتَاج إِلَيْهِ الطَّبِيب. فَأَما إِذا أَخذ الطّرف يكمد فَيجب أَن

يشرط ويسيل مِنْهُ الدَّم والعضو مَوْضُوعٌ فِي المَاء الْحَار لِئَلَّا يجمد شَيْء من الدَّم فِي فوهات الشَّرْط فَلَا يخرج بل يتْرك حَتَّى يحتبس من نَفسه ثمَّ يطلى بالطين الأرمني والخل الممزوج فَإِن ذَلِك يمْنَع فَسَاده. والقطران ينفع بدءاً وأخيراً وَإِذا جَاوز الأَمر السوَاد والخضرة وَأدْركَ وَهُوَ يتعفن فَلَا يشْتَغل بِغَيْر إسْقَاط مَا يعفن بعجلة لِئَلَّا يعفن أَيْضا الصَّحِيح الَّذِي فِي الْجوَار وَكيلا تدب العفونة بل يفعل مَا قُلْنَاهُ فِي بَابه.

الْفَصْل السَّادِس حفظ اللَّوْن فِي السّفر يجب أَن يطلى الْوَجْه بالأشياء اللزجة وَالَّتِي فِيهَا تغريه مثل لعاب بزر قطونا وَمثل لعاب العرفج وَمثل الكثيراء المحلول فِي المَاء والصمغ المحلول فِي المَاء وَمثل بَيَاض الْبيض وَمثل الكعك السميذ المنقوع فِي المَاء وقرص وَصفَة قريطن وَأما إِذا شققه ريح أَو برد أَو شمس فاطلب تَدْبيره من الْكَلَام فِي الزِّينَة.

الْفَصْل السَّابِع توقي الْمُسَافِر مضرَّة الْمِيَاه الْمُخْتَلفَة إِن اخْتِلَاف الْمِيَاه قد يُوقع الْمُسَافِر فِي أمراض أَكثر من اخْتِلَاف الأغذية فَيجب أَن يُرَاعى ذَلِك بتدارك أَمر المَاء. وَمن تَدَارُكه كَثْرَة ترويقه وَكَثْرَة استرشاحه من الخزف الرشاح وطبخه كَمَا قد بَينا الْعلَّة فِيهِ قد يصفيه ويفرق بَين جَوْهَر المَاء الصّرْف وَبَين مَا يخالطه وأبلغ من ذَلِك كُله تقطيره بالتصعيد وَرُبمَا فتلت فَتِيلَة من صوف وَجعل مِنْهَا فى أحد الإناءين وَهُوَ المملوء طرف وَترك طرفها الآخر فِي الْإِنَاء الْخَالِي فقطر المَاء الخالي وَكَانَ ضربا جيدا من الترويق وخصوصاً إِذا كرر وَكَذَلِكَ إِذا طبخ المَاء المر والرديء وَطرح فِيهِ وَهُوَ يغلي طين حر وكباب صوف ثمَّ تُؤْخَذ وتعصر فَإِنَّهَا تعصر عَن مَاء خير من الأول وَكَذَلِكَ مَخض المَاء وَقد جعل فِيهِ طين حر لَا كَيْفيَّة رَدِيئَة لَهُ وخصوصاً المحترق فِي الشَّمْس ثمَّ يصفيه وَهُوَ مِمَّا يكسر فَسَاده. وَشرب المَاء مَعَ الشَّرَاب أَيْضا مِمَّا يدْفع فَسَاده إِذا كَانَ فَسَاده من جنس قلَّة النّفُوذ وَأَيْضًا فَإِن المَاء إِذا قل وَلم يُوجد فَيجب أَن يشرب ممزوجاً بالخل وخصوصاً فِي الصَّيف فَإِن ذَلِك يُغني عَن الاستكثار. وَالْمَاء المالح يجب أَن يشرب بالخل أَو السكنجبين وَيجب أَن يلقى فِيهِ الخرنوب وَحب الآس والزعرور. وَالْمَاء الشبي العفص يجب أَن يشرب عَلَيْهِ كل مَا يلين الطبيعة. وَالشرَاب أَيْضا مِمَّا ينفع شربه عَلَيْهِ وَالْمَاء المر يسْتَعْمل عَلَيْهِ الدسومات والحلاوات ويمزج بالجلاب. وَشرب مَاء الحمص قبله وَقبل مَا يُشبههُ مِمَّا يدْفع ضَرَره وَكَذَلِكَ أكل الحمص وَالْمَاء الْقَائِم الآجامي الذدي يَصْحَبهُ عفونة فَيجب أَن لَا يطعم فِيهِ الأغذية الحارة وَأَن يسْتَعْمل القوابض من الْفَوَاكِه الْبَارِدَة والبقول مثل السفرجل والتفاح والريباس. والمياه الغليظة الكدرة يتَنَاوَل عَلَيْهَا الثوم وَمِمَّا يصفيها الشب الْيَمَانِيّ وَمِمَّا يدْفع فَسَاد الْمِيَاه الْمُخْتَلفَة البصل فَإِنَّهُ ترياق لذَلِك وخصوصاً البصل بالخل والثوم أَيْضا. وَمن الْأَشْيَاء الْبَارِدَة الخس وَمن التَّدْبِير الْجيد لمن ينْتَقل فِي الْمِيَاه الْمُخْتَلفَة أَن يستصحب من مَاء بَلَده فيمزج بِهِ المَاء الَّذِي يَلِيهِ وَيَأْخُذ من مَاء كل منزل للمنزل الَّذِي يَلِيهِ فيمزجه بمائه وَكَذَلِكَ يفعل حَتَّى يبلغ مقْصده. وَكَذَلِكَ إِن استصحب طين بَلَده وخلطه بِكُل مَا يطْرَأ عَلَيْهِ وخضخضه فِيهِ ثمَّ تَركه حَتَّى يصفو. وَيجب أَن يشرب المَاء من وَرَاء فدام لئلاً يجرع العلق بالغلط وَلَا يزدرد البشم من الأخلاط الرَّدِيئَة. واستصحاب الربوب الحامضة لتمج بِكُل مَاء من الْمُخْتَلفَة تَدْبِير جيّد.

الْفَصْل الثَّامِن تَدْبِير رَاكب الْبَحْر قد يعرض لراكب الْبَحْر أَن يَدُور ويدار بِهِ وَأَن يهيج بِهِ الغثيان والقيء وَذَلِكَ فِي أَوَائِل الْأَيَّام ثمَّ يهدأ فيسكن وَيجب أَن يلح على غثيانه وقيئه بِالْحَبْسِ بل يتْرك حَتَّى يقيء فَإِن أفرط فِيهِ حبس حِينَئِذٍ. وَأما الاستعداد لِئَلَّا يعرض لَهُ الْقَيْء فَلَيْسَ بِهِ بَأْس وَذَلِكَ بِأَن يتَنَاوَل من الْفَوَاكِه مثل السفرجل والتفاح والرمّان وَإِذا شرب بزر الكرفسر منع الغثيان أَن يهيج بِهِ وسكنه إِذا هاج. والأفستين أَيْضا كَذَلِك وَمِمَّا يمنعهُ أَن يغتذي بالحموضات المقوية لفم الْمعدة الْمَانِعَة من ارْتِفَاع البخار إِلَى الرَّأْس وَذَلِكَ كالعدس بالخل وبالحصرم وَقَلِيل فودنج أَو حاشا أَو الْخبز الْمبرد فِي شراب ريحاني أَو مَاء بَارِد وَقد يَقع فِيهِ حاشا وَيجب أَن يمسح دَاخل الْأنف بالاسفيداج .

الْفَنّ الرَّابِع وُجُوه المعالجات بِحَسب الْأَمْرَاض الْكُلية ويشتمل على ثَلَاثِينَ فصلا

الْفَصْل الأول كَلَام كلي فِي العلاج نقُول: إِن أَمر العلاج يتم من أَشْيَاء ثَلَاثَة: أَحدهَا التَّدْبِير والتغذية وَالْآخر اسْتِعْمَال الْأَدْوِيَة وَالثَّالِث اسْتِعْمَال أَعمال الْيَد. ونعني بِالتَّدْبِيرِ: التَّصَرُّف فِي الْأَسْبَاب الضرورية المعدودة الَّتِي هِيَ جَارِيَة فِي الْعَادة والغذاء من جُمْلَتهَا. وَأَحْكَام التَّدْبِير من جِهَة كيفيتها مُنَاسبَة لأحكام الْأَدْوِيَة لَكِن للغذاء من جُمْلَتهَا أَحْكَام تخصه فِي بَاب الكمية لِأَن الْغذَاء قد يمْنَع وَقد يقلل وَقد يعدل وَقد يُزَاد فِيهِ. وَإِنَّمَا يمْنَع الْغذَاء عِنْد إِرَادَة الطَّبِيب شغل الطبيعة بنضج الأخلاط وأنما يقلل إِذا كَانَ مَعَ ذَلِك لَهُ غَرَض حفظ الْقُوَّة فِيمَا يغذو ويراعي جنبة الْقُوَّة وَبِمَا ينقص يُرَاعِي جنبة الْمَادَّة لِئَلَّا تشتغل عَنْهَا الطبيعة بهضم الْغذَاء الْكثير ويراعي دَائِما أهمهما وَهُوَ الْقُوَّة إِن كَانَت ضَعِيفَة جدا وَالْمَرَض إِن كَانَ قَوِيا جدا والغاء يقلل من جِهَتَيْنِ: إِحْدَاهمَا من جِهَة الكمية وَالْأُخْرَى من جِهَة الْكَيْفِيَّة وَلَك أَن تجْعَل اجْتِمَاع الْجِهَتَيْنِ قسما ثَالِثا. وَالْفرق بَين جهتي الكمية والكيفة أَنه قد يكون غذَاء كثير الكمية قَلِيل التغذية مثل الْبُقُول والفواكه فَإِن المستكثر مِنْهُمَا مستكثر من كمية الْغذَاء دون كيفيته وَقد يكون غذَاء قَلِيل الكمية كثير التغذية مثل الْبيض وَمثل خصي الديوك وَنحن رُبمَا احتجنا إِلَى أَن نقلل الْكَيْفِيَّة ونكثر الكمية وَذَلِكَ إِذا كَانَت الشَّهْوَة غالبة وَكَانَ فِي الْعُرُوق أخلاط نيئة فأردنا أَن نسكن الشَّهْوَة بملء الْمعدة وَأَن نمْنَع الْعُرُوق مَادَّة كَثِيرَة لينضج أَولا مَا فِيهَا ولأغراض أُخْرَى غير ذَلِك. وَرُبمَا احتجنا أَن نكثر الْكَيْفِيَّة ونقلل الكمية وَذَلِكَ إِذا أردنَا أَن نقوي الْقُوَّة وَكَانَت الطبيعة الموكلة بالمعدة تضعف عَن أَن تزاول هضم شَيْء كثير. وَأكْثر مَا يتكلّف تقليل الْغذَاء وَمنعه إِذا كُنَّا نعالج الْأَمْرَاض الحادة. وَأما فِي الْأَمْرَاض المزمنة فَإنَّا قد نقلل أَيْضا وَلَكِن تقليلاً أقل من تقليلنا مِمَّا فِي الْأَمْرَاض الحادة لِأَن عنايتنا بِالْقُوَّةِ فِي الْأَمْرَاض المزمنة أَكثر لأَنا نعلم أَن بحرانها بعيد ومنتهاها بعيد فَإِذا لم تحفظ الْقُوَّة لم تف بالثبات إِلَى وَقت البحران وَلم تف بنضج مَا تطول مُدَّة إنضاجه .

وَأما الْأَمْرَاض الحادة فَإِن بحرانها قريب وَنَرْجُو أَن لَا يخون الْقُوَّة قبل انتهائها فَإِن خفنا ذَلِك نبالغ فِي تقليل الْغذَاء وَكلما كَانَ الْمَرَض فِيهَا أقرب من الْمُبْتَدَأ والأعراض أمكن غذاؤنا مقوين للقوة وَكلما جعل الْمَرَض يَأْخُذ فِي التزايد وَتَأْخُذ الْأَعْرَاض فِي التزايد قللنا التغذية ثِقَة بِمَا أسلفنا وتخفيفاً عَن الْقُوَّة وَقت جماده وَعند الْمُنْتَهى نلطف

التَّدْبِير جدا. وَكلما كَانَ الْمَرَض أحد والحران أقرب لطفنا التَّدْبِير أَشد إِلَّا أَن تعرض أَسبَاب تمنعنا من ذَلِك كَمَا سنذكرهُ فِي الْكتب الْجُزْئِيَّة. وللغذاء من جِهَة مَا يغذى بِهِ فصلان آخرَانِ هما: سرعَة النّفُوذ كَحال الْخمر وبطء النّفُوذ كَحال الشواء والقلايا وَأَيْضًا نَحْو قوام مَا يتَوَلَّد مِنْهُ من الدَّم واستمساكه كَمَا يكون من حَال غذَاء لحم الْخَنَازِير والعجاجيل أَو رقته وَسُرْعَة تحلله كَمَا يكون من حَال الْغذَاء الْكَائِن من الشَّرَاب وَمن التِّين. وَنحن نحتاج إِلَى الْغذَاء السَّرِيع النّفُوذ إِذا أردنَا أَن تدارك سُقُوط الْقُوَّة الحيوانية وننعشها وَلم تكن الْمدَّة أَو الْقُوَّة تفي ريث هضم الْغذَاء البطيء الهضم. وَنحن نتوقى الْغذَاء السَّرِيع الهضم إِذا اتّفق أَن سبق غذَاء بطيء الهضم فنخاف أَن يخْتَلط بِهِ فيصيرعلى النَّحْو الذ سبق منا بَيَانه. وَنحن نتوقّى الغليظ عِنْد إيقاننا حُدُوث السدد لكننا نؤثرالغذاء الْقوي التغذية البطيء الهضم لمن أردنَا أَن نقويه ونهيئه للرياضات القوية ونؤثر الْغذَاء السخيف لمن يعرض لَهُ تكاثف المسام سَرِيعا. وَأما المعالجة بالدواء فلهَا ثَلَاثَة قوانين: أَحدهَا: قانون اخْتِيَار كيفيته أَي اختباره حاراً أَو بَارِدًا أَو رطبا أَو يَابسا. وَالثَّانِي: قانون اخْتِيَار كميته وَهَذَا القانون يَنْقَسِم إِلَى قانون تَقْدِير وَزنه وَإِلَى قانون تَقْدِير كيفيته أَي دَرَجَة حرارته وبرودته وَغير ذَلِك. وَالثَّالِث: قانون تَرْتِيب وقته. أما قانون اخْتِيَار كَيْفيَّة الدَّوَاء على الْإِطْلَاق فَإِنَّمَا يَهْتَدِي إِلَيْهِ بِالْوُقُوفِ على نوع الْمَرَض فَإِنَّهُ إِذا عرف كَيْفيَّة الْمَرَض وَجب أَن يخْتَار من الدَّوَاء مَا يضاده فِي كيفيته فَإِن الْمَرَض يعالج بالضدّ وَالصِّحَّة تحفظ بالمشاكل.

وَأما تَقْدِير كميته من الْوَجْهَيْنِ جَمِيعًا فيعرف على سَبِيل الحدس الصناعي من طبيعة الْعُضْو وَمن مِقْدَار الْمَرَض وَمن الْأَشْيَاء الَّتِي تدل بموافقته وملايمتها الَّتِي هِيَ الْجِنْس وَالسّن وَالْعَادَة والفصل والبلد والصناعة وَالْقُوَّة والسحنة. وَمَعْرِفَة طبيعة الْعُضْو تَتَضَمَّن معرفَة أُمُور أَرْبَعَة: أَحدهَا: مزاج الْعُضْو وَالثَّانِي: خلقته والثا لث: وَضعه والرا بِعْ: قوته. أما مزاج الْعُضْو: فَإِنَّهُ إِذا عرف مزاجه الطبيعي وَعرف مزاجه المرضي عرف بالحدس الصناعي أَنه كم بعد من مزاجه الطبيعي فيعرف مِقْدَا ِ مَا يردهُ إِلَيْهِ مِثَاله إِن كَانَ المزاج الصحي بَارِدًا وَالْمَرَض حاراً فقد بعد من مزاجه بعدا كثيرا فَيحْتَاج إِلَى تبريد كثير. وَإِن كَانَ كِلَاهُمَا حارين كفى الْخطب فِيهِ بتبريد يسير. وَأما من خلقَة الْعُضْو: فقد قُلْنَا أَن الْخلقَة على كم معنى تشْتَمل فَليتَأَمَّل من هُنَاكَ. ثمَّ اعْلَم أَن من الْأَعْضَاء مَا هُوَ فِي خلقته سهل المنافذ وَفِي دَاخله أَو خَارجه مَوضِع حَال فيندفع عَنهُ الْفضل بدواء لطيف معتدل وَمِنْه مَا لَيْسَ كَذَلِك فَيحْتَاج إِلَى دَوَاء قوي وَكَذَلِكَ بَعْضهَا متخلخل وَبَعضهَا متكاثف. والمتخلخل يَكْفِيهِ الدَّوَاء اللَّطِيف والكثيف يحْتَاج إِلَى الدَّوَاء الْقوي فَأَكْثَر الْأَعْضَاء حَاجَة إِلَى الدَّوَاء الْقوي مَا لَيْسَ لَهُ تجويف وَلَا من أحد الْجَانِبَيْنِ وَلَا فضاء لَهُ ثمَّ الَّذِي لَهُ ذَلِك من جَانب وَاحِد ثمَّ الَّذِي لَهُ فضاء من الْجَانِبَيْنِ لكنه ملزز كثيف كالكلية ثمَّ الَّذِي لَهُ تجويف من الْجَانِبَيْنِ وَهُوَ سخيف كالرئة. وَأما من وضع الْعُضْو والوضع يَقْتَضِي كَمَا تعلم إِمَّا موضعا وَإِمَّا مُشَاركَة وَالِانْتِفَاع بِهِ من علم الْمُشَاركَة أخصه باختيارك جِهَة جذب الدَّوَاء وإمالته إِلَيْهِ مِثَاله إِنَّه إِذا كَانَت الْمَادَّة فِي حدبة الكبد استفرغناها بالبول وَإِن كَانَت فِي تقعير الكبد استفرغناها بالإسهال لِأَن حدبة الكبد مُشَاركَة لأعضاء الْبَوْل أَحدهَا: بعده وقربه فَإِن كَانَ قَرِيبا مثل الْمعدة وصلت إِلَيْهِ الْأَدْوِيَة المعتدلة فِي أدنى زمَان وَفعلت فِيهِ وقوتها بَاقِيَة وان كَانَ بَعيدا كالرئة

فَإِن الْأَدْوِيَة المعتدلة نَفسهَا قواها قبل الْوُصُول إِلَيْهِ فَيحْتَاج أَن يُزَاد فِي قواها. فالعضو الْقَرِيب الَّذِي يلقاه الدَّوَاء يجب أَن يكون قُوَّة الدَّوَاء لَهُ بِالْقدرِ الْمُقَابل لِلْعِلَّةِ وَإِن كَانَ بَينهمَا بعد وبون وَهُوَ دَاء يحْتَاج لدواء فِي أَن ينفذ إِلَيْهِ إِلَى قُوَّة غائصة فَيحْتَاج أَن تكون قُوَّة الدَّوَاء أَكثر من الْمُحْتَاج إِلَيْهِ مثل الْحَال فِي أضمدة عرق النسى وَغَيره. وَالْوَجْه الثَّانِي أَن يعرف مَا الَّذِي يَنْبَغِي أَن يخلط بالأدوية ليسرع إيصالها إِلَى الْعُضْو كَمَا يخلط بأدوية أَعْضَاء الْبَوْل المدرات وبأدوية الْقلب الزَّعْفَرَان. وَالْوَجْه الثَّالِث أَن يعرف جِهَة إتصال الدَّوَاء إِلَيْهِ مثلا أَنا إِذا عرفنَا أَنَّ القرحة فِي الأمعاء السُّفْلى أوصلناه بالحقنة أَو حدسنا بِأَنَّهَا فِي الأمعاء الْعليا أوصلناه بِالشرابِ. وَقد ينْتَفع بمراعاة الْموضع والمشاركة مَعًا وَذَلِكَ فِيمَا يَنْبَغِي أَن يَفْعَله والمادة منصبة بِتَمَامِهَا إِلَى الْعُضْو وَمَا يَنْبَغِي أَن يَفْعَله والمادة بعد فِي الانصباب حَتَّى إِن كَانَت فِي الانصباب بعد جذبناها من موضعهَا بعد مُرَاعَاة شَرَائِط أَربع: إِحْدَاهَا: مُخَالفَة الْجِهَة كَمَا يجذب من الْيَمين إِلَى الْيَسَار وَمن فَوق إِلَى أَسْفَل. وَالثَّانيَة: مُرَاعَاة الْمُشَاركَة كَمَا يحبس الطمث يوضع المحاجم على الثديين جذباً إِلَى الشَّرِيك. وَالثَّالِثَة: مُرَاعَاة الْمُحَاذَاة كَمَا يفصد فِي علل الكبد الباسليق الْأَيْمن وَفِي علل الطحال الباسليق الْأَيْسَر. وَالرَّابِعَة: مُرَاعَاة التبعيد فِي ذَلِك لِئَلَّا يكون المجذوب إِلَيْهِ قَرِيبا جدا من المجذوب مِنْهُ وَأما إِن كَانَت الْمَادَّة منصبّة فينتفع بالأمرين من جِهَة أَنا إِمَّا أَن نأخذها من الْعُضْو نَفسه أَو ننقلها إِلَى الْعُضْو الْقَرِيب المشارك ونخرجها مِنْهُ كَمَا يفصد الصَّافِن فِي علل الرَّحِم والعرق الَّذِي تَحت اللِّسَان فِي علاج ورم اللوزتين. وَمَتى أردْت أَن تجذب إِلَى الْخلاف فسكن أَولا وجع الْعُضْو المجذوب عَنهُ وَأَن تنظر حَتَّى لَا يكون الْمجَاز على رَئِيس. وَأما الِانْتِفَاع من جِهَة قُوَّة الْعُضْو فَمن طرق ثَلَاثَة: إِحْدَاهَا: مُرَاعَاة الرياسة والمبدئية فَإنَّا لَا نخاطر على الْأَعْضَاء الرئيسة بالأدوية القوية مَا أمكن فيكون قد عممنا الْبدن بِالضَّرَرِ وَلذَلِك لَا نستفرغ من الدِّمَاغ والكبد مَا يحْتَاج أَن نستفرغه مِنْهُمَا دفْعَة وَاحِدَة وَلَا نبرّدهما تبريداً شَدِيد الْبَتَّةَ وَإِذا ضمدنا الكبد بأدوية محللة لم نخلها من قابضة طيبَة الرّيح لحفظ الْقُوَّة وَكَذَلِكَ فِيمَا نسقيه لأجلهَا. وَأولى الْأَعْضَاء بِهَذِهِ المراعاة الْقلب ثمَّ الدِّمَاغ ثمَّ الكبد. وَالطَّرِيق الثَّانِيَة: مُرَاعَاة الْفِعْل الْمُشْتَرك للعضو وَأَن لم يكن رَئِيسا مثل الْمعدة والرئة وَلذَلِك لَا نسقي فِي الحميّات مَعَ ضعف الْمعدة مَاء بَارِدًا شَدِيد الْبُرُودَة. وَاعْلَم أَن اسْتِعْمَال المرخيّات على الرئيسة وَمَا يتلوها صرفة خطر جدا فِي الْجُمْلَة.

وَالطَّرِيق الثَّالِث: مُرَاعَاة ذكاء الحسّ وكلاله فَإِن الْأَعْضَاء الذكية الْحس العصبية يجب أَن يتوقّى فِيهَا اسْتِعْمَال الْأَدْوِيَة الردية الْكَيْفِيَّة واللذاعة والمؤذية كاليتّوعات وَغَيرهَا عَلَيْهَا. والأدوية الَّتِي يتحاشى عَن اسْتِعْمَالهَا ثَلَاثَة أَصْنَاف: المحلّلات والمبرّدات بِالْقُوَّةِ وَالَّتِي لَهَا كيفيات مُخَالفَة كالزنجار وأسفيذاج الرصاص والنحاس المحرق وَمَا أشبههَا. فَهَذَا هُوَ تَفْصِيل اختبار المواء بِحَسب طبيعة الْعُضْو. وَأما مِقْدَار الْمَرَض فَإِن الَّذِي يكون مثلا حرارته العرضية شَدِيدَة فَيحْتَاج أَن تطفأ بدواء أَشد برودة وَالَّذِي يكون برودته العرضية شَدِيدَة فَيحْتَاج إِلَى أَن يسخنه أَشد تسخيناً وَإِذا لم يكونَا قويين اكتفينا بدواء أقل قُوَّة.

وَأما وَقت الْمَرَض فَإِن نَعْرِف الْمَرَض فِي أَي وَقت من أوقاته مثلا الورم إِن كَانَ فِي الِابْتِدَاء استعملنا عَلَيْهِ مَا يردع وَحده وَإِن كَانَ فِي الْمُنْتَهى استعملنا مَا يحلل وَحده وَأما فِيمَا بَين ذَيْنك فتخلطها جَمِيعًا. وَإِن كَانَ الْمَرَض

حاداً فِي الِابْتِدَاء لطفنا التَّدْبِير تلطيفاً معتدلاً وَإِن كَانَ إِلَى الْمُنْتَهى بالغنا فِي التلطيف وَأَن كَانَ مزمناً لم نلطف فِي الابتداء ذَلِك التلطيف عِنْد الِانْتِهَاء. على أن كثيرا من الْأَمْرَاض المزمنة غير الحميات يحللها التَّدْبِير الملطف. وَأَيْضًا إِن كَانَ الْمَرِيض كثير الْمَادَّة هائجاً استفرغنا فِي الِابْتِدَاء وَلم نَنْتَظِر النضج وَإِن كَانَ معتدلاً أنضجنا ثمَّ استفرغنا. وَأما الِاسْتِدْلَال من الْأَشْيَاء الَّتِي تدل بملاءمتها فَهُوَ سهل عَلَيْك تعرفه والهواء من جُمْلَتهَا أولى مَا يجب أَن يُرَاعى أمره وَهل هُوَ معِين للدواء أَو للمرض. ونقول: الْأَمْرَاض الَّتِي يكون فِيهَا خطر وَلَا يُؤمن فَوت الْقُوَّة مَعَ تَأَخّر الْوَاجِب أَو التَّخْفِيف فِيهِ فَالْوَاجِب أَن يبْدَأ فِيهَا بالعلاج الْقوي أَولا وَالَّتِي لَا خطر فِيهَا يتدرّج إِلَى الْأَقْوَى إِن لم يغن الأخف.

وَإِيَّاك أَن تهرب عَن الصَّوَاب لِأَن تَأْثِيره يتَأَخَّر وَأَن تقيم على الْغَلَط لِأَن ضَرَره لَا يتدبر وَمَعَ ذَلِك فَلَيْسَ يجب أَن تقيم على علاج وَاحِد بدواء وَاحِد بل تبدل الْأَدْوِيَة فَإِن المألوف لَا ينفعل عَنهُ وَلكُل بدن بل بِكُل عُضْو بل للبدن والعضو فِي وَقت دون وَقت خَاصَّة فِي الانفعال عَن دَوَاء دون دَوَاء. وَإِذا أشكلت الْعلَّة فخل بَينهَا وَبَين الطبيعة وَلَا تستعجل فَإِن الطبيعة إِمَّا أَن تقهر الْعلَّة وَإِمَّا أَن تظهر الْعلَّة. وَإِذا اجْتمع مرض مَعَ وجع أَو شبيه وجع أَو مُوجب وجع كالضربة والسقطة فابدأ بتسكين الوجع وَأَن احتجت إِلَى التخدير فَلَا تجَاوز مثل الخشخاش فَإِنَّهُ مَعَ تخديره مألوف مَأْكُول. وَإِذا بليت بِشدَّة حس الْعُضْو فاغذ بِمَا يغلظ الدَّم جدا كالهرائس وَإِن لم تخف التَّدْبِير فاغذ بالمبردات كالخس وَنَحْوه. وَاعْلَم أَن من المعالجات الجيدة الناجعة الِاسْتِعَانَة بِمَا يُقَوي القوى النفسانية والحيوانية كالفرح ولقاء مَا يسْتَأْنس بِهِ وملازمة من يسر بِهِ وَرُبمَا نفعت مُلَازمَة المحتشمين وَمن يستحيا مِنْهُم فمنعت الْمَرِيض عَن أَشْيَاء تضره. وَمِمَّا يُقَارب هَذَا الصِّنْف من المعالجات والانتقال من بلد إِلَى بلد وَمن هَوَاء إِلَى هَوَاء والانتقال من هيئات إِلَى هيئات وتكلف هيئات وحركات يَسْتَوِي بهَا عُضْو وَيصير بمزاج مثل مَا يُكَلف الصَّبِي الْأَحول من النّظر الشَّديد إِلَى شَيْء يلوح لَهُ وَمثل مَا يُكَلف صَاحب الْقُوَّة من النّظر فِي الْمرْآة الضيقة فَإِن ذَلِك أدعى لَهُ إِلَى تَكْلِيف تَسْوِيَة وَجهه وَعَيْنَيْهِ فَرُبمَا عَاد بالتكلف إِلَى الصّلاح. وَمِمَّا يجب أَن تحفظه من القوانين أَن تتْرك المعالجات الْقوية فِي الفصول الْقوية مَا اسْتَطَعْت من مثل الإسهال الْقوي والكي والبط والقيء فِي الصَّيف والشتاء. وَمن الْأُمُور الَّتِي تحْتَاج فِي علاجها إِلَى نظر دَقِيق أَن يجْتَمع فِي مرض وَاحِد استحقاقان متضادان وَيسْتَحق الْمَرَض مثلا تبريداً وَسَببه تسخيناً مثل مَا تقضي الْحمى تبريداً والسدد الَّتِي يكون سَببا للحمى تسخيناً أَو بِالْعَكْسِ وَكَذَلِكَ أَن يسْتَحق الْمَرَض مثلا تسخيناً وَعرضه تبريداً مثل مَا تسْتَحق مَادَّة القولنج تسخيناً وتقطيعاً وتستحق شدَّة وَجَعه تبريداً وتخديراً أَو بِالْعَكْسِ. وَاعْلَم أَنه لَيْسَ كل امتلاء وكل سوء مزاج يعالج بالضد من الاستفراغ والمقابلة بل كثيرا مَا يَكْفِي حسن التَّدْبِير الْمُهِم فِي الامتلاء وَسُوء المزاج.

الْفَصْل الثَّانِي معالجات أمراض سوء المزاج أما مَا كَانَ مِنْهُ بِلَا مَادَّة فَإِنَّمَا نبذل سوء المزاج فَقَط وَإِن كَانَ مَعَ مَادَّة فَإنَّا نستفرغها وَرُبمَا كفانا الاستفراغ وَحده إِن لم يتخلّف عَنهُ سوء المزاج لتمكنه السالف وَرُبمَا لم يكفنا ذَلِك إِن ونقول: إِن معالجة سوء المزاج أَصْنَاف ثَلَاثَة لِأَن سوء المزاج إِمَّا أَن يكون مستحكماً فيكونا علاجه بالضد على

الْإِطْلَاق وَهَذَا هُوَ المداواة الْمُطلقَة فإمَّا أَن يكون فِي حد الْكَوْن وإصلاحه مداواة مَعَ التَّقَدُّم بِالْحِفْظِ بِمَنْع السَّبَب وَمِنْه مَا يُرِيد أَن يكون وَيحْتَاج فِيهِ إِلَى منع السَّبَب فَقَط وَيُسمى التَّقَدُّم بِالْحِفْظِ. مِثَال المداواة معالجة عفونة حمّى الرّبع بالترياق وَسقي المَاء الْبَارِد فِي الغب ليطفي. وَمِثَال المداواة والتقدم بِالْحِفْظِ الاستفراغ فِي الرّبع بالخربق وَفِي الغب بالسقمونيا إِذا أردنَا بذلك أَن نمْنَع ابْتِدَاء نوبَة تقع. ومقال التَّقَدُّم بِالْحِفْظِ مُفردا استفراغ المستعدّ لحمى الرّبع لغَلَبَة السَّوْدَاء بالخربق ولحمى الغب لغَلَبَة الصَّفْرَاء بالسقمونيا.

وَإِذا أشكل عَلَيْك شَيْء من الْأَمْرَاض سَببه حر أَو برد وَأَرَدْت أَن تجرب فَلَا تجربن بمفرط وَانْظُر كي لَا يغرك التَّأْثِير الَّذِي بِالعرضِ. وَاعْلَم أَن التبريد والتسخين مدتهما سَوَاء لَكِن الْخطر فِي التبريد أَكثر لِأَن الْحَرَارَة صديقَة الطبيعة وأنّ الْخطر فِي الترطيب والتيبيس سَوَاء لَكِن مُدَّة الترطيب أطول والرطوبة واليبوسة كل وَاحِدَة مِنْهُمَا يحفظ بتقوية أَسبَابهَا وتبذل بتقوية أَسبَاب ضدها. والحرارة تقوى بالأسباب الَّتِي فَرغْنَا من ذكرهَا ثمَّ بالمنعشات وَهِي نفض الثفل والامتلاء وتفتيح السدد ثمَّ بِمَا يحفظها وَهُوَ الرُّطُوبَة المعتدلة. والبرودة تقوى بتقوية أَسبَابهَا أَوتخنق الْحَرَارَة وَبِمَا يفرط تحليلها وَهُوَ اليبوسة بِالذَّاتِ والحرارة بِالْعرضِ. والمعالج فرط الْحَرَارَة بتفتيح السدد يَنْبَغِي أَن يتوقى التبريد المفرط لِئَلَّا يزِيد فِي تحجّر السدة فيزيد فِي سوء المزاج الْحَار بل يَنْبَغِي أَن يترفق فيعالج أَولا مِمَّا يجلو فَإِن كفى جال مبرد كَمَاء الشّعير وَمَاء الهندبا فبها ونعمت وَإِن لم يقنع ذَلِك فبمَا يكون معتدلاً فَإِن لم يقنع فبمَا فِيهِ حرارة لَطِيفَة وَلَا يُبَالِي من ذَلِك فَإِن نفع تفتيحه فِي التبريد أَكثر من ضَرَر تسخينه السهل التطفئة بعد التفتيح وَرُبمَا منع فرط التطفئة من نضج الأخلاط الحادة. وَإِن كَانَ بعض النَّاس مصرًّا على إِبْطَال هَذَا الرَّأْي وَلَيْسَ يدْرِي أَنّ التطفئة القوية تسْقط الْقُوَّة وَلَا سِيمَا الَّتِي ضعفت بِالْمرضِ وَإِن كَانَت تصلح من الْمَادَّة فضل إصْلَاح فَإِنَّهَا قد تعقب أمراضاً أُخْرَى إِمَّا من سوء مزاج بَارِد مُفْرد وَأما مَعَ مواد مضادة للمواد الَّتِي أصلحها. وَأما تسخين المزاج الْبَارِد فَكَأَنَّهُ صَعب إِذا كَانَ قد استحكم وَغَايَة من السهولة فِي الِابْتِدَاء.

وَبِالْجُمْلَةِ فَإِن تسخين الْبَارِد فِي ابْتِدَاء الْأَمر أسهل من تبريد التسخين فِي الِابْتِدَاء لَكِن تبريد التسخين فِي الِانْتِهَاء وَإِن كَانَ صعباً أسهل من تسخين الْبَارِد فِي الِانْتِهَاء لِأَن الْبُرُودَة الْبَالِغَة هِيَ موت من الغريزة أَو مساوقة لَهُ. وَاعْلَم أَن التبريد قد يقارن التيبيس وَقد يقارن الترطيب وَقد يَخْلُو مِنْهُمَا. والتيبيس أشدّ إِثْبَاتًا للبرودة الَّتِي قد حدثت. والترطيب أَشد جلباً للبرودة المستحدثة. وَقد يعين فِي التيبيس جَمِيع أَسبَاب الْحَرَارَة إِذا أفرطت ويعين فِي الترطيب جَمِيع أَسبَاب الْبُرُودَة إِذا أفرطت وَلَا يبلغ فِيهِ شَيْء مبلغ الدعة والاستحمام الدَّائِم الْخَفِيف والأبزن وَقد فَرغْنَا من هَذَا فِيمَا سلف. وَشرب الممزوج قوي فِي الترطيب. وَاعْلَم أَن الشَّيْخ إِذا احْتَاجَ إِلَى تبريد وترطيب فَإِنَّهُ لَا يَكْفِيهِ من ذَلِك مَا يرقه إِلَى الِاعْتِدَال بل مَا يُجَاوز ذَلِك إِلَى مزاجه الْبَارِد الرطب الَّذِي وَقع لَهُ فَإِنَّهُ وَإِن كَانَ عرضياً فَهُوَ لَهُ كالطبيعي. وَيجب أَن تعلم أَنه كثيرا مَا يحوج فِي تَبْدِيل مزاج مَا إِلَى أَن تسْتَعْمل مَا يُقَوي ذَلِك المزاج مخلوطاً بِمَا يضافه مثل مَا يحوج إِلَى اسْتِعْمَال الْخلّ مَعَ الْأَدْوِيَة المسخنة لعضو مَا حَتَّى تعوض قوتها وَمثل مَا يحوج إِلَى اسْتِعْمَال الزَّعْفَرَان فِي الْأَدْوِيَة المبردة للقلب ليوصلها إِلَيْهِ وَكَثِيرًا مَا يكون الدَّوَاء قوي التَّأْثِير فِي تَغْيِير

المزاج إِلَّا أنه يلطفه لَا يلبث ريث مَا يفعل فعله فيحْتَاج أَن يخلط بِهِ شيأ يكثفه ويحبسه وَإِن كَانَ مُوجبا لضد فعله مثل مَا يخلط بدهن البلسان الشمع وَغَيره ليحبسه على الْعُضْو مُدَّة يفعل فِيهَا فعله.

الْفَصْل الثَّالِث أنه كَيفَ وَمَتى يجب أَن يستفرغ الْأَشْيَاء الَّتِي تدل على صَوَاب الحكم فِي الاستفراغ عشرَة: الإمتلاء وَالْقُوَّة والمزاج والأعراض الملائمة مثل أَن تكون الطبيعة الَّتِي تُرِيدُ إسهالها لم يعرض لَهَا إسهال فَإِن الإسهال على الإسهال خطر والسحنة والسنّ والفصل وَحَال هَوَاء الْبَلَد وَعَادَة الاستفراغ والصناعة. وَهَذِه إِذا كَانَت على ضد جِهَة دلَالَة تَقْتَضِي الاستفراغ منعت من الاستفراغ فالخلاء لَا محَالة يمْنَع من الاستفراغ وَكَذَلِكَ ضعف أَي قُوَّة كَانَت من الثَّلَاث إِلَّا أَنا رُبمَا آثرنا ضعف قُوَّة مَا على ضَرَر ترك الاستفراغ وَذَلِكَ فِي القوى الحسية والحركية إِذا رجونا تدارك الْأَمر الخطير إِن وَقع وَذَلِكَ فِي جَمِيع القوى. والمزاج الْحَار الْيَابِس يمْنَع مِنْهُ والبارد الرطب لعدم الْحَرَارَة أَو ضعفها يمْنَع مِنْهُ أَيْضا. وَأما الْحَار الرطب فالترخيص فِيهِ شَدِيد وَأما السحنة فَإِن الإفراط فِي القضافة والتخلخل يمْنَع مِنْهُ خوفًا من تحلل الرّوح وَالْقُوَّة وَلذَلِك فَإِن الْوَاجِب عَلَيْك فِي تَدْبِير الضَّعِيف النحيف الْكثير المرار فِي الدَّم أَن تداريه وَلَا تستفرغه وتغذيه بِمَا يولّد الدَّم الْجيد المائل إِلَى الْبرد والرطوبة فَرُبمَا أصلحت بذلك مزاج خلطه وَرُبمَا قويته فَيحْتَمل الاستفراغات وَكَذَلِكَ لَا يجب أَن يقدم على استفراغ الْقَلِيل إِلَّا كل عَادَة مَا وجدت عَن استفراغه محيصاً. وَالسمن المفرط أَيْضا يمْنَع مِنْهُ خوفًا من اسْتِيلَاء الْبرد وخوفاً من أَن يضغط اللَّحْم الْعُرُوق ويطبقها إِذا استحلاها فيخنق الْحَرَارَة أَو يعصر الفضول إِلَى الأحشاء. والأعراض الرَّديئَة أَيْضا مثل الاستعداد للذرب والتشنّج تمنع مِنْهُ وَالسّن الْقَاصِر عَن تَمام النشو والمجاوز إِلَى حد الذبول يمْنَع مِنْهُ. وَالْوَقْت القائظ والبارد جدا يمْنَع مِنْهُ والـبلد الجنوبي الْحَار جدا مِمَّا يحرز ذَلِك فَإِن أَكثر المسهلات حادة واجتماع حادّين غير مُحْتَمل وَلِأَن القوى تكون ضَعِيفَة مسترخية وَلِأَن الْحر الْخَارِج يجذب الْمَادَّة إِلَى خَارج والدواء يجذبه إِلَى دَاخل فَتَقَع مجاذبة تُؤَدِّي إِلَى تقاوم والشمالي الْبَارِد جدا يمْنَع مِنْهُ وَقلة الاستفراغ تمنع مِنْهُ والصناعة الْكَثِيرَة الاستفراغ كخدمة الْحمام والحمالية تمنع مِنْهُ.

وَبِالْجُمْلَةِ كل صناعَة متعبة. وَيَنْبَغِي أَن تعلم أَن الْغَرَض فِي كل استفراغ أحد أُمُور خَمْسَة: استفراغ مَا يجب استفراغه وَتعقبه لَا محَالة رَاحَة إِلَّا أَن يتعقبه إعياء الأوعية أَو ثوران الْحَرَارَة أَو حمى يَوْم أَو مرض آخر مِمَّا يلْزم كسحج الإسهال للأمعاء وتقريح الإدرار للمثانة وَهَذَا وَإِن نفع فَلَا يحس بنفعه بل رُبمَا أدّى فِي الْحَال إِلَى أَن يَزُول الْعَارِض. وَالثَّانِي: تَأمل جِهَة ميله كالغثيان ينقى بالقيء والمغص بالإسهال. وَالثَّالِث: عُضْو مخرجه من جِهَة ميله. كالباسليق الْأَيْمن لعلل الكبد لاالقيفال الْأَيْمن فَإِنَّهُ إِن أَخطَأ فِي مِثَال هَذَا رُبمَا جلب خطر أَو يجب أَن يكون عُضْو الْمخرج أخس من المستفرغ مِنْهُ لِئَلَّا تميل الْمَادَّة إِلَى مَا هُوَ أشرف.

وَيجب أَن يكون مخرجه مِنْهُ طبيعياً كأعضاء الْبَوْل لحدبة الكبد والأمعاء لتقعيرة وَرُبمَا كَانَ الْعُضْو الَّذِي ينْدَفع مِنْهُ هُوَ الْعُضْو الَّذِي يجب أَن يستفرغ مِنْهُ لَكِن بِهِ عِلّة أَو مرض يخَاف عَلَيْهِ من مُرُور الأخلاط بِهِ فَيحْتَاج أَن

يمال إِلَى غَيره مِمَّا هُوَ أصوب وَرُبمَا خيف عَلَيْهِ من غَلَبَة الأخلاط مرض مثل مَا ينْدَفع من الْعين إِلَى الْحلق فَرُبمَا خيف مِنْهُ الخناق فَيجب أَن يرفق فِي مثله. والطبيعة قد تفعل مثل هَذَا فيستفرغ من غير جِهَة الْعَادة صِيَانة لذَلِك الْعُضْو عِنْد ضعفه وَرُبمَا كَانَ مَا تستفرغه الطبيعة من الْجِهَة الْبَعِيدَة الْمُقَابلَة يبْقى مَعَه إسهال مثل مَا ينْدَفع من الرَّأْس إِلَى المقعدة أَو إِلَى السَّاق والقدم فَإِنَّهُ لَا يعلم بِالْحَقِيقَةِ كَانَ من الدِّمَاغ كُله أَو من بطن وَاحِد. وَالرَّابِع: وَقت استفراغه وجالينوس يجْزم القَوْل: بِأَن الْأَمْرَاض المزمنة ينْتَظر فِيهَا النضج لَا غير وَقد علمت النضج مَا هُوَ. وَقيل الاستفراغ وَبعد النضج يجب فِيهَا أَن يسقى من الملطفات كَمَاء الزوفا والحاشا والبزور. وَأما فِي الْأَمْرَاض الحادة فالأصوب أَيْضا انْتِظَار النضج وخصوصاً إِن كَانَت سَاكِنة وَأما إِن كَانَت متحركة فالبدار إِلَى استفراغ الْمَادَّة أولى إِذْ ضَرَر حركتها أَكثر من ضَرَر استفراغها قبل نضجها وخصوصاً إِذا كَانَت الأخلاط رقيقَة وخصوصاً إِذا كَانَت فِي تجاويف الْعُرُوق غير متداخلة للأعضاء. وَأما إِذا كَانَ الْخَلْط محصوراً فِي عُضْو وَاحِد فَلَا يُحَرك الْبَتَّة حَتَّى ينضج وَيحصل لَهُ القوام المعتدل على مَا علمته فِي مَوْضِعه وَكَذَلِكَ إِن لم يُؤمن ثبات الْقُوَّة إِلَى وَقت النضج استفرغناها بعد احْتِيَاط منا فِي معرفَة وَقتهَا وغلظها فَإِن كَانَت ثخينة لحمية غَلِيظَة لم يجز لَك أَن تحركها إِلَّا بعد الترقيق ويستدل على غلظها من تقدم تخم سالفة ووجع تَحت الشراسيف ممدد أَو حُدُوث أورام فِي الأحشاء.

وَمن أوجب مَا تراعيه فِي مثل هَذِه الْحَال حَال المنافذ حَتَّى لَا تكون منسدة وَبعد هَذَا كُله فلك أَن تسهل قبل النضج. وَاعْلَم أَن استفراغ الْمَادَّة وقلعها من موضعهَا يكون على وَجْهَيْن: أَحدهمَا بالجذب إِلَى الْخلاف الْبعيد وَالْآخر بالجذب إِلَى الْخلاف الْقَرِيب. وَأولى أوقاته أَن لَا يكون فِي الْبدن امتلاء وَلَا من الْموَاد توجه ولنفرض رجلا يسيل من على فَمه دم كثير وَامْرَأَة مفرطة سيلان بواسيرها فَنحْن لَا نخلو إِمَّا أَن نستفرغ بإمالته إِلَى الْخلاف الْقَرِيب فَيكون الْوَاجِب إمالة تِلْكَ الْمَادَّة فِي الأول إِلَى الْأنف بالترغيف وَفِي الثَّانِي إِلَى الرَّحِم بإحدار الطمث. فَإِن أردنَا أَن نجذب إِلَى الْخلاف الْبعيد استفرغنا الدَّم فِي الأول من الْعُرُوق والمواضع الَّتِي فِي أَسْفَل الْبدن وَفِي الثَّانِي من الْعُرُوق والمواضع الَّتِي فِي أَعلَى الْبدن. وَالْخلاف الْبعيد لَا يجب أَن يباعد فِي قطرين بل فِي قطر وَاحِد وَهُوَ الْقطر الْأَبْعَد فَإِنَّهُ إِن كَانَت الْمَادَّة فِي الأعالي من الْيَمين فَلَا يجذبها إِلَى الأسافل من الشمَال بل إِمَّا إِلَى الأسافل من الْيَمين نَفسه وَهُوَ الأوجب وَإِمَّا إِلَى الْيَسَار من الْعُلُوّ إِن كَانَ بَعيدا عَنهُ بعد الْمنْكب من الْمنْكب وَلم يكن حَاله كَحال جَانِبي الرَّأْس فَإِنَّهُ إِذا كَانَت الْمَادَّة إِلَى يَمِين الرَّأْس أميلت إِلَى الأسافل لَا إِلَى الْيَسَار لماذا أردْت أَن تجذب مَادَّة إِلَى الْبعد فسكن وجع الْموضع أَولا لتقل مزاحمته بالجذب فَإِن الوجع جذاب وَإِذا استعصى إِلَى حَيْثُ يجذبه فَلَا يعنف فَرُبمَا حركه التعنيف ورقّقه وَلم ينجذب فَصَارَ أسْرع ميلًا إِلَى الْموضع الموجوع وَرُبمَا كفاك أَن يجذب وَإِن لم يستفرغ فَإِن الجذب نَفسه يمْنَع توجهه إِلَى الْعُضْو وَإِن لم يُخرجهُ فَيكون الجذب نَفسه يبلغ الْغَرَض وَإِن لم تستفرغ مَعَه بل اقتصرت على ميل الشد على الْأَعْضَاء الْمُقَابلَة أَو المحاجم أَو الْأَدْوِيَة المحمرة وَبِالْجُمْلَةِ بِمَا يُولد إيلاماً مَا.

وأسهل الْموَاد استفراغاً مَا هُوَ فِي الْعُرُوق. وَأما فِي الْأَعْضَاء والمفاصل فَإِنَّهَا قد يصعب إخْرَاجهَا واستفراغها وَلَا بُد أَن يخرج فِي استفراغها مَعهَا غَيرهَا. والمستفرغ يجب أَن لَا يُبَادر إِلَى تنَاول أغذية كَثِيرَة وَنِيَّة فتجذبها الطبيعة غير محضومة فَإِن وَجب شَيْء من ذَلِك فَيجب أَن يكون قَلِيلا قَلِيلا شَيْئا بعد شَيْء حَتَّى يكون بالتدريج وَيكون الدَّاخِل فِي الْبدن محضوماً جيدا. وَالْقَصْد هُوَ الاستفراغ الْخَاص للأخلاط الزَّائِدَة بِالسَّوِيَّةِ وَأما الاستفراغ الْخَاص بخلط يكثر وَحده فِي كميته أَو يفْسد فِي كَيفيته فَهُوَ غير الْقَصْد وكل استفراغ أفرط فَإِنَّهُ يحدث حمى فِي الْأَكْثَر وَمن أورثه انْقِطَاع إسهال كَانَ مُعْتَادَة عِلّة فمعاودة ذَلِك الاستفراغ يبرئها فِي الْأَكْثَر مثل من أورثه انْقِطَاع وسخ أُذُنه أَو مخاط أَنفه سدداً فَإِن عودهما مَا يذهب بهَا. وَاعْلَم أَن إبْقَاء بَقِيَّة من الْمَادَّة الَّتِي يحْتَاج إِلَى استفراغها أقل من الِاسْتِقْصَاء فِي الاستفراغ وَالْبُلُوغ بِهِ إِلَى أَن تخور الْقُوَّة. وَكَثِيرًا مَا تحلل الطبيعة تِلْكَ الْبَقِيَّة وَمَا دَامَ الْخَلْط المستفرغ من الْجِنْس الَّذِي يَنْبَغِي وَالْمَرِيض يحْتَملهُ فَلَا تخف من الإفراط. وَرُبمَا احتجت أَن تستفرغ إِلَى الغشي وَمن كَانَت قوته قَوِيَّة ومادة أخلاطه الرَّدِيئَة كَثِيرَة فاستفرغها قَلِيلا قَلِيلا وَكَذَلِكَ إِذا كَانَت الْمَادَّة شَدِيدَة التلحج أَو شَدِيدَة الِاخْتِلَاط بِالدَّمِ وَلَا يُمكن أَن تستفرغ دفْعَة وَاحِدَة كَمَا يكون فِي عرق النِّسَاء وَفِي أوجاع المفاصل المزمنة وَفِي السرطان والجرب المزمن والدماميل المزمنة اعْلَم أَن الإسهال يجذب من فَوق ويقلع من تَحت فَهُوَ مُوَافق للجذبين الْمُخَالف والموافق وموافق أَيْضا بعد اسْتِقْرَار الْموَاد فَإِذا كَانَت الْموَاد من تَحت جذبها إِلَى خلاف وقلعها أَيْضا من حَيْثُ هِيَ والقيء يفعل الجذب والقلع بِالْعَكْسِ والفصد يخْتَلف حَاله بِحَسب الْمَوَاضِع الَّتِي مِنْهَا يُؤْخَذ الدَّم على مَا علمت. وَأقل النَّاس حَاجَة إِلَى الاستفراغ من كَانَ جيد الْغذَاء جيد الهضم. وَأَصْحَاب الْبلدَانِ الحارة قليلو الْحَاجة إِلَى الاستفراغ.

الْفَصْل الرَّابِع قوانين مُشْتَركَة للقيء والإسهال وَالْإِشَارَة إِلَى كَيْفيَّة جذب الدَّوَاء المسهل والمقيء يجب لمن أَرَادَ أَن يسهل أَو يتقيأ أَن يفرق طَعَامه فيتناول قدر الْمبلغ الَّذِي يجترىء بِهِ فِي الْيَوْم فِي مرار وَأَن يَجْعَل أطعمته مُخْتَلفه وأشربته مُخْتَلفَة أَيْضا فَإِن الْمعدة يعرض لَهَا من هَذِه الْحَال أَن تشتاق إِلَى دفع مَا فِيهَا إِلَى فَوق أَو إِلَى تَحت. فَأَما الطَّعَام الْغَيْر الْمُخْتَلف الْمَدْخُول بِهِ على طَعَام آخر فَإِن الْمعدة تشح بِهِ وتضن وتقبض عَلَيْهِ قبضا شَدِيدا وخصوصاً إِن كَانَ قَلِيل الْمِقْدَار. وَأما اللين الطبيعية فَلَا يَنْبَغِي أَن يفعل من ذَلِك شَيْئا. وَاعْلَم أَن الْحَاجة إِلَى الْقَيْء والإسهال وَنَحْوهمَا غير مُوَافقَة لمن كَانَ حسن التَّدْبِير فَإِن حسن التَّدْبِير يحْتَاج إِلَى مَا هُوَ أخص مِنْهُمَا وَرُبمَا كَفاهُ المهم فِيهِ الرياضة والدلك وَالْحمام ثمَّ إِن امْتَلَأَ بدنه فَأكْثر إمتلاء مثله من أَجود الأخلاط أَعنِي من الدَّم فالفصد هُوَ الْمُحْتَاج إِلَيْهِ فِي تنقيته دون الإسهال فَإِذا أوجبت الضَّرُورَة فصداً أَو استفراغاً بِمثل الخربق والأدوية القوية فَيجب أَن يبْدَأ بالفصد هَذَا من وَصَايَا أبقراط فِي كتاب أيديميا وَهُوَ الْحق وَكَذَلِكَ إِذا كَانَت الأخلاط البلغمية مختلطة بِالدَّمِ. وَلَكِن اذا كَانَت الأخلاط لزجة بَارِدَة فَرُبمَا زَادهَا الفصد غلظاً ولزوجة فَالْوَاجِب أَن يبْدَأ بالإسهال. **وَبِالْجُمْلَةِ** إِن كَانَت الأخلاط مُتَسَاوِيَة قدم الفصد فَإِن غلب خلط بعد ذَلِك استفرغ وَإِن كَانَت غير مُتَسَاوِيَة استفرغ أَولا الْفضل حَتَّى يتساوى ثمَّ يفصد. وَمن قدم الدَّوَاء على الفصد وَكَانَ يَنْبَغِي الفصد فليؤخر الفصد أَيَّامًا قَلَائِل. وَمن

كَانَ قريب الْعَهْد بالفصد وَاحْتَاجَ إِلَى استفراغ فَشرب الدَّوَاء أوفق لَهُ. وَكثِيرًا مَا أوقع شرب الدَّوَاء الْوَاجِب كَانَ فِيهِ الفصد فِي حمى واضطراب فَإِن لم يسكن بالمسكّنات فليعلم أنه كَانَ يجب أَن يقدم عَلَيْهِ الفصد. وَلَيْسَ كل استفراغ يحْتَاج إِلَيْهِ لفرط الامتلاء بل قد يَدْعُو إِلَيْهِ عظم الْعلَّة والامتلاء بِحَسب الكيفية والكمية وَكثِيرًا مَا يُغني تَحْسِين التَّدْبِير عَن الفصد الْوَاجِب فِي الْوَقْت وَكثِيرًا مَا يَدْعُو الدَّاعِي إِلَى الاستفراغ فيعارضه عائق فَلَا تكون الْحِيلَة فِيهِ إِلَّا الصَّوْم وَالنَّوْم وتدارك سوء مزاج يُوجِبهُ الامتلاء.

وَمن الاستفراغ مَا هُوَ على سَبِيل الِاسْتِظْهَار مثل مَا يحْتَاج إِلَيْهِ من يعتاده النقرس أَو الصرع أَو غير ذَلِك فِي وَقت مَعْلُوم وخصوصاً فِي الرّبيع فَيحْتَاج أَن يستظهر قبل وقته يستفرغ الاستفراغ الَّذِي يخص مَرضه كَانَ فصداً أَو إسهالاً وَرُبمَا كَانَ اسْتِعْمَال المجففات من خَارج والأدوية الناشفة استفراغاً مثل مَا يفعل بأصحاب الاسْتِسْقَاء وَقد يحوجك الْأَمر إِلَى اسْتِعْمَال دَوَاء مجانس للخلط المستفرغ فِي الكمية كالسقمونيا عِنْد حاجتكإلى استفراغ الصَّفْرَاء فَيجب حِينَئِذٍ أَن يخلط بِهِ مَا يُخَالِفهُ فِي الْكَيْفِيَّة وَيُوَافِقهُ فِي الاسهال أَو لَا يمنعهُ عَن الاسهال كالهليلج ويتدارك سوء المزاج إِن حدث عَنهُ من بعد. وَأَصْحَاب أورام الأحشاء فيضعف إسهالهم وقيأهم فَإِن اضطررت إِلَى ذَلِك فَاسْتعْمل لَهُم مثل اللبلاب والبسفايج وَالْخِيَار شنبر وَنَحْو ذَلِك فَإِن أبقراط يَقُول: من كَانَ قضيفاً سهل إِجَابَة الطبيعة إِلَى الْقَيْء فالاولى فِي تنقيته أَن يسْتَعْمل الْقَيْء فِي صيف أَو ربيع أَو خريف دون شتاء. وَمن كَانَ معتدل السحنة فالاسهال أولى بِهِ فَإِن دَعَا إِلَى استفراغه بالقيء دَاع فلينتظر بِهِ الصَّيف ويتوقاه فِي غو مَوضِع الْحَاجة. وَيجب أَن يتَقَدَّم قبل الاسهال والقيء بتلطيف الْخَلْط الَّذِي يُرِيد استفراغه وتوسيع المجاري وَفتحهَا فَإِن ذَلِك يرِيح الْبدن من التَّعَب. وَاعْلَم أَن تعويد الطبيعة لينًا وَإِجَابَة إِلَى مَا يُرَاد من إسهال أَو قيء بسهولة قبل اسْتِعْمَال الدَّوَاء الْقوي من إِحْدَى التدابير المفلحة.

والإسهال والقيء لِأَصْحَاب هزال المراق صَعب مُتعب خطر والدواء المقيء قد يعود مسهلاً إِذا كَانَت الْمعدة قَوِيَّة أَو شرب على شدَّة جوع أَو كَانَ الشَّارِب ذرباً أَو لين الطبيعة أَو غير مُعْتَاد للقيء أَو كَانَ الدَّوَاء ثقيل الْجَوْهَر سريع النُّزُول. والمسهل يصير مقيئاً لضعف الْمعدة أَو لشدَّة يبوسة الثّقل أَو لكَون الدَّوَاء كريهاً وَكَون صَاحبه ذَا تخم وكل دَوَاء مسهل إِذا لم يسهل أَو أسهل غير نضيج فَإِنَّهُ يُحَرك الْخَلْط الَّذِي يسهل ويثيره فِي الْبدن فيستولي على الْبدن ويستحيل إِلَيْهِ أخلاط أُخْرَى فيكثر ذَلِك الْخَلْط فِي الْبدن. وَمن الأخلاط مَا هُوَ سريع الْإِجَابَة إِلَى الْقَيْء فِي أَكثر الْأَمر كالصفراء وَمِنْهَا مَا هُوَ مستعص على الْقَيْء كالسوداء وَمِنْهَا مَا لَهُ حَال وَحَال كالبلغم. والمحموم إسهاله أصوب من تقيئه وَمن كَانَ خلطه نازلاً مثل أَصْحَاب زلق الأمعاء فتقيؤه محَال. وَشر الْأَدْوِيَة المسهلة مَا هُوَ مركب من أدوية شَدِيدَة الِاخْتِلَاف فِي زمن الإسهال فيضطرب الإسهال ويسهل الأول الثَّانِي قبل أَن يسهل الثَّانِي وَرُبمَا أسهل الأول نفس الثَّانِي وَمن تعرّض للإسهال والقيء وبدنه نقي لم يكن لَهُ بُد من دوار ومغص وكرب يلْحقهُ وَيكون مَا يستفرغ يستفرغ بصعوبة جدا. وَبِالْجُمْلَةِ الدَّوَاء مَا دَامَ يستفرغ الفضول فَإِنَّهُ لَا يكون مَعَه اضْطِرَاب فَإِذا أَخذ يضطرب فَإِنَّمَا يستفرغ غير الْفضل وَإِذا تغير الْخَلْط المستفرغ بقيء أَو إسهال إِلَى

خلط اخر دلّ على نقاء الْبدن من الْخَلْط المُراد استفراغه وَإذا تغير إِلَى خراطة وَشَيْء أسود منتن فَهُوَ رَدِيء. وَالنَّوْم إِذا اشتدّ عقيب الإسهال والقيء دلّ على أَن الاستفراغ والقيء نقي الْبدن تنقية بَالِغَة ونفع. وَاعْلَم أَن الْعَطش إِذا اشْتَدَّ فِي الاسهال والقيء دلّ على مُبَالغَة وبلوغ غَايَة وجودة تنقية. وَاعْلَم ان الدَّوَاء المسهل يسهل مَا يسهله بِقُوَّة جاذبة تجنب ذَلِك الْخَلْط نَفسه فَرُبمَا جذب الغليظ وخلى الرَّقِيق كَمَا يفعل المسهل للسوداء وَلَيْسَ قول من يَقُول: إِنَّه يُولد مَا يجذبه أَو أَنه يجذب الأرق أَولا بِشَيْء. وجالينوس مَعَ رَأْيه هَذَا يُطلق القَوْل بِأَن المسهّل الَّذِي لَا سميَّة فِيهِ إِذا لم يسهّل وَاسْتمرّ ولد الْخَلْط الَّذِي يجذبه وَلَيْسَ هَذَا القَوْل بسديد. وَيظْهر من حَيْثُ يحققه جالينوس أَنه يرى أَن بَين الجاذب الدوئي والمجذوب الخلطي مشاكلة فِي الْجَوْهَر وَلذَلِك يجذب وَهَذَا غير صَحِيح. وَلَو كَانَ الْجنب بالمشاكلة لوَجَبَ أَن يجذب الْحَدِيد الْحَدِيد إِذا غَلبه وَالذَّهَب يجذب الذَّهَب إِذا كَلبه بمقداره لَكِن الِاسْتِقْصَاء فِي هَذَا إِلَى غير الطَّبِيب. وَاعْلَم أَن الجاذب للأخلاط فِي شرب المسهّل والمقيّء إِنَّمَا هُوَ فِي الطَّرِيق الَّتِي اندفعت فِيهَا حَتَّى تحصل فِي الأمعاء وَهُنَاكَ تتحرّك الطبيعة إِلَى دَفعهَا إِلَى خَارج. وقلما يتّفق عَن الشّرْب لَهَا أَن تصعد إِلَى الْمعدة فَإِن صعدت مَالَتْ إِلَى الْقَيْء وَإِنَّمَا لَا تصعد إِلَى الْمعدة لشيئين: أَحدهمَا: أَن الدَّوَاء المسهل سريع النفوذ إِلَى الأمعاء. وَالثَّانِي: أَن الطبيعة عِنْد شرب المسهّل تستعجل عَن دَفعهَا فِي أوردة الماساريقا إِلَى تَحت وَإِلَى أَسْفَل لَا إِلَى فَوق فَإِن ذَلِك أقرب وأسهل ولان مَا خلفهَا يزحمها أَيْضا وَذَلِكَ مِمَّا يحرّك الطبيعة إِلَى الدّفع من أقرب الطّرق. وَلَو كَانَ للدواء جاذبة تلْزم الْخَلْط لكَانَتْ قُوَّة الطبيعة الدافعة أولى أَن تغلب فِي الصَّحِيح الْقوي على أَن الدَّوَاء إِنَّمَا يجذبه إِلَى طَرِيق معِين لَكِن حَال الدَّوَاء المقيء بِخِلَاف هَذَا فَإِنَّهُ إِن كَانَ فِي الْمعدة وقف فِيهَا وجذب الْخَلْط إِلَى نَفسه من الأمعاء وقيأ بقوته ومقاومة الطبيعة.

وَيجب أَن تعلم أَن أَكثر انجذاب الأخلاط يجذب الْأَدْوِيَة إِنَّمَا هُوَ من الْعُرُوق إِلَّا مَا كَانَ شَدِيد الْمُجَاورَة فيجذب مِنْهُ فِي الْعُرُوق وَغير الْعُرُوق مثل الأخلاط الَّتِي فِي الرئة فَإِنَّهَا تنجذب من طَرِيق الْمُجَاورَة إِلَى الْمعدة والأمعاء وَإِن لم تسلك الْعُرُوق. وَاعْلَم أَنه كثيرا مَا يكون النشف من الْأَدْوِيَة الْيَابِسَة سَببا لاستفراغ رطوبات من الْبدن كَمَا فِي الاستفراغ. الْكَلَام فِي الإسهال وقوانينه قد سلف منّا الْكَلَام فِي وجوب إعداد الْبدن قبل الدَّوَاء المسهّل لقبُول المسهل وتوسيع المسام وتليين الطبيعة وخصوصاً فِي الْعِلَل الْبَارِدَة.

وَبِالْجُمْلَةِ لين الطبيعة قبل الاسهال قانون جيّد فِيهِ أَمَان إِلَّا فِيمَن هُوَ شَدِيد الاستعداد للذرب لِأَن هَذَا لَا يجب أَن يفعل بِهِ شَيْء من هَذَا فَإِنَّهُ يكون سَببا لإفراط يَقع بِهِ. وَمثل هَذَا يجب أَن يخلط بمسهّله مَا لَهُ قُوَّة مقيئة لِئَلَّا يستعجل فِي النُّزُول عَن الْمعدة قبل أَن يفعل فعله بل يعتدل فِيهِ قوتا الدواءين فيفعل المسهّل فعله وَيفْعل المقيّء فِي عكس هَذِه الْحَالة والْثغ من المستعدين للذرب فَلَا يحتملُونَ دَوَاء قَوِيا. وَأَكْثَر ذربهم من نَوَازِل رؤوسهم. وَمن المخاطرة أَن يشرب المسهل وَفِي الامعاء ثقل يَابِس بل يجب أَن يُخرجهُ وَلَو بحقنة أَو بمرقة مزلقة. وَاسْتِعْمَال الْحمام قبل الدَّوَاء لمسهل أَيّمَا ملطف وَهُوَ من المعدات الجيدة إِلَّا أَن يمْنَع مَانع. وَيجب أَن يكون بَين الْحمام وَبَين شرب الدَّوَاء زمَان يسير وَلَا يدْخل الْحمام بعد الدَّوَاء فَإِنَّهُ يجذب الْمَادَّة إِلَى الْخَارِج وَإِنَّمَا يصلح لحبس

الاسهال لَا للمعونة على الاسهال اللَّهُمَّ إِلَّا فِي الشتاء فَإِنَّهُ لَا بَأْس بِأَن يدْخل الْبَيْت الأول من الْحمام بِحَيْثُ لَا تكون حرارته قادرة على الجذب الْبَتَّةَ وَبِالْجُمْلَةِ فَإِن هَوَاء من يشرب الدَّوَاء يجب أَن يكون إِلَى حرارة يسيرَة لَا يعرّق وَلَا يكرب فَإِن ذَلِك من المعدات والدلك والتمريخ بالدهن مثل ذَلِك من المعدات أَيْضا وَمن لم يعْتد الدَّوَاء وَلم يشربه فَالْأولى بالطبيب أَن يتَوَقَّف عَن سقيه المسفلات ذَوَات الْقُوَّة. وَأما صَاحب التخم والأخلاط اللزجة والتمدّد فِي الشراسيف وَمن فِي أحشائه التهاب وسدد فَلَا يجب أَن يسقى شَيْئا حَتَّى يصلح ذَلِك بالأغذية الملينة وبالحمامات والراحة وَترك مَا يحرّك ويلهب. وَالَّذين يشربون الْمِيَاه الْقَدِيمَة والمطحولون فَإِنَّهُم يَحْتَاجُونَ إِلَى أدوية قَوِيَّة. وَإِذا شرب إِنْسَان المسهل فَالْأولى بِهِ إِن كَانَ دواؤه قَوِيا أَن ينَام عَلَيْهِ قبل عمله فَإِنَّهُ يعْمل إجود وَإِن كَانَ ضَعِيفا فَالْأولى بِهِ أَن لَا ينَام عَلَيْهِ فَإِن الطبيعة تهضم الدَّوَاء.

وَإِذا أَخذ الدَّوَاء يعْمل فَالْأولى أَن لَا ينَام عَلَيْهِ كَيفَ كَانَ وَلَا يجب أَن يَتَحَرَّك على الدَّوَاء كَمَا يشرب بل يسكن عَلَيْهِ لتشتمل عَلَيْهِ الطبيعة فتعمل فِيهِ فَإِن الطبيعة مَا لم تعْمل فِيهِ لم يعْمل هُوَ فِي الطبيعة وَلَكِن يجب أَن يتشمم الروائح الْمَانِعَة للغثيان مثل رَوَائِح النعناع والسذاب والكرفس والسفرجل والطين الْخُرَاسَانِي مرشوشاً بِمَاء الْورْد وَقَلِيل خل خمر فَإِن نفر عِنْد الشّرْب عَن رَائِحَة الدَّوَاء سد مَنْخرَيْهِ. وَيجب أَن يمضغ العائف للدواء شَيْئا من الطرخون حَتَّى يخدر قُوَّة فَمه وَإِن خَافَ الْقَذْف شدّ الْأَطْرَاف فَإِذا شرب تنَاول عَلَيْهِ قَابِضا. وَالْأَطِبَّاء قد يلوثون لَهُم الْحبّ بالعسل وَقد يجرونَ عَلَيْهِ عسلاً مُقَوّمًا أَو سكرا مُقَوّمًا حَتَّى يكسونه مِنْهُ قَمِيصًا وَمِمَّا هُوَ حِيلَة جَيِّدَة أَن يمسح بالقيروطي وَمِمَّا هُوَ فِي غَايَة جدا أَن يمْلَأ الْفَم مَاء أَو شَيْئا آخر ثمَّ يشرب عَلَيْهِ الْحبّ كَمَا هُوَ أَو مَعْمُولا بِهِ بعض الْحِيَل فيبلغ الْجَمِيع من غير أَن يظْهر أثر الدَّوَاء. وَيجب أَن يشرب الْمَطْبُوخ فاتراً أَو يشرب الْحبّ فِي مَاء فاتر وَيجب أَن يسخن معدة الشَّارِب وَقدمه فَإِذا سكنت مِنْهُ النَّفس نَهَضَ فَتحَرك يَسِيرا يَسِيرا فَإِن هَذِه الْحَرَكَة مُعينَة. ويتجرع وقتا بعد وَقت من المَاء الْحَار بِقدر مَا يسهّل الدَّوَاء ويخرجه وَيكسر قوته إِلَّا فِي وَقت الْحَاجة إِلَى قطع الإسهال وَفِي تجرع المَاء الْحَار أَيْضا كسر من عَادِيَة الدَّوَاء. وَمن أَرَادَ أَن يشرب دَوَاء وَهُوَ حَار المزاج ضَعِيف التَّرْكِيب ضَعِيف الْمعدة فَالْأولى بِهِ أَن يتَنَاوَلهُ وَقد شرب قبله مثل مَاء الشّعير وَمثل مَاء الرُّمَّان وَحصل فِي الْمعدة على الْجُمْلَة غذَاء لطيفاً خَفِيفا.

وَمن لم يكن كَذَلِك فَالْأولى أَن يشرب على الرِّيق وَأكْثر من أسهل فِي القيظ يحم. وَيجب على شَارِب الدَّوَاء أَن لَا يَأْكُل وَلَا يشرب حَتَّى يفرغ الدَّوَاء من عمله وَأَن لَا ينَام على إسهاله أَيْضا إِلَّا أَن يُرِيد الْقطع فَإِن لم تحْتَمل معدته أَن لَا يَأْكُل لِأَن معدته مرارية سريعة انصباب الْمرة إِلَيْهَا أَو لِأَنَّهُ قد أَطَالَ الاحتماء والجوع أطْعم خبْزًا منقوعاً فِي شراب قَلِيل يعطاه على الدَّوَاء قبل الاسهال. وَهَذَا رُبمَا أعَان على الدَّوَاء. وَيجب أَن لَا يغسل المقعدة بِمَاء بَارِد بل بِمَاء حَار. قَالُوا: والحبوب الَّتِي يجب أَن تسقى فِي مطبوخات يجب أَن تسقى فِي طبيخ يجانسها فَإِن الْحبّ المسهّل للصفراء يجب أَن يسقى فِي طبيخ الشاهترج مثلا والمسهل للسوداء فِي طبيخ مثل الأفتيمون والبسفانج

وَنَحْوه وَالَّذِي يخرج البلغم فِي طبيخ مثل القنطوريون. وَإذا احتجب إِلَى استفراغ بدن يَابِس صلب اللَّحْم بدواء قوي مثل الخربق وَنَحْوه فَبَالغ قبل فِي ترطيبه بالأغذية الدسمة.

وَبِالْجُمْلَةِ فَإِن الْأَدْوِيَة القوية شَدِيدَة الْخطر أَعنِي - مثل الخربق فَإِنَّهَا تشنج الْبدن النقي وتحرّك رُطُوبَة الْبدن الممتلىء رُطُوبَة تحريكاً خانقاً وتجذب إِلَى الأحشاء مَا يعسر دَفعه واليتوعات السمية كالمازريون والشبرم يقطع مضرتها إِذا أفرطت الماست وَيعْقِ وَكَثِيرًا مَا يخلف الدَّوَاء رَائِحَته فِي الْمعدة فَيكون كَأَنَّهُ بَاقٍ فِيهَا وَيكون دواؤه سويق الشّعير لغسله فَإِنَّهُ أوفق السفوفات. وَإِذا طَالَتْ الْمدَّة وَلم يَأْخُذ الدَّوَاء فِي الاسهال فَإِن أمكنه أَن يُخَفف وَلَا يُحَرك شَيْئا فعل وَإِن خَافَ شَيْئا فَمن الصَّوَاب أَن يتجرع مَاء الْعَسَل أَو شرابه أَو مَاء قد ديف فِيهِ نطرون أَو يحْتَمل فَتِيلَة أَو حقنة. وَمن أَسبَاب تَقْصِير الدَّوَاء ضيق المجاري خلقَة أَو لمزاج أَو لمجاورة عِلّة فَإِن أَصْحَاب الفالج والسكتة تضيق مِنْهُم مجاري الْأَدْوِيَة إِلَى مواردها فيصعب إسهالهم. وَأما جمع مسهلين فِي يَوْم وَاحِد فَهُوَ خطر وخارج عَن الصَّوَاب وكل دَوَاء خَاص بخلط فَإِنَّهُ إِن لم يجده شوّش وأسهل بعسر. وَكَذَلِكَ إِذا وجده مغموراً فِي أضداده وكل دَوَاء فَإِنَّهُ يسهل أَولا الْخَلْط الَّذِي يخْتَص بِهِ ثمَّ الَّذِي يَلِيهِ فِي الْكَثْرَة والقلة والرقة على ذَلِك التمريج إِلَّا الدَّم فَإِنَّهُ يُؤَخِّرهُ وتضن بِهِ الطبيعة. وجذب الْخَلْط الْبعيد صَعب وَمن خَافَ كرباً وغثياناً يعرض لَهُ بعد شرب الدَّوَاء فَالصَّوَاب أَن يتقيأ قبل شرب الدَّوَاء بِثَلَاثَة أَيَّام أَو يَوْمَيْنِ بعروق الفجل وأصل الفجل. وَيجب أَن لَا يكثر الْملح فِي طَعَام من يُرِيد أَن يستهل وَكَثِيرًا مَا يجلب الدَّوَاء كرباً وغثياناً وغشياً وخفقاناً ومغصاً وخصوصاً إِذا لم يسهل أَو عوق فكثيراً مَا يُحْتَاج إِلَى قيئه وَكَثِيرًا مَا يَكْفِي الْخطب فِيهِ تنَاول القوابض. وَشرب مَاء الشّعير بعد الإسهال يدْفع غائلة المسهل وَيغسل مَاء النزل بالممازجة. وَمن كَانَ بَارِد المزاج غَالِبا على أخلاطه البلغم فليتناول بعد الدَّوَاء وَعَمله حرفا مغسولاً بِمَاء حَار مَعَ زَيْت. وَأَن كَانَ حَار المزاج اسْتعْمل بزر قطونا بِمَاء بَارِد ودهن بنفسج وسكر طبرزذ وجلاب. والمعتدل المزاج بزر الْكَتَّان.

وَمن خَافَ سحجاً تنَاول الطين الأرمني بِمَاء الرُّمَّان وَيجب أَن يكون اسْتِعْمَاله مَا ذكرنَا بعد الاسهال وَإِلَّا قطعه وكل شَارِب دَوَاء يستعقب حَتَّى فأوفق الْأَشْيَاء لَهُ مَاء الشّعير. وَأما السكنجبين فساجٍ يجب أَن يُؤخر إِلَى يَوْمَيْنِ أَو ثَلَاثَة حَتَّى تعود إِلَى الأمعاء قوتها وَيجب أَن يدْخل المنسهل فِي الْيَوْم الثَّانِي الْحمام فَإِن كَانَ قد بَقِي من أخلاطه بَقِيَّة فَإِن وجدته يَسْتَطِيب الْحمام ويستلذه فَذَلِك دَلِيل على أَن الْحمام ينقيه من الْبَاقِي فَدَعْهُ وَإِن وجدته لَا يستلذه ويضجر فِيهِ فَأخْرجهُ. وَاعْلَم أَن الضَّعِيف المعي رُبمَا اسْتَفَادَ من الْأَدْوِيَة المسهلة قُوَّة مسهلة فطال عَلَيْهِ الْأَمر وَاحْتَاجَ إِلَى علاجات كَثِيرَة حَتَّى يمسك وَكَذَلِكَ الْمَشَايِخ يخَاف عَلَيْهِم من الاسهال غوائله. وَاعْلَم أَن شرب النَّبِيذ عقيب المسهلات يُورث حمّيات واضطراباً. وَكَثِيرًا مَا يعقب الإسهال والفصد وجعاً فِي الكبد ويقلعه شرب المَاء الْحَار. وَاعْلَم أَن وَقت طُلُوع الشعرى وَوُقُوع الثَّلج على الْجبَال وَالْبرد الشَّديد لَيْسَ وقتا للدواء فليشرب الدَّوَاء ربيعاً أَو خَرِيفًا. وَالربيع هُوَ وَقت يستقبله الصَّيف فَلَا يتَنَاوَل فِيهِ إِلَّا لطيفاً. والخريف هُوَ وَقت يستقبله الشتَاء فيحْتَمل الدَّوَاء الْقوي وَلَا يجب أَن تعود الطبيعة شرب الدَّوَاء كلما احْتَاجَت إِلَى تليين فَيصير ذَلِك ديدناً

فيوقع صَاحبه فِي شغل وخيم الْعَاقِبَة. وكل من كَانَ يَابِس المزاج ينهكه الدَّوَاء الْقوي. والدواء الضَّعِيف يجب أَن يقلل عَلَيْهِ الْحَرَكَة لِئَلَّا تتحلل قوته. وَمن الْأَدْوِيَة الضعيفة الْمُبَارَكَة بنفسج وسكر وَمن احْتَاجَ إِلَى مسهل فِي الشتَاء فليرصد ريح الْجنُوب وَفِي الصَّيف قَالَ بِالْعَكْسِ وَله تَفْصِيل. وَالْمَرِيض إِذا احْتَاجَ إِلَى مسهل ضَعِيف فَلم يعْمل فَلَا يجوز التحريك بل يتْرك. وَكثيرًا مَا يهيج الْمَرَض الاسهال فتحدث عَنهُ الْحمى وَرُبمَا كفاهُ الفصد. إِفراط المسهل وَوقت قطعه اعْلَم أَن من العلامات الَّتِي يعرف بهَا وَقت وجوب قطع الاسهال الْعَطش وَإِذا دَامَ الاسهال وَلم يحدث عَطش فَلَا يجب أَن يخَاف أَن إفراطاً وَقع لَكِن الْعَطش قد يعرض أَيْضا لَا لِكَثْرَة الإسهال وإفراطه بل بِسَبَب حَال الْمعدة فَإِنَّهَا إِذا كَانَت حارة أَو يابسة أَو كِلَاهُمَا عطشت بِسُرْعَة وبسبب حَال الدَّوَاء إِذا كَانَ حاداً لذاعاً وبسبب الْمَادَّة فِي نَفسهَا إِذا كَانَت حارة كالصفراء. وَفِي مثل هَذِه الْأَسْبَاب لَا يبعد أَن يَجِيء الْعَطش مستعجلاً كَمَا إِذا اتّفق أضداد هَذِه الْأَسْبَاب لَا يبعد أَن يَجِيء الْعَطش مُتَأَخِّرًا. وعَلى كل حَال فَإِذا رَأَيْت الْعَطش قد أفرط وَرَأَيْت الاسهال بِالْقَلِيلِ فاحبس وخصوصاً إِذا لم تكن أَسبَاب سرعَة الْعَطش وَبِدَارِهِ مَوْجُودَة. وَفِي مثله لَا يجوز أَن يُؤخر إِلَى ظُهُور الْعَطش وَرُبمَا كَانَ خُرُوج مَا يخرج دَلِيلا على وَقت الْقطع فَإِن المستسهل للصفراء إِذا رأى الإسهال قد انْتهى إِلَى البلغم فَاعْلَم أَنه قد أفرط فَكيف إِذا انْتهى إِلَى إسهال السَّوْدَاء. وَأما الدَّم فَهُوَ أعظم خطراً وَأجل خطباً وَمن أعقبه الدَّوَاء مغصاً فليتأمَّل مَا قيل فِي الْكتب الْجُزْئِيَّة فِي بَاب المغص.

الْفَصْل الْخَامِس الإسهال يفرط إِمَّا لضعف الْعُرُوق أَو لسعة أفواهها أَو للذع المسهل لفوهاتها. ولاكتساب الْبدن سوء مزاج مِنْهُ وَمِمَّا يجْرِي مجْرَاه فَإِذا أفرط الإسهال فاربط الْأَطْرَاف من فَوق وَمن أَسْفَل بادياً من الإبط والأربية نازلاً مِنْهُمَا واسقه من الترياق قَلِيلا أَو من الفولونيا وعرقه إِن أمكنك بالحمام أَو ببخار مَاء تَحت ثِيَابه وَيخرج رَأسه مِنْهَا وَإِذا كثر عرقهم جدا سُقُوا القوابض ودلكوا واستعملوا اللخالخ الطّيبَة من مياه الرياحين والصندل والكافور وعصارات الْفَاكِه. وَيجب أَن يدلك أعضاءه الْخَارِجَة ويسخنها وَلَو بالمحاجم بالنَّار تُوضَع تَحت أضلاعه وَبَين الْكَتِفَيْنِ فَإِن احتجت أَن تضع على معدته وعَلى أحشائه أضمدة من التسويق والمياه القابضة فعلت وَكَذَلِكَ من الأدهان دهن السفرجل ودهن المصطكى. وَيجب أَن يجتنبوا الْهَوَاء الْبَارِد فَإِنَّهُ يعصرهم فيسهل. والحار أَيْضا فَإِذا يُرْخِي قوتهم وَيجب أَن يقووا بالمشمومات الطّيبَة ويُجرعُوا القوابض والكعك فِي الشَّرَاب الريحاني وَيجب أَن يكون ذَلِك حاراً وَقد قدم عَلَيْهِ خبزًا بِمَاء الرُّمَّان وَكَذَلِكَ الأسوقة وقشور الخشخاش مسحوقة وَمِمَّا جرب أَن يُؤْخَذ حب الرشاد وزن ثَلَاثَة دَرَاهِم ويقلى ثمَّ يطْبخ فِي الدوغ حَتَّى يعْقد ويساقى فَإِنَّهُ غَايَة. وَيجب أَن يكون غذاؤه قَابِضا مبرّداً بالثلج مثل مَاء الحصرم وَنَحْوه. وَمِمَّا يعين على حبس إسهالهم تهييج الْقَيْء بِمَاء حَار ولتوضع الْأَطْرَاف أَيْضا فِيهِ وَلَا يبردهم وَإِن غشي عَلَيْهِم مِنْهُ ومنعهم الشَّرَاب وَإِن لم ينجع جَمِيع ذَلِك اسْتعْملت فِي آخر الْأَمر المخدرات والمعالجات القوية الْمَعْلُومَة فِي بَاب منع الإسهال وبالحري أَن يكون الطَّبِيب مستظهراً بإعداد الأقراص والسفوفات القابضة قبل الْوَقْت وَأَن يكون أَيْضا مستظهراً بالحقن وآلاتها .

الْفَصْل السادس تَدْبِير من شرب الدَّوَاء وَلم يسهّله إذا لم يسهل الدَّوَاء وأمغص وشوّش وأسدر وصدع وأحدث تمطياً وتثاؤباً فيجب أَن يفزع إِلَى الحقنة والحمولات الْمَعْلُومَة وليشرب من المصطكي ثَلَاث كرمات فِي مَاء فاتر وَرُبمَا أعمل الدَّوَاء شرب القوابض وَتَنَاول مثل السفرجل والتفاح عَلَيْهِ لعصره لفم الْمعدة وَمَا تَحْتَهُ وتسكينه للغثيان ورده الدَّوَاء من حركته إِلَى فَوق نَحْو لأَسْفَل وتقويته بالطبع فَإِن لم تَنْفَع الحقنة وَحدثت أَعْرَاض رَدِيئَة من تمدد الْبدن وجحوظ الْعين وَكَانَت الحركات إِلَى فَوق فَلَا بُد من فصد وَإِذا لم يسهّل الدَّوَاء وَلم يتبع ذَلِك أَعْرَاض رَدِيئَة فَالصَّوَاب أَيْضا أَن يتبع بفصد وَلَو بعد يَوْمَيْنِ أَو ثَلَاثَة فَإِنَّهُ إِن لم يفعل ذَلِك خَفِيف حَرَكَة الأخلاط إِلَى بعض الْأَعْضَاء الرئيسية. (سقط: بَقِيَّة الصفحة) يجب أَن يطْلب من القراباذين أدوية مسهلة وملينة مشروبة وملطوخة وَغير ذَلِك وبحسب الْأَسْنَان وَيطْلب فِي الْأَدْوِيَة المفردة إصْلَاح كل دَوَاء من المفردة وتداركه وَكَيْفِيَّة سقيه والحبوب فَيجب أَن يتَنَاوَل إِن لم يتحجر جَفا فاً وَلَا تتَنَاوَل أَيْضا وَهِي طرية لينَة تلحج وتنشب بل كلّ مَا يَأْخُذ فِي الْجَفَاف وَيكون لَهُ تطامن تَحت الإصبع.

الْفَصْل السابع الْقَيْء أبعد النَّاس استحقاقاً لِأَن يقيئه الطَّبِيب إمّا بِسَبَب الطبيعة كل ضيق الصَّدْر رديءِ النَّفس مُهَيَّأ لنفث الدَّم وَجَمِيع رقيقي الرّقاب والمتهيئين لأورام تحدث فِي حلقومهم وَأما الضِّعَاف الْمعد وَالسمان جدا فَإِنَّهُم إِنَّمَا يَلِيق بهم الإسهال والقضاف أخلق بالقيء لصفراويتهم وَإِمَّا بِسَبَب الْعَادة وكل من تعسّر عَلَيْهِ الْقَيْء أَو لم يعتده إِذا قيئوا بالمقيئات القوية لم تلبث عروقهم أَن تتصدع فِي أَعْضَاء النَّفس فيقعون فِي السل. وَمن أشكل أمره جرّب بالمقيئات الْخَفِيفَة فَإِن سهل عَلَيْهِ جسر بعد ذَلِك على اسْتِعْمَال القوية عَلَيْهِ كالخربق وَنَحْوه فَإِن كَانَ وَاحِد مِمَّن لَا يحب أَن يقيأ وَلَا بُد من تقيئه فهيئه أَولا وعوّده وليّن أغذيته ودسمها وحلّها وروّحه عَن الرياضات ثمَّ اسْتَعْملهُ واسقه الدسومات والأدهان بشراب وأطعمه قبل الْقَذْف أغذية جَيِّدَة خُصُوصا إِن كَانَ صَعب الْقَيْء فَإِنَّهُ رُبمَا لم يتقيأ وَغلب الطبيعة فَأن ينحل بالجيد خير من أَن ينحل بالرديء فَإِذا تقيأ بعد طَعَام أكله للقيء فليدافع الْأكل إِلَى أَن يشتدّ الْجُوع ويسكن عطشه بِمثل شراب التفاح دون الجلاّب والسكنجبين فَإِنَّهُمَا يغنيان. وغذاؤه الملائم لَهُ أَيْضا فروج كردناج وَثَلَاثَة أقداح بعده وَمن قذف حامضاً وَلم يكن لَهُ بِمثلِهِ عهد وَكَانَ فِي نبضه يسير حمى فليؤخر الْغذَاء إِلَى نصف النَّهَار وليشرب قبله مَاء ورد حاراً. وَمن عرض لَهُ قيء السَّوْدَاء فليضع على معدته إسفنجة مشربَة خلاً حاراً مسخّناً.

الْفَصْل الثامن والأجود أَن يكون طَعَام الْقَيْء مُخْتَلفا فَإِن الْوَاحِد بِمَا اشْتَمَلت عَلَيْهِ الْمعدة ضانة بروده وَبعد الْقَيْء المفرط ينْتَفع بالعصافير والنواهض بعد أَن لَا يُؤْكَل عِظَام أطرافها فَإِنَّهَا ثَقيلَة بطيئة فِي الْمعدة وَأدْخلهُ الْحمام وَأما فِي حَال شرب المقيء فَيجب أَن يحضروا ويرتاضوا ويتعبوا ثمَّ يقيئوا وَذَلِكَ فِي انتصاف النَّهَار. وَيجب عِنْد التقيئة أَن يُغطي عَيْنَيْهِ برفاده ثمَّ يشدّ ويعصب بَطْنه بقماط ليّن شدًّا معتدلاً. والأشياء المهيئة للقيء هِيَ الجرجير والفجل والطرنج والفودنج الْجبلي الطري والبصل والكراث وَمَاء الشّعير بثفله مَعَ الْعَسَل وحسو الباقلا بحلاوة وَالشرَاب الحلو واللوز بِعَسَل وَمَا يشبه ذَلِك من الْخبز الفطير الْمَعْمُول فِي الدّهن والبطيخ والقثاء وبزورهما أَو

شَيْء من أصولها منقوعاً فِي المَاء مدقوقاً مَعَ حلاوة والشورباج الفجلي. وَمن شرب شرابًا مُسكرا للقيء وَلَا يتقيأ على قَلِيله فليشرب كثيرا. والفقاع إذا شرب بالعسل بعد الْحمام قيّأ وأسهل وَمن أَرَادَ أَن يتقيأ فَلَا يجب أَن يسْتَعْمل فِي ذَلِك الْقرب المضغ الشَّديد فَإذا سقى الْإِنْسَان مقيئاً قَويا مثل الخربق فَيجب إن يسقى على الرّيق إن لم يكن مَانع وَبعد ساعتين من النَّهَار وَبعد إِخْرَاج الثفل من المعي فَإِن تقيأ بالريشة وَإِلَّا حرك يَسِيرا وَإِلَّا أدخل الْحمام.

والريشة الَّتِي يتقيأ بهَا يجب أَن تمسح بِمثل دهن الْحِنَّاء فَإِن عرض تقطيع وكرب سقِي مَاء حاراً أَو زيتاً فإمَّا أَن يتقيأ وَإِمَّا أَن يسهّل. وَمِمَّا يعين على ذَلِك تسخين الْمعدة والأطراف فَإِن ذَلِك يحدث الغثيان وَإِذا أسْرع الدَّوَاء المقيء وَأخذ فِي الْعَمَل بِسُرْعَة فَيجب أَن يسكن المتقيء ويتنشق الروائح الطّيبَة ويغمز أَطْرَافه ويسقى شَيْئا من الْخلّ ويتناول بعده التفاح والسفرجل مَعَ قَلِيل مصطكى. وَاعْلَم أَن الْحَرَكَة تجْعَل الْقَيْء أَكثر والسكون يَجعله أقل والصيف أولى زمَان يسْتَعْمل فِيهِ الْقَيْء فَإِن احْتَاجَ إِلَيْهِ من لَا يواتي الْقَيْء سجيته فالصيف أولى وَقت يرخص لَهُ فِيهِ فِي ذَلِك وَأبْعد غايات الْقَيْء. أما على سَبِيل التنقية الأولى فالمعدة وَحدهَا دون المعي. وَأما على سَبِيل التنقية الثَّانِيَة فَمن الرَّأْس وَسَائِر الْبدن. وَأما الجذب والقلع فَمن الأسافل. وَأَنت تعرف الْقَيْء النافع من غير النافع بِمَا يتبعهُ من الْخِص والشهوة الجيدة والنبض والتنفس الجيدين وَكَذَلِكَ حَال سَائِر القوى وَيكون ابتداؤه غثياناً. وَأَكْثر يُؤْذِي مَعَه لذع شَدِيد فِي الْمعدة وحرقة أَن كَانَ الدَّوَاء قَويا مثل الخربق وَمَا يتّخذ مِنْهُ ثمَّ يبتدىء بسيلان لعاب ثمَّ يتبعهُ قيء بلغم كثير دفعات ثمَّ يتبعهُ فِي شَيْء سيال صَاف وَيكون اللذع والوجع ثَابتا من غير أَن يتَعَدَّى إِلَى أَعْرَاض أُخْرَى غير الغثيان وكربه وَرُبمَا اسْتطْلق الْبَطن ثمَّ يَأْخُذ فِي السَّاعَة الرَّابِعَة يسكن ويميل إِلَى الرَّاحَة. وَأما الرَّدِيء فَإِنَّهُ لَا يحبب الْقَيْء ويعظم الكرب وَيحدث تمدد أَو جحوظ عين وَشدَّة حمْرَة فيهمَا شَدِيدَة وعرق كثير وَانْقِطَاع صَوت.

وَمن عرض لَهُ هَذَا وَلم يتداركه صَار إِلَى الْمَوْت. وتداركه بالحقنة وَسقي الْعَسَل وَالْمَاء الفاتر والأدهان الترياقية كدهن السوسن ويجتهد حَتَّى يقيء فَإِنَّهُ إن قاء لم يختنق وافزع أَيْضا إِلَى حقنة معدة عنْدك. وَأولى مَا يسْتَعْمل فِيهِ الْقَيْء الْأَمْرَاض المزمنة العسيرة كالاستسقاء والصرع والمالنخوليا والجذام والنقرس وعرق النسا. والقيء مَعَ مَنَافِعه قد يجلب أمراضاً مثل مَا يجلب الطرش وَلَا يجب أَن يُوصل بِهِ الفصد بل يُؤَخر ثَلَاثَة أَيَّام وَلَا سِيمَا إذا كَانَ فِي فَم الْمعدة خلط وَكَثِيرًا مَا عسر الْقَيْء لرقة الْخَلْط فَيَنْبَغِي حِينَئِذٍ أَن يثخن بتناول سويق حب الرُّمَّان. وَاعْلَم أَن الْقيام بعد الْقَيْء دَلِيل على اندفاع تخمة إِلَى أَسْفَل وَالْقَذْف بعد الْقيام دَلِيل على أنه من أَعْرَاض الْقيام. وَأفضل الْأَوْقَات للقيء صيفاً بِسَبَب وجع هُوَ نصف النَّهَار. والقيء نَافِع للجسد رَدِيء لِلْبَصَرِ وَيَنْبَغِي أَن لَا تقيأ الحبلى فَإِن فضول حَيْضهَا لَا ينْدَفع بذلك الْقَيْء والتعب يوقعها فِي اضْطِرَاب فَيجب أَن يسكن وَأما سَائِر من يَعْتَرِيه الْقَيْء فَيجب أَن يعان.

الْفَصْل التاسع فِيمَا يفعله من تقيأ فَإِذا فرغ المتقيء من قيه غسل فَمه وَوجهه بعد الْقَيْء بخل ممزوج بِمَاء ليذْهب الثّقل الَّذِي رُبمَا يعرض للرأس وَشرب شَيْئا من المصطكى بِمَاء التفاح وَيمْتَنع من الْآكِل وَعَن شرب المَاء وَيلْزم الرَّاحَة ويدهن شراسيفه وَيدخل الْحمام وَيغسل بعجلة وَيخرج فَإِن كَانَ لَا بُد من إطعامه فشيء لذيذ جيّد الجوهرسريع الهضم.

الْفَصْل العاشر مَنَافِع الْقَيْء إن أبقراط يَأْمر بِاسْتِعْمَال الْقَيْء فِي الشَّهْر يَوْمَيْنِ متواليين ليتدارك الثَّانِي مَا قصر وتعسر فِي الأول وَيخرج مَا يتحلب إِلَى الْمعدة. وأبقراط يضمن مَعَه حفظ الصِّحَّة. والإكثار من هَذَا رَدِيء. وَمثل هَذَا الْقَيْء يستفرغ البلغم والمرة وينقي الْمعدة فَإِنَّهَا لَيْسَ لَهَا مَا ينقيها مثل مَا للأمعاء من المرار الَّتِي تنصبّ إِلَيْهَا وينقيها وَيذْهب الثّقل الْعَارِض فِي الرَّأْس ويجلو الْبَصَر وَيدْفَع التُّخمَة وينفع من ينصبّ إِلَى معدته مرار يفْسد طَعَامه فَإِذا تقدمه الْقَيْء ورد طَعَامه على نقاء وَيذْهب نفور الْمعدة عَن الدسومة وَسُقُوط شهوتها الصَّحِيحَة واشتهاءها الحريف والحامض والعفص وينفع من ترهل الْبدن

الْفَصْل الْحَادِي عشر وَمن القروح الكائنة فِي الْكُلّي والمثانة وَهُوَ علاج قوي للجذام ولرداءة اللَّوْن وللصرع المعدي ولليرقان ولانتصاب النَّفس ولرعشة والفالج وَهُوَ من العلاجات الجيّدة لِأَصْحَاب القوباء. وَيجب أَن يسْتَعْمل فِي الشَّهْر مرّة أَو مرَّتَيْنِ على الامتلاء من غير أَن يحفظ دور مَعْلُوم وَعدد أَيَّام مَعْلُومَة. وَأَشد مُوَافقَة الْقَيْء لمن مزاجه الأوّل مراري قصيف .

الْفَصْل الثَّانِي عشر مضار الْقَيْء المفرط الْقَيْء المفرط يضر الْمعدة ويضعفها وَيجْعَلهَا عرضة لتوجه الْموَاد إِلَيْهَا وَيضر بالصدر وَالْبَصَر والأسنان وبأوجاع الرَّأْس المزمنة إِلَّا مَا كَانَ مِنْهُ بمشاركة الْمعدة وَيضر فِي صداع الرَّأْس الَّذِي لَيْسَ بِسَبَب الْأَعْضَاء السُّفْلى. والإفراط مِنْهُ يضر بالكبد والرئة وَالْعين وَرُبمَا صدع بعض الْعُرُوق. وَمن النَّاس من يحب أَن يمتلىء بسرعة ثمَّ لَا يحْتَملهُ فيفزع إِلَى الْقَيْء وَهَذَا الصَّنِيع مِمَّا يُؤَدِّي إِلَى أمراض رَدِيئَة مزمنة فَيجب أَن يمْتَنع عَن الامتلاء ويعدل طَعَامه وَشَرَابه.

الْفَصْل الثَّالِث عشر تدارك أَحْوَال تعرض للمتقيء أما امْتنَاع الْقَيْء فقد قُلْنَا فِيهِ مَا وَجب وَأما التمدد والوجع اللَّذَان يعرضان تَحت الشراسيف فينفع مِنْهُمَا التكميد بِالْمَاءِ الْحَار والادهان الملينة والمحاجم بالنَّار وَأما اللذع الشَّديد الْبَاقِي فِي الْمعدة فيدفعه شرب المرقة الدسمة السريعة الهضم وتمريخ الْموضع بِمثل دهن البنفسج مخلوطاً بدهن الخيري مَعَ قَلِيل شمع وَأما الفواق إِذا عرض مَعَه ودام فليسكنه بالتعطيش وتجريع المَاء الْحَار قَلِيلا قَلِيلا وَأما قيء الدَّم فقد قُلْنَا فِيهِ فِي بَاب مضار الْقَيْء وَأما الكزاز والأمراض الْبَارِدَة والسبات وَانْقِطَاع الصَّوْت الْعَارِضَة بعده فينفع فِيهَا شدّ الْأَطْرَاف وربطها وتكميد الْمعدة بِزَيْت قد طبخ فِيهِ السذاب وقثاء الْحمار ويسقى عسلاً وَمَاء حاراً والمسبوت يسْتَعْمل ذَلِك ويصبّ فِي أُذُنه.

الْفَصْل الرابع عشر تَدْبِير من أفرط عَلَيْهِ الْقَيْء ينوّم ويجلب لَهُ النّوم بِكُل حِيلَة وليربط أَطْرَافه كربطها فِي حبس الإسهال ولتعالج معدته بالأضمدة المقوية والقابضة فَإِن أفرط الْقَيْء واندفع إِلَى أَن يستفرغ الدَّم فامنعه بسقي اللَّبن ممزوجاً بِهِ الْخمر أَربع قوطولات فَإِنَّهُ يوهن عَادِيَة الدَّوَاء المقيء وَيمْنَع الدَّم ويلين الطبيعة فَإِن أردْت أَن تنقي نواحي الصَّدْر والمعدة من الدَّم مَعَ ذَلِك لِئَلَّا ينْعَقد فِيهَا فاسقه سكنجبيناً مبرداً بالثلج قَلِيلا قَلِيلا وَقد ينفع من ذَلِك شرب عصارة بقلة الحمقاء مَعَ الطين الأرمني وَإِذا جرع مِنْهُ من أفرط عَلَيْهِ دَوَاء قيأه. وَيجب أَن تطلب الْأَدْوِيَة المقيئة على طبقاتها وَكَيف يجب أَن يسقى كل وَاحِد مِنْهَا والخربق خَاصَّة من الأقراباذين وَمن الْأَدْوِيَة المفردة.

الْفَصْل الخامس عشر الحقنة هِيَ معالجة فاضلة فِي نفض الفضول عَن الأمعاء وتسكين أوجاع الْكُلِّي والمثانة وأورامها وَمن أمراض القولنج وَفِي جذب الفضول عَن الْأَعْضَاء الرئيسية الْعَالِيَة إِلَّا أَن الحادة مِنْهَا تضعف الكبد وتورث الْحمى والحقن يستعان بهَا فِي نفض البقايا الَّتِي تخلفها الإستفراغات. وَأما صُورَة الحقنة وَكَيْفِيَّة الحقن فقد ذَكرنَاهَا فِي بَاب القولنج وَلَعَلَّ أفضل أوضاع المحتقن أَن يكون مُسْتَلْقِيا ثمَّ يضطجع على جَانب الوجع وَأفضل أَوْقَات الحقنة برد الْهَوَاء وَهُوَ الْأَبْرَد أَن ليقل الكرب وَالِاضْطِرَاب والغشي. وَالْحمام من شَأْنه أَن يثير الأخلاط ويفرقها. والحقنة من شَرطهَا أَن تجذب الأخلاط المحتقنة فَلِهَذَا لَا يحسن فِي الْأَكْثَر أَن يقدم الْحمام على الحقنة. وَمن كَانَ بِهِ عقر فِي الأمعاء وَاحْتَاجَ بِسَبَب حمى أَو مرض آخر إِلَى الحقنة وَخَاف أَن تحتبس فَيجب أَن يكمّد مقعدته وسرته وَمَا حولهَا بجاورس مسخن.

الْفَصْل السَّادِس عشر الأطلية إِن الطلاء من المعالجات الْوَاصِلَة إِلَى نفس الْمَرَض وَرُبمَا كَانَ للدواء قوتان لَطِيفَة وكثيفة وَالْحَاجة إِلَى اللطيفة أَكثر من الْحَاجة إِلَى الكثيفة فَإِن كَانَت الكثافة مِنْهُ معادلة للطافة فَإِذا اسْتعْمل ضماد أنفذت لطيفته واحتبست الكثيفة فَانْتَفع بالنافذ كَمَا تفعل الكزبرة بالسويق فِي تضميد الْخَنَازِير بهَا. والأضمدة كالأطلية إِلَّا أَن الأضمدة متماسكة والأطلية سيالة وَكَثِيرًا مَا يكون اسْتِعْمَال الأطلية بالخرق وَإِذا كَانَت على أَعْضَاء رئيسة كالكبد وَالْقلب وَلم يكن مَانع نفعت الْخرق المبخرة بِالْعودِ الخام وأعطت قوى الأطلية عطرية تستحبها الْأَعْضَاء الرئيسة.

الْفَصْل السَّابِع عشر النطولات إِن النطولات علاجات جَيِّدَة لما يحْتَاج أَن يُبدل من الرَّأْس وَغَيره من الْأَعْضَاء. وَمَا يحْتَاج أَن يُبدل مزاجه والأعضاء المحتاجة إِلَى التنطيل بالحار والبارد فَإِن لم يكن هُنَاكَ فضول منصبة اسْتعْمل أولا النطول مسخناً ثمَّ يسْتَعْمل المَاء الْبَارِد ليشتد وَإِن كَانَ الْأَمر بالْخلاف بِمَا بالبارد.

الْفَصْل الثَّامِن عشر الفصد الفصد هُوَ استفراغ كلي يستفرغ الْكَثْرَة وَالْكَثْرَة هِيَ تزايد الأخلاط على تساويها فِي الْعُرُوق وَإِنَّمَا يَنْبَغِي أَن يفصد أحد نفسين: المتهيء لأمراض إِذا كثر دَمه وَقع فِيهَا وَالْآخر الْوَاقِع فِيهَا وكل وَاحِد مِنْهُمَا إِمَّا أَن يفصد لِكَثْرَة الدَّم وَإِمَّا أَن يفصد لرداءة الدَّم وَإِمَّا أَن يفصد لكليهما. والمتهيء لهَذِهِ الْأَمْرَاض هُوَ مثل المستعد لعرق النسا والنقرس الدموي وأوجاع المفاصل الدموية وَالَّذِي يَعْتَرِيه نفث الدَّم من صدع عرق فِي رئته

رَقِيق الملتحم وَكلما أكْثر دَمه انصدع والمستعدون للصرع والسكتة والمالنخوليا مَعَ فور للخوانيق ولأورام الأحشاء والرمد الْحَار والمنقطع عَنْهُم دم بواسير كَانَت تسيل فِي الْعَادة والمحتبس عَنْهُن من النِّسَاء دم حيضهن وَهَذَانِ لَا تدل ألوانها على وجوب الفصد لكمودتها وبياضها وخضرتها وَالَّذين بهم ضعف فِي الْأَعْضَاء الْبَاطِنَة مَعَ مزاج حَار فَإِن هَؤُلَاءِ الأصوب لَهُم أَن يفتصدوا فِي الرّبيع وَإِن لم يَكُونُوا قد وَقَعُوا فِي هَذِه الْأَمْرَاض. وَالَّذين تصيبهم ضَرْبَة أَو سقطة فقد يفصدون احْتِيَاطًا لئلاّ يحدث بهم ورم وَمن يكون بِهِ ورم وَيخَاف انفجاره قبل النضج فَإِنَّهُ يفتصد وَإِن لم يحْتَج إِلَيْهِ وَلم تكن كَثْرَة.

وَيجب أَن تعلم أَن هَذِه الْأَمْرَاض مَا دَامَت مخوفة وَلم يُوقع فِيهَا فَإِن إباحة الفصد فِيهَا أوسع فَإِن وَقع فِيهَا فليترك فِي أوائلها الفصد أصلا فَإِنَّهُ يرقّق الفضول ويجريها فِي الْبدن ويخلطها بِالدَّمِ الصَّحِيح وَرُبمَا لم يستفرغ من الْمُحْتَاج إِلَيْهِ شَيْئا وأحوج إِلَى معاودات مجحفة فَإِذا ظهر النضج وَجَاوز الْمَرَض الِابْتِدَاء والانتهاء فَحِينَئِذٍ إِن وَجب الفصد وَلم يمْنَع مَانع فصد. وَلَا يفصدن وَلَا يستفرغن فِي يَوْم حَرَكَة الْمَرَض فَإِنَّهُ يَوْم رَاحَة وَيَوْم النّوم والثوران لِلْعِلَّةِ وَإِذا كَانَ الْمَرَض ذَا بحرانات فِي مدّته طول مَا فَلَيْسَ يجوز أَن يستفرغ دَمًا كثيرا أصلا بل إِن أمكن أَن يسكن فعل وَإِن لم يُمكن فصد وَأخرج دَمًا قَلِيلا وَخلف فِي الْبدن عدّة دم لفصدات إِن سنحت ولحفظ الْقُوَّة فِي مقاومة البحرانات وَإِذا اشْتَكَى فِي الشتَاء بعيد الْعَهْد بالفصد تكسيراً فليفصد وليخلف دَمًا للعدة. والفصد يجذبه إِلَى الْخلاف تحبس الطبيعة كثيرا وَإِذا ضعفت الْقُوَّة من الفصد الْكثير تولدت أخلاط كَثِيرَة والغشي يعرض فِي أول الفصد لمفاجأة غير الْمُعْتَاد وَتقدم الْقَيْء مِمَّا يمنعهُ وَكَذَلِكَ الْقَيْء وَقت وُقُوعه. وَاعْلَم أَن الفصد مثير إِلَى أَن يسكن والفصد والقولنج قلما يجتمعان والحبلى والطامث لَا تفصدان إِلَّا لضَرُورَة عَظِيمَة مثل الْحَاجة إِلَى حبس نفث الدَّم الْقوي إِن كَانَت الْقُوَّة متواتية وَالأولى والأوجب أَن لَا تفصد بتة إِذْ يَمُوت الْجَنِين. وَيجب أَن تعلم أَنه لَيْسَ كلما ظهرت عَلَامَات الامتلاء الْمَذْكُورَة وَجب الفصد بل رُبمَا كَانَ الامتلاء من أخلاط نيئة وَكَانَ الفصد ضاراً جدا فَإنَّك إِن فصدت لم ينضج وَخيف أَن يهْلك العليل وَأما من يغلب عَلَيْهِ السَّوْدَاء فَلَا بَأْس بِأَن يفصد إِذا لم يستفرغ بالإسهال بعد مُرَاعَاة حَال اللَّوْن على الشَّرْط الَّذِي سنذكرهُ وَاعْتِبَار التمدد فَإِن فشو التمدّد فِي الْبدن يُفِيد الحدس وَحده بِوُجُوب الفصد. وَأما من يكون دمه الْمَحْمُود قَلِيلا وَفِي بدنه أخلاط رَدِيئَة كَثِيرَة فَإِن الفصد يسلبه الطّيب وَيخْتَلف فِيهِ الرَّدِيء وَمن كَانَ دَمه رديئاً وقليلاً أَو كَانَ مائلاً إِلَى عُضْو يعظم ضَرَر ميله إِلَيْهِ وَلم يكن بُد من فصد فَيجب أَن يُؤْخَذ دَمه قَلِيلا ثمَّ يغذى بغذاء مَحْمُود ثمَّ يفصد كرّة أُخْرَى ثمَّ يفصد فِي أَيَّام ليخرج عَنهُ الدَّم الرَّدِيء ويخلف الْجيد فَإِن كَانَت الأخلاط الرَّدِيئَة فِيهِ مرارية احتيل فِي استفراغها أَولا بالاسهال اللَّطِيف أَو الْقَيْء أَو تسكينها واجتهد فِي تسكين الْمَرِيض وتوديعه. وَإِن كَانَت غَلِيظَة فقد كَانَ القدماء يكلفونهم الاستحمام وَالْمَشْي فِي حوائجهم وَرُبمَا سقوهم قبل الفصد وَبعده قبل التَّثْنِيَة السكنجبين الملطف الْمَطْبُوخ بالزوفا والحاشا. وَإِذا اضْطر إِلَى فصد مَعَ ضعف قُوَّة لحمى أَو لأخلاط أُخْرَى ردية فليفرق الفصد كَمَا قُلْنَا.

والفصد الضيّق أحفظ للقوة لكنه رُبمَا أسَال اللّطِيف الصافي وَحبس الكثيف الكدر. وَأما الْوَاسِع فَهُوَ أسْرع إِلَى الغشي وأعمل فِي التنقية وَأبطأ اندمالاً وَهُوَ أولى لمن يفصد للاستظهار وَفِي السمَان بل التوسيع فِي الشتَاء أولى لِئَلَّا يجمد الدَّم. والتضييق فِي الصَّيف أولى إن احْتِيجَ إِلَيْهِ وليفصد المفصود وَهُوَ مستلق فَإِن ذَلِك أحْرَى أَن يحفظ قوّته وَلَا يجلب إِلَيْهِ الغشي. وَأما فِي الْحمّيات فَيجب أَن يجْتَنب الفصد فِي الحميات الشَّدِيدَة الالتهاب وَجَمِيع الحميات غير الحادة فِي ابتدائها وَفِي أَيَّام الدّور ويقلل الفصد فِي الحميات الَّتِي يصحبها تشنج. وَإِن كَانَت الْحَاجة إِلَى الفصد وَاقعَة لِأَن التشنج إذا عرض أسهر وأعرق عرقاً كثيرا وَأسْقط الْقُوَّة فَيجب أَن يبْقى لذَلِك عدّة دم وَكَذَلِكَ من فصد محموماً لَيْسَ حَده عَن عفن فَيجب أَن يقل فصده ليبقى لتحليل الْحمى عدّة فَإِن لم تكن شَدِيدَة الالتهاب وَكَانَت عفنة فَانْظُر إِلَى القوانين الْعشْرَة ثمَّ تَأمل القارورة فَإِن كَانَ المَاء غليظاً إِلَى الْحمرَة ة وَكَانَ أَيْضا النبض عَظِيما والسحنة منتفخة وَلَيْسَ يُبَادر الْحمّى فِي حركتها فافصد على وَقت خلاء من الْمعدة عَن الطَّعَام. وَأما إن كَانَ المَاء رَقِيقا أَو نارياً أَو كَانَت السحنة منخرطة مُنْذُ ابْتِدَاء الْمَرَض فإياك والفصد. وَإِن كَانَ هُنَاكَ فترات للحمّى فَلْيَكُن الفصد وَاعْتبر حَال النافض فَإِذا كَانَ النافض قَويا فإياك والفصد وَتَأمل لون الدَّم الَّذِي يخرج فَإِن كَانَ رَقِيقا إِلَى الْبيَاض فاحبس فِي الْوَقْت وتوق فِي الْجُمْلَة لِئَلَّا يجلب على الْمَرِيض أحد أمريْن: تهييج الأخلاط المرارية وتهييج الأخلاط الْبَارِدَة. وَإِذا وَجب أَن يفصد فِي الْحمى فَلَا يلْتَفت إِلَى مَا يُقَال أنه لَا سَبِيل إِلَيْهِ بعد الرَّابِع فسبيل إِلَيْهِ إن وَجب وَلَو بعد الْأَرْبَعين.

هَذَا رَأْي جالينوس على أَن التَّقْدِيم والتعجيل أولى إذا صحت الدَّلَائِل فَإِن قصر فِي ذَلِك فَأَي وَقت أدْركْته وَوَجَب فافصد بعد مُرَاعَاة الْأُمُور الْعشْرَة وَكثِيرًا مَا يكون الفصد فِي الحميات وَأَن لم يكن يحْتَاج إِلَيْهِ مقوياً للطبيعة على الْمَادَّة بتقليلها هَذَا إذا كَانَت السحنة وَالسّن وَالْقُوَّة وَغير ذَلِك ترخّص فِيهِ. وَأما الْحمى الدموية فَلَا بُد فِيهَا من استفراغ بالفصد غير مفرط فِي الِابْتِدَاء ومفرط عِنْد النضج وَكثِيرًا مَا أقلعت فِي حَال الفصد وَيجب أَن يحذر الفصد فِي المزاج الشَّديد الْبرد والبلاد الشَّدِيدَة الْبرد وَعند الوجع الشَّديد وَبعد الاستحمام الْمُحَلّل وبعقب الْجِمَاع وَفِي السن الْقَاصِر عَن الرَّابِع عشر مَا أمكن وَفِي سنّ الشيخوخة مَا أمكن اللَّهُمَّ إِلَّا أَن تثق بالسحنة واكتناز العضل وسعة الْعُرُوق وامتلائها وَحُمرَة الألوان فَهَؤُلَاءِ من الْمَشَايِخ والأحداث نتجرأ على فصدهم. والأحداث يدرجون قَلِيلا قَلِيلا بفصد يسير وَيجب أَن يحذر الفصد فِي الْأَبدَان الشَّدِيدَة القضافة والشديدة السّمن والمتخلخلة وَالْبيض المترهلة والصفر العديمة الدَّم مَا أمكن وتتوقاه فِي أبدان طَالَتْ عَلَيْهَا الْأَمْرَاض إِلَّا أَن يكون فَسَاد دَمهَا يستدير ذَلِك فافصد وَتَأمل الدَّم فَإِن كَانَ أسود ثخيناً فَأخْرج وَإِن رَأَيْته أَبيض رَقِيقا فسد فِي الْحَال فَإِن فِي ذَلِك خطراً عَظِيما وَيجب أَن تحذر الفصد على الامتلاء من الطَّعَام كي لَا تنجذب مادّة غير نضيجة إِلَى الْعُرُوق بدل مَا تستفرغ وَأَن تتوقّ ذَلِك أَيْضا على امتلاء الْمعدة والمعي من الثّقل الْمدْرك أَو المقارب بل تجتهد فِي استفراغه أما من الْمعدة وَمَا يَليهَا فبالقيء وَأما من الأمعاء السُّفْلى فِيمَا يُمكن وَلَو بالحقنة وتتوقى فصد صَاحب التُّخمَة بل تمهله إِلَى أَن تنهضم تخمته. وَصَاحب ذكاء حس فَم الْمعدة أَو ضعف فمها أَو الممنو يتَوَلَّد المرار فِيهَا فَإِن مثله يجب أَن

يتوقى التهور فِي فصده وخصوصاً على الرّيق. أما صَاحب ذكاء حس فَم الْمعدة فتعرفه بتأذّيه من بلع اللذاعات وَصَاحب ضعف فَم الْمعدة تعرفه من ضعف شَهْوَته وأوجاع فَم معدته وَصَاحب قبُول فَم معدته للمرار وَالْكثير تولدها فِيهَا تعرفه من دوَام غثيانه وَمن قيئه المرار كل وَقت وَمن مرَارَة فَمه فَهَؤُلَاءِ إِذا فصدوا من غير سبق تعهد لفم معدتهم عرض من ذَلِك خطر عَظِيم وَرُبمَا هلك مِنْهُم بَعضهم فَيجب أَن يلقم صَاحب ذكاء الْحس وَصَاحب الضعْف لقماً من خبز نقي مغموسة فِي رُبّ حامض طيب الرَّائِحَة وَإِن كَانَ الضعْف من مزاج بَارِد فمغموسة فِي مثل مَاء السكر بالإفاويه أَو شراب النعناع الممسك أَو الميعة الممسكة ثمَّ يفصد. وَأما صَاحب تولد المرار فَيجب أَن يتقيأ بسقي مَاء حَار كثير مَعَ السكنجبين ثمَّ يطعم لقماً وَيرَاح يَسِيرا ثمَّ يفصد وَيحْتَاج أَن يتدارك بدل مَا يتحلل من الدَّم الْجيد إِن كَانَ قَوِيا بالكباب على نَقله فَإِنَّهُ إِن انهضم غذى غذَاء كثيرا جيدا وَلَكِن يجب أَن يكون أقل مَا يكون فَإِن الْمعدة ضَعِيفَة بِسَبَب الفصد وَقد يفصد الْعرق لمنع نزف الدَّم من الرعاف أَو الرَّحِم أَو المقعدة أَو الصَّدْر أَو بعض الخراجات بِأَن يجذب الدَّم إِلَى خلاف تِلْكَ الْجِهَة. وَهَذَا علاج قوي نَافِع وَيجب أَن يكون الْبضْع ضيقا جدا وَأَن تكون المرات كَثِيرَة لَا فِي يَوْم وَاحِد إِلَّا أَن تضطر الضَّرُورَة بل فِي يَوْم بعد يَوْم وكل مرّة يقلّل مَا أمكن.

وَبِالْجُمْلَةِ فَإِن تَكْثِير أعداد الفصد أوفق من تَكْثِير مِقْدَاره والفصد الَّذِي لم تكن إِلَيْهِ حَاجَة يهيج المرار ويعقب جفاف اللِّسَان وَنَحْوه فليتدارك بِمَاء الشّعير وَالسكر وَمن أَرَادَ التَّثْنِيَة وَلم يعرض لَهُ من الفصدة الأولى مضرَّة فالج وَنَحْوه فَيجب أَن يفصد الْعرق من إِلَيْهِ طولا ليمنع حَرَكَة العضل عَن التحامه وَأَن يُوسع وَإِن خيف مَعَ ذَلِك الالتحام بِسُرْعَة وضع عَلَيْهِ خرقَة مبلولة بزَيْت وَقَلِيل ملح وَعصب فَوْقهَا وَأَن دهن مبضعه عِنْد الفصد منع سرعَة الالتحام وقلل الوجع وَذَلِكَ هُوَ أَن يمسح عَلَيْهِ الزَّيْت وَنَحْوه مسحاً خَفِيفا أَو يغمس فِي الزَّيْت ثمَّ يمسح بِخرقَة.

الْفَصْل التاسع عشر النَّوْم بَين الفصد والتثنية يسْرع التحام الْبضْع وتذكر مَا قُلْنَاهُ من الاستفراغ فِي الشتَاء بالدواء أَنه يجب أَن يرصد لَهُ يَوْم جنوبي فَكَذَلِك الفصد. وَاعْلَم أَن فصد الموسومين والمجانين وَالَّذين يَحْتَاجُونَ إِلَى فصد فِي اللَّيْل فِي زمَان النّوم يجب أَن يكون ضيقا لِئَلَّا يحدث نزف الدَّم وَكَذَلِكَ كل من لَا يحْتَاج إِلَى التَّثْنِيَة. وَاعْلَم أَن التَّثْنِيَة تُؤخر بِمِقْدَار الضعْف فَإِن لم يكن هُنَاكَ ضعف فغايته سَاعَة وَالْمرَاد من إرْسَال دَمه الجذب يَوْمًا وَاحِدًا. والفصد المورب أوفق لمن يُرِيد التَّثْنِيَة فِي الْيَوْم والمعرض لمن يُرِيد التَّثْنِيَة فِي الْوَقْت والمطول لمن لَا يُرِيد الِاقْتِصَار على تَثْنِيَة وَاحِدَة وَمن عزمه أَن يترشّح عدَّة أَيَّام كل يَوْم وَكلما كَانَ الفصد أَكثر وجعاً كَانَ أَبْطَأ التحاماً. والاستفراغ الْكثير فِي التَّثْنِيَة يجلب الغشي إِلَّا أَن يكون قد تنَاول المثني شَيْئا. وَالنَّوْم بَين الفصد والتثنية يمْنَع أَن ينْدَفع فِي الدَّم من الفضول مَا ينجذب لانجذاب الأخلاط بِالنَّوْمِ إِلَى غور الْبدن. وَمن مَنَافِع التَّثْنِيَة حفظ قُوَّة المفصود مَعَ استكمال استفراغه الْوَاجِب لَهُ وَخير التثنيه مَا أخر يَوْمَيْنِ وَثَلَاثَة. وَالنَّوْم بِقرب الفصد رُبمَا أحدث انكساراً فِي الْأَعْضَاء. والاستحمام قبل الفصد رُبمَا عسر الفصد بِمَا يغلظ من الْجلد ويلينه ويهيئه للزلق إِلَّا أَن يكون المفتصد شَدِيد غلظ الدَّم. والمفتصد يَنْبَغِي لَهُ أَن لَا يقدم على امتلاء بعده بل يتدرج فى الْغذَاء ويستلطفه أَولا وَكَذَلِكَ يجب أَن لَا يرتاض بعده بل يمِيل إِلَى الاستلقاء وَأَن لَا يستحم بعده استحماماً محللاً وَمن افتصد

وتورم عَلَيْهِ الْيَد افتصد من الْيَد الآخرى مِقْدَار الِاحْتِمَال وَوضع عَلَيْهِ مرهم الاسفيداج وطلى حواليه بالمبردات القوية وَإِذا افتصد من الْغَالِب على بدنه الأخلاط صَار الفصد عِلّة لثوران تِلْكَ الأخلاط وجريانها واختلاطها فيحوج إِلَى فصد متواتر وَالدَّم السوداوي يحوج إِلَى فصد متواتر فيخف الْحَال فِي الْحَال ويعقب عِنْد الشيخوخة أمراضاً مِنْهَا السكتة والفصد كثيرا مَا يهيج الحميات وَتلك الحميات كثيراً مَا تتحلل العفونات وكل صَحِيح افتصد فَيجب أَن يتَنَاوَل مَا قُلْنَاهُ فِي بَاب الشَّرَاب.

وَاعْلَم أَن الْعُرُوق المفصودة بَعْضهَا أوردة وَبَعضهَا شرايين والشرايين تفصد فِي الْأَقَل ويتوقى مَا يَقع فِيهَا من الْخطر من نزف الدَّم وأقلّ أَحْوَاله أَن يحدث أنورسما وَذَلِكَ إِذا كَانَ الشق ضيقا جدا إِلَّا أَنَّهَا إِذا أَمن نزف الدَّم مِنْهَا كَانَت عَظِيمَة النَّفْع فِي أمراض خَاصَّة تفصد هِيَ لأجلهَا وَأكْثر نفع فصد الشريان إِنَّمَا يكون إِذا كَانَ فِي الْعُضْو الْمُجَاور لَهُ أَعْرَاض رَدِيئَة سَببهَا دم لطيف حاد فَإِذا فصد الشريان الْمُجَاور لَهُ وَلم يكن مِمَّا فِيهِ خطر كَانَ عَظِيم الْمَنْفَعَة وَالْعُرُوق المفصودة من الْيَد أما الأوردة فستة: القيفال والأكحل والباسليق وحبل الذِّرَاع والأسيلم وَالَّذِي يخص باسم الإبطي وَهُوَ شُعْبَة من الباسليق وَأَصلهَا القيفال. وَيجب فِي جَمِيع الثَّلَاثَة أَن يفتح فَوق المأبض لَا تَحْتَهُ وَلَا بحذائه ليخرج الدَّم خُرُوجًا جيدا كَمَا يتروق ويؤمن أفات العصب والشريان وَكَذَلِكَ القيفال وفصده الطَّوِيل أَبْطَأَ لالتحامه لِأَنَّهُ مفصلي وَفِي غير المفصلي الْأَمر بِالْخِلَافِ وعرق النسا والأسيلم وعروق أُخْرَى الأصوب أَن يفصد فِيهَا طولا وَمَعَ ذَلِك يَنْبَغِي أَن يتنحى فِي القيفال عَن رَأس العضلة إِلَى مَوضِع اللين ويوسع بضعه وَلَا يتبع بضع بضعاً فيرم وَأكْثر من وَقع عَلَيْهِ الْخَطَأ فِي مَوضِع فصد القيفال لم يَقع بضربة وَاحِدَة وَأَن عظمت بل إِنَّمَا تحدث النكاية بتكرير الضربات وإبطاء فصده التحاماً هُوَ الَّذِي فِي الطول ويوسع فصده إِن أُرِيد أَن يثني وَإِذا لم يُوجد هُوَ طلب بعض شعبه الَّتِي فِي وَحْشِي الساعد والأكحل فِيهِ خطر للعصبة الَّتِي تَحْتَهُ وَرُبمَا وَقع بَين عصبتين فَيجب أَن يجْتَهد ليفصد طولا ويعلق فصده وَرُبمَا كَانَ فَوْقه عصبَة رقيقَة ممدودة كالوتر فَيجب أَن يتعرف ذَلِك ويحتاط من أَن تصيبها الضَّرْبَة فَيحدث خدر مزمن. وَمن كَانَ عرقه أغلظ فَهَذِهِ الشعبة فِيهِ أبين وَالْخَطَأ فِيهِ أَشد نكاية فَإِن وَقع الْغَلَط فأصيبت تِلْكَ الْعصبَة فَلَا تلحم الفصد وضع عَلَيْهِ مَا يمْنَع التحامه وعالجه بعلاج جراحات العصب وَقد قُلْنَا فِيهَا فِي الْكتاب الرَّابِع. وَإِيَّاك أَن تقرب مِنْهُ مبرّداً من أَمْثَال عصارة عِنَب الثَّعْلَب والصندل بل مرخ نواحيه وَالْبدن كُله بالدهن المسخن. وحبل الذِّرَاع أَيْضا الأصوب فِيهِ أَن يفصد موربا إِلَّا أَن يكون مراوغاً من الْجَانِبَيْنِ فيفصد طولا. والباسليق عَظِيم الْخطر لوُقُوع الشريان تَحْتَهُ فاحتط فِي فصده فَإِن الشريان إِذا انْفَتح لم يرقأ الدَّم أَو عسر رقوه. وَمن النَّاس من يكتنف باسليقه شريانان فَإِذا أعلم على أحدهما ظن أَنه قد أَمن فَرُبمَا أصَاب الثَّانِي فَعَلَيْك أَن تتعرف هَذَا وَإِذا عصب فَفِي أَكثر الْأَمر يعرض هُنَاكَ انتفاخ تَارَة من الشريان وَتارَة من الباسليق فَكيف كَانَ فَيجب أَن تحل الرِّبَاط وَيمْسَح النفخ مسحاً بِرِفْق ثمَّ يُعَاد العصب فَإِن عَاد أُعِيد إِلَيْك فَإِن لم يغن فَمَا عَلَيْك لَو تركت الباسليق وفصدت الشعبة الْمُسَمَّاة بالإبطية وَهِي الَّتِي على أنسي الساعد إِلَى أَسْفَل وَكَثِيرًا مَا يغلط النفخ وَكَثِيرًا مَا يسكن الرَّبْط والنفخ من نبض الشريان ويعليه ويشهقه فيظن وريداً فيفصد.

وَإذا ربطت أَي عرق كَانَ فحدث من الرِّبْط عَلَيْهِ أشباه العدس والحمص فافعل بِهِ مَا قُلْنَا فِي الباسليق والباسليق كلما انحططت فيفصده إِلَى الذِّرَاع فَهُوَ أسلم. وَليكن مَسْلَكَ المبضع فِي خلاف جِهَة الشريان من الْعرق وَلَيْسَ الْخَطَأ فِي الباسليق من جِهَة الشريان فَقَط بل تَحْتَهُ عضلة وعصبة يَقع الْخَطَأ بسببهما. أَيْضا قد خبرناك بِهَذَا وعلامة الْخَطَأ فِي الباسليق وإصابة الشريان أَن يخرج دم رَقِيق أشقر يثب وثباً ويلين تحت المجسة وينخفض فبادر حِينَئِذٍ وألقم فَم المبضع شَيْئا من وبر الأرنب مَعَ شَيْء من دقاق الكندر وَدم الْأَخَوَيْنِ وَالصَّبْر والمر وتضع على الْموضع شَيْئا من القلقطار الزاج وترش عَلَيْهِ المَاء الْبَارِد مَا أمكن وتشقه من فَوق الفصد وتربطه ربطاً بشد حَابِس فَإِذا احتبسَ فَلَا تحل الشد ثَلَاثَة أَيَّام وَبعد الثَّلَاثَة يجب عَلَيْك أَن تحتاط أَيْضا مَا أمكن وضمد الناحِية بالموابض وَكثير من النَّاس يبتر شريانه وَذَلِكَ ليتقلص الْعرق وينطبق عَلَيْهِ الدَّم فيحبسه وَكثير من النَّاس مَاتَ بِسَبَب نزف الدَّم وَمِنْهُم من مَاتَ بِسَبَب ربط الْعُضْو وَشدَّة وجع الرِّبْط الَّذِي أُرِيد بشده منع دم الشريان حَتَّى صَار الْعُضْو إِلَى طَرِيق الْمَوْت. وَاعْلَم أَن نزف الدَّم قد يَقع من الأوردة أَيْضا وَاعْلَم أَن القيفال يستفرغ الدَّم أَكثر من الرَّقَبَة وَمَا فَوْقهَا وشيئاً قَلِيلا مِمَّا دون الرَّقَبَة وَلَا يُجَاوز حد نَاحيَة الكبد والشراسيف وَلَا تنقي الأسافل تنقية يعتدّ بهَا والأكحل متوسّط الحكم بَين القيفال والباسليق والباسليق يستفرغ من نواحي تنور الْبدن إِلَى أَسْفَل التَّنور وَجعل الذِّرَاع مشاكل للقيفال والأسيلم يذكر أَنه ينفع الْأَيْمن مِنْهُ من أوجاع الكبد والأيسر من أوجاع الطحال وَأَنه يفصد حَتَّى يرقأ الدَّم بِنَفسِهِ وَيحْتَاج أَن تُوضَع الْيَد من مفصوده فِي مَاء حَار لِئَلَّا يحتبس الدَّم وليخرج بسهولة إِن كَانَ الدَّم ضَعِيف الانحدار كَمَا هُوَ فِي الْأَكْثَر من مفصودي الأسيلم. وَأفضل فصد الأسيلم مَا كَانَ طولا. والإبطي حكمه حكم الباسليق. وَأما الشريان الَّذِي يفصد من الْيَد الْيُمْنَى فَهُوَ الَّذِي على ظهر الْكَفّ مَا ين السبابَة والإبهام وَهُوَ عَجِيب النَّفْع من أوجاع الكبد والحجاب المزمنة وَقد رأى جالينوس هَذَا فِي الرُّؤْيَا إِذْ الرُّؤْيَا الصادقة جُزْء من أَجزَاء النبوّة كَأَن امرأ أمره بِهِ لوجع كَانَ فِي كبده ففعل فعُوفِيَ وَقد يفصد شريان اخر أميل مِنْهُ إِلَى بَاطِن الكَف مقارب المنفعه لمنقعته.

وَمن أحب فصد الْعرق من الْيَد فَلم يتأت فَلَا يلحف فِي الكي والعصب الشَّديد وتكرير الْبَضْع بل يتْركهُ يَوْمًا أَو يَوْمَيْنِ فَإِن دعت ضَرُورَة إِلَى تكْرِير الْبَضْع ارْتفع عَن الْبضْعَة الأولى وَلَا ينخفض عَنْهَا. والربط الشَّديد يجلب الورم وتبريد الرفادة وترطيبها بِمَاء الْورْد أَو بِمَاء مبرد صَالح مُوَافق. وَيجب أَن لَا يزِيل الرِّبَاط الْجلد عَن مَوْضِعه قبل الفصد وَبعده. والأبدان القضيفة يصير شَدّ الرِّبَاط عَلَيْهَا سَببا لخلاء الْعُرُوق واحتباس الدَّم عَنْهَا والأبدان السمينة بالإفراط فَإِن الإرخاء لَا يكَاد يظْهر الْعرق فِيهَا مَا لم يشْتَد وَقد يتلطف بعض الفصاد فِي إخفاء الوجع فيحدر الْيَد لشدَّة الرِّبْط وَتركه سَاعَة وَمِنْه من يمسح الشعرة اللينة بالدهن. وَهَذَا كَمَا قُلْنَا يخف وَجَعه ويبطىء التحامه. وَإِذا لم تظهر الْعُرُوق الْمَذْكُورَة فِي الْيَد وَظَهَرت شعبها فلتغمز الْيَد على الشعبة مسحاً فَإِن كَانَ الدَّم عِنْد مُفَارقَة الْمسْح ينصب إِلَيْهَا بِسُرْعَة فينفخها فصدت وَإِلَّا لم تفصد وَإِذا أُرِيد الْغسْل جذب الْجلد ليستر الْبضْع وَغسل ثمَّ رد إِلَى مَوْضِعه وهندمت الرفادة وَخيرهَا الكرية وعصبت وَإِذا مَال على وَجه الْبضْع شحم فَيجب

أن ينحى بالرفق وَلَا يجوز أن يقطع وَهَؤُلَاء لَا يجب أن يطْمع فِي تثنيتهم من غير بضع وَاعْلَم أن لحبس الدَّم وَشد الْبضْع وقتا محدوداً وَإِن كَانَ مُخْتَلفا فَمن النَّاس من يحْتَمل وَلَو فِي حماه أخذ خَمْسَة أَو سِتَّة أَرْطَال من الدَّم وَمِنْهُم من لَا يحْتَمل فِي الصِّحَّة أخذ رَطْل لَكِن يجب أن تراعي فِي ذَلِك أحوالاً ثَلَاثًا: إِحْدَاهَا حقن الدَّم واسترخاؤه وَالثَّانيَة لون الدَّم وَرُبمَا غلط كثيرا بِأَن يخرج أَولا مَا خرج مِنْهُ رَقِيقا أَبيض وَإِذا كَانَ هُنَاكَ عَلَامَات الإمتلاء وَأوجب الْحَال الفصد فَلَا يغترن بذلك وَقد يغلط لون الدَّم فِي صَاحب الأورام لِأَن الورم يجذب الدَّم إِلَى نَفسه وَالثَّالِثَة النبض يجب أن لَا تُفَارِقهُ فَإِذا خَافَ الحقن أن يُغير لون الدَّم أَو صغر النبض وخصوصاً إِلَى ضعف فاحبس وَكَذَلِكَ إِن عرض عَارض تثاؤب وتمط وفواق وغشيان فَإِن أَسْرع تغير اللَّوْن بل الحقن فاعتمد فِيهِ النبض وأسرع النَّاس صادرة إِلَيْهِ الغشي هم الحارو المزاج النحاف المتخلخلو الْأَبدَان وأبطؤهم وقوعاً فِي الْأَبدَان المعتدلة المكتنزة اللَّحْم. قَالُوا: يجب أن يكون مَعَ الفصاد مباضع كَثِيرَة ذَات شعْرَة وَغير ذَات شعْرَة وَذَات الشعرة أولى بالعروق الزوالة كالوداج وَأَن تكون مَعَه كبة من خَز وحرير ومقيأ من خشب أَو ريش وَأَن يكون مَعَه وبر الأرنب ودواء الصَّبْر والكندر ونافجة مسك ودواء الْمسك وأقراص الْمسك حَتَّى إِذا عرض غشي وَهُوَ أحد مَا يخَاف فِي الفصد وَرُبمَا لم يفلح صَاحبه بَادر فألقمه الكبة وقيأه بِالْآلَةِ وشممه النافجة وجرعه من دَوَاء الْمسك أَو أقراصه شَيْئا فتنتعش قوته وَإِن حدث بثق دم بَادر فحسبه بوبر الأرنب ودواء الكندر وَمَا أقل مَا يعرض الغشي وَالدَّم بعد فِي طَرِيق الْخُرُوج بل إِنَّمَا يعرض أَكْثَره بعد الْحَبْس إِلَّا أن يفرط على أَنه لَا يُبَالِي من مقاربة الغشي فِي الحميات المطبقة ومبادىء السكتة والخوانيق والأرام الغليظة الْعَظِيمَة الْمهْلكَة وَفِي الأوجاع الشَّدِيدَة وَلَا نعمل بذلك إِلَّا إِذا كَانَت الْقُوَّة قَوِيَّة فقد اتّفق علينا أن بسطنا القَوْل بعد القَوْل فِي عروق الْيَد بسطاً فِي معَان أُخْرَى ونسينا عروق الرجل وعروقاً أُخْرَى فَيجب علينا أن نصل كلامنا بهَا فَنَقُول: أما عروق الرجل فَمن ذَلِك عرق النسا ويفصد من الْجَانِب الوحشي عِنْد الكعب إِمَّا تَحْتَهُ وَإِمَّا فَوْقه من الورك إِلَى الكعب ويلف بلفافة أَو بعصابة قَوِيَّة فَالْأولى أن يستحم قبله والأصوب أن يفصد طولا وَإِن خَفِي فصد من شُعْبَة مَا بَين الْخِنْصر والبنصر وَمَنْفَعَة فصد عرق النسا فِي وجع عرق النسا عَظِيمَة.

وَكَذَلِكَ فِي النقرس وَفِي الدوالي ودواء الْفِيل. وتثنية عرق النسا صعبة. وَمن ذَلِك أَيْضا الصَّافِن وَهُوَ على الْجَانِب الإنْسِي من الكعب وَهُوَ أظهر من عرق النسا ويفصد لاستفراغ الدَّم من الْأَعْضَاء الَّتِي تَحت الكبد ولإمالة الدَّم من النواحي الْعَالِيَة إِلَى السافلة وَلذَلِك يدر الطمث بِقُوَّة وَيفتح أَفْوَاه البواسير. وَالْقِيَاس يُوجب أن يكون عرق النسا والصافن متشابهي الْمَنْفَعَة وَلَكِن التجربة ترجح تَأْثِير الفصد فِي عرق النسا فِي وجع عرق النسا بِشَيْء كثير وَكَانَ ذَلِك للمحاذاة. وَأفضل فصد الصَّافِن أن يكون موربا إِلَى الْعرض وَمن ذَلِك عرق مأبض الرّكْبَة يذهب مَذْهَب الصَّافِن إِلَّا أَنه أقوى من الصَّافِن فِي إدرار الطمث وَفِي أوجاع المقعدة والبواسير. وَمن ذَلِك الْعرق الَّذِي خلف العرقوب وَكَأَنَّهُ شُعْبَة من الصَّافِن وَيذْهب مذْهبه.

وفصد عروق الرجل بِالْجُمْلَةِ نَافِع من الْأَمْرَاض الَّتِي تكون عَن مواد مائلة إِلَى الرَّأْس وَمن الْأَمْرَاض السوداوية وتضعيفها للقوة أشدّ من تَضْعِيف فصد عروق الْيَد وَأما الْعُرُوق المفصودة الَّتِي فِي وَهَذِه الْعُرُوق مِنْهَا أوردة وَمِنْهَا شرايين. فالأوردة مثل عرق الْجَبْهَة وَهُوَ المنتصب مَا بَين الحاجبين وفصده ينفع من ثقل الرَّأْس وخصوصاً فِي مؤخره وَثقل الْعَينَيْنِ والصداع الدَّائِم المزمن والعرق الَّذِي على الهامة يفصد للشقيقة وقروح الرَّأْس وعرقا الصدغين الملتويان على الصدغين وعرقا المأقين وَفِي الْأَغْلَب لَا يظهران إِلَّا بالخنق. وَيجب أَن لَا تغور الْبضْع فيهمَا فَرُبمَا صَار ناصوراً وَإِنَّمَا يسيل مِنْهَا دم يسير. وَمَنْفَعَة فصدهما فِي الصداع والشقيقة والرمد المزمن والدمعة والغشاوة وجرب الأجفان وبثورها والعشا وَثَلَاثَة عروق صغَار موضعهَا وَرَاء مَا يدق طرف الْأذن عِنْد الإلصاق بِشعرِهِ. وَأحد الثَّلَاثَة أظهر ويفصد من ابْتِدَاء المأق وَقبُول الرَّأْس لبخارات الْمعدة وينفع كَذَلِك من قُرُوح الْأذن والقفا وَمرض الرَّأْس. وينكر جالينوس مَا يُقَال: أَن عرقين خلف الْأُذُنَيْنِ يفصدهما المتبتلون ليبطل النَّسْل وَمن هَذِه الْأَوردة الوداجان وهما إثنان يفصدان عِنْد ابْتِدَاء الجذام والخناق الشَّدِيد وضيق النَّفس والربو الحاد وبحة الصَّوْت فِي ذَات الرئة والبهق الْكَائِن من كَثْرَة دم حَار وَعلل الطحال والجنبين. وَيجب على مَا خبرنَا عَنهُ قبل أَن يكون فصدهما بمبضع ذِي شَعْرَة.

وَأما كَيْفيَّة تَقْيِيده فَيجب أَن يمِيل فِيهِ الرَّأْس إِلَى ضدّ جَانب الفصد ليثور الْعرق ويتأمل الْجِهَة الَّتِي هِيَ أَشد زوالاً فَيُؤْخَذ من ضد تِلْكَ الْجِهَة وَيجب أَن يكون الفصد عرضا لَا طولا كَمَا يفعل بالصافن وعرق النسا وَمَعَ ذَلِك فَيجب أَن يَقع فصده طولا. وَمِنْهَا الْعرق الَّذِي فِي الأرنبة وَمَوْضِع فصده هُوَ المتشقق من طرفها الَّذِي إِذا غمز عَلَيْهِ بالأصبع تفرق بِاثْنَيْنِ وَهُنَاكَ يبضع وَالدَّم السَّائِل مِنْهُ قَلِيل. وينفع فصده من الكلف وكدورة اللَّوْن والبواسير والبثور الَّتِي تكون فِي الْأنف والحكة فِيهِ لكنه أحدث حمرَة لون مزمنة تشبه السعفة ويفشو فِي الْوَجْه فَتكون مضرته أعظم من منفعته كثيرا. وَالْعُرُوق الَّتِي تَحت الخنشا مِمَّا يَلِي النقرة نَافِع فصدها من السدَرِ الْكَائِن من الدَّم اللَّطِيف والأوجاع المتقادمة فِي الرَّأْس وَمِنْهَا الجهاررك وَهِي عروق أَرْبَعَة على كل شقة مِنْهَا زوج فينفع فصدها من قُرُوح الْفَم والقلاع وأوجاع اللثة وأورامها واسترخائها أَو قروحها والبواسير والشقوق فِيهَا وَمِنْهَا الْعرق الَّذِي تَحت اللِّسَان على بَاطِن الذقن ويفصد فِي الخوانيق وأورام اللوزتين وَمِنْهَا عرق تَحت اللِّسَان نَفسه يفصد لثقل اللِّسَان الَّذِي يكون من الدَّم وَيجب أَن يفصد طولا فَإِن فصد عرضا صَعب رقاء دَمه وَمِنْهَا عرق عِنْد العنفقة يفصد للبخر وَمِنْهَا عرق اللثة يفصد فِي معالجات فَم الْمعدة. وَأما الشرايين الَّتِي فِي الرَّأْس فَمِنْهَا شريان الصداع قد يفصد وَقد يبتر وَقد يسل وَقد يكوى وَيفْعل ذَلِك لحبس النَّوَازِل الحادة اللطيفة المنصبة إِلَى الْعَينَيْنِ ولابتداء الانتشار. والشريانان اللَّذَان خلف الْأُذُنَيْنِ ويفصدان لأنواع الرمد وَابْتِدَاء المَاء والغشاوة والعشا والصداع المزمن وَلَا يَخْلُو فصدهما عَن خطر ويبطؤ مَعَه الالتحام. وَقد ذكر جالينوس أَن مجروحاً فِي حلفه أُصِيب شريانه وسال مِنْهُ دم بِمِقْدَار صَالح فَتَدَارَكهُ جالينوس بدواء الكندر وَالصَّبْر وَدم الْأَخَوَيْنِ والمر فاحتبس الدَّم وَزَالَ عَنهُ وجع

مزمن كَانَ فِي نَاحيَة وركه. وَمن الْعُرُوق الَّتِي تفصد فِي الْبدن عرقان على الْبَطن: أحدهما موضرع على الكبد وَالْآخر مَوْضُوع على الطحال ويفصد الْأَيْمن فِي الاسْتِسْقَاء والأيسر فِي علل الطحال.

وَاعْلَم أَن الفصد لَهُ وقتان: وَقت اخْتِيَار وَوقت ضَرُورَة. فالوقت الْمُخْتَار فِيهِ ضحوة النَّهَار بعد تَمام الهضم والنفض وَأما وَقت الِاضْطِرَار فَهُوَ الْوَقْت الْمُوجب الَّذِي لَا يسوغ تَأْخِيره وَلَا يلْتَفت فِيهِ إِلَى سَبَب مَانع. وَاعْلَم أَن المبضع الكال كثير المضرّة فَإِنَّهُ يخطىء فَلَا يلْحق ويورم ويوجع فَإِذا أعملت المبضع فَلَا تَدْفَعهُ بِالْيَدِ غمزاً بل بِرِفْق بالاختلاس لتوصل طرف المبضع حَشْو الْعُرُوق وَإِذا أعنفت فكثيراً مَا ينكسر رَأس المبضع انكساراً خفيا فَيصير زلآقاً يجرح الْعرق فَإِن ألححت بفصدك زِدْت شرا. وَلذَلِك يجب أَن يجرب كَيْفيَّة علوق المبضع بِالْجلدِ قبل الفصد بِهِ وَعند معاودة ضربه إِن أردتها واجتهد أَن تملأ الْعرق وتنفخه بِالدَّمِ فَحِينَئِذٍ يكون الزلق والزوال أقل. فَإِذا استعصى الْعرق وَلم يظْهر امتلاؤه تَحت الشد فحله وشدّه مرَارًا وامسحه وَانْزِلْ فِي الضغط واصعد حَتَّى تنبهه وتظهره وتجرب ذَلِك بَين قبض أصبعين على مَوضِع من الْمَوَاضِع الَّتِي تعلم امتداد الْعُرُوق فبهما تحبس وَتارَة تحبس بِأَحَدِهِمَا وتسيل الدَّم بِالْآخرِ حَتَّى تحسّ بالواقف فشدّه عِنْد الإشالة وَجوزهُ عِنْد التَّخْلِيَة وَيجب أَن يكون لرأس المبضع مَسَافَة ينفذ فِيهَا غير بعيدَة فيتعداها إِلَى شريان أَو عصب وَأَشد مَا يجب أَن يمْلَأ حَيْثُ يكون الْعرق أدق. وَأما أَخذ المبضع فَيَنْبَغِي أَن يكون بالإبهام وَالْوُسْطَى وتترك السبابَة للجس وَأَن يَقع الْأَخْذ على نصف الحديدة وَلَا يَأْخُذهُ فَوق ذَلِك فَيكون التَّمَكُّن مِنْهُ مضطرباً وَإِذا كَانَ الْعرق يَزُول إِلَى جَانب وَاحِد فقابله بالربط والضبط من ضدّ الْجَانِب وَإِن كَانَ يَزُول إِلَى جانبين سَوَاء فاجتنب فصده طولا. وَاعْلَم أَن الشد والغمز يجب أَن يكون بِقدر أَحْوَال الْجلد فِي صلابته وغلظه وبحسب كَثْرَة اللَّحْم ووفوره. وَالتَّقْيِيد يجب أَن يكون قَرِيبا وَإِذا أخْفى التَّقْيِيد الْعرق فعلم عَلَيْهِ وَاحْذَرْ أَن يَزُول عَن محاذاة الْعَلامَة عرقك فِي التَّقْيِيد وَمَعَ ذَلِك فعلق الفصد وَإِذا استعصى عَلَيْك الْعرق وإشهاقه فشق عَنهُ فِي الْأَبدَان القضيفة خَاصَّة وَاسْتعْمل السنارة وَوُقُوع التَّقْيِيد والشد عِنْد الفصد يمْنَع امتلاء الْعرق. وَاعْلَم أَن من يعرق كثيرا بِسَبَب الامتلاء فَهُوَ مُحْتَاج إِلَى الفصد وَكثِيرًا مَا وَقع للمحموم المصدوع الْمُدبر فِي بَابه بالفصد إسهال طبيعي فاستغنى عَن الفصد قطعا.

الْفَصْل وَالْعشْرُونَ الْحجامَة الْحجامَة تنقيتها لنواحي الْجلد أَكثر من تنقية الفصد واستخراجها للدم الرَّقِيق أَكثر من استخراجها للدم الغليظ ومنفعتها فِي الْأَبدَان العبال الغليظة الدَّم قَليلَة لِأَنَّهَا لَا تبرز دماءها وَلَا تخرجها كَمَا يَنْبَغِي بل الرَّقِيق جدا مِنْهَا بتكلف وتحدث فِي الْعُضْو المحجوم ضعفا. وَيُؤمر بِاسْتِعْمَال الْحجامَة لَا فِي أول الشَّهْر لِأَن الأخلاط لَا تكون قد تحركت أَو هَاجَتْ وَلَا فِي آخِره لِأَنَّهَا تكون قد نقصت بل فِي وسط الشَّهْر حِين تكون الأخلاط هائجة تابِعَة فِي تزيدها لزيد النُّور فِي جرم الْقَمَر وَيزِيد الدِّمَاغ فِي الأقحاف والمياه فِي الْأَنْهَار ذَوَات الْمَدّ والجزر. وَاعْلَم أَن أفضل أَوْقَاتهَا فِي النَّهَار هِيَ السَّاعَة الثَّانِيَة وَالثَّالِثَة وَيجب أَن تتوقى الْحجامَة بعد الْحمام إِلَّا فِيمَن دَمه غليظ فَيجب أَن يستحم ثمَّ يبْقى سَاعَة ثمَّ يحجم. وَأَكْثَر النَّاس يكْرهُونَ الْحجامَة والحجامة على النقرة خليفَة الأكحل وَتَنْفَع من ثقل الحاجبين وتخفف الجفن وَتَنْفَع من جرب الْعين والبخر فِي الْفَم والتحجر فِي الْعين. وعَلى

الْكَاهِل خَلِيفَة الباسليق وَتَنْفَع من وجع الْمنْكب وَالْحلق. وعَلى أحد الأخذعين خَلِيفَة القيفال وَتَنْفَع من ارتعاش الرَّأْس وَتَنْفَع الْأَعْضَاء الَّتِي فِي الرَّأْس مثل الْوَجْه والأسنان والضرس والأذنين والعينين وَالْحلق وَالْأنف لَكِن الْحجامَة على النقرة تورث النسْيَان حَقًا كَمَا قيل فَإِن مُؤخر الدِّمَاغ مَوضِع الْحِفْظ وتضعفه الْحجامَة وعَلى الْكَاهِل تضعف فَم الْمعدة. والأخدعية رُبمَا أحدثت رعشة الرَّأْس فليسفل النقرية قَلِيلا وليصعد الْكَاهِلِي قَلِيلا إِلَّا أَن يتوخى بهَا معالجة نزف الدَّم والسعال فَيجب أَن تنزل ولاتصعد. وَهَذِه الْحجامَة الَّتِي تكون على الْكَاهِل وَبَين الفخذين نافعة من أمراض الصَّدْر الدموية والربو الدموي لَكِنَّهَا تضعف الْمعدة وتحدث الخفقان. والحجامة على السَّاق وقارب الفصد وتنقي الدَّم وتدر الطمث. وَمن كَانَت من النِّسَاء بَيْضَاء متخلخلة رقيقَة الدَّم فحجامة السَّاقَيْنِ أوفق لَهَا من فصد الصَّافِن والحجامة على القمحدوة وعَلى الهامة تَنْفَع فِيمَا ادَّعَاهُ بَعضهم من اخْتِلَاط الْعقل والدوار وتبطىء فِيمَا قَالُوا بالشيب وَفِيه نظر فَإِنَّهُ قد تفعل ذَلِك فِي أبدان دون أبدان. وَفِي أَكثر الْأَبدَان يسْرع بالشيب وينفع من أمراض الْعين وَذَلِكَ أَكثر مَنْفَعَتهَا فَإِنَّهَا تَنْفَع من جربها وبثورها لَكِنَّهَا تضر بالدهن وتورث بلهاً ونسياناً ورداءة فكر وأمراضاً مزمنة وتضرّ بأصحاب المَاء فِي الْعين اللَّهُمَّ إِلَّا أَن تصادف الْوَقْت وَالْحَال الَّتِي يجب فِيهَا اسْتِعْمَالهَا فَرُبمَا لم تضر. والحجامة تَحت الذقن تَنْفَع الْأَسْنَان وَالْوَجْه والحلقوم وتنقي الرَّأْس والفكين. والحجامة على الْقطن نافعة من دماميل الْفَخْذ وَجَربه وبثوره من النقرس والبواسير وداء الْفِيل ورياح المثانة وَالرحم وَمن حكّة الظّهْر. وَإِذا كَانَت هَذِه الْحجامَة بالنَّار بِشَرْط أَو غير شَرط نفعت من ذَلِك أَيْضا وَالَّتِي بِشَرْط أقوى فِي غير الرّيح وَالَّتِي بِغَيْر شَرط أقوى فِي تَحْلِيل الرّيح الْبَارِدَة واستئصالها هَهُنَا وَفِي كل مَوضِع.

والحجامة على الفخذين من قُدَّام تَنْفَع من ورم الخصيتين وخراجات الفخذين والساقين وَالَّتِي على الفخذين من خلف تَنْفَع من الأورام والخراجات الْحَادِثَة فِي الأليتين. وعَلى أَسْفَل الرّكْبَة تَنْفَع من ضَرَبَان الرّكْبَة الْكَائِن من أخلاط حادة وَمن الخراجات الرَّديئَة والقروح العتيقة فِي السَّاق وَالرجل. وَالَّتِي على الْكَعْبَيْنِ تَنْفَع من احتباس الطمث وَمن عرق النسا والنقرس. وَأما الْحجامَة بِلَا شَرط فقد تسْتَعْمل فِي جذب الْمَادَّة عَن جِهَة حركتها مثل وَضعهَا على الثدي لحبس نزف دم الْحيض وَقد يُرَاد بهَا إبراز الورم الغائر ليصل إِلَيْهِ العلاج وَقد يُرَاد بهَا نقل الورم إِلَى عُضْو أخس فِي الْجوَار وَقد يُرَاد بهَا تسخين الْعُضْو وجذب الدَّم إِلَيْهِ وَتَحْلِيل رياحه وَقد يُرَاد بهَا رده إِلَى مَوْضِعه الطبيعي الْمنزول عَنهُ كَمَا فِي القيلة وَقد تسْتَعْمل لتسكين الوجع كَمَا تُوضَع على السُّرَّة بِسَبَب القولنج المبرح ورياح الْبَطن وأوجاع الرَّحِم الَّتِي تعرض عِنْد حَرَكَة الْحيض خُصُوصا للفتيات. وعَلى الورك لعرق النسا وَخَوف الْخلْع. وَمَا بَين الرُّكْبَتَيْنِ نافعة لِلْوَركين والفخذين والبواسير وَلِصَاحِب القيلة والنقرس. وَوضع المحاجم على المقعدة يجذب من جَمِيع الْبدن وَمن الرَّأْس وينفع الأمعاء ويشفي من فَسَاد الْحيض ويخف مَعهَا الْبدن ونقول: إن للحجامة بِالشَّرْطِ فَوَائِد ثَلَاث: أولاها: لاستفراغ من نفس الْعُضْو ثانيتها: اسْتِبْقَاء جَوْهَر الرّوح من غير استفراغ تابع لاستفراغ مَا يستفرغ من الاخلاط وثالثتها: تَركهَا التعرّض للاستفراغ من الْأَعْضَاء الرئيسة. وَيجب أَن يعمق المشرط ليجذب من الْغَوْر وَرُبمَا ورم مَوضِع التصاق المحجمة فعسر نَزعهَا فليؤخذ خرق أَو اسفنجة مبلولة بِمَاء

فاتر إِلَى الْحَرَارَة وليكمّد بهَا حواليها أولا. وَهَذَا يعرض كثيرا إذا استعملنا المحاجم على نواحي الثدي ليمنع نزف الْحيض أَو الرعاف وَلذَلِك لَا يجب أَن يَضَعهَا على الثدي نَفسه وَإِذا دهن مَوضِع الْحجامَة فليبادر إِلَى إعلاقها وَلَا تدافع بل تستعجل فِي الشَّرْط وَتَكون الوضعة الأولى خَفِيفَة سريعة الْقلع ثمَّ يتدرج إِلَى إبطاء الْقلع والإمهال. وغذاء المحتجم يجب أَن يكون بعد سَاعَة وَالصَّبِيّ يحتجم فِي السّنة الثَّانِيَة وَبعد ستّين سنة لَا يحتجم الْبَتَّة وَفِي الْحجامَة على الأعالي أَمن من انصباب الْموَاد إِلَى أَسْفَل والمحتجم الصفراوي يتَنَاوَل بعد الْحجامَة حب الرُّمَّان وَمَاء الرُّمَّان وَمَاء الهندبا بالسكر والخس بالخل.

الْفَصْل الْوَاحِد وَالْعشْرُونَ العلق قَالَت الْهِنْد: إِن من العلق مَا فِي طباعها سميه فليجتنب جَمِيع مَا كَانَ عَظِيم الرَّأْس لَونه كحلي أسود أَو لَونه أَخْضَر وَذَوَات الزغب والشبيه بالمارماهج وَالَّتِي عَلَيْهَا خطوط لازوردية والشبيهة الألوان بِأبي قلمون فَفِي جَمِيع هَذِه سميَّة يُورث إرسالها أوواماً وغشياً ونزف دم وَحمى واسترخاء وقروحاً رَدِيئَة وليجتنب المصيدة من الْمِيَاه الحمئية الرَّديئَة بل يخْتَار مَا يصاد من الْمِيَاه الطحلبية ومأوى الضفادع وَلَا يلْتَفت إِلَى مَا يُقَال أَن الكائنة فِي مياه مضفدعة رَدِيئَة ولتكن ماسية الألوان يعلوها خضرَة ويمتد عَلَيْهَا خطان زرنيخيان والشقر الزرق المستديرة الْجنُوب والكبدية الألوان وَالَّتِي تشبه الْجَرَاد الصَّغِير وَالَّتِي تشبه ذَنَب الفأر الدقاق الصغار الرؤوس وَلَا يخْتَار على حمر الْبُطُون خضر الظُّهُور وَلَا سِيمَا إِن كَانَت فِي الْمِيَاه الْجَارِيَة وجذب العلق للدم أغور من جذب الْحجامَة. وَيجب أَن يصاد قبل الِاسْتِعْمَال بِيَوْم ويقيأ بالأكباب حَتَّى يخرج مَا فِي بطونها إِن أمكن ذَلِك ثمَّ يصب لَهَا شَيْء يسير من الدَّم من حَمَل أَو غَيره ليغتذي بِهِ قبل الْإِرْسَال ثمَّ تُؤْخَذ وتنظف لزوجاتها وقذاراتها بِمثل اسفنجة وَيغسل مَوضِع إرسالها ببورق ويحمر بالدلك ثمَّ ترسل العلق عِنْد إِرَادَة اسْتِعْمَالهَا فِي مَاء عذب فتنظف ثمَّ ترسل. وَمِمَّا ينشطها للتعلق مسح الْموضع بطين الرَّأْس أَو بِدَم فَإِذا امْتَلَأت وَأُرِيد إسقاطها ذَر عَلَيْهَا شَيْء من ملح أَو رماد أَو بورق أَو حراقة خرق كتَّان أَو اسنفجة محرقة أَو صوفة محرقة. وَالصَّوَاب بعد سُقُوطهَا أَن يمتص بالمحجمة فَيُؤْخَذ من دم الْموضع شَيْء يُفَارق مَعَه ضَرَر أَثَرهَا ولسعها فَإِن لم يحتبس الدَّم ذَر عَلَيْهِ عفص محرق أَو نورة أَو رماد أَو خزف مسحوق جدا أَو غير ذَلِك من حسابات الدَّم وَيجب أَن تكون عتيدة معدة عِنْد مُعَلّق العلق وَاسْتِعْمَال العلق جيد فِي الْأَمْرَاض الجلديه من السعفة والقوباء والكلف والنمش وَغير ذَلِك.

الْفَصْل الثَّانِي وَالْعشْرُونَ الاستفراغات تحبس إِمَّا بإمالة الْمَادَّة من غير استفراغ آخر وَإِمَّا باستفراغ مَعَ الإمالة وَإِمَّا بإعانة الاستفراغ نَفسه وَإِمَّا بأدوية مبردة أَو مغرية أَو قابضة أَو كاوية وَإِمَّا بالشد. أما حبس الاستفراغ بالجذب من غير استفراغ فَمثل وضع المحاجم على الثدي ليمنع نزف الدَّم من الرَّحِم وأجود الجذب مَا كَانَ مَعَ تسكين وجع المجذوب عَنهُ. وَأما الَّذِي يكون بجذب مَعَ استفراغ فَمثل فصد الباسليق لذَلِك وَمثله حبس الْقَيْء بالإسهال والإسهال بالقي وَحبس كليهمَا بالتعريق.

وَأما بمعاونة الاستفراغ فَمثل تنقية الْمعدة والمعي عَن الأخلاط اللزجة المذربة المزلقة بالأيارج وَالِاجْتِهَاد فِي تنقية فَم الْمعدة بالقيء لتنقطع مَادَّة الْقَيْء الثَّابِت. وَإِمَّا بالأدوية المبردة لجمد السَّائِل وَيَأْخُذ الفوهات ويضيقها. وَأما الْأَدْوِيَة القابضة لتقبض الْمَادَّة وتضم المجاري. وَإِمَّا بالأدوية المغرية لتحدث السدد فِي فوهات المجاري. فَإِن كَانَت حارة مجففه فَهِيَ أبلغ وَإِمَّا الكاوية لتحدث خشكريشة تقوم على وَجه المجرى فيسد ويرتق وَلها ضَرَر متوقع وَذَلِكَ أَن الخشكريشة رُبمَا انقلعت فَزَاد المجرى اتساعاً. وَمن الكاوية مَا لَهُ قبض كالزاج وَمِنْه مَا لَيْسَ لَهُ قبض كالنورة الْغَيْر مطفاة يُرَاد القابضة حَيْثُ يُرَاد خشكريشة غير ثَابِتَة وتراد الآخرى حَيْثُ يُرَاد أَن تسْقط الخشكريشة سَرِيعا وتراد الكاوية القابضة حَيْثُ يُرَاد خشكريشة ثَابِتَة. وَأما الذى بالشد فبعضه بِإِطْبَاق المجرى وقسره على الإنضام كشد مَا فَوق الْمرْفق عِنْد خطأ الفصاد فِي الباسليق إِذا أصَاب الشريان وَبَعضه بحشو فَم الْجراحَة مثل مَا يسد سَبِيل المستفرغ مثل إلقام الْجراحَة وبر الأرنب ونقول: إِن نزف الدَّم إِن كَانَ من أجل انفتاح أَفْوَاه. الْعُرُوق عولج بالقابضة ليضم أفواهها وَإِن كَانَ من حرق فبالقابضة المغرية كالطين الْمَخْتُوم وَإِن كَانَ عَن كل فِيمَا ينْبت اللَّحْم مخلوطاً بِمَا يجلو لِتَأْكُل وَأَنت تعلم جَمِيع ذَلِك من مَوضِع آخر.

الْفَصْل الثَّالِث وَالْعشْرُونَ معالجات السدد السدد إِمَّا من أخلاط غَلِيظَة وَإِمَّا من أخلاط لزجة وَإِمَّا من أخلاط كَثِيرَة. والأخلاط الْكَثِيرَة إِذا لم يكن مَعهَا سَبَب آخر كفى مضرتها إخراجها بالفصد والإسهال وَإِن كَانَت غَلِيظَة احْتِيجَ إِلَى المحللات الحالية وَإِن كَانَت لزجة وَلَا سِيمَا رقيقَة فَيحْتَاج إِلَى المقطعات وَقد عرفت الْفرق بَين الغليظ واللزج وَهُوَ الْفرق بَين الطين والغراء الْمُذَاب. والغليظ يحْتَاج إِلَى الْمُحَلّل ليرققه فيسهل اندفاعه. واللزج يحْتَاج إِلَى المقطع ليعرض بَينه وَبَين مَا الْتَصق بِهِ فيبريه عَنهُ وليقطع أجزاءه صغَارًا صغَارًا إِذا كَانَ اللزج يسدُّ بالتصاقه وتلازم أَجْزَائِهِ وَجب أَن يحذر فِي تَحْلِيل الغليظ سببان متضادان: أَحدهمَا التَّحْلِيل الضَّعِيف الَّذِي يزِيد فِي تَحْلِيل الضَّعِيف الَّذِي فِي تَحْلِيل الْمَادَّة زِيَادَة حجمها من غير أَن يبلغ التَّحْلِيل فتزداد السدة وَالْآخر التَّحْلِيل الشَّديد الْقوي الَّذِي يتحلّل مَعَه لطيفها ويتحجر كثيفها فَإِذا احْتِيجَ إِلَى تَحْلِيل قوي أردف بالتليين اللَّطِيف بمادة لَا غلظ فِيهَا مَعَ حرارة معتدلة لتعين ذَلِك على تَحْلِيل كُلية الساد فَإِن أصعب السدد سدد الْعُرُوق وأصعبها سدد الشرايين وأصعبها مَا كَانَ فِي الْأَعْضَاء الرئيسة. وَإِذا اجْتمع فِي المفتحات قبض وتلطيف كَانَت أوفق فَإِن الْقَبْض يدْرَأ عنف اللَّطِيف عَن الْعُضْو.

الْفَصْل الرَّابِع وَالْعشْرُونَ معالجات الأورام والأورام مِنْهَا حارة وَمِنْهَا بَارِدَة وَمِنْهَا رخوة وَمِنْهَا بَارِدَة صلبة وَقد عددناها. وأسبابها إِمَّا بادية وَإِمَّا سَابِقَة. والسابقة كالامتلاء والبادية مثل السقطة والضربة والنهشة. والكائن من أَسبَاب بادية إِمَّا أَن يتَّفق مَعَ امتلاء فِي الْبدن أَو مَعَ اعْتِدَال من الأخلاط وَلَا يكون مَعَ امتلاء فِي الْبدن. والكائن عَن أَسبَاب سَابِقَة وَعَن بادية مُوَافقَة لامتلاء الْبدن فَلَا يَخْلُو إِمَّا أَن تكون فِي أَعْضَاء مجاورة للرئيسة وَهِي كالمفرغات للرئيسية أَو لَا تكون فَإِن لم تكن فَلَا يجوز أَن يقرب إِلَيْهَا من المحللات شَيْء الْبَتَّةَ فِي الِابْتِدَاء بل يجب أَن يصلح الْعُضْو الدَّافِع إِن كَانَ عُضْو دَافع وَيصْلح الْبدن كُله إِن كَانَ لَيْسَ لَهُ عُضْو مُفْرد وَأَن يقرب إِلَيْهِ كل الْقرب كل مَا

يردع ويجذب إِلَى الْخلاف وَيقبض وَرُبمَا جذب إِلَى خلاف ذَلِك الْعُضْو فِي الْجَانِب الْمُخَالف برياضة أَو حمل ثقيل عَلَيْهِ.

وَكثِيرًا مَا تجذب الْمَادَّة عَن الْيَد المتورمة إِذا حمل بالآخرى ثقيل وَأمْسك سَاعَة. وَأما القابضات فَيجب فِيهَا أَن تتوخى القابضات الرادعة فِي الأورام الحارة المزاج صرفة وَفِي الأورام الْبَارِدَة مخلوطة بِمَا لَهُ قُوَّة حارة مَعَ الْقَبْض مثل الْإِذْخر وأظفار الطّيب وَكلما يزِيد الصفان نقص الْقَبْض وقوى بِهِ الْمُحَلّل حَتَّى يوافي الِانْتِهَاء فَحِينَئِذٍ يخلط بَينهمَا بِالسَّوِيَّةِ وَعند الانحطاط يقْتَصر على الْمُحَلّل والمرخي. والباردة الرخوة يجب أَن يكون مَا يحللها شَيْئا حاراً ميبساً أَكثر مَا يكون فِي الحارة. هَذَا وأماالحادث عَن سَبَب باد وَلَيْسَ هُنَاكَ امتلاء من الأخلاط فَيجب أَن يعالج فِي أول الْأَمر بالإرخاء والتحليل وَإِلَّا فبمثل مَا عولج بِهِ الأول. وَأما إِذا كَانَ الْعُضْو المتورم مفرغة لعضو رَئِيس مثل الْمَوَاضِع الغددية من الْعُنُق حول الْأُذُنَيْنِ للدماغ والإبط للقلب والإربيتين للكبد فَلَا يجوز الْبَتَّةَ أَن يقرب إِلَيْهَا مَا يردع لَيْسَ لأجل أَن هَذَا لَيْسَ علاجاً لأورامها فَإِن هَذَا هُوَ أعلاج لأورامها غير أَنا نؤثر أَن لَا نعالج أورامها ونجتهد فِي الزِّيَادَة فِيهَا وجذب الْمَادَّة إِلَيْهَا وَلَا نبالي من اشتداد الضَّرَر بالعضو طلبا منا لمصلحة الْعُضْو الرئيس وخوفاً منا أَنا ذَا أردعنا الْمَادَّة انصرفت إِلَى الْعُضْو الرئيس وَكَانَ من ذَلِك مَا لَا يُطَاق تَدَاركه فَنحْن نستأثر وُقُوع الضَّرَر بالعضو الخسيس من حَيْثُ ينفع الْعُضْو الرئيس حَتَّى إِنَّا لنجتهد فِي جذب الْمَادَّة إِلَى الْعُضْو الخسيس وتوريمه وَلَو بالمحاجم والأضمدة الجاذبة الحادة. وَإِذا جمع أَمْثَال هَذِه الأورام أَو غَيرهَا - وخصوصاً فِي الْمَوَاضِع الخالية - فَرُبمَا انفرج بِذَاتِهِ أَو مَعُونَة الإنضاج وَرُبمَا احتجت إِلَى الإنضاج والبط مَعًا.

والإنضاج يتم بِمَا فِيهِ مَعَ الْحَرَارَة تسديد وتغرية يحصر بهما الْحَار وَمن يحاول الإنضاج بِمثل هَذِه المنضجات يجب عَلَيْهِ أَن يتأمّل فَإِن وجد الْحَار الغريزي ضَعِيفا وَرَأى الْعُضْو يمِيل إِلَى الْفساد نحى عَنهُ المغرّيات والمسدّدات وَاسْتعْمل المفتحات وَالشّرط العميق ثمَّ الْأَدْوِيَة الَّتِي فِيهَا تَحْلِيل وتجفيف وكما نستقصي فِيهِ فِي الْكتب الْجُزْئِيَّة وَكثِيرًا مَا يكون الورم غائراً فَيحْتَاج إِلَى جذبه نَحْو الْجلد وَلَو بالمحاجم بالنَّار. وَأما الأورام الصلبة الْمُجَاوزَة حد الِابْتِدَاء فالقانون فِيهَا أَن تلين تَارَة بِمَا يقلّ إسخانه وتجفيفه لئلاّ يتحجر كثيفه لشدَّة التَّحْلِيل بل يستعد جَمِيعه للتحليل ثمَّ يشد عَلَيْهِ التَّحْلِيل ثمَّ إِن خيف - من تحلل مَا تحلّل - تحجر مَا يبْقى أقبل على تليينه ثَانِيًا وَلَا يزَال يفعل ذَلِك حَتَّى يفنى كُله فِي مدتي التليين والتحليل.

والأورام الفجة تعالج بِمَا يسخن مَعَ لطافة والأورام النفخية تعالج بِمَا يسخن مَعَ لطافة جَوْهَر لتحلل الرّيح وَتوسع المسام إِذْ السَّبَب فِي الأورام النفخية غلظ الرّيح بانسداد المسام. وَيجب أَيْضا أَن يعتنى بجسم مَادَّة مَا يحدث البخار الريحي. وَمن الأورام أورام قرحية كالنملة فَيجب أَن تبرد كالفلغموني وَلَكِن لَا يَنْبَغِي أَن يرطب وَأَن كَانَ الورم يَقْتَضِي الترطيب بل يَنْبَغِي أَن تجفف لِأَن الْعرض هَهُنَا قد غلب السَّبَب. وَالْعرض هُوَ التقرح المتوقع أَو الْوَاقِع. والتقرح علاجه التجفيف وأضر الْأَشْيَاء بِهِ الترطيب.

وَأما الأورام الْبَاطِنَة فَيجب أَن تنقص الْمَادَّة عَنْهَا بالفصد والإسهال ويجتنب صَاحبهَا الْحمام وَالشرَاب والحركات الْبَدَنِيَّة والنفسانية المفرطة كالغضب وَنَحْوه ثمَّ يسْتَعْمل فِي بَدْء الْأَمر مَا يردع من غير حمل شَدِيد خصوصاً إن كَانَ فِي مثل الْمعدة أَو الكبد لهاذا جَاءَ وَقت تحليلها فَلَا يجب أَن يخلي عَن أدوية قابضة طيبَة الرّيح كَمَا أومأنا إِلَيْهِ فِيمَا سلف. والكبد والمعدة أحْوج إِلَى ذَلِك من الرئة وَيجب أَن تكون الملينات للطبيعة الَّتِي تسْتَعْمل فِيهَا إنضاج وموافقة للأورام مثل عِنَب الثَّعْلَب وَالْخيَار شنبر.

ولعنب الثَّعْلَب خاصية فِي تَحْلِيل الأورام الحارة الْبَاطِنَة وَيجب أَن لَا يغذى أَرْبَابهَا إِلَّا لطيفاً وَفِي غير وَقت النّوبَة إن كَانَت فِي ابتدائها إِلَّا لضعف شَدِيد. وَمن بلي باجتماع ورم الأحشاء مَعَ سُقُوط الْقُوَّة فَهُوَ فِي طَرِيق الْمَوْت لِأَن الْقُوَّة لَا تنتعش إِلَّا بالغذاء. والغذاء أضرّ شَيْء فَإِن تحللت فَمَا أحسن مَا يكون وَإِن تفجّرتْ فَيجب أَن يشرب مَا يغسلهَا مثل مَاء الْعَسَل أَو مَاء السكر ثمَّ يتَنَاوَل مَا ينضج بِرِفْق مَعَ تجفيف ثمَّ آخر الْأَمر يقْتَصر على المجففات. وستعلم هَذَا من الْكتاب الْمُشْتَمل على الْأَمْرَاض الْجُزْئِيَّة علما مشروحاً وَقد يغلط فِي الأورام الْبَاطِنَة الَّتِي تَحت الْبَطن فَإِنَّهَا رُبمَا لم تكن أوراماً بل كَانَت فتقاً فَيكون بطها فِيهِ خطر وَرُبمَا كَانَت ورماً بَاطِنا وَلَيْسَ فِي الصفاق بل فِي المعي نَفسه وَكَانَ فِي بطه خطر فَاعْلَم ذَلِك.

الْفَصْل الْخَامِس وَالْعشْرُونَ كَلَام مُجمل فِي البط من أَرَادَ أَن يبط بطأ فَيجب أَن يفدب بشقه مَعَ الأسرة والغضون الَّتِي فِي ذَلِك الْعُضْو إِلَّا أَن يكون الْعُضْو مثل الْجَبْهَة فَإِن البط إذا وَقع على مَذْهَب أسرته وغضونه انْقَطَعت عضلة الْجَبْهَة وَسقط الْحَاجِب .

وَفِي الْأَعْضَاء الَّتِي يُخَالف منصب أسرته مَذْهَب ليف العضلة وَيجب أَن يكون الباط عَارِفًا بالتشريح تشريح العصب والأوردة والشرايين لِئَلَّا يخطىء فيقطع شَيْئا مِنْهَا فَيُؤَدِّي إِلَى هَلَاك الْمَرِيض. وَيجب أَن يكون عِنْده عدد من الْأَدْوِيَة الحابسة للدم وَمن المراهم المسكنة للوجع والآلات الَّتِي تجانس ذَلِك فَيكون مَعَه مثل دَوَاء جالينوس وَمثل وبر الأرنب أَو نسج العنكبوت إذْ فِي نسج العنكبوت مَنْفَعَة بَيِّنَة فِي معنى ذَلِك وَأَيْضًا بَيَاض الْبيض والمكاوي كلهَا لمنع نزف إن حل بِهِ خطأ مِنْهُ أَو ضَرُورَة وَتَكون مَعَه الْأَدْوِيَة المفردة حسب مَا بَينا فِي الْأَدْوِيَة المفردة. وَأَنت تعلم ذَلِك وَإذا بطّ خراجاً فَأخْرج مَا فِيهِ لم يجب أَن يقرب مِنْهُ دهناً وَلَا مائية وَلَا مرهماً فِيهِ شَحم وزيت غَالب كالباسليقون بل مثل مرهم القلقطار وليستعمله إذا احْتَاجَ إِلَيْهِ وَيَضَع فَوْقه إسفنجة مغموسة فِي شراب قَابض.

الْفَصْل السَّادِس وَالْعشْرُونَ علاج فَسَاد الْعُضْو وَالْقطع إن الْعُضْو إذا فسد لمزاج رَدِيء مَعَ مَادَّة أَو غير مَادَّة وَلم يغن فِيهِ الشَّرْط والطلاء بِمَا يصلح مِمَّا هُوَ مَذْكُور فِي الْكتب الْجُزْئِيَّة فَلَا بُد من أخذ اللَّحْم الْفَاسِد الَّذِي عَلَيْهِ وَالْأولَى أَن يكون بِغَيْر الْحَدِيد إن أمكن فَإِن الْحَدِيد رُبمَا أصَاب شظايا العضل والعصب وَالْعُرُوق النابضة إِصَابَة مجحفة فَإِن لم يغن ذَلِك وَكَانَ الْفساد قد تعدى إِلَى الدَّم فَلَا بُد من قطعه وكي قطعه بالدهن المغلي فَإِنَّهُ يَأْمَن بذلك شَرّ غائلته وَيَنْقَطِع النزف وينبت على قطعه دم وَجلد غَرِيب غير مُنَاسِب أشبه شَيْء بِالدَّمِ لصلابته. وَإذا أُرِيد

أن يقطع فيجب أن يدْخل المجس فِيهِ ويدور حول الْعظم فَحَيْثُ يجد التصاقاً صَحِيحا فهنالك يشْتَد الوجع بِإِدْخَال المجس فَهُوَ حدّ السَّلامَة وَحَيْثُ يجد رهلاً وَضعف التصاق فَهُوَ فِي جملَة مَا يجب أن يقطع فَتَارَة بثقب مَا يُحِيط بالعظم الَّذِي يُرَاد قطعه حَتَّى تحيط بِهِ المثاقب فينكسر بِهِ وَيَنْقَطِع وَتارَة ينشر. وَإِذا أُرِيد أن يفعل بِهِ ذَلِك حيل بَين المقطع والمنقب وَبَين اللَّحْم لِئَلَّا يوجع فَإِن كَانَ الْعظم الَّذِي يحْتَاج إِلَى قطعه شظية ناتئة ليد يتهندم وَلَا يُرْجَى صَلَاحه وَيخَاف أَن يفْسد فيفسد مَا يَلِيهِ نحينا اللَّحْم عَنهُ إِمَّا بالشق ثمَّ بالربط وَالْمدّ إِلَى خلاف الْجِهَة وَإِمَّا بحيل أُخْرَى تهدي إِلَيْهَا الْمُشَاهدَة وحلنا بَينه وَبَين عُضْو شرِيف إِذا كَانَ هُنَاكَ بحجب من الْخرق ونبعده بهَا عَنهُ ثمَّ قطعنَا وَإِن كَانَ الْعظم مثل عظم الْفَخْذ وَكَانَ كَبِيرا قَرِيبا من أعصاب وشرايين وأوردة وَكَانَ فَسَاده كثيرا فعلى الطَّبِيب عِنْد ذَلِك الْهَرَب.

الْفَصْل السَّابِع وَالْعشْرُونَ معالجات تفرق الِاتِّصَال وأصناف القروح والوثي والضربة والسقطة تفرق الِاتصال فِي الْأَعْضَاء الْعَظِيمَة يعالج بالتسوية والرباط الملائم الْمَفْعُول فِي صناعَة الْجَبْر وسيأتيك فِي مَوْضِعه ثمَّ بِالسُّكُونِ وَاسْتِعْمَال الْغذَاء المغري الَّذِي يُرْجَى أَن يتَوَلَّد مِنْهُ غذَاء غضروفي ليَشُد شفتي الْكسر ويلائمها كالكفشير فَإِنَّهُ من المستحيل أَن يجْبر الْعظم وخصوصاً فِي الْأَبدَان الْبَالِغَة إِلَّا على هَذِه الصّفة فَإِنَّهُ لَا يعود إِلَى الِاتِّصَال الْبَتَّةَ. وسنتكلم فِي الْجَبْر كلَاما مستقصى فِي الْكتب الْجُزْئِيَّة. وَأما تفرق الِاتصال الْوَاقِع فِي الْأَعْضَاء اللينة فالغرض فِي علاجها مُرَاعَاة أُصُول ثَلَاثَة إِن كَانَ السَّبَب ثَابتا فَأول مَا يجب هُوَ قطع مَا يسيل وَقطع مادته إِن كَانَ لمجاوره مَادَّة. وَالثَّانِي: إلحام الشق بالأدوية والأغذية الْمُوَافقَة. وَالثَّالِث: منع العفونة مَا أمكن. وَإِذا كفى من الثَّلَاثَة وَاحِد صرفت الْعِنَايَة إِلَى الْبَاقِينَ. أما قطع مَا يسيل فقد عرفت الْوَجْه فِي ذَلِك وَنحن قد فَرغْنَا عَن بَيَانه. وَأما الإلحام. فتجمع الشفاه إِن اجْتمعت وبالتجفيف فيتناول المغريات وَيَنْبَغِي أَن تعلم أَن الْغَرَض فِي مداواة القروح هُوَ التجفيف فَمَا كَانَ مِنْهَا نقياً جفف فَقَط وَمَا كَانَ مِنْهَا عفناً اسْتعْملت فِيهِ الْأَدْوِيَة الحادة الْأَكالَة مثل القلقطار والزاج والزرنيخ والنورة فَإِن لم ينجع فَلَا بُد من النَّار. والدواء المركّب من الزنجار والشمع والدهن ينقى بزنجاره وَيمْنَع إفراط اللذع بدهنه وشمعه فَهُوَ دَوَاء معتدل فِي هَذَا الشَّأْن الْمَذْكُور فِي أقراباذين وَتقول: إِن كل قرحَة لَا تَخْلُو إِمَّا أَن تكون مُفْردَة وَإِمَّا أَن تكون مركبة. والمفردة إِن كَانَت صَغِيرَة وَلم يتآكل من وَسطهَا شَيْء فَيجب أَن يجمع شفتاها وتعصب بعد توق من وُقُوع شَيْء فِيمَا بَينهَا من دهن أَو غُبَار فَإِنَّهُ يلتحم وَكَذَلِكَ الْكَبِيرَة الَّتِي لم يذهب من جوهرها شَيْء وَيُمكن إطباق جُزْء مِنْهَا على الآخر. وَأما الْكَبِيرَة الَّتِي لَا يُمكن ضمهَا شقاً كَانَ أَو فضاء مملوءاً صديداً أَو قد ذهب مِنْهَا شَيْء من جَوْهَر الْعُضْو فعلاجها التجفيف. فَإِن كَانَ الذَّاهِب جلدا فَقَط احْتِيجَ إِلَى مَا يخْتم وَهُوَ إِمَّا بِالذَّاتِ فالقوابض وَإِمَّا بِالْعرضِ فالحادة إِذا اسْتعْمل مِنْهَا قَلِيل مَعْلُوم مثل الزاج والقلقطار فَإِنَّهَا أعون على التجفيف وإحداث الخشكريشة فَإِن أَكثر أكل وَزَاد فِي القروح وَأما إِن كَانَ الذَّاهِب لَحْمًا كالقروح الغائرة فَلَا يجب أَن نبادر إِلَى الْخَتْم بل يجب أَن يعتني أَولا ب بإنبات اللَّحْم وَإِنَّمَا ينْبت اللَّحْم مَا لَا يتعدّى تجفيفه الدرجَة الأولى كثيرا بل هَهُنَا شَرَائِط يَنْبَغِي أَن تراعى من ذَلِك اعْتِبَار حَال مزاج الْعُضْو الْأَصْلِيّ ومزاج القرحة فَإِن كَانَ الْعُضْو فِي مزاجه شَدِيد الرطوبه

والقرحة لَيست بشديدة الرُّطُوبَة كفى تجفيف يسير فِي الدرجة الأولى لِأَن الْمَرَض لم يَتَعَدَّ عَن طبيعة الْعُضْو كثيرا. وَأما إذا كَانَ الْعُضْو يَابسا والقرحة شَدِيدَة الرُّطُوبَة احْتِيجَ إِلَى مَا يجفف فِي الدرجة الثَّانِيَة وَالثَّالِثَة ليُرَدهُ إِلَى مزاجه وَيجب أَن يعدل الْحَال فِي المعتدلين وَمن ذَلِك اعْتِبَار مزاج الْبدن كُله لِأَن الْبدن إذا كَانَ شَدِيد اليبوسة كَانَ الْعُضْو الزَّائِد فِي رطوبته معتدلاً فِي الرُّطُوبَة بِحَسب الْبدن المعتدل فَيجب أَن يجفف بالمعتدل وَكَذَلِكَ إِن كَانَ الْبدن زَائِد الرُّطُوبَة والعضو إِلَى اليبوسة وَإِن خرجا جَمِيعًا إِلَى الزِّيَادَة فَحِينَئِذٍ إِن كَانَ الْخُرُوج إِلَى الرُّطُوبَة جفف تجفيفاً أَكثر أَو إِلَى اليبوسة جفّف تجفيفاً أقل وَمن ذَلِك اعْتِبَار قُوَّة المجففات فَإِن المجففات المنبتة - وَإِن لم يطْلب مِنْهَا تجفيف شَدِيد مثله - يمْنَع الْمَادَّة المنصبة إِلَى الْعُضْو الَّتِي مِنْهَا يتهيأ إنبات اللَّحْم كَمَا يطْلب فِي مجففات لَا تسْتَعْمل لإنبات اللَّحْم بل للختم فإذاه يطْلب مِنْهَا أَن تكون أَكثر جلاء وغسلاً للصديد من المجففات الخاتمة الَّتِي لَا يُرَاد مِنْهَا إِلَّا الْختم والإلحام والإهمال وَجَمِيع الْأَدْوِيَة الَّتِي تجفف بِلَا لذع فَهِيَ ذَات نفع فِي إنبات اللَّحْم. وكل قرحَة فِي مَوضِع غير لحيم فَهِيَ غير مجيبة لسرعة الإندمال.

وَكَذَلِكَ المستديرة. وَأما القروح الْبَاطِنَة فَيجب أَن يخلط بالأدوية المجففة والقوابض المستعملة فِيهَا أدوية منفذة كالعسل وأدوية خَاصَّة بالموضع كالمدرات فِي أدوية علاج قُرُوح آلَات الْبَوْل وَإِذا أردنَا فِيهَا الإدمال جعلنَا الْأَدْوِيَة مَعَ قبضهَا لزجة كالطين الْمَخْتُوم. وَاعْلَم أَن لبرء القرحة مَوَانِع رداءة الْعُضْو أي مزاج الْعُضْو فَيجب ان تعتني بإصلاحه حسب مَا تعلم ورداءة مزاج الدَّم المتوجه إِلَيْهِ فيربطه فَيجب أَن تتداركه بِمَا يُولد الكيموس الْمَحْمُود وَكَثْرَة الدَّم الَّذِي يسيل إِلَيْهِ ويرطبه فَيجب أَن تتداركه بالاستفراغ وتلطيف الْغذَاء وَاسْتِعْمَال الرياضة إِن أمكن. وَفَسَاد الْعظم الَّذِي نخبه وأساله الصديد وَهَذَا لَا دَوَاء لَهُ إِلَّا إصْلَاح ذَلِك الْعظم وحكه إِن كَانَ الحك يَأْتِي على فَسَاده أَو أَخذه وقطعه وَكَثِيرًا مَا يحْتَاج أَن يكون مَعَ معالجي القرحة مراهم جذابة لهشيم الْعِظَام وسلاءة ليخرجها وَإِلَّا منعت صَلَاح القرحة. القروح تحْتَاج إِلَى الْغذَاء للتقوية وَإِلَى تقليل الْغذَاء لقطع مَادَّة الْمدَّة وَبَين المقتضيين خلاف فَإِن الْمدَّة تضعف فتحتاج إِلَى تَقْوِيَة وتكثر فتحتاج إِلَى منع الْغذَاء فَيجب أَن يكون الطَّبِيب متدبراً فِي ذَلِك وَإِذا كَانَت القروح فِي الِابْتِدَاء والتزيد فَلَا يَنْبَغِي أَن يدْخل الْحمام أَو يصاب بِمَاء حَار فينجذب إِلَيْهَا مَا يزِيد فِي الورم. وَإِذا سكنت القرحة وقاحت فَلَعَلَّهُ يرخص فِيهَا وكل قرحَة تنتكث بِسُرْعَة كلما اندملت فَهِيَ فِي طَرِيق البنصر. وَيجب أَن يتَأَمَّل دَائِما لون الْمدَّة ولون شفة الْجرْح وَإِذا كثرت الْمدَّة من غير استكثار من الْغذَاء فَذَلِك للنضج.

ولنتكلم الأن فِي علاج الْفَسْخ. فَنَقُول: إِنَّه لما كَانَ الْفَسْخ تفرق اتِّصَال غائر وَرَاء الْجلد فَمن الْبَين أَن أدويته يجب أَن تكون أقوى من أدوية المكشوفة وَلما كَانَ الدَّم يكثر انصبابه إِلَيْهِ احْتَاجَ ضَرُورَة إِلَى مَا يحلل. وَيجب أَن يكون مَا يحلله لَيْسَ بِكَثِير التجفيف لِئَلَّا يحلّل اللَّطِيف ويحجر الكثيف فَإِذا قضى الوطر من الْمُحَلّل فَيجب أَن يسْتَعْمل الملحم المجفف لِئَلَّا يرتبك فِيمَا بَين الِاتِّصَال وسخ يتحجّر ثمَّ يعفن بِأَدْنَى سَبَب أَو ينقلع فَيَعُود تفرق الِاتِّصَال إِذا كَانَ الْفَسْخ أغور شرط الْموضع ليكون الدَّوَاء أغوص. وَأما الْفَسْخ والرض الْخَفِيف فَرُبمَا كفى فِي

علاجه الفصد فَإِن كَانَ الْفَسْخ مَعَ الشدخ عولج الشدخ أولا بأدوية الشدخ حَتَّى يُمكن علاج الْفَسْخ. والشدخ إن كَانَ كثيرا عولج بالمجفّفات وَإِن كَانَ قَلِيلا كنخس الإبرة أسْند أمره إِلَى الطبيعة نَفسهَا إِلَّا أَن يكون سمياً ملتفاً أَو يكون شَدِيد الانخلاع أَو يكون نَالَ عصباً فيخاف مِنْهُ تولّد الورم والضربان. وَأما الوثي فَيَكْفِي فِيهِ شدّ رَقِيق غير موجع وَأَن يوضع عَلَيْهِ الْأَدْوِيَة الوثبية. وَأما السقطة والضربة فَيحْتَاج فِي مثلهَا إِلَى فصد من الْخلاف وتلطيف الْغذَاء وهجر للحم وَنَحْوه وَاسْتِعْمَال الأطلية والمشروبات الْمَكْتُوبَة لذَلِك فِي الْكتب الْجُزْئِيَّة. وَأما تفرّق الِاتِّصَال فِي الْأَعْضَاء العصبية وَفِي الْعِظَام فلنؤخر القَوْل فِيهَا.

الْفَصْل الثَّامِن وَالْعشْرُونَ الكي الكي علاج نَافِع لمنع انتشار الْفساد ولتقوية الْعُضْو الَّذِي يرد مزاجه ولتحليل الْموَاد الْفَاسِدَة المتشبثة بالعضو ولحبس النزف. وَأفضل مَا يكوى بِهِ الذَّهَب وَلَا يَخْلُو موقع الكي إِمَّا أَن يكون ظَاهرا ويوقع عَلَيْهِ الكيّ بِالْمُشَاهَدَةِ أَو يكون غائراً فِي دَاخل عُضْو كالأنف أَو الْفَم أَو المقعدة وَمثل هَذَا يحْتَاج إِلَى قالب يغلي عَلَيْهِ مثل الطلق والمغرة مبلولة بالخلّ ثمَّ يلف عَلَيْهِ خرق ويبرد جدا بِمَاء ورد أَو بِبَعْض العصارات فَيدْخل القالب فِي ذَلِك المنفذ حَتَّى يلتقم موقع الكي ثمَّ يدس فِيهِ المكوى ليصل إِلَى موقعه وَلَا يُؤْذِي مَا حواليه وخصوصاً إِذا كَانَ المكوى أرق من حيطان القالب فَلَا يلْقى حيطان القالب وليتوق الكاوي أَن تتأدى قُوَّة كيته إِلَى الأعصاب والأوتار والرباطات وَإِذا كَانَ كيه لنزف دم فَيجب أَن يَجعله قَوِيا ليَكُون لخشكريشته عمق وثخن فَلَا يسْقط بِسُرْعَة فَإِن سُقُوط خشكريشة كي النزف يجلب آفَة أعظم مِمَّا كَانَ وَإِذا كويت لإِسْقَاط لحم فَاسد وَأَرَدْت أَن تعرف حد الصَّحِيح فَهُوَ حَيْثُ يوجع وَرُبمَا احتجت أَن تكوي مَعَ اللَّحْم الْعظم الَّذِي تَحْتَهُ وتمكنه عَلَيْهِ حَتَّى يبطل جَمِيع فَسَاده وَإِذا كَانَ مثل القحف تلطفه حَتَّى لَا يغلي الدِّمَاغ وَلَا تتشنج الْحجب وَفِي غَيره لَا تبالي بالاستقصاء.

الْفَصْل التَّاسِع وَالْعشْرُونَ تسكين الأوجاع قد علمت أَسبَاب الأوجاع وَأَنَّهَا تنْحَصر فِي قسمَيْنِ: تغير المزاج دفْعَة وتفرق الِاتِّصَال ثمَّ علمت أَن آخر تفصيلها يَنْتَهِي إِلَى سوء مزاج حَار أَو بَارِد أَو يَابِس بِلَا مَادَّة أَو مَعَ مَادَّة كيموسية أَو ريح أَو ورم. فتسكين الوجع يكون بمضادة الْأَسْبَاب. وَقد علمت مضادة كل وَاحِد مِنْهَا كَيفَ يكون وَعلمت أَن سوء المزاج والورم وَالرِّيح كَيفَ يكون وَكَيف يعالج وكل وجع يشْتَد فَإِنَّهُ يقتل ويعرض مِنْهُ أَولا برد الْبدن وارتعاد ثمَّ يصغر النبض ثمَّ يبطل ثمَّ يَمُوت. وَجُمْلَة مَا يسكن الوجع إِمَّا مبدل المزاج وَإِمَّا مُحَلل الْمَادَّة وَإِمَّا مخدر. والتخدير يزِيل الوجع لِأَنَّهُ يذهب بحس ذَلِك الْعُضْو وَإِنَّمَا يذهب بحسّه لأحد سببين: إِمَّا بفرط التبريد وَإِمَّا بسمّية فِيهِ مضادة لقُوَّة ذَلِك الْعُضْو. والمرخيات من جملَة مَا يحلل بِرِفْق مثل بزر الْكَتَّان والشبت وإكليل الْملك والبابونج وبزر الكرفس واللوز المر وكل حَار فِي الأولى وخصوصاً إِذا كَانَ هُنَاكَ تغرية مَا مثل صمغ الإجاص والنشا والاسفيذاجات والزعفران واللاذن والخطمي والحماما والكرنب والسلجم وطبيخها والشحوم والزوفا الرطب وأذهان مِمَّا ذكر والمسهلات والمستفركات كَيفَ كَانَت من هَذَا الْقَبِيل. وَيجب أَن تسْتَعْمل المرخيات بعد الاستفراغ إِن احْتِيجَ إِلَى استفراغ حَتَّى تَنْقَطِع الْمَادَّة المنصبة إِلَى ذَلِك الْعُضْو وَأَيْضًا جَمِيع مَا ينضج الأورام أَو

يفجرها. والمخدرات أقواها الأفيون وَمن جُمْلَتهَا اللفاح وبزره وقشور أَصله والخشخاشات والبنج والشوكران وعنب الثَّعْلَب وبزر الخس.

وَمن هَذِه الْجُمْلَة الثَّلج وَالْمَاء الْبَارِد وَكثير مَا يَقع الْغَلَط فِي الأوجاع فتكون أَسبَابهَا أموراً من خَارج مثل حر أَو برد أَو سوء وساد وَفَسَاد مُضْطَجع أَو صرعة فِي السكر وَغَيره فيطلب لَهَا سَبَب من الْبدن فيغلط. وَلِهَذَا يجب أَن تتعرف ذَلِك وتتعرف هَل هُنَاكَ امتلاء أم لَيْسَ وتتعرف هَل هُنَاكَ أَسبَاب الامتلات الْمَعْلُومَة وَرُبمَا كَانَ السَّبَب أَيْضا قد ورد من خَارج فتمكن دَاخِلا مثل من يشرب مَاء بَارِدًا فَيحدث بِهِ وجع شَدِيد فِي نواحي معدته وكبده وَكثيرًا مَا لَا يحْتَاج إِلَى أَمر عَظِيم من الاستفراغ وَنَحْوه فَإِنَّهُ كثيرا مَا يَكْفِيهِ الاستحمام وَالنَّوْم الْبَالِغ فِيهِ وَمثل من يتَنَاوَل شَيْئا حاراً فيصدعه صداعاً عَظِيما ويكفيه شرب مَاء مبرد. وَرُبمَا كَانَ الشَّيْء الَّذِي من قبله يُرْجَى زَوَال الوجع إِمَّا بطيء التَّأْثِير وَلَا يحْتَمل الوجع إِلَى ذَلِك الْوَقْت مثل استفراغ الْمَادَّة الفاعلة لوجع القولنج المحتبسة فِي لِيف الأمعاء وَإِمَّا سريع التَّأْثِير لكنه عَظِيم الغائلة مثل تخدير الْعُضْو الوجع فِي القولنج بالأدوية الَّتِي من شَأْنهَا أَن تفعل ذَلِك فيتحير المعالج فى ذَلِك فَيجب أَن يكون عِنْده حدس قوي ليعلم أى المدتين أطول مُدَّة ثبات الْقُوَّة أَو مدد الوجع وَأَيْضًا الْحَالين أضرّ فِيهِ الوجع أَو الغائلة المتوقعة فِي التخدير فيؤثر تَقْدِيم مَا هُوَ أصوب. فَرُبمَا كَانَ الوجع - إِن بَقِي - قتل بشدته وبعظمه والتخدير رُبمَا لم يقتل وَإِن أضرّ من وَجه اخر وَرُبمَا أمكنك أَن تتلافى مضرّته وتعاود وتعالج بالعلاج الصَّوَاب وَمَعَ ذَلِك فَيجب أَن تنظر فِي تركيب المخدر وكيفيته وتستعمل أسهله وتستعمل مركبه مَعَ ترياقاته إِلَّا أَن يكون الْأَمر عَظِيما جدا فتخاف وتحتاج إِلَى تخدير قوي وَرُبمَا كَانَ بعض الْأَعْضَاء غير ميال بِاسْتِعْمَال المخدر عَلَيْهِ فَإِنَّهُ لَا يُؤَدِّي إِلَى غائلة عَظِيمَة مثل الْأَسْنَان إِذا وضع عَلَيْهَا مخدّر. وَرُبمَا كَانَ الشّرْب أَيْضا سليما فِي مثله مثل شرب المخدر لأجل وجع الْعين فَإِن ذَلِك أقل ضَرَرا بِالْعينِ من أَن يكتحل بِهِ وَرُبمَا سهك تلاقي ضَرَر شربهَا بالأعضاء الآخرى.

وَأما فِي مثل القولنج فتعظم الغائلة لِأَن الْمَادَّة تزداد بردا وجموداً واستغلاقاً والمخدرات قد تسكن الوجع بِمَا تنوم فَإِن النّوم أحد أَسبَاب سُكُون الوجع وخصوصاً إِذا اسْتعْمل الْجُوع مَعَه فِي وجع مادي. والمخدّرات المركبة الَّتِي تكسر قواها أدوية هِيَ كالترياق لَهَا أسلم مثل الفلونيا وَمثل الأقراص الْمَعْرُوفَة بِالْمُثَلثَةِ لَكِنَّهَا أَضْعَف تخديراً. والطري مِنْهَا أقوى تخديراً والعتيق يكَاد لَا يخدر والمتوسط متوسط. وَمن الأوجاع مَا هُوَ شَدِيد الشدَّة سهل العلاج أَحْيَانًا مثل الأوجاع الريحية فَرُبمَا سكنها وكفاها صب المَاء الْحَار عَلَيْهَا وَلَكِن فِي ذَلِك خطر وَاحِد وَذَلِكَ أَنه رُبمَا كَانَ السَّبَب ورماً فيظن أَنه ريح فَإِن اسْتعْمل عَلَيْهِ وخصوصاً فِي ابْتِدَاء تبطيل مَاء حَار عظم الضَّرَر. وَهَذَا مَعَ ذَلِك رُبمَا أضرّ بالريحي وَذَلِكَ إِذا ضعف عَن تَحْلِيل الرّيح وَزَاد فِي انبساط حجمه. والتكميد أَيْضا من معالجات الرِّيَاح وأفضله بِمَا خص مثل الجاورس إِلَّا فِي عُضْو لَا يحْتَملهُ مثل الْعين فتكمد بالخرق وَمن الكمادات مَا يكون بالدهن المسخّن. وَمن التكميدات القوية أَن يطْبخ دَقِيق الكرسنة بالخل ويجفّف ثمَّ يتَّخذ مِنْهُ كماد ودونه أَن تطبخ النخالة كَذَلِك وَالْملح لذاع الْبُخَار والجاورس أصلح مِنْهُ وأضعف وَقد يكمد بِالْمَاءِ فِي مثانة. وَهُوَ سليم

لين وَلَكِن قد يفعل الْفِعْل الْمَذْكُور إذا لم يراع والمحاجم بالنَّار من قبيل هَذَا وَهُوَ قوي على إسكَان الوجع الريحي وَإذا كرر أبطل الوجع أصلا لكنه قد يعرض مِنْهُ مَا يعرض من المرخيات. وَمن مسكنات الأوجاع الْمَشْي الرَّقِيق الطَّوِيل الزَّمَان لما فِيهِ من الارخاء وَكَذَلِكَ الشحوم اللطيفة الْمَعْرُوفَة والأدهان الَّتِي ذكرنَا والغناء الطّيب خُصُوصا إذا نوم بِهِ والتشاغل بِمَا يفرح مسكن قوي للوجع.

الْفَصْل الثَّلَاثُونَ وَصِيَّة فِي أَنا بِأَيّ المعالجات نبتدىء إذا اجْتمعت أمراض فَإِن الْوَاجِب أَن نبتدىء بِمَا يَخُصُّهُ إِحْدَى الخواص الثَّلَاث: إِحْدَاهَا بِالَّتِي لَا تبرىء الثَّانِيَة دون برئه مثل الورم والقرحة إذا اجْتمعَا فَإنَّا نعالج الورم أولا حَتَّى يَزُول سوء المزاج الَّذِي يَصْحَبهُ وَلَا يُمكن أَن تبرأ مَعَه القرحة ثمَّ نعالج القرحة. الثَّانِيَة مِنْهَا أَن يكون أحدهمَا هُوَ السَّبَب فِي الثَّانِي مثل أنه إذا عرضت سدّة وَحمى عالجنا السدة أَولا ثمَّ الْحمى وَلم نبال من الْحمى إن احتجنا أَن نفتح السددة بِمَا فِيهِ شَيْء من التسخين ونعالج بالمجففات وَلَا نبالي بالحمى لِأَن الْحمى يَسْتَحِيل أَن تَزُول وسببها بَاقٍ وعلاج سَببهَا التجفيف وَهُوَ يضر الْحمى. وَالثَّالِثَة أَن يكون أحداهما أَشد اهتماماً كَمَا إذا اجْتمع حمى مطبقة سوناخس. والفالج فَإنَّا نعالج سوناخس بالتطفية والفصد وَلَا نلتفت إِلَى الفالج وَأما إذا اجْتمع الْمَرَض وَالْعرض فَإنَّا نبدأ بعلاج الْمَرَض إِلَّا أَن يغلبه الْعرض فَحِينَئِذٍ نقصد فصد الْعرض وَلَا نلتفت إِلَى الْمَرَض كَمَا نسقي المخدرات فِي القولنج الشَّديد الوجع إذا صَعب وَإِن كَانَ يضر نفس القولنج وَكَذَلِكَ رُبمَا أخرنا الْوَاجِب من الفصد لضعف الْمعدة أَو لإسهال مُتَقَدم أَو غثيان فِي الْحَال وَرُبمَا لم نؤخر وَلَكِن فصدنا وَلم نستوف قطع السَّبَب كُله كَمَا أَنا فِي عِلّة التشنج لَا نتحرى نفض الْخَلْط كُله بل نَتْرُك مِنْهُ شَيْئا تحلله الركة التشنجية لِئَلَّا تحلل من الرُّطُوبَة الغريزية. فَلْيَكُن هَذَا القدر من كلامنا فِي الْأُصُول الْكُلية لصناعة الطِّبّ كَافِيا ولنأخذ فِي تصنيف كتَابنَا فِي الْأَدْوِيَة المفردة إِن شَاءَ الله تَعَالَى. تمّ الْكتاب الأول من كتب القانون وهم الكليات وَصلى الله على سيدنَا مُحَمَّد النَّبِي وَآله.

Disclaimer:

While every effort has been made to ensure the accuracy of this book, the involvement of multiple contributors and production stages may have resulted in occasional errors. We welcome and appreciate feedback from our readers regarding any inaccuracies or suggestions to enhance the readability and usefulness of this classic work, with the aim of preserving and refining its contribution to knowledge.

Please note that this work is provided *as is*, without any express or implied warranties, and is used at the reader's own discretion and responsibility.

إخلاء مسؤولية:

على الرغم من بذل أقصى درجات العناية في إعداد هذا الكتاب، إلا أن تعدد المشاركين وتعدد مراحل الإنتاج قد يؤدي إلى وقوع بعض الأخطاء. إننا نرحب بجميع الملاحظات من القرّاء بشأن أي أخطاء قد تكون واردة، أو بشأن مقترحات من شأنها تحسين قابلية قراءة هذا العمل الكلاسيكي وتعزيز فائدته، وذلك في سبيل الحفاظ على المعرفة وتطويرها.

يُرجى ملاحظة أن هذا العمل يُقدَّم كما هو، دون أي ضمانات صريحة أو ضمنية، ويُستخدم على مسؤولية القارئ الخاصة.

Information @ MAJALLA.org/press/

MAJALLA Book Series

Islamic Classical Texts